機械工程手冊 2

鋼 材 料

機械工程手冊
電機工程手冊 編輯委員會

五南圖書出版公司 印行

本書繁體本總策劃：徐珏蓉　審訂：徐珏蓉

已出版的「機械工程手冊」系列書：

    1.工程材料學
    2.鋼材料
    3.金屬材料
    4.非金屬材料
    5.材料測試與分析

即將出版的「機械工程手冊」系列書：

    基礎理論
    綜合技術與管理
    機械設計
    機械零部件設計
    傳動設計
    機械製造工藝及設備
    電工、電子與自動控制
    檢測、控制與儀器儀表
    動力設備
    通用設備
    物料搬運設備
    專用機械

第二版編輯委員會

機械工程手冊 1～5 冊編輯委員會

第 二 版 序

《機械工程手冊》和《電機工程手冊》第二版正式和廣大讀者見面了。

"大道行於百年，權宜利於一時"。這兩部手冊是積累、擴充和傳播知識的工具，是機電科技領域的一項宏遠工程。這次重新編寫後的第二版，在第一版的基礎上認真總結了十多年來的成就和經驗，積極吸取了國外的先進科學技術，對一些內容做了修改和更新，增補了許多高新技術篇章，努力使機、電、儀有機結合，以更好地適應當前和今後發展的需要。第二版編寫以"全、精、新、準"為特點，在整體上，強調"立足全局，勾畫概貌，反映共性，突出重點"；在取材上，突出"基本、常用、關鍵、發展"；在內容上，具有"科學性、先進性和實用性"；在表達上，力求"簡明扼要，深入淺出，直觀易懂，歸類便查"。總之，經過這次修訂，使這兩部手冊內容更加豐富，結構更加合理，使用更加方便，綜合水平、技術水平和編寫水平都上了一個新臺階。

這兩部手冊，主要供從事技術工作的各類人員查閱使用，同時，也供企業和機關從事管理工作的人員參考使用，從中了解有關專業的國內領先水平和國際先進水平，了解和把握新技術動向，以便能準確、科學地做出決策和規劃長遠，使我們的工作更具系統性、預見性和創造性，更好地為機電工業的持續、快速、健康的發展服務。

這一版的編委會由機械工業部會同 17 個有關部委和總公司等共同組成，來自全國 500 多個單位從事科研、生產、設計、教學等工作的有專長、有經驗和有成就的 3000 多位專家和學者參與了編審工作。各單位十分重視和支持這兩部手冊的編寫工作，做了很大貢獻，編審人員付出了艱辛的勞動，保證了這項龐大工程高質量的順利完成。在此，我僅代表編委會和機械工業部向以沈鴻同志為代表的第一版全體編審人員致以崇高的敬意，同時向支持本版工作的各部委及參加編審工作的全體工作人員表示衷心的感謝！

現在第二版雖以出版，但仍有一些不盡人意之處，殷切希望廣大讀者批評指正，以便在今後的工作中改進。

何光遠

1995 年北京

第二版編輯説明

《機械工程手册》是一部系統概括機械工程各專業主要技術內容的大型綜合性工具書，初版於 70 年代。二版修訂是在一版的基礎上，更新內容，完善不足，進一步突出綜合手册"全、精、新、準"的特色，使之更好地適應科學技術發展的需要，爲我國的社會主義現代化建設服務。

一、修訂的重點

1. 充實和更新技術內容。在重點反映國內外機械工程領域的新技術、新材料、新工藝、新產品的同時，加強了自動化技術、微電子技術、計算機技術等在機械工程中的應用。現代設計理論和方法、現代製造技術等都增設了新篇章。對於一些有發展前景的新技術，也作了相應介紹。

2. 加強基礎理論，擴展技術基礎知識。當代機械工程所需的基礎知識涉及許多自然學科和多方面的綜合技術。二版在基礎理論方面增加了許多新內容，各學科的廣度和深度都有所擴充和加強。爲適應高新技術發展的需要，加強了與計算機應用、自動化技術等有關的現代理論基礎。對各學科一些新崛起的分支也做了介紹。在加強基礎理論的同時，還新增了綜合技術與管理卷，爲讀者提供企業管理、市場營銷、技術經濟分析以及可靠性、節能、環保等方面的技術知識，以增強讀者從技術與經濟、技術與管理的結合上綜合分析問題的能力。

3. 拓寬覆蓋的技術領域，適應國民經濟各部門對技術裝備的需求。除重點介紹各種通用設備外，還增補了冶金、石油、化工、建築、交通、輕工、紡織等各行業的專用機械。同時，對基礎、材料、設計、工藝等部分的技術內容也進行了相應擴展，以適應多方面的需要。

4. 進一步提高綜合水平。對總體結構和內容設置做了較大的調整和增補，力求全面反映機械科技的知識體系。儘量處理好基礎理論和應用技術、專業全貌和技術重點、當前需要和長遠發展等各方面的關係，進一步加強各專業的內在聯繫，力求使全書結構合理，協調平衡，相互銜接，前後呼應，成爲一個有機的整體。同時還加強了有關電工技術、電子技術和儀器儀表等方面的內容，力求使機、電、儀、電子能有機結合，更好地適應機械工業發展的需要。

二、內容和結構

二版主要包括基礎、工程材料、設計、工藝及設備、電工、電子和儀器儀表，以及通用機械產品和專用機械產品等部分。

1. 基礎部分　包括基礎理論和綜合技術與管理兩卷，共 26 篇。主要爲手册各篇提供共性的基礎理論和基本數據，以及與機械工程相關的綜合技術和管理的基礎知識。

2. 工程材料部分　共 12 篇，爲 1 卷。以常用材料和新材料爲主，重點介紹材料的性能特點、適用範圍和應用技術，爲正確選擇和合理使用材料提供依據。

3. 設計部分　包括設計基礎、零部件設計、傳動設計 3 卷，共 26 篇。主要提供設計理論、設計計算和典型結構等，爲各類機械產品的方案設計和通用零部件設計提供基礎。同時還重點介紹了現代設計理論和方法，注意反映先進的技術和數據。

4.工藝及設備部分　包括工藝技術和工藝設備，共15篇，分爲兩卷。從傳統工藝到現代製造技術，重點介紹其工藝原理、工藝方法、工藝參數、主要工藝設備及關鍵技術等，並對不同的工藝路線進行經濟合理性分析對比，目的在於確定合理的工藝方案，以便在保證產品質量的前提下，提高效率，降低成本。

5.電儀部分　包括電工、電子與自動控制卷和檢測、控制與儀器儀表卷，共19篇。主要介紹與機械科技緊密相關的控制和檢測的基礎理論和技術，常用的儀器儀表、電工設備、電力傳動、電子計算機應用與自動控制系統等內容，並分別從理論、技術到產品獨立成卷，以適應機、電、儀一體化的發展趨勢。

6.通用機械和專用機械部分　機械產品種類繁多，手冊二版本著既要照顧到面、又要突出重點的原則，將應用比較廣的產品分別納入動力設備、通用機械設備和物料搬運設備三個通用機械卷中；其他產品按行業將相近的組合在一起，成爲五個專用機械卷，包括農林、冶金、建築、石化、交通、輕工、紡織等行業的機械產品。各產品卷主要介紹產品的分類、工作原理、總體結構、基本性能參數、成套技術和選用匹配原則以及關鍵性的技術問題等。在動力設備和物料搬運設備卷中還介紹了工廠動力系統和物流系統，注意了各環節的聯繫，著眼於總體效益的提高。

三、編排與查閱

手冊內容廣泛，卷帙浩繁，各卷各篇的內容又相互滲透，互爲補充，構成了一個縱橫交錯的知識體系。爲了便於查閱，手冊在編排上設有檢索系統和參見系統。檢索系統由目錄和索引組成；參見系統由書內參見和參考文獻組成。

1.目錄　每卷前後均印有全書的卷目和篇目，可以總覽全書的結構體系，知道在哪卷哪篇能找到所需要的內容。每卷的目錄列有篇、章、節（兩級）四個層次，可從中了解全卷內容的內在聯繫和隸屬關係。同時，還附有英文對照。

2.索引　每卷後列有主題詞索引，按漢語拼音字母順序排列。可以將分布在不同篇章的相關內容聯繫在一起。如果從主題詞入手查尋有關內容，索引是個有效的檢索途徑。

3.書內參見　手冊注意使用了"參見"的方法，以加強全書相關內容的協調和銜接，減少重複。通過"參見"可以從不同卷篇得到互爲補充的相對完整的知識。

4.參考文獻　篇末的參考文獻是推薦給讀者的有參考價值的讀物，按文中出現的先後順序排列，並在文中相應處註有文獻序號。參考文獻是手冊內容的延伸，爲讀者加深理解和進一步探討手冊內容提供線索。來源性參考文獻則註於相應的頁末或圖、表下方，它的作用是向讀者交代資料來源，便於讀者對照參考。

本手冊已和廣大讀者見面了。但從總體編排和一些具體問題的處理上仍有許多不盡人意之處，歡迎廣大讀者批評指正。

本 冊 前 言

《機械工程手冊》第一版發行至今的十多年中，材料科學技術取得了巨大進步。其一，在材料製備加工技術方面，與材料質量密切相關的超純提煉和精細加工等技術已廣泛進入實用化階段，化學合成和超細製粉技術等又有新的突破，新的熱處理和表面工程技術迅速發展，大大促進了材料性能和質量的提高，生產更趨經濟規模化；其二，在基礎理論研究和測試技術方面，人們不僅能微觀地觀察材料的組織，還能定性和定量地分析材料微區（或表層）組成、晶界結構、偏析以及材料內部的各種微觀缺陷，對材料的動態性能，包括變形、斷裂、腐蝕、磨損的規律和機制有了更深入的認識；其三，在工程材料品種方面，新材料不斷湧現，特別是精細陶瓷、複合材料等新型結構材料的應用迅展擴大，功能材料的進展也令人十分注目。

在第二版編寫過程中，我們力求反映上述材料科學技術的新成就和新水平。爲此，在基本保持一版特點的前提下，對本卷內容的構成及篇章的設置進行了較大的變動，在內容的系統性和完整性方面亦有明顯的改進。經調整後，全卷共包括 12 篇、102 章。其中介紹各種材料系列共約 500 種，牌號近萬個。具體説明如下：

（1）"材料總論篇"介紹工程材料的概況和發展方向，闡述了材料進展與提高機械工業水平的關係，分析了工程材料選用的技術經濟原則。

（2）"材料學基礎篇"根據物質變化的規律，以材料組織和性能爲主線，反映材料學理論和基礎技術研究的新成果，發揮理論的指導作用。

（3）"材料強度篇"以材料的力學性能爲主線，揭示材料在力或能的作用下發生變形與斷裂的規律，尋求材料與性能間的最佳組配，以指導設計選材。

（4）"材料測試與分析篇"，介紹材料化學成分分析、組織和結構鑑定、性能測試、缺陷檢測以及斷口和失效分析等技術，爲研究、鑑定、評價和安全使用材料提供手段，也爲生產過程中控制產品質量、分析零部件在使用過程中的失效原因提供依據。

（5）具體介紹各種材料的性能和應用技術的共有 8 篇，較第一版的 5 篇增加了 3 篇。其中"功能材料篇"系新增，其他各篇內容均有較大的調整和充實，增添了工程上適用的許多新材料內容。

在對 12 篇書稿的審定工作中，我們注意到了全卷內容的有機整體性，又保持了各篇的相對獨立性，儘可能避免出現重複交叉。

本卷貫徹材料科學與工程技術相結合的指導思想，以服務於機械設計和機械製造爲宗旨，從應用角度系統地介紹各類材料的性能、特點、適用範圍和改性技術等；用綜合歸納和分類對比的方式，著重介紹材料使用性能與合理選用之間的關係，爲各行業合理選用材料提供依據，以求不斷提高用材水平，發揮材料的最佳技術經濟效益。在材料品種方面，以介紹基本、常用和適用的新材料爲重點，力求內容準確、技術可靠，講究實用。有鑑於近年來各種工程材料專業手冊的出版日益增多，對一些明顯屬於專業手冊範圍的內容不再作詳細介紹，以節省篇幅。讀者在需要時可查閱各篇後所列的參考文獻或有關的專業性手冊。

本卷中出現的物理量均採用我國法定計量單位，對於非法定計量單位則儘可能換算成法定計量單位，力求名詞、術語達到統一。但在實際編寫過程中仍有少數例外的情況，例如：(1) 同一物理量有時在不同專業中有不同的名稱，如金屬材料中的"抗彎強度"，在耐火材料中稱"抗折強度"；金屬材料中的"衝擊韌度"，在塑料中則稱"衝擊強度"，等等。考慮到各專業的習慣，我們仍保留其各自的用語。(2) 長度單位"埃"（Å）屬非法定計量單位，但考慮到目前世界上對晶體的晶格（點陣）常數值絕大多數仍以 Å 爲單位（如 ASTM 的 X 射線衍射數據卡片），爲對照方便，晶格（點陣）常數及晶面間距的單位仍保留使用 Å。

此外，尚有幾點須加說明：(1) 力學性能試驗標準大部分已進行修訂，但不少工程應用的材料性能數據是按照舊標準測得的。本書在引用這些數據時保留使用其中的部分術語，如屈服強度 $\sigma_{0.2}$、比例極限 σ_p、彈性極限 σ_e 等；有些數據未説明測定時是用加載法還是卸載法，因此無法區分究竟是"規定非比例伸長應力 σ_p"還是"規定殘餘伸長應力 σ_r"。但就工程應用而言，兩者的差別不大。另外，"伸長率 δ"通常指"斷後伸長率"，未加註下標者一般系指 δ_5。(2) 這次編寫中貫徹國內外成果兼收並蓄的原則，直接引用了部分國外的材料標準和牌號。對於各國通用的一些牌號，則不再註明國別和標準號，如 304、316L 不鏽鋼等，就不一定加註"美國 AISI"或"日本 JIS"等字樣。(3) 對材料的組成，儘可能標明爲質量分數 w、體積分數 φ 或摩爾分數 x；未標明者一般系指質量分數。

我們相信，對於從事機械設計和機械製造的工作者，比較系統和全面地了解材料科學技術的知識不僅是有益的，而且也是十分必要的。衷心希望本卷的出版能對廣大讀者有所啓發和幫助。

參加本卷編寫工作的有 31 個單位，編審人員共 111 名。他們在百忙中竭盡全力，爲全卷的順利出版作出了貢獻。但限於我們的水平，加之時間倉促，難免有疏漏和錯誤之處。歡迎讀者多提寶貴意見，以便今後修正改進。

機械工程手冊編委會

1994.10

鋼材料目錄

第4篇 鋼

CONTENTS

Part 4　Steels

第 4 篇

鋼

常 用 符 號 表

A——奧氏體

Ac_1——加熱下臨界點（℃）

Ac_3——亞共析鋼加熱上臨界點（℃）

Ac_{cm}——過共析鋼加熱上臨界點（℃）

A_K——衝擊吸收功（J）

A_{KV}——V 型缺口試樣衝擊吸收功（J）

A_{KU}——U 型缺口試樣衝擊吸收功（J）

a_K——衝擊韌度（J/cm^2）

Ar_1——冷卻下臨界點（℃）

Ar_3——冷卻上臨界點（℃）

B——貝氏體

D_I——理想臨界直徑（mm）

E——彈性模量（MPa），端淬距離（mm）

E_s——半馬氏體距離（mm）

F——鐵素體

FATT——斷口形貌轉折溫度（℃）

G——切變彈性模量（MPa）

HB——布氏硬度

HRA——洛氏硬度 A 標尺

HRB——洛氏硬度 B 標尺

HRC——洛氏硬度 C 標尺

HRN——表面洛氏硬度 N 標尺

HS——肖氏硬度

HV——維氏硬度

J_{Ic}——延性斷裂韌度（$MPa·m^{1/2}$，$MN/m^{3/2}$）

K_c——平面應力斷裂韌度（$MPa·m^{1/2}$，$MN/m^{3/2}$）

K_{Ic}——平面應變斷裂韌度（$MPa·m^{1/2}$，$MN/m^{3/2}$）

M——馬氏體

M_f——馬氏體轉變終了溫度（℃）

M_s——馬氏體轉變開始溫度（℃）

N——疲勞壽命（週次）

NDT——無延性轉折溫度（℃）

R——腐蝕率（mm/a）

w_B——B 的質量分數（%）

δ——斷後伸長率（%）

ε——應變（%）；相對耐磨係數

ν——泊松比

σ——應力（MPa）

σ_b——抗拉強度（MPa）

σ_{bb}——抗彎強度（MPa）

σ_{bc}——抗壓強度（MPa）

σ_D——疲勞極限（MPa）

σ_e——彈性極限（MPa）

σ_N——N 次循環的疲勞強度（MPa）

σ_p——規定非比例伸長應力（比例極限）（MPa）

σ_r——規定殘餘伸長應力（MPa）

σ_s——屈服點（MPa）

σ_{SL}——下屈服點（MPa）

σ_{SU}——上屈服點（MPa）

$\sigma_{R(N)}$——條件疲勞極限（MPa）

σ_{SO}——鬆弛應力（MPa）

σ'_u——蠕變極限（以蠕變速度確定的）（MPa）

σ'_τ——持久強度極限（MPa）

$\sigma_{0.2}$——屈服強度（相當於規定殘餘伸長應力 $\sigma_{r0.2}$）（MPa）

σ_{-1}——對稱彎曲應力的疲勞極限（光滑試樣）（MPa）

τ——切應力（MPa）

τ_b——抗剪強度（MPa）

抗扭強度（MPa）

τ_{-1}——扭轉應力的疲勞極限（光滑試樣）（MPa）

ψ——斷面收縮率（面縮率）（%）

第1章　概　　論[1]～[7]

鋼是可變形的含碳的鐵基合金，碳含量（指質量分數，用符號 w_C 表示）一般在 2% 以下並可能含有其他元素。在個別鋼中（如高鉻鋼）其 w_C 可超過 2%，但含 w_C 2% 通常作爲劃分鋼和鑄鐵的界限。在現代工程材料中，把經塑性變形的（鍛、軋等）、以鐵爲基體的其他合金也包括在鋼類中，因此，傳統的鋼的涵義已在變化和發展。

鋼作爲經濟建設的重要基礎材料，在世界各國的經濟發展中發揮著十分重要的作用。儘管鋼材受到高分子材料、陶瓷材料和鈦、鋁等輕金屬材料的挑戰，但由於有豐富的資源和具有優越的性能及較低的成本，在相當長時間內，鋼材在現代工程材料中仍將占主導地位。

另一方面，鋼材本身也經歷著發展和轉化的過程。當前，鋼材正從大批量生產的通用產品向高性能、多品種、針對市場需求的深加工產品轉化。高性能是指鋼材的高純潔度、高均勻性、超細組織和高精度。多品種的標誌是，不僅生產一般的棒、板、管、帶、絲、型材以及鍛、擠、鑄材，而且可生產特厚、特寬、特長材以及超薄、超細材；可生產接近使用形狀的產品，如精軋材、精鍛材、精鑄材、異型材及粉末冶金製品等；還可生產複合材、表面合金化材、塗層和鍍層材等。另外，還可根據產業部門和工程需要開發針對性強的專用鋼種，以達到最大限度地滿足用戶的要求。

當前鋼材發展趨勢中引人注目的主要有以下幾方面：（1）熱軋板捲鋼方面，壓力容器用鋼開發和應用了低溫下高韌度、高強度、焊接無裂紋鋼（如 CF60、CF80 等）；熱軋高強度結構鋼板開發了強度爲 600～700MPa 級工程機械用鋼；汽車結構用熱軋板主要開發在保證良好的衝壓成型條件下提高強度，微合金非調質鋼和雙相鋼正得到發展；管線鋼中抗 H_2S 腐蝕、抗低溫的管線鋼（如 X80）是當前國際水平的管線鋼；造船鋼板主要開發高強度、高斷裂韌度的超深潛水器和潛艇用鋼。（2）冷軋板捲鋼方面，C + N 的質量分數小於 0.003%（30ppm）是衡量冷軋板生產質量的重要指標；冷軋薄板中代表當前先進水平的是超深衝鋼板，如無間隙原子的 IF 鋼；到本世紀末將從傳統的深衝板過渡到超深衝板，超深衝板產量將大幅度提高；熱鍍 Zn-Al 是熱鍍鋅板的發展方向，Zn-Ni

合金電鍍板是汽車用電鍍鋅板的主流，到本世紀末鍍鋅 IF 鋼板將系列化。（3）鋼管方面，高壓鍋爐管正開發在長時間使用條件下持久、蠕變性能優良及組織穩定的鋼管；油管、套管已能生產深井用抗拉強度大於 860MPa 高強度鋼管，耐 $H_2S + CO_2 + Cl^-$ 腐蝕的鋼管，高寒地區用鋼管，高抗壓潰和高射孔性能鋼管，並提高螺紋聯接型鋼管的聯接性能。

精細鋼材是本世紀末鋼材的主要發展趨勢。精細鋼材主要體現出鋼質純潔，鋼的成分最佳化，冶金質量控制嚴，鋼材均質性、穩定性好，幾何尺寸精確，外觀優良。主要開發以下幾方面：（1）超高級質量鋼方面，如高韌度高強度鋼、精細控制淬透性帶的齒輪鋼，超低氧量軸承鋼，超深衝鋼，超高衝擊韌度的超高強度鋼，高溫耐蝕油管鋼，超低溫用鋼，高牌號取向矽鋼，彩顯管陰罩用冷軋薄鋼帶，特殊合金鍍層鋼等。（2）複合材料方面，如複合不鏽鋼板，複合鈦鋼板，複合高溫抗氫化鋼板，複合耐磨鋼板，夾層阻尼鋼板及漸變材料等。（3）鋼鐵功能材料方面，如形狀記憶鋼，防震隔音鋼，儲氫鋼，非晶微晶鋼，太陽能收集轉化用黑色不鏽鋼，自蔓燃梯度功能材料、傾斜功能材料、吸波塗層材料以及生物醫學材料等等。鋼鐵材料不僅在結構材料中占主導地位，而且在功能材料中也將有重要位置。

1　鋼的生產

現代鋼鐵聯合企業的生產流程是：高爐煉鐵—鐵水預處理—氧氣轉爐煉鋼—爐外精煉—連鑄—鋼坯熱裝熱送—連軋。鋼材的一般生產流程見圖 4·1-1。

在繼續優化現有生產流程的同時，鋼的生產正在探索流程短、效率高、投資少、產品質量好、適應性強、節約能源、降低原材料消耗和環境污染的新技術、新工藝。引人矚目的新工藝流程主要有兩方面：（1）現代化新型電爐鋼廠興起，出現了以廢鋼爲原料，採用電爐—爐外精煉—連鑄—連軋流程生產的小型鋼廠。這類鋼廠的基建（特別是環保）投資少，能耗低，較易現代化。電爐煉鋼的一些新技術，如超高功率電爐、直流電弧爐、水冷爐頂爐壁、偏心爐底出鋼、採用煤—氧或油—氧燒嘴助熔、爐底吹惰性氣體攪拌等

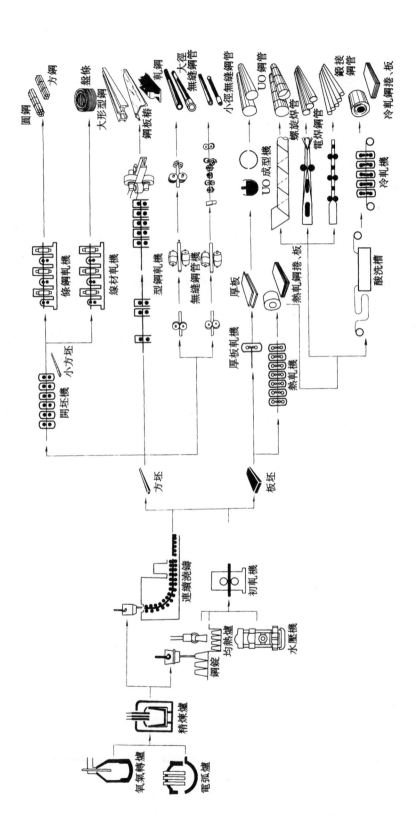

圖 4‧1-1　鋼材的生產流程示意圖

等都使電爐冶煉進一步提高技術經濟指標和降低成本，也有利於與爐外精煉和連鑄連軋匹配。現代化小型鋼廠在原材料及電能得到充分供應且價廉的條件下，有較強的競爭力。(2) 緊湊式短流程工業化，即融熔還原和薄板坯連鑄技術工業化，將取消傳統的煉焦爐和高爐，簡化帶鋼熱軋機組，使連鑄機和帶鋼熱軋機組成一個綜合體。接近最終產品形狀的連鑄技術，不僅可省去鋼錠開坯工序，而且還可省卻熱軋的粗軋機組，甚至可完全省免整個熱軋工序，使設備投資和能耗大幅度下降。這類短流程的鋼廠污染小，生產費用低，但目前尚有一定的風險性，有待進一步探索。

預計到21世紀前期，傳統的生產流程仍是鋼鐵生產的主體。

1·1 鋼的冶煉

煉鋼的基本原料是煉鋼生鐵和廢鋼（或海綿鐵）。根據工藝要求，還需加入各種鐵合金或金屬料，以及各種造渣劑和輔助材料。原材料的優劣，對鋼的質量有一定的影響。而煉鋼設備和冶煉工藝對鋼的性能有直接的影響，所以不同的鋼種，不同質量要求的鋼材，應當正確合理地選擇煉鋼爐，並制訂相應的冶煉工藝。

1·1·1 煉鋼爐

用於大量生產的煉鋼爐主要有氧氣轉爐，高功率或超高功率電弧爐，還有平爐和普通功率電弧爐。為了滿足特殊需要還應用電渣爐、感應爐、電子束爐、等離子爐等。各種煉鋼爐的特點和用途見表 4·1-1，幾種特殊用途的煉鋼爐見圖 4·1-2。

現代煉鋼工藝中，幾種主要煉鋼爐只是作為初煉爐，其主要功能是完成熔化及粗調鋼液成分和溫度，而鋼的精煉和合金化將在其後的爐外精煉裝備中完成。

現代轉爐有頂吹氧轉爐，和由頂吹、底吹發展起來的各種類型的頂底複合吹煉轉爐。轉爐煉鋼主要是氧化過程，靠鐵液中元素（主要是矽和碳）的氧化產生的化學熱提供主要熱源。其他雜質元素氧化後生成的氧化物，一部分進入爐渣，另一部分以氣體形態排出。當鋼液的碳含量和溫度達到要求時，停止吹煉。為了去除鋼中剩餘的氧並調整化學成分到規定含量，

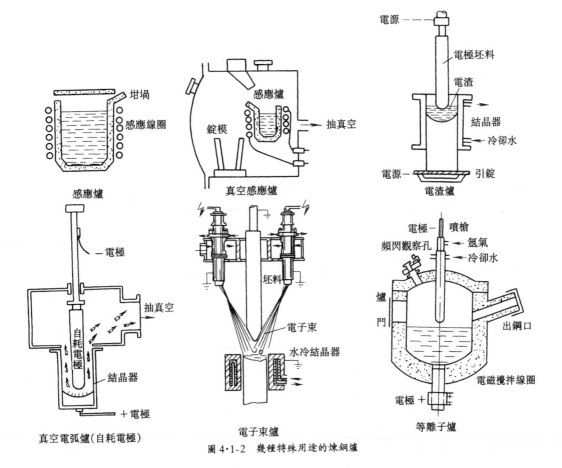

圖 4·1-2 幾種特殊用途的煉鋼爐

表4‧1-1　各種煉鋼爐的特點和用途

煉 鋼 爐	主 要 熱 源	主 要 原 料	主 要 特 點	用 途 舉 例
氧氣轉爐	鋼液中碳、矽、錳、磷等元素氧化產生的化學熱	煉鋼生鐵（液態）和廢鋼	氧化熔煉，吹煉速度快，生產效率高，有不同的吹煉方法，鋼的質量與平爐鋼相當	冶煉各種非合金鋼和低合金鋼，用於大量生產；與爐外精煉配合可生產各種合金鋼
電弧爐	交流或直流電弧	廢鋼和海綿鐵	通用性大，爐內氣氛可以控制，鋼水脫氧良好，能冶煉含易氧化元素和難熔金屬的鋼種，產品多樣化	冶煉各種合金鋼和優質非合金鋼；現代超高功率電弧爐生產非合金鋼或初煉鋼水，再與爐外精煉配合生產優質鋼
平爐	重油、發生爐煤氣、焦爐煤氣、高爐煤氣、天然氣	煉鋼生鐵和廢鋼	氧化熔煉，容量大，爐料中廢鋼比例不限，採用吹氧技術可提高生產率，但相對生產率低，成本較高	冶煉各種非合金鋼和低合金鋼
電渣爐	電渣電阻熱	鑄造或鍛壓的坯料	由於渣洗作用，脫氧、脫硫效果顯著，鋼的純潔度較高，鋼錠緻密、偏析減少，自下而上順序凝固，能改善加工性能	精煉合金鋼和各種合金材料
感應爐（真空感應爐）	感應電流	優質廢鋼、中間合金（工業純金屬料）	脫硫、脫磷效果不如電弧爐，要用優質爐料，但可避免電極增碳，鋼中氮含量也較低，能冶煉含易氧化元素的鋼種	冶煉優質高合金鋼和其他特種合金
真空電弧爐（自耗電極）	直流電弧	鑄造、鍛壓或粉末燒結的坯料	高溫高真空下，使夾雜和氣體含量顯著降低，鋼的純潔度高，成分和性能穩定性好	高合金鋼和難熔合金的精煉
電子束爐	電子束	真空電弧爐	高真空電子束精煉，氣體和夾雜含量大大降低，鋼錠特別緻密、純潔	難熔金屬和超合金的精煉
等離子爐	等離子體電弧	同感應爐	熔煉溫度高，熔化速度快，比容量相同的感應爐耗電量少，對成分控制、脫氧、去氣、去硫作用均較好	低熔點合金到高熔點合金均可熔煉

按所煉鋼種的需要，可在出鋼前加入脫氧劑進行爐內預脫氧，也可在出鋼時加入鋼包中進行終脫氧；還可在鋼包中加鐵合金等進行合金化，或在爐外精煉時進一步微調成分。由國外率先發展的新技術，轉爐用三脫（脫硫、脫磷、脫矽）鐵水作原料，進行少渣煉鋼，使冶煉週期縮短，鋼水的成分和溫度雙命中率提高，爐襯壽命延長，鋼的純潔度高，經濟效益顯著。

電弧爐的冶煉工藝也在演變，已由原來的熔化期—氧化期—還原期操作改變為熔氧結合—精煉或鋼包合金化的工藝，即熔池吹氧迅速熔化爐料，去除鋼中的磷，加速雜質元素的氧化；精煉期結合出渣、噴

粉、鋼包合金化，從而縮短了電弧爐冶煉時間。超高功率電弧爐則採取在大功率下熔化、氧化和粗調金屬液的成分，再結合爐外精煉裝置冶煉製各種合金鋼。

煉鋼爐由於所用的爐襯材料不同，分為鹼性爐和酸性爐。與此相應的冶煉操作方法也有鹼性法和酸性法之分。鹼性法的爐渣主要成分為 CaO，保持高的鹼度（w_{CaO}/w_{SiO_2} 大於 2），通過鋼—渣反應，能充分脫除磷和硫，因此可用一般廢鋼為爐料。機械工業用鋼大部分是鹼性法冶煉的。酸性法的爐渣中含 SiO_2 較高（w_{CaO}/w_{SiO_2} 小於 1），爐內擴散脫氧效果較好，鋼中氣體含量較低，鋼的質量較優。但酸性法不能去

除磷、硫，故對爐料的要求嚴格。隨著爐外精煉技術的發展，鋼的質量得到明顯改善，已沒有必要再發展酸性煉鋼法。

1·1·2 爐外精煉

爐外精煉也叫二次精煉，是提高鋼材內在質量，保證連鑄機正常運行的關鍵技術。現代工業對鋼材質量的要求越來越高，又促進了爐外精煉技術的發展。50 年代主要發展了鋼包脫氣技術（DH 法、RH 法）；60 年代以來，為了擴大爐外處理的作用，使鋼液有均勻的溫度和成分，促進夾雜物上浮，開發了具有感應電磁攪拌、電弧加熱功能的 ASEA-SKF 精煉爐、真空吹氧脫碳法（VOD）、氬氧吹煉爐（AOD），以及具有電弧加熱、氬氣攪拌功能的鋼包精煉爐（LF）等；近年又有 CAS 及 CAS-OB（密封鋼吹氬成分微調法加氧槍實現溫度調節）、PM（噴流攪拌的鋼包快速精煉法）、KIP（噴粉精煉法）、TN（惰性氣體噴吹鹼土金屬脫硫法）等綜合精煉工藝。爐外精煉技術按功能分類大致可分為 7 類，見表 4·1-2，幾種爐外精煉法見圖 4·1-3。

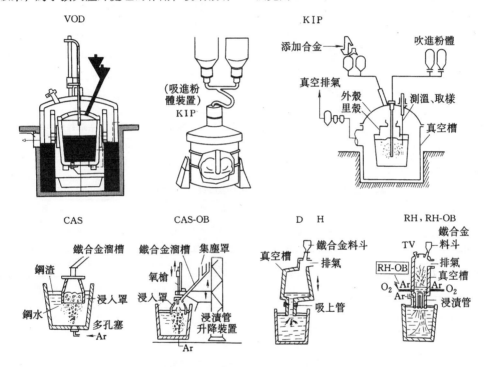

圖 4·1-3 幾種爐外精煉法示意圖

表4·1-2 爐外精煉技術按功能分類

分 類	功能特點及應用實例
精煉脫碳技術	採用強攪拌，在真空下碳的質量分數可降至 0.005% 以下。例如，RH 處理 250t 鋼水，碳的質量分數可降至 0.002% 以下；50t 的 SS-VOD 精煉 30Cr-2Mo 不鏽鋼，碳的質量分數可降至 9×10^{-4}%
精煉脫硫技術	鋼包加頂渣脫硫，可使硫的質量分數從 0.0035% 降至 0.0007%；採用帶加熱設備的則降至 10^{-4}%；用鈣系粉劑處理，降至 0.002% 以下
精煉脫磷技術	在鐵水脫磷的同時，採用鋼水脫磷技術。例如超低磷鋼的生產流程可概括為：鐵水脫矽—噴粉脫磷—轉爐吹煉—爐外精煉（VAD、LF 等）脫磷
低氧鋼生產技術	精煉採用高鹼度頂渣、吹氬攪拌和保護澆注，並選用優質耐火材料包襯
精煉脫氮技術	採用 SS-VOD 設備在真空下精煉不鏽鋼，鋼中氮的質量分數可降至 0.0015% 以下

（續）

分　類	功能特點及應用實例
鋼的清潔度和夾雜物變性技術	鋼中的氧、硫含量是鋼的清潔度重要參量，採用各種工藝方法使其降至最低值；工業上普遍採用鈣處理使夾雜物變性
微量有害雜質去除技術	向不鏽鋼中噴吹 CaC_2，微量有害雜質的脫除率分別爲：$w_{As}85\% \sim 95\%$，$w_{Se}87\% \sim 95\%$，$w_S79\% \sim 94\%$，$w_{Pb}50\% \sim 88\%$

1·1·3　脫氧工藝

　　脫氧工藝及鋼水脫氧程度，與鋼的凝固結構、鋼材性能、質量有密切關係。當加入足夠數量的強脫氧劑（矽、鋁），使鋼水脫氧良好，在鋼錠模內凝固時不產生 CO 氣體，鋼水保持平靜，這樣生產的鋼叫做鎮靜鋼。如果控制脫氧劑種類和加入量（主要是錳），使鋼液中殘留一定量的氧，在凝固過程中形成 CO 氣泡逸出而產生沸騰現象，這類鋼叫做沸騰鋼。還有一種脫氧程度介於鎮靜鋼和沸騰鋼之間的鋼，叫做半鎮靜鋼。上述三類鋼的鋼錠內部結構見圖 4·1-4，他們的特點和性能比較見表 4·1-3。

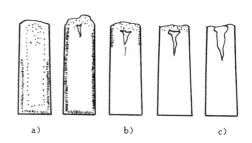

弱←脫氧程度→強

圖 4·1-4　沸騰鋼、半鎮靜鋼和鎮靜鋼的
鋼錠內部結構示意圖
a) 沸騰鋼鋼錠　b) 半鎮靜鋼鋼錠　c) 鎮靜鋼鋼錠

表 4·1-3　鎮靜鋼、半鎮靜鋼和沸騰鋼的特點、性能比較

	項　目	鎮　靜　鋼	半　鎮　靜　鋼	沸　騰　鋼
	脫氧程度	脫氧較完全，鋼水在鋼錠模內凝固過程中保持平靜，基本上無 CO 氣泡產生	進行中等程度的脫氧，使鋼水在鋼錠模內凝固過程中維持一定的沸騰現象	不用矽和鋁脫氧，保留足以導致鋼水在鋼錠模內產生適當沸騰現象的氧含量
鋼錠特點	成分限制	無特殊限制	碳與矽含量(質量分數)一般分別不大於 0.25% 與 0.17%	碳與矽含量(質量分數)一般分別不大於 0.25% 與 0.07%
	表面質量	一般	良好	良好
	偏析與純潔度	較純潔，內外部偏析較輕	介於鎮靜鋼與沸騰鋼之間	外殼純淨，內部雜質及夾雜物多；鋼錠上、中、下偏析比較嚴重
	鋼錠成材率	鋼錠頭部有巨大縮孔，鍛、軋成材後，切頭量較多，成材率較低;對質量要求嚴格的大鍛件，鋼錠成材率有時尚不到50%	介於鎮靜鋼與沸騰鋼之間	無縮孔，因而成材率較高，一般大於 80%
鋼的力學性能	抗拉性能	在其他情況相同的條件下，三類鋼的強度與伸長率等均大致相同		
	衝擊韌性	良好	次於鎮靜鋼	較差，脆性轉折溫度較高，時效現象嚴重
鋼的工藝性能	冷衝壓性能	良好	尚好	只宜作簡單的衝壓件
	焊接性能	隨鋼的化學成分不同而變化。碳含量相同時，比沸騰鋼好	可焊接	由於化學成分偏析，焊接性不很好，並易產生時效開裂，不宜用於製造較重要的焊接構件

註：表中所述各成分皆指質量分數。

國家標準規定，普通質量非合金鋼按沸騰鋼、鎮靜鋼和半鎮靜鋼生產和供應；合金鋼除個別鋼種外，一般都是鎮靜鋼。沸騰鋼由於容易生產，成材率高，且板材表面質量好，所以一直在鋼產量中占有一定比例；但由於它不適於連鑄，不能在鋼包中脫硫和進行鈣處理，內部質量滿足不了用戶對均質性和純潔度的高要求，故產量和用途受到限制。

1·2　鋼的澆鑄

鋼的澆鑄分爲模鑄和連續澆鑄，澆鑄工藝與鋼的質量密切相關。

1·2·1　模鑄

模鑄是將鋼水注入鋼錠模內，待凝固脫模後成爲鋼錠。一般非合金鋼鋼錠脫模後即可熱送軋鋼車間；有些合金鋼鋼錠還須經緩冷或退火處理，並經表面清理修磨後，再送去進行壓力加工。

按澆注工藝，分爲上注鋼錠和下注鋼錠，其澆注方法見圖 4·1-5。上注錠的工藝操作簡單，外來夾雜物來源少，鋼水收得率高；但澆注時鋼水飛濺影響鋼錠的表面質量，增加修磨工作量。下注錠的表面質量好，但帶入外來夾雜物的機會多。

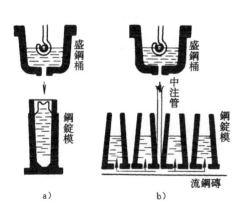

圖 4·1-5　上注法和下注法示意圖
a) 上注法　b) 下注法

由於模鑄鋼錠是間歇生產，生產率低，金屬收得率低，隨著連續澆鑄技術的發展，其所占的比例將逐漸減小。但機械工業中所需的大鍛件還需用大的模鑄錠（或經特殊處理，如電渣重熔等）來製造。

1·2·2　連續澆鑄

鋼的連續澆鑄（簡稱連鑄）是將鋼水從鋼包經過中間包注入連鑄機的水冷結晶器，從結晶器的另一端連續拉出鑄坯，再經過二次冷卻和矯直而得到合格的連鑄坯。連鑄是世界鋼鐵工業發展中的一項十分引人注目的先進技術，已經成爲現代煉鋼生產流程的一個重要組成部分。世界範圍內連鑄比逐年提高，先進的鋼廠已達到全連鑄水平。

和傳統的模鑄相比，連鑄的主要優點是：簡化生產工序，縮短生產週期，提高生產效率；增高金屬收得率；降低能耗；可直接熱送和直接軋製；鑄坯質量好，內部組織均勻、緻密，偏析少，性能穩定；連鑄坯軋出的板材橫向性能優於模鑄，深衝性能也有所改善。連鑄板坯一般採用 3～6 的壓縮比，可使鋼板獲得均勻結構，且易於壓力加工。

連鑄技術發展迅速，連鑄設備不斷改進，用於工業生產的連鑄機機型現有立式、立彎式、弧型、水平式等，主要機型見圖 4·1-6。

隨著連鑄技術的進步，連鑄坯質量（包括幾何形狀、表面質量、內部組織和純潔度等）不斷提高，以滿足特殊質量要求。例如連鑄板坯要求夾雜物含量很低，不允許有大於 $100\mu m$ 的大塊夾雜物；對於電器用矽鋼薄板的連鑄坯要求碳、硫、氧、氮含量很低。連鑄工藝也不斷改進，開發了連鑄坯熱送工藝（HCR）和連鑄坯直接軋製工藝（HDR），使鋼液—成坯—成材的能耗降低，生產週期縮短，技術經濟指標顯著改善。連鑄的品種正日益增多，可生產超純潔鋼、高牌號矽鋼、高合金鋼，以及不鏽鋼、Z 向鋼、石油管線用鋼等的連鑄坯。連鑄方坯已用於軋製易切削鋼、冷鐓鋼、軸承鋼等。接近最終產品形狀的連鑄技術，取得長足的進步，其中薄板坯連鑄、輥式薄帶連鑄及噴霧沈積等技術已進入工業化。

1·3　鋼的壓力加工

鋼錠或連鑄坯經過壓力加工得到各種形狀和規格的鋼材。塑性變形有助於消除鑄態組織中的粗晶、孔隙和疏鬆，並能減輕偏析。經熱壓力加工的鋼材其延性和塑性優於鑄態。在鋼材實際生產中，往往有一個供消除鑄態組織或保證獲得某種性能所必需的加工量，鍛壓時爲開坯鍛壓比，軋製時爲開坯壓縮比。

1·3·1　冷、熱壓力加工

壓力加工根據加工溫度（高於或低於鋼的再結晶溫度）和是否完全消除加工硬化，分爲熱加工和冷加工。

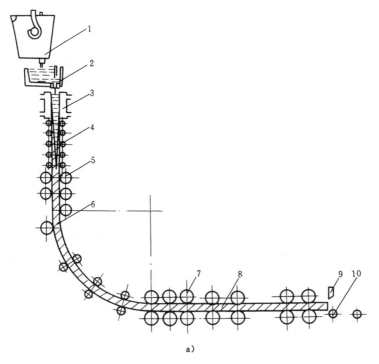

a)

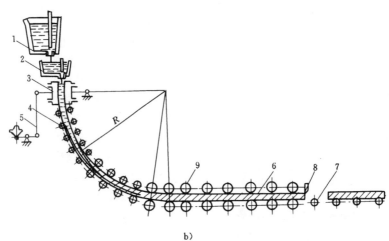

b)

圖4·1-6　連鑄機的主要機型示意圖

a) 立彎式

1—鋼包　2—中間包　3—結晶器　4—二次冷卻裝置　5—拉坯機

6—彎坯裝置　7—矯直機　8—鑄坯　9—切割設備　10—運輸輥道

b) 弧型

1—鋼包　2—中間包　3—結晶器　4—二次冷卻裝置　5—振動

裝置　6—鑄坯　7—運輸輥道　8—切割設備　9—拉坯矯直機

　　鋼的熱加工溫度範圍與鋼的化學成分有關，而生產條件和溫度控制也有影響。非合金鋼的熱加工溫度和碳含量的關係見圖4·1-7。熱加工時由於再結晶作用而消除了塑性變形所產生的內應力，強化作用不明顯。鋼在高溫下塑性變形的抗力較弱，使之變形所耗的動力和能量也較少，所以熱加工效率高，成本低。

但鋼在高溫下加熱和加工，表面產生氧化和脫碳，鋼材表面質量和尺寸均不易嚴格控制，對細、薄鋼材也難以加工。

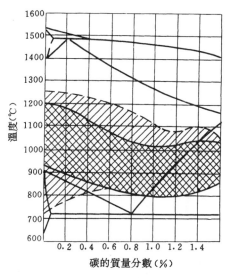

圖 4·1-7 非合金鋼熱加工溫度與碳含量的關係

鋼的冷加工通常在室溫下進行，由於不發生再結晶和回復作用，金屬晶格將被扭曲並產生大量位錯，形成很高的內應力，使金屬得到強化，以致難以繼續加工。所以冷加工每道次變形量有限；當需要作較大的冷變形和多道次冷加工時，還須進行中間退火。有時為了改善鋼的塑性和降低鋼的變形抗力，也可略行加熱或達數百度，進行溫加工，因在再結晶溫度以下，仍屬冷加工範疇。冷加工的優點是可以獲得光潔的表面以及精密的外形，可生產細、薄產品。但鋼在室溫時對塑性變形的抗力大，並產生加工硬化，因而它比熱加工的能耗大；同時冷加工的工序複雜，產品成本比熱加工高。

1·3·2 控制軋製

在熱軋過程中，通過對坯料加熱、軋製和冷卻的合理控制，使塑性變形與固態相變相結合，以獲得良好的晶粒組織，使鋼材具有優異的綜合性能，這種軋製技術稱為控制軋製。其特點是既能生產出強度、韌性兼優的鋼材，又可省去軋後的熱處理工序，節約能耗；但對軋機的設備強度、動力和生產技術水平均提出了較高的要求。

根據塑性變形、再結晶和相變條件，控制軋製可

分為三階段。

1. 在奧氏體再結晶區控制軋製 在高於奧氏體再結晶溫度範圍（≥950℃）內進行軋製，使再結晶和變形交替進行，以細化奧氏體晶粒。當它轉變為鐵素體時，其晶粒亦細化，從而提高了鋼的韌性。

2. 在奧氏體未再結晶區控制軋製 在奧氏體再結晶開始溫度到 Ar_3 以上進行軋製，可使奧氏體晶粒拉長，同時在晶內形成大量變形帶，增加奧氏體向鐵素體轉變時的晶核生成能，獲得極細小的鐵素體晶粒，從而提高鋼的韌性。同時鋼中形成鈮的碳化物和氮化物，可抑制再結晶和晶粒長大。

3. 在奧氏體和鐵素體兩相區控制軋製 在奧氏體和鐵素體兩相區溫度範圍內（Ar_3 以下）進行軋製，由於伴隨著加工硬化和珠光體析出的硬化，從而使鋼的強度提高，韌—脆轉折溫度降低。但由於產生了織構，使板厚 Z 向的強度和衝擊韌度都降低。

控制軋製工藝主要用於含有微量元素〔一般（$Nb+V+Ti$）的質量分數＜0.1％〕的低碳鋼種；此外，含錳鋼和矽錳鋼的控制軋製也取得成效，應用範圍不斷擴大。同時，把控制軋製原理應用於各類鋼材（如軸承鋼、不鏽鋼等）生產，以提高鋼材的綜合性能，即所謂廣義的控制軋製。

1·3·3 壓力加工方法

生產鋼材的壓力加工方法，主要有軋製、拉拔、鍛造，以及精鍛、擺鍛、擠壓等。

1. 軋製 坯料通過轉動的軋輥而變形。軋製可採用各種型式的軋機。軋機按軋輥的排列和數目分類，見表 4·1-4。

熱軋鋼材的原料主要是鋼錠和連鑄坯。鋼錠先進行初軋開坯成各種規格的方坯、扁坯、板坯等。鋼坯軋製成鋼材，通常先以大壓下量進行粗軋，以減少軋製道次，提高產量；再以小壓下量進行精軋，以達到良好的表面質量和精確的尺寸。鋼材軋製後，按不同技術條件，分別經酸洗、鏟磨、矯直、定尺和平整等精整工序，才提供用戶使用。

鋼材熱軋的效率高，產量大，成本低，是生產各種鋼材最主要的方法。而生產表面質量優良和尺寸精確的板、管、帶以及薄壁管、薄鋼帶等精細產品，則採用冷軋方法。冷軋，一般用熱軋退火和酸洗後的坯料進行再軋製。近 20 年來，冷軋連續化得到發展，全世界已建成冷軋帶鋼的酸洗—冷軋—退火—精整連續生產線 30 多條。

表 4·1-4　軋機按軋輥的排列和數目分類

圖　示	使用於何種軋機	圖　示	使用於何種軋機	圖　示	使用於何種軋機
二輥式	可逆式有:初軋機,軌梁軋機,中、厚板軋機 不可逆式有:鋼坯連軋機,疊軋薄板軋機,冷軋薄板與帶鋼軋機,平整機	多輥式	薄帶和箔材冷軋機	斜輥式	無縫管穿孔機,均整機
三輥式	軌梁軋機,大、中、小型型材軋機,線材軋機,開坯機	行星式	熱軋窄帶軋機	蘑菇式	週期斷面軋機
勞特式	中、厚板軋機,疊軋薄板粗軋機	立輥式	厚板軋機的軋邊及除鐵鱗機,大、中、小型型材軋機,鋼坯連軋機	盤式	無縫管穿孔機
複二輥式	小型線材軋機	萬能式	板坯初軋機,中、厚板軋機,熱帶軋機	三輥斜軋式	無縫管軋管機,無縫管穿孔機
四輥式	中、厚板軋機,冷(熱)軋薄板、帶軋機,平整機	萬能式	寬邊鋼梁,大、中型型鋼軋機	輪箍軋機	軋製車輪輪箍軋機

　　軋製大口徑薄壁無縫鋼管,宜採用旋壓工藝。軋製時把管坯套在軋輥上,外面用許多小輥輾壓,其優點是表面光潔,壁厚均勻,幾乎尺寸精確。而生產厚壁無縫鋼管,則採用三輥穿管工藝,精度高,質量好。

　　鋼的軋製方法很多,而且不斷發展。如縱軋成型、斜軋成型、橫軋成型、齒輪軋製、車輪與輪箍軋製、鋼球軋製等各種特種軋製均在發展,其共同優點是生產率高,金屬消耗少,產品質量好。又如異步軋製,由於上下輥的圓周速度不同,軋輥結合,可使軋製力大大降低,適用於大壓下量軋製、硬質鋼種軋製、極薄帶鋼軋製等。還有真空軋製和惰性氣體中進行的保護軋製,主要用於帶放射性的金屬材料、高純度難熔金屬及其合金,以及雙金屬材料等的軋製。近年來開發的連鑄連軋,即鋼液連續澆鑄,軋機連續軋製,有很好的前景。

　　2.拉拔　冷拉鋼材軋件由拉力通過有一定傾角的錐形拉模而變形。拉拔的產品有直徑較粗的管材、棒材等,也有直徑較細的線材、鋼絲等。其斷面通常爲圓形,但也有各種異形製品。例如對於小直徑的鋼絲,或對於表面質量要求高、尺寸精度要求嚴的型材以及直徑較小的鋼管,因不宜熱軋,需以熱軋材爲原料,用多次冷拉的方法加工。其優點是平均單位壓力低,製品尺寸精度高,表面質量好,但不適用於低塑性的材料。

　　3.鍛造　把坯料放在成對工(模)具之間,由衝擊或靜壓使坯料達到預期的形狀。鍛造的適應性強，能生產形狀複雜的製品，還能生產特大型鍛件。高合金鋼鋼錠由於塑性很低，難以熱軋開坯，必須先用鍛造使之在一定條件下緩慢變形，才能進行軋製。鍛造對於改善合金鋼組織，特別是消除網狀碳化物，其效果優於軋製；但鍛造生產率低，能耗大，成本高；不過當質量上有特殊要求或難於軋製成材的情況下仍需採用它。精鍛和擺鍛則是高效率生產難變形合金的加工工藝。

4. 擠壓　將被加熱的錠料（坯料）放進擠壓筒內，在強大外力的作用下，使其通過擠壓筒一端的模孔中擠出而變形。擠壓按加工溫度可分爲熱擠壓和冷擠壓。生產中常以金屬對擠壓桿運動特點，分爲正向擠壓、反向擠壓、橫向擠壓和複合擠壓。擠壓加工的優點是能夠加工塑性低的鋼和合金材料，但其主要缺點是成材率低，勞動生產率低，單產投資和成本高。

5. 對鋼材性能和質量的影響　壓力加工方法及工藝，與鋼材性能、質量有密切的關係。例如軋材，軋製時基本上沿著一個方向變形或延伸，總變形量較大，所以軋材的方向性較明顯。沿軋製方向（縱向）和垂直於軋製方向（橫向）的強度雖差別不大，但橫向的塑性和韌性卻遠遜於縱向。軋製速度較快時，軋輥對鋼材各部位施力的情況並不相同，以致尺寸較大鋼材的心部不如外部緻密，力學性能也較差。

與軋製相比，鍛造可以利用從不同方向（如雙向）施力使鋼錠或鋼坯變形，達到總變形量相同但方向性不顯著的效果。同時鍛造加工可以控制變形速度和條件，從而獲得內外緻密且性能比較均勻的鋼材。一般來說，鍛造鋼材的質量優於軋製鋼材，而壓製鋼材又較優於錘鍛鋼材。

擠壓的特點是坯料受到三向壓應力，避免拉應力的出現，從而可對塑性差的鋼和合金進行塑性變形。

1·4　鋼的熱處理

鋼材的熱處理，因加工工藝和對組織、性能的不同要求而不同。例如各種鋼板常需進行正火處理，以獲得細化而均勻的組織和較好的綜合力學性能。高強度調質鋼板則常需進行淬火回火處理，以保證達到要求的力學性能。不鏽鋼板與鋼帶大多需進行固溶處理，以改善其耐蝕性。鋼絲及琴鋼絲等需要進行鉛浴處理並繼以冷加工，以獲得所要求的強度指標。

1·4·1　鋼錠的熱處理

鋼錠的熱處理主要是不同溫度下的退火。退火工藝的制訂，應考慮退火的目的、鋼種、鋼錠大小與形狀，以及現有退火設備等。鋼錠常用的退火可分爲擴散退火、普通退火和低溫退火，見表 4·1-5。

表 4·1-5　鋼錠常用熱處理

熱處理種類	主　　　要　　　目　　　的	適用範圍及鋼類舉例
擴散退火	利用元素在高溫下的擴散作用，儘可能減輕鋼錠內的顯微偏析部分地改善枝晶間界的性質，利於以後熱鍛軋加工的進行	重量大、枝晶嚴重的鋼錠①
普通退火（包括完全退火和不完全退火）	消除鑄態應力，便於鋼錠存放改善鑄態組織，降低鋼錠表面硬度，改善其切削加工性，便於表面清理	常用於某些高合金鋼，如高鉻鋼、高速鋼等的鋼錠
低溫退火（在 A_1 溫度下進行）	降低鋼錠表面硬度，便於表面清理儘可能降低或消除鋼錠的內應力	淬透性高的鋼種

① 在實際生產上很少單獨對鋼錠進行擴散退火，大都是在鍛軋加熱時，適當延長保溫時間。

1·4·2　熱鍛軋鋼材的熱處理

對於一般熱鍛軋鋼材，如果技術條件沒有規定或用戶沒有提出要求時，鋼廠不進行熱處理，以熱軋（鍛）狀態供應。對組織和性能有一定要求的某些鋼類，則須進行適當的熱處理後再出廠。熱鍛軋鋼材常用的熱處理見表 4·1-6。

1·4·3　冷拉鋼材的熱處理

用冷拉鋼材製造機械零件，可以省工、省料，並提高產品質量。但冷拉鋼材往往塑性和韌性較差，屈強比過高，需通過熱處理進行調整。

由於冷拉工序比較複雜，對冷拉坯料的組織和性能有一定的要求；冷拉過程中，隨著冷拉變形導致的加工硬化,需要及時進行中間退火使之軟化。爲了獲得最終的組織和性能,對冷拉的成品鋼材有時也需要進行適當的熱處理。所以冷拉鋼材的熱處理又可分爲坯料熱處理、中間熱處理和成品熱處理,見表 4·1-7。

表 4·1-6 　 熱鍛軋鋼材常用的熱處理

熱處理種類	主　要　目　的	適用的鋼類舉例
正　火	細化晶粒和使組織均勻化 改善綜合力學性能,在不降低或略降低強度的條件下,提高塑性和韌性	低合金鋼板材和型材
完全退火	細化鋼的晶粒,並使組織均勻,爲以後切削加工和調質處理準備有利條件	中碳的非合金鋼和合金結構鋼
球化退火	改善網狀碳化物,並獲得適中的球化組織,降低其硬度,爲以後切削加工和最終熱處理創造良好條件	過共析鋼和萊氏體鋼,如各種工具鋼、高速鋼及軸承鋼
低溫退火	消除內應力和降低硬度	高淬透性的鋼種

表 4·1-7 　 冷拉鋼材常用的熱處理

	主　要　目　的	熱處理種類	適用的鋼類舉例
坯①料熱處理	消除坯料的內應力,降低硬度,使之軟化,以改善冷拉性能 調整坯料的金相組織,使之均勻化,以適應冷拉加工的需要和保證對成品金相組織的要求	正火	低碳鋼
		完全退火	中碳非合金鋼與合金結構鋼、彈簧鋼、易切鋼
		不完全退火	中、低碳非合金鋼與合金結構鋼
		球化退火	高碳軸承鋼、碳素工具鋼與合金工具鋼、高速鋼等
		軟化及消除應力退火	對組織沒有要求的各鋼類
		固溶處理	奧氏體鋼、鐵素體鋼
中間熱處理	消除鋼的冷變形加工硬化作用和恢復鋼的塑性,以便繼續進行冷拉加工	消除應力退火	各類冷拉鋼
		再結晶退火	低碳非合金鋼與合金結構鋼
成②品熱處理	消除冷拉後的內應力,降低硬度,以利於以後的切削加工 保證得到標準或技術條件中規定的組織和性能指標	軟化及消除應力退火	要求性能指標而對組織無要求的各鋼類
		再結晶退火	低碳結構鋼、奧氏體鋼、鐵素體鋼

① 　 如果其組織和硬度符合要求的冷拉坯料,也可不經退火,直接進行冷拉。
② 　 冷拉鋼材成品,按標準規定有兩種交貨狀態,即冷拉狀態和退火狀態。退火狀態又分爲一般退火狀態(鋼材表面有氧化層)和光亮退火狀態(表面無氧化層),如高碳鋼、各種工具鋼及軸承鋼等大都以光亮退火後交貨。

1·4·4 　 鋼材的形變熱處理

　　與普通熱處理相比,經形變熱處理後的鋼材可獲得更好的綜合力學性能。尤其是微合金鋼,唯有採用形變熱處理工藝,才能充分發揮鋼中合金元素的作用,優化強度與韌性的配合。形變熱處理已廣泛應用於生產各種鋼材和合金材料。

　　形變熱處理工藝中的塑性變形,可選用軋製、鍛造、拉拔、擠壓等方法。形變與相變的順序也多種多樣,如先形變後相變,或在相變過程中進行形變,或在某兩種相變之間進行形變。較常用的形變熱處理工藝見表 4·1-8。

表 4·1-8　形變熱處理的類別及應用

類　型	工　藝　特　點	效　果　與　應　用
高溫形變淬火	在鋼的 Ar_3 以上或 $Ar_1 \sim Ar_3$ 之間或在合金的固溶熱處理溫度之上進行形變，然後淬火、回火	取消重新加熱淬火，可提高鋼的強度 $10\% \sim 30\%$，同時改善鋼的韌性和抗疲勞性能，減小回火脆性。用於生產非合金，低合金鋼和合金鋼的板、帶、管、線、棒材，以及形狀簡單的機械零件
控制軋製	在鋼的 Ar_3 以上或 $Ar_1 \sim Ar_3$ 之間形變，然後空冷或水冷至550℃以上，再空冷獲得鐵素體—珠光體或貝氏體組織	提高屈服強度的同時，可得到優異的低溫韌性，用於生產低碳鋼、低碳含 Nb、V、Ti 的微合金非調質鋼的板、帶、線材等產品
低溫形變淬火	在鋼的過冷奧氏體穩定區（$500 \sim 600$℃）進行形變，然後淬火、回火	在保證鋼的塑性條件下，可以大幅度提高鋼的強度。適用於強度要求高的中合金高強度鋼的零件，用於截面小的高強度鋼的鋼絲，或高合金鋼模具、高速鋼刀具等
等溫形變熱處理	1. 在鋼的珠光體轉變溫度區間，在珠光體轉變前及轉變過程中進行形變 2. 在珠光體轉變後進行形變	1. 得到細小鐵素體亞晶粒及球狀碳化物，提高鋼的衝擊韌度幾倍，用於生產合金結構鋼的小零件 2. 可大大縮短球化工藝時間，降低球化工藝的溫度，並改善球化的組織。用於工具鋼、軸承鋼
誘發馬氏體相變的形變熱處理	在鋼的 $M_S \sim M_D$ 溫度區間進行形變	在保證塑性的條件下，提高強度。適用於奧氏體不鏽鋼及相變誘發塑性鋼（TRIP 鋼）等
過飽和固溶體的形變時效處理	鋼或合金固溶處理後，在時效前進行冷加工或溫加工	強度顯著提高，仍可保證必要的塑性。用於需要強化的鋼種或合金，如奧氏體鋼、馬氏體時效鋼、鎳基高溫合金等
預先形變熱處理	在室溫進行冷變形，然後進行中間回火，再進行二次快速加熱淬火及最終回火	仍能保留形變強化的效果，可用於生產冷軋鋼管、冷拔高強度鋼絲或形狀簡單的可冷成型的小零件

2　鋼中的合金元素

　　合金元素是爲了改善和提高鋼的力學性能和使之獲得某些特殊的物理、化學性能而專門加入的元素。在實際使用的鋼中，除碳外尚存在少量的其他元素，如一般含量的矽、錳、磷、硫以及氧、氮、氫等，這些非特意加入的元素稱爲常存或殘餘元素。

　　常用的合金元素有矽、錳、鉻、鎳、鉬、鎢、釩、鈦、鈮、鋯、鈷、鋁、銅、硼、稀土元素等。磷、硫、氮等在某些情況下也起合金元素的作用。

2·1　合金元素在鋼中的分布

每一種合金元素在鋼的不同組織中的溶解度或含量是不同的，即使在同一金相組織中，溶解度也隨溫度而變化。各種合金元素在 α-Fe 和 γ-Fe 中的最大溶解度見表 4·1-9。

表 4·1-9　合金元素在 α-Fe 和 γ-Fe 中的最大溶解度

元素	在 α-Fe 中		在 γ-Fe 中		元素	在 α-Fe 中		在 γ-Fe 中	
	溫度(℃)	溶解度(%)	溫度(℃)	溶解度(%)		溫度(℃)	溶解度(%)	溫度(℃)	溶解度(%)
Al	1094	36	1150	0.625	Ni	≈415	7		無限
As	841	11.0	1150	1.5	O	910	0.03	910~1390	0.002~0.003
B	913	0.002	1161	0.021	P	1049	2.55	1152	0.3
Be	1165	7.4	1100	0.2	Pd	816	6.1		無限
C	727	0.0218	1148	2.11	Pt	<600	>20		無限
Co	600	76		無限	Pu	908	≈1.6	1021	3.7
Cr		無限	≈1050	12.5	S	914	0.020	1370	0.065
Cu	851	2.1	1096	≈9.5	Sb	1003	≈34	1154	2.5
Ge	<1250	25	1150	≈4	Si	1275	13	≈1150	≈2
Hf	937±5	0.002	1332±5	1.61	Sn	751	≈17.9	≈1100	≈1.5
In	920	≈0.9	1350	0.4	Ta	973±3	1.92	1241±3	1.6
Ir	<400	>23		無限	Ti	1291	9	1150	0.71
Mn	<300	>3		無限	V		無限	1120	1.4
Mo	1450	37.5	≈1150	≈4	W	1554±6	35.5	1150	≈4
N	590	0.1	650	2.8	Zn	783	46	≈1100	8
Nb (Cb)	989	1.8	1220	2.6	Zr	926	0.8	1308	≈2

在退火狀態的鋼中，合金元素有較多的機會按平衡態進行分布。但某一種元素在幾種可能形成的組成物中的分布，也受其他元素的影響。因此，需視化學成分才能確切判斷其分布情況。合金元素在退火鋼中的存在形式和分布傾向主要有下列五種情況：

(1) 與鐵形成固溶體，不與碳形成任何碳化物，如矽、銅、鋁、鈷等。

(2) 部分固溶於鐵素體，另一部分與碳形成碳化物。但每一種元素固溶於鐵素體和形成碳化物的傾向並不相同，因而其在鐵素體和碳化物中的含量也有所不同。這一類合金元素如錳、鉻、鉬、鎢、釩、鈮、鋯、鈦等。

(3) 不少元素與鋼中的氧、氮、硫形成簡單的或複合的非金屬夾雜物，如 Al_2O_3，$FeO \cdot Al_2O_3$，AlN，$SiO_2 \cdot M_xO_y$，TiO_2，TiN，MnS 等。

(4) 一些元素彼此作用形成金屬間化合物，如 $FeSi$，$FeCr$ (σ)，Ni_3Al，Ni_3Ti，Fe_2W 等。

(5) 有的元素，如銅和鉛，常以游離狀態存在。

2·2　合金元素與鐵碳系平衡相圖

2·2·1　鐵與合金元素二元系平衡相圖的類型

鐵與合金元素二元系平衡相圖，可以綜合歸納爲 A、B 兩大類，並可再分爲 A I 型、A II 型和 B I 型、B II 型，見圖 4·1-8。

根據鐵和合金元素組成的二元系平衡相圖的類型和形狀，又可按合金元素所屬類型分爲 A、B 兩大類。

A 類是擴大 γ 相區的元素。其特點是使 A_4 點溫度升高，使 A_3 點溫度下降，結果擴大奧氏體存在的溫度範圍。這一類元素被認爲是奧氏體形成元素，又可分爲 A I 型和 A II 型，見表 4·1-10。

B 類是縮小 γ 相區的元素。其特點和 A 類相反，是使 A_4 點溫度降低，使 A_3 點溫度升高，結果縮小奧氏體存在的溫度範圍。這一類元素被認爲是鐵素體形　成元素，也可再分爲 BI 型和 BII 型，見表 4·1-10。

表 4·1-10　合金元素的所屬類型

類型	特　　　　點	所 屬 類 型 的 元 素
AI	與 γ-Fe 形成無限固溶體	Mn, Ni, Co, Ru, Rh, Os, Ir, Pt
AII	與 γ-Fe 形成有限固溶體	Cu, Zn, Au, N, C, H
BI①	形成封閉 γ 相區的元素，能限制穩定奧氏體存在的溫度範圍，在一定含量時，A_3點與A_4點匯合，γ 相區爲 α 相區所封閉，形成 γ 相圈	Si, Cr, W, Mo, P, V, Ti, Be, Sn, Sb, As, Al
BII	縮小 γ 相區，但由於出現了金屬間化合物，破壞了 γ 相圈，以致 γ 相區沒有被 α 相區所封閉	Nb, Zr, B, S, O, Ta, RE

① BI 型元素中，Cr 和 V 與 α-Fe 無限固溶，其他元素則與 α-Fe 有限固溶。

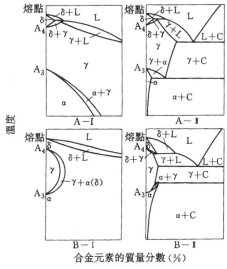

溫度

合金元素的質量分數（%）

圖 4·1-8　鐵與合金元素平衡相圖的類型
L—液相　α，γ—固溶體相　C—化合物

2·2·2　合金元素與鋼中碳的作用

根據合金元素在鋼中與碳是否形成碳化物，可分爲兩類。

第一類，非碳化物形成元素，如矽、鎳、銅、鋁、鈷等。這類元素在鋼中主要與鐵形成固溶體，另有少量的形成非金屬夾雜物和金屬間化合物，如 Al_2O_3、AlN、$SiO_2·M_xO_y$、FeSi、Ni_3Al 等。

第二類，碳化物形成元素，如鈦、鈮、鋯、釩、鉬、鎢、鉻、錳等。這類元素部分地與鐵形成固溶體，部分地與碳化合形成碳化物。各元素在兩者之間分配比例或濃度，取決於它們形成碳化物傾向的強弱，以及鋼中存在的碳化物形成元素的種類和含量。鈦、鈮、鋯、釩等爲強碳化物形成元素；鉻、錳、鐵等爲弱碳化物形成元素；鎢、鉬則介於兩者之間。

鋼中的碳化物種類很多。根據碳與形成碳化物元素兩者原子半徑的比值大小，又可分爲 a、b 兩種類型。

a 類型，兩者原子半徑的比值小於 0.59，碳原子處於碳化物形成元素原子構成點陣的間隙位置，形成間隙相。這類碳化物的晶體結構一般具有面心立方或六角點陣，如 TiC、NbC、ZrC、VC 等屬於面心立方點陣，MoC、WC 及 Mo_2C、W_2C 等屬於六角點陣。其共同特點是熔點和硬度高，且很穩定，熱處理時不易分解或溶入奧氏體中。

b 類型，兩者原子半徑的比值大於 0.59，碳原子不能處於點陣的間隙位置，晶體結構極其複雜。這類碳化物主要有 Fe_3C、Mn_3C、Cr_7C_3、$Cr_{23}C_6$ 等，其熔點和硬度都比 a 類型碳化物低，穩定性也較差，熱處理時較易分解並溶入奧氏體中，對熱處理相變的影響頗大。

2·2·3　合金元素對鐵碳系平衡相圖的影響

對照圖 4·1-8，可以看出鐵碳系平衡相圖屬於 AII 型，由此可以大致得出各種合金元素對鐵碳系平衡相圖的影響：

1. 對臨界溫度的影響　擴大 γ 相區的元素使 A_3 點溫度降低，A_4 點溫度升高；相反，縮小 γ 相區的元素使 A_3 點溫度升高，A_4 點溫度降低。鈷和鉻的作用比較特殊：鈷使 A_3 和 A_4 點溫度都升高；鉻除含量（質量分數）大於 7% 時使 A_3 點溫度升高外，均使 A_3 和 A_4 點溫度降低。各元素對 A_1 點的影響，基本上和對 A_3 點溫度的影響相似。

2. 對共析點 S 位置的影響　合金元素對共析點 S 位置的影響見圖 4·1-9。所有縮小 γ 相區的元素，如鈦、鉬、矽、鎢、鉻等均使 S 點溫度升高；所有擴大 γ 相區的元素，如鎳、錳、氮等則使之降低。同時，幾乎所有元素均使 S 點左移，即降低共析點的碳含量。不過，強碳化物形成元素如鈦、鈮、釩等，也包

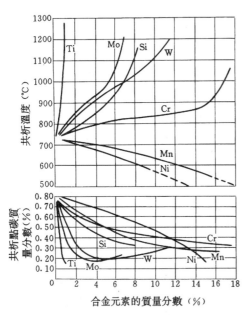

圖 4·1-9 幾種合金元素對共析溫度 (A₁)
及共析點 (S) 碳含量的影響

括鎢、鉬,當其含量超過一定值時,又使 S 點右移。

3. 對奧氏體相區形狀、大小和位置的影響 合金元素對鐵碳系平衡相圖中奧氏體相區的影響較爲複雜。當合金元素含量不高時,一般對奧氏體相區的影響不大;當含量高時,能顯著改變其形狀、大小和位置。錳或鎳含量高時,可以使奧氏體單相區擴展到室溫以下;矽或鉻含量高時,可以將奧氏體單相區限制在很小的一個楔形區域內,甚至使之完全消失。此外,由於 E 點(碳在 γ-Fe 中的最大溶解度點)的左移,將使鑄鋼中碳含量(質量分數)不到 2% 時即出現萊氏體共晶組織。

2·3 合金元素對相變的影響

2·3·1 合金元素對鋼加熱時相變的影響

1. 對奧氏體化的影響 鋼加熱時的主要相變是非奧氏體相向奧氏體相的轉變。非碳化物形成元素如鎳、鈷等,降低碳在奧氏體中的激活能,增加奧氏體形成的速度。相反,強碳化物形成元素如釩、鈦、鎢、鉬等,與碳有較大的親和力,強烈地妨礙碳在鋼中的擴散,大大減慢奧氏體化的過程。

奧氏體形成後,組織中常有未溶解的各種類型的碳化物顆粒。穩定性高的碳化物,要使之分解並溶入奧氏體,需提高加熱溫度。例如含鉻的碳化物在

850℃才大量溶解;含鎢、鉬的碳化物要在 950℃ 才顯著溶解;釩、鈦、鈮的碳化物要達 1050℃ 才溶解。這類合金元素將使奧氏體化的過程更加複雜。

奧氏體化過程中由於碳化物不斷溶入,奧氏體不均勻度越加嚴重。爲使其均勻化,碳和合金元素都需擴散,而合金元素的擴散極緩慢,必須有較高的加熱溫度和較長的保溫時間,才能得到比較均勻的奧氏體和充分發揮合金元素的作用。但對某些高碳合金工具鋼,則希望有一些未溶碳化物存在,以提高鋼的耐磨性。

2. 對晶粒度的影響 強碳化物形成元素如鈦、釩、鋯、鈮等,強烈阻止奧氏體晶粒長大,起細化晶粒的作用;鎢、鉬、鉻等的作用中等;非碳化物形成元素如鎳、矽、銅、鈷等的作用較弱。相反,錳、磷則有助於奧氏體晶粒長大的傾向。

鋁在鋼中不形成碳化物,卻是控制奧氏體晶粒粗化頗有效的和常用的元素。鋁和氮形成彌散分布的 AlN,可有效地阻礙晶粒長大。當鋼中總鋁含量(質量分數)爲 0.02%～0.08%,或形成氮化鋁的化合鋁達 0.008% 時,鋁即限制晶粒粗化的作用,提高了晶粒粗化溫度。但當溫度超過一定界限,由於細小且彌散分布的氮化鋁發生聚合和溶解,則失去限製作用,奧氏體晶粒迅速長大粗化。

2·3·2 合金元素對鋼冷卻時相變的影響

關於對過冷奧氏體的等溫轉變曲線(TTT 曲線)和連續冷卻轉變曲線(CCT 曲線)的影響可參見本手冊機械製造工藝及設備卷(一)第 7 篇第 2 章。

1. 對珠光體轉變的影響 常用合金元素對珠光體轉變的影響主要可歸納爲下列幾點:

(1)除鈷和鋁外,所有元素都不同程度地延緩珠光體轉變,其中鉬的作用最顯著,鎢、鉻、錳次之,非碳化物形成元素的作用較弱。鈷起加速珠光體轉變的作用。鋁的作用不明顯。

(2)強碳化物形成元素,如鈦、釩、鈮、鋯等所形成的碳化物極穩定,加熱時不易分解溶入奧氏體中。這些碳化物微粒的存在,爲珠光體轉變的成核提供便利,起加速相變的作用。

(3)數種合金元素同時存在時,對延緩珠光體轉變的作用不是算術迭加的,而往往是迭乘的。在合金元素總含量相同時,多元素低含量的效果遠遠超過單元素高含量的效果。

(4)硼對珠光體轉變的影響,是改變奧氏體的晶界狀態,使其成核困難,從而延長轉變的孕育期。但

對晶核的長大無顯著的作用。

2. 對貝氏體轉變的影響　關於合金元素對貝氏體轉變的影響，研究尚未系統化，但下列兩點已較明確。

(1) 擴大奧氏體相區的元素，如錳和鎳等，均使臨界溫度降低，並都減小奧氏體與鐵素體之間的自由能差，因而減慢奧氏體的分解，使貝氏體轉變推遲。這些元素還阻礙碳原子的擴散，也在一定程度上起延緩轉變過程的作用。

(2) 縮小奧氏體相區並形成碳化物的元素，如鉬、鎢、釩等，主要是阻礙碳原子的擴散，使貝氏體轉變速度減慢。

3. 對馬氏體轉變的影響　大多數合金元素對馬氏體轉變的直接影響是降低轉變溫度，並增加殘餘奧氏體量。鈷和鋁的作用與此相反。矽和硼對降低 M_s 點的影響不顯著。根據各元素對 M_s 點的不同影響，大致可分為三類，見表 4·1-11。

表 4·1-11　合金元素對 M_s 點的影響

降低 M_s 點的元素	對降低 M_s 點不顯著的元素	提高 M_s 點的元素
C, Mn, V, Cr, Ni, Cu, Mo, W	Si, B	Co, Al

對於一般合金結構鋼，可以用經驗公式估算其 M_s 點，詳見本篇第 2 章。

碳和合金元素對馬氏體形態亦有影響。高碳的馬氏體為片狀或孿晶型馬氏體，低碳的馬氏體為板條狀或位錯馬氏體，中碳的馬氏體則為兩種類型的混合狀態。鋼中的鎳、鉻、鉬、錳、鈷等元素，都使形成孿晶馬氏體的傾向增加。

2·3·3　合金元素對淬火鋼回火轉變的影響

1. 對馬氏體分解的影響　合金元素對馬氏體中碳原子偏聚及由室溫至 150℃ 左右的分解過程基本上不產生影響。超過 150℃ 後，碳原子作較長距離擴散，原已析出的 ε 碳化物將重新溶解，並發生滲碳體的形成和聚集。在這一階段，強碳化物形成元素，由於降低碳的擴散而使馬氏體的分解過程推遲。矽由於推遲 ε 碳化物的重新溶解和滲碳體的形成，將提高馬氏體分解的溫度。鎳和錳當含量不高時無明顯影響。

2. 對殘餘奧氏體轉變及產生二次硬化現象的影響　合金元素對殘餘奧氏體的影響基本上遵循過冷奧氏體等溫轉變的一般規律。矽、錳、鉻等元素顯著提高奧氏體發生分解的溫度，鎳、銅、鉬、釩等作用較

弱。在高合金鋼中，殘餘奧氏體十分穩定，在冷卻過程中部分轉變為馬氏體，產生二次硬化，使鋼的回火硬度反而增加。錳、鉬、鎢、鉻、鎳等元素均對其有促進作用。

3. 對回火時碳化物析出、聚集和長大的影響　合金元素提高碳擴散的激活能，從而減慢碳的擴散。另外，強碳化物形成元素增強碳化物的穩定性，阻礙其重新溶解，避免了碳化物的聚集和長大，使碳化物在較高溫度回火後仍保持均勻分布的細小顆粒。幾種合金元素在回火過程中對滲碳體顆粒大小的影響見圖 4·1-10。

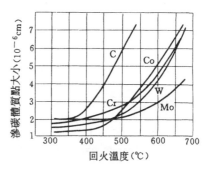

圖 4·1-10　回火過程中幾種合金元素對滲碳體顆粒大小的影響

強碳化物形成元素如鉻、鉬、鎢、釩等，在含量較高及較高回火溫度下將形成各自的特殊碳化物。例如在高鉻鋼中，隨著回火溫度升高和時間延長，直接析出某些顆粒細小、分布彌散的特殊碳化物，產生沈澱硬化。

4. 對馬氏體結構的回復和再結晶的影響　合金元素一般均延緩馬氏體回復和再結晶的過程，並提高

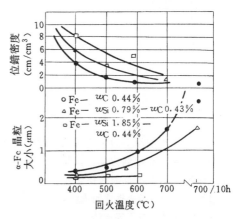

圖 4·1-11　矽對淬火馬氏體回火時回復和再結晶的影響

其發生的溫度。矽在這方面的作用特別強烈，見圖4·1-11。

2·4　合金元素對鋼的組織與性能的影響

2·4·1　合金元素對鋼的力學性能的影響

1. 對退火和正火狀態下力學性能的影響　合金元素固溶於鐵素體中起固溶強化作用，提高鋼的硬度和強度，但同時使韌性和塑性相對降低，見圖4·1-12和圖4·1-13。磷和矽的固溶強化作用最顯著，矽影響

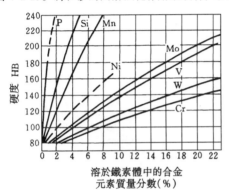

圖4·1-12　合金元素對鐵素體固溶體強化的作用

其衝擊韌度也最嚴重。而少量的錳、鉻或鎳，對鐵素體的衝擊韌度卻有所提高。

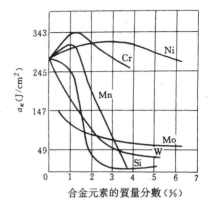

圖4·1-13　合金元素對鐵素體衝擊韌度的影響

合金元素對低碳鋼和珠光體低合金鋼在退火和正火狀態下的影響，主要是對鐵素體的強化和使珠光體細化。合金元素對鋼的韌性和塑性，特別是韌脆轉折溫度均有顯著影響，見圖4·1-14。硼、磷、碳、矽、銅、鉬、鉻等元素使韌脆轉折溫度提高，鎳和錳使該溫度降低，鈦和釩使該溫度先提高後降低，鋁使該溫度先降低而以後無明顯影響。

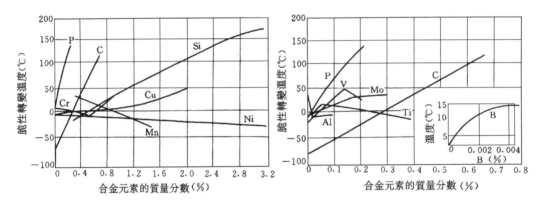

圖4·1-14　合金元素對韌脆轉折溫度的影響

（以質量分數爲：C 0.3%，Mn 1.0%，Si 0.3%的鋼的韌脆轉折

溫度爲基礎，分別加入其他合金元素）

2. 對淬火回火狀態下力學性能的影響　合金元素的影響主要表現在兩個方面：一是提高鋼的淬透性，使截面較大的零件也能獲得全部淬火馬氏體組織；二是提高鋼的抗回火性或回火穩定性，在較高回火溫度時有良好的綜合力學性能。

3. 對高溫蠕變和低溫韌性的影響　利用合金元素生產粗晶粒鋼，以減少晶粒邊界的面積，同時利用

合金元素提高晶界的強度，可提高鋼的抗蠕變性能或蠕變強度。硼在這方面的作用較突出，鉬和鉻的作用也很顯著，鎳和鈷的影響則較小。

低溫用鋼爲克服其低溫脆性，除選用奧氏體鋼外，還選用超細晶粒鋼。爲此需採用鋁、釩、鈦等細化奧氏體晶粒的元素，或加入某些細化鐵素體晶粒的元素，以提高鋼的低溫韌度。

2·4·2 合金元素對鋼的工藝性能的影響

1. 對淬透性的影響 以固溶狀態存在的元素,除鈷等少數元素外,都不同程度提高鋼的淬透性。易使晶粒粗化的元素(如錳),提高淬透性的作用明顯;而使晶粒細化的元素(如鋁),則降低淬透性;容易生成細、散夾雜物的元素和形成難熔碳化物的元素,也降低淬透性。不過強碳化物形成元素如釩、鈦、鈮等的作用較特殊,當形成碳化物時,由於固定了鋼中的碳,使淬透性降低;如果溶入固溶體中,則使淬透性提高。

硼是影響淬透性最突出的一種元素。硼的質量分數爲 0.001%~0.003% 時,可以極大地提高淬透性,對低碳鋼其效果尤爲顯著,而對高碳鋼幾乎無效果。一般限制硼的質量分數不超過 0.005%,過量的硼對鋼的其他性能有不利影響,也無益於鋼的淬透性。

2. 對回火性能的影響 合金元素一般通過抑制碳的擴散而提高鋼的回火穩定性。矽的作用比較突出;釩、鎢、鉻等碳化物形成元素,在較高回火溫度下將產生二次硬化現象,已如本章 2·3 節所述。

在回火過程中會發生鋼的低溫回火脆性和高溫回火脆性,以合金鋼較爲顯著。鉻、錳促進低溫回火脆性的發展,鉬、鎢、釩、鋁等則使之稍爲減弱。矽促進低溫回火脆性發展並使其發生溫度範圍有所提高。雜質元素(如硫、磷、砷、銻、錫等)及氣體元素(如氮和氫)都對低溫回火脆性起促進作用。另外,一些元素如鉻和鎳,單獨加入鋼中,對高溫回火脆性影響不大;但複合加入時,則傾向明顯。相反,鉬單獨加入,亦使鋼產生高溫回火脆性,而與其他元素(如錳、鉻等)複合加入時,卻可抑制其他元素的不利影響。

3. 對焊接性能的影響 鋼中加入細化晶粒的元素如鈦、釩等,有利於焊接性能的改善;而磷、硫、碳、矽等含量高時則對焊接性能不利,見表 4·1-12。因爲磷含量高易導致冷裂;硫含量高易產生熱裂,同時將有二氧化硫氣體逸出,焊件內形成氣孔和疏松;矽含量高,焊接時噴濺嚴重。此外,氧、氮等易引起焊後在熱影響區產生時效開裂,故沸騰鋼不宜用於重要的焊接構件。

表 4·1-12 合金元素對焊接性能的影響

改善焊接性能的元素	不利於焊接性能的元素
V, Ti, Nb, Zr	P, S, C, Si, O, N

4. 對可加工性和冷加工性能的影響 硫、鉛等可改善鋼的被切削性。固溶於鐵素體的元素,特別是磷和矽,增加鋼的冷加工變形強化率,使鋼的冷衝壓性能變壞(詳見本篇的易切削鋼和冷衝壓用鋼的有關章節)。

2·4·3 合金元素對鋼的組織與性能的影響 (表4·1-13)

表 4·1-13 合金元素在鋼中的主要作用 (按元素符號字母爲序)

元素名稱	對 組 織 的 影 響	對 性 能 的 影 響
Al	縮小 γ 相區,形成 γ 相圈;在 α 鐵及 γ 鐵中的最大溶解度分別爲 36% 及 0.6%,不形成碳化物,但與氮及氧親和力極強	主要用來脫氧和細化晶粒。在滲氮鋼中促使形成堅硬耐蝕的滲氮層。含量高時,賦予鋼高溫抗氧化及耐氧化性介質、H_2S 氣體的腐蝕作用。固溶強化作用大。在耐熱合金中,與鎳形成 γ' 相 (Ni_3Al),從而提高其熱強性。有促使石墨化傾向,對淬透性影響不顯著
As	縮小 γ 相區,形成 γ 相圈,作用與磷相似,在鋼中偏析嚴重	含量不超過0.2%時,對鋼的一般力學性能影響不大,但增加回火脆性敏感性
B	縮小 γ 相區,但因形成 Fe_2B,不形成 γ 相圈。在 α 鐵及 γ 鐵中的最大溶解度分別爲不大於 0.002% 及 0.02%	微量硼在晶界上阻抑鐵素體晶核的形成,從而延長奧氏體的孕育期,提高鋼的淬透性。但隨鋼中碳含量的增加,此種作用逐漸減弱以至完全消失
C	擴大 γ 相區,但因滲碳體的形成,不能無限固溶。在 α 鐵及 γ 鐵中的最大溶解度分別爲 0.02% 及 2.1%	隨含量的增加,提高鋼的硬度和強度,但降低其塑性和韌性

（續）

元素 名稱	對 組 織 的 影 響	對 性 能 的 影 響
Co	無限固溶於 γ 鐵，在 α 鐵中的溶解度爲 76%。非碳化物形成元素	有固溶強化作用，賦予鋼紅硬性，改善鋼的高溫性能和抗氧化及耐腐蝕的能力，爲超硬高速鋼及高溫合金的重要合金化元素。提高鋼的 M_s 點，降低鋼的淬透性
Cr	縮小 γ 相區，形成 γ 相圈；在 α 鐵中無限固溶，在 γ 鐵中的最大溶解度爲 12.5%，中等碳化物形成元素，隨鉻含量的增，可形成 $(Fe, Cr)_3C$，$(Cr, Fe)_7C_3$ 及 $(Cr, Fe)_{23}C_6$ 等碳化物	增加鋼的淬透性並有二次硬化作用，提高高碳鋼的耐磨性。含量超過 12% 時，使鋼有良好的高溫抗氧化性和耐氧化性介質腐蝕的作用，並增加鋼的熱強性。爲不鏽耐酸鋼及耐熱鋼的主要合金化元素。含量高時，易發生 σ 相和 475℃ 脆性
Cu	擴大 γ 相區，但不無限固溶；在 α 鐵及 γ 鐵中最大溶解度分別約 2% 或 9.5%。在 724 及 700℃ 時，在 α 鐵中的溶解度劇降至 0.68% 及 0.52%	當含量（質量分數）超過 0.75% 時，經固溶處理和時效後可產生時效強化作用。含量低時，其作用與鎳相似，但較弱。含量較高時，對熱壓力加工不利，如超過 0.30%，在氧化氣氛中加熱，由於選擇性氧化作用，在表面將形成一層銅層，在高溫熔化並侵蝕鋼表面層的晶粒邊界，在熱壓力加工時導致高溫銅脆現象。如鋼中同時含有超過銅含量 1/3 的鎳，則可避免此種銅脆的發生，如用於鑄鋼件則無上述弊病。在低碳低合金鋼中，特別與磷同時存在時，可提高鋼的抗大氣腐蝕性能。2%～3% 銅在奧氏體不鏽鋼中可提高其對硫酸、磷酸及鹽酸等的抗腐蝕性及對應力腐蝕的穩定性
H	擴大 γ 相區，在奧氏體中的溶解度遠大於在鐵素體中的溶解度；而在鐵素體中的溶解度也隨溫度的下降而劇減	氫使鋼易產生白點等缺陷，也是導致焊縫熱影響區發生冷裂的重要因素。因此，應採用一切可能的措施降低鋼中的氫含量
Mn	擴大 γ 相區，形成無限固溶體。對鐵素體及奧氏體均有較強的固溶強化作用。爲弱碳化物形成元素，進入滲碳體替代部分鐵原子，形成合金滲碳體	與硫形成熔點較高的 MnS，可防止因 FeS 而導致的熱脆現象。降低鋼的下臨界點，增加奧氏體冷卻時的過冷度，細化珠光體組織以改善其力學性能，爲低合金鋼的重要合金化元素之一，並爲無鎳及少鎳奧氏體鋼的主要奧氏體化元素。提高鋼的淬透性的作用強，但有增加晶粒粗化和回火脆性的不利傾向
Mo	縮小 γ 相區，形成 γ 相圈；在 α 鐵及 γ 鐵中的最大溶解度分別約 37.5% 及 4%。強碳化物形成元素	阻抑奧氏體到珠光體轉變的能力最強，從而提高鋼的淬透性，並爲貝氏體高強度鋼的重要合金化元素之一。含量約 0.5% 時，能降低或抑止其他合金元素導致的回火脆性。在較高回火溫度下，形成彌散分布的特殊碳化物，有二次硬化作用，提高鋼的熱強性和蠕變強度。含量 2%～3% 能增加耐蝕鋼抗有機酸及還原性介質腐蝕的能力
N	擴大 γ 相區，但由於形成氮化鐵而不能無限固溶；在 α 鐵及 γ 鐵中的最大溶解度分別約爲 0.1% 及 2.8%。不形成碳化物，但與鋼中其他合金元素形成氮化物，如 TiN, VN, AlN 等	有固溶強化和提高淬透性的作用，但均不太顯著。由於氮化物在晶界上析出，提高晶界高溫強度，從而增加鋼的蠕變強度。在奧氏體鋼中，可以取代一部分鎳。與鋼中其他元素化合，有沈澱硬化作用；對鋼抗腐蝕性能的影響不顯著，但鋼表面滲氮後，不僅增加其硬度和耐磨性能，也顯著改善其抗蝕性。在低碳鋼中，殘餘氮會導致時效脆性

（續）

元素名稱	對 組 織 的 影 響	對 性 能 的 影 響
Nb	縮小 γ 相區，但由於拉氏相 $NbFe_2$ 的形成而不形成 γ 相圈；在 α 鐵及 γ 鐵中的最大溶解度分別約爲 1.8% 及 2.6%。強碳化物及氮化物形成元素	部分元素進入固溶體，固溶強化作用很強。固溶於奧氏體時，顯著提高鋼的淬透性；但以碳化物及氧化物微細顆粒形態存在時，卻細化晶粒並降低鋼的淬透性。增加鋼的回火穩定性，有二次硬化作用。微量鈮可以在不影響鋼的塑性或韌性的情況下，提高鋼的強度。由於細化晶粒的作用，提高鋼的衝擊韌度並降低其脆性轉折溫度，有利於改善焊接性能。當含量大於碳含量的 8 倍時，幾乎可以固定鋼中所有的碳，使鋼具有很好的抗氫性能；在奧氏體鋼中，可以防止氧化介質對鋼的晶間腐蝕。由於固定鋼中的碳和沈澱硬化作用，可以提高熱強鋼的高溫性能，如蠕變強度等
Ni	擴大 γ 相區，形成無限固溶體，在 α 鐵中的最大溶解度約 7%。不形成碳化物	固溶強化及提高淬透性的作用中等。細化鐵素體晶粒，在強度相同的條件下，提高鋼的塑性和韌性，特別是低溫韌性。爲主要奧氏體形成元素並改善鋼的耐蝕性能。與鉻、鉬等聯合使用，提高鋼的熱強性和耐蝕性，爲熱強鋼及奧氏體不鏽耐酸鋼的主要合金化元素之一
O	縮小 γ 相區，但由於氧化鐵的形成，不形成 γ 相圈；在 α 鐵及 γ 鐵中的最大溶解度分別約爲 0.03% 及 0.003%	固溶於鋼中的數量極少，所以對鋼性能的影響並不顯著。超過溶解度部分的氧以各種夾雜的形式存在，對鋼塑性及韌性不利，特別是對衝擊韌度及脆性轉折溫度極爲不利
P	縮小 γ 相區，形成 γ 相圈；在 α 鐵及 γ 鐵中的最大溶解度分別爲 2.5% 及 0.25%。不形成碳化物，但含量高時易形成 Fe_3P	固溶強化及冷作硬化作用極強；與銅聯合使用，提高低合金高強度鋼的耐大氣腐蝕性能，但降低其冷衝壓性能。與硫錳聯合使用，增加鋼的被切削性。在鋼中偏析嚴重，增加鋼的回火脆性及冷脆敏感性
Pb	基本上不溶於鋼中	含量在 0.20% 左右並以極微小的顆粒存在時，能在不顯著影響其他性能的前提下，改善鋼的被切削性
RE	包括元素週期表ⅢB族中鑭系元素及釔和鈧，共 17 個元素。它們都縮小 γ 相區，除鑭外，都由於中間化合物的形成而不形成 γ 相圈；它們在鐵中的溶解度都很低，如鈰和釹的溶解度都不超過 0.5%。他們在鋼中，半數以上進入碳化物，小部分進入夾雜物中，其餘部分存在於固溶體中。它們和氧、硫、磷、氮、氫的親合力很強，和砷、銻、鉛、鉍、錫等也都能形成熔點較高的化合物	有脫氣、脫硫和消除其他有害雜質的作用。還改善夾雜物的形態和分布，改善鋼的鑄態組織，從而提高鋼的質量。0.2% 的稀土加入量可以提高鋼的抗氧化性，高溫強度及蠕變強度；也可以較大幅度地提高不鏽耐酸鋼的耐蝕性
S	縮小 γ 相區，因有 FeS 的形成，未能形成 γ 相圈。在鐵中溶解度很小，主要以硫化物的形式存在	提高硫和錳的含量，可以改善鋼的被切削性。在鋼中偏析嚴重，惡化鋼的質量。如以熔點較低的 FeS 的形式存在時，將導致鋼的熱脆。硫含量偏高，焊接時由於 SO_2 的產生，將在焊接金屬內形成氣孔和疏鬆

（續）

元素名稱	對組織的影響	對性能的影響
Si	縮小 γ 相區，形成 γ 相圈；在 α 鐵及 γ 鐵中的溶解度分別爲 18.5% 及 2.15%。不形成碳化物	爲常用的脫氧劑。對鐵素體的固溶強化作用僅次於磷，提高鋼的電阻率，降低磁滯損耗，對磁導率也有所改善，爲矽鋼片的主要合金化元素。提高鋼的淬透性和抗回火性，對鋼的綜合力學性能，特別是彈性極限有利。還可增強鋼在大氣環境中的耐蝕性。爲彈簧鋼和低合金高強度鋼中常用的合金元素。含量較高時，對鋼的焊接性不利，因焊接時噴濺較嚴重，有損焊縫質量，並易導致冷脆；對中、高碳鋼回火時易產生石墨化
Ti	縮小 γ 相區，形成 γ 相圈；在 α 鐵及 γ 鐵中的最大溶解度分別約爲 9% 及 0.7%，系最強的碳化物形成元素，與氮的親和力也極強	固溶強化作用極強，但同時降低固溶體的韌性。固溶於奧氏體中提高鋼淬透性的作用很強；但化合鈦，由於其細微顆粒形成新相的晶核從而促進奧氏體分解，降低鋼的淬透性。提高鋼的回火穩定性，並有二次硬化作用。含量高時析出彌散分布的拉氏相 $TiFe_2$，而產生時效強化作用。提高耐熱鋼的抗氧化性和熱強性，如蠕變和持久強度。在高鎳含鋁合金中形成 γ′相〔Ni_3（Al，Ti）〕，彌散析出，提高合金的熱強性。有防止和減輕不鏽耐酸鋼晶間和應力腐蝕的作用。由於細化晶粒和固定碳，對鋼的焊接性有利
V	縮小 γ 相區，形成 γ 相圈，在 α 鐵中無限固溶，在 γ 鐵中的最大溶解度約 1.35%。強碳化物及氮化物形成元素	固溶於奧氏體中可提高鋼的淬透性；但以化合物狀態存在的釩，由於這類化合物的細小顆粒形成新相的晶核，將降低鋼的淬透性。增加鋼的回火穩定性並有強烈的二次硬化作用。固溶於鐵素體中有極強的固溶強化作用。有細化晶粒作用，所以對低溫衝擊韌性有利。碳化釩是金屬碳化物中最硬最耐磨的，可提高工具鋼的使用壽命。釩通過細小碳化物顆粒的彌散分布可以提高鋼的蠕變和持久強度。釩、碳含量比大於 5.7 時可防止或減輕介質對不鏽耐酸鋼的晶間腐蝕，並提高鋼抗高溫高壓氫腐蝕的能力，但對鋼高溫抗氧化性不利
W	縮小 γ 相區，形成 γ 相圈，在 α 鐵和 γ 鐵中的最大溶解度分別爲 35% 及 4%。強碳化物形成元素，碳化鎢硬而耐磨	鎢高有二次硬化作用，賦予紅硬性，以及增加耐磨性。其對鋼淬透性、回火穩定性、力學性能及熱強性的影響均與鉬相似，但按重量含量的百分數比較，其作用較鉬爲弱。對鋼抗氧化性不利
Zr	縮小 γ 相區，形成 γ 相圈；在 α 鐵和 γ 鐵中的最大溶解度分別約爲 0.8% 及 2%。強碳化物及氮化物形成元素，其作用僅次於鈦	在鋼中的一些作用與鈮、鈦、釩相似。少量的鋯有脫氣、淨化和細化晶粒的作用，對鋼的低溫韌性有利，並可消除時效現象，改善鋼的衝壓性能

註：表中含量皆指質量分數。

2·5　微合金鋼中的合金元素

微合金鋼是近二三十年發展迅速的工程結構用鋼，通常包括微合金高強度鋼、微合金雙相鋼和微合金非調質鋼。微合金鋼中的合金元素通常可分爲兩類：一類爲影響相變的合金元素，如錳、鉬、鉻、鎳等；另一類爲形成碳化物和（或）氮化物的微合金元素，如釩、鈦、鈮等。

錳、鉬、鉻、鎳等合金元素，在微合金鋼中起降低鋼的相變溫度、產生細的鐵素體晶粒等作用，並且對相變過程中或相變後析出的碳化物或氮化物亦起細化作用。例如，鉬和鈮的共同加入，引起相變中出現針狀鐵素體組織；爲改善鋼的耐大氣腐蝕而加入銅，並可部分地起析出強化的作用；添加鎳可以影響鋼的亞結構，從而提高鋼的韌性。在非調質鋼中，降低碳含量，增加錳或鉻含量，也有利於鋼的韌性提高。當錳的質量分數從 0.85% 增至 1.15%～1.3% 時，則在同一強度下非調質鋼的衝擊韌度提高 30J/cm²，即可達到經調質處理的碳鋼的衝擊韌度水平，見圖 4·1-15，當然，工藝條件如冶煉工藝以及加熱溫度、加工溫度、冷卻速度等，對微合金鋼的衝擊韌度和強度也有重要的影響。

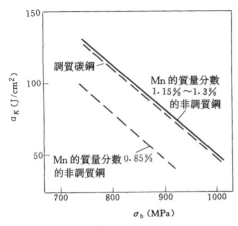

圖 4·1-15　錳的質量分數對非調質鋼韌性的影響

釩、鈮、鈦等微合金元素，其質量分數大致在 0.01%～0.20% 之間，視對性能及工藝要求而定。這些微合金元素在高溫下將形成碳化物或氮化物，見表 4·1-14。每種微合金元素的積極作用，和其析出溫度有關；而析出溫度又受表 4·1-14 中各種化合物平衡條件下的形成溫度以及鋼的相變溫度、軋製溫度的制約。

表 4·1-14　微合金鋼中的各種化合物

化合物	碳　化　物			氮　化　物			
	VC	NbC	TiC	VN	AlN	NbN	TiN
開始形成溫度(℃)	719	1137	1140	1088	1104	1272	1527

非調質鋼根據使用要求應具有良好的強度與韌性的配合。為此，主要是通過微合金元素釩、鈦、鈮的碳化物沈澱析出，鐵素體晶粒細化，珠光體量的控制和珠光體組織細化而使非調質鋼得到強化。同時還通過調節珠光體量、沈澱物的體積分數而調節非調質鋼的強度和韌性的配合。釩、鈦、鈮含量的變化對非調質鋼屈服強度有顯著的影響，見圖 4·1-16。

微合金雙相鋼中合金元素以及熱處理工藝的變化都會明顯地影響和改變雙相鋼的組織形態，尤其是釩、鈦、鈮等微合金元素的存在，對鐵素體形態、精細結構和沈澱相的形態産生明顯的影響。

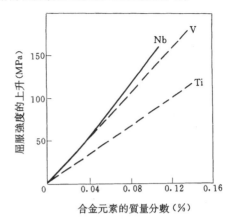

圖 4·1-16　釩、鈦、鈮的質量分數對非調質鋼屈服強度的影響

2·5·1　釩

釩是微合金鋼中主要的和常用的微合金元素。釩在鋼中形成釩的碳化物和氮化物。在微合金（高強度）鋼中，釩的氮化物在緩慢冷卻條件下（如熱軋厚板）開始在奧氏體中析出，阻止晶粒長大；而釩的碳化物卻在相變過程中或相變後形成。因此，同鈦、鈮相比，釩是更有效的沈澱強化元素。若鐵素體中存在氮，則將以碳氮化釩的形式析出。研究表明，在較高溫度下形成化合物的元素的存在，將影響在較低溫度下析出的另一種合金元素的作用。這含釩鋼尤為重要。例如，鈦和鈮的存在會減少形成 VN 的有效氮，因而增加了 VC 的析出。

根據對 $w_C 0.5\% \sim w_V 0.1\%$ 非調質鋼進行釩溶解量與加熱溫度之間關係的實測結果表明：在 820℃ 時有 50% 釩的碳化物溶解，而在 1100℃ 時則完全溶解。這表明在常規的鍛造加熱溫度下，非調質鋼中釩的碳化物基本上全部溶解於奧氏體中。固溶於奧氏體中的釩，在隨後冷卻時將析出釩的碳氮化物。在冷卻到略高於鋼的 Ar_3 時，有少量釩的碳化物析出；大量析出物主要以相間沈澱的形式析出，在鐵素體晶粒內呈點狀分布；在 α 相區內析出量亦不多，而且析出物與 α 相保持共格關係。在釩、鈦、鈮三種微合金元素中，以釩對沈澱強化的作用最大。以熱鍛空冷狀態的 45V 非調質鋼和熱軋狀態的 45 鋼的強度作比較，結果表明，釩的質量分數每增加 0.1%，使鋼的屈服強度升高約 190MPa。這是沈澱強化、晶粒細化強化和固溶強化疊加的綜合效果。

含釩的微合金雙相鋼，從臨界區加熱溫度空冷或風冷即可獲得滿意的雙相組織和性能。釩是強碳化物形成元素，它能消除鐵素體間隙固溶化、細化晶粒、產生高延性的鐵素體，還可提高雙相鋼的時效穩定性。因此，國外早期開發的熱處理雙相鋼中均含少量釩；並且認爲，要獲得良好性能的雙相鋼，釩是必須加入的元素。研究表明，釩還可提高臨界區加熱時所形成的奧氏體的淬透性，在臨界區退火後，採用較低的冷卻速度，就可以獲得強度和延性配合良好的雙相鋼。

2·5·2　鈦

鈦也是微合金鋼中主要的微合金元素。在微合金（高強度）鋼中的鈦，在高溫下形成與相變有關的化合物，可阻止奧氏體晶粒長大，在鋼的冷卻過程中，這些析出物不斷地形成並長大。但在奧氏體狀態下，在相變過程中或相變後的析出量是很少的。因此，鈦的主要作用局限於對晶粒大小的影響。

在非調質鋼中，鈦常以 TiC 或鈦的碳氮化物形式存在。含鈦爲 w_{Ti} 0.1% 的中碳鋼（w_C 0.3%～0.4%），鈦的完全固溶溫度在 1255～1280℃ 之間，比鈮的完全固溶溫度低些。這表明，在鍛造加熱溫度下，鈦比鈮的溶解量要多些。鈦具有阻止形變奧氏體再結晶的作用，可以細化晶粒。鈦和釩複合添加時可改善鋼的韌性，例如在 w_V 0.05%～0.10% 的碳鋼中加入適量的鈦，可以使鋼的韌性有較大提高；尤其是碳的質量分數小於 0.35% 時，鈦的這種作用更爲顯著。這可能是 TiN 能阻止加熱時奧氏體晶粒長大的結果，但爲了發揮 VN 的析出強化作用，鈦含量應有一個適宜的範圍。

在微合金雙相鋼中，鈦和釩的作用相近，均提高臨界區加熱時形成的奧氏體的淬透性，含鈦鋼和含釩鋼在工藝條件相當的情況下，兩者性能差異不大。但有人認爲，單獨用鈦代替釩，將使雙相鋼的性能惡化。

2·5·3　鈮

鈮也是微合金鋼中主要的微合金元素。在微合金（高強度）鋼中，鈮的化合物也在奧氏體中形成，一般認爲可阻止奧氏體的再結晶，在控軋過程中形成拉延扁平的晶粒，在隨後的相變過程中產生更細的鐵素體晶粒。一些鈮將保留於固溶體中，相變時以碳氮化物的形式析出，產生析出強化。

在非調質鋼中，鈮可能形成 NbC～NbC$_{0.87}$ 間隙中間相，當 Nb-V-N 複合添加時，可以形成鈮、釩的碳

氮化物。鈮的質量分數爲 0.1% 的中碳鋼（w_C 0.3%～0.4%），鈮的完全固溶溫度約爲 1325～1360℃。因此，需熱鍛的非調質鋼通常不宜單獨加入鈮。當鈮和釩複合添加時，則既可提高鋼的強度，又能改善鋼的韌性。這是因爲釩的固溶溫度較低，可以起沈澱強化作用；而鈮比釩的完全固溶溫度高得多，在鍛造加熱溫度下，大部分鈮都不溶解，可以起細化晶粒作用。

微合金雙相鋼中鈮和釩的作用類似，但鈮的碳化物更穩定，臨界區加熱時，這種碳化物的長大或溶解也更困難。在合適的冷卻速度下，含鈮或含釩雙相鋼會出現取向附生鐵素體，可進一步改善雙相鋼的延性，見圖 4·1-17。

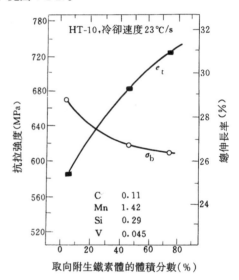

圖 4·1-17　雙相鋼中的取向附生鐵素體與雙相鋼的抗拉強度（σ_b）及總伸長率（e_t）的關係

2·5·4　氮和鋁

在用鋁脫氧的微合金鋼中，鋁可形成使晶粒細化的 AlN，而減少了形成鈮和釩的氮化物的有效氮，並因此提高了鈮、釩形成碳化物的能力。

氮在非調質鋼中起強化作用，當鋼中的氮的質量分數從 0.005% 增至 0.03% 時，鋼的屈服強度升高 100～150MPa。氮一般與其他元素複合添加，如氮和鋼中的鋁化合可以細化晶粒，起強化作用。氮和釩可形成 VN 或釩的碳氮化物，複合添加釩和氮，可獲得明顯的強化效果。在 0.1% V—N 鋼中，當氮的質量分數在 0.005%～0.03% 時，釩的完全溶解溫度爲 970～1130℃，這表明在常規的鍛造加熱溫度下，氮和釩可完全固溶於奧氏體中，具有明顯的沈澱強化效

果。但氮和鈮，或者氮和鈦的複合添加，其強化效果並不明顯，這是由於 NbN、TiN 或鈮、鈦的碳氮化物，其固溶溫度一般均高於常規的鍛造溫度，也就是說，這些化合物在鍛造加熱溫度下大多不溶解的緣故。

釩、鈦、鈮等微合金元素在微合金（高強度）鋼生產上的應用舉例見表 4·1-15。

另外，值得注意的是，錳對非調質鋼的強度和韌性有明顯的影響。

首先，錳在非調質鋼中有顯著的強化作用。在鐵素體—珠光體鋼中，錳能促使珠光體量增多，降低珠光體生成溫度，細化珠光體片間距或珠光體團直徑。

錳的質量分數每增加 1%，一般可提高屈服強度 70MPa。同時，錳可降低 VC 的固溶度，促進 VC 和 VN 的溶解，當鋼中有錳存在時，VC 在臨界區熱處理時即可溶解。

其次，錳可通過幾方面的作用來提高非調質鋼的韌性，例如，錳固溶到鐵素體中可以促進交滑移，加強了位錯胞狀亞結構的形成；Mn-N 形成結合較緊密的原子團，起到固定氮原子的作用；Fe-Mn 的內吸附現象可以排除晶界碳化物，使它在晶內析出。此外，在貝氏體型非調質鋼中均含有一定量的錳，以促進貝氏體組織的形成。

表 4·1-15　微合金元素在微合金鋼生產上的應用舉例

鋼材品種	厚度（mm）	σ_s（MPa）	特　　　　點
Nb 鋼控軋鋼板（有時加入 Mo）	12～15	413～448	在低溫下有良好的缺口韌性，其強度主要來源於晶粒細化和沈澱強化
Nb 鋼帶材	15～18	448	其強度取決於晶粒大小
V-Nb 鋼板	<18	448～482	其強度取決於晶粒大小、析出強化和位錯強化
	<25	517	1. 鋼中添加 Ni，Cr，Mo 等元素；2. 當軋製溫度較低時，可以進一步提高強度
V-Nb 鋼捲、帶材	8	552（帶材）	其強度取決於晶粒大小和析出強化
V-Nb 鋼板材或棒材	100（截面）	552	經淬火回火的
Ti 鋼帶材	8	700	Ti 還用於控制硫化物形態
Mo-Nb 鋼板（$w_C 0.07\%$）	25		具有針狀鐵素體的高強度高韌性板材

除了錳以外，各種合金元素對非調質鋼的強度和韌性均有不同的影響，見表 4·1-16。

表 4·1-16　合金元素對非調質鋼強度和韌性的影響

合　金　元　素	對強度和韌性的影響
C, N, V, Nb, P	提高強度，降低韌性
Ti	降低強度，提高韌性
Mn, Cr, Cu+Ni, Mo	提高強度，同時改善韌性
Al①	對強度和韌性無明顯影響

① 若以 AlN 形式存在，可以細化晶粒，改善韌性。

3　鋼的分類

多年來，中國常用的分類方法有 5 種。

按化學成分分類，分爲碳素鋼、合金鋼。

按品質分類，分爲普通鋼，優質鋼，高級優質鋼。

按冶煉方法分類，可按爐別、按脫氧程度和澆注制度進一步分類。

按金相組織分類，可按退火狀態的鋼、正火狀態的鋼、無相變或部分發生相變的鋼進一步分類。

按用途分類，分爲建築及工程用鋼；結構鋼；工具鋼；特殊性能鋼；專業用鋼（如橋梁用鋼、鍋爐用鋼）等。

1992 年 10 月中國實施新的鋼分類方法，頒發了"鋼分類"國家標準（GB/T13304—91）。這個標準是參照國際標準（ISO4948/1，4948/2）而制訂的。鋼的分類分爲兩部分：第一部分，按化學成分分類；第二部分，按主要質量等級、主要性能及使用特性分類。

3·1　按化學成分分類

根據各種合金元素規定含量界限值，將鋼分爲非合金鋼、低合金鋼、合金鋼三大類，見表 4·1-17。

表 4·1-17 非合金鋼、低合金鋼和合金鋼
合金元素規定質量分數的界限值

合 金 元 素	合金元素規定質量分數界限值（％）		
	非合金鋼	低合金鋼	合金鋼
Al	<0.10	—	≥0.10
B	<0.0005	—	≥0.0005
Bi	<0.10	—	≥0.10
Cr	<0.30	0.30～<0.50	≥0.50
Co	<0.10	—	≥0.10
Cu	<0.10	0.10～<0.50	≥0.50
Mn	<1.00	1.00～<1.40	≥1.40
Mo	<0.05	0.05～<0.10	≥0.10
Ni	<0.30	0.30～<0.50	≥0.50
Nb	<0.02	0.02～<0.06	≥0.06
Pb	<0.40	—	≥0.40
Se	<0.10	—	≥0.10
Si	<0.50	0.50～<0.90	≥0.90
Te	<0.10	—	≥0.10
Ti	<0.05	0.05～<0.13	≥0.13
W	<0.10	—	≥0.10
V	<0.04	0.04～<0.12	≥0.12
Zr	<0.05	0.05～<0.12	≥0.12
La系（每一種元素）	<0.02	0.02～<0.05	≥0.05
其他規定元素 (S、P、C、N除外)	<0.05	—	≥0.05

註：La系元素的質量分數，也可爲混合稀土總質量分數。

需要補充説明的，對於 Cr，Ni，Mo，Cu 四種元素，如果在低合金鋼中同時存在 2 種或 2 種以上元素時，還應當考慮這些元素的規定含量總和。如果鋼中這些元素的規定含量總和大於表 4·1-17 中規定的每種元素最高界限值總和的 70％，應劃爲合金鋼。對於 Nb，Ti，V，Zr 四種元素，也適用以上原則。近年開發的微合金非調質鋼，大部分劃入低合金鋼。

此外，根據表 4·1-17 的分類，採用 "非合金鋼" 一詞代替傳統的 "碳素鋼"。但在 1992 年施行新的鋼分類以前所制訂的有關技術標準，均採用 "碳素鋼"。這類標準中，有的仍屬現行標準，所以 "碳素鋼" 名稱也將會沿用一段時間。

3·2 按主要質量等級、主要性能及使用特性分類

3·2·1 非合金鋼的主要分類

非合金鋼

按主要質量等級分類
{
普通質量非合金鋼
優質非合金鋼
特殊質量非合金鋼
}

按主要性能及使用特性分類
{
以規定最高強度（或硬度）爲主要特性的非合金鋼（如冷成型用薄鋼板）
以規定最低強度爲主要特性的非合金鋼（如造船、壓力容器等用的結構鋼）
以限制碳含量爲主要特性的非合金鋼（如線材、調質鋼），但不含下述 4、5 項
非合金易切削鋼
非合金工具鋼
具有特定電磁性能的非合金鋼（如電工純鐵）
其他非合金鋼
}

1. 普通質量非合金鋼 對生產過程中控制質量無特殊規定的、一般用途的非合金鋼，並應同時滿足下列條件：

（1）化學成分符合表 4·1-17 中對非合金鋼的規定；

（2）不規定鋼材熱處理條件（鋼廠根據工藝需要進行的消除應力及軟化處理等除外）；

（3）如產品技術條件有規定，其特性值（最高值和最低值）應符合：

最　　高　　值		最　　低　　值	
C 的質量分數	0.10%	σ_b	690MPa
S 的質量分數	0.045%	σ_s 或 $\sigma_{0.2}$	360MPa
P 的質量分數	0.045%	δ	33%
N 的質量分數	0.007%	彎心直徑 ≥0.5×試樣厚度	
硬度	60HRB	衝擊吸收功（20℃， 27J V型，縱向試樣）	

（4）未規定其他質量要求。

普通質量非合金鋼主要包括：一般用途非合金結構鋼（如國標 GB700 中的 A、B 級碳鋼）；非合金鋼筋；鐵道輕軌和墊板用碳鋼；一般鋼板樁型鋼。

2. 優質非合金鋼 在生產過程中需要按規定控制質量，如控制晶粒度，降低硫、磷含量，改善表面質

量或增加工藝控制等，以達到比普通質量非合金鋼較高的質量要求（例如抗脆斷性能和冷成型性能等的改善），但不需如特殊質量非合金鋼要求嚴格控制質量。

優質非合金鋼主要包括：機械結構用優質非合金鋼（如國標 GB699 中的優質碳素鋼，其中高碳鋼除外）；工程結構用非合金鋼（如國標 GB700 中的 C、D 級碳鋼）；衝壓用低碳薄鋼板；鍍鋅、鍍錫等鍍層用非合金鋼板；鍋爐和壓力容器用非合金鋼板、管；造船用非合金鋼；鐵道重軌碳鋼；焊條用非合金鋼；冷鐓、冷衝壓等冷加工用非合金鋼；非合金易切削鋼；電工用非合金鋼帶（片）；優質非合金鑄鋼。

3. 特殊質量非合金鋼　在生產過程中需要嚴格控制質量和性能的非合金鋼，例如要求控制淬透性和純潔度，同時還根據不同情況規定下列的特殊要求：

（1）對於需經熱處理的非合金鋼（包括易切削鋼和工具鋼），至少應滿足下列之一的特殊質量要求：

1）要求淬火—回火後，或模擬表面硬化狀態下的衝擊性能；

2）要求淬火後，或淬火—回火後的淬硬層深度或表面硬度；

3）要求限制表面缺陷，比對冷鐓和冷擠壓等用鋼的規定更嚴格；

4）要求限制鋼中非金屬夾雜物含量，並（或）要求材質內部均勻性（如鋼板抗層狀撕裂性能）。

（2）對於不進行熱處理的非合金鋼，至少應滿足下列之一的特殊質量要求：

1）要求限制磷的質量分數和（或）硫的質量分數最高值，規定熔煉分析值≤0.020％，成品分析值≤0.025％；

2）要求限制殘餘元素 Cu、Co、V 的最高含量，規定其熔煉分析最高質量分數分別為：Cu≤0.10％，Co≤0.05％，V≤0.05％。

3）要求限制表面缺陷；

4）要求限制鋼中非金屬夾雜物含量，並（或）要求材質內部均勻性。

（3）對於電工用非合金鋼，要求具有規定的導電性能（>9s/m），或具有規定的磁學性能。若只規定最大磁損和最小磁感應強度，而未規定磁導率的薄板、帶，則不屬於特殊質量非合金鋼。

特殊質量非合金鋼主要包括：保證淬透性非合金鋼；保證厚度方向性能非合金鋼；鐵道車軸坯、車輪、輪箍等用非合金鋼；航空、兵器等專業用非合金結構鋼；核能用非合金鋼；特殊焊條用非合金鋼；碳

素彈簧鋼；琴鋼絲及其所用盤條；特殊易切削鋼；非合金工具鋼和中空鋼；電工純鐵和工業純鐵。

3·2·2　低合金鋼的主要分類

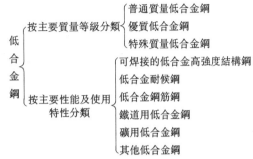

1. 普通質量低合金鋼　對生產過程中控制質量無特殊規定的、一般用途的低合金鋼，並應同時滿足下列條件：

（1）合金含量較低，符合表 4·1-17 規定；

（2）不規定鋼材熱處理條件（鋼廠根據工藝需要進行的退火、正火、消除應力及軟化處理除外）。

（3）如產品技術條件中有規定，其特性值應符合下表條件：

S 的質量分數（最高值） 0.045％	δ（最低值）　26％
P 的質量分數（最高值） 0.045％	彎心直徑（最低值）≥2×試樣厚度
σ_b（最低值）　690MPa	衝擊吸收功（最低值）　27J（20℃，V 型縱向試樣）
σ_s 或 $\sigma_{0.2}$（最低值）360MPa	

註：1. 力學性能的規定值系厚度為 3～16mm 鋼材的縱向（或橫向）試樣的測定值。

2. σ_b，σ_s 或 $\sigma_{0.2}$ 最低值僅適用於可焊接的低合金高強度結構鋼。

（4）未規定其他質量要求。

普通質量低合金鋼主要包括：一般用途低合金鋼（σ_s>360MPa 的鋼號除外）；低合金鋼筋鋼；低合金輕軌鋼；礦用一般低合金鋼（調質處理的鋼號除外）。

2. 優質低合金鋼　在生產過程中需要按規定控制質量，如降低硫、磷含量，控制晶粒度，改善表面質量，增加工藝控制等，以達到比普通質量低合金鋼較高的質量要求（如抗脆斷性能和冷成型性能的改善），但不如特殊質量低合金鋼要求嚴格控制質量。

這類鋼主要包括：可焊接的低合金高強度鋼（σ_b360～420MPa）；鍋爐和壓力容器用低合金鋼；造船、汽車、橋梁、自行車等專業用低合金鋼；低合金

表 4·1-18　合金鋼的分類

	1 優質合金鋼		2 工程結構用鋼	3 機械結構用鋼（屬4,6者除外）	4 特殊質、耐蝕和耐熱鋼	5 工具鋼	6 軸承鋼	7 特殊物理性能鋼	8 其他
主要質量等級									
主要使用特性	工程結構用鋼	其他							
按其他特性對鋼進一步分類	11 一般工程結構用合金鋼 12 合金鋼筋鋼 13 地質石油鑽探用合金鋼（23除外）	16 電工用矽（鋁）鋼（無磁導率要求） 17 鐵道用合金鋼	21 壓力容器用合金鋼（4類除外） 22 熱處理合金鋼筋 23 經熱處理的地質、石油鑽探用合金鋼 23 高錳鋼	31 Mn(X)系鋼 32 SiMn(X)系鋼 33 Cr(X)系鋼 34 CrMo(X)系鋼 35 CrNiMo(X)系鋼 36 Ni(X)系鋼 37 B(X)系列 38 其他	41 馬氏體型或 42 鐵素體型 　411/421 Cr(X)系鋼 　412/422 CrNi(X)系鋼 　413/423 CrMo(X) CrCo(X)系鋼 　414/424 CrAl(X) CrSi(X)系鋼 　415/425 其他 43 奧氏體型 44 奧氏體—鐵素體型或 45 沈澱硬化型 　431/441/451 CrNi(X)系鋼 　432/442/452 CrNiMo(X)系鋼 　433/443/453 CrNi+Ti 或 Nb鋼 　434/444/454 CrNiMo+Ti 或 Nb鋼 　435/445/455 CrNi+V, W, Co鋼 　436/446 CrNiSi(X)系鋼 　437 CrMnNi(X)系鋼 　438 其他	51 合金工具鋼 　511 Cr(X)系鋼 　512 Ni(X),CrNi(X)系鋼 　513 Mo(X),CrMo(X)系鋼 　514 V(X),CrV(X)系鋼 　515 W(X),CrW(X)系鋼 　516 其他 52 高速工具鋼 　521 WMo系鋼 　522 W系鋼 　523 Co系鋼	61 高碳鉻軸承鋼 62 滲碳軸承鋼 63 不鏽軸承鋼 64 高溫軸承鋼 65 無磁軸承鋼	71 軟磁鋼（除16外） 72 永磁鋼 73 無磁鋼 74 高電阻鋼和合金	其他

註：(X) 表示該合金系列中還包括有其他合金元素，如 Cr(X)系，除 Cr(X)系、除 Cr 鋼外，還有 CrMn 鋼等。

耐候鋼；鐵道用低合金鋼軌鋼、異型鋼；礦用優質低合金鋼；低合金管線鋼。

3. 特殊質量低合金鋼　在生產過程中需要嚴格控制質量和性能的低合金鋼，特別是要求嚴格控制硫、磷等含量和提高純潔度，並至少應滿足下列之一的特殊質量要求：

(1) 規定限制非金屬夾雜物含量和（或）材質內部均勻性，如鋼板抗層狀撕裂性能；

(2) 規定嚴格限制磷質量分數和（或）硫質量分數的最高值：規定熔煉分析值≤0.020%，成品分析值≤0.025%；

(3) 規定限制殘餘元素 Cu、Co、V 的最高質量分數，規定其熔煉分析值分別爲：Cu≤0.10%，Co≤0.05%，V≤0.05%；

(4) 規定鋼材的低溫（-40℃ 以下）衝擊性能；

(5) 對可焊接的低合金高強度鋼，規定 σ_s 最低值≥420MPa（指厚度爲 3～16mm 鋼材的縱向或橫向試樣的測定值）。

特殊質量低合金鋼主要包括：核能用低合金鋼；保證厚度方向性能低合金鋼；火車車輪用特殊低合金鋼；低溫用低合金鋼；船艦、兵器等專業用特殊低合金鋼。

3·2·3　合金鋼的主要分類

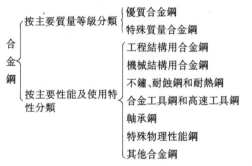

合金鋼的分類系列見表 4·1-18。表中按主要質量等級和按主要使用特性劃分了各鋼類系列。

1. 優質合金鋼　在生產過程中需要按規定控制質量和性能的合金鋼，但不如特殊質量合金鋼要求嚴格控制質量。

這類合金鋼主要包括：一般工程結構用合金鋼；合金鋼筋鋼；不規定磁導率的電工用矽（鋁）鋼；鐵道用合金鋼；地質、石油鑽探用合金鋼（調質處理的鋼除外）；矽錳彈簧鋼；高錳鑄鋼。

2. 特殊質量合金鋼　在生產過程中需要嚴格控

制質量和性能的合金鋼。除優質合金鋼以外的其他合金鋼，都屬於特殊質量合金鋼。

這類合金鋼主要包括：壓力容器用合金鋼；經熱處理的合金鋼筋鋼及地質、石油鑽探用鋼；合金結構鋼；合金彈簧鋼；軸承、合金工具鋼和高速工具鋼；不鏽鋼和耐熱鋼；永磁鋼；無磁奧氏體鋼；電熱合金等。

4　鋼材的品種規格和鋼號表示方法

4·1　鋼材的品種規格

按照鋼材的加工方法，可分爲軋材、拉拔材、鍛材和擠壓材等。

按照成型方法和斷面形狀，軋材又可分爲鋼板、鋼帶、鋼管、鋼軌、型鋼、線材（盤條）等；拉拔材也可分爲鋼管、型鋼、條鋼、鋼絲等。

鋼板、鋼帶、鋼管、鋼軌與型鋼、線材和鋼絲的品種及常用規格舉例見表 4·1-19 至表 4·1-23。

表 4·1-19　鋼板品種及常用規格

類別	品種	常用產品及規格舉例	
		鋼板名稱	厚度(mm)
普通鋼板（包括普通鋼和低合金鋼鋼板）	熱軋普通厚鋼板（厚度>4mm）	橋梁用鋼板	4.5～50
		造船用鋼板	1.0～120
	熱軋普通薄鋼板（厚度≤4mm）	汽車大梁用鋼板	2.5～12
		鍋爐鋼板	6～120
	冷軋普通薄鋼板（厚度≤4mm）	壓力容器用鋼板	6～120
		普通碳素鋼鋼板	0.3～200
		低合金鋼鋼板	1.0～200
		花紋鋼板	2.5～8.0
		鍍鋅薄鋼板	0.25～2.5
		鍍錫薄鋼板	0.1～0.5
		鍍鉛薄鋼板	0.9～1.2
		彩色塗層鋼板（帶）	0.3～2.0
優質鋼板	熱軋優質鋼厚鋼板（厚度>4mm）	碳素結構鋼鋼板	0.5～60
		合金結構鋼鋼板	0.5～30
	熱軋優質鋼薄鋼板（厚度≤4mm）	碳素和合金工具鋼鋼板	0.7～20
		高速工具鋼鋼板	1.0～10
	冷軋優質鋼薄鋼板（厚度≤4mm）	彈簧鋼鋼板	0.7～20
		滾動軸承鋼鋼板	1.0～8
		不鏽鋼鋼板	0.4～25
		耐熱鋼鋼板	4.5～35
複合鋼板		不鏽複合厚鋼板	4～60
		塑料複合薄鋼板	0.35～2.0
		犁鏵用三層鋼板	5～10

表 4·1-20　鋼帶品種及常用規格

類別	品種	常用產品及規格舉例		
		鋼帶名稱	厚度(mm)	寬度(mm)
普通鋼帶	熱軋普通鋼鋼帶	普通碳素鋼鋼帶	2.6～2.0(熱軋)	50～600
	冷軋普通鋼鋼帶		0.1～3.0(冷軋)	10～250
		鍍錫鋼帶	0.08～0.6(冷軋)	
		軟管用鋼帶	0.25～0.7(冷軋)	4～25
優質鋼帶	熱軋優質鋼鋼帶	碳素結構鋼鋼帶	2.5～5.0(熱軋)	100～250
			0.1～4.0(冷軋)	4～200
		合金結構鋼鋼帶	0.25～3.0(冷軋)	10～120
		碳素和合金工具鋼鋼帶	2.75～7.0(熱軋)	15～300
	冷軋優質鋼鋼帶		0.05～3.0(冷軋)	4～200
		高速工具鋼鋼帶	1～1.5(冷軋)	50～100
			2.5～6.0(熱軋)	60～180
		彈簧鋼鋼帶	0.1～3.0(冷軋)	4～200
		熱處理彈簧鋼鋼帶	0.08～1.5(冷軋)	1.5～100
		不鏽鋼帶	2.0～8.0(熱軋)	15～1600
			0.05～2.5(冷軋)	20～600

表 4·1-21　鋼管品種及常用規格

類別	品種	常用產品及規格舉例	
		鋼管名稱	外徑(mm)
無縫鋼管	熱軋無縫鋼管	結構用無縫鋼管	2～630(熱軋)
			6～200(冷拔)
	冷拔(軋)無縫鋼管	鍋爐用無縫鋼管	10～426(熱軋)
			10～194(冷拔)
	異形無縫鋼管	鍋爐用高壓無縫鋼管	22～530(熱軋)
	(包括方形、各種三角形、六角形、矩形、菱形、梯形、半圓形、橢圓形、梅花形、雙凹形、雙凸形等)		10～108(冷拔)
		高壓油管用無縫鋼管	6～7(冷拔)
		不鏽耐酸鋼無縫鋼管	54～480(熱軋)
			6～200(冷拔)
		滾動軸承鋼無縫鋼管	25～180(熱軋)
			25～180(冷拔)
		汽車半軸套管用無縫鋼管	76～122(熱軋)
	滲鋁鋼管	碳素結構鋼毛細管	1.5～5(冷拔)
		滲鋁鋼管	20～90
焊接鋼管	直縫電焊鋼管	低壓流體輸送用焊接鋼管	10～165 (1/8～6in)①
	螺旋縫電焊鋼管	低壓流體輸送用鍍鋅鋼管	10～165 (1/8～6in)①
	爐焊鋼管	直縫電焊鋼管	5～508
	異形電焊鋼管	螺旋縫電焊鋼管	168.3～2220

① 公稱口徑。

表 4·1-22　線材與鋼絲的品種及常用規格

類別	品種	常用產品及規格舉例	
		線材與鋼絲名稱	直徑(mm)
線材	熱軋圓盤條	普通低碳鋼熱軋盤條	5.5～14
		碳素電焊條鋼盤條	5.5～10
		製繩鋼絲用盤條	5.5～19
鋼絲	低碳鋼鋼絲	一般用途低碳鋼鋼絲	0.16～1.0
	結構鋼鋼絲	低碳結構鋼鋼絲	0.3～1.0
	易切結構鋼鋼絲	中碳結構鋼鋼絲	0.2～10
	彈簧鋼鋼絲	碳素彈簧鋼鋼絲	0.08～13
	鉻軸承鋼鋼絲	(Ⅰ,Ⅱ,Ⅱₐ,Ⅲ組)	
	工具鋼鋼絲	合金彈簧鋼鋼絲	0.5～14
	不鏽耐酸鋼鋼絲	鉻軸承鋼鋼絲	1.4～16
	電熱合金絲	不鏽耐酸鋼鋼絲	0.05～14
	預應力鋼絲	碳素工具鋼鋼絲	0.25～10
	冷頂鍛用鋼絲	合金工具鋼鋼絲	1.0～12
	焊條用鋼絲	銀亮鋼絲	1.0～10
	其他專用鋼絲	冷頂鍛用碳素鋼鋼絲	1.0～16
	異形鋼絲	冷頂鍛用合金鋼鋼絲	1.0～14

表 4·1-23　鋼軌與型鋼的品種及常用規格

類別	品種	常用產品及規格舉例	
		鋼軌與型鋼名稱	型號、規格
鋼軌	鋼軌	輕軌	9～30kg/m
	鋼軌配件	重軌	38～60kg/m
		起重機軌	QU-70/QU-120
普通型鋼	型鋼	普通工字鋼	10～63 號
	條鋼	輕型工字鋼	8～70 號
	螺紋鋼	普通槽鋼	5～40 號
	鉚螺鋼	輕型槽鋼	5～40 號
	鍛材坯	等邊角鋼	2～20 號
		不等邊角鋼	2.5/1.6～20/12.5 號
		方鋼	5.5～200mm
		圓鋼	ϕ5.5～250mm
		扁鋼	3×10～60×150mm
		螺紋鋼	10～40mm
		鍛材坯	90mm×90mm ～500mm×500mm
優質型鋼	碳素和合金結構鋼	碳素結構鋼熱軋材	
	易切結構鋼	圓鋼	ϕ8～220mm
	碳素和合金工具鋼	方鋼	10～120mm
	高速工具鋼	六角鋼	8～70mm
	彈簧鋼	扁鋼	3mm×25mm～36mm ×100mm

（續）

類別	品　種	常用產品及規格舉例	
		鋼軌與型鋼名稱	型　號、規　格
優質型鋼	滾動軸承鋼 不鏽耐熱鋼 中空鋼 冷鐓鋼	碳素結構鋼 鍛材： 　圓鋼 　方鋼 　扁鋼	$\phi50\sim250mm$ $50\sim250mm$ $25mm\times60mm\sim$ $120mm\times260mm$
		碳素結構鋼 冷拉材： 　圓鋼 　方鋼 　六角鋼 　扁鋼	$\phi7\sim80mm$ $7\sim70mm$ $7\sim75mm$ $5mm\times8mm\sim30mm\times$ $50mm$
異型鋼	農用異型鋼 礦用異型鋼 汽車用異型鋼 造船用球扁鋼 熱軋窗框與異型鋼 冷彎型鋼	犁鏵鋼 丁字鋼 中凹扁鋼 汽車輪輞 汽車檔圈 電梯鋼 槽圓鋼	菱角鋼 半圓鋼 刀邊鋼 鋼板樁 鋼球 冷彎捲邊角鋼 冷板捲邊槽鋼等

4·2　鋼號表示方法

4·2·1　中國鋼號表示方法簡介

　　中國的鋼號表示方法,根據國家標準《鋼鐵產品牌號表示方法》（GB221—79）中規定, 採用漢語拼音字母、化學符號和阿拉伯數字相結合的原則, 即：

　　（1）鋼號中化學元素採用國際化學符號表示, 例如 Mn、P、Cr、Ti、…等, 混合稀土元素用"RE"表示；

　　（2）產品名稱、用途、冶煉和澆注方法等, 一般採用漢語拼音的縮寫字母表示, 見表 4·1-24；

　　（3）鋼中主要化學元素含量（%）採用阿拉伯數字表示。

　　以上幾點, 在某些特殊情況下可以混合使用, 例如軸承鋼鋼號採用"GCr15SiMn"表示。

　　不過, GB211—79 標準由於多年未予修訂, 現在有的鋼類, 如非合金結構鋼（碳素結構鋼）和低合金高強度鋼的新標準規定的鋼號表示方法改按國際標準以屈服強度值（MPa）表示；另外, 高溫合金、耐蝕合金、精密合金等也已單獨制訂了牌號表示方法。但迄今尚無統一的牌號表示方法新標準。

表 4·1-24　中國鋼號中所採用的縮寫字母及其涵義

採用的縮寫字母	在鋼號中位置	涵　義	縮寫字母來源	
			漢字	拼音
A	尾	高級（優質鋼）	高	Gao
A	尾	質量等級符號（普通質量非合金鋼）	—	—
B	尾	質量等級符號（普通質量非合金鋼）	—	—
b	尾	半鎮靜鋼	半	Ban
C	尾	超級	超	Chao
C	尾	船用鋼	船	Chuan
C	尾	質量等級符號（普通質量非合金鋼）	—	—
D	尾	質量等級符號（普通質量非合金鋼）	—	—
d①	尾	低淬透性鋼	低	Di
DQ	頭	電工用冷軋取向矽鋼	電取	Dian Qu
DR	頭	電工用熱軋矽鋼	電熱	Dian Re
DT	頭	電工用純鐵	電鐵	Dian Tie
DW	頭	電工用冷軋無取向矽鋼	電無	Dian Wu
E	尾	特級	特	Te
F	尾	沸騰鋼	沸	Fei
G	頭	滾動軸承鋼	滾	Gun
GH	頭	變形高溫合金	高合	Gao He
G	尾	鍋爐用鋼	鍋	Guo
gC	尾	多層或高壓容器用鋼	高層	Gao Ceng
H	頭	焊條用鋼	焊	Han
J	中	鹼性空氣轉爐鋼	鹼	Jian
J	中	精密合金	精	Jing
K	頭	鑄造高溫合金	—	—
L	尾	汽車大梁用鋼	梁	Liang
M	頭	錨鏈鋼	錨	Mao
ML	頭	鉚螺鋼	鉚螺	Mao Luo
NS	頭	耐蝕合金	耐蝕	Nai Shi
Q	頭	屈服強度	屈	Qu
q	尾	橋梁用鋼	橋	Qiao
R	頭	壓力容器用鋼	容	Rong
T	頭	碳素工具鋼	碳	Tan
TZ	尾	特殊鎮靜鋼	特鎮	Te Zhen
U	頭	鋼軌鋼	軌	Gui
Y	中	氧氣轉爐鋼	氧	Yang
Y	頭	易切削鋼	易	Yi
Z	尾	鎮靜鋼	鎮	Zhen
ZG	頭	鑄鋼	鑄鋼	Zhu Gang
ZU	頭	軋輥用鑄鋼	鑄輥	Zhu Gun

① 在 GB221—79 中未包括, 但在其他標準中已採用。

4·2·2　中國鋼號表示方法說明

　　常用的各類鋼號的表示方法見表 4·1-25。

表 4·1-25　中國常用鋼號表示方法說明及舉例

鋼　類	鋼 號 舉 例	鋼 號 表 示 方 法 說 明
普通質量非合金鋼	Q195, Q215A, Q235C, Q255D, Q235A·F	鋼號冠以"Q",代表鋼材屈服強度,後面的數字表示屈服強度值(MPa)。如Q235鋼,其屈服強度值爲235MPa。必要時鋼號後面可標出表示質量等級和脫氧方法的符號。質量等級符號分爲A,B,C,D。脫氧方法符號分爲F,b,Z,TZ,涵義見表4·1-24。例如,Q235A·F鋼,表示A級沸騰鋼
優質非合金鋼(機械結構用鋼等)	08F, 15, 25, 30, 45, 20Mn,50Mn,20g	鋼號開頭的兩位數字表示平均碳含量的萬分之幾,如平均碳含量(質量分數)爲0.45%的鋼,鋼號爲"45"。錳含量較高的優質非合金鋼,應將錳元素標出,如45Mn。沸騰鋼、半鎮靜鋼及專門用途的優質非合金鋼,應在鋼號中特別標出(見表4·1-24),如鍋爐用20鋼以"20g"表示
非合金易切削鋼	Y12, Y15, Y15Pb, Y40Mn	鋼號冠以"Y",以區別於其他結構用鋼。"Y"後面的數字表示碳含量,以平均碳含量的萬分之幾表示。如平均碳的質量分數爲0.3%的易切削鋼,其鋼號爲"Y30"。錳質量分數較高的或含鉛的鋼,在鋼號後標出"Mn"或"Pb",如"Y40Mn","Y15Pb"
非合金工具鋼	T7, T8, T8Mn, T10A, T12A	鋼號冠以"T",以免與其他鋼類相混。"T"後面的數字表示 w_C,以平均碳質量分數的千分之幾表示。如"T8",表示平均碳的質量分數爲0.8%。錳含量較高者,在鋼號後標出"Mn",如"T8Mn" 鋼中硫、磷的質量分數低於一般非合金工具鋼者,在其鋼號末尾加註字母"A",以示區別,如"T8MnA"
合金結構鋼	12Cr2Ni4, 12Cr1MoV, 15Cr, 18Cr2Ni4W, 20CrMnTi, 30CrMnSi, 38CrMoAl, 40CrNiMo, 45MnB	鋼號開頭的兩位數字表示平均碳質量分數爲萬分之幾。鋼中主要合金元素,除個別微合金元素外,一般以百分之幾表示。當平均質量分數<1.5%時,鋼號中一般只標出元素符號,而不標明質量分數,但在特殊情況下易混淆者,在元素符號後亦可標以數字"1";當平均質量分數≥1.5%、≥2.5%、≥3.5%…時,在元素符號後面應標明含量,可相應表示爲2、3、4、…等,如"36Mn2Si" 鋼中的釩、鈦、鋁、硼、稀土等,均屬微合金元素,雖然含量很低,仍應在鋼號中標出。如"20MnVB"鋼中,含V0.07%~0.12%,B0.001%~0.005%
低合金結構鋼和耐候鋼	09Mn, 12MnV, 14MnVTiRE, 16Mn, 09CuP, 12MnCuCr, 16CuCr,Q295A,Q390E	鋼號基本上和合金結構鋼的鋼號表示方法相同。對於專業用低合金鋼,應在鋼號最後標明。如16Mn鋼,用於橋梁的專用鋼種爲"16Mnq",汽車大梁的專用鋼種爲"16MnL",壓力容器的專用鋼種爲"16MnR"。低合金高強度結構鋼新標準的鋼號基本上和普通質量非合金鋼的鋼號表示方法相同,如Q345A
彈簧鋼	65, 70, 65Mn, 60Si2Mn,50CrVA	非合金彈簧鋼的鋼號表示方法,基本上與機械結構用優質非合金鋼相同。合金彈簧鋼的鋼號表示方法,基本上與合金結構鋼相同
滾動軸承鋼	GCr9,GCr9SiMn, GCr15, G10CrNi3Mo, G20CrMo	鋼號冠以"G",表示軸承鋼類。高碳鉻軸承鋼鋼號的 w_C 不標出,鉻含量以千分之幾表示,如"GCr15" w_{Cr} 1.5%滲碳軸承鋼的鋼號表示方法,基本上和合金結構鋼相同

（續）

鋼　類	鋼 號 舉 例	鋼 號 表 示 方 法 説 明
合金工具鋼	9SiCr,Cr06,5CrW2Si, Cr12Mo1V,　9Mn2V, 5CrNiMo,　3Cr2W8V, 3Cr-2Mo	合金工具鋼鋼號的平均 $w_C \geqslant 1.0\%$ 時,不標出;當平均 $w_C < 1.0\%$ 時,以千分之幾表示,如 CrMn,9Mn2V。鋼中合金元素含量的表示方法,基本上與合金結構鋼相同。但對鉻含量較低的合金工具鋼鋼號,其鉻含量以千分之幾表示,並在表示含量的數字前加"0",以便把它與一般元素含量按百分之幾表示的方法區別開,如"Cr06"
高速工具鋼	W18Cr4V W12Cr4V4Mo W6Mo5Cr4V2	高速工具鋼的鋼號一般不標出碳質量分數,只標出各種合金元素平均含量的百分之幾,如"18-4-1"鎢系高速鋼的鋼號爲"W18Cr4V"。鎢系高速鋼中,當 $w_{Mo} > 3\%$ 時,在鋼號後面加"Mo",如"W12Cr4V4Mo"
不鏽鋼和耐熱鋼	1Cr13,　0Cr18Ni9, 00Cr19Ni13Mo3, 2Cr25Ni20, 4Cr10Si2Mo	鋼號中碳含量以千分之幾表示,如"9Cr18"鋼的平均 w_C 爲 0.9%;若鋼中 $w_C \leqslant 0.03\%$ 或 $\leqslant 0.08\%$ 者,鋼號前分別冠以"00"或"0"表示之,如"00Cr18Ni10N","0Cr13"等 對鋼中主要合金元素以百分之幾表示,而鈦、鈮、鋯、氮、…等則按上述合金結構鋼對微合金元素的表示方法標出
焊條鋼	H08,H10MnSi, H1Cr13,H00Cr21Ni10	鋼號前冠以"H",以區別其他鋼類。例如不鏽鋼焊絲爲"H1Cr13",可區別於不鏽鋼"1Cr13"
高電阻電熱合金	Cr15Ni60,Cr20Ni80, 1Cr13Al4,0Cr21Al6Nb	牌號形式,與上述不鏽鋼和耐熱鋼基本相同,但對 NiCr 基合金可以不標出碳含量。例如"0Cr25Al5",表示平均 w_{Cr}25%、w_{Al}5%、$w_C \leqslant 0.06\%$ 的合金
高溫合金	GH1130,　GH2302, GH4033	變形高溫合金的新牌號,採用"GH"加 4 位數字組成。第 1 位數表示分類號,其中:1—固溶強化型鐵基合金;2—時效硬化型鐵基合金;3—固溶強化型鎳基合金;4—時效硬化型鎳基合金。第 2,3,4 位數字表示合金的編號,與舊牌號(GH+2 或 3 位數字)的編號一致
	K213,K417	鑄造高溫合金的新牌號採用"K"加 3 位數字組成。第 1 位數字表示分類號,其意義同上。第 2,3 位數字表示合金的編號,與舊牌號(K+2 位數字)的編號一致

第 2 章　鋼的計算機設計[8]~[17]

1　概述

　　鋼製結構零件設計選材的主要指標是強度和硬度,同時要求有足夠的韌性,因此,設計或選用鋼號時,突出考慮的是強韌性。鋼的強韌性主要取決於組織狀態;賴以獲得一定組織狀態的基礎是奧氏體從高溫冷卻下來的轉變產物,其特性與表現奧氏體穩定性的淬透性密切相關,而化學成分和晶粒度則是影響淬透性的最重要因素。

　　根據化學成分預測鋼的性能,尤其是預測強韌性,一直是鋼鐵材料研究方面的重要目標之一。這種預測的關鍵是預測成分對淬透性的影響。末端淬火曲線(簡稱端淬曲線)能在較大範圍連續反映淬火硬度與冷卻速度的對應關係,是表達淬透性的常用方法。因此,根據化學成分來計算預測端淬曲線,成爲這一研究領域的重要課題。

40 年代初,即開始探索從定性或半定量描述發展到定量計算端淬曲線的途徑。歷經半個世紀的探索,已提出不少計算公式,應用範圍在逐步擴大,計算合理性和精確性不斷提高;近年來應用電子計算機而加快了這一研究的進展。已提出的端淬曲線計算方法,大致可分爲理想臨界直徑換算法、線性回歸方程計算法和非線性方程計算法三種。與此相對應,根據計算公式編製成設計化學成分及預報組織性能的計算機軟件,也可以分爲三類。

1. 理想臨界直徑換算法 40 年代初格羅斯曼最先提出描述淬透性的理想臨界直徑計算公式,計算方法是,先查圖表,根據碳含量和晶粒度因子,確定基本臨界直徑 D_0,再由圖表查得有關合金元素的硬化因子的乘數(效果係數)a_i,第 i 個元素 M_i 的硬化因子 F_i 等於該元素的效果係數 a_i 乘以含量 M_i 再加1;理想臨界直徑 D_I 等於 D_0 乘以諸元素硬化因子的連乘積,即

$$F_i = 1 + a_i M_i$$
$$D_I = D_0 \Pi F_i$$

以這個理想臨界直徑爲基礎計算端淬曲線的具體步驟是:

(1) 根據由化學成分及晶粒度確定的硬化因子計算出理想臨界直徑 D_I;

(2) 從硬度與碳含量的關係表中查出水冷端的馬氏體硬度(起始硬度)IH;

(3) 從 IH 與端淬硬度(距離硬度)DH 的比值表中,按 D_I 查出不同端距的 IH/DH 比值;

(4) 由 IH 和查得的各個比值計算出對應於不同端淬距離的 DH 值;

(5) 按 IH 和不同的 DH 值描繪出端淬曲線。

該方法是用一個統一參數(理想臨界直徑)來描述化學成分對淬透性的影響,基本表達了化學成分與淬透性的非線性關係,肯定了端淬曲線自淬端最大硬度開始的單調遞降特點,用比值分配表大致描摹出端淬曲線的基本形狀和變化規律。但計算中所依賴的各種圖表數據都有一定的局限性,適用範圍較窄,查對中所造成的偏差也較大,而且都是間斷的數據點,描繪的曲線只有模糊的意向性而缺乏合乎邏輯的精確性,這就在很大程度上限制了它的實際使用價值。

70 年代出現一種滿足淬透性要求並使成本大大降低的化學成分設計優化系統(稱爲 CHAT 系統)。這個系統用所加合金元素的成本函數與滿足淬透性要求的理想臨界直徑函數聯立求解的方法設計成分。當時主要用於設計代用鋼,以節約短缺的合金資源。最廉價的元素是錳,單從淬透性效率考慮,計算機調諧的結果,必然是將錳含量調整到所允許的極限,複雜的聯立求解就顯示不出其重要性了。這種方法的局限性也決定了計算機軟件的局限性。

2. 回歸方程計算法 60 年代末發展起來的回歸方程計算端淬曲線的方法,在此領域開拓了一條新途徑。這種方法主要是利用計算機進行多元回歸分析導出線性方程,直接根據化學成分計算端淬曲線上選定位置的硬度。突出的優點是,導出方程快,使用直觀簡便,推廣很快,發表的公式特別多,但基本上都只適用於很窄的成分範圍和曲線上的特定位置。曾採用先構造一條上彎抛物線再使合金元素起上下推移作用的方法,試圖建立適合於端淬曲線各個位置的通用方程,如下例典型形式:

$$J_0 = 60 \sqrt{w_C} + 20 \qquad \text{HRC}$$
$$J_{4\sim40} = (88 - 0.0135E^2)\sqrt{w_C} + 19w_{Cr} + 6.3w_{Ni}$$
$$+ 16w_{Mn} + 35w_{Mo} + 5w_{Si} - 0.82K_{ASTM}$$
$$+ 2.11E - 20\sqrt{E} - 2 \qquad \text{HRC}$$

式中的 E 表示端淬距離(至水冷端距離),單位是 1/16in (1.6mm);K 表示按 ASTM 標準評定的晶粒級別。分析這個數學模型可以看出其構造是:假定端淬距離小於 4 時,硬度只取決於碳含量,其值等於淬端硬度 J_0,是一段水平線;端淬距離 4~40 區間的曲線形狀由含 E 項組成的非線性式確定,是一段上彎的抛物線,有一個最低點,形狀基本不變,合金元素和晶粒度起線性的上下推移作用。水平線末端與抛物線始端的銜接並不總是吻合,整條曲線既不平滑也不反映單調遞降特點,未能反映端淬曲線的基本形態和變化規律,而且端淬距離大於抛物線最低點後,還會計算出硬度隨冷卻速度降低而增高的反常結果。

根據線性回歸方程編製的預測淬透性的計算機軟件,絕大多數是一個方程只適用於一個鋼號的端淬曲線上的一個特定點,即每一個鋼號的每一個控制點都得有一個專用軟件。並且,有時甚至不同廠家的同一控制點的軟件,還可能因生產條件及導出公式採用數據的差異而不能相互通用。

3. 非線性方程計算法 80 年代初提出採用非線性方程計算端淬曲線,以統一的參數把硬度、強度、韌度和組織分類的計算聯成完整的體系。這種方法的主要特點是:

(1) 根據數理邏輯分析建立遠程適應的非線性數學模型;

(2) 以端淬曲線半馬氏體點至水冷端的距離作爲計算端淬曲線的關鍵參數;

(3) 端淬曲線計算公式充分反映曲線的基本形態和變化規律;

(4) 採用計算機通用軟件計算各種數據和繪製各種函數圖形;

(5) 普遍適用於鋼的設計、選擇、預測組織性能和控制性能的成分微調。

這一方法特別重要的是通過數理統計和邏輯推理去建立合理的數學模型,得到既在應用上合乎實際、又在理論上合乎邏輯的公式,概括其要點如下:

(1) 廣泛搜集生產、科研、標準等方面的有關數據,嚴格審查其可靠性和局限性;

(2) 結合專業理論和經驗進行統計分析,找出各變量間的確切關係和變化規律;

(3) 確定主要變數和函數,在足夠大的範圍內描繪出合乎邏輯的函數關係曲線;

(4) 選擇或構造近似函數模式,調整改進爲圓滿反映函數特徵的數學模型;

(5) 以各關鍵位置上比較可信的某些數據爲基準,採用逐步逼近法確定係數;

(6) 任何參數都採用通用公式進行計算,以保證函數的連續性和精確性。

這套計算公式因其適用的廣泛性、函數的連續性和計算的精確性而特別適合於編製計算機通用軟件。已編製成鋼的計算機設計程序和控制淬透性的成分微調程序,具有功能齊全、結構緊湊、層次清晰、操作簡便、適用廣泛等特點。

鋼的計算機設計源程序,由主控模塊和若干各級子模塊組成,占內存約 28KB,具有按各種途徑設計新鋼號、預報組織性能、查詢常用數據換算關係等多種功能,是全面應用計算公式的重要通用軟件,具體內容和運行要點將在本章第 3 節中介紹。

控制淬透性的成分微調源程序,由主控模塊、電爐微調模塊、平爐微調模塊、電平混煉微調模塊、預報組織性能模塊以及若干輔助模塊組成,占內存約 21KB,具有按淬透性要求計算控制目標成分及各種合金料用量並預報組織性能等功能,是一個工藝應用軟件。

此外,數理分析程序也是一個有廣泛使用價值的工具性軟件,其源程序由主控模塊和 5 個一級子模塊以及十幾個小模塊組成,占內存約 20KB,具有方差分析、線性回歸分析　非線性回歸分析、解聯立方程

組、函數特性分析等多種功能。

這套公式和據以編製的計算機軟件,可應用於以下幾個方面:

按淬透性或力學性能要求設計新鋼號;

根據用途和性能要求選擇合適的鋼號;

按照給定的化學成分預報組織和性能;

建立符合資源情況的鋼種系列;

進行控制淬透性或力學性能的冶煉成分微調;

參照預報的組織特性制訂合理的生產工藝;

根據淬透性或力學性能進行分級管理和銷售;

審查或制訂技術標準中的性能指標。

2　計算公式

2·1　馬氏體及半馬氏體硬度

水冷端馬氏體硬度 J_0 和對應於半馬氏體點的半馬氏體硬度 J_S,是計算端淬曲線的重要參數,一般靠經驗估計或查對圖表確定。也有不少計算式,但在精確、連續和適用範圍等方面都有較大的局限性。而適合於所有碳含量的通用計算式,滿足計算端淬曲線和計算機處理數據需要的冪函數式,能在所有碳含量範圍內得到合理的計算結果。

若以 w_C 表示碳的質量分數(%),則計算公式爲

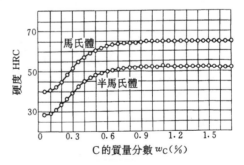

圖 4·2-1　馬氏體硬度與碳含量的關係

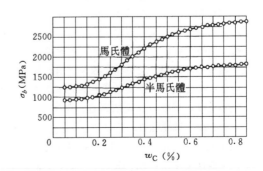

圖4·2-2　馬氏體強度與碳含量的關係

$$J_0 = (4 + 212w_{\mathrm{C}}^3)/(0.1 + 3.2w_{\mathrm{C}}^3) - 2C \quad (\mathrm{HRC})$$
$$(4 \cdot 2\text{-}1)$$

$$J_{\mathrm{S}} = J_0^{\,2}/(J_0 + 16) \quad (\mathrm{HRC}) \qquad (4 \cdot 2\text{-}2)$$

圖 4·2-1 是通過拷印得到的計算機屏幕圖示。根據硬度與強度的通用關係式，還可得到馬氏體強度與碳含量的關係圖，見圖 4·2-2。

2·2　合金化當量

合金化當量可定量描述合金元素對淬透性的影響，是計算端淬曲線上半馬氏體點到水冷端距離（簡稱半馬距）的主要參數。某元素的當量貢獻，用該元素與其他元素相對比較作用大小的最簡倍數來表示，鋼的合金化當量就是鋼中所含各元素當量貢獻的代數和。若以 w_{B} 代表其質量分數（以 1% 爲 1），並用 M 代表合金化當量，則計算公式爲

$$
\begin{aligned}
M = {} & 50w_{\mathrm{Cr}}/(7 + w_{\mathrm{Cr}}) + 3.3w_{\mathrm{Mn}}\sqrt{1 + w_{\mathrm{Mn}}} \\
& + 6w_{\mathrm{Si}}/(3 + w_{\mathrm{Si}}) + 1.4w_{\mathrm{Ni}}\sqrt{1 + w_{\mathrm{Ni}}} \\
& + 9(w_{\mathrm{Mo}} + w_{\mathrm{W}})/(1 + w_{\mathrm{Mo}} + w_{\mathrm{W}}) \\
& + 8(\sqrt{w_{\mathrm{V}}} - w_{\mathrm{V}}) + 4(\sqrt{w_{\mathrm{Ti}}} - 5w_{\mathrm{Ti}}) \\
& + 5(\sqrt{w_{\mathrm{Nb}}} - 8w_{\mathrm{Nb}}) + 5(\sqrt{w_{\mathrm{N}}} - 4w_{\mathrm{N}}) \\
& + (\sqrt{w_{\mathrm{Al}}} - 3w_{\mathrm{Al}}) + 8(\sqrt{w_{\mathrm{B}}} - 10w_{\mathrm{B}}) \\
& + \sqrt{[(0.01 + 3w_{\mathrm{N}})(1 + 2w_{\mathrm{C}})]}\,w_{\mathrm{B}} \\
& + 3(\sqrt{w_{\mathrm{P}}} - 2w_{\mathrm{P}}) - w_{\mathrm{S}} + w_{\mathrm{Cu}}
\end{aligned}
$$

對於不是有意添加的元素，結構鋼可考慮採用以下常規的或殘餘的質量分數（%）：Cr.07，Mn.65，Si.27，Ni.05，Mo.01，W.01，Al.02，Ti.01，N.01，S.01，P.015，Cu.1；其他如釩、硼、鈮等元素的殘餘量則可看作零。

2·3　淬硬深度

格羅斯曼關於理想臨界直徑的概念，可以作爲描述化學成分影響淬透性的通用尺度，只是在實際應用上還不夠直觀。既然端淬曲線是描述淬透性最普遍最實用的方法，那麼，端淬曲線上的半馬氏體點至水冷端距離（簡稱半馬距）就是最好的關鍵參數，其意義類似於理想臨界直徑，但更爲直觀和實用。非線性方程計算法的核心之一，就是選擇半馬距作爲衡量淬透性高低的尺度。影響半馬距的因素，包括化學成分、晶粒大小、奧氏體化條件及冶金質量等，其中最重要的是化學成分。在通常的奧氏體化條件及冶金質量狀況下，作爲合金化當量 M、碳量 w_{C} 及晶粒級別 G 的函數，半馬距 E_{S} 的計算式爲

$$
\begin{aligned}
E_{\mathrm{S}} = {} & [(M/9)^5 + 1][(1 + 155w_{\mathrm{C}}^2)/(3 + 15w_{\mathrm{C}}^2) \\
& - 3w_{\mathrm{C}}]9/(3 + G) \quad (\mathrm{mm}) \qquad (4 \cdot 2\text{-}3)
\end{aligned}
$$

計算機屏幕顯示的半馬距 E_{S} 與晶粒度及碳含量的關係，見圖 4·2-3。

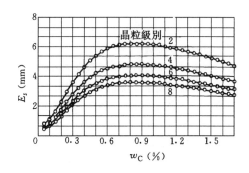

圖 4·2-3　半馬距與晶粒度及碳含量的關係

2·4　曲率係數

合金元素還同時影響端淬曲線的下降速率。一般元素使曲線拐點處趨於平緩，拐點左側降低而右側升高；硼使拐點處陡峭，左側升高而右側降低。這種影響與對貝氏體轉變的促進或抑制有關。也與鐵素體強化程度及碳化物彌散程度有關。這裡用曲率係數 C_f 來反映這種影響，它也是計算端淬曲線的參數之一，如果用 w_{B} 代表其含量百分數，則曲率係數 C_f 的計算式爲

$$
\begin{aligned}
C_f = {} & 1 + 0.5w_{\mathrm{Cr}} + 0.1w_{\mathrm{Mn}} + 3\sqrt{w_{\mathrm{Mo}} + w_{\mathrm{W}}} \\
& + 3\sqrt{w_{\mathrm{V}}} - 8\sqrt{w_{\mathrm{B}}}
\end{aligned}
$$

2·5　端淬曲線

非線性方程計算法建立了通用的端淬曲線計算公式。分析各種鋼的端淬曲線和淬透性帶，可以明確這樣幾點：

端淬曲線是一條以淬端馬氏體硬度爲極大值的單調遞降曲線；

曲線形狀像一個左傾斜躺的反寫字母 S，其拐點靠近半馬氏體點；

拐點左側向左下方彎曲，硬度下降速率遞增，拐點處曲線斜率絕對值最大；

拐點右側向右上方彎曲，硬度下降速率遞減，趨向珠光體區分解產物的硬度；

淬透性越高，拐點離淬端越遠，曲線越平緩，拐點處斜率絕對值越小；

淬透性帶以半馬距至二倍半馬距之間爲最寬，向兩端走逐漸變窄。

根據端淬曲線的特徵，如果知道某鋼的馬氏體硬度、半馬氏體硬度和半馬距這三個參數，就可以得到很近似的端淬曲線。建立端淬曲線的計算式，就是要尋求一個以半馬距爲關鍵參數，能使端淬硬度隨端淬距離變化的規律與上述分析相符的數學模型。這種方法中幾經改進的冪函數式，能較圓滿地反映端淬曲線的基本形態和變化規律。對應於端淬距離（至水冷端距離）E 的端淬硬度 J_e，主要取決於淬端馬氏體硬度 J_0 和半馬距 E_S 值，曲線斜率的變化還與曲率係數 C_f 有關，具體計算式爲

$$J_e = J_0^2 / \{J_0 + 16[(1+C_f) \times E/(E_S + C_f E)]^4\} \quad (HRC) \quad (4 \cdot 2\text{-}4)$$

2·6　淬透性帶

中限端淬曲線代表對應於中限成份的淬透性水平，上下限端淬曲線所包圍的淬透性帶則反映在正常生產條件下端淬硬度的合理波動範圍。標準中的淬透性帶，通常按正負二倍統計標準偏差（可信度 95%）確定。按淬端馬氏體硬度和半馬距這兩個參數的偏移來計算上下限端淬曲線，從而給出具有統計意義的淬透性帶，計算結果與統計得到的標準淬透性帶基本相吻合。上下限計算式爲

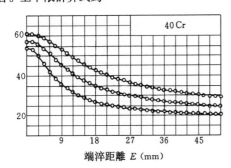

圖 4·2-4　端淬曲線與淬透性帶

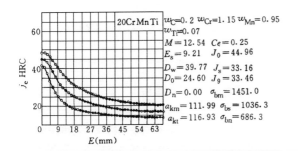

圖 4·2-5　端淬圖及特性參數

$$J_{eu} = (J_0 + 3.5)^2 / \{J_0 + 3.5 + 16 [(1+C_f) \times E / (1.35E_S + C_f E)]^4\} \quad (HRC)$$

$$J_{ed} = (J_0 - 3.5)^2 / \{J_0 - 3.5 + 16 [(1+C_f) \times E / (0.65E_S + C_f E)]^4\} \quad (HRC)$$

計算機屏幕顯示的端淬曲線與淬透性帶見圖 4.2-4,端淬圖及特性參數見圖 4.2-5。

2·7　淬火硬度

端淬曲線反映的淬火硬度與冷卻速度的關係，應用於生產實際的簡單方法是，把端淬距離轉換成淬火直徑，以便根據端淬硬度來確定淬火零件的心部硬度。若用 D_w、D_o 和 D_n 分別代表水淬、油淬及空淬直徑，用 D_{wc}、D_{oc} 和 D_{nc} 相應代表淬火臨界直徑，則它們與端淬距離 E 及半馬距 E_S 的對應關係可分別表達爲（空淬時 $E > 25$mm 才有意義）

$$D_w = 3E + 4\sqrt{E} \quad (mm)$$

$$D_o = 3E - \sqrt{E} \quad (mm)$$

$$D_n = E - 5\sqrt{E} \quad (mm)$$

而 $E = [(\sqrt{16 + 12D_w} - 4)/6]^2 \quad (mm)$

$E = [(\sqrt{1 + 12D_o} + 1)/6]^2 \quad (mm)$

$E = [(\sqrt{25 + 4D_n} + 5)/2]^2 \quad (mm)$

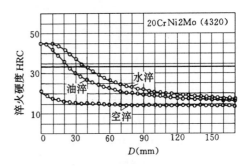

圖 4·2-6　淬火硬度與直徑的對應關係

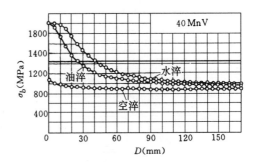

圖 4·2-7　淬火強度與直徑的對應關係

$$D_{wc} = 3E_S + 4\sqrt{E_S} \quad (mm)$$

$$D_{oc} = 3E_S - \sqrt{E_S} \quad (mm)$$

$$D_{nc} = E_S - 5\sqrt{E_S} \quad (mm)$$

計算機屏幕顯示的淬火硬度和淬火強度分別與直徑的對應關係見圖 4·2-6、圖 4·2-7，而淬火直徑與端淬距離的對應關係見圖 4·2-8。

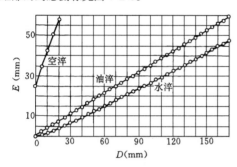

圖 4·2-8　淬火直徑與端淬距離的對應關係

2·8　硬度與強度換算

材料的強度是設計零件的主要參數之一，通過硬度與強度的換算，可以把端淬硬度與零件的心部強度聯繫起來，這也是端淬曲線實際應用的一個重要方面。洛氏硬度 HRC、布氏硬度 HB 及壓痕直徑 d（mm）應用最廣泛，他們與強度 σ_b（MPa）之間的近似換算式有

$$\sigma_b = 200 + 41.2HRC - HRC^2 + (HRC/4)^3 (MPa)$$

$$HRC = (0.0015\sigma_b)^3 - (0.0052\sigma_b)^2 + 0.081\sigma_b - 26$$

$$\sigma_b = (32/d)^3 + 235 \quad (MPa)$$

$$HB = (61.8/d)^2 - 10$$

$$\sigma_b = 235 + 0.14(HB + 10)^{1.5} (MPa)$$

計算機屏幕顯示的強度與洛氏硬度或布氏硬度的對照見圖 4·2-9 和圖 4·2-10。

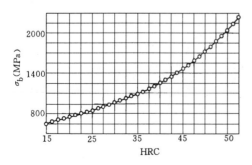

圖 4·2-9　強度與洛氏硬度 HRC 的對照

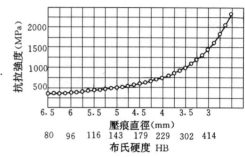

圖 4·2-10　強度與布氏硬度 HB 的對照

2·9　衝擊韌度

鋼的衝擊韌度的高低與組織狀態及冶金質量密切相關。通常關心並力圖進行定量描述的是衝擊韌度與強度的對應關係。在一般冶金質量水平和完全淬成馬氏體的狀況下，以同等回火強度水平相比較，則低溫回火馬氏體的衝擊韌度要高於中高溫回火組織，前者與強度的平方成反比，後者與強度的三次方成反比。若用 a_{km} 代表低溫回火韌度，a_{kt} 代表調質韌度，σ_{bm} 代表馬氏體強度，σ_{bq} 代表調質前的淬火強度，σ_{bt} 代表調質後的強度，則根據強度來推算衝擊韌度的計算式為

$$a_{km} = (15356/\sigma_{bm})^2 \quad (J/cm^2)$$

$$a_{kt} = (5668\sqrt{\sigma_{bq}/\sigma_{bm}}/\sigma_{bt})^3 \quad (J/cm^2)$$

計算機屏幕顯示的馬氏體回火韌性與強度的關係見圖 4·2-11。該圖是按上述的計算式推算的，式中的 b_q 和 b_m 分別根據端淬硬度 J_e 和端淬馬氏體硬度 J_0 計算得到的，σ_{bt} 則按通常控制水平定為 1050MPa。

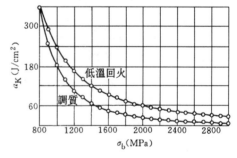

圖 4·2-11　馬氏體回火韌度與強度的關係

2·10　成分上下限

當給定化學成分中限值時，需要計算出對於冶煉控制和制訂標準以及計算性能來說較為合理的上下限。首先根據中限值計算出波動幅寬，再由中限值加幅寬得上限值，中限值減幅寬得下限值。若用 w_C 代表中限碳的質量分數，w_{Me} 代表某元素的中限質量分

數，則碳含量幅寬 F_{wc} 及其他元素含量幅寬 F_{wm} 的計算式分別爲

$$F_{wc} = 0.18 w_C / (0.2 + 2w_C + \sqrt{w_C}) \quad (\%)$$

$$F_{wm} = 0.18 w_{Me} / (0.2 + \sqrt{w_{Me}}) \quad (\%)$$

2·11　組織分類

預測鋼的正火組織類型和退火組織類型，對於正確制訂緩冷及退火工藝制度有重要意義。過去靠查對組織分類表來判斷組織類型，很不方便。而利用半馬距 E_S 來劃分正火組織類型，旣簡便易行，又有很好的相對可比性，即使是同一組織類型，也可以比較他們的硬化傾向、組織應力及熱應力的相對大小。退火組織類型也可引入一個稱爲相對碳含量（或稱碳當量）的參數來劃分。若以 w_C 代表實際碳的質量分數，w_{Mt} 代表其他元素質量分數的總和，則相對碳含量 C_e 的計算式爲

$$C_e = w_C (1 + 0.1 w_{Mt}) \quad (\%)$$

於是，正火及退火組織類型的劃分界限可定爲：

E_S (mm):	<30	30～100		>100
正火組織：	珠光體	半馬氏體或貝氏體		馬氏體
C_e (%):	<0.7	0.7～0.9	>0.9～1.8	>1.8
退火組織：	亞共析	共析	過共析	亞共晶

計算機屏幕顯示的正火及退火組織的分類區域示意圖見圖 4·2-12。

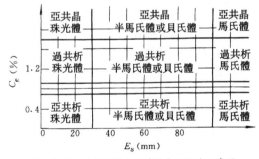

圖 4·2-12　正火及退火組織的分類區域示意圖

2·12　成分微調

應用本節的有關計算公式嚴格控制熔煉成分來控制某種性能時，需要在熔煉末期對鋼液進行成分微調。爲確保成分微調的精確性，在計算各種合金料用量時，必須考慮所有加入的合金料對鋼液量的影響，因而應建立總平衡計算式。

設　P 爲原鋼液量（kg）；

G 爲某種合金料用量，G_i 即爲第 i 種元素的合金料用量（kg）；

P_0 爲合金料總用量（kg），$P_0 = \sum G_i$；

a 爲某元素目標質量分數，a_i 即爲第 i 種元素的目標質量分數（%）；

b 爲原鋼液中某元素質量分數，b_i 即爲第 i 種元素在原鋼液中的質量分數（%）；

c 爲合金料中某元素質量分數，c_i 即爲第 i 種元素在合金料中的質量分數（%）；

f 爲某元素的收得率，f_i 即爲第 i 種元素的收得率（%）。

則　$a = (bP + f_cG)/(P + P_0) \quad (\%)$

$G = P(a - b)/f_c + P_0 a/f_c \quad (kg)$

又　$P_0 = \sum G_i$

$= P \sum [(a_i - b_i)/f_i c_i]$

$+ P_0 \sum (a_i / f_i c_i) \quad (kg)$

即　$P_0 = P \sum [(a_i - b_i)/f_i c_i]$

$/[1 - \sum (a_i / f_i c_i)] \quad (kg)$

故　$G = P(a - b)/f_c$

$+ P(a/f_c) \sum [(a_i - b_i)/f_i c_i]$

$/[1 - \sum (a_i / f_i c_i)] \quad (kg) \quad (4·2-5)$

令　$K = \sum [(a_i - b_i)/f_i c_i] / [1 - \sum (a_i / f_i c_i)]$

則　$G = P[(a - b)/f_c + (a/f_c)K] \quad (kg)$

如果按照物理意義來分項命名

則　$P(a - b)/f_c =$ 不考慮合金料影響鋼液量的某種合金料初步用量（kg）；

$K =$ 考慮合金料影響鋼液量的補加係數；

$KP(a/f_c) =$ 考慮合金料影響鋼液量的某種合金料補加量（kg）。

計算時，首先根據需要調整的各元素的原鋼液中含量、目標含量、合金料中含量及收得率，計算出補加係數 K；然後即可分別計算出各種合金料的用量。

如果按照冶金教科書和冶煉操作規程中通常所稱的補加係數法來處理式（4·2-5）和分項命名，那麼可變換爲下列形式：

令　$M = (a/f_c)/[1 - \sum (a_i / f_i c_i)]$

$Q = P \sum [(a_i - b_i)/f_i c_i]$

則　$G = P(a - b)/f_c + MQ \quad (kg)$

式中　$P(a - b)/f_c$——某種合金料初步用量（kg）；

Q——合金料初步總用量（kg）；

M——某種合金料的補加係數；

MQ——某種合金料的補加量（kg）；

$a/f\cdot c$——某種合金料在鋼液中所占比分；

$1-\sum(a_i/c_if_i)$——純鋼液所占比分。

計算時，首先根據原鋼液量、各元素的原鋼液中質量分數、目標質量分數、合金料中質量分數及收得率，計算出 M 和 Q 值；然後即可逐一計算各種合金料的用量。

3　計算機軟件

3·1　源程序簡介

3·1·1　語言和結構

編製源程序採用簡練、直觀、易懂的 BASIC 語言，主要考慮：

(1) 程序涉及到二十多個計算公式，計算複雜、量大，需要較強的運算功能。

(2) 編輯、修改、調試和運行過程中都需要較強的會話功能。

(3) 程序中要繪製 7 幅彩色畫面和 12 幅函數圖形，需要較強的繪圖功能。

(4) 便於普及應用。一般中小型、微型、袖珍型計算機都配有 BASIC 語言。

源程序用 BASIC A 編輯調試完成後，再編譯成機器語言程序，以便直接在 DOS 狀態下運行，並加快運行速度。編製中自然形成了漢字的和英文的兩種 BASICA版本和兩種編譯版本。源程序有 580 行語句，占內存約 28KB；編譯版本占內存約 110KB。

由於功能多、規模大，故採用模塊化結構，在主控模塊下分為 3 個一級子模塊和 11 個二級子模塊以及附帶的一些三級子模塊。在主模塊及子模塊中共有 7 個供選擇功能的菜單，並設置了幾個可在運行過程中隨意選擇的功能。

編程中採用邏輯運算和設置陷阱等技術，節省了許多分支結構，以使程序更加緊湊靈巧。凡需輸入之處，除有醒目的格式和提示之外，還都設置了缺省（默認）值，直接按回車鍵就算作了回答。當回答不合理時，程序也能照常執行，只是輸出也不合理而已。除需回答多字符的幾個場外，其他提問和屏幕中途停頓以及分屏顯示停頓等，都只需回答一個字符不必回車即往下執行，操作簡單，反應敏捷。每個暫停等待的畫面，都可通過發出拷印命令拷印到打印紙上。彩色畫面的不同顏色，在黑白拷印上表現為不同的灰度。

3·1·2　主要功能

1. 主控模塊　本模塊設置主菜單並定義變量和計算式，還附有設置陷阱、裝飾屏幕、拷印屏幕、啟閉音樂、漢字顏色、等待、返回、結束等幾個小型公用子程序。顯示主菜單的屏幕上列出供選擇的程序主要功能：

(1) 按性能要求設計化學成分；

(2) 按化學成分預報組織性能；

(3) 查詢常用數據換算關係圖。

2. 設計新鋼種模塊　是響應主菜單中的第一種選擇，顯示設計菜單。按下列指定的項目即可進行設計，例如按指定的端淬距離和硬度，端淬距離和強度，半馬距，水淬、油淬、空淬臨界直徑，以及按指定直徑的水淬、油淬、空淬心部硬度和按指定直徑的水淬、油淬、空淬心部強度均可進行設計。

3. 預報組織性能模塊　是響應主菜單的第二種選擇。首先提問是否指定鋼號名稱，若不指定，則會在輸入成分後自動命名，接著計算組織性能並列出結果菜單。結果菜單的選擇項目有：

(1) 轉入有各種項目可供選擇的顯示菜單；

(2) 顯示或拷印彩色端淬曲線、淬透性帶，以及高分辨率黑白端淬圖和特性參數表；

(3) 顯示或拷印彩色的整體淬火心部硬度或強度與淬火直徑的關係曲線；

(4) 轉入有各種項目可供選擇的打印菜單。

4. 查詢常用數據模塊　是響應主菜單的第三種選擇而列出查詢菜單，供選擇的查詢項目有：

(1) 顯示各種常用數據的相互轉換對應表；

(2) 顯示或拷印彩色的馬氏體及半馬氏體硬度或強度與碳含量的關係曲線；

(3) 顯示或拷印彩色的馬氏體回火後的衝擊韌性與強度的關係曲線；

(4) 顯示或拷印彩色的按通用參數劃分退火及正火組織類型的區域圖；

(5) 顯示或拷印彩色的各種冷卻介質的淬火直徑與端淬距離的換算關係曲線；

(6) 顯示或拷印彩色的強度與洛氏硬度或布氏硬度（含壓痕直徑）的換算關係曲線；

(7) 顯示或拷印彩色的半馬距與晶粒度及碳含量的關係曲線；

(8) 轉入有各種換算項目可供選擇的打印菜單。

5. 輸入和計算化學成分模塊　本模塊的主要任務有：

（1）逐項提示輸入中限化學成分（設計新鋼號時爲預設成分）；

（2）按指定的馬氏體硬度上限值或半馬氏體硬度中限值計算碳的質量分數；

（3）按指定的設計條件計算化學成分；

（4）按中國的鋼號命名規則確定鋼號名稱。

6. 計算組織性能模塊　其主要計算任務有：

（1）按指定的或設計的中限成分計算合金化當量、半馬距等重要參數；

（2）按中限成分計算合理的上下限成分；

（3）計算硬度、強度、韌性、臨界直徑等各種數組；

（4）計算劃分正火組織類型及退火組織類型。

7. 顯示及打印結果數據模塊　顯示模塊列出顯示菜單的選擇項目有：

（1）拉幕式顯示成分、組織和特性參數表；

（2）按給定的任一端淬距離求硬度和強度以及對應的水淬、油淬、空淬直徑；

（3）按給定的任一水淬或油淬、空淬直徑分別求硬度、強度和對應的端淬距離，以及換算成其他兩種冷卻介質淬火直徑；

（4）返回結果菜單。

打印模塊列出打印菜單的選擇項目有：

（1）化學成分表；

（2）各種特性參數表和組織分類；

（3）對應於端淬距離 0～99mm 的端淬硬度及強度表；

（4）整體淬火硬度及強度與直徑的對應表。

（5）打印全套數據表；

（6）返回結果菜單；

8. 顯示及打印換算數據模塊　顯示和打印換算數據模塊，與上述兩個模塊相類似。打印菜單的選擇項目有：

（1）馬氏體和半馬氏體硬度及強度與碳含量的對應關係表；

（2）馬氏體回火後韌度與強度的對應關係表；

（3）整體淬火直徑與端淬距離的對應關係表；

（4）強度與洛氏硬度或布氏硬度（含壓痕直徑）對照表；

（5）打印全套數據；

（6）返回查詢菜單。

9. 顯示或拷印端淬圖模塊　本模塊用不同的色彩顯示中限端淬曲線及上下限曲線，並在中限曲線上用顏色與曲線相異的小方塊標示出半馬氏體點。本模塊還設置了高分辨率黑白端淬圖及特性參數表，目的是將端淬圖和主要特性參數簡化壓縮到一個畫面上，只要顯示或拷印這一個畫面，即可概略了解該鋼號的全貌。

10. 顯示或拷印硬強度與直徑關係圖模塊　本模塊顯示或拷印整體淬火硬度和強度與直徑的關係這兩個彩色圖，每個圖都有水淬、油淬和空淬三條曲線；另外選用特殊顏色的粗橫線作爲標示半馬氏體硬度或強度的高度線，從他與曲線的交點可以看出該鋼的水淬、油淬及空淬臨界直徑。珠光體鋼的空淬曲線全部在半馬氏體橫線以下，表明其空淬臨界直徑爲零。如果某條曲線全部在半馬氏體橫線以上，則表明這種冷卻條件的臨界直徑大於此圖直徑坐標取值範圍。

11. 其他模塊　顯示或拷印常用數據換算對照圖模塊，設置了包括查詢菜單中第二至九項的八個彩色圖，其顯示或拷印情況與上述彩色圖形類似。預置數據模塊，設置了 16 種元素的殘餘或常規的默認值、常規含量的上限邊界值、以及一般標準的常規含量範圍，還設置了各種特性參數的名稱、符號和單位。最後是音樂模塊，設置了伴奏音樂，由主控模塊中的音樂陷阱控制啓動和關閉，演奏中不影響程序的正常運行。編譯版本中沒有音樂模塊。

3·2　運行

3·2·1　運行條件

1. 硬件配置　主機可採用 IBM-PC 及與之兼容的其他微機，內存儲容量應除操作系統外，還留有本程序編譯版本所需的 110KB 以上的自由空間。作爲外存儲器至少應配有一台軟磁盤驅動器和一台硬磁盤機。輸入及輸出設備包括鍵盤、打印機和彩色顯示器。

2. 軟件支持　英語編譯版本直接在 PC-DOS 狀態下執行，BASIC A 版本則應在 PC-DOS 支持的 BASIC A 語言狀態執行。漢字編譯版本直接在 CC-DOS 狀態執行，BASIC A 版本則應在 CC-DOS 支持的 BASIC A 語言狀態執行。這四種版本都必須有 GRAPHICS.COM 文件或包含此功能的同類文件的支持才能拷印屏幕圖形；如果打印機管理程序中不包含有 GRAPHICS 功能，就必須在啓動 PC-DOS 或 CC-DOS 之後，接著將 GRAPHICS 文件或其他同類文件裝入內存。

漢字操作系統推薦使用 CCBIOS2.13H，其顯示、打印和拷印功能對於本程序比較適合。圖形方式的中分辨率屏幕爲 320×200 個點，高分辨率爲 640×200 個點。漢字系統顯示字符應爲每屏 11 行，英文系統則應爲 25 行，以適應圖形布局的需要。

3·2·2　啓動示例

1.使用漢字編譯版本的啓動程序

(1) 啓動 CC-DOS，設由 C 盤啓動，即顯示系統提示符 C＞。

(2) 若需裝入 GRAPHICS 文件，設該文件儲在 C 盤，則在 C＞後面鍵入文件名 GRAPHICS 或其他同類文件名然後按回車鍵即可。

(3) 設本程序儲在 A 盤，文件名爲 YBH.EXE，則在系統符＞後面鍵入 A：YBH 然後按回車鍵，屏幕上即顯示本程序的主菜單，可以進行所需要的操作。

2.使用漢字 BASIC A 版本的啓動程序

(1) 前面的操作與編譯版本的 1) 至 2) 相同。

(2) 設語言文件 BASICA.COM 儲在 C 盤，本程序 YBH.BAS 儲在 A 盤，則在系統符 C＞後鍵入 BASIC A：YBH 然後回車，即顯示本程序的主菜單，可以進行所需要的操作。

3.使用英語版本的啓動　除啓動的是 PC-DOS 及文件名分別爲 YBHY.EXE(編譯)和 YBHY.BAS (BASIC A 版本)外，其他操作都與相應的漢字版本的操作相同。

3·2·3　主菜單的提示

在提示的三項功能中選擇鍵入 1 至 3 當中的一個號碼，即進入下一步。當鍵入這三個數字以外的回答時都無反應。其他菜單的情形相似，都只響應有效的號碼。

屏幕底部窗口提示，在程序運行的任何停頓狀態，除需多字符回答的幾種情況外，只要按一下 R 鍵就返回主菜單，按 Q 鍵結束運行，按 C 鍵（BASIC A 版本）或者（編譯版本）先按住 Shift 鍵不放再按 PrtSc 鍵然後同時放開，就將當前的屏幕顯示拷印到紙上。此外 BASIC A 版本還提示，按 F8 或 F9 鍵就啓動或關閉伴奏音樂。其他菜單都有同樣的提示。

3·2·4　設計菜單的示例

1.按端淬硬度設計

(1) 首先提示輸入設計所需指定的端淬距離，接

著提示輸入要求達到的中限硬度。

(2) 然後提問是否要指定碳含量（質量分數），若要指定就按 Y 鍵，於是再提示輸入指定的中限碳含量；若不指定就按其他鍵，即會再提示輸入要限制的最大硬度（指淬硬性的上限值），輸入後，屏幕上會顯示根據最大硬度計算碳含量的情形。

(3) 解決碳含量後，將逐項提示輸入各元素的預設含量，提示説明各元素輸入含量的差距在計算調整後仍然保持，原因是採用了齊步進退的逐步逼近法進行調整。當不想輸入殘餘或常規含量時可直接回車，隨之會顯示預置的默認值。

(4) 輸入含量之後將提示輸入晶粒度級別，當不輸入具體數值而直接按回車鍵時，即顯示所取默認值。接著提問是否要計算上下限，這包括成分上下限和端淬上下限曲線，如果否定回答，結果中就只顯示中限成分和中限端淬曲線。

(5) 回答上下限的提問之後，將會提示選擇調整元素，主要調整與淬透性密切相關的硬度和強度，列出的元素有四個，其中最重要的是鉻和錳。當全都不選時，默認調整元素是錳。選擇操作之後會顯示調整計算的情形，調整完後會自動轉入鋼號命名的計算，並顯示得到的鋼號名稱；隨後又自動轉入各種組織性能參數的計算，最後顯示結果菜單。

2.按端淬強度設計

(1) 首先提示輸入設計所需指定的端淬距離，接著提示輸入要求達到的中限強度。

(2) 其他操作與按端淬硬度設計的第二至五項操作相同。

3.按端淬半馬距設計

(1) 首先提示輸入設計所需要指定的端淬半馬氏體點的距離。

(2) 接著提問是否要指定碳含量，如果要指定就按一下 Y 鍵，於是再提示輸入要指定的中限碳含量；如果不指定就按一下其他鍵，即會再提示輸入要求達到的半馬氏體硬度中限值，輸入後，屏幕上會顯示根據半馬氏體硬度計算碳含量的情形。

(3) 其他操作與按端淬硬度設計的第三至五項操作相同。

4.按淬火臨界直徑設計　設計菜單的第四至六項選擇的操作近似，故放在一起來說明。

(1) 首先提示輸入設計所需要指定的臨界直徑。

(2) 接著提問是否要指定碳含量，如果要指定就按一下 Y 鍵，於是再提示輸入要指定的中限碳含量；

如果不指定就按一下其他鍵，即會再提示輸入要求達到的半馬氏體硬度中限值，輸入後，屏幕上會顯示根據半馬氏體硬度計算碳含量的情形。

(3) 其他操作與按端淬硬度設計的第三至五項操作相同。

5. 按整體淬火心部硬度設計　設計菜單的第七至九項選擇的操作近似，故放在一起來說明。

(1) 首先提示輸入設計要指定的淬火直徑，接著提示輸入要達到的心部中限硬度。

(2) 其他操作與按端淬硬度設計的第二至五項操作相同。

6. 按整體淬火心部強度設計　設計菜單的第十至十二項選擇的操作近似，故放在一起來說明。

(1) 首先提示輸入設計要指定的淬火直徑，接著提示輸入要達到的心部中限強度。

(2) 其他操作與按端淬硬度設計的第二至五項操作相同。

3·2·5　結果菜單及查詢菜單的選擇

選擇主菜單中的第一或第二項時最終都會轉入結果菜單。選擇主菜單中的第二項時，先提問是否指定鋼號名稱，接著輸入化學成分，然後轉入結果菜單。結果菜單有六個選擇項目，第一項選擇轉入顯示菜單，第六項選擇轉入打印菜單，可以進行各種數據的分項選擇顯示或打印。數據的選點和排列，既考慮儘可能恰當表現參數的全貌，又考慮能整齊緊湊的在一頁紙上打印完。因此，可以打印輸出各鋼種的成分、特性參數及端淬數據的表格，拷印得到作爲反映鋼號特性示例的屏幕圖形，見圖 4·2-4 至圖 4·2-7。

選擇主菜單第三項時進入查詢菜單，共有 10 個選擇項目，第十項選擇轉入打印菜單。可以根據查詢數據打印輸出各種數據對應關係的表格，又可以拷印得到計算機的屏幕圖形，見圖 4·2-1、圖 4·2-2 及圖 4·2-8 至圖 4·2-12，分別反映各種常用數據的對應關係。

第 3 章　　碳素結構鋼和低合金鋼[1]~[3][18]

1　概述

碳素結構鋼包括優質碳素結構鋼和低合金鋼，屬於大批量生產的鋼類。在鋼的總產量中，碳素結構鋼的產量一般約占 70%，低合金結構鋼的產量約占 10%~16%。這幾類鋼的品種規格很多，包括各種鋼板、鋼管、鋼帶、鋼絲以及各種型鋼、條鋼等，碳素結構鋼和低合金鋼主要用作焊接、鉚接和螺栓聯接的鋼結構，廣泛用於建築、橋梁、鐵道、車輛、船舶、化工設備等；優質碳素結構鋼主要用於機械製造。它們都是價格低廉、用途廣泛的工業用鋼。

碳素結構鋼（我國以前叫普通碳素鋼）和優質碳素結構鋼在我國新的《鋼分類》國家標準中（GB13304—91）均屬於非合金鋼類。它們的主要區別是：碳素結構鋼的碳含量較低，對性能要求以及磷、硫和其他殘餘元素含量的限制較寬。優質碳素結構鋼的雜質元素（磷、硫及殘餘鎳、鉻、銅等）含量均較低，夾雜物也較少，鋼的純潔度和均勻性較好，因而其綜合力學性能比碳素結構鋼優良。從用途看，碳素結構鋼大多爲工程結構用材，一般在熱軋狀態下使用，少部分也用於機械製造；優質碳素鋼通常以熱

軋材、冷拉（軋）材或鍛材供應，主要作爲機械製造用鋼，其中一類是供熱壓力加工、熱頂鍛以及冷拔用材（坯料），另一類是供冷加工（切削、衝壓）用材。

低合金鋼，在我國曾屬於普通低合金鋼範疇，其中低合金結構鋼，以前稱爲低合金高強度鋼；在我國新的《鋼分類》國家標準中屬於低合金鋼類。我國的低合金鋼從 50 年代開始研製、生產，當時根據第一代熱軋低合金鋼及其實際使用情況，提出符合以下條件者爲低合金高強度鋼：鋼中合金總含量（指質量分數）＜4.5%；屈服強度≥323MPa；在熱軋狀態下使用；用於焊接結構的鋼。幾十年來，低合金鋼有了很大發展，相繼開發了熱處理型低合金鋼（第二代低合金鋼）和控軋微合金化低合金鋼（第三代低合金鋼），在 80 年代中後期又開發了新一代控軋控冷微合金鋼。可見，低合金鋼的概念已在不斷變化，同時它在國民經濟中的應用更日益顯示其重要性。

本章將介紹碳素鑄鋼（包括一般工程用碳素鑄鋼、焊接結構用碳素鑄鋼）和低合金鑄鋼。在截面尺寸不太大、形狀和熱處理條件相似的情況下，鑄鋼件和鍛鋼件的力學性能大致相近，鑄鋼件的強度和塑性介於鍛鋼件縱向性能和橫向性能的變動範圍之內。但

厚壁和大型鑄鋼件，由於受冶金缺陷（如氣孔、疏鬆等）的影響，以及受鑄件結構、熱處理設備條件的限制，這類鑄鋼件的力學性能等級比同鋼號的鍛件或軋材低，特別是塑性和韌性較低。另一方面，鑄鋼件的力學性能具有各向同性的優點，而且生產效率高，成本較低，所以在機械製造中鑄鋼件一直得到廣泛應用。

2　碳素結構鋼

2·1　碳素結構鋼的鋼種、成分和性能

根據現行國家標準（GB700—88），碳素結構鋼按鋼號和質量等級的組合有 10 種，見表 4·3-1。質量等級由低到高，其中 Q235 鋼分為 A、B、C、D 四個等級，其餘鋼號有的分 A、B 級，有的不分等級。每種鋼還相應標明脫氧方法；對質量要求較高的鋼，則要求鎮靜脫氧和特殊鎮靜脫氧。

現行國標中對碳素結構鋼各鋼號規定了力學性能和冷彎性能指標，見表 4·3-2 和表4·3-3。力學性能指標中除屈服強度、抗拉強度和伸長率外，新增加衝擊吸收功，對 D 等級鋼還要求低溫衝擊韌度。增加這些性能要求，可提高鋼在使用中的可靠性和穩定性。

表 4·3-1　碳素結構鋼的鋼號和化學成分

鋼　號	質量等級	化學成分的質量分數（%）					脫氧方法
		C	Mn	Si	S	P	
					≤		
Q195	—	0.06～0.12	0.25～0.50	≤0.30	0.050	0.045	F、b、z
Q215	A	0.09～0.15	0.25～0.55	≤0.30	0.050	0.045	F、b、z
	B				0.045	0.045	
Q235	A	0.14～0.22	0.30～0.65③	≤0.30	0.050	0.045	F、b、z
	B	0.12～0.20	0.30～0.70③	≤0.30	0.045	0.045	
	C	≤0.18	0.35～0.80	≤0.30	0.040	0.040	z
	D	≤0.17	0.35～0.80	≤0.30	0.035	0.035	TZ
Q255	A	0.18～0.28	0.40～0.70	≤0.30	0.050	0.045	Z
	B				0.045	0.045	
Q275	—	0.28～0.38	0.50～0.80	≤0.35	0.050	0.045	Z

註：1. 摘自 GB700—88。

　　2. F—沸騰鋼；b—半鎮靜鋼；Z—鎮靜鋼；TZ—特殊鎮靜鋼。

　　3. Q235A、B 級含錳量上限為 0.60%。

表 4·3-2　碳素結構鋼力學性能

鋼號	質量等級	屈服點 σ_s(MPa)						抗拉強度 σ_b (MPa)	伸長率 δ（%）						衝擊吸收功（縱向）	
		鋼材厚度或直徑（mm）							鋼材厚度或直徑（mm）							
		≤16	>16～40	>40～60	>60～100	>100～150	>150		≤16	>16～40	>40～60	>60～100	>100～150	>150	溫度（℃）	A_{KV} (J)
		≥							≥							
Q195	—	(195)	(185)	—	—	—	—	315～390	33	32	—	—	—	—	—	—
Q215	A	215	205	195	185	175	165	335～410	31	30	29	28	27	26	—	—
	B														20	≥27
Q235	A	235	225	215	205	195	185	375～460	26	25	24	23	22	21	—	—
	B														20	≥27
	C														0	
	D														−20	
Q255	A	255	245	235	225	215	205	410～510	24	23	22	21	20	19	—	—
	B														20	≥27
Q275	—	275	265	255	245	235	225	490～610	20	19	18	17	16	15	—	—

註：1. 摘自 GB700—88。

　　2. Q195 的屈服強度指標僅供參考，不作為交貨條件。

表 4·3-3　碳素結構鋼冷彎性能

鋼　　號	試樣方向	冷彎試驗 $B = 2a180°$		
		鋼材厚度或直徑（mm）		
		≤60	>60~100	>100~200
		彎　心　直　徑　d		
Q195	縱	0	—	—
	橫	0.5a		
Q215	縱	0.5a	1.5a	2a
	橫	a	2a	2.5a
Q235	縱	a	2a	2.5a
	橫	1.5a	2.5a	3a
Q255		2a	3a	3.5a
Q275		3a	4a	4.5a

註：1. 表中 B 爲試樣寬度，a 爲鋼材厚度或鋼材直徑。
　　2. 各鋼號 A 級鋼的冷彎試驗，在需方要求時才進行。

2·2　碳素結構鋼新、舊標準對比

　　碳素結構鋼新舊標準差別較大，在分類、鋼號特徵、性能要求及交貨條件等方面都有很大的不同。現行的 GB700—88 新標準中有關規定已如上所述。在舊標準（GB700—79）中，碳素結構鋼（原稱普通碳素鋼）分爲以下三類：

　　甲類鋼——也叫 A 類鋼，按力學性能供應，需保證抗拉強度和伸長率；也可根據需方要求，補充保證屈服強度、室溫衝擊韌度和冷彎性能。對其化學成分，除磷、硫的質量分數分別≤0.045% 和 0.050% 外，其餘成分不作爲交貨條件。

　　乙類鋼——也叫 B 類鋼，按化學成分供應，並保證殘餘銅的含量的質量分數≤0.30%；還可根據需方要求，補充保證殘餘鉻、鎳的含量的質量分數各≤0.30%，氮含量質量分數≤0.008%。

　　特類鋼——也叫 C 類鋼，同時按力學性能和化學成分供應，力學性能需保證抗拉強度、屈服點、伸長率和冷彎性能等。

　　另外在舊標準中，按鋼材尺寸大小對屈服點和伸長率的要求有所不同，爲此分成三個組，即小尺寸（第一組）鋼材的屈服點應高於大尺寸（第二、三組）鋼材，而第三組鋼材的屈服點和伸長率，通常作爲參考值，不作爲交貨條件。

　　這套舊標準中鋼的分類體系在我國已實行了幾十年，有著相當深的影響。爲了全面推行碳素結構鋼新標準，也便於了解新舊兩個標準的異同，進行了新舊標準鋼號對照，見表 4·3-4。由表 4·3-4 中可以看到，GB700—88 新標準規定：不分等級，對化學成分和力學性能均須保證。這相當於 GB700—79 舊標準中對特類鋼的要求，而甲類鋼和乙類鋼已從新標中消失。其次新標準鋼種系列中最高強度等級的鋼爲 Q275，其碳含量（質量分數）上限爲 0.38%，這表明取消了舊標準中的 6 號鋼和 7 號鋼，以保證這類工程用鋼易於焊接和成形。另外，新標準中還規定了各鋼號的脫氧方法，對鋼的質量保證有了進一步提高。

表 4·3-4　新舊 GB700 標準鋼號對照

		GB700—88	GB700—79
Q195	—	不分等級，化學成分和力學性能（抗拉強度、伸長率和冷彎等）均須保證，但軋製薄板和盤條之類產品，力學性能的保證項目，根據產品特點和使用要求，可在有關標準中另行規定	Q195 的化學成分與舊標準 1 號鋼的乙類鋼 B1 同，力學性能（抗拉強度、伸長率和冷彎）與甲類鋼 A1 同（A1 的冷彎試驗是附加保證條件），1 號鋼沒有特類鋼
Q215	A 級		A2
	B 級	做常溫衝擊試驗，V 型缺口	C2
Q235	A 級	不做衝擊試驗	A3（附加保證常溫衝擊試驗，U 型缺口）
	B 級	做常溫衝擊試驗，V 型缺口	C3（附加保證常溫或 -20℃ 衝擊試驗，U 型缺口）
	C 級	作爲重要焊接結構用	—
	D 級		—
Q255	A 級		A4
	B 級	做常溫衝擊試驗，V 型缺口	C4（附加保證衝擊試驗，U 型缺口）
Q275	—	不分等級，化學成分和力學性能均須保證	C5

2·3　碳素結構鋼的應用及其專業用鋼

碳素結構鋼的應用很廣，鋼材品種有熱軋鋼板、鋼帶、鋼管、槽鋼、角鋼、扁鋼、圓鋼、鋼軌、鋼筋、鋼絲等。這類鋼大量用於工程結構，一般在供應狀態下使用；少量用於製造機械零件。各鋼號的用途舉例見表4·3-5。

根據一些專業的特殊要求，對碳素結構鋼的成分和工藝作些微小的調整，使分別適合於各專業的應用，從而派生出一系列的專業用鋼。對這些鋼種，除嚴格要求所規定的化學成分和力學性能以外，還規定某些特殊的性能和質量檢驗項目，如低溫衝擊韌度、時效敏感性、鋼中氣體、夾雜或斷口等。由 Q235（A3）鋼派生出的一系列碳素結構鋼專業用鋼的鋼種

和技術條件見表 4·3-6 和表 4·3-7。

表 4·3-5　碳素結構鋼用途舉例

鋼號	用　途　舉　例
Q195 Q215	薄板、鋼絲、焊接鋼管、鋼絲網、屋面板、煙筒、爐撐、地腳螺絲、鉚釘、犁板等
Q235	薄板、鋼筋、鋼結構用各種型鋼及條鋼、中厚板、鉚釘、道釘、各種機械零件如拉桿、螺栓、螺釘、鉤子、套環、軸、連桿、銷釘等
Q255	鋼結構用各種型鋼及條鋼，但使用面不如 Q235 廣泛，也用於製造各種機械零件，如 Q235 所列
Q275	魚尾板、農業機械用型鋼及異型鋼，還用於鋼筋，但已逐漸減少

表 4·3-6　由 Q235 鋼派生出的專業用鋼的化學成分

專業用鋼名稱	牌號	化學成分的質量分數（%）						數據來源
		C	Si	Mn	P	S	Cu	
					≤			
鋼筋混凝土用鋼筋	A3，AD3	0.14~0.22	0.12~0.30	0.40~0.65	0.045	0.050	—	GB1499—84
橋梁用熱軋碳素鋼	A39	0.14~0.22	0.15~0.30	0.40~0.65	0.045	0.050	0.30	GB714—65
鉚螺用熱軋碳素鋼圓鋼	BL3	0.14~0.22	—	—	0.045	0.050	0.25	GB715—89
船體用結構鋼	A	≤0.22	0.10~0.35	≥2.5C	0.040	0.040	—	GB712—88
	B	≤0.21	0.10~0.35	0.60~1.00	0.040	0.040	—	
	C	≤0.21	0.10~0.35	0.60~1.10	0.040	0.040	Als 0.015	
	D	≤0.18	0.10~0.35	0.70~1.20	0.040	0.040	Als 0.015	

表 4·3-7　由 Q235 派生出的專業用碳素鋼室溫性能

牌號	鋼材品種及規格（mm）	σ_s (MPa)	σ_b (MPa)	δ_5（%）	δ_{10}（%）	A_{KV} (J)	冷彎180°不裂 （d=彎心直徑） （a=試樣厚度）	
					≥			
A3	熱軋圓鋼筋 8~25	≥235	≥370	25	—	—	$d=a$	
AD3	28~50						$d=2a$	
A3q	條鋼8~40	≥235	≥370	28	24	98	$d=a$（a≤16）	
	鋼板8~20			26	22	78（縱向）69（橫向）	$d=a$（a≤16）	
BL3	盤條6~16	—	370~450	26	22	—	—	
A B C D	≤50	≥235	400~490	22	—	—	窄冷彎 $b=2a$ $d=2a$	寬冷彎 $b=5a$ $d=3a$

3　優質碳素結構鋼

3·1　優質碳素結構鋼的分類、鋼種和成分

在我國國家標準 GB699—88 中，列有 31 種優質碳素結構鋼，見表 4·3-8。從表中可以看到，按鋼中錳含量的不同，又分爲普通錳含量鋼（Mn 的質量分數爲 0.25%～0.80%）和較高錳含量鋼（Mn 的質量分數爲 0.70%～1.20%）兩組。由於錳能改善鋼的淬透性，強化鐵素體，提高鋼的屈服強度和抗拉強度，因此較高錳含量鋼的強度、硬度、耐磨性及淬透性等均優於普通錳含量鋼，但其塑性和韌性稍差。

表 4·3-8　優質碳素結構鋼鋼號和化學成分

鋼　號	化學成分的質量分數(%)							
	C	Si	Mn	P	S	Ni	Cr	Cu
				≤				
08F	0.05～0.11	≤0.03	0.25～0.50	0.035	0.035	0.25	0.10	0.25
10F	0.07～0.14	≤0.07	0.25～0.50	0.035	0.035	0.25	0.15	0.25
15F	0.12～0.19	≤0.07	0.25～0.50	0.035	0.035	0.25	0.25	0.25
08	0.05～0.12	0.17～0.37	0.35～0.65	0.035	0.035	0.25	0.10	0.25
10	0.07～0.14	0.17～0.37	0.35～0.65	0.035	0.035	0.25	0.15	0.25
15	0.12～0.19	0.17～0.37	0.35～0.65	0.035	0.035	0.25	0.25	0.25
20	0.17～0.24	0.17～0.37	0.35～0.65	0.035	0.035	0.25	0.25	0.25
25	0.22～0.30	0.17～0.37	0.50～0.80	0.035	0.035	0.25	0.25	0.25
30	0.27～0.35	0.17～0.37	0.50～0.80	0.035	0.035	0.25	0.25	0.25
35	0.32～0.40	0.17～0.37	0.50～0.80	0.035	0.035	0.25	0.25	0.25
40	0.37～0.45	0.17～0.37	0.50～0.80	0.035	0.035	0.25	0.25	0.25
45	0.42～0.50	0.17～0.37	0.50～0.80	0.035	0.035	0.25	0.25	0.25
50	0.47～0.55	0.17～0.37	0.50～0.80	0.035	0.035	0.25	0.25	0.25
55	0.52～0.60	0.17～0.37	0.50～0.80	0.035	0.035	0.25	0.25	0.25
60	0.57～0.65	0.17～0.37	0.50～0.80	0.035	0.035	0.25	0.25	0.25
65	0.62～0.70	0.17～0.37	0.50～0.80	0.035	0.035	0.25	0.25	0.25
70	0.67～0.75	0.17～0.37	0.50～0.80	0.035	0.035	0.25	0.25	0.25
75	0.72～0.80	0.17～0.37	0.50～0.80	0.035	0.035	0.25	0.25	0.25
80	0.77～0.85	0.17～0.37	0.50～0.80	0.035	0.035	0.25	0.25	0.25
85	0.82～0.90	0.17～0.37	0.50～0.80	0.035	0.035	0.25	0.25	0.25
15Mn	0.12～0.19	0.17～0.37	0.70～1.00	0.035	0.035	0.25	0.25	0.25
20Mn	0.17～0.24	0.17～0.37	0.70～1.00	0.035	0.035	0.25	0.25	0.25
25Mn	0.22～0.30	0.17～0.37	0.70～1.00	0.035	0.035	0.25	0.25	0.25
30Mn	0.27～0.35	0.17～0.37	0.70～1.00	0.035	0.035	0.25	0.25	0.25
35Mn	0.32～0.40	0.17～0.37	0.70～1.00	0.035	0.035	0.25	0.25	0.25
40Mn	0.37～0.45	0.17～0.37	0.70～1.00	0.035	0.035	0.25	0.25	0.25
45Mn	0.42～0.50	0.17～0.37	0.70～1.00	0.035	0.035	0.25	0.25	0.25
50Mn	0.48～0.56	0.17～0.37	0.70～1.00	0.035	0.035	0.25	0.25	0.25
60Mn	0.57～0.65	0.17～0.37	0.70～1.00	0.035	0.035	0.25	0.25	0.25
65Mn	0.62～0.70	0.17～0.37	0.90～1.20	0.035	0.035	0.25	0.25	0.25
70Mn	0.67～0.75	0.17～0.37	0.90～1.20	0.035	0.035	0.25	0.25	0.25

註：1. 經供需雙方協議，08～25 鋼可供應矽的質量分數不大於 0.17% 的半鎮靜鋼，其鋼號爲 08b～25b。

2. 08 鋼亦可用鋁脫氧冶煉鎮靜鋼，Mn 的質量分數下限爲 0.25%，Si 的質量分數不大於 0.03%，Al 的質量分數爲 0.02%～0.07%，此時鋼號爲 08Al。

優質碳素鋼的基本性能,主要還取決於鋼中碳含量。按碳含量的不同,可分爲低碳鋼、中碳鋼和高碳鋼。

1. 低碳鋼 碳的質量分數 $w_C \leqslant 0.25\%$ 的鋼。其特點是強度、硬度低而塑性、韌性高,鍛造和焊接性能良好,冷塑性變形能力極佳;但切削加工後不易得到光潔的表面,熱處理強化效果也差。一般多不經熱處理在熱軋或冷軋(拉)狀態直接使用。一部分低碳鋼,如 08F、08 鋼大多軋製成高精度薄鋼板,廣泛用於製作深衝壓和深拉延的製品。一部分低碳鋼,如 15、20 鋼可用作滲碳鋼,用於製造表面耐磨而心部具有一定韌性的中、小型機械零件。

2. 中碳鋼 碳的質量分數 w_C 爲 $0.30\% \sim 0.60\%$ 的鋼。與低碳鋼相比較,其強度、硬度較高,而塑性、韌性略低。熱鍛、熱壓性能及被切削性能良好,冷加工變形能力及焊接性能中等。這類鋼大多屬調質鋼,可通過熱處理強化而獲得較好的綜合力學性能;其中 45 鋼是機械行業最常用的鋼號之一,通常在調質或正火狀態下使用,還用於高頻或火焰表面淬火處理。對齒輪、軸類等承受重載荷和衝擊條件的零件,經調質處理後再進行表面淬火,可以代替滲碳鋼。普通錳含量的中碳鋼,由於淬透性較低,適於製造尺寸較小的零件;直徑或厚度 >15mm 的工件,淬火效果不佳;尺寸 >50mm 時,宜採用正火或正火加高溫回火處理。較高錳含量的中碳鋼,淬透性較好,強度、耐磨性較高,韌性也較好,可用於製造較大截面的工件,但這類鋼有回火脆性傾向,需嚴格控制熱處理工藝。

3. 高碳鋼 碳的質量分數 $w_C > 0.60\%$ 的鋼,經熱處理後具有較高的強度、硬度、耐磨性和良好的彈性,被切削性能中等,但塑性、韌性較差,焊接性能不好。淬火時易發生裂紋,故不宜水淬。大多採用油淬或雙液淬火,再經回火後使用;也有採用正火或表面淬火後使用。這類鋼主要製造耐磨零件和彈簧等。其中 65 鋼是常用的彈簧鋼,主要在淬火並中溫回火狀態下使用;也可在正火狀態下使用,如用於製造軸、凸輪等要求耐磨的零件以及鋼絲繩等製品。

3·2 優質碳素結構鋼的熱處理和性能

優質碳素結構鋼的質量要求較高,大多採用氧氣轉爐和電爐冶煉,再經爐外精煉或其他鋼液淨化處理,以獲得穩定性和均勻性較好的力學性能。我國國家標準 GB699—88 中列有優質碳素結構鋼各鋼種的力學性能及推薦的熱處理溫度,見表 4·3-9。需要補充說明幾點: (1) 表中的熱處理保溫時間:正火 $\geqslant$ 30min,淬火 $\geqslant$ 30min,回火 $\geqslant$ 1h。(2) 表中所列的力學性能是縱向性能,適用於直徑或厚度 $\leqslant$ 80mm 的鋼材;截面尺寸更大的鋼材,力學性能有所降低。(3) 表中的衝擊吸收功,是對試樣在淬火回火後的韌度要求。標準中規定,對於直徑 $\leqslant$ 16mm 的圓鋼或厚度 $\leqslant$ 12mm 的方鋼、扁鋼,可不進行衝擊試驗。

表 4·3-9 優質碳素結構鋼的熱處理和力學性能

鋼號	試樣毛坯尺寸 (mm)	推薦熱處理溫度			力 學 性 能					鋼材硬度 HB	
		正火溫度 (℃)	淬火溫度 (℃)	回火溫度 (℃)	σ_b (MPa)	σ_s (MPa)	δ_5 (%)	ψ (%)	A_{KV} (J)	未熱處理	退火鋼
					$\geqslant$					$\leqslant$	
08F	25	930			294	176	35	60		131	
10F	25	930			314	186	33	55		137	
15F	25	920			353	206	29	55		143	
08	25	930			323	196	33	60		131	
10	25	930			333	206	31	55		137	
15	25	920			372	225	27	55		143	
20	25	910			412	245	25	55		156	
25	25	900	870	600	451	277	23	50	71	170	
30	25	880	860	600	490	294	21	50	63	179	
35	25	870	850	600	529	314	20	45	55	197	
40	25	860	840	600	568	333	19	45	47	217	187

（續）

鋼號	試樣毛坯尺寸 (mm)	推薦熱處理溫度			力　學　性　能					鋼材硬度 HB	
		正火溫度 (℃)	淬火溫度 (℃)	回火溫度 (℃)	σ_b (MPa)	σ_s (MPa)	δ_5 (%)	ψ (%)	A_{KV} (J)	未熱處理	退火鋼
					≥					≤	
45	25	850	840	600	598	353	16	40	39	229	197
50	25	830	830	600	627	372	14	40	31	241	207
55	25	820	820	600	647	382	13	35		255	217
60	25	810			676	402	12	35		255	229
65	25	810			696	412	10	30		255	229
70	25	790			715	421	9	30		269	229
75	試樣		820	480	1078	882	7	30		285	241
80	試樣		820	480	1078	913	6	30		285	241
85	試樣		820	480	1127	980	6	30		302	255
15Mn	25	920			412	245	26	55		163	
20Mn	25	910			451	277	24	50		197	
25Mn	25	900	870	600	490	294	22	50	71	207	
30Mn	25	880	860	600	539	314	20	45	63	217	187
35Mn	25	870	850	600	559	333	19	45	55	229	197
40Mn	25	860	840	600	588	353	17	45	47	229	207
45Mn	25	850	840	600	617	372	15	40	39	241	217
50Mn	25	830	830	600	647	392	13	40	31	255	217
60Mn	25	810			696	412	11	35		269	229
65Mn	25	810			735	431	9	30		285	229
70Mn	25	790			784	451	8	30		285	229

表 4·3-10　幾種優質碳素結構鋼的滲碳及熱處理溫度

鋼號	滲碳溫度 (℃)	淬火溫度 (℃) 及冷卻劑	回火溫度 (℃)	回火後硬度 HRC
08	900～920	780～800，水	150～200	55～62
10	900～960	780～820，水	150～200	55～62
15	900～950	770～800，水	150～200	56～62
20	900～920	780～800，水	150～200	58～62
25	900～920	790～810，水	150～200	58～62
15Mn	880～920	780～880，油	180～200	58～62
20Mn	880～920	780～800，油	180～200	58～62

對於某些低碳鋼，根據使用條件要求，可進行滲碳處理，然後再進行淬火和回火處理，使工件表面獲得較高的硬度而心部具有較好的韌性。幾種優質碳素結構鋼的滲碳及熱處理溫度見表 4·3-10。

3·3　優質碳素結構鋼的應用及其專業用鋼

優質碳素結構鋼類各鋼種的化學成分範圍寬、熱處理方式多，性能差異大，應用面廣。其特點和用途見表 4·3-11。

為了適應某些專業的特殊用途，對優質碳素結構鋼的成分和工藝作了一些調整，並對性能作了補充規定，以滿足使用部門的要求，從而派生出一系列專業用鋼，見表 4·3-12。

表 4·3-11   優質碳素結構鋼的特點和用途

鋼號	主 要 特 點	用 途 舉 例
08F	優質沸騰鋼，強度、硬度低，塑性極好。深衝壓，深拉延性好，冷加工性、焊接性好 成分偏析傾向大，時效敏感性大，故冷加工時，可採用消除應力熱處理，或水韌處理，防止冷加工斷裂	易軋成薄板、薄帶、冷變形材、冷拉鋼絲 用作衝壓件、壓延件，各類不承受載荷的覆蓋件、滲碳、滲氮、氰化件、製作各類套筒、靠模、支架
08	極軟低碳鋼，強度、硬度很低，塑性、韌性極好，冷加工性好，淬透性、淬硬性極差，時效敏感性比08F稍弱，不宜切削加工，退火後，導磁性能好	宜軋製成薄板、薄帶、冷變形材、冷拉、冷衝壓、焊接件、表面硬化件
10F 10	強度低（稍高於08鋼），塑性、韌性很好，焊接性優良，無回火脆性。易冷熱加工成型、淬透性很差，正火或冷加工後切削性能好	宜用冷軋、冷衝、冷鐓、冷彎、熱軋、熱擠壓、熱鐓等工藝成型，製造要求受力不大、韌性高的零件，如摩擦片、深衝器皿、汽車車身、彈體等
15F 15	強度、硬度、塑性與10F、10鋼相近。為改善其切削性能需進行正火或水韌處理適當提高硬度。淬透性、淬硬性低、韌性、焊接性好	製造受力不大，形狀簡單，但韌性要求較高或焊接性能較好的中、小結構件、螺釘、螺栓、拉桿、起重鉤、焊接容器等
20F 20	強度硬度稍高於15F，15鋼，塑性焊接性都好，熱軋或正火後韌性好	製作不太重要的中、小型滲碳、碳氮共滲件、鍛壓件，如槓桿軸、變速箱變速叉、齒輪，重型機械拉桿、鉤環等
25	具有一定強度、硬度。塑性和韌性好。焊接性、冷塑性加工性較高，被切削性中等、淬透性、淬硬性差。淬火後低溫回火後強韌性好，無回火脆性	焊接件、熱鍛、熱衝壓件滲碳後用作耐磨件
30	強度、硬度較高、塑性好、焊接性尚好，可在正火或調質後使用，適於熱鍛、熱壓。被切削性良好	用於受力不大，溫度＜150℃的低載荷零件，如絲桿、拉桿、軸鍵、齒輪、軸套筒等，滲碳件表面耐磨性好，可作耐磨件
35	強度適當、塑性較好，冷塑性高，焊接性尚可。冷態下可局部鐓粗和拉絲。淬透性低正火或調質後使用	適於製造小截面零件，可承受較大載荷的零件，如曲軸、槓桿、連桿、鉤環等，各種標準件、緊固件
40	強度較高，可切削性良好，冷變形能力中等，焊接性差，無回火脆性。淬透性低，易生水淬裂紋，多在調質或正火態使用，兩者綜合性能相近，表面淬火後可用於製造承受較大應力件	適於製造曲軸心軸，傳動軸、活塞桿、連桿、鏈輪、齒輪等，作焊接件時需先預熱，焊後緩冷
45	最常用中碳調質鋼，綜合力學性能良好，淬透性低，水淬時易生裂紋。小型件宜採用調質處理，大型件宜採用正火處理	主要用於製造強度高的運動件，如透平機葉輪、壓縮機活塞。軸、齒輪、齒條、蝸桿等。焊接件注意焊前預熱，焊後消除應力退火
50	高強度中碳結構鋼，冷變形能力低，可切削性中等。焊接性差，無回火脆性，淬透性較低，水淬時，易生裂紋，使用狀態：正火，淬火後回火，高頻表面淬火，適用於在動載荷及衝擊作用不大的條件下耐磨性高的機械零件	鍛造齒輪、拉桿、軋輥、軸摩擦盤、機床主軸、發動機曲軸、農業機械犁鏵、重載荷心軸及各種軸類零件等，及較次要的減震彈簧、彈簧墊圈等
55	具有高強度和硬度，塑性和韌性差，被切削性中等，焊接性差，淬透性差，水淬時易淬裂。多在正火或調質處理後使用，適於製造高強度、高彈性、高耐磨性機件	齒輪、連桿、輪圈、輪緣、機車輪箍、扁彈簧、熱軋軋輥等

（續）

鋼號	主 要 特 點	用 途 舉 例
60	具有高強度、高硬度和高彈性。冷變形時塑性差，可切削性能中等，焊接性不好，淬透性差，水淬易生裂紋，故大型件用正火處理	軋輥、軸類、輪箍、彈簧圈、減震彈簧、離合器、鋼絲繩等
65	適當熱處理或冷作硬化後具有較高強度與彈性。焊接性不好，易形成裂紋，不宜焊接，可切削性差，冷變形塑性低，淬透性不好，一般採用油淬，大截面件採用水淬油冷，或正火處理。其特點是在相同組態下其疲勞強度可與合金彈簧鋼相當	宜用於製造截面、形狀簡單，受力小的扁形或螺形彈簧零件。如汽門彈簧、彈簧環等也宜用於製造高耐磨性零件，如軋輥、曲軸、凸輪及鋼絲繩等
70	強度和彈性比 65 號鋼稍高，其他性能與 65 號鋼近似	彈簧、鋼絲、鋼帶、車輪圈等
75 80	性能與 65、70 號鋼相似，但強度較高而彈性略低，其淬透性亦不高。通常在淬火、回火後使用	板彈簧、螺旋彈簧、抗磨損零件，較低速車輪等
85	含碳量最高的高碳結構鋼，強度、硬度比其他高碳鋼高，但彈性略低，其他性能與 65，70，75，80 號鋼相近似。淬透性仍然不高	鐵道車輛，扁形板彈簧，圓形螺旋彈簧，鋼絲鋼帶等
15Mn	含錳（$w_{Mn}0.70\% \sim 1.00\%$）較高的低碳滲碳鋼，因錳高故其強度、塑性，可切削性和淬透性均比 15 號鋼稍高，滲碳與淬火時表面形成軟點較少，宜進行滲碳、碳氮共滲處理，得到表面耐磨而心部韌性好的綜合性能。熱軋或正火處理後韌性好	齒輪、曲柄軸。支架、鉸鏈、螺釘、螺母。鉚焊結構件。板材適於製造油罐等。寒冷地區農具，如奶油罐等
20Mn	其強度和淬透性比 15Mn 鋼略高，其他性能與 15Mn 鋼相近	與 15Mn 鋼基本相同
25Mn	性能與 20Mn 及 25 號鋼相近，強度稍高	與 20Mn 及 25 號鋼相近
30Mn	與 30 號鋼相比具有較高的強度和淬透性，冷變形時塑性好，焊接性中等，可切削性良好。熱處理時有回火脆性傾向及過熱敏感性	螺栓、螺母、螺釘、拉桿、槓桿、小軸、刹車機齒輪
35Mn	強度及淬透性比 30Mn 高，冷變形時的塑性中等。可切削性好，但焊接性較差。宜調質處理後使用	轉軸、嚙合桿、螺栓、螺母、螺釘等，心軸、齒輪等
40Mn	淬透性略高於 40 號鋼。熱處理後，強度、硬度、韌性比 40 鋼稍高，冷變形塑性中等，可切削性好，焊接性低，具有過熱敏感性和回火脆性，水淬易裂	耐疲勞件、曲軸、輥子、軸、連桿。高應力下工作的螺釘、螺母等
45Mn	中碳調質結構鋼，調質後具有良好的綜合力學性能。淬透性、強度、韌性比 45 號鋼高，可切削性尚好，冷變形塑性低，焊接性差，具有回火脆性傾向	轉軸、心軸、花鍵軸、汽車半軸、萬向接頭軸、曲軸、連桿、制動槓桿、嚙合桿、齒輪、離合器、螺栓、螺母等
50Mn	性能與 50 號鋼相近，但其淬透性較高，熱處理後強度、硬度、彈性均稍高於 50 號鋼。焊接性差，具有過熱敏感性和回火脆性傾向	用作承受高應力零件。高耐磨零件。如齒輪、齒輪軸、摩擦盤、心軸、平板彈簧等

（續）

鋼號	主　要　特　點	用　途　舉　例
60Mn	強度、硬度、彈性和淬透性比 60 號鋼稍高，退火態可切削性良好、冷變形塑性和焊接性差。具有過熱敏感和回火脆性傾向	大尺寸螺旋彈簧、板簧、各種圓扁彈簧，彈簧環、片，冷拉鋼絲及發條
65Mn	強度、硬度、彈性和淬透性均比 65 號鋼高，具有過熱敏感性和回火脆性傾向，水淬有形成裂紋傾向。退火態可切削性尚可，冷變形塑性低，焊接性差	受中等載荷的板彈簧，直徑達 7～20mm 螺旋彈簧及彈簧墊圈、彈簧環。高耐磨性零件，如磨床主軸、彈簧卡頭、精密機床絲桿、犁、切刀、螺旋輥子軸承上的套環，鐵道鋼軌等
70Mn	性能與 70 號鋼相近，但淬透性稍高，熱處理後強度、硬度、彈性均比 70 號鋼好，具有過熱敏感性和回火脆性傾向，易脫碳及水淬時形成裂紋傾向、冷塑性變形能力差，焊接性差	承受大應力、磨損條件下工作零件。如各種彈簧圈、彈簧墊圈、止推環、鎖緊圈、離合器盤等

表 4·3-12　優質碳素結構鋼專業用鋼舉例

標準號	技術標準名稱	所　列　鋼　號
1. 鍋爐和壓力容器用鋼		
GB713	鍋爐用碳素鋼和低合金鋼鋼板	20g、22g
GB3087	低中壓鍋爐用無縫鋼管	10、20
GB5310	高壓鍋爐用無縫鋼管	20g
GB5311	高壓鍋爐用無縫鋼管圓管坯	20g
GB6479	化肥設備用高壓無縫鋼管	10、20g
GB6653	焊接氣瓶用鋼板	20HP、15MnHP
GB6654	壓力容器用碳素鋼和低合金鋼厚鋼板	20R
2. 船舶用鋼		
GB5312	船舶用碳素鋼無縫鋼管	C10、C20
GB897	錨鏈鋼	M15、M20、M30
3. 橋梁用鋼		
GB714	橋梁建築用熱軋碳素鋼	16q
4. 汽車用鋼		
GB1502	汽車車輪鎖圈用熱軋型鋼	50
GB3088	汽車半軸套管用無縫鋼管	45
GB9947	傳動軸用電焊鋼管	08Z、20Z、25Z
GB11262	汽車車輪輪輞用熱軋型鋼	12LW、15LW
5. 農機用鋼		
GB1465	機引犁型鏵用型鋼	65Mn
GB1466	農業機械用特殊截面熱軋型鋼	50Mn
6. 紡織機械用鋼		
GB347	針布鋼絲	55、65Mn

（續）

標 準 號	技 術 標 準 名 稱	所 列 鋼 號
7. 焊條用鋼		
GB1300	焊條用鋼絲	H08、H08A、H08E、H08Mn、H08MnA、H15A、H15Mn
8. 冷鐓用鋼		
GB5953	冷頂鍛用碳素結構鋼絲	ML10、ML15、ML18、ML20、ML25、ML30、ML35、ML40、ML45
GB5955	軸承保持器用碳素結構鋼絲	ML15、ML20
GB6478	冷鐓鋼	ML08～ML45、ML25Mn～ML45Mn
9. 其他		
GB3093	柴油機用高壓無縫鋼管	20A
GB8163	輸送流體用無縫鋼管	10、20
GB8713	液壓和氣動缸筒用精密內徑無縫鋼管	10、20、35、45

4　低合金鋼

　　低合金鋼是一類可焊接的低碳低合金工程結構用鋼，其合金元素的質量分數總量不超過 5％，一般在 3％以下。這類鋼和相同碳含量的碳素結構鋼相比，有較高的強度和屈強比，並有較好的韌性和焊接性，以及較低的缺口和時效敏感性。由於鋼中含有耐大氣和海水腐蝕或細化晶粒的元素，而具有較相應碳素鋼爲優的耐蝕性或較低的脆性轉折溫度。這類鋼包括低合金高強度結構鋼、低合金耐候鋼、低合金低溫鋼以及其他低合金鋼。本章中僅介紹前兩類低合金鋼，而低合金低溫鋼已在本篇第 4 章中介紹。

4·1　低合金耐候鋼

　　耐候鋼即耐大氣腐蝕鋼，是在低碳鋼的基礎上加入少量的銅、鉻以及鎳、鉬等合金元素，使其在金屬基體表面形成一層保護膜，以提高鋼材的耐候性。爲了進一步改善鋼的性能，還可再添加微量的鈮、鈦、鋯、釩等元素。我國列入國家標準的耐候鋼有：焊接結構用耐候鋼（GB4172）和高耐候性結構鋼（GB4171）。前一類耐候鋼具有優良的焊接性能。後一類鋼的耐候性比前一類更好，所以稱爲高耐候性結構鋼。低合金耐候鋼的鋼號、化學成分和力學性能見表 4·3-13、表 4·3-14。

表 4·3-13　低合金耐候鋼的鋼號和化學成分

鋼　號	化學成分的質量分數（％）							
	C	Si	Mn	P	S≤	Cu	Cr	Ni
焊接結構用耐候鋼①								
16CuCr	0.12～0.20	0.15～0.35	0.35～0.65	≤0.040	0.040	0.20～0.40	0.20～0.60	—
12MnCuCr	0.08～0.15	0.15～0.35	0.60～1.00	≤0.040	0.040	0.20～0.40	0.30～0.65	—
15MnCuCr	0.10～0.19	0.15～0.35	0.90～1.30	≤0.040	0.040	0.20～0.40	0.30～0.65	—
15MnCuCr-QT	0.10～0.19	0.15～0.35	0.90～1.30	≤0.040	0.040	0.20～0.40	0.30～0.65	—
高耐候性結構鋼②								
09CuPCrNi-A	≤0.12	0.25～0.75	0.20～0.50	0.07～0.15	0.040	0.25～0.55	0.30～1.25	≤0.65
09CuPCrNi-B	≤0.12	0.10～0.40	0.20～0.50	0.07～0.12	0.040	0.25～0.45	0.30～0.65	0.25～0.50
09CuP	≤0.12	0.20～0.40	0.20～0.50	0.07～0.12	0.040	0.25～0.45	—	—

①　摘自 GB4172—84。
②　摘自 GB4171—84。

表 4·3-14　低合金耐候鋼的力學性能

類別	鋼　號	鋼材厚度 σ_b (mm)	σ_b (MPa)	σ_s (MPa)	δ_5 (％)	180° 冷彎試驗①	衝擊試驗（縱向，V型缺口） 等級	溫度	A_{KV} (J)
			$\geqslant$	$\geqslant$	$\geqslant$				
焊接結構用耐候鋼	16CuCr	$\leqslant 16$	402	245	22	$d=a$	A	—	—
		$>16\sim40$	402	235	24	$d=2a$	B	0℃	$\geqslant 27.5$
		>40	382	216	22	$d=2a$	C	-20℃	$\geqslant 27.5$
	12MnCuCr	$\leqslant 16$	421	294	22	$d=2a$	A	—	—
		$>16\sim40$	421	284	24	$d=3a$	B	0℃	$\geqslant 27.5$
		>40	412	265	22	$d=3a$	C	-20℃	$\geqslant 27.5$
	15MnCuCr	$\leqslant 16$	490	343	20	$d=2a$	A	—	—
		$>16\sim40$	490	333	22	$d=2a$	B	0℃	$\geqslant 27.5$
		>40	470	312	20	$d=3a$	C	-20℃	$\geqslant 27.5$
	15MnCuCr-QT	$\leqslant 16$	$549\sim696$	441	20	$d=2a$	—	-20℃	$\geqslant 31.4$
		$>16\sim40$	$549\sim696$	431	22	$d=2a$	—	-20℃	$\geqslant 31.4$
		>40	$549\sim696$	412	20	$d=3a$	—	-20℃	$\geqslant 31.4$
高耐候性結構鋼	09CuPCrNi-A	$\leqslant 6$（熱軋）	480	343	22	$d=a$			
		>6（熱軋）	480	343	22	$d=2a$		0℃	$\geqslant 27.5$
		$\leqslant 2.5$（冷軋）	451	314	26	$d=a$			
	09CuPCrNi-B	$\leqslant 6$（熱軋）	431	294	24	$d=a$			
		>6（熱軋）	431	294	24	$d=2a$		0℃	$\geqslant 27.5$
		$\leqslant 2.5$（冷軋）	402	265	27	$d=a$			
	09CuP	$\leqslant 6$（熱軋）	412	294	24	$d=a$	—		
		>6（熱軋）	412	294	24	$d=2a$	—	0℃	$\geqslant 27.5$

① d—彎心直徑，a—鋼板厚度。

從表 4·3-13 中可以看到，焊接結構耐候鋼列有四個鋼號。爲了改善鋼的性能，其中 12MnCuCr、15MnCuCr 和 15MnCuCr—QT 鋼可在原有成分的基礎上添加一種或幾種合金元素其質量分數分別爲：w_{Ni} $\leqslant 0.65\%$，$w_{Mo}\leqslant 0.30\%$，$w_{Zr}\leqslant 0.15\%$，$w_{Nb}0.015\%\sim$ 0.050%，$w_V 0.02\%\sim0.15\%$，$w_{Ti}0.02\%\sim0.10\%$，$w_{Al}\geqslant 0.015\%$。這類鋼適用於橋梁、建築及其他要求耐候性的結構件。除了 15MnCuCr-QT 鋼以淬火加回火狀態交貨外，其餘三種鋼通常以熱軋或正火狀態供應，品種包括厚度在 50mm 以下的鋼板、捲板和型鋼。

從表中還可看到，高耐候性結構鋼列有三個鋼號。其中 09CuP 鋼板厚度在 12mm 以上時，鋼中錳質量分數上限允許由 0.50％ 提高到 1.00％。爲了改善高耐候性鋼的性能，各鋼種允許添加一種或幾種微量合金元素，如釩、鈦、鈮、稀土等。這類鋼通常在交貨狀態下使用，適用於車輛、建築、塔架和其他要求高耐候性的鋼結構，可根據不同需要製成螺栓連接、鉚接和焊接的結構件。當作爲焊接結構用鋼時，其厚度一般限制在 16mm 以下。

4·2　低合金結構鋼

4·2·1　低合金結構鋼的鋼種、成分和性能

這是一類高效節能、用途廣泛、大批量生產的鋼類。這類鋼的強度，尤其是屈服點大大高於碳含量相同的碳鋼。例如最常用的碳素結構鋼 Q235，其屈服點 $\sigma_s\geqslant 235$MPa，抗拉強度 σ_b 爲 $375\sim460$MPa；而最常用的低合金結構鋼 16Mn，在其碳含量及鋼材尺寸與 Q235 鋼相當的條件下，其 $\sigma_s\geqslant 345$MPa，$\sigma_b 510\sim$ 660MPa。因此自 50 年代起，即稱這類鋼爲低合金高強度鋼；在某些國家又稱它爲低合金建築結構鋼或低合金焊接結構鋼等等，名稱極不統一。我國現行國家標準（GB1591—88）則稱它爲低合金結構鋼，列入標準的有 17 個鋼號，其化學成分和力學性能見表 4·3-15 和表 4·3-16。

表 4·3-15　低合金結構鋼的鋼號和化學成分

鋼　號	化學成分質量分數（%）							
	C	Mn	Si	S　P ≤		V	Nb	其　他
09MnV	≤0.12	0.80～1.20	0.20～0.55	0.045	0.045	0.04～0.12	—	
09MnNb	≤0.12	0.80～1.20	0.20～0.55	0.045	0.045	—	0.015～0.050	
09Mn2	≤12	1.40～1.80	0.20～0.55	0.045	0.045	—	—	
12Mn	0.09～0.16	1.10～1.50	0.20～0.55	0.045	0.045	—	—	
18Nb	0.14～0.22	0.40～0.80	0.17～0.37	0.045	0.045	—	0.020～0.050	
09MnCuPTi	≤0.12	1.00～1.50	0.20～0.55	0.045	0.05～0.12	—	—	Ti ≤0.03 Cu 0.20～0.40
10MnSiCu	≤0.12	1.25～1.60	0.80～1.10	0.045	0.045	—	—	Cu 0.15～0.30
12MnV	≤0.15	1.00～1.40	0.20～0.55	0.045	0.045	0.04～0.12	—	
14MnNb	0.12～0.18	0.80～1.20	0.20～0.55	0.045	0.045	—	0.015～0.050	
16Mn	0.12～0.20	1.20～1.60	0.20～0.55	0.045	0.045	—	—	
16MnRE	0.12～0.20	1.20～1.60	0.20～0.55	0.045	0.045	—	—	RE 0.02～0.20
10MnPNbRE	≤0.14	0.80～1.20	0.20～0.55	0.045	0.06～0.12	—	0.015～0.050	RE 0.02～0.20
15MnV	0.12～0.18	1.20～1.60	0.20～0.55	0.045	0.045	0.04～0.12	—	
15MnTi	0.12～0.18	1.20～1.60	0.20～0.55	0.045	0.045	—	—	Ti 0.12～0.20
16MnNb	0.12～0.20	1.00～1.40	0.20～0.55	0.045	0.045	—	0.015～0.050	
14MnVTiRE	≤0.18	1.30～1.60	0.20～0.55	0.045	0.045	0.04～0.10	—	Ti 0.09～0.19 RE 0.02～0.20
15MnVN	0.12～0.20	1.30～1.70	0.20～0.55	0.045	0.045	0.10～0.20	—	N 0.01～0.02

註：摘自 GB1591—88。

表 4·3-16　低合金結構鋼熱軋態力學性能[1]

鋼　號	鋼材厚度或直徑 （mm）	抗拉強度 σ_b(MPa)	屈服點 σ_s(MPa)	斷後伸長率 δ_5(%)	180°彎曲 試驗[2]	衝　擊　試　驗	
			不小於			溫度 （℃）	V型衝擊吸收功(縱向)(J) ≥
09MnV	≤16	430～580	295	23	d=2a	20	27
	>16～25		275		d=3a		
09MnNb	≤16	410～560	295	24	d=2a	20	27
	>16～25	390～540	275	23	d=3a		
09Mn2	≤16	440～590	295	22	d=2a	20	27
	>16～30	420～570	275	22	d=3a		
	>30～100 方、圓鋼	410～560	255	21	d=3a		

（續）

鋼　　號	鋼材厚度或直徑 (mm)	抗拉強度 σ_b(MPa)	屈服點 σ_s(MPa)	斷後伸長率 δ_5(%)	180°彎曲 試驗②	衝　擊　試　驗	
						溫度 (℃)	V 型衝擊吸收功(縱向)(J)
		不小於					≥
12Mn	≤16	440~590	295	22	$d=2a$	20	27
	>16~25	430~580	275	21	$d=3a$		
	>25~36	400~550	255	21	$d=3a$		
	>36~50	390~540	235	21	$d=3a$		
	>50~100 方、圓鋼	390~540	235	20	$d=3a$		
18Nb	≤16	470~620	345	20	$d=2a$	20	27
	>16~25	450~600	325	19	$d=3a$		
09MnCuPTi	≤16	490~640	345	22	$d=2a$	20	27
	>16~25	490~640	335	21	$d=3a$		
10MnSiCu	4~10	490~640	345	22	$d=2a$	20	27
	>10~20	470~620	335	22	$d=2a$		
	>20~32	470~620	325	22	$d=3a$		
12MnV	≤16	490~640	345	22	$d=2a$	20	27
	>16~25		335	21	$d=3a$		
14MnNb	≤16	490~640	355	21	$d=2a$	20	27
	>16~25	470~620	335	20	$d=3a$		
16Mn	≤16	510~660	345	22	$d=2a$	20	27
	>16~25	490~640	325	21	$d=3a$		
	>25~36	470~620	315	21	$d=3a$		
	>36~50	470~620	295	21	$d=3a$		
	>50~100 方、圓鋼	470~620	275	20	$d=3a$		
16MnRE	≤16	510~660	345	22	$d=2a$	20	27
	>16~25	490~640	325	21	$d=3a$		
10MnPNbRE	≤10	510~660	390	20	$d=2a$	20	27
15MnV	≤4	550~700	410	19	$d=2a$	20	27
	>4~16	530~680	390	18	$d=3a$		
	>16~25	510~660	375	18	$d=3a$		
	>25~36	490~640	355	18	$d=3a$		
	>36~50	490~640	335	18	$d=3a$		
15MnTi	≤25	530~680	390	20	$d=3a$	20	27
	>25~40	510~660	375	20	$d=3a$		
16MnNb	≤16	530~680	390	20	$d=2a$	20	27
	>16~20	510~660	375	19	$d=3a$		
14MnVTiRE	≤12	550~700	440	19	$d=2a$	20	27
	>12~20	530~680	410	19	$d=3a$		
15MnVN	≤10	590~740	440	19	$d=2a$	20	27
	>10~25	570~720	420	19	$d=3a$		
	>25~38	550~700	410	18	$d=3a$		
	>38~50	530~680	390	18	$d=3a$		

① 摘自 GB1591—88。

② d—彎心直徑，a—試樣厚度。

4·2·2　低合金結構鋼的生產和使用特點

為了提高低合金結構鋼的使用性能，除了開發和引進新鋼種外，還注意到生產工藝的影響是相當大的，尤其以冶煉工藝的影響最為明顯。為此近十多年來採取了一系列工藝措施：(1) 對煉鋼原料只允許較窄的成分偏差，或進行鐵水預處理，控制有害元素的含量，提高鋼水的純潔度。(2) 除特殊用途外，大多數低合金結構鋼均採用頂底複吹轉爐冶煉，這是實現鋼水低硫、磷和降碳的重要工藝。(3) 根據不同用途和要求，鋼水採用吹氬、噴粉、真空脫氣等爐外精煉工藝，以獲得脫氣、合金微調、成分均勻化和控制夾雜物形態等冶金效果。(4) 採用連續澆鑄，既提高了生產效率，又改善了鋼的加工性能和力學性能。

低合金結構鋼的使用特點是：(1) 大多數鋼種在熱軋狀態使用，已廣泛用於各種重要的鋼結構。(2) 有些鋼種為了得到均勻的組織和穩定的性能，則採用高溫回火、正火或調質處理後使用。(3) 屈服強度高的鋼材，還採用軋後控冷方法。(4) 有些鋼種還用於衝壓用鋼、耐海水腐蝕的結構、化工設備及管線用鋼等，因而發展成為各種低合金鋼專業用鋼。

由於低合金結構鋼的使用範圍很大，而工作條件往往差別很大，所以應根據鋼的性能特點合理使用，見表 4·3-17。

表 4·3-17　低合金結構鋼的特點及用途

牌　號	主　要　特　點	用　途　舉　例
09MnV 09MnNb	具有良好的塑性和較好的韌性、冷彎性、焊接性及一定的耐蝕性	衝壓用鋼，用於製造衝壓件或結構件；也可製造拖拉機輪圈、螺旋焊管，各類容器
09Mn2	塑性、韌性、可焊性均好，薄板材料衝壓性能和低溫性能均好	低壓鍋爐氣包，鋼管，鐵道車輛，輸油管道，中低壓化工容器，各種薄板衝壓件
12Mn	與 09Mn2 性能相近。低溫和中溫力學性能也好	低壓鍋爐板、船、車輛的結構件。低溫機械零件
18Nb	含 Nb 鎮靜鋼，性能與 14MnNb 鋼相近	起重機、鼓風機、化工機械等
09MnCuPTi	耐大氣腐蝕用鋼，低溫衝擊韌性好，可焊性、冷熱加工性能都好	潮濕多雨地區和腐蝕氣氛環境的各種機械
12MnV	工作溫度為 -70℃ 低溫用鋼	冷凍機械，低溫下工作的結構件
14MnNb	性能與 18Nb 鋼相近	工作溫度為 -20℃~450℃ 的容器及其他結構件
16Mn	綜合力學性能好，低溫性能、冷衝壓性能、焊接性能和可切削性能都好	礦山、運輸、化工等各種機械
16MnRE	性能與 16Mn 鋼相似，衝擊韌性和冷彎性能比 16Mn 好	同 16Mn 鋼
10MnPNbRE	耐海水及大氣腐蝕性好	抗大氣和海水腐蝕的各種機械
15MnV	性能優於 16Mn	高壓鍋爐汽包、石油、化工容器、高應力起重、運輸機械構件
15MnTi	性能與 15MnV 基本相同	與 15MnV 鋼相同
16MnNb	綜合力學性能比 16Mn 鋼高，焊接性、熱加工性和低溫衝擊韌性都好	大型焊接結構，如容器、管道及重型機械設備
14MnVTiRE	綜合力學性能、焊接性能良好。低溫衝擊韌性特別好	與 16MnNb 鋼相同
15MnVN	力學性能優於 15MnV 鋼。綜合力學性能不佳，強度雖高，但韌性、塑性較低。焊接時，脆化傾向大。冷熱加工性尚好，但缺口敏感性較大	大型船舶、橋梁、電站設備，起重機械機車車輛，中壓或高壓鍋爐及容器及其大型焊接構件等

　　1992 年，我國低合金結構鋼標準進行了一次修訂，並對其鋼號，質量等級作了新的表示方法。其鋼號、化學成分、力學性能以及新舊標準對比等見表4·3-18、表4·3-19、表4·3-20。

表 4·3-18　低合金結構鋼化學成分的質量分數 %[1]

鋼號	質量等級	C ≤	Mn	Si ≤	P ≤	S ≤	V	Nb	Ti	Al[2] ≥	Cr ≤	Ni ≤
Q295	A	0.16	0.80~1.50	0.55	0.045	0.045	0.02~0.15	0.015~0.060	0.02~0.20	—	—	—
	B	0.16	0.80~1.50	0.55	0.040	0.040	0.02~0.15	0.015~0.060	0.02~0.20	—	—	—
Q345	A	0.20	1.00~1.60	0.55	0.045	0.045	0.02~0.15	0.015~0.060	0.02~0.20	—	—	—
	B	0.20	1.00~1.60	0.55	0.040	0.040	0.02~0.15	0.015~0.060	0.02~0.20	—	—	—
	C	0.20	1.00~1.60	0.55	0.035	0.035	0.02~0.15	0.015~0.060	0.02~0.20	0.015	—	—
	D	0.18	1.00~1.60	0.55	0.030	0.030	0.02~0.15	0.015~0.060	0.02~0.20	0.015	—	—
	E	0.18		0.55	0.025	0.025	0.02~0.15	0.015~0.060	0.02~0.20	0.015	—	—
Q390	A	0.20	1.00~1.60	0.55	0.045	0.045	0.02~0.20	0.015~0.060	0.02~0.20	—	0.30	0.70
	B	0.20	1.00~1.60	0.55	0.040	0.040	0.02~0.20	0.015~0.060	0.02~0.20	—	0.30	0.70
	C	0.20	1.00~1.60	0.55	0.035	0.035	0.02~0.20	0.015~0.060	0.02~0.20	0.015	0.30	0.70
	D	0.20	1.00~1.60	0.55	0.030	0.030	0.02~0.20	0.015~0.060	0.02~0.20	0.015	0.30	0.70
	E	0.20	1.00~1.60	0.55	0.025	0.025	0.02~0.20	0.015~0.060	0.02~0.20	0.015	0.30	0.70
Q420	A	0.20	1.00~1.70	0.55	0.045	0.045	0.02~0.20	0.015~0.060	0.02~0.20	—	0.40	0.70
	B	0.20	1.00~1.70	0.55	0.040	0.040	0.02~0.20	0.015~0.060	0.02~0.20	—	0.40	0.70
	C	0.20	1.00~1.70	0.55	0.035	0.035	0.02~0.20	0.015~0.060	0.02~0.20	0.015	0.40	0.70
	D	0.20	1.00~1.70	0.55	0.030	0.030	0.02~0.20	0.015~0.060	0.02~0.20	0.015	0.40	0.70
	E	0.20	1.00~1.70	0.55	0.025	0.025	0.02~0.20	0.015~0.060	0.02~0.20	0.015	0.40	0.70
Q460	C	0.20	1.00~1.70	0.55	0.035	0.035	0.02~0.20	0.015~0.060	0.02~0.20	0.015	0.70	0.70
	D	0.20	1.00~1.70	0.55	0.030	0.030	0.02~0.20	0.015~0.060	0.02~0.20	0.015	0.70	0.70
	E	0.20	1.00~1.70	0.55	0.025	0.025	0.02~0.20	0.015~0.060	0.02~0.20	0.015	0.70	0.70

① 摘自 GB/T 1591—94 部分；
② 表中的 Al 爲全鋁含量，如分析酸溶鋁時，其質量分數應≥0.010%。

表 4·3-19　低合金結構鋼的力學性能[1]

鋼號	質量等級	厚度(直徑)(mm) σb≥(MPa)				σb (MPa)	δ5 (%)	衝擊能量 A_{KV}(縱向)，(J) ≥				180°彎曲試驗 d=彎心直徑 a=試樣厚度(直徑) 鋼材厚度(直徑)(mm)	
		<16	>16~35	>35~50	>5~100			+20℃	0℃	-20℃	-40℃	<16	>16~100
Q295	A	295	275	255	235	390~570	23					d=2a	d=3a
	B	295	275	255	235	390~570	23	34				d=2a	d=3a
Q345	A	345	325	295	275	470~630	21	34				d=2a	d=3a
	B	345	325	295	275	470~630	21	34				d=2a	d=3a
	C	345	325	295	275	470~630	22		34			d=2a	d=3a
	D	345	325	295	275	470~630	22			34		d=2a	d=3a
	E	345	325	295	275	470~630	22				27	d=2a	d=3a
Q390	A	390	370	350	330	490~650	19	34				d=2a	d=3a
	B	390	370	350	330	490~650	19	34				d=2a	d=3a
	C	390	370	350	330	490~650	20		34			d=2a	d=3a
	D	390	370	350	330	490~650	20			34		d=2a	d=3a
	E	390	370	350	330	490~650	20				27	d=2a	d=3a
Q420	A	420	400	380	360	520~680	18	34				d=2a	d=3a
	B	420	400	380	360	520~680	18	34				d=2a	d=3a
	C	420	400	380	360	520~680	19		34			d=2a	d=3a
	D	420	400	380	360	520~680	19			34		d=2a	d=3a
	E	420	400	380	360	520~680	19				27	d=2a	d=3a
Q460	C	460	440	420	400	550~720	17		34			d=2a	d=3a
	D	460	440	420	400	550~720	17			34		d=2a	d=3a
	E	460	440	420	400	550~720	17				27	d=2a	d=3a

① 摘自 GB/T 1591—94 部分

表 4·3-20　新舊低合金結構鋼標準牌號對照[①]

GB/T 1591—94	GB1591—88
Q295	09MnV，09MnNb，09Mn2，12Mn
Q345	12MnV，14MnNb，16Mn，16MnRE，18Nb
Q390	15MnV，15MnTi，16MnNb
Q420	15MnVN，14MnVTiRE
Q460	

① 摘自 GB/T 1591—94 附錄部分。

4·2·3　低合金結構鋼的重大技術進展

多年來低合金結構鋼發展迅速，在生產和科研上取得一系列重要成果，可概括爲以下幾方面：

1. 降碳　由於大多數現代工程結構對焊接技術要求越來越嚴格，對焊縫金屬和焊接熱影響區的最低缺口韌性和最高硬度提出了新的要求，因此要求低合金結構鋼相應具有較低的碳當量，能適應現場的焊接條件。開始對油氣管線用鋼和工程機械用鋼採取降碳，後又擴展到造船、海洋設施、汽車結構等用鋼。爲了取代傳統的鐵素體—珠光體鋼和回火馬氏體鋼，先後開發了微珠光體鋼（$w_C<0.08\%$）、無珠光體鋼（$w_C<0.05\%$）、針狀鐵素體鋼（$w_C<0.05\%$）、超低碳貝氏體鋼（$w_C<0.03\%$）和熱軋雙相鋼（$w_C<0.02\%$）等，其碳含量逐年降低。預計到本世紀末，低合金鋼將進一步降低碳含量並穩定在一個新的水平。這表明多年來以提高碳含量來保證強度而犧牲塑性和韌性的傳統方法早已受到挑戰，甚至受到摒棄。

2. 微合金化　在低 C-Mn 系鋼中添加微量合金元素如釩、鈦、鈮、鋯等，藉以通過細化鐵素體晶粒、阻止奧氏體晶粒長大和沈澱強化作用，使低合金鋼的強度、韌性、工藝性能和理化性能得到較好的匹配。另外在鋼中添加稀土元素（RE），用以脫硫和控制夾雜物形態，亦屬微合金化範疇。根據有關標準規定，低合金鋼中微量合金元素的質量分數界限值爲：$w_V 0.04\% \sim <0.12\%$；$w_{Ti} 0.05\% \sim <0.13\%$；$w_{Nb} 0.02\% \sim <0.06\%$；$w_{Zr} 0.02\% \sim <0.05\%$。其他主要合金元素的質量分數界限值爲：$w_{Mn} 1.00\% \sim <1.40\%$；$w_{Cr} 0.30\% \sim <0.50\%$；$w_{Mo} 0.05\% \sim <0.10\%$；$w_{Cu} 0.10\% \sim <0.50\%$。微合金化，不僅通過細化晶粒彌補了低合金鋼由於碳含量降低所損失的強度，而且使低合金鋼的發展進入了一個新時期（微量合金元素的作用參見本篇第 1 章）。

3. 控制軋製和控制冷卻　控制軋製（包括溫度、變形量等控制）是在熱軋過程中把鋼的塑性變形和相變結合起來而省去軋後熱處理的一項工藝。低碳微合金化鋼通過控制軋製，既能生產出強度和韌性兼優的鋼材，又可節約能耗。控制冷卻是配合控軋以快速冷卻通過相變區的熱軋工藝，它可最大限度地細化鐵素體晶粒和強化析出效應，因而可影響低合金鋼最終組織的微觀精細結構，是低合金鋼強韌化最經濟而有效的方法。

4·3　低合金鋼專業用鋼

爲了適應某些專業的特殊需要，對低合金結構鋼的成分、工藝及性能作了相應的調整和補充規定，因此發展了門類眾多的低合金鋼專業用鋼，大部分已納入國家標準，見表 4·3-21。低合金鋼及其專業用鋼的應用，幾乎涉及國民經濟各基礎工業領域。不過該表中的低合金鋼專業用鋼，僅僅根據我國現行國家標準列舉出大部分，還有些重要類別的專業用鋼以及國外的若干專業用鋼鋼種並未包括。爲此，選擇以下四類低合金鋼專業用鋼作重點介紹。

表 4·3-21　低合金鋼專業用鋼舉例

標準號	技術標準名稱	所列鋼號
1. 鍋爐和壓力容器用鋼		
GB713	鍋爐用碳素鋼及低合金鋼鋼板	16Mng、12Mng、15MnVg
GB3531	低溫壓力容器用低合金鋼厚鋼板	16MnDR、06MnNbDR
GB5681	壓力容器用熱軋鋼帶	16MnR
GB6479	化肥設備用高壓無縫鋼管	16Mn、15MnV
GB6653	焊接氣瓶用鋼板	12MnHP、16MnHP、12MnCrVHP、10MnNbHP
GB6654	壓力容器用碳素鋼和低合金鋼厚鋼板	16MnR、15MnVR、15MnVNR、18MnMoNbR
GB6655	多層壓力容器用低合金鋼鋼板	16MnRC、15MnVRC
2. 船舶用鋼		
GB712	船體用結構鋼	AH36、DH36、EH36

(續)

標準號	技術標準名稱	所列鋼號
3. 橋梁用鋼		
GB714 YB168	橋梁建築用碳素鋼、低合金鋼	12Mnq、12MnVq、16Mnq、15MnVq、15MnVNq
4. 汽車用鋼		
GB1501	汽車車輪擋圈用熱軋型鋼	16Mn
GB3273	汽車大梁用鋼板	09MnREL、06TiL、08TiL、10TiL、09SiVL、16MnL、16MnREL
GB9947	傳動軸用電焊鋼管	15TiZ
5. 農機用鋼		
GB3415	拖拉機大梁用槽鋼	16Mn、16MnCu
6. 自行車用鋼		
GB3643	自行車鏈條用冷軋鋼帶	20MnSi、16Mn
GB3645	自行車用熱軋碳素鋼和低合金鋼寬鋼帶及鋼板	Z21Mn
GB3646 GB3647	自行車用冷軋鋼帶 自行車用熱軋鋼帶	12Mn、16Mn
7. 礦山用鋼		
GB3414	煤機用熱軋異型鋼	M510、M540、M565
GB4697	礦山巷道支護用熱軋 U 型鋼	16MnK、20MnK、20MnVK、25MnK、25MnVK
8. 建築用鋼		
GB1499	鋼筋混凝土用鋼筋	20MnSi、20MnTi、20MnSiV、25MnSi 20MnNbb
GB13014	鋼筋混凝土用餘熱處理鋼筋	20MnSi
GB13788	冷軋帶肋鋼筋	24MnTi

4·3·1 汽車用低合金鋼

是一類用量極大的專業用鋼、廣泛用於汽車大梁、托架及車殼等結構件，主要包括 4 種低合金鋼：(1) 較低強度的低合金鋼。屈服點 $\sigma_s 255 \sim 345 MPa$，具有較好的衝壓性能。(2) 微合金化鋼。$\sigma_s 276 \sim 552 MPa$，通過控制硫化物夾雜物形態，改善了鋼的橫向塑性和可成形性。(3) 低合金雙相鋼。$\sigma_s 276 \sim 552 MPa$，冷軋後在臨界區連續退火及快速冷卻處理，具有高應變硬化能力。(4) 高延性高強度鋼，如汽車車門、擋板用鋼板。冷軋後進行消除應力退火，可獲得高強度，σ_s 可達 $552 \sim 980 MPa$。採用不同條件的連續退火，即使鋼板的成分相同，也能生產出延性各異的高強度冷軋鋼板。因此，爲了提高汽車用冷軋鋼板的成形性能，將重點研究連續退火工藝。

近年來，國內外已開發出各種新的塗層鋼板，形成了將取代大量使用的冷軋鋼板的趨勢，汽車用鋼板正處在這類開發的最前沿。

4·3·2 工程機械用低合金鋼

是一類可焊接低合金高強度鋼，要求鋼的強度高，低溫韌性好，耐磨性、耐蝕性和抗疲勞性優良，焊接性好。工程機械結構上大量應用的是低合金高強度厚鋼板，爲適應不同用途，已開發了多種新型厚鋼板，主要有：(1)熱軋型厚板，含有微量的 Nb、V 或 Nb-V 複合的 C-Mn 系鋼，不必熱處理就具有相當於正火鋼的性能，已廣泛用於挖掘機械的鏟臂、鏟斗及推桿等，如 ASTM A808(美國)、Welten 60R(日本)、Tarten(加拿大)鋼。(2)沈澱硬化型高強度厚板，是在 Ni 質量分數爲 $0.7\% \sim 1.0\%$、Mo 質量分數爲 $0.15\% \sim 0.25\%$ 的鋼中添加 Cu 質量分數爲 $1.0\% \sim 1.3\%$，利用 Cu 產生沈澱硬化。這類高強度鋼板具有優良的低溫韌性，如 ASTM A710A 鋼(美國)，用於工程機械重要結構部件。(3)淬火—回火型高強度厚板，厚度爲 $75 \sim 175 mm$，經淬火回火處理後，抗拉強度 σ_b 達 $700 MPa$ 以上。用於大型露天礦的挖掘機、電動輪自卸車等；尤其是鑽井平臺的支架及其連接板,要承受各種苛刻條件下的焊接,易發生層狀撕裂,大多選用這類厚鋼板。

從鋼種和強度等級來分,工程機械結構用低合金鋼可分爲三類:(1)屈服點 $\sigma_s \leqslant 440\mathrm{MPa}$(45kgf 級)的鋼,如16Mn、15MnTi、15MnV、15MnVN 等常用鋼種,廣泛用於一般工程機械的結構件。(2)σ_s 爲588MPa 等級(60kgf 級)的鋼,如 14MnVTiRE 和未納標的12MnCrNiMoVCu、12Ni3CrMoV 等,衝擊韌性好,適用於大、中型起重運輸機械的結構件。(3)σ_s 爲686MPa 等級(70kgf 級)的鋼,如15MnMoVNRE,經淬火回火後,室溫和低溫(-40℃)的衝擊吸收功 A_{KU} 分別爲66.7J 和52.6J,韌脆轉變溫度爲 -30℃,低溫韌性好,適於高寒地區使用的工程機械。此外,還開發了784MPa 等級(80kgf 級)和882MPa 等級(90kgf 級)的工程機械用低合金鋼。80年代以來,我國先後開發的高強度等級工程機械用鋼有 HQ70、HQ80和 HQ100,其化學成分見表4·3-22,其力學性能分別與日本 Welten鋼系列的相應鋼號接近,見表 4·3-23。

表 4·3-22　高強度等級的工程機械用低合金鋼的化學成分

鋼　　號	化學成分質量分數（%）										其　　他
	C	Si	Mn	P	S	Cr	Ni	Mo	Cu	V	
HQ70	0.12	0.23	0.94	0.028	0.005	0.49	0.69	0.40	0.30	0.06	Nb　0.04 B　0.0018
HQ80	0.15	0.31	0.98	0.018	0.005	0.62	1.05	0.51	0.35	0.08	B　0.0018
HQ100	0.12	0.31	0.94	0.018	0.004	0.69	1.34	0.51	0.34	0.07	—

註：表中的化學成分爲實測數據。

表 4·3-23　HQ 鋼與 Welten 鋼的力學性能比較

鋼　　號	σ_s (MPa)	σ_b (MPa)	δ_5（%）	$A_{\mathrm{KV}}-15℃$（J）	180°冷彎①	板面瓢曲度（mm／m）
中國						
HQ70	693	772	22	143	$d=3a$ 合格	5
HQ80	750	847	22	128	$d=3a$ 合格	5
HQ100	1029	1088	15	33	$d=4a$ 合格	2.95
日本						
Welten70C	617	784	17	39	$d=3a$ 合格	無要求
Welten80C	686	847	16	35	$d=3a$ 合格	無要求
Welten100N	882	951	13	27	$d=4a$ 合格	無要求

①　d—彎心直徑,a—試樣厚度。

4·3·3　油氣管線用低合金鋼

當前石油和天然氣管線工程向大管徑、高壓輸送以及海底管線向壁厚化方向發展,對管線用鋼也提出新要求。爲此管線用鋼的開發應滿足以下要求:(1)要求鋼中合金元素和顯微組織的作用,既提高屈服強度,又降低韌脆轉折溫度。(2)要求儘可能降低非金屬夾雜物含量。通過添加鈣和稀土元素對硫化物形態進行控制,可獲得鋼的良好成形性和減少其力學性能的各向異性。(3)要求降低碳含量,具有良好的焊接性能。

管線用鋼國際上通常採用 API 標準(美國石油工業標準)按屈服強度等級的分類方法。國外石油和天然氣管線工程用的鋼管尺寸、鋼種強度等級和工作應力見表 4·3-24。隨著油氣管線工程的迅速發展,管線用鋼的屈服強度等級也在逐年提高,60 年代前大多採用 X52 級以下的管線用鋼,60 年代採用 X60 ~X65 級鋼,70 年代提高到 X70 級,80 年代以來又開發了 X80~X100 級的更高等級的管線用鋼。

X52級以下的管線用鋼,一般爲 C-Mn 系低合金鋼。X56~X65級管線用鋼則在降碳的同時,添加 Nb、V、Ti 等碳氮化物形成元素,在彌補了由於降碳所損失的強度的同時,而不損害焊接性。X70級管線用鋼通常有三種類型:Nb-V 複合微合金化鋼(PRS)、添加鉬的針狀鐵素體鋼(AFS)和控軋控冷生產的超低碳貝氏體鋼(ULCBS)。X80級以上的管線用鋼,按不同生產流程又分爲兩種,一種是適應螺旋焊管的控軋控冷鋼;一種是適應壓力機成形(UOE)焊管的淬火-回火鋼。

海底管線用鋼,通常是在 C-Mn 系或 C-Mn-V 系鋼的基礎上添加 Cu 或 Nb,以提高耐蝕性。這類鋼具有良好的抗應力腐蝕和海水腐蝕能力,並有足夠的低溫韌性,其屈服強度可達 X60~X80 級管線用鋼的要求。

低溫管線用鋼,其典型鋼種如 06Г2НАБ 鋼(原蘇聯),是在 C-Mn 系鋼的基礎上添加 Ni0.85%(質量分數,下同),Nb0.15% 和 N0.02%,屈服強度爲 353MPa,具有很好的低溫韌性,其低溫衝擊吸收功在 -70℃ 時爲 80J,在 -120℃ 時爲 60J,可以確保在 -100℃ 下長期使用。

表 4·3-24　國外管線工程用鋼

管線工程用鋼	陸　地		海　洋	
	天　然　氣	石　油	天　然　氣	石　油
鋼管管徑（mm）	914~1422	762~1219	508	508~762
鋼管壁厚（mm）	10~19	7~14	12~25	12~25
鋼種等級①	X65~X70	X52~X65	X60	X62
屈服強度（MPa）②	448~482	358~448	413	358
輸送工作壓力（kPa）	6958~9996	4802~6860	8918~13720	4802~8820

註:本表根據 API 標準摘編。

① X 表示鋼管屈服強度等級,其後的數字是規定的屈服強度值,單位爲 klb/in^2（=1000psi）。

② 由換算式 1000psi=6.895MPa 進行換算後的數值。

4·3·4　海洋工程結構用低合金鋼

這類鋼包括海洋平臺主體結構用鋼、海洋平臺用抗層狀撕裂鋼、焊接無裂紋鋼以及其他海洋工程用鋼。海洋平臺因其所處的環境複雜,要求海洋平臺用鋼應具有中等以上強度、良好的抗海水腐蝕和抗低溫斷裂能力、較高的疲勞強度,以及優良的焊接性等。由於時常受到強海浪和風力的襲擊,還要求用於某些重要部位的板材具有抗層狀撕裂性能。爲了在惡劣的條件下保證焊接施工質量,又要求焊接裂紋敏感性低的鋼材。

1. 海洋平臺主體結構用鋼　海洋平臺主體結構包括立柱、導管架、甲板及上層結構等。要求所採用的鋼種,在冶煉時降低硫、磷含量至規定值以下,並控制非金屬夾雜物的形態及均勻分布,以提高鋼的抗衝擊性能和彎曲性能,並降低焊接頭的層狀撕裂傾向和減少斷裂韌性的方向性。海洋平臺用低合金鋼按屈服強度等級分爲以下幾種:

294MPa 級（30kgf 級）用鋼——12Mn;

343MPa 級（35kgf 級）用鋼——16Mn、12MnV;

392MPa 級（40kgf 級）用鋼——15MnV、15MnTi、10MnPNbRE;

441MPa 級（45kgf 級）用鋼——14MnVTiRE。

近年來我國開發的 15MnMoVNRE 等鋼種,可以提供 490MPa 級、588MPa 級、686MPa 級（50~70kgf 級）三種強度等級的高強度鋼,其低溫韌性也很好。

2. 抗層狀撕裂鋼　也叫 Z 向鋼,主要用於造船和海洋平臺,也用於鍋爐和壓力容器。由於海洋平臺很多節點部位的焊接頭結構複雜,焊後易產生殘餘應力,在強海浪、海風的襲擊下,易導致母材與焊接熱影響區之間產生層狀撕裂。Z 向鋼不僅要求沿寬度和長度方向有一定的力學性能,而且要求沿厚度方向(Z 向)面縮率 ψ_Z 達到一定值,當 ψ_Z 達 20%~30% 時,就可消除層狀撕裂發生。鋼中硫含量對 ψ_Z 值的影響很大,要求嚴格控制。我國有關 Z 向鋼板的標準(GB5313—85)規定,Z 向鋼根據控制硫質量分數的高低而分爲三個等級;即 Z15 級,含 $w_S \leqslant 0.010\%$;w_Z25 級,含 $w_S \leqslant 0.007\%$;w_Z35 級,含 $w_S \leqslant 0.005\%$。並在有關鋼號後面相應標出 w_Z15、……等級符號。Z 向鋼在生產工藝上相應採用低硫鐵水,在頂底複吹轉爐中冶煉並進一步脫硫,再經鋼包處理、保護澆注直至軋成板材後,還需進行超聲波探傷,然後正火處理,出廠前再進行性能檢測。由於嚴格的生產工藝,我國生產的抗層狀撕裂鋼 D36-Z35,其力學性能已和日本的 KD36-Z35 鋼相近,見表 4·3-25。

3. 焊接無裂紋鋼　也叫 CF 鋼（系 Crack-free 的縮寫）,是一種焊接裂紋敏感性很低的鋼。由於許多大型鋼結構（如海洋採油平臺等）在焊接施工中受條件限制,不能進行預熱而造成焊接裂紋,影響鋼結構質量。國外首先開發的 CF 鋼,如日本的 K-TEN62CF、Welten62CF 等,可滿足屈服強度 490MPa 級（50kgf 級）和 539MPa 級（55kgf 級）用鋼的要求,其力學性能

表 4·3-25　抗層狀撕裂鋼的力學性能比較

鋼　號	板　厚 (mm)	試樣取向	σ_s (MPa)	σ_b (MPa)	δ_5 (%)	ψ_Z (%)	A_{KV} (J)	
							$-20℃$	$-40℃$
D36-Z35 (中國)	50	Z 向	370	535	30.1	75.1	160	125
		橫向	380	565	30.0	—		
		縱向	—	—	—	—	155	100
KD36-Z35 (日本)	50	Z 向	370	530	28.4	74.2	—	—

註：表中力學性能系實測平均值。

表 4·3-26　國外焊接無裂紋鋼典型鋼種的力學性能

鋼　　號	σ_s (MPa)	σ_b (MPa)	δ (%)	衝　擊　試　驗	
				溫度 (℃)	A_{KV} (J)
K-TEN62CF①	≥490	608~726	≥16	-15	≥47
Welten 62CF②（縱向）	544~549	617~621	—	-15	196~240
（橫向）	542~543	616~619	—	-15	147~190

① 鋼的技術條件規定值。

② 實測值。

見表 4·3-26。CF 鋼還用於大型球罐、橋梁、水電站高壓叉管等結構，已成爲重要的專業用鋼。

5　碳素鑄鋼和低合金鑄鋼

碳素鑄鋼和低合金鑄鋼在機械製造業中用途很廣，約占鑄鋼總產量的 3/4 以上。用於軋材和鍛件的鋼號原則上都可以用於鑄鋼件；考慮到鑄造工藝的特點，對有些鋼號在成分上應作適當調整。例如碳素鑄鋼的矽含量較軋材和鍛材略高，使鋼液脫氧完全。碳素鑄鋼的硫、磷含量可根據鑄件等級決定其上限。爲了提高鑄鋼的性能，可進行熱處理或表面化學處理。

5·1　鑄造性能和焊接性能

碳素鑄鋼和低合金鑄鋼要求有良好的鑄造性能，

主要包括以下幾方面：

1.流動性　標誌著鋼液對鑄型的充填能力，流動性好，有利於消除分散性縮孔並使夾雜物上浮。碳含量增加，鋼的熔點隨之降低，流動性提高。矽和錳含量增加到適量值，均使流動性提高。

2.收縮　鑄鋼件的收縮分爲液態（降溫）收縮、凝固收縮和固態（降溫）收縮。液態收縮與鋼液過熱溫度有密切關係。一般碳素鑄鋼和低合金鑄鋼的鋼水過熱 100℃ 時，液態收縮約爲 1.5%~1.75%。凝固收縮主要取決於鑄鋼的化學成分。固態收縮主要與鑄鋼的組織有關。

3.裂紋敏感性　鑄鋼的裂紋分爲熱裂和冷裂。碳含量 0.35% 左右時熱裂敏感性最低。硫含量過高則產生熱裂。磷含量過高易產生冷裂。增加鑄鋼件的熱應

表 4·3-27　碳素鑄鋼和低合金鑄鋼的焊接性能比較

鑄鋼類別	焊接性能	焊補條件	焊後處理
碳素鑄鋼（含 $w_C<0.30\%$） 低合金鑄鋼（含 $w_C<0.15\%$）	好	一般不需預熱	退　火
碳素鑄鋼（含 $w_C=0.3\%~0.5\%$） 低合金鑄鋼（含 $w_C=0.15\%~0.30\%$）	尚好	儘可能預熱，預熱溫度 150~200℃	600~650℃退火
碳素鑄鋼（含 $w_C>0.5\%$） 低合金鑄鋼（含 $w_C>0.3\%$）	較差	必須預熱，預熱溫度 350~400℃	600~650℃退火，某些情況下應重新熱處理

註：表中所述含量皆爲質量分數。

力，也使冷裂敏感性增大。

4. 氣孔敏感性 引起鑄鋼件氣孔的各種因素中，以氫的危害性最大。鋼液脱氧不完全，將產生 CO 氣泡而在鑄鋼中形成氣孔。矽有脱氧作用，適當提高其含量對減少鑄件氣孔有利。

對於需經焊接後使用的鑄鋼件，要求有較好的焊接性能。鑄鋼焊接性能的好壞，主要取決於鋼中碳含量。不同碳含量的碳素鑄鋼和低合金鑄鋼的焊接性能比較見表 4·3-27。

5·2 碳素鑄鋼

碳素鑄鋼按用途分爲一般工程用碳素鑄鋼和焊接結構用碳素鑄鋼，分別介紹如下：

5·2·1 一般工程用碳素鑄鋼

一般工程用碳素鑄鋼主要用於各種機械零件、機座、殼體、底板等。在國家標準 GB11352—89 中列有 5 個鋼號，其化學成分見表 4·3-28。對該表作幾點説明：(1) 與舊鋼號完全不同，新鋼號是以強度爲主要特徵，ZG（表示鑄鋼）後的第一組數字表示屈服強度值，第二組數字表示抗拉強度值，單位均爲 MPa。(2) 一般工程用碳素鑄鋼的碳含量範圍與碳素結構鋼相同，但硫、磷和殘餘元素的限量範圍高於相應的碳素結構鋼。(3) 根據需要，各鋼號的碳與錳含量允許適當調整，當碳質量分數上限減少 0.01% 時，允許錳質量分數相應增加 0.04%；但 ZG200—400 鋼的錳質量分數最高值爲 1.00%，其餘鋼號的錳質量分數最高值爲 1.20%。

一般工程用碳素鑄鋼的熱處理和力學性能見表 4·3-29，其特點和用途見表 4·3-30。表 4·3-29 中所列的爲室溫力學性能，適用於厚度≤100mm 的鑄鋼件。

5·2·2 焊接結構用碳素鑄鋼

焊接結構用碳素鑄鋼主要用於工程結構，要求焊接性好。在國家標準 GB7659—87 中列有 3 個鋼號，見表 4·3-31。和相同強度等級的一般工程用碳素鑄鋼相比，焊接結構用碳素鑄鋼的碳含量較低，並在鋼號末尾標以"H"（焊），表示具有良好的焊接性。

表 4·3-28 一般工程用碳素鑄鋼的鋼號和化學成分

鋼　　號	舊鋼號	化學成分的質量分數（%）					殘　餘　元　素
		C	Si	Mn	S	P	
		≤					
ZG200—400	ZG15	0.20	0.50	0.80	0.04	0.04	
ZG230—450	ZG25	0.30	0.50	0.90	0.04	0.04	Cr≤0.35，Ni≤0.30，Mo≤
ZG270—500	ZG35	0.40	0.50	0.90	0.04	0.04	0.20，Cu≤0.30，V≤0.05；但
ZG310—570	ZG45	0.50	0.60	0.90	0.04	0.04	Cr＋Ni＋Mo＋Cu＋V≤1.00
ZG340—640	ZG55	0.60	0.60	0.90	0.04	0.04	

註：摘自 GB11352—89。

表 4·3-29 一般工程用碳素鑄鋼的熱處理和力學性能

鋼　　號	熱　　處　　理		力　學　性　能　（≥）				
	正火或退火溫度 （℃）	回火溫度 （℃）	σ_s （MPa）	σ_b （MPa）	δ_5 （%）	ψ （%）	A_{KV} （J）
ZG200—400	920～940	—	200	400	25	40	30
ZG230—450	890～910	620～680	230	450	22	23	25
ZG270—500	880～900	620～680	270	500	18	25	22
ZG310—570	870～890	620～680	310	570	15	21	15
ZG340—640	840～860	620～680	340	640	10	18	10

註：1. 摘自 GB11352—89。

2. 伸長率 δ_5 和衝擊吸收功 A_{KV} 根據雙方協議選擇。如需方無要求，由供方選擇其中之一。

表 4·3-30　一般工程用碳素鑄鋼的特點和用途

鋼　號	主　要　特　點	用　途　舉　例
ZG200—400	有良好的塑性、韌性和焊接性能	用於受力不大、要求韌性高的各種機械零件，如機座、變速箱殼體等
ZG230—450	有一定的強度和較好的塑性、韌性，焊接性能良好，可加工性尚佳	用於受力不大、要求韌性較高的各種機械零件，如砧座、外殼、軸承蓋、底板、閥體、犁柱等
ZG270—500	有較高的強度和較好的塑性，鑄造性能良好，焊接性能尚好，可加工性佳	用於軋鋼機機架、軸承座、連桿、箱體、曲軸、缸體等
ZG310—570	強度和可加工性良好，塑性、韌性較低	用於負荷較高的零件，如大齒輪、缸體、制動輪、輥子、機架等
ZG340—640	有高的強度、硬度和耐磨性，可加工性中等，焊接性較差；鑄造時流動性好，但裂紋敏感性較大	用於齒輪、棘輪、聯結器、叉頭等

表 4·3-31　焊接結構用碳素鑄鋼的鋼號和化學成分

鋼　號	化學成分的質量分數（％）					殘　餘　元　素
	C	Si	Mn	S	P	
	≤					
ZG200—400H	0.20	0.50	0.80	0.04	0.04	Cr ≤0.30，Ni ≤0.30，Mo ≤0.15，Cu ≤0.30，V ≤0.05；但 Cr＋Ni＋Mo＋Cu＋V ≤0.80
ZG230—450H	0.20	0.50	1.20	0.04	0.04	
ZG275—485H	0.25	0.50	1.20	0.04	0.04	

註：摘自 GB7659—87。

　　焊接結構用碳素鑄鋼的力學性能見表 4·3-32。爲了提高鑄鋼件的性能，可以進行退火、正火或正火＋回火處理。

表 4·3-32　焊接結構用碳素鑄鋼的碳當量和力學性能

鋼　號	碳當量 CE（％）	力學性能（≥）				
		σ_s (MPa)	σ_b (MPa)	δ_5 (％)	ψ (％)	A_{KV} (J)
ZG200—400H	≤0.38	200	400	25	40	30
ZG230—450H	≤0.42	230	450	22	35	25
ZG275—485H	≤0.46	275	485	20	35	22

註：力學性能摘自 GB7659—87。

5·3　低合金鑄鋼

　　低合金鑄鋼是在碳素鑄鋼的基礎上，適當提高錳和矽含量，以發揮其合金化作用；有些鑄鋼還加低含量的鉻、鉬等合金元素。這類鑄鋼常用鋼號和化學成分見表 4·3-33。

　　低合金鑄鋼的綜合力學性能明顯優於碳素鑄鋼，大多用於承受較重載荷、較高壓力和受衝擊、摩擦的機械零部件。碳當量低的鑄鋼，焊接性能好。矽含量較高的鑄鋼，一般鑄造性能較好。爲了提高鑄鋼的性能，可進行熱處理。這類鑄鋼的熱處理和熱處理後的力學性能見表 4·3-34，其特點和用途見表 4·3-35。

表 4·3-33　低合金鑄鋼的常用鋼號

鋼　號	化學成分的質量分數（％）					P	S
	C	Mn	Si	Cr	Mo	≤	
ZG40Mn	0.35～0.45	1.20～1.50	0.30～0.45	—	—	0.04	0.04
ZG40Mn2	0.35～0.45	1.60～1.80	0.20～0.40	—	—	0.04	0.04
ZG50Mn2	0.45～0.55	1.50～1.80	0.20～0.40	—	—	0.04	0.04
ZG40Cr	0.35～0.45	0.50～0.80	0.20～0.40	0.80～1.10	—	0.04	0.04

（續）

鋼　號	化學成分的質量分數（%）					P	S
	C	Mn	Si	Cr	Mo	≤	
ZG20SiMn	0.16~0.22	1.00~1.30	0.60~0.80	—	—	0.04	0.04
ZG35SiMn	0.30~0.40	1.10~1.40	0.60~0.80	—	—	0.04	0.04
ZG42SiMn	0.38~0.45	1.10~1.40	0.60~0.80	—	—	0.04	0.04
ZG50SiMn	0.46~0.54	0.80~1.10	0.80~1.10	—	—	0.04	0.04
ZG35CrMo	0.30~0.40	0.50~0.80	0.20~0.40	0.80~1.10	0.20~0.30	0.04	0.04
ZG35CrMnSi	0.30~0.40	0.90~1.20	0.50~0.75	0.50~0.80	—	0.04	0.04
ZG50MnMo	0.47~0.55	0.90~1.10	0.20~0.40	—	0.15~0.30	0.04	0.04

註：1. 摘自 Q/ZB66。

　　2. 各鋼號的殘餘 w_{Cu}≤0.30%。

表 4·3-34　低合金鑄鋼的熱處理及力學性能

牌　　號	熱　處　理	σ_s (MPa)	σ_b (MPa)	δ_5 (%)	ψ (%)	a_K (J/cm²)	HBS
ZG40Mn	正火 850~870℃ 回火 400~450℃	294	637	12	30	—	≥163
ZG40Mn2	正火 850~870℃ 回火 550~600℃	392	588	20	55	—	≥179
	淬火 830~850℃ 回火 550~600℃	686	833	13	45	45	269~302
ZG50Mn2	正火 820~840℃ 回火 590~650℃	441	784	18	37		—
ZG40Cr	正火 830~860℃ 回火 520~680℃	343	627	18	26		≤212
	淬火 830~860℃ 回火 520~680℃	470	686	15	20		229~321
ZG20SiMn	正火 900~930℃ 回火 580~600℃	294	510	14	30	50	≥156
ZG35SiMn	正火 860~880℃ 回火 600~620℃	343	568	≥12	20	30	—
	淬火 870~880℃ 回火 580~600℃	412	637	12	25	35	207~241
ZG40SiMn	正火 860~880℃ 回火 550~600℃	372	637	12	20	30	≥229
	淬火 850~870℃ 回火 550~600℃	441	650	12	25	35	229~321
ZG50SiMn	正火 850~870℃ 回火 580~600℃	441	686	14	25	—	217~255
ZG35CrMo	正火 860~880℃ 回火 550~600℃	392	588	12	20	30	—
	淬火 860~880℃ 回火 590~610℃	539	686	12	25	40	—
ZG35CrMnSi	正火 880~900℃ 回火 550~600℃	343	686	14	30	40	≤217
ZG50MnMo	調　　質	343	686	10	19	25	≤229

註：1. 摘自 Q/ZB66—73。

　　2. 屈服點、伸長率和衝擊吸收功（U型缺口）指標，爲驗收主要依據。

表 4·3-35 低合金鑄鋼的特點和用途

鋼 號	主 要 特 點	用 途 舉 例
ZG40Mn	有較好的強度和韌性，鑄造性能尚好，焊接性能較差，焊時應預熱至 250～300℃，焊後緩冷	用於較高壓力工作條件下承受摩擦和衝擊的零件，如齒輪等
ZG40Mn2	強度和耐磨性均較 ZG40Mn 高，鑄造性能和焊接性能和 ZG40Mn 相近	用於高載荷、受摩擦的零件，如齒輪等
ZG50Mn2	正火回火後有高的強度、硬度和耐磨性；鑄造流動性較好，但有晶粒長大傾向和裂紋敏感性；焊接性能差	用於高應力及嚴重磨損條件下的零件，高強度齒輪、齒輪圈、碾輪等
ZG40Cr	有較好的綜合力學性能，可承受較高載荷，耐衝擊；鑄造性能尚好，焊接性能較差	用於高強度的鑄造零件，如鑄造齒輪、齒輪輪緣等
ZG20SiMn	強度介於 ZG35 與 ZG45 之間，塑性與韌性較高；鑄造性能和焊接性能良好	用於水壓機工作缸、水輪機葉片等
ZG35SiMn	強度和耐磨性均較 ZG40Mn 高；鑄造性能與焊接性和 ZG40Mn2 相同	用於中等載荷或較高載荷但受衝擊不大的零件，以及受摩擦的零件
ZG42SiMn	強度、硬度、耐磨性以及鑄造性能和 ZG35SiMn 相近，但焊接性能較差	用作齒輪、車輪及其他耐磨零件
ZG50SiMn	正火回火後的力學性能接近 ZG50Mn2；鑄造流動性較好，焊接性能差	用於高強度鑄造齒輪、齒輪圈、碾輪等，可代替 ZG40Cr 鑄鋼
ZG35CrMo	熱處理後有較好的綜合力學性能，與 ZG40Cr 相近；鑄造性能尚好，焊接性能較差	用作鏈輪、電鏟的支承輪、軸套、齒圈、齒輪等
ZG35CrMnSi	正火回火後有較好的綜合力學性能，與 ZG35CrMo 相近；鑄造性能尚好，焊接性能較差	用作承受衝擊和磨損的零件，如齒輪、滾輪、高速錘框架等
ZG50MnMo	強度、硬度較高，耐磨性好；鑄造流動性較好，焊接性能差	用於高強度易磨損的零件，如車輪等

6 碳素結構鋼和低合金鋼的選用

碳素結構鋼和低合金鋼各鋼號的特點和用途，已分別在以上各節中作了介紹。關於它們的選用原則，主要包括以下幾方面：

1．強度 鋼的強度包括屈服強度（或屈服點）、抗拉強度、屈強比、比強度，以及疲勞極限等。選用強度高的鋼種，可以減輕結構自重，節約鋼材。但不宜過分強調強度指標，因為對強度要求過高，在一定程度上會降低鋼的韌性，並影響鋼的加工性能，給施工製作帶來困難。另一方面，各種結構件對剛度都有一定的要求，其截面尺寸不允許隨強度的提高而過多的縮減，所以選用強度過高的鋼材，反而不能充分發揮其有利的作用。

2．韌性和時效敏感性 韌性實際上指鋼在三維應力作用下塑性變形的能力和所吸收能量的大小。韌性量度的指標因著重點的不同，有夏比 V 形缺口衝擊吸收功 A_{KV}、梅氏衝擊韌度 a_K、脆性轉折溫度和無延性轉折溫度（NDT），以及斷裂韌度 K_{Ic}、臨界裂縫尖端張開位移（COD）值 δ_C 等。為了避免鋼結構和設備的驟然或意外的脆性破壞而造成損失，選用的鋼材應考慮在使用條件下必須有足夠的韌性儲備。對於碳素結構鋼和低合金鋼來說，屈服點（或屈服強度）<490MPa 時，用衝擊韌度和脆性轉折溫度來衡量其韌性的大小，即可獲得滿意的結果。一般要求其 a_K 值在室溫和較低使用溫度下，分別≥58.8J/cm² (6kgf·m/cm²) 和≥29.4J/cm² (3kgf·m/cm²) 即可。但有時對重要結構，也須考慮其無延性轉折溫度。對於屈服點為 490～784MPa (50～80kgf/mm²) 的鋼，則傾向於以材料的 δ_C 值為取捨的依據。

鋼的時效敏感性和韌性有密切的關係。鋼經淬火或經一定程度的冷塑性變形後，韌性將隨時間延續而降低，即時效現象。通常以鋼時效後其衝擊韌度降低的百分比來衡量鋼材對時效的敏感的程度，稱爲時效敏感係數。這對於焊接施工用和冷塑性成形用的鋼材是一項重要指標。沸騰鋼的時效現象嚴重，目前已很少用於鋼結構。碳素結構鋼的時效敏感係數一般要求＜50％，低合金鋼的時效敏感係數一般＜10％。用於冷塑性成形和焊接施工的重要結構件和設備，如鍋爐、容器、船舶、橋梁等所使用的鋼材均要嚴格限制其時效敏感性；其他專業用鋼對時效敏感性也有不同的要求。

3.工藝性能   主要是指冷、熱塑性成形性能和焊接性能。冷塑性成形性能包括冷彎、冷拉、冷捲、冷衝壓等性能。焊接性能目前大多採用測量焊縫或焊接接頭處的綜合力學性能的降低值來衡量。塑性成形與焊接性能，和鋼的化學成分、純潔度、強度及韌性有關。碳含量偏高和淬透性較高的鋼，其強度也偏高，塑性變形費力；又因回彈作用尺寸較難掌握。焊接也較困難，往往焊前需經預熱，焊後要熱處理，或採用保護焊等方法，以獲得合格的產品。

碳素結構鋼和低合金鋼制件，通常不需要切削加工和複雜的熱處理。對於需經調質處理或其他熱處理的鋼材，必須仔細慎重地設計加工工藝。

4.使用環境和工件條件   所選用的鋼種應當根據不同使用、安裝環境和工作條件的需要而有所不同。例如在北方寒冷地帶安裝使用的工程結構和設備，要考慮鋼的冷脆性和低溫衝擊性能以及安裝施工的焊接等問題。如果在南方潮濕地帶使用，應側重考慮鋼的耐蝕能力。又如建立在沿海地帶和工業地區的設備，特別是由於選用了強度高的低合金結構鋼，致使結構件和設備的截面尺寸或厚度減薄時，也要考慮所選用鋼材的耐蝕性問題。必要時，需對鋼材採取相應的防鏽措施，保證鋼結構和機械設備的使用壽命和安全性，以消除由於鏽蝕影響而存在的潛在危險。

5.經濟性   碳素結構鋼和低合金鋼都是大量生產、廣泛應用的鋼類，在鋼材性能和質量能夠滿足工程要求的前提下，儘量選用價格低廉而且工藝性能好的鋼材品種。低合金鋼由於含有少量合金元素，在生產成本和價格上均高於碳素結構鋼。但低合金鋼的強度較高，其屈服強度一般比含碳量相同的低碳鋼提高約40％；在交變應力條件下，低合金鋼比低碳鋼的疲勞極限高，而缺口敏感性較低；有些低合金鋼的耐候性和耐蝕性較好。若選用低合金鋼時，其鋼結構或部件的截面比選用碳鋼時有所縮減，就可以節約一批鋼材。因此應從工程總的經濟效益和有效使用壽命來衡量，以確定選用哪一種鋼更爲經濟。

第4章　壓力容器用鋼和
低溫鋼[1][2][19][20]

1　概述

壓力容器的使用條件，如設計溫度、設計壓力、介質特性和操作特點等差別很大，因而壓力容器所使用的鋼類很多，既有碳素結構鋼、低合金高強度鋼和合金結構鋼，也有低溫鋼、中溫抗氫鋼、不鏽鋼和耐熱鋼，此外還有複合鋼材。

GB150—89《鋼製壓力容器》是一個有關壓力容器設計、選材、製造及檢驗方面的基礎性標準，對壓力容器用鋼的選用、鋼材的使用範圍、許用應力及對鋼材的附加技術要求等作出了規定。該標準中不僅列入了有關鋼材標準中的相應鋼號，而且還列入了一些研製成功的新鋼號。GB150—94新標準中，列入了更多的新鋼號，進一

步滿足了壓力容器的設計和使用要求。

鋼材的許用應力是壓力容器設計的重要依據。GB150標準規定鋼材的許用應力由鋼材的室溫抗拉強度、設計溫度下的屈服強度（或屈服點）、持久強度和蠕變極限分別除以相應的安全係數後取其中最低值而得出（對一些技術要求較低的鋼材尚需乘以小於1.0的質量係數）。當容器的設計溫度低於鋼材的蠕變溫度時，只需上述前兩項強度指標就可確定鋼材的許用應力。由於大部分壓力容器用鋼是在高於室溫而低於其蠕變溫度的範圍內使用的，因此鋼材的高溫屈服強度是壓力容器用鋼的一項重要性能。這是壓力容器用鋼有別於其他工程用鋼的一個特點。

爲預防壓力容器發生脆性破壞，GB150標準對壓

力容器用鋼規定了最低韌度要求，採用夏比（V型缺口）衝擊試驗的衝擊吸收功爲評定依據，具體指標見表 4·4-1（螺栓材料除外）。衝擊試樣一般採用 10mm×10mm×55mm 的標準衝擊試樣；當因鋼材尺寸所限而無法製取標準衝擊試樣時，則應依次選取 7.5mm×10mm×55mm 或 5mm×10mm×55mm 的小尺寸衝擊試樣。衝擊試樣的取樣方向按相應鋼材標準的規定，其中壓力容器專用鋼板的衝擊試樣均取橫向試樣。衝擊試驗溫度一般取鋼材的使用溫度（即相應受壓元件的最低設計溫度）。GB150 標準規定設計溫度等於或低於 -20℃ 的壓力容器爲低溫壓力容器。鋼材的低溫衝擊吸收功要求則是低溫壓力容器用鋼有別於其他工程用鋼的另一個特點。鋼材經焊接後，隨焊接工藝參數的不同，鋼材焊接熱影響區的低溫衝擊吸收功較母材有不同程度的、甚至較大的降低，這在選擇低溫壓力容器用鋼時應予注意。

表 4·4-1　鋼材的最低衝擊吸收功要求

鋼材標準的最低抗拉強度值（MPa）	A_{KV}（最低值）（J）		
	試樣尺寸（mm）		
	10×10×55	7.5×10×55	5×10×55
≤450	18	14	9
>450~515	20	15	10
>515~650	27	21	14

註：表中衝擊吸收功規定值系三個試樣衝擊功的平均值。允許一個試樣的衝擊吸收功低於規定值，但不得低於規定值的 70%。

　　壓力容器絕大部分爲焊接結構，因此焊接性能是壓力容器用鋼的一項重要工藝性能。特別是大型球形容器，均在工地現場進行組裝、焊接，要求球殼用鋼板具有優良的焊接性，以降低焊前預熱溫度，改善焊

工操作條件，確保焊接質量。近幾年來，在大型球形容器上已廣泛採用焊接冷裂紋敏感性低的鋼，在該鋼板的技術條件中將焊接冷裂紋敏感性組成 P_{cm}

$$\left[P_{cm} = w_C + \frac{w_{Si}}{30} + \frac{w_{Mn}}{20} + \frac{w_{Cu}}{20} + \frac{w_{Cr}}{20} + \frac{w_{Ni}}{60} + \frac{w_{Mo}}{15} + \frac{w_V}{10} + 5w_B (\%) \right]$$

列爲基本保證項目，式中，w 爲用質量分數表述的組成。這又是壓力容器用鋼有別於其他工程用鋼的一項特殊要求。

　　壓力容器受壓元件所使用的鋼材品種有鋼板、鋼管、鍛鋼、棒鋼、鑄鋼等，其中以鋼板的使用量爲最大。

2　壓力容器用鋼板

2·1　碳素結構鋼板

　　壓力容器常用的碳素結構鋼板的鋼號、鋼板標準和鋼的化學成分見表 4·4-2，鋼板的力學性能見表 4·4-3。

　　GB150 標準對 20R 鋼板規定的高溫屈服強度參考值見表 4·4-4。

　　由於對碳素結構鋼不同鋼號鋼板的技術要求不同，GB150 標準對各鋼號鋼板的使用範圍做了規定，見表 4·4-5。

　　日本的 SS400、SM400B 鋼板和德國的 RSt37-2 鋼板是一般常用的碳素結構鋼板。GB150 標準的附錄 A 中規定，SS400 鋼板可代用 Q235-A·F 鋼板；SM400B 鋼板可代用 Q235-C 鋼板，但使用溫度上限爲 350℃；RSt37-2 鋼板可代用 Q235-A 鋼板，但使用溫度上限爲 300℃。

　　對表 4·4-5 中各鋼號鋼板推薦選用的焊接材料見表 4·4-6。

表 4·4-2　碳素結構鋼的化學成分

鋼　號	鋼　板　標　準	化學成分的質量分數（%）				
		C	Si	Mn	P	S
Q235-A·F	GB3274—88	—	—	—	≤0.045	≤0.050
Q235-A		—	—	—	≤0.045	≤0.050
Q235-B		≤0.20	0.12~0.30	≤0.70	≤0.045	≤0.045
Q235-C		≤0.18	0.12~0.30	≤0.80	≤0.040	≤0.040
20R	GB6654—86	≤0.22	0.15~0.30	0.35~0.80	≤0.035	≤0.035
SS400	JIS G3101—87	—	—	—	≤0.050	≤0.050
SM400B	JIS G3106—88	≤0.20	≤0.35	0.60~1.40	≤0.035	≤0.035
RSt37-2	DIN17100—80	≤0.17	—	—	≤0.050	≤0.050

表 4·4-3 碳素結構鋼板的力學性能

鋼 號	鋼板狀態	板厚(mm)	σ_b (MPa)	σ_s (MPa)	δ_5 （%）	A_{KV}① (J)
Q235-A·F	熱軋	4.5～16	375～500②	≥235	≥25	—
Q235-A	熱軋	4.5～16	375～500②	≥235	≥25	—
		>16～40		≥225	≥24	
Q235-B	熱軋	4.5～16	375～500	≥235	≥25	縱向，20℃
		>16～40		≥225	≥24	≥27
Q235-C	熱軋	4.5～16	375～500	≥235	≥25	縱向，0℃
		>16～40		≥225	≥24	≥27
20R	熱軋 或 正火	6～16	400～530	≥245	≥26	橫向，20℃ ≥27
		17～25		≥235	≥25	
		26～36		≥225	≥24	
		38～60		≥215	≥23	
SS400	熱軋	≤16	400～510	≥245	≥17 (1A) ③	—
SM400B	熱軋	≤16	400～510	≥245	≥18 (1A) ③	縱向，0℃
		>16～40		≥235	≥22 (1A) ③	≥27
RSt37-2	熱軋	3～16	340～470	≥235	≥24	—
		>16～40		≥225		

① 表中數值係標準衝擊試樣的衝擊吸收功平均值指標。
② 冷彎試驗合格時，抗拉強度上限不作爲交貨條件。
③ 括號中的數字及符號系指拉伸試樣的型號，以下均同。

表 4·4-4 碳素結構鋼板的高溫屈服強度

鋼號	板厚 (mm)	在下列溫度（℃）下的屈服強度（最低值）(MPa)								
		20	100	150	200	250	300	350	400	450
20R	6～16	245	220	210	196	176	162	147	137	127
	17～25	235	210	200	186	167	153	139	129	121
	26～36	225	200	191	178	161	147	133	123	116
	38～60	215	190	181	168	152	138	126	117	111

表 4·4-5 碳素結構鋼板的使用範圍

鋼 號	容器設計壓力 (MPa)	鋼板使用溫度 (℃)	容器殼體用鋼板厚度 (mm)	容 器 中 的 介 質
Q235-A·F	≤0.6	0～250	≤12	不得用於易燃、毒性程度爲中度、高度或極度危害的介質
Q235-A	≤1.0	0～350	≤16	不得用於液化石油氣、毒性程度爲高度或極度危害的介質
Q235-B	≤1.6	0～350	≤20	不得用於毒性程度爲高度或極度危害的介質
Q235-C	≤2.5	0～400	≤32	不作限制
20R	不作限制	-20～475	不作限制	不作限制

表 4·4-6 推薦選用的焊接材料

鋼 號	手 弧 焊		埋 弧 焊	
	焊條型號	牌 號 示 例	焊 絲 鋼 號	焊 劑 牌 號
Q235-A·F	E4303	J422, MK·J422	H08	HJ431
Q235-A	E4303	J422, MK·J422	H08, H08Mn	HJ431
Q235-B	E4303	J422, MK·J422	H08, H08Mn	HJ431
Q235-C	E4303	J422, MK·J422	H08, H08Mn	HJ431
20R	E4316	J426, MK·J426	H08A, H08MnA	HJ431
	E4315	J427, MK·J427		

表 4·4·7　低合金高強度鋼的化學成分

鋼　號	鋼板標準	化學成分的質量分數（%）									
		C	Si	Mn	P	S	Ni	Mo	V	Nb	其　他
16MnR	GB6654—86	≤0.20	0.20~0.60	1.20~1.60	≤0.035	≤0.035	≤0.30				可添加微量合金元素
15MnVR	GB6654—86	≤0.18	0.20~0.60	1.20~1.60	≤0.035	≤0.035	≤0.30		0.04~0.12		
15MnVNR	GB6654—86	≤0.20	0.20~0.60	1.30~1.70	≤0.035	≤0.035	≤0.30		0.10~0.20		N0.010~0.020
18MnMoNbR	GB6654—86	≤0.23	0.17~0.37	1.35~1.65	≤0.035	≤0.035	≤0.30	0.45~0.65		0.025~0.050	
13MnNiMoNbR①		≤0.15	0.10~0.50	1.10~1.60	≤0.025	≤0.025	0.60~1.00	0.20~0.40		0.005~0.020	Cr 0.20~0.40
07MnCrMoVR①		≤0.09	0.15~0.35	1.20~1.60	≤0.030	≤0.020	≤0.30	0.10~0.30	0.02~0.06		Cr 0.10~0.30 B≤0.0030②
SPV355	JIS G3115—90	≤0.20	0.15~0.55	≤1.60	≤0.030	≤0.030					可添加一定的合金元素
SPV490	JIS G3115—90	≤0.18	0.15~0.75	≤1.60	≤0.030	≤0.030					可添加一定的合金元素
19Mn6	DIN17155—83	0.15~0.22	0.30~0.60	1.00~1.60	≤0.035	≤0.030	≤0.30	≤0.10	≤0.03	≤0.01	Al_t≥0.020
SA516Gr.70	ASME SA20—92	≤0.28	0.15~0.40	0.85~1.20	≤0.035	≤0.035	≤0.40	≤0.12	≤0.03	≤0.02	
SA537C 1.1	ASME SA20—92	≤0.24	0.15~0.50	0.70~1.60	≤0.035	≤0.035	≤0.25	≤0.08	≤0.03	≤0.02	

① 該鋼板尚未列入壓力容器專用鋼板標準，現數據係 GB150 標準的規定。

② 該鋼號 P_{cm}≤0.20%。

2·2　低合金高強度鋼板

壓力容器常用的低合金高強度鋼板的鋼號、鋼板

標準和鋼的化學成分見表 4·4-7,鋼板的力學性能見表 4·4-8。

在 GB150 標準中,彙集並分析了使用部門大量的

表 4·4-8　低合金高強度鋼板的力學性能

鋼　　　號	鋼板狀態	板厚(mm)	σ_b (MPa)	σ_s (MPa)	δ_5 (%)	A_{KV} (J)
16MnR	熱軋 或 正火	6～16	510～655	≥345	≥21	橫向, 20℃ ≥27
		17～25	490～635	≥325	≥20	
		26～36	490～635	≥305	≥19	
		38～60	470～620	≥285	≥19	
		>60～100	450～590	≥265	≥18	
15MnVR	熱軋 或 正火	6～16	530～675	≥390	≥18	橫向, 20℃ ≥27
		17～25	510～655	≥375	≥17	
		26～36	510～655	≥355	≥17	
		38～60	490～635	≥335	≥17	
15MnVNR	正火	17～25	570～715	≥420	≥18	橫向, 20℃ ≥34
		26～38	550～695	≥410	≥17	
		40～60	530～675	≥390	≥17	
18MnMoNbR	正火＋回火	16～38	635～785	≥510	≥17	橫向, 20℃ ≥34
		40～100	635～785	≥490	≥16	
13MnNiMoNbR	正火＋回火	50～100	570～740	≥390	≥18	橫向, 0℃ ≥31
		>100～125	570～740	≥380	≥18	
07MnCrMoVR	調質	16～50	610～740	≥490	≥17	橫向, －20℃　≥47
SPV355	熱軋 或 正火	6～16	520～640	≥355	≥14①	縱向, 0℃ ≥47
		>16～50		≥355	≥18①	
		>50～75		≥335	≥21②	
SPV490	調質	6～16	610～740	≥490	≥18③	縱向, －10℃ ≥47
		>16～50		≥490	≥25③	
		>50～75		≥470	≥19②	
19Mn6	正火	≤16	510～650	≥355	≥20	橫向, 0℃ ≥31
		>16～40		≥345		
		>40～60		≥335		
		>60～100	490～630	≥315		
		>100～150	480～630	≥295		
SA516Gr.70	熱軋或正火	≤50	485～620	≥260	≥21④	係附加要求項目
SA537Cl.1	正火	≤65	485～620	≥345	≥22④	係附加要求項目

①　採用 1A 號板狀試樣（JIS Z2201）;

②　採用 4 號棒狀試樣（JIS Z2201）;

③　採用 5 號板狀試樣（JIS Z2201）;

④　係 δ_4 值。

試驗研究及生產檢驗數據，最後選定使用的 18MnMoNbR鋼板厚度範圍爲30～100mm；用於設計的鋼板強度指標如下：厚度 30～60mm, σ_b590MPa；σ_s440MPa；厚度＞60～100mm, σ_b570MPa, σ_s410MPa。

GB150 標準對低合金高強度鋼板規定的高溫屈服強度參考值見表 4·4-9。

在使用參數（壓力、直徑）較高的壓力容器中廣泛使用低合金高強度鋼板，其中以 16MnR 鋼板的使用量爲最大；該鋼板適用於各種結構型式的壓力容器。07MnCrMoVR 鋼板具有較高的強度、優良的韌性和焊接性能，是高參數球形容器的理想用鋼。GB150 標準對各鋼號鋼板使用溫度的規定及主要用途見表4·4-10。

日本的 SPV355、SPV490鋼板，德國的19Mn6鋼板，美國的 SA516Gr.70、SA537C1.1鋼板，是我國引進的大型石油化工成套裝置中用得較多的低合金高強度鋼板。其中，SPV355、19Mn6和 SA537C1.1鋼的化學成分和我國的16MnR 相近；但在力學性能方面，16MnR(特別是厚度大於36mm 的)鋼板的強度指標低於上述各鋼板。與上述四個鋼號相比，SA516Gr.70鋼的碳含量偏高，錳含量偏低，這種化學成分對鋼板的韌性不利，同時鋼板的屈服點也偏低。此外，關於 SPV355和19Mn6鋼板(後者主要爲厚度大於50mm 的特厚鋼板)，GB150標準的附錄 A 中規定：SPV355鋼板可代用16MnR 鋼板，但使用溫度範圍爲－10～350℃；19Mn6鋼板可代用16MnR 鋼板，使用溫度範圍爲－10～475℃。

表 4·4-9　低合金高強度鋼板的高溫屈服強度

鋼　號	板厚(mm)	在下列溫度（℃）下的屈服強度（最低值）（MPa）								
		20	100	150	200	250	300	350	400	450
16MnR	6～16	345	315	295	275	250	230	215	200	191
	17～25	325	295	275	255	235	215	200	191	181
	26～36	305	280	260	240	220	200	191	181	172
	38～60	285	260	245	225	210	191	181	172	167
	＞60～100	265	240	225	210	200	181	172	162	157
15MnVR	6～16	390	355	335	315	295	275	255	235	220
	17～25	375	340	320	300	280	260	240	220	210
	26～36	355	325	305	285	265	245	225	205	196
	38～60	335	305	285	270	250	230	215	196	186
15MnVNR	17～25	420	385	360	340	315	290	270	250	235
	26～38	410	375	350	330	305	280	260	240	230
	40～60	390	355	335	315	290	265	250	230	220
18MnMoNbR	30～60	440	410	390	380	370	360	350	335	315
	＞60～100	410	385	370	360	350	340	330	315	295
13MnNiMoNbR	50～100	390	370	360	355	350	345	335	305	—
	＞100～125	380	360	350	345	340	335	325	300	—

表 4·4-10　低合金高強度鋼板的使用情況

鋼　號	鋼板使用溫度（℃）	主　要　用　途
16MnR	－20～475	單層捲焊容器，多層包紮容器，多層熱套容器，球形容器
15MnVR	＞－20～400	多層包紮容器
15MnVNR	＞－20～400	球形容器
18MnMoNbR	－10～475	單層捲焊容器，多層熱套容器
13MnNiMoNbR	－10～400	單層捲焊容器
07MnCrMoVR	－20～375	球形容器

表 4·4-11　推薦選用的焊接材料

鋼　號	手　弧　焊		埋　弧　焊		電　渣　焊	
	焊條型號	牌 號 示 例	焊絲鋼號	焊劑牌號	焊絲鋼號	焊劑牌號
16MnR	E5016	J506，MK·J506	H10Mn2 H10MnSi	HJ431 HJ350	H08MnMoA H08Mn2SiA	HJ431
	E5015	J507，MK·J507				
15MnVR	E5016	J506，MK·J506	H10Mn2 H10MnSi H08MnMoA	HJ431 HJ350	H08Mn2MoA H08Mn2MoVA	HJ431
	E5015	J507，MK·J507				
	E5515-G	J557，MK·J557				
15MnVNR	E5515-G	J557，MK·J557	H08MnMoA	HJ350	H08Mn2MoA H08Mn2MoVA	HJ431
	E6016-D1	J606，MK·J606				
	E6015-D1	J607，MK·J607				
18MnMoNbR	E6015-D1	J607，MK·J607	H08Mn2MoA H08Mn2NiMoA	HJ250G HJ330 HJ350	H10Mn2MoA H10Mn2MoVA	HJ431
	E7015-D2	J707，MK·J707				
13MnNiMoNbR	E6015-D1	J607，MK·J607	H08Mn2MoA H08Mn2NiMoA	HJ350	H08Mn2NiMoA H10Mn2MoVA	HJ431
07MnCrMoVR	E6015-G	J607RH，MK·J607RH	—	—	—	—

對低合金高強度鋼板各鋼號推薦選用的焊接材料見表4·4-11。

2·3　低溫鋼板

壓力容器常用的低溫鋼板的鋼號、鋼板標準和鋼的化學成分見表 4·4-12。鋼板的力學性能見表 4·4-13。

16MnDR 是 -40℃ 級低溫壓力容器大量使用的鋼號。07MnNiCrMoVDR 低溫高強鋼用於製造大型低溫球形容器。這兩個鋼號也已用於其他低溫工程結構件。

屈服點 490MPa 級的低溫高強鋼，如新日本製鐵公司的 N-TUF50、川崎製鐵公司的 RIVER-ACE60L，是我國引進的大型低溫球形容器主要使用的鋼號。

使用溫度低於 -45℃ 的鋼號一般爲含鎳鋼。早期有美國的 -70℃ 級 2.3Ni 鋼，其代表鋼號爲 SA203Gr.A 和 SA203Gr.B。隨著冶金技術的發展，採用提高冶金質量、微合金化等技術措施，降低了鎳含量。德國和法國相繼研成功了 -80℃ 級的 1.5Ni 鋼和 -60℃ 級的 0.5Ni 鋼。目前 0.5Ni 和 1.5Ni 低溫鋼板的代表鋼號爲國際標準 ISO9328：3-91 中的 11MnNi53、13MnNi63 和 15NiMn6。我國已採用德國生產的 13MnNi63 鋼板試製了 -60℃ 級的大型低溫壓力容器，0.5Ni（09MnNiDR）和 1.5Ni 低溫

鋼板也已試製成功，並且將 09MnNiDR 鋼板確定爲 -70℃ 級低溫鋼。

-100℃ 級低溫鋼板基本上爲 3.5Ni 鋼，世界主要工業發達國家均有相應的鋼號，鋼中鎳含量的規定完全相同，但對鋼板衝擊吸收功的規定不一致。我國已試製成功了 3.5Ni 低溫鋼板，其 -100℃ 橫向試樣的衝擊吸收功雖能滿足不小於 27J 的試製要求，但富裕量不大，較日本、德國生產的 3.5Ni 鋼板衝擊吸收功的實際水平（基本上大於 100J、少數的甚至大於 200J）有較大差距。SA203Gr.D、SA203Gr.E 和 10Ni14 係我國引進的大型化肥和乙烯等成套裝置中用於製造 -50～-100℃ 低溫壓力容器的主要鋼號。

世界各國 5Ni 低溫鋼板的化學成分、熱處理制度和力學性能尚不一致，最低使用溫度在 -120～ -170℃ 之間。世界各國 9Ni 低溫鋼板的化學成分很接近，且均爲 -196℃ 級用鋼，但力學性能指標有一定的差別，其中尤以衝擊吸收功指標的差別爲最大。X8Ni9 鋼板係我國引進的大型化肥成套裝置中用於製造 -196℃ 低溫壓力容器的鋼號。

奧氏體不鏽鋼也可用作低溫鋼。我國已採用 0Cr18Ni9（SUS304）鋼板製造了 -253℃ 的液氫低溫壓力容器。

對低溫鋼板各鋼號推薦選用的焊接材料見表4·4-14。

表 4·4-12　低溫鋼的化學成分

化學成分的質量分數（%）

鋼號	鋼板標準	C	Si	Mn	P	S	Ni	V	Nb	其他
16MnDR	GB3531—38	≤0.20	0.20~0.60	1.20~1.60	≤0.030	≤0.030				可添加微量合金元素
09Mn2VDR	GB3531—38	≤0.12	0.20~0.50	1.40~1.80	≤0.030	≤0.030		0.04~0.10		
07MnNiCrMoVDR①		≤0.09	0.15~0.35	1.20~1.60	≤0.030	≤0.020	0.20~0.50	0.02~0.60		Cr 0.10~0.30, B≤0.0030 Mo 0.10~0.30②
15MnNiDR①		≤0.18	0.20~0.60	1.20~1.60	≤0.025	≤0.020	0.20~0.60	≤0.08		
09MnNiDR①		≤0.12	0.15~0.50	1.20~1.60	≤0.025	≤0.015	0.30~0.80		≤0.04	
1.5NiDR①		≤0.10	0.15~0.35	1.10~1.50	≤0.025	≤0.020	1.30~1.70		0.025~0.050	
SA662Gr.C	ASME SA20—92	≤0.20	0.15~0.50	1.00~1.60	≤0.035	≤0.040				
SLA325A	JIS G3126—90	≤0.16	0.15~0.55	0.80~1.60	≤0.030	≤0.025				可添加合金元素
TStE355	DIN17102—83	≤0.18	0.10~0.50	0.90~1.65	≤0.030	≤0.025	≤0.30③	≤0.10	≤0.05	Al_t≥0.020④
11MnNi53	ISO9328:3—91	≤0.14	≤0.50	0.70~1.50	≤0.030	≤0.025	0.30~0.80	≤0.05	≤0.05	Al_t≥0.020④
13MnNi63	ISO9328:3—91	≤0.16	≤0.50	0.85~1.65	≤0.030	≤0.025	0.30~0.85	≤0.05	≤0.05	Al_t≥0.020④
15NiMn6	ISO9328:3—91	≤0.18	≤0.35	0.80~1.50	≤0.025	≤0.020	1.30~1.70	≤0.05		
SA203Gr.D	ASME SA20—92	≤0.17	0.15~0.40	≤0.70	≤0.035	≤0.035	3.25~3.75			
SA203Gr.E	ASME SA20—92	≤0.20	0.15~0.40	≤0.70	≤0.035	≤0.035	3.25~3.75			
SL3N255	JIS G3127—90	≤0.15	≤0.30	≤0.70	≤0.025	≤0.025	3.25~3.75			可添加一定的合金元素
SL3N275	JIS G3127—90	≤0.17	≤0.30	≤0.70	≤0.025	≤0.025	3.25~3.75			可添加一定的合金元素
10Ni14	DIN17280—85	≤0.15	≤0.35	0.30~0.80	≤0.025	≤0.020	3.25~3.75	≤0.05		
12N14-285	NF A36—208 (82)	≤0.15	≤0.35	0.30~0.80	≤0.025	≤0.020	3.25~3.75	≤0.04		Al_s≥0.015④

（續）

鋼　號	鋼 板 標 準	C	Si	Mn	P	S	Ni	V	Nb	其　　他
							化學成分的質量分數（%）			
12N14-355	NF A36—208 (82)	≤0.15	≤0.35	0.30~0.80	≤0.025	≤0.020	3.25~3.75	≤0.04		Al_s≥0.015④
503	BS 1501:2—88	≤0.15	0.15~0.35	≤0.80	≤0.025	≤0.015	3.25~3.75			Al_s0.015~0.055④
12Ni19	DIN17280—85	≤0.15	≤0.35	0.30~0.80	≤0.025	≤0.020	4.50~5.30	≤0.05		
Z10N05	NF A36—208 (82)	≤0.12	≤0.35	0.30~0.80	≤0.025	≤0.020	4.75~5.25	≤0.04		Al_s≥0.015④
SL5N590	JIS G3127—90	≤0.13	≤0.30	≤1.50	≤0.025	≤0.025	4.75~6.00			可添加一定的合金元素
X7NiMo6	DIN17280—85	≤0.10	≤0.35	0.60~1.40	≤0.025	≤0.020	5.00~6.00	≤0.05		Mo 0.20~0.35
SA645	ASME SA20—92	≤0.13	0.20~0.40	0.30~0.60	≤0.025	≤0.025	4.75~5.25			Mo0.20~0.35，N≤0.020 Al_t0.02~0.12④
SA353	ASME SA20—92	≤0.13	0.15~0.40	≤0.90	≤0.035	≤0.035	8.50~9.50			
SA 553-I	ASME SA20—92	≤0.13	0.15~0.40	≤0.90	≤0.035	≤0.035	8.50~9.50			
SL9N520	JIS G3127—90	≤0.12	≤0.30	≤0.90	≤0.025	≤0.025	8.50~9.50			可添加一定的合金元素
SL9N590	JIS G3127—90	≤0.12	≤0.30	≤0.90	≤0.025	≤0.025	8.50~9.50			可添加一定的合金元素
X8Ni9	DIN17280—85	≤0.10	≤0.35	0.30~0.80	≤0.025	≤0.020	8.00~10.00	≤0.05		Mo≤0.10
Z8N09-490	NF A36—208 (82)	≤0.10	≤0.35	0.30~0.80	≤0.025	≤0.020	8.5~10.0	≤0.04		Al_s≥0.015④
Z8N09-585	NF A36—208 (82)	≤0.10	≤0.35	0.30~0.80	≤0.025	≤0.020	8.5~10.0	≤0.04		Al_s≥0.015④
510	BS 1501:2—88	≤0.10	0.15~0.35	0.30~0.80	≤0.025	≤0.015	8.75~9.50			Al_s0.015~0.055④
510N	BS 1501:2—88	≤0.10	0.15~0.35	0.30~0.80	≤0.025	≤0.015	8.75~9.50			Al_s0.015~0.055④

① 該鋼板尚未列入低溫壓力容器用鋼板標準，現數據係 GB150 標準的規定。

② 該鋼號 P_{cm}≤0.21%。

③ 當指明為含鎳鋼時，鎳含量上限允許到 0.85%。

④ Al_s—酸溶鋁；Al_t—全鋁。

表 4·4-13　低溫鋼板的力學性能

鋼　　　號	鋼板狀態	板厚 (mm)	σ_b (MPa)	σ_s (MPa)	δ_5 (%)	A_{KV} (J)
16MnDR	正火	6～20	490～620	≥315	≥21	橫向，－40℃ ≥21
		21～32	470～600	≥295	≥19	
		34～38				橫向，－30℃ ≥21
		40～50	450～580	≥275	≥19	
09Mn2VDR	正火	6～20	460～590	≥325	≥21	橫向，－70℃ ≥21
07MnNiCrMoVDR	調質	16～50	610～740	≥490	≥17	橫向，－40℃ ≥47
15MnNiDR	正火	6～16	500～640	≥350	≥22	橫向，－45℃ ≥27
		17～38	490～630	≥340		
09MnNiDR	正火，正火＋回火	12～30	440～550	≥290	≥24	橫向，－70℃ ≥27
		>30～50	430～540	≥280		
		>50～60	420～530	≥260		
1.5NiDR	正火，正火＋回火	6～30	460～590	≥315	≥23	橫向，－80℃ ≥27
		>30～50	450～580	≥305		
SA662Gr.C	正火	≤50	485～620	≥295	≥22①	橫向，－40℃ ≥27
SLA325A	正火	6～16	440～560	≥325	≥22（5）③	縱向，－25～－40℃ $\geq\frac{1}{2}A_{KVmax}$②
		>16～32			≥30（5）③	
TStE355	正火	≤35	490～630	≥355	≥22	橫向，－40℃ ≥20
		>35～50		≥345		
		>50～70		≥335		
		>70～85	480～620	≥325		
		>85～100	470～610	≥315		
11MnNi53	正火，正火＋回火	3～30	420～530	≥285	≥24	橫向，－60℃ ≥27
		>30～50		≥275		
13MnNi63	正火，正火＋回火	3～30	490～610	≥355	≥22	橫向，－60℃ ≥27
		>30～50		≥345		
15NiMn6	正火，正火＋回火，調質	3～30	490～640	≥355	≥22	橫向，－80℃ ≥27
		>30～50		≥345		
SA203Gr.D	正火	≤50	450～585	≥255	≥23①	縱向，－101℃ ≥18
SA203Gr.E	正火	≤50	485～620	≥275	≥21①	縱向，－101℃ ≥20
SL3N255	正火，正火＋回火	6～16	450～590	≥255	≥24（5）③	縱向，－101℃ ≥21
		>16～50			≥29（5）③	

（續）

鋼　號	鋼板狀態	板厚（mm）	σ_b（MPa）	σ_s（MPa）	δ_5（%）	A_{KV}（J）
SL3N275	正火，正火＋回火	6～16	480～620	≥275	≥22（5）③	縱向，－101℃
		＞16～50			≥26（5）③	≥21
10Ni14	正火，正火＋回火，調質	≤30	470～640	≥355	≥20	橫向，－100℃ ≥27
		＞30～50		≥345		橫向，－90℃ ≥27
		＞50～70		≥335		橫向，－85℃ ≥27
12N14-285	正火，正火＋回火，調質	≤30	460～570	≥285	≥23	橫向，－100℃ ≥28
		＞30～50		≥275		
12N14-355	正火，正火＋回火，調質	≤30	490～610	≥355	≥22	橫向，－100℃ ≥28
		＞30～50		≥345		
503	正火＋回火	≤30	≥450	≥275	≥23	橫向，－100℃ ≥27
		＞30～50		≥265	≥22	
12Ni19	正火，正火＋回火，調質	≤30	510～710	≥390	≥19	橫向，－120℃ ≥27
		＞30～50		≥380		橫向，－110℃ ≥27
Z10N05	正火，正火＋回火，調質	≤30	590～720	≥390	≥23	橫向，－120℃ ≥28
		＞30～50		≥380		
SL5N590	調質	6～16	690～830	≥590	≥21（5）③	縱向，－130℃
		＞16～50			≥25（5）③	≥41
X7NiMo6	兩次淬火＋回火	≤30	640～840	≥490	≥18	橫向，－160℃ ≥27
		＞30～50		≥480		橫向，－140℃ ≥27
SA645	淬火＋回火＋逆轉退火	—	655～795	≥450	≥20①	橫向，－170℃ 側膨脹值≥0.38mm
SA353	兩次正火＋回火	≤50	690～825	≥515	≥20①	橫向，－196℃ 側膨脹值≥0.38mm
SA553-Ⅰ	調質	≤50	690～825	≥585	≥20①	橫向，－196℃ 側膨脹值≥0.38mm
SL9N520	兩次正火＋回火	6～16	690～830	≥520	≥21（5）③	縱向，－196℃
		＞16～50			≥25（5）③	≥34
SL9N590	調質	6～16	690～830	≥590	≥21（5）③	縱向，－196℃
		＞16～50			≥25（5）③	≥41

（續）

鋼　號	鋼板狀態	板厚（mm）	σ_b（MPa）	σ_s（MPa）	δ_5（%）	A_{KV}（J）
X8Ni9	兩次正火 ＋回火 或調質	≤30 ＞30～50 ＞50～70	640～840	≥490 ≥480 ≥470	≥18	橫向，－196℃ ≥27
Z8N09-490	兩次正火＋回 火或調質	≤30 ＞30～50	670～800	≥490 ≥480	≥18	橫向，－196℃ ≥28
Z8N09-585	調質	≤30 ＞30～50	690～820	≥585 ≥575	≥18	橫向，－196℃ ≥28
510	調質	≤50	≥690	≥590	≥18	橫向，－196℃ ≥54
510N	兩次正火 ＋回火	≤50	≥690	≥525	≥18	橫向，－196℃ ≥54

① 係 δ_4 值。

② 該鋼板最低使用溫度爲－45℃。厚度範圍爲 6～＜8.5、8.5～12、＞12～20 和＞20～32mm 的鋼板，衝擊試驗溫度相應爲－40、－30、－25 和－35℃。$A_{KV\max}$爲衝擊功-溫度曲線的上平臺衝擊功。

③ 日本 JIS 標準試樣號。

表 4·4-14　推薦選用的焊接材料

鋼　號	手　弧　焊		埋　弧　焊	
	焊條型號	牌號示例	焊絲鋼號	焊劑牌號
16MnDR	E5016-G E5015-G	J506RH J507RH，MK·W507R	H10Mn2A （含 w_{Mn}1.90%～2.20%）	YD504A
09Mn2VDR	E5015-G	MK·W607A		
07MnNiCrMoVDR	E6015-G	J607RH，MK·J607RH		
15MnNiDR	E5015-G	MK·W507R		
09MnNiDR	E5015-G	MK·W607A， MK·W707A	H10Mn2A， 含鎳藥芯焊絲	SJ102， YD507A
1.5NiDR	E5015-G	MK·W807A	含鎳藥芯焊絲	YD508A

2·4　中溫抗氫鋼板

在工作溫度高於 400℃ 時，碳素結構鋼板和低合金高強度鋼板因其高溫持久強度和蠕變極限數值較低，因而其許用應力也較低。鋼中加入鉬、鉻等合金元素，能顯著提高鋼材的高溫持久強度和蠕變極限，從而提高鋼材的許用應力。因此，設計溫度＞400℃（特別是＞475℃）至 600℃ 的壓力容器時，通常選用鉬鋼或鉻鉬鋼。在煉油及化工裝置的介質中往往含有氫，在一定的溫度和壓力下會對鋼材產生氫腐蝕作用，而鉬、鉻等合金元素又能提高鋼材的抗氫腐蝕能力。當壓力容器介質的氫分壓較高而溫度又高於 200℃ 時，就應考慮鋼材的氫腐蝕問題。工程設計中，一般根據壓力容器介質的溫度和氫分壓，按照納爾遜曲線來選擇鋼材。

引進的大型化肥、乙烯、煉油裝置中，有大量的臨氫壓力容器，這些壓力容器因生產國及介質參數的不同，而選用了不同國家、不同牌號的中溫抗氫鋼板。壓力容器常用的中溫抗氫鋼板的鋼號、鋼板標準和鋼的化學成分見表 4·4-15，鋼板的力學性能見表 4·4-16。

中溫抗氫鋼中成分最簡單的是鉬鋼。目前世界各國的鉬鋼主要有 0.3Mo 鋼和 0.5Mo 鋼兩種。0.3Mo

表4·4·15　中溫抗氫鋼的化學成分

鋼號	鋼板標準	化學成分的質量分數（%）							
		C	Si	Mn	P	S	Cr	Mo	其他
15CrMoR①		0.12~0.18	0.15~0.40	0.40~0.65	≤0.030	≤0.030	0.80~1.15	0.45~0.60	
14Cr1MoR①		≤0.17	0.50~0.80	0.40~0.65	≤0.030	≤0.030	1.00~1.50	0.45~0.65	
12Cr2Mo1R①		≤0.15	≤0.50	0.30~0.60	≤0.025	≤0.025	2.00~2.50	0.90~1.10	
15Mo3	DIN17155—83	0.12~0.20	0.10~0.35	0.40~0.90	≤0.035	≤0.030		0.25~0.35	
15D3	NF A36—206 (83)	≤0.18②	0.15~0.30	0.50~0.80	≤0.035	≤0.030		0.25~0.35	
243	BS1501:2—88	0.12~0.20	0.15~0.35	0.40~0.90	≤0.025	≤0.015		0.25~0.35	Al_s≤0.012
SA204Gr.B	ASME SA20—92	≤0.20③	0.15~0.40	≤0.90	≤0.035	≤0.035		0.45~0.60	
SB480M	JIS G3103—87	≤0.20③	0.15~0.30	≤0.90	≤0.035	≤0.040		0.45~0.60	
SA387Gr.2	ASME SA20—92	0.05~0.21	0.15~0.40	0.55~0.80	≤0.035	≤0.035	0.50~0.80	0.45~0.60	
SCMV1	JIS G4109—87	≤0.21	≤0.40	0.55~0.80	≤0.030	≤0.030	0.50~0.80	0.45~0.60	
15CD2.05	NF A36—206 (83)	≤0.18	0.15~0.30	0.55~0.90	≤0.030	≤0.030	0.40~0.60	0.40~0.60	
SA387Gr.12	ASME SA20—92	0.05~0.17	0.15~0.40	0.40~0.65	≤0.035	≤0.035	0.80~1.15	0.45~0.60	
SCMV2	JIS G4109—87	≤0.17	≤0.40	0.40~0.65	≤0.030	≤0.030	0.80~1.15	0.45~0.60	
13Mo44	DIN17155—83	0.08~0.18	0.10~0.35	0.40~1.00	≤0.035	≤0.030	0.70~1.10	0.40~0.60	
15CD4.05	NF A36—206 (83)	≤0.18	0.15~0.30	0.40~0.80	≤0.030	≤0.030	0.80~1.20	0.40~0.60	
620	BS1501:2—88	0.09~0.18	0.15~0.40	0.40~0.65	≤0.025	≤0.015	0.80~1.15	0.45~0.60	Al_s≤0.020
SA387Gr.11	ASME SA20—92	0.05~0.17	0.50~0.80	0.40~0.65	≤0.035	≤0.035	1.00~1.50	0.45~0.65	
SCMV2	JIS G4109—87	≤0.17	0.50~0.80	0.40~0.65	≤0.030	≤0.030	1.00~1.50	0.45~0.65	
621	BS1501:2—88	0.09~0.17	0.15~0.80	0.40~0.65	≤0.025	≤0.015	1.00~1.50	0.45~0.60	Al_s≤0.020

（續）

鋼　號	鋼板標準	化學成分的質量分數（%）							
		C	Si	Mn	P	S	Cr	Mo	其他
SA387Gr.22	ASME SA20—92	0.05~0.15	≤0.50	0.30~0.60	≤0.035	≤0.035	2.00~2.50	0.90~1.10	
SCMV4	JIS G4109—87	≤0.17	≤0.50	0.30~0.60	≤0.030	≤0.030	2.00~2.50	0.90~1.10	
10CrMo910	DIN17155—83	0.06~0.15	≤0.50	0.40~0.70	≤0.035	≤0.030	2.00~2.50	0.90~1.10	
10CD9.10	NF A36—206 (83)	≤0.15	≤0.35	0.30~0.60	≤0.030	≤0.030	2.00~2.50	0.90~1.10	
622/515	BS1501:2—88	0.09~0.15	≤0.50	0.30~0.60	≤0.025	≤0.015	2.00~2.50	0.90~1.10	Al_s≤0.020
622/690	BS1501:2—88	0.12~0.18	≤0.50	0.40~0.80	≤0.025	≤0.015	2.00~2.50	0.90~1.10	Al_s≤0.020
SA387Gr.21	ASME SA20—92	0.05~0.15	≤0.50	0.30~0.60	≤0.035	≤0.035	2.75~3.25	0.90~1.10	
SCMV5	JIS G4109—87	≤0.17	≤0.50	0.30~0.60	≤0.030	≤0.030	2.75~3.25	0.90~1.10	
10CD12.10	NF A36—206 (83)	≤0.15	≤0.35	0.30~0.60	≤0.030	≤0.030	2.75~3.25	0.90~1.10	
SA832	ASME SA20—92	0.10~0.15	≤0.10	0.30~0.60	≤0.025	≤0.025	2.75~3.25	0.90~1.10	V0.20~0.30 Ti0.015~0.035 B0.001~0.003
SA387Gr.5	ASME SA20—92	≤0.15	≤0.50	0.30~0.60	≤0.035	≤0.030	4.00~6.00	0.45~0.65	
SA387Gr.7	ASME SA20—92	≤0.15	≤1.00	0.30~0.60	≤0.030	≤0.030	6.00~8.00	0.45~0.65	
SA387Gr.9	ASME SA20—92	≤0.15	≤1.00	0.30~0.60	≤0.030	≤0.030	8.00~10.00	0.90~1.10	
SA387Gr.91	ASME SA20—92	0.08~0.12	0.20~0.50	0.30~0.60	≤0.020	≤0.010	8.00~9.50	0.85~1.05	V0.18~0.25 Al≤0.04 Nb0.06~0.10 N0.030~0.070

① 該鋼板尚未列入壓力容器專用鋼板標準，現給出的數據係 GB150 標準的規定。

② 板厚 s>60mm 時，C 的質量分數≤0.20%。

③ 板厚 s>25~50mm，C 的質量分數≤0.23%；s>50~100mm，C 的質量分數≤0.25%；s>100~150mm，C 的質量分數≤0.27%。

表 4·4-16 中溫抗氫鋼板的力學性能

鋼 號	鋼板狀態	板厚 (mm)	σ_b (MPa)	σ_s① (MPa)	δ_5 (%)	A_{KV} (J)
15CrMoR	退火或回火	6~30	430~580	≥245	≥18	橫向，20℃ ≥27
15CrMoR	正火+回火	6~60	450~590	≥295	≥19	橫向，20℃ ≥31
		>60~100		≥275	≥18	
14Cr1MoR	正火+回火	6~100	515~690	≥310	≥18	橫向，20℃ ≥31
12Cr2Mo1R	正火+回火	6~60	515~690	≥310	≥18	橫向，20℃ ≥31
		>60~150			≥17	
15Mo3	正火	≤16	440~590	≥275①	≥20	橫向，20℃ ≥31
		>16~40		≥270		
		>40~60		≥260		
		>60~100	430~580	≥240	≥19	橫向，20℃ ≥27
		>100~150	420~570	≥220		
15D3	正火+回火	≤30	430~550	≥265	≥25	橫向，0℃ ≥24
		>30~60		≥265	≥23	
		>60~80		≥255	≥22	
		>80~120		≥245	≥22	
243	正火	≤16	440~590	≥275	≥20	橫向，20℃ ≥31
		>16~40		≥270		
		>40~60		≥260		
		>60~100	430~580	≥240	≥19	橫向，20℃ ≥27
SA204Gr.B	正火	≤150	485~620	≥275	≥21②	
SM480M	正火	≤150	480~620	≥275	≥21②	
SA387Gr.2 C1.2	正火+回火	—	485~620	≥310	≥22②	
SCMV1-2	正火+回火	6~200	480~620	≥315	≥22③	
15CD2.05	正火+回火	≤30	450~570	≥275	≥25	橫向，0℃ ≥28
		>30~60		≥275	≥23	
		>60~80		≥265	≥22	
		>80~100		≥255	≥22	
SA387Gr.12 C1.1	退火	—	380~550	≥230	≥22②	
SA387Gr.12 C1.2	正火+回火	—	450~585	≥275	≥22②	

（續）

鋼　號	鋼板狀態	板厚（mm）	σ_b（MPa）	σ_s（MPa）	δ_5（％）	A_{KV}（J）
SCMV2-1	退火或正火＋回火	6～200	380～550	≥225	≥22（10）③	
SCMV2-2	正火＋回火	6～200	450～590	≥275	≥22（10）③	
13CrMo44	正火＋回火	≤16	440～590	≥300	≥20	橫向，20℃ ≥31
		>16～40		≥295		
		>40～60		≥295		
		>60～100	430～580	≥275	≥19	橫向，20℃ ≥27
		>100～150	420～570	≥255		
15CD4.05	正火＋回火	≤30	470～610	≥295	≥23	橫向，0℃ ≥28
		>30～60		≥295	≥22	
		>60～80		≥285	≥21	
		>80～100		≥275	≥21	
620	正火＋回火	≤75	480～600	≥340	≥18	橫向，20℃ ≥27
		>75～100	450～570	≥280	≥16	
SA387Gr.11 C1.2	正火＋回火	—	515～690	≥310	≥22②	
SCMV3-2	正火＋回火	6～200	520～690	≥315	≥22（10）③	
621	正火＋回火	≤75	515～690	≥340	≥18	橫向，20℃ ≥27
		>75～100	500～670	≥320	≥16	
SA387Gr.22 C1.2	正火＋回火	—	515～690	≥310	≥18②	
SCMV4-2	正火＋回火	6～300	520～690	≥315	≥18（10）③	
10CrMo910	正火＋回火	≤16	480～630	≥310	≥18	橫向，20℃ ≥31
		>16～40		≥300		
		>40～60		≥290		
		>60～100	460～630	≥270	≥17	橫向，20℃ ≥27
		>100～150		≥250		
10CD9.10	正火＋回火	≤30	520～670	≥310	≥21	橫向，0℃ ≥28
		>30～60			≥20	
		>60～80			≥18	
		>80～100			≥18	
622/515	正火＋回火	≤100	515～690	≥310	≥16	橫向，20℃ ≥27
622/690	正火＋回火	≤50	690～820	≥555	≥15	橫向，20℃ ≥27

（續）

鋼　　號	鋼板狀態	板厚（mm）	σ_b（MPa）	σ_s（MPa）	δ_5（%）	A_{KV}（J）
SA387Gr.21 C1.2	正火 +回火	—	515～690	≥310	≥18②	
SCMV5-2	正火 + 回火	6～300	520～690	≥315	≥18（10）③	
10CD12.10	正火 +回火	≤30	520～670	≥310	≥21	横向，0℃ ≥28
		>30～60			≥20	
		>60～80			≥18	
		>80～100			≥18	
SA832	正火 + 回火	≤300	585～760	≥415	≥18②	
SA387Gr.5 C1.2	正火 +回火	—	515～690	≥310	≥18②	
SA387Gr.7 C1.2	正火 +回火	—	515～690	≥310	≥18②	
SA387Gr.9 C1.2	正火 +回火	—	515～690	≥310	≥18②	
SA387Gr.91 C1.2	正火 +回火	—	585～760	≥415	≥18②	

① 板厚 s≤10mm 時，σ_s≥285MPa。
② 係 δ_4 值。
③ 日本 JIS 標準試樣號。

表 4·4-17　中溫抗氫鋼板的高溫屈服強度

鋼　　號	板厚（mm）	在下列溫度（℃）下的屈服強度（最小值）（MPa）									
		20	100	150	200	250	300	350	400	450	500
15CrMoR	6～30	245	220	205	196	186	172	162	152	147	142
15CrMoR	6～60	295	270	255	240	225	210	200	189	179	174
	>60～100	275	250	235	220	210	196	186	176	167	162
14Cr1MoR	6～100	310	280	270	255	245	230	220	210	195	176
12Cr2Mo1R	6～150	310	280	270	260	255	250	245	240	230	215

表 4·4-18　推薦選用的焊接材料

鋼　　號	手　弧　焊		埋　弧　焊	
	焊條型號	牌號示例	焊絲鋼號	焊劑牌號
15CrMoR	E5515-B2	R307，MK·R307	H13CrMoA	HJ250G
14Cr1MoR	E5518-B2L	MK·R356Fe		
12Cr2Mo1R	E6015-B3	R407，MK·R407		

鋼板的代表鋼號爲德國的 15Mo3 和法國的 15D3。0.5Mo 鋼板的代表鋼號爲美國的 SA204Gr.B 和日本的 SB480M。英國的鉬鋼，在原先的壓力容器用鋼板標準 BS1501 中列入的是 240（0.5Mo）鋼板，但在 1988 年修訂後的 BS1501 標準中，則取消了 240 鋼板，而列入了 243（0.3Mo）鋼板。

表 4·4·19　不鏽鋼的化學成分

化學成分的質量分數 w（%）

鋼號	鋼板標準	C	Si	Mn	P	S	Cr	Ni	Mo	其他
0Cr13		≤0.08	≤1.00	≤1.00	≤0.035	≤0.030	11.50~13.50	≤0.60		
0Cr18Ni9		≤0.07	≤1.00	≤2.00	≤0.035	≤0.030	17.00~19.00	8.00~11.00		
1Cr18Ni9Ti		≤0.12	≤1.00	≤2.00	≤0.035	≤0.030	17.00~19.00	8.00~11.00		$w_{Ti}=5\,(w_C-0.02\%)$ ~0.80%
0Cr18Ni10Ti		≤0.08	≤1.00	≤2.00	≤0.035	≤0.030	17.00~19.00	9.00~12.00		$w_{Ti}=5\times w_C$
0Cr17Ni12Mo2	GB3280—92	≤0.08	≤1.00	≤2.00	≤0.035	≤0.030	16.00~18.00	10.00~14.00	2.00~3.00	
0Cr18Ni12Mo2Ti	GB4237—92	≤0.08	≤1.00	≤2.00	≤0.035	≤0.030	16.00~19.00	11.00~14.00	1.80~2.50	$w_{Ti}=5\times w_C$~0.70%
0Cr19Ni13Mo3		≤0.08	≤1.00	≤2.00	≤0.035	≤0.030	18.00~20.00	11.00~15.00	3.00~4.00	
00Cr19Ni10		≤0.030	≤1.00	≤2.00	≤0.035	≤0.030	18.00~20.00	8.00~12.00		
00Cr17Ni14Mo2		≤0.030	≤1.00	≤2.00	≤0.035	≤0.030	16.00~18.00	12.00~15.00	2.00~3.00	
00Cr19Ni13Mo3		≤0.030	≤1.00	≤2.00	≤0.035	≤0.030	18.00~20.00	11.00~15.00	3.00~4.00	
00Cr18Ni5Mo3Si2		≤0.03	1.30~2.00	1.00~2.00	≤0.030	≤0.030	18.00~19.50	4.50~5.50	2.50~3.00	$w_N\leq 0.10\%$
SUS410S		≤0.08	≤1.00	≤1.00	≤0.040	≤0.030	11.50~13.50	≤0.60		
SUS304		≤0.08	≤1.00	≤2.00	≤0.045	≤0.030	18.00~20.00	8.00~10.50		
SUS321	JIS G4304—91	≤0.08	≤1.00	≤2.00	≤0.045	≤0.030	17.00~19.00	9.00~13.00		$w_{Ti}\geq 5\times w_C$
SUS316	JIS G4305—91	≤0.08	≤1.00	≤2.00	≤0.045	≤0.030	16.00~18.00	10.00~14.00	2.00~3.00	
SUS316Ti		≤0.08	≤1.00	≤2.00	≤0.045	≤0.030	16.00~18.00	10.00~14.00	2.00~3.00	$w_{Ti}\geq 5\times w_C$
SUS304L		≤0.030	≤1.00	≤2.00	≤0.045	≤0.030	18.00~20.00	9.00~13.00		
SUS316L		≤0.030	≤1.00	≤2.00	≤0.045	≤0.030	16.00~18.00	12.00~15.00	2.00~3.00	
SUS329J3L		≤0.030	≤1.00	≤2.00	≤0.040	≤0.030	21.00~24.00	4.50~6.50	2.50~3.50	$w_N\,(0.08~0.20)\%$
S31803	ASME SA240—92	≤0.030	≤1.00	≤2.00	≤0.030	≤0.020	21.00~23.00	4.50~6.50	2.50~3.50	$w_N\,(0.08~0.20)\%$
318S13	BS1501:3—90	≤0.030	≤1.00	≤2.00	≤0.030	≤0.025	21.00~23.00	4.50~6.50	2.50~3.50	$w_N\,(0.08~0.20)\%$

鉻鉬鋼板中的 0.5Cr-0.5Mo 鋼板，僅美國、日本和法國的標準中有相應的鋼號，實際工程中很少使用。1.0Cr-0.5Mo 鋼板則是使用量最大的中溫抗氫鋼，世界主要工業發達國家的標準中均列有相應的鋼號。大量使用的中溫抗氫鋼有 SA387Gr.12C1.2 和 13CrMo44 鋼板，後者的鉻、鉬含量偏低，在用於臨氫壓力容器時應予以注意。

鑑於鉬鋼板和 0.5Cr-0.5Mo 鋼板總的使用量不大，以及綜合考慮鋼管、鍛件和焊接材料的配套問題，GB150 標準中選用的低鉻、鉬含量的中溫抗氫鋼板為 1.0Cr-0.5Mo 型的 15CrMoR，該鋼板國內已試製生產。

近年來，大型化肥及石油加氫精製裝置的操作參數進一步提高，抗氫腐蝕性能優於 1.0Cr-0.5Mo 鋼板的 1.25Cr-0.5Mo 鋼板使用量逐漸增加。目前在國外標準中，僅美國、日本和英國有相應的鋼板；我國已試製 14Cr1MoR 鋼板。

2.25Cr-1.0Mo 鋼為石油加氫裂化裝置廣泛使用的鋼號，在大型化肥裝置中也有使用。世界主要工業發達國家的標準中也均列有相應的鋼號，且鉻、鉬合金元素的含量也相同。該鋼號的鋼材在一定的溫度範圍內長期使用後會發生回火脆化現象，因此在有關技術條件中對鋼的化學成分和鋼板的力學性能均有特殊的要求。我國試製的有 12Cr2Mo1R 鋼板。

用於更高操作參數的中溫抗氫鋼依次為 3.0Cr1.0Mo、5.0Cr-0.5Mo、7.0Cr-0.5Mo 和 9.0Cr-1.0Mo 鋼，代表性的鋼號相應為美國的 SA387Gr.21、SA387Gr.5、SA387Gr.7 和 SA387Gr.9。SA832 和 SA387Gr.91 分別為 SA387Gr.21 和 SA387Gr.9 的改良型鋼號。

GB150 對我國中溫抗氫鋼板規定的高溫屈服強度參考值見表 4·4-17。對上述鋼板推薦選用的焊接材料見表 4·4-18。

2·5 不鏽鋼板

壓力容器常用的不鏽鋼板的鋼號、鋼板標準和鋼的化學成分見表 4·4-19。鋼板的力學性能見表 4·4-20。其中 1Cr18Ni9Ti 鋼是不推薦選用的鋼號；根據用途的不同，可分別以 0Cr18Ni9 或 0Cr18Ni10Ti 鋼取代。為此，GB150 未將 1Cr18Ni9Ti 鋼列入正文，而是列入附錄中，以示區別。

日本的 SUS410S、SUS304、SUS321、SUS316、SUS316Ti、SUS304L 和 SUS316L 鋼板是常用的不鏽鋼板。日本的 SUS329J3L、美國的 S31803 和英國的 318S13 是典型的奧氏體-鐵素體雙相不鏽鋼板。

GB150 對不鏽鋼板規定的高溫屈服強度參考值見表 4·4-21。對上述鋼板推薦選用的焊接材料見表 4·4-22。

表 4·4-20　不鏽鋼板的力學性能

鋼　　號	鋼板狀態	拉伸試驗①			硬度試驗②		
		σ_b（MPa）	$\sigma_{0.2}$（MPa）	δ_5（%）	HB	HRB（HRC）	HV
0Cr13	退火	≥410	≥205	≥20	≤183	≤88	≤200
0Cr18Ni9	固溶	≥520	≥205	≥40	≤187	≤90	≤200
1Cr18Ni9Ti	固溶	≥540	≥205	≥40	≤187	≤90	≤200
0Cr18Ni10Ti	固溶	≥520	≥205	≥40	≤187	≤90	≤200
0Cr17Ni12Mo2	固溶	≥520	≥205	≥40	≤187	≤90	≤200
0Cr18Ni12Mo2Ti	固溶	≥530	≥205	≥35	≤187	≤90	≤200
0Cr19Ni13Mo3	固溶	≥520	≥205	≥40	≤187	≤90	≤200
00Cr19Ni10	固溶	≥480	≥177	≥40	≤187	≤90	≤200
00Cr17Ni14Mo2	固溶	≥480	≥177	≥40	≤187	≤90	≤200
00Cr19Ni13Mo3	固溶	≥480	≥177	≥40	≤187	≤90	≤200
00Cr18Ni5Mo3Si2	固溶	≥590	≥390	≥20	—	（≤30）	≤300
SUS410S	退火	≥410	≥205	≥20	≤183	≤88	≤200
SUS304	固溶	≥520	≥205	≥40	≤187	≤90	≤200
SUS321	固溶	≥520	≥205	≥40	≤187	≤90	≤200

（續）

鋼　　號	鋼板狀態	拉伸試驗①			硬度試驗②		
		σ_b（MPa）	$\sigma_{0.2}$（MPa）	δ_5（%）	HB	HRB（HRC）	HV
SUS316	固溶	≥520	≥205	≥40	≤187	≤90	≤200
SUS316Ti	固溶	≥520	≥205	≥40	≤187	≤90	≤200
SUS304L	固溶	≥480	≥175	≥40	≤187	≤90	≤200
SUS316L	固溶	≥480	≥175	≥40	≤187	≤90	≤200
SUS329J3L	固溶	≥620	≥450	≥18	≤302	（≤32）	≤320
S31803	固溶	≥620	≥450	≥25③	≤290	（≤32）	—
318S13	固溶	680~880④	≥480⑤	≥25	—	—	—

① 需方要求時才測定屈服強度。

② 只檢驗其中一種硬度。

③ 爲 δ_4 值。

④ 板厚 $s>80\sim100$mm 時，σ_b 爲 640~840MPa。

⑤ 板厚 $s>20$mm 時，$\sigma_{0.2}\geq450$MPa。

表 4·4-21　不鏽鋼板的高溫屈服強度

鋼　　號	在下列溫度（℃）下的屈服強度最小值（MPa）										
	20	100	150	200	250	300	350	400	450	500	550
0Cr13	205	189	184	180	178	175	168	163	150	133	108
0Cr18Ni9	205	171	155	144	135	127	123	119	114	111	106
1Cr18Ni9Ti	205	171	155	144	135	127	123	120	117	114	111
0Cr18Ni10Ti	205	171	155	144	135	127	123	120	117	114	111
0Cr17Ni12Mo2	205	175	161	149	139	131	126	123	121	119	117
0Cr18Ni12Mo2Ti	205	175	161	149	139	131	126	123	121	119	117
0Cr19Ni13Mo3	205	175	161	149	139	131	126	123	121	119	117
00Cr19Ni10	177	145	131	122	114	109	104	101	98	—	—
00Cr17Ni14Mo2	177	145	130	120	111	105	100	96	93	—	—
00Cr19Ni13Mo3	177	175	161	149	139	131	126	123	121		
00Cr18Ni5Mo3Si2	390	315	285	260	250	245	—	—	—	—	—

表 4·4-22　推薦選用的焊接材料

鋼　　號	手　弧　焊		埋　弧　焊		氬　弧　焊
	焊條型號	牌號示例	焊絲鋼號	焊劑牌號	焊絲鋼號
0Cr13	E1-13-16	G202，MK·G202			
	E1-13-15	G207，MK·G207			
	E0-19-10-16	A102，MK·A102			
	E0-19-10-15	A107，MK·A107			
0Cr18Ni9	E0-19-10-16	A102，MK·A102	H0Cr21Ni10	HJ260	H0Cr21Ni10
	E0-19-10-15	A107，MK·A107			

（續）

鋼　　號	手　弧　焊		埋　弧　焊		氬　弧　焊
	焊條型號	牌號示例	焊絲鋼號	焊劑牌號	焊絲鋼號
1Cr18Ni9Ti	E0-19-10Nb-16	A132，MK·A132	H0Cr20Ni10Ti H0Cr20Ni10Nb	HJ260	H0Cr20Ni10Ti H0Cr20Ni10Nb
	E0-19-10Nb-15	A137，MK·A137			
0Cr18Ni10Ti	E0-19-10Nb-16	A132，MK·A132	H0Cr20Ni10Ti H0Cr20Ni10Nb	HJ260	H0Cr20Ni10Ti H0Cr20Ni10Nb
	E0-19-10Nb-15	A137，MK·A137			
0Cr17Ni12Mo2	E0-18-12Mo2-16	A202，MK·A202	H0Cr19Ni12Mo2	HJ260	H0Cr19Ni12Mo2
	E0-18-12Mo2-15	A207，MK·A207			
0Cr18Ni12Mo2Ti	E0-18-12Mo2Nb-16	A212，MK·A212	H00Cr19Ni12Mo2	HJ260	H00Cr19Ni12Mo2
0Cr19Ni13Mo3	E0-19-13Mo3-16	A242，MK·A242	H0Cr20Ni14Mo3	HJ260	H0Cr20Ni14Mo3
00Cr19Ni10	E00-19-10-16	A002，MK·A002	H00Cr21Ni10	HJ260	H00Cr21Ni10
00Cr17Ni14Mo2	E00-18-12Mo2-16	A022，MK·A022	H00Cr19Ni12Mo2	HJ260	H00Cr19Ni12Mo2
00Cr19Ni13Mo3	E00-19-13Mo3-16				
00Cr18Ni5Mo3Si2		CHS 022Si			
	E00-23-13Mo2-16	A042，MK·A042			

2·6　不鏽鋼複合鋼板

國標 GB8165—87《不鏽鋼複合鋼板》所規定的技術條件不能完全滿足壓力容器的製造和使用要求，一些生產企業相繼制定了符合壓力容器有關要求的不鏽鋼複合鋼板的企業標準，對不鏽鋼複合鋼板的關鍵性能指標—結合面的結合剪切強度規定不小於200MPa 或 210MPa，遠高於 GB8165 中的 147MPa。

不鏽鋼複合鋼板中複材常用的鋼號爲0Cr13、0Cr18Ni9、1Cr18Ni9Ti、0Cr18Ni10Ti、0Cr17Ni12Mo2、0Cr18Ni12Mo2Ti、00Cr19Ni10、00Cr17Ni14Mo2 和00Cr18Ni5Mo3Si2；基材常用的鋼號爲 Q235-A、Q235-B、Q235-C、20g、20R、16MnR、15CrMoR（以上爲鋼板）和 16Mn、20MnMo（以上爲鍛件）。

不鏽鋼複合鋼板的使用範圍應同時符合基材和複材使用範圍的規定。

日本 JIS G3601 標準也有不鏽鋼複合鋼板的規定。

3　壓力容器用鋼管

3·1　碳素結構鋼管和低合金高強度鋼管

壓力容器常用的碳素結構鋼和低合金高強度鋼鋼管的鋼號、鋼管標準和鋼的化學成分見表 4·4-23。鋼管的力學性能見表 4·4-24，表中的壁厚爲 GB150 標準對各鋼管標準所規定的允許使用的最大壁厚。容器設計壓力大於 6.4MPa 時，一般選用 GB6479 標準的鋼管。

表 4·4-23　鋼的化學成分

鋼　　號	鋼管標準	化學成分的質量分數（%）					
		C	Si	Mn	P	S	V
10	GB8163—87	0.07~0.14	0.17~0.37	0.35~0.65	≤0.035	≤0.035	
10	GB9948—88	0.07~0.14	0.17~0.37	0.35~0.65	≤0.035	≤0.035	
20	GB8163—87	0.17~0.24	0.17~0.37	0.35~0.65	≤0.035	≤0.035	
20	GB9948—88	0.17~0.24	0.17~0.37	0.35~0.65	≤0.035	≤0.035	
20G	GB6479—86	0.17~0.24	0.17~0.37	0.35~0.65	≤0.035	≤0.035	
16Mn	GB6479—86	0.12~0.20	0.20~0.60	1.20~1.60	≤0.040	≤0.040	
15MnV	GB6479—86	0.12~0.18	0.20~0.60	1.20~1.60	≤0.040	≤0.040	0.04~0.12

表 4·4-24　鋼管的力學性能

鋼　號	鋼管標準	壁厚（mm）	σ_b（MPa）	σ_s（MPa）	δ_5（%）	A_{KU}（J）
10	GB8163—87	≤10	335～475	≥205	≥24	—
10	GB9948—88	≤16	330～490	≥205	≥24	—
20	GB8163—87	≤10	390～530	≥245	≥20	—
20	GB9948—88	≤16	410～550	≥245	≥21	≥39
20G	GB6479—86	≤16	410～550	≥245	≥24	≥39
		17～40		≥235		
16Mn	GB6479—86	≤16	490～670	≥320	≥21	≥47
		17～40		≥310		
15MnV	GB6479—86	≤16	510～690	≥350	≥19	≥47
		17～40		≥340		

3·2　低溫鋼管

壓力容器常用的低溫鋼管的鋼號、鋼管標準和鋼的化學成分見表 4·4-25。鋼管的力學性能見表 4·4-26。低溫用奧氏體不鏽鋼管的鋼號參見表 4·4-29。

表 4·4-25　低溫鋼的化學成分

鋼　號	鋼管標準	化學成分的質量分數（%）					
		C	Si	Mn	P	S	V
10	GB6479—86	0.07～0.14	0.17～0.37	0.35～0.65	≤0.035	≤0.040	
20G	GB6479—86	0.17～0.22	0.17～0.37	0.35～0.65	≤0.035	≤0.035	
16Mn	GB6479—86	0.12～0.20	0.20～0.60	1.20～1.60	≤0.040	≤0.040	
09MnD①		≤0.12	0.17～0.35	0.95～1.35	≤0.025	≤0.025	≤0.03
09Mn2VD①		≤0.12	0.17～0.35	1.40～1.80	≤0.025	≤0.025	0.03～0.07

① 該鋼管尚未列入有關標準，表中數據摘自 GB150 標準。

表 4·4-26　低溫鋼管的力學性能

鋼　號	交貨狀態	壁厚（mm）	σ_b（MPa）	σ_s（MPa）	δ_5（%）	A_{KU}（J）
10	正火	≤16	335～490	≥205	≥24	-30℃ ≥18
		17～40		≥195		
20G	正火	≤16	410～550	≥245	≥24	-20℃ ≥18
		17～40		≥235		
16Mn	正火	≤16	490～670	≥320	≥21	-40℃ ≥21
		17～40		≥310		
09MnD	正火	≤16	400～540	≥240	≥24	-50℃ ≥21
09Mn2VD	正火	≤16	450～600	≥300	≥23	-70℃ ≥21

3·3　中溫抗氫鋼管

壓力容器常用的中溫抗氫鋼管的鋼號、鋼管標準和鋼的化學成分見表 4·4-27。鋼管的力學性能見表 4·4-28。

表 4·4-27　中溫抗氫鋼的化學成分

鋼　號	鋼管標準	化學成分的質量分數（%）									
		C	Si	Mn	P	S	Cr	Mo	W	V	Nb
12CrMo	GB9948—88	0.08～0.15	0.17～0.37	0.40～0.70	≤0.035	≤0.035	0.40～0.70	0.40～0.55			
12CrMo	GB6479—86	0.08～0.15	0.17～0.37	0.40～0.70	≤0.035	≤0.040	0.40～0.70	0.40～0.55			
15CrMo	GB9948—88	0.12～0.18	0.17～0.37	0.40～0.70	≤0.035	≤0.035	0.80～1.10	0.40～0.55			
15CrMo	GB6479—86	0.12～0.18	0.17～0.37	0.40～0.70	≤0.035	≤0.040	0.80～1.10	0.40～0.55			
12Cr1MoV	GB5310—85	0.08～0.15	0.17～0.37	0.40～0.70	≤0.035	≤0.035	0.90～1.20	0.25～0.35		0.15～0.30	
10MoWVNb	GB6479—86	0.07～0.13	0.50～0.80	0.50～0.80	≤0.040	≤0.030	0.60～0.90		0.50～0.90	0.30～0.50	0.06～0.12
12Cr2Mo	GB6479—86	0.08～0.15	≤0.50	0.40～0.70	≤0.035	≤0.035	2.00～2.50	0.90～1.20			
1Cr5Mo	GB6479—86	≤0.15	≤0.50	≤0.60	≤0.035	≤0.030	4.00～6.00	0.45～0.60			

表 4·4-28　中溫抗氫鋼管的力學性能

鋼　號	交貨狀態	壁厚（mm）	σ_b（MPa）	σ_s（MPa）	δ_5（%）	A_{KU}（J）
12CrMo	正火＋回火	≤16	410～560	≥205	≥21	≥55
		17～40		≥195		
15CrMo	正火＋回火	≤16	440～640	≥235	≥21	≥47
		17～40		≥225		
12Cr1MoV	正火＋回火	≤16	470～640	≥255	≥21	≥47
10MoWVNb	正火＋回火	≤16	470～670	≥295	≥19	≥63
		17～40		≥285		
12Cr2Mo	正火＋回火	≤16	450～600	≥280	≥20	協商
		17～40		≥270		
1Cr5Mo	退火	≤16	390～590	≥195	≥22	≥94
		17～40		≥185		

3·4　不鏽鋼管

壓力容器常用的不鏽鋼管的鋼號、鋼管標準、壁厚和使用溫度範圍見表 4·4-29。

表 4·4-29　不鏽鋼管的使用情況

鋼　號	鋼　管　標　準	壁　厚　（mm）	使用溫度範圍（℃）
0Cr13	GB2270—80	≤15	＞−20～400
1Cr18Ni9Ti		≤45	−196～700
0Cr18Ni9Ti		≤45	−196～700
0Cr18Ni12Mo2Ti		≤45	−196～700
00Cr18Ni10		≤45	−268～425
00Cr17Ni14Mo2		≤45	−268～450
00Cr17Ni14Mo3		≤45	−268～450
0Cr18Ni9	GB13296—91	≤13	−253～700
1Cr18Ni9Ti		≤13	−196～700
0Cr18Ni10Ti		≤13	−196～700
0Cr17Ni12Mo2		≤13	−253～700
0Cr18Ni12Mo2Ti		≤13	−196～700
0Cr19Ni13Mo3		≤13	−196～700
00Cr19Ni10		≤13	−268～425
00Cr17Ni14Mo2		≤13	−268～450
00Cr19Ni13Mo3		≤13	−268～450

註：GB2270—80 正在修訂中，其鋼號及成分將與 GB13296—91 相一致。

4　壓力容器用鍛鋼

4·1　碳素鋼和低合金鋼鍛件

壓力容器常用的碳素鋼和低合金鋼鍛件的鋼號、鍛件標準和鋼的化學成分見表 4·4-30。鍛件的力學性能見表 4·4-31。

JB4726 標準規定 20MnMo 等 6 個鋼號的 Ⅲ 級或 Ⅳ 級鍛件可附加進行高溫拉伸試驗，試驗溫度在訂貨合同中註明。鍛件的高溫屈服強度見表 4·4-32。

表 4·4-30　鍛件用鋼的化學成分

鋼　號	鍛件標準	化學成分的質量分數（%）										
		C	Si	Mn	P	S	Mo	Cr	Ni	Cu	V	Nb
20	JB4726—94	0.17～0.24	0.17～0.37	0.35～0.65	≤0.035	≤0.035		≤0.25	≤0.25	≤0.25		
35		0.32～0.40	0.17～0.37	0.50～0.80	≤0.035	≤0.035		≤0.25	≤0.25	≤0.25		
16Mn		0.12～0.20	0.20～0.60	1.20～1.60	≤0.035	≤0.035		≤0.30	≤0.30	≤0.25		
15MnV		0.12～0.18	0.20～0.60	1.20～1.60	≤0.035	≤0.035		≤0.30	≤0.30	≤0.25	0.04～0.10	
20MnMo		0.17～0.23	0.17～0.37	1.10～1.40	≤0.035	≤0.035	0.20～0.35	≤0.30	≤0.30	≤0.25		
20MnMoNb		0.17～0.23	0.17～0.37	1.30～1.60	≤0.035	≤0.035	0.45～0.65	≤0.30	≤0.30	≤0.25		0.025～0.050

（續）

鋼　號	鍛件標準	化學成分的質量分數（%）										
		C	Si	Mn	P	S	Mo	Cr	Ni	Cu	V	Nb
15CrMo	JB4726—94	0.12~0.18	0.10~0.60	0.30~0.80	≤0.035	≤0.035	0.45~0.65	0.80~1.25	≤0.30	≤0.25		
35CrMo		0.32~0.40	0.17~0.37	0.40~0.70	≤0.035	≤0.035	0.15~0.25	0.80~1.10	≤0.30	≤0.25		
12Cr1MoV		0.08~0.15	0.17~0.37	0.40~0.70	≤0.035	≤0.035	0.25~0.35	0.90~1.20	≤0.30	≤0.25	0.15~0.30	
12Cr2Mo1		≤0.15	≤0.50	0.30~0.60	≤0.030	≤0.030	0.90~1.10	2.00~2.50	≤0.30	≤0.25		
1Cr5Mo		≤0.15	≤0.50	≤0.60	≤0.030	≤0.030	0.45~0.65	4.00~6.00	≤0.50	≤0.25		

註：對真空碳脫氧鋼，允許矽的質量分數小於或等於0.12%。

表 4·4-31　碳素鋼和低合金鋼鍛件的力學性能

鋼　號	公稱厚度（mm）	熱處理狀態	回火溫度（℃）	σ_b（MPa）	σ_s（MPa）	δ_5（%）	A_{KV}（J）	HB
20	≤100	正火	—	370~520	≥215	≥24	≥27	102~139
35	≤100	正火	—	510~670	≥265	≥18	≥20	136~200
	>100~300	正火，正火+回火	≥590	490~640	≥255	≥18	≥20	130~190
16Mn	≤300	正火，正火+回火	≥600	450~600	≥275	≥19	≥34	121~178
15MnV	≤300	正火，正火+回火	≥600	470~620	≥315	≥18	≥34	126~185
20MnMo	≤300	調質	≥600	530~700	≥370	≥18	≥41	156~208
	>300~500			510~680	≥355	≥18	≥41	136~201
	>500~700			490~660	≥340	≥18	≥34	130~196
20MnMoNb	≤300	調質	≥630	620~790	≥470	≥16	≥41	185~235
	>300~500			610~780	≥460	≥16	≥41	180~233
15CrMo	≤300	正火+回火，調質	≥620	440~610	≥275	≥20	≥34	118~180
	>300~500			430~600	≥255	≥19	≥34	115~178
35CrMo	≤300	調質	≥580	620~790	≥440	≥15	≥27	185~235
	>300~500			610~780	≥430	≥15	≥20	180~233
12Cr1MoV	≤300	正火+回火，調質	≥680	440~610	≥255	≥19	≥34	118~180
	>300~500			430~600	≥245	≥19	≥34	115~178
12Cr2Mo1	≤300	正火+回火，調質	≥680	510~680	≥310	≥18	≥41	136~201
	>300~500			500~670	≥300	≥18	≥41	133~200
1Cr5Mo	≤500	正火+回火，調質	≥680	590~760	≥390	≥18	≥34	174~229

註：Ⅰ級鍛件進行硬度試驗，Ⅱ、Ⅲ和Ⅳ級鍛件進行拉伸和衝擊試驗。

表 4·4-32　鍛件的高溫屈服強度

鋼　號	公稱厚度 (mm)	在下列溫度（℃）下的屈服強度（最小值）(MPa)						
		200	250	300	350	400	450	500
20MnMo	≤300	305	295	285	275	260	240	—
	>300~500	295	280	270	260	245	225	
	>500~700	285	275	265	255	240	220	
20MnMoNb	≤300	405	395	385	370	355	335	—
	>300~500	405	395	385	370	355	335	
15CrMo	≤300	220	210	196	186	176	167	162
	>300~500	200	190	176	167	157	152	147
35CrMo	≤300	370	360	350	335	320	295	—
	>300~500	370	360	350	335	320	295	
12Cr1MoV	≤300	200	190	176	167	157	152	142
	>300~500	200	190	176	167	157	152	142
12Cr2Mo1	≤300	260	255	250	245	240	230	215
	>300~500	255	250	245	240	235	225	215

4·2　低溫鋼鍛件

壓力容器常用的低溫鋼鍛件的鋼號、鍛件標準和鋼的化學成分見表 4·4-33。鍛件的力學性能見表 4·4-34。低溫用奧氏體不鏽鋼鍛件的常用鋼號爲 0Cr18Ni9，其使用溫度下限爲 -253℃。

表 4·4-33　低溫鋼的化學成分

鋼　號	鍛件標準	化學成分的質量分數（%）										
		C	Si	Mn	P	S	Ni	Mo	Cr	Al_s	V	Nb
20D		0.17~0.24	0.17~0.37	0.35~0.65	≤0.030	≤0.030	≤0.25	—	≤0.25	≥0.015	—	—
16MnD		0.12~0.20	0.20~0.60	1.20~1.60	≤0.025	≤0.025	≤0.30	—	≤0.25	≥0.015	—	—
09Mn2VD		≤0.12	0.20~0.50	1.40~1.80	≤0.025	≤0.025	≤0.30	—	≤0.25	—	0.03~0.06	—
09MnNiD	JB4727 —94	≤0.12	0.15~0.35	1.20~1.60	≤0.020	≤0.015	0.45~0.85	—	≤0.25	—	—	≤0.050
16MnMoD		0.14~0.20	0.17~0.37	1.10~1.40	≤0.025	≤0.025	≤0.40	0.20~0.35	≤0.25	—	—	—
20MnMoD		0.17~0.23	0.17~0.37	1.10~1.40	≤0.025	≤0.025	≤0.30	0.20~0.35	≤0.25	—	—	—
08MnNiCrMoVD		≤0.10	0.20~0.40	1.10~1.40	≤0.020	≤0.020	1.20~1.60	0.20~0.50	0.20~0.60	—	0.02~0.06	—
10Ni3MoVD		0.08~0.12	0.15~0.25	0.70~0.90	≤0.015	≤0.015	2.50~3.00	0.20~0.30	≤0.25	—	0.05~0.10	—

註：對真空碳脫氧鋼，允許矽含量小於或等於 0.12%。

4·3　不鏽鋼鍛件

壓力容器常用的不鏽鋼鍛件的鋼號、鍛件標準和鋼的化學成分見表 4·4-35。鍛件的力學性能見表 4·4-36。

表 4·4·34　低溫鋼鍛件的力學性能

鋼號	公稱厚度 (mm)	熱處理狀態	回火溫度 (℃)	拉伸試驗 σ_b (MPa)	σ_s (MPa)	δ_5 (%)	衝擊試驗 最低試驗溫度 (℃)	A_{KV} (J)
20D	≤50	正火+回火、調質	≥600	370~520	≥215	≥24	-20	≥20
16MnD	≤200	正火+回火、調質	≥600	450~600	≥275	≥19	-40	≥20
16MnD	>200~300						-30	
09Mn2VD	≤200	正火+回火、調質	≥600	420~570	≥260	≥22	-50	≥27
09MnNiD	≤300	調質	≥600	420~570	≥260	≥22	-70	≥27
16MnMoD	≤300	調質	≥600	510~680	≥355	≥18	-40	≥27
20MnMoD	≤300	調質	≥600	530~700	≥370	≥18	-30	≥27
20MnMoD	>300~500			510~680	≥355		-30	
20MnMoD	>500~700			490~660	≥340	≥17	-20	
08MnNiCrMoVD	≤300	調質	≥600	600~770	≥480	≥17	-40	≥47
10Ni3MoVD	≤300	調質	≥600	610~780	≥490	≥17	-50	≥47

表 4·4·35　不鏽鋼的化學成分

化學成分的質量分數 (%)

鋼號	鍛件標準	C	Si	Mn	P	S	Cr	Ni	Mo	其他
0Cr13	JB4728—94	≤0.08	≤1.00	≤1.00	≤0.035	≤0.030	11.50~13.50	≤0.60	—	
1Cr13		≤0.15	≤1.00	≤1.00	≤0.035	≤0.030	11.50~13.50	≤0.60	—	
0Cr18Ni9		≤0.07	≤1.00	≤2.00	≤0.035	≤0.030	17.00~19.00	8.00~11.00	—	
1Cr18Ni9Ti		≤0.12	≤1.00	≤2.00	≤0.035	≤0.030	17.00~19.00	8.00~11.00	—	$w_{Ti}=5\,(w_C-0.02\%)\sim0.80\%$
0Cr18Ni10Ti		≤0.08	≤1.00	≤2.00	≤0.035	≤0.030	17.00~19.00	9.00~12.00	—	$w_{Ti}\geqslant5\times w_C$
0Cr17Ni12Mo2		≤0.08	≤1.00	≤2.00	≤0.035	≤0.030	16.00~18.00	10.00~14.00	2.00~3.00	
00Cr19Ni10		≤0.030	≤1.00	≤2.00	≤0.035	≤0.030	18.00~20.00	8.00~12.00	—	
00Cr17Ni14Mo2		≤0.030	≤1.00	≤2.00	≤0.035	≤0.030	16.00~18.00	12.00~15.00	2.00~3.00	
00Cr18Ni5Mo3Si2		≤0.030	1.30~2.00	1.00~2.00	≤0.035	≤0.030	18.00~19.50	4.50~5.50	2.50~3.00	$w_N\leqslant0.10\%$

表 4·4-36　不鏽鋼鍛件的力學性能

鋼　　號	公稱厚度（mm）	熱處理狀態	σ_b（MPa）	$\sigma_{0.2}$（MPa）	δ_5（%）	HB
0Cr13	≤100	退火	≥410	≥205	≥20	110～183
1Cr13	≤100	950～1000℃ 空冷或油冷，≥650℃ 回火	≥585	≥380	≥16	167～229
0Cr18Ni9	≤100	1010～1150℃ 快冷	≥520	≥205	≥35	139～187
	>100～200		≥490	≥205	≥35	131～187
1Cr18Ni9Ti	≤100	1000～1100℃ 快冷	≥520	≥205	≥35	139～187
	>100～200		≥490	≥205	≥35	131～187
0Cr18Ni10Ti	≤100	920～1150℃ 快冷	≥520	≥205	≥35	139～187
	>100～200		≥490	≥205	≥35	131～187
0Cr17Ni12Mo2	≤100	1010～1150℃ 快冷	≥520	≥205	≥35	139～187
	>100～200		≥490	≥205	≥35	131～187
00Cr19Ni10	≤100	1010～1150℃ 快冷	≥480	≥175	≥35	128～187
	>100～200		≥450	≥175	≥35	121～187
00Cr17Ni14Mo2	≤100	1010～1150℃ 快冷	≥480	≥175	≥35	128～187
	>100～200		≥450	≥175	≥35	121～187
00Cr18Ni5Mo3Si2	≤100	950～1050℃ 快冷	≥590	≥390	≥20	175～235

註：Ⅰ級鍛件進行硬度試驗，Ⅱ、Ⅲ和Ⅳ級鍛件進行拉伸試驗。

5　壓力容器用棒鋼

　　壓力容器用棒鋼主要用於製造螺柱（包括螺栓）和螺母，作壓力容器緊固件使用。

5·1　螺柱用碳素鋼和低合金鋼棒鋼

　　壓力容器螺柱用碳素鋼和低合金鋼棒鋼的鋼號、鋼材標準和使用情況見表 4·4-37，鋼的化學成分見表 4·4-38。GB150 標準對螺柱用低合金鋼棒鋼的力學性能規定見表 4·4-39，GB150 對螺柱用低合金鋼棒鋼推薦的高溫屈服強度參考值見表 4·4-40。在低合金鋼螺柱中，35CrMoVA 和 40CrNiMoA 兩個鋼號的棒鋼僅用作高壓容器主螺柱。

表 4·4-37　螺柱用鋼的使用情況

鋼　　號	鋼材標準	使用狀態	規格（mm）	使用溫度範圍（℃）
Q235-A	GB700—88	熱軋	≤M20	>－20～300
35	GB699—88	正火	≤M27	>－20～350
40MnB	GB3077—88	調質	≤M36	>－20～400
40MnVB	GB3077—88	調質	≤M36	>－20～400
40Cr	GB3077—88	調質	≤M36	>－20～400
30CrMoA	GB3077—88	調質	≤M56	>－20～500
35CrMoA	GB3077—88	調質	≤M105	>－20～500
35CrMoVA	GB3077—88	調質	M52～M140	>－20～500
25Cr2MoVA	GB3077—88	調質	≤M140	>－20～550
40CrNiMoA	GB3077—88	調質	M52～M140	>－20～350
1Cr5Mo	GB1221—92	調質	≤M48	>－20～600

表4·4-38　螺柱用鋼的化學成分

鋼　號	化 學 成 分 的 質 量 分 數（%）									
	C	Si	Mn	P	S	Cr	Ni	Mo	V	B
Q235-A	—	—	—	≤0.045	≤0.050	—	—	—	—	—
35	0.32~0.40	0.17~0.37	0.50~0.80	≤0.035	≤0.035	—	—	—	—	—
40MnB	0.37~0.44	0.17~0.37	1.10~1.40	≤0.035	≤0.035	—	—	—	—	0.0005~0.0035
40MnVB	0.37~0.44	0.17~0.37	1.10~1.40	≤0.035	≤0.035	—	—	—	0.05~0.10	0.0005~0.0035
40Cr	0.37~0.44	0.17~0.37	0.50~0.80	≤0.035	≤0.035	0.80~1.10	—	—	—	—
30CrMoA	0.26~0.33	0.17~0.37	0.40~0.70	≤0.025	≤0.025	0.80~1.10	—	0.15~0.25	—	—
35CrMoA	0.32~0.40	0.17~0.37	0.40~0.70	≤0.025	≤0.025	0.80~1.10	—	0.15~0.25	—	—
35CrMoVA	0.30~0.38	0.17~0.37	0.40~0.70	≤0.025	≤0.025	1.00~1.30	—	0.20~0.30	0.10~0.20	—
25Cr2MoVA	0.22~0.29	0.17~0.37	0.40~0.70	≤0.025	≤0.025	1.50~1.80	—	0.25~0.35	0.15~0.30	—
40CrNiMoA	0.37~0.44	0.17~0.37	0.50~0.80	≤0.025	≤0.025	0.60~0.90	1.25~1.65	0.15~0.25	—	—
1Cr5Mo	≤0.15	≤0.50	≤0.60	≤0.035	≤0.030	4.00~6.00	≤0.60	0.45~0.60	—	—

表4·4-39　螺柱用棒鋼的力學性能

鋼　號	回火溫度（℃）	規格（mm）	σ_b（MPa）	σ_s（$\sigma_{0.2}$）（MPa）	δ_5（%）	A_{KV}（J）
40MnB	≥550	≤M22	≥805	≥685	≥13	≥34
		M24~M36	≥765	≥635		
40MnVB	≥550	≤M22	≥835	≥735	≥12	≥34
		M24~M36	≥805	≥685		
40Cr	≥550	≤M22	≥805	≥685	≥13	≥34
		M24~M36	≥765	≥635		
30CrMoA	≥560	≤M22	≥805	≥685	≥14	≥54
		M24~M56	≥765	≥635		
35CrMoA	≥560	≤M22	≥835	≥735	≥13	≥54
		M24~M80	≥805	≥685		
		M85~M105	≥735	≥590		≥47
35CrMoVA	≥600	M52~M105	≥835	≥735	≥12	≥47
		M110~M140	≥785	≥665		
25Cr2MoVA	≥620	≤M48	≥835	≥735	≥14	≥47
		M52~M105	≥805	≥685		
		M110~M140	≥735	≥590		
40CrNiMoA	≥520	M52~M140	≥930	≥825	≥12	≥54
1Cr5Mo	≥680	≤M48	≥590	≥390	≥18	≥34

表 4·4-40　螺柱用棒鋼的高溫屈服強度

鋼　號	規　格 (mm)	屈服強度（最小值）(MPa)									
		20℃	100℃	150℃	200℃	250℃	300℃	350℃	400℃	450℃	500℃
40MnB	≤M22	685	620	600	580	570	540	500	440		
	M24～M36	635	570	550	540	530	500	460	410		
40MnVB	≤M22	735	665	645	625	615	590	550	490		
	M24～M36	685	615	600	585	575	550	510	460		
40Cr	≤M22	685	620	600	580	570	550	520	470		
	M24～M36	635	570	550	540	530	510	480	440		
30CrMoA	≤M22	685	620	600	585	575	565	540	505	460	
	M24～M56	635	570	555	540	535	525	500	465	425	
35CrMoA	≤M22	735	665	645	625	615	605	580	540	490	
	M24～M80	685	620	600	585	575	565	540	505	460	
	M85～M105	590	530	510	500	490	480	460	430	390	
35CrMoVA	M52～M105	735	665	645	630	615	605	590	560	530	
	M110～M140	665	600	580	570	560	550	535	510	480	
25Cr2MoVA	≤M48	735	665	645	630	615	605	590	560	530	480
	M52～M105	685	620	600	590	580	570	555	530	500	450
	M110～M140	590	530	510	500	490	480	470	450	430	390
40CrNiMoA	M52～M140	825	785	760	740	720	695	660			
1Cr5Mo	≤M48	390	355	340	330	325	320	315	305	285	255

5·2　螺柱用低溫鋼棒鋼

　　壓力容器螺柱用低溫鋼棒鋼的常用鋼號、規格和低溫衝擊試驗要求見表 4·4-41。30CrMoA、35CrMoA 和 40CrNiMoA 三個低合金鋼棒鋼的規定拉伸性能見表 4·4-39。

表 4·4-41　螺柱用低溫鋼的使用情況

鋼　　號	使用狀態	規　格 (mm)	最低衝擊試驗溫度 (℃)	A_{KV} (J)
30CrMoA	調質	≤M56	−100	≥27
35CrMoA	調質	≤M56	−100	≥27
		M60～M80	−70	
40CrNiMoA	調質	M52～M80	−70	≥31
0Cr18Ni9	固溶	≤M48	−253	≥27

註：0Cr18Ni9 鋼用於不低於 −196℃ 時，可免做低溫衝擊試驗。

5·3　螺柱用不鏽鋼棒鋼

　　壓力容器螺柱用不鏽鋼棒鋼的常用鋼號、鋼材標準和使用情況見表 4·4-42。

表 4·4-42　螺栓用不鏽鋼的使用情況

鋼　　號	鋼材標準	使用狀態	規格 (mm)	使用溫度範圍 (℃)
2Cr13	GB1220—92	調質	≤M27	＞−20～450
0Cr18Ni9	GB1220—92	固溶	≤M48	−253～700
0Cr18Ni10Ti	GB1220—92	固溶	≤M48	−196～700
0Cr17Ni12Mo2	GB1220—92	固溶	≤M48	−253～700

5·4　螺母用棒鋼

　　與各螺柱用鋼組合使用的螺母用棒鋼的鋼號、鋼材標準和使用情況見表 4·4-43。螺母與螺柱應有一定的硬度差，可通過選用不同強度的鋼材或相同鋼號而不同的實際成分、熱處理規範來實現。

表 4·4-43　螺母用鋼的使用情況

螺柱鋼號	螺　母　用　鋼			
	鋼　號	鋼材標準	使用狀態	使用溫度範圍（℃）
Q235-A	Q215-A，Q235-A	GB700—88	熱軋	＞－20～300
35	Q235-A	GB700—88	熱軋	＞－20～300
	20，25	GB699—88	正火	＞－20～350
40MnB	35，40Mn，45	GB699—88	正火	＞－20～400
40MnVB	35，40Mn，45	GB699—88	正火	＞－20～400
40Cr	35，40Mn，45	GB699—88	正火	＞－20～400
30CrMoA	40Mn，45	GB699—88	正火	＞－20～400
	30CrMoA	GB3077—88	調質	－100～500
35CrMoA	40Mn，45	GB699—88	正火	＞－20～400
	30CrMoA，35CrMoA	GB3077—88	調質	－100～500
35CrMoVA	35CrMoA，35CrMoVA	GB3077—88	調質	＞－20～500
25Cr2MoVA	30CrMoA，35CrMoA	GB3077—88	調質	＞－20～500
	25Cr2MoVA	GB3077—88	調質	＞－20～550
40CrNiMoA	35CrMoA，40CrNiMoA	GB3077—88	調質	－70～350
1Cr5Mo	1Cr5Mo	GB1221—92	調質	＞－20～600
2Cr13	1Cr13，2Cr13	GB1220—92	調質	＞－20～450
0Cr18Ni9	1Cr13	GB1220—92	退火	＞－20～600
	0Cr18Ni9	GB1220—92	固溶	－253～700
0Cr18Ni10Ti	0Cr18Ni10Ti	GB1220—92	固溶	－196～700
0Cr17Ni12Mo2	0Cr17Ni12Mo2	GB1220—92	固溶	－253～700

6　壓力容器用鑄鋼

6·1　碳素鋼鑄件

壓力容器常用的碳素鋼鑄件的鋼號、鑄件標準和鋼的化學成分見表 4·4-44。鑄件的力學性能見表 4·4-45。

6·2　不鏽鋼鑄件

不鏽鋼鑄件的標準爲 GB2100—80。壓力容器常用的不鏽鋼鑄件的鋼號和鑄件的力學性能見表 4·4-46。

表 4·4-44　碳素鋼鑄件的化學成分

鋼　號	鑄件標準	化學成分的質量分數（％）				
		C	Si	Mn	P	S
ZG200-400H	GB7659—87	≤0.20	≤0.50	≤0.80	≤0.04	≤0.04
ZG230-450H	GB7659—87	≤0.20	≤0.50	≤1.20	≤0.04	≤0.04
ZG275-485H	GB7659—87	≤0.25	≤0.50	≤1.20	≤0.04	≤0.04

註：1. 實際碳的質量分數比表中碳上限每減少 0.01％，允許實際錳的質量分數超出表中上限 0.04％，但總超出量不得大於 0.20％。

2. 各鋼號殘餘元素含量（質量分數）：Ni≤0.30％；Cr≤0.30％；Cu≤0.30％；Mo≤0.15％；V≤0.05％；上述元素含量總和不大於 0.80％。

表 4·4-45　碳素鋼鑄件的力學性能

鋼　　號	σ_b (MPa)	σ_s (MPa)	δ_5 (%)	ψ (%)	A_{KU} (J)
ZG200-400H	≥400	≥200	≥25	≥40	≥30
ZG230-450H	≥450	≥230	≥22	≥35	≥25
ZG275-485H	≥485	≥275	≥20	≥35	≥22

表 4·4-46　不鏽鋼鑄件的力學性能

鋼　　號	σ_b (MPa)	σ_s ($\sigma_{0.2}$) (MPa)	δ (%)	ψ (%)	A_{KU} (J)
ZG0Cr18Ni9	≥440	≥196	≥25	≥32	≥78
ZG0Cr18Ni9Ti	≥440	≥196	≥25	≥32	≥78
ZG1Cr18Ni9Ti	≥440	≥196	≥25	≥32	≥78
ZG00Cr18Ni10	≥390	≥177	≥25	≥32	≥78
ZG0Cr18Ni12Mo2Ti	≥490	≥215	≥30	≥30	≥78

第 5 章　表面硬化鋼 [3][21]~[27]

1　概述

表面硬化鋼適於製造通過某種熱處理工藝使零件表面堅硬耐磨而心部韌性適當的零件，由於表層還具有較高的殘餘壓應力而使其疲勞性能顯著提高。

取得表面堅硬而心部柔韌的效果，在熱處理工藝上主要有以下三種選擇：

（1）承受接觸應力較大和要求耐磨的零件，大多採用低碳鋼滲碳淬火工藝，或採用碳氮共滲工藝，這種工藝加熱溫度較低，滲層也較淺，可以減少零件變形，縮短處理時間，零件的使用性能也有所改善。碳氮共滲有時也用於中碳合金結構鋼，滲層更淺一些。

（2）圓柱形或形狀比較簡單的零件，一般採用中碳鋼的高頻（或中頻）感應加熱表層淬火工藝；形狀複雜的零件如齒輪要得到沿零件輪廓均勻分布的硬化層和較好的綜合力學性能，需採用低淬透性能鋼。

（3）機床主軸、絲桿、鏜桿、套筒和發動機曲軸等要求尺寸精確的零件，一般採用滲氮處理工藝，加熱溫度低，熱處理變形小。

此外，激光表面熱處理等新工藝也逐步被採用。各種工藝所適用的鋼種不同，選擇時考慮的因素也有所不同。

2　滲碳鋼

2·1　滲碳鋼的一般特點

滲碳鋼通常為碳的質量分數 0.17%～0.24% 的低碳鋼，個別的碳的質量分數低至 0.12% 或高達 0.28%。較低的碳含量能保證零件心部有良好的韌性。碳含量越高，心部強度越高，整個滲碳零件的強度也有所提高，但是增加了零件的脆性，因此，當滲碳鋼碳含量增高時，要適當降低滲碳層的深度。

為改善性能，常在滲碳鋼中加入合金元素鉻、錳、鎳、硼、鉬、釩和鈦等，其中鉻、錳、硼、鎳和鉬的作用是增加鋼的淬透性，以保證滲碳淬火後表面和心部都得到馬氏體，從而有良好的綜合力學性能。同時各元素還有其他作用，如含有鉻、鉬等形成碳化物元素時，將促使面層碳含量增加，容易在滲碳層組織中出現大量碳化物，使滲碳層性能惡化。因此，用含鉻和鉬的滲碳鋼時，滲碳氣氛宜弱。鋼中含鎳時，滲碳後各種力學性能較優，但工藝性能變差、鍛坯經複雜的熱處理後才能切削加工，而且價格較貴，只有載荷很大的滲碳件才適用。微量的硼可以顯著地增加鋼材的淬透性，但使用滲碳硼鋼時要注意其熱處理後的變形特點,掌握其變形規律。在滲碳鋼中加入釩、鈦、鈮和鋯等元素能形成穩定的合金碳化物,在滲碳加熱時阻礙奧氏體晶粒長大,滲碳淬火後得到細馬氏體,改善滲碳層和心部的性能。

碳氮共滲採用的鋼種與滲碳鋼相似,但由於滲層深度不同,要求零件心部的硬度也不同,碳氮共滲時所產生的滲層表面的異常組織(黑色網狀組織)較滲碳層嚴重得多。異常組織的出現、降低了零件的接觸疲勞等性能,這與鋼中合金元素的種類及其含量有關。因此選擇碳氮共滲用鋼時,應充分注意鋼材成分。

2·2　常用滲碳鋼

在我國優質碳素鋼(GB699—88)和合金結構鋼(GB3077—88)中所列的低碳鋼都可以作爲滲碳鋼使用;其主要鋼號的化學成分及鋼材出廠時用熱處理毛坯試樣測定的力學性能見表 4·5-1、表 4·5-2。

根據零件的斷面尺寸及受力狀況,可以選用不同級別的滲碳鋼。5 個強度級別的滲碳鋼的性能特點及適用範圍見表 4·5-3。

汽車傳動用滲碳齒輪鋼是滲碳鋼技術水平的重要標誌。引進的各種車型齒輪用滲碳鋼見表 4·5-4。這類鋼有以下幾個特點:

(1)鋼號多。不同零件選用不同的鋼號,如鉻錳鋼就有4個鋼號、奧迪轎車變速箱中五檔主動齒輪、五檔從動齒輪和輸出軸就分別選用28MnCr5、25MnCr5和20MnCr5三個鋼號,在不同齒輪之間形成良好的性能

表 4·5-1　主要滲碳鋼的化學成分

鋼　　號	化 學 成 分 的 質 量 分 數(%)						
	C	Si	Mn	Cr	Ni	Mo	其他
15	0.12～0.19	0.17～0.37	0.35～0.65				
20	0.17～0.24	0.17～0.37	0.35～0.65				
20Mn2	0.17～0.24	0.17～0.37	1.40～1.80				
20MnV	0.17～0.24	0.17～0.37	1.30～1.60				
20Mn2B	0.17～0.24	0.17～0.37	1.50～1.80				B: 0.0005～0.0035
20MnMoB	0.16～0.22	0.17～0.37	0.90～1.20			0.20～0.30	B: 0.0005～0.0035
15MnVB	0.12～0.18	0.17～0.37	1.20～1.60				B: 0.0005～0.0035 V: 0.07～0.12
20MnVB	0.17～0.23	0.17～0.37	1.20～1.60				B: 0.0005～0.0035 V: 0.07～0.12
20MnTiB	0.17～0.24	0.17～0.37	1.30～1.60				B: 0.0005～0.0035 Ti: 0.04～0.10
25MnTiBRE	0.22～0.28	0.20～0.45	1.30～1.60				B: 0.0005～0.0035 Ti: 0.04～0.10 RE 加入量 0.05
20SiMnVB	0.17～0.24	0.50～0.80	1.30～1.60				B: 0.0005～0.0035 V: 0.07～0.12
15Cr	0.12～0.18	0.17～0.37	0.40～0.70	0.70～1.00			
20Cr	0.17～0.24	0.17～0.37	0.50～0.80	0.70～1.00			
20CrMo	0.17～0.24	0.17～0.37	0.40～0.70	0.80～1.10		0.15～0.25	
20CrV	0.17～0.23	0.17～0.37	0.50～0.80	0.80～1.10			V: 0.10～0.20
15CrMn	0.12～0.18	0.17～0.37	1.10～1.40	0.40～0.70			
20CrMn	0.17～0.23	0.17～0.37	0.90～1.20	0.90～1.20			
20CrMnMo	0.17～0.23	0.17～0.37	0.90～1.20	1.10～1.40		0.20～0.30	

（續）

鋼　號	化 學 成 分 的 質 量 分 數（%）						
	C	Si	Mn	Cr	Ni	Mo	其他
20CrMnTi	0.17~0.23	0.17~0.37	0.80~1.10	1.00~1.30			Ti: 0.04~0.10
30CrMnTi	0.24~0.32	0.17~0.37	0.80~1.10	1.00~1.30			Ti: 0.04~0.10
20CrNi	0.17~0.23	0.17~0.37	0.40~0.70	0.45~0.75	1.00~1.40		
12CrNi2	0.10~0.17	0.17~0.37	0.30~0.60	0.60~0.90	1.50~1.90		
12CrNi3	0.10~0.17	0.17~0.37	0.30~0.60	0.60~0.90	2.75~3.15		
20CrNi3	0.17~0.24	0.17~0.37	0.30~0.60	0.60~0.90	2.75~3.15		
12Cr2Ni4	0.10~0.16	0.17~0.37	0.30~0.60	1.25~1.65	3.25~3.65		
20CrNiMo	0.17~0.23	0.17~0.37	0.60~0.95	0.40~0.70	0.35~0.75	0.20~0.30	
20Cr2Ni4	0.17~0.23	0.17~0.37	0.30~0.60	1.25~1.65	3.25~3.65		
18Cr2Ni4W	0.13~0.19	0.17~0.37	0.30~0.60	1.35~1.65	4.00~4.50		W: 0.80~1.20
25Cr2Ni4W	0.21~0.28	0.17~0.37	0.30~0.60	1.35~1.65	4.00~4.50		W: 0.80~1.20

註：P: ≤0.035, S: ≤0.035。

表 4·5-2　主要滲碳鋼的力學性能

鋼　號	試樣毛坯尺寸（mm）	熱　處　理					力　學　性　能					供應狀態硬度 HB
		淬火溫度（℃）		冷卻	回火溫度（℃）	冷卻	σ_b (MPa)	σ_s (MPa)	δ_5 (%)	ψ (%)	A_K (J)	
		第一次	第二次				不小於					不大於
15	25	920 正火					375	225	27	55		143
20	25	910 正火					410	245	25	55		156
20Mn2	15	850		水、油	200	水、空	785	590	10	40	47	187
20MnV	15	880		水、油	200	水、空	785	590	10	40	55	187
20Mn2B	15	880		油	200	水、空	980	785	10	45	55	187
20MnMoB	15	880		油	200	油、空	1080	885	10	50	55	207
15MnVB	15	860		油	200	水、空	885	635	10	45	55	207
20MnVB	15	860		油	200	水、空	1080	885	10	45	55	207
20MnTiB	15	860		油	200	水、空	1130	930	10	45	55	187
25MnTiBRE	試樣	860		油	200	水、空	1375	—	10	40	47	229
20SiMnVB	15	900		油	200	水、空	1175	980	10	45	55	207
15Cr	15	880	780~820	水、油	200	水、空	735	490	11	45	55	179
20Cr	15	880	780~820	水、油	200	水、空	835	540	10	40	47	179
20CrMo①	15	880		水、油	500	水、油	885	685	12	50	78	197
20CrV	15	880	800	水、油	200	水、空	835	590	12	45	55	197
15CrMn	15	880		油	200	水、空	785	590	12	50	47	179
20CrMn	15	850		油	200	水、空	930	735	10	45	47	187
20CrMnMo	15	850		油	200	水、空	1175	885	10	45	55	217

（續）

鋼　號	試樣毛坯尺寸 (mm)	熱　處　理					力　學　性　能					供應狀態硬度 HB
		淬火溫度 (℃)		冷卻	回火溫度 (℃)	冷卻	σ_b (MPa)	σ_s (MPa)	δ_5 (%)	ψ (%)	A_K (J)	
		第一次	第二次				不小於					不大於
20CrMnTi	15	880	870	油	200	水、空	1080	835	10	45	55	217
30CrMnTi	試樣	880	850	油	200	水、空	1470	—	9	40	47	229
20CrNi①	25	850		水、油	460	水、油	785	590	10	50	63	197
12CrNi2	15	860	780	水、油	200	水、空	785	590	12	50	63	207
12CrNi3	15	860	780	油	200	水、空	930	685	11	50	71	217
20CrNi3①	25	830		水、油	480	水、油	930	735	11	55	78	241
12Cr2Ni4	15	860	780	油	200	水、空	1080	835	10	50	71	269
20Cr2Ni4	15	880	780	油	200	水、空	1175	1080	10	45	63	269
20CrNiMo	15	850		油	200	空	980	785	9	40	47	197
18Cr2Ni4W	15	950	850	空	200	水、空	1175	835	10	45	78	269
25Cr2Ni4W	25	850		油	550	水、油	1080	930	11	45	71	269

① 標準中規定的是調質處理後的數據，但這三種鋼可作滲碳鋼用。

表 4·5-3　滲碳鋼的選用

鋼　號	淬透性指標	主要性能特點	用途舉例	可以互相代用的鋼號
20	J_9：80～95HRB	淬透性能低，正火、退火後硬度低、切削性能不良	用於製造尺寸小，負荷低的零件，如軸套、鏈條的滾子、小軸及不重要的小齒輪	15，Q235
20Cr	J_9：18～3.0HRC	滲碳時有晶粒長大傾向，需二次淬火以提高心部韌性	用於製造斷面在 30mm 以下負荷不大的零件，如機床及小汽車的齒輪、活塞銷等零件	15Cr，20Mn2
18CrMnTi	J_9：30～42HRC	正火後切削性能良好，滲碳後面層含碳量適中，過渡層均勻晶粒不易長大，滲碳後可降溫直接淬火	廣泛應用於製造汽車、拖拉機齒輪	20MnTiB，20MnVB，20CrMo
12Cr2Ni4	J_9：35～43HRC	高強度、高韌性和良好的淬透性，但工藝性能差，正火後要高溫回火，才能切削加工。滲碳後不能採用直接淬火，因爲滲碳層中殘餘奧氏體多、必須二次淬火	用於斷面較大、載荷較高而需要良好韌性和缺口敏感性低的重要零件，如重型載重車及坦克的齒輪	
18Cr2Ni4W	J_9：40～45HRC	力學性能比 12Cr2Ni4 鋼還好，工藝性能與 12Cr2Ni4 鋼相近	用於斷面更大、性能要求比 12Cr2Ni4 鋼更高的零件	18Cr2Ni4Mo

表 4·5-4　國外汽車齒輪用鋼

車型	國別	鋼系	鋼號	C	Si	Mn	P	S	Ni	Cr	Mo	Al	主要技術要求
桑塔納 奥迪 捷達 ZF變速箱 速箱	德國	Cr-Mn	16MnCr5	0.14~0.19	≈0.12	1.1~1.4	≤0.035	0.02~0.035	—	0.8~1.2	—	0.02~0.055	J_{10}: 29~35HRC　夾雜物
			20MnCr5	0.17~0.22	≈0.12	1.1~1.5	≤0.035	0.02~0.035	—	1.0~1.3	—	0.02~0.035	J_{10}: 32~40HRC　φ50以下 K_4≤30
			25MnCr5	0.23~0.28	≈0.12	0.6~0.8	≤0.035	0.02~0.035	—	0.8~1.0	—	0.02~0.035	J_{10}: 24~31HRC　φ51-φ130
			28MnCr5	0.25~0.30	≈0.12	0.6~0.8	≤0.035	0.02~0.035	—	0.8~1.0	—	0.02~0.035	J_{10}: 28~35HRC　K_4≤40
			ZF-6	0.13~0.18	0.15~0.40	1.0~1.3	≤0.03	0.015~0.035	—	0.8~1.1	—	B: 0.001~0.003	J_{10}: 28~35HRC
			ZF-7	0.15~0.20	0.15~0.40	1.0~1.3	≤0.03	0.015~0.035	—	1.0~1.3	—	B: 0.001~0.003	J_{10}: 31~39HRC
標致	法國		20CD	0.16~0.22	0.10~0.40	0.6~0.9	≤0.035	0.025~0.040	≤0.30	0.9~1.2	0.20~0.30	Al: 0.015~0.040	J_9: 33~40.5HRC
五十鈴	日本	Cr-Mo	SCM420H	0.17~0.24	0.15~0.35	0.55~0.90	≤0.03	≤0.03	—	0.85~1.25	0.15~0.35	—	J_{15}: 28~34HRC
鈴木 日産柴	日本		SCM822H	0.19~0.25	0.15~0.35	0.55~0.90	≤0.03	≤0.03	≤0.25	0.85~1.25	0.35~0.45	—	J_{15}: 35~41HRC
依維柯	意大利	Ni-Cr-Mo	21NiCrMo5H	0.18~0.23	0.20~0.35	0.60~0.90	≤0.035	≤0.035	1.20~1.50	0.70~1.00	0.15~0.25	—	J_5>42HRC　J_{15}≥32HRC
斯泰爾	奥地利		17Cr2Ni2MoA	0.15~0.19	0.15~0.40	0.40~0.60	≤0.035	0.015~0.035	1.4~1.7	1.5~1.8	0.25~0.35	—	J_{10}: 39~46HRC
富勒	美國		SAE8620H	0.17~0.23	0.15~0.35	0.60~0.90	≤0.035	≤0.035	0.35~0.75	0.35~0.65	0.15~0.25	—	J_9: 27~35HRC

化學成分的質量分數（%）

匹配。

(2) 鋼材的淬透性帶窄。一般爲洛氏硬度 C 級 7～9 個單位，有的同一批投料要控制在 4 個 HRC 以內，這對控制齒輪熱處理後的變形十分有利，提高了齒輪的最後精度。

(3) 控制含硫量。含硫量質量分數一般控制在 0.02%～0.035% 或 0.025%～0.040% 之間，改善鋼材的可加工性。

(4) 對鋼的純淨度有較高的要求。採用 K 法來評定鋼中夾雜物，如奧迪轎車用的齒輪鋼當鋼材直徑小於 50mm 時，$K_4 \leqslant 30$，當鋼材直徑爲 50～130mm 時，$K_4 \leqslant 40$。爲了保證鋼材的純淨度，要控制鋼中含氧量，爲此必須通過爐外精煉或真空除氣等處理。

(5) 含矽量低。其含量質量分數小於 0.12%，以減少晶界氧化，改善滲碳齒輪的疲勞性能。

2·3　滲碳鋼的加工工藝和力學性能

2·3·1　加工工藝

滲碳鋼主要用來製造傳動齒輪，其生產過程大致如下：

熱軋鋼材──→鍛造（平鍛，模鍛或鍛壓機鍛造）──→鍛坯熱處理（得到適宜的硬度和組織以利於切削加工）──→切削加工──→滲碳熱處理（包括滲碳或碳氮共滲、淬火和回火）──→磨內孔或珩磨齒面──→質量檢查──→成品。

1. 鍛造　滲碳鋼因其所含合金元素總量不高，故其成分對鍛造工藝沒有多大影響。但若在鋼材表面存在裂紋（裂紋）或皮下氣孔時，在鍛造時零件表面易產生裂紋，因此鋼材表面必須經過表面清理，將表面缺陷清除，這種鋼材在標準中稱"熱加工用鋼"，有時爲了考核鋼材的鍛造性能還要進行熱頂鍛試驗。當零件不經鍛造而是用鋼材直接切削加工製成，鋼材的表面缺陷在切削時可以加工掉，這種鋼材稱"切削加工用鋼"，機械製造廠根據自己的加工工藝來選擇"熱加工用鋼"或"切削加工用鋼"。

2. 鍛坯熱處理　鍛坯熱處理的目的是改善金相組織，消除鍛造的殘餘應力，以減少滲碳熱處理時的變形，調整硬度以改善被切削加工性。合金元素含量較低的鋼，如 20Cr、20CrMnTi、20MnTiB、20MnVB 等鋼種經正火處理後可以得到"珠光體加鐵素體"組織和適於切削加工的硬度範圍 156～187HB。合金元素含量較高的滲碳鋼，如 12Cr2Ni4、

20Cr2Ni4 和 18Cr2Ni4Mo 等等，正火後硬度較高，難於切削加工，必須經高溫回火處理後才能切削加工。

3. 滲碳熱處理　大量流水生產一般採用連續式滲碳爐進行氣體滲碳，滲碳後降溫直接淬火，採用這種工藝對鋼提出以下要求：

(1) 晶粒長大傾向小。滲碳降溫直接淬火後得到細緻的馬氏體組織。如滲碳時晶粒已經長大，必須採用二次加熱淬火，才能改善力學性能。

(2) 表層碳濃度分布平緩。鋼材化學成分的設計應使滲碳後表面到心部碳分的分布平緩過渡，淬火後在滲碳層中不出現增加脆性、使零件早期破壞的大塊碳化物，特別要避免形成網狀碳化物。

(3) 適宜的淬透性。鋼的淬透性直接影響齒輪滲碳淬火後輪齒心部硬度，進而影響整個滲碳零件的性能，所以在零件的技術條件中都規定了輪齒心部的硬度要求，如載重卡車後橋齒輪規定輪齒心部硬度爲 33～48HRC。當淬火條件固定時，心部硬度決定於鋼的碳含量和鋼的淬透性能。鋼的淬透性能對輪齒心部硬度和疲勞性能的影響見圖 4·5-1，對齒輪滲碳淬火變形的影響見圖 4·5-2。

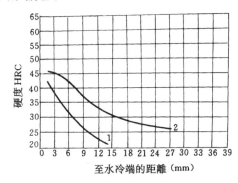

圖 4·5-1　淬透性能對齒輪牙齒心部硬度及
疲勞性能的影響

1—心部硬度 28HRC，疲勞壽命 18.1×10^4 次

2—心部硬度 40HRC，疲勞壽命 36×10^4 次

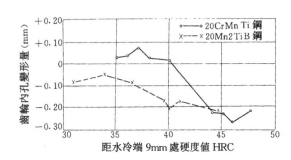

圖 4·5-2　鋼材淬透性對齒輪內孔變形量的影響

隨著鋼材淬透性能的增加,齒輪內孔的收縮量增加,而且鋼種不同,變化情況也不同;淬透性相同時,20Mn2TiB 鋼的內孔收縮量比 20CrMnTi 鋼的大。基於上述原因,我國在 GB5216—85 中規定了保證淬透性能結構鋼的技術條件。

此外,淬透性相同的鋼材製成零件經過滲碳後因鋼中合金元素不同,對滲碳層的淬透性能的影響程度亦不同。鉻、錳和鉬三種合金元素對滲碳層(碳的質量分數爲 0.7%)和心部(碳的質量分數爲 0.20%)淬透性的影響見圖 4·5-3。鉬對心部淬透性能的影響並不顯著,但它對滲碳層的淬透性能的影響卻很大。錳和鉻既增加心部的淬透性能也增加滲碳層的淬透性能。因此選擇滲碳鋼時要考慮合金元素對滲碳層淬透性的影響。

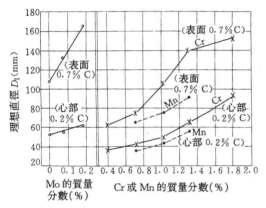

圖 4·5-3　三種合金元素對心部和滲碳層
淬透性能的影響

滲碳速度、表面碳濃度、變形情況等除與鋼種有關外,還與熱處理工藝有關,須通過試驗確定。

滲碳零件淬火後一般不再進行加工,僅個別部位經磨削加工,因此要求淬火時變形最小,大部分採用油淬。

2·3·2　力學性能

滲碳鋼在未滲碳前進行的各種試驗只能測定零件心部的性能,滲碳淬火後的性能除與心部性能有關外,還受滲碳層深度,滲碳層的碳含量與金相組織,內應力的分布等因素的影響。

1. 抗彎強度　滲碳鋼的靜強度一般通過彎曲試驗測定。零件心部硬度、滲碳層深度、鋼材的化學成分和面層碳含量都影響彎曲強度。在滲碳層深度一定的情況下,心部硬度增加時,彎曲強度隨之增加,見圖4·5-4;當滲碳層組織相同時,滲碳層深度增加,彎

曲強度隨之增加;在滲碳層深度與心部硬度相同時,含鎳的鋼材彎曲強度比其他鋼材彎曲強度高;滲碳層面層碳含量增加時彎曲強度降低。

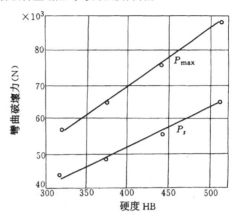

圖 4·5-4　心部硬度對滲碳樣品彎曲破壞力的影響
(樣品尺寸:15mm×15mm×100mm。試驗用鋼爲
12CrNi3、14CrNi3、24CrNi3 和 37CrNi3,
通過改變鋼材碳含量得到不同的心部硬度)

2. 衝擊韌度　試驗時一般採用沒有缺口的試樣,試樣尺寸稍大(如 15mm×15mm×100mm)。

進行衝擊試驗時,可能發生韌性破壞與脆性破壞兩種破壞形式。當試樣尺寸較大、滲碳層較薄、即滲碳層在整個斷面中所占的比例較小時,試樣呈韌性破壞,這時,滲碳樣品的衝擊吸收功主要決定於心部的韌性,見圖4·5-5。反之,當樣品尺寸較小,滲碳層較深時,

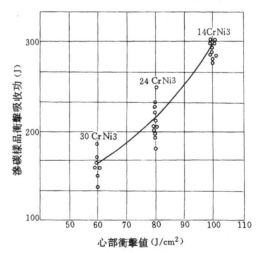

圖 4·5-5　韌性破壞時,心部衝擊值對滲碳
試樣衝擊吸收功的影響
(樣品尺寸 22mm×22mm×100mm;
滲碳層深度 1.0mm)

試樣呈脆性破壞，這時滲碳樣品的衝擊吸收功主要決定於滲碳層的性能，對心部衝擊值的影響較小，見圖 4·5-6。

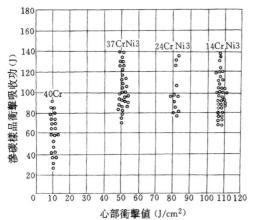

圖 4·5-6　脆性破壞時，心部衝擊值對滲碳
樣品衝擊吸收功的影響

（樣品尺寸：15mm×15mm×100mm；

滲碳層深度 1.5mm）

3. 滲碳層的強度與塑性　滲碳零件的表面硬度一般為 58～63HRC，是脆性材料，對表面尖銳缺口敏感。三種鋼材的光滑和缺口樣品的靜態抗彎強度見表 4·5-5。缺口樣品的尺寸及缺口形狀見圖 4·5-7。

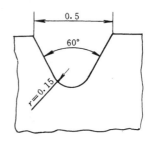

15.3mm×15.3mm×100mm

圖 4·5-7　彎曲試驗用樣品尺寸及缺口形狀

用滲透了碳的薄片壓痕試驗，結果證實了含鎳高的鋼材滲碳層塑性較好，見表 4·5-6。

表 4·5-5　光滑樣品和缺口樣品的靜態抗彎強度

鋼材化學成分的質量分數（%）	樣品熱處理規程	在滲碳層形成裂紋時的力（N）		由於缺口彎曲力下降（%）	備註
		光滑樣品	缺口樣品		
Mn：0.56 Cr：1.45 Ni：0.50	樣品滲碳到層厚為 2.0mm。820℃加熱淬油 150℃回火 2h 光滑樣品表面磨去 0.3mm 缺口樣品按圖用特殊砂輪開缺口	39240 42670 平均 42500 45610	19130 19130 平均 19290 19620	54.0	
Mn：0.63 Cr：1.31 Ni：3.25		58370 63280 平均 60820 60820	38750 33850 平均 36790 37770	39.5	
Mn：0.62 Cr：1.33 Ni：5.18		60820 66710 平均 63760 63770	45620 47090 平均 47740 50520	21.1	

表 4·5-6　滲碳薄片樣品壓痕試驗結果

化學成分的質量分數（%）	壓痕試驗結果（15 個數據平均）		試樣尺寸
	破壞力（N）	壓痕直徑（mm）	
Mn：0.56, Cr：1.45, Ni：0.50	35510	3.04	直徑 15mm，厚 3mm。用直徑 10mm 的鋼球加載滲碳試樣
Mn：0.63, Cr：1.31, Ni：1.31	84370	4.67	
Mn：0.62, Cr：1.33, Ni：5.18	86030	4.87	

4. 疲勞強度　齒輪多因交變載荷作用而疲勞損壞，如齒根彎曲疲勞損壞和齒面接觸疲勞而損壞。影響疲勞損壞的因素有：

（1）心部硬度（強度）。心部硬度與滲碳層深度

對 w_{Cr}1.4%、w_{Ni}3.5%鋼疲勞極限的影響見圖 4·5-8；w_C 變動範圍爲 0.09%～0.42%。

(2) 滲碳層內的氧化物。當滲碳鋼中含有鈦、矽、錳和鉻等合金元素，並在吸熱性滲碳氣氛中滲碳時容易形成這些元素的氧化物，他們存在於晶界或晶粒內部。在氧化物附近這些元素貧化，降低了淬透性。這種氧化物還會成爲高溫轉變產物的核心，導致淬火後在表層形成一些非馬氏體產物從而降低了最表層的硬度。由於滲碳層內氧化形成的非馬氏體網深度對滲碳樣品彎曲疲勞性能的影響見圖 4·5-9。

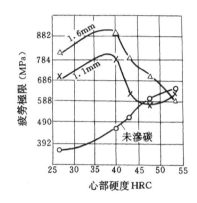

圖4·5-8　心部硬度與滲碳層深度對疲勞極限的影響

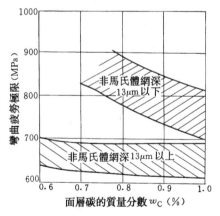

圖4·5-9　25CrMnTi 鋼內氧化形成的非馬氏體網深度對彎曲疲勞極限的影響

(3) 滲碳層內的碳化物。碳化物的數量、大小、形狀和分布情況對滲碳鋼的接觸疲勞和彎曲疲勞性能都有影響。碳化物對接觸疲勞性能的影響見圖 4·5-10。網狀碳化物會明顯降低滲碳鋼的彎曲疲勞性能。

(4) 滲碳層內的殘餘奧氏體。殘餘奧氏體本身強度低，它的存在還降低對疲勞性能有利的殘餘壓應力，因此滲碳層組織中有殘餘奧氏體會降低疲勞性能。但

經滾壓和噴丸強化會提高疲勞強度。殘餘奧氏體及滾壓強化與噴丸強化對疲勞性能的影響見圖4·5-11。

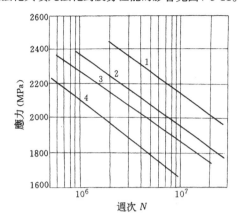

圖4·5-10　碳化物對接觸疲勞性能的影響
1—表面碳質量分數0.93%，870℃淬火，馬氏體＋細小分布碳化物　2—表面碳質量分數0.83%，830℃淬火，馬氏體　3—表面碳質量分數1.07%，880℃淬火，馬氏體＋大塊碳化物　4—表面碳質量分數1.07%，830℃淬火，馬氏體＋大量粗大碳化物

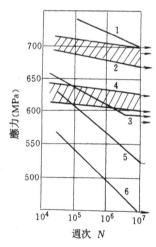

圖4·5-11　殘餘奧氏體、滾壓、噴丸強化對疲勞性能的影響
1—有殘餘奧氏體，用1375MPa力滾壓　2—有殘餘奧氏體，噴丸強化　3—馬氏體，無殘餘奧氏體，C質量分數0.75% 800±30HV　4—馬氏體，無殘餘奧氏體，噴丸強化，60±1HRC　5—有殘餘奧氏體，180℃回火2h　6—有殘餘奧氏體，未回火，w_C1.19%，370±40HV

(5) 化學成分。鋼中鎳含量對滲碳後衝擊疲勞性能和彎曲疲勞性能的影響見圖 4·5-12和圖 4·5-13。

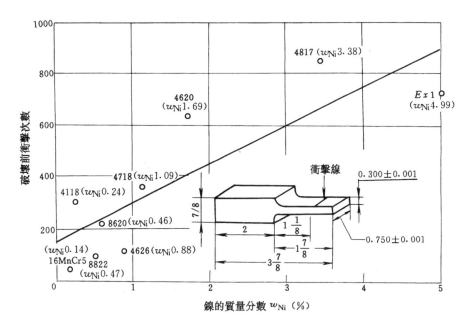

圖 4·5-12　鎳含量對衝擊疲勞性能的影響

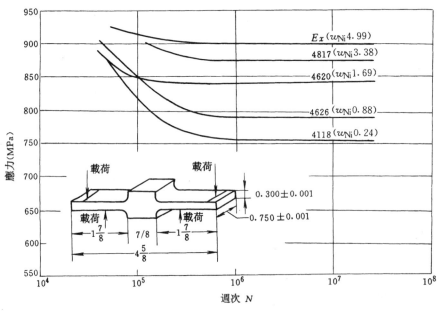

圖 4·5-13　鎳含量對彎曲疲勞性能的影響

2·3·3　滲碳齒輪的性能與壽命

　　在滲碳零件中齒輪最爲典型,工作條件也較惡劣。

　　齒輪的損壞有磨損、表面接觸疲勞、牙齒斷裂、塑性變形和牙齒的端末磨損等五種主要形式,統計了在35年間發生的931例齒輪損壞情況,其損壞形式的分類見表4·5-7。

　　從表4·5-7的數字中可以看出:齒輪損壞中斷裂占的百分數最大,其次爲表面接觸疲勞,再次爲磨損和塑性變形,斷裂中牙齒疲勞斷裂最普遍。

　　1. 齒輪牙齒斷裂　齒輪牙齒斷裂可以是由於短時間過載荷引起的靜彎曲斷裂,也可以是交變彎曲應力引起的疲勞斷裂。

　　a.過載荷引起的牙齒斷裂　齒輪工作時,突然的衝擊過載荷、由於軸承損壞和軸的彎曲引起的牙齒過載荷和兩個配對齒輪間有大塊異物引起的過載荷都

表 4·5-7　931 例齒輪損壞形式的分類

損　壞　類　型	所占百分數（%）
斷　裂　　　　　　　　總數　61.2	
其中　牙齒疲勞斷裂	32.8
孔疲勞斷裂	4.0
超載荷牙齒斷裂	19.5
超載荷孔斷裂	0.9
牙齒碎裂	4.3
表面疲勞　　　　　　總數　20.3	
其中　剝　落	7.2
大塊剝落	6.8
剝落和大塊剝落	6.3
磨　損　　　　　　　總數　13.2	
其中　磨料磨損	10.3
黏著磨損	2.9
塑性變形　　　　　　總數　5.3	
合　計	100.0

可以引起牙齒的斷裂。斷裂的斷口有二種類型，一種斷口爲凹形，是脆性破壞，當牙齒的心部硬度過高和滲碳層中有大量網狀碳化物時，齒的斷裂爲脆性破壞；而另一種斷口爲凸形，是塑性破壞，當齒的心部硬度過低而造成破壞時，滲碳層先被壓陷變形而後斷裂，齒的斷裂爲塑性破壞。

b. 牙齒的疲勞斷裂　齒輪牙齒承受載荷的情況像一個懸臂梁，外加載荷使牙齒根部承受的彎曲應力最大，當交變載荷在牙齒根部引起的應力超過材料的疲勞極限時就會發生牙齒疲勞斷裂，牙齒的彎曲疲勞破壞發生於高載荷低速度的條件下，因爲在這種條件下牙齒經受的彎曲應力最大。

齒輪牙齒的心部硬度、滲碳層深度、鋼材的化學成分以及牙齒根部的圓角大小及加工粗糙度都對牙齒彎曲疲勞性能有影響。提高齒的心部硬度會使齒輪的彎曲疲勞性能得到改善，表 4·5-8 列出心部硬度對汽車後橋主動螺旋齒輪彎曲疲勞性能的影響。

含鎳的鋼材製造的齒輪彎曲疲勞性能較好，表 4·5-9 列出三種成分不同的鋼材的齒輪的彎曲疲勞試

表4·5-8　心部硬度對主動螺旋齒輪彎曲疲勞性能的影響

編號	齒的心部硬度 HRC		彎曲疲勞應力次數	說　　明
	距齒頂 $\frac{2}{3}H$	距齒頂 $\frac{1}{3}H$		
1	27	30.3	32.1×10^4	4 個齒輪試驗結果平均值
2	35	40	41.4×10^4	5 個齒輪試驗結果平均值，2 個超過 60×10^4 未壞

表 4·5-9　三種鋼材齒輪彎曲疲勞試驗結果

鋼　號	硬度 HRC		滲碳層深（mm）	彎曲疲勞試驗破壞時經受的應力次數
	表　面	心　部		
12Cr2Ni4	61～63	37～38	1.15～1.25	14.7×10^4
20MnTiB	60～62	41	1.0～1.15	5.84×10^4
20CrMnTi	60～62	35～37	1.2～1.25	3.42×10^4

驗結果。

2. 齒輪工作表面的接觸疲勞損壞　這種損壞是齒輪非常普遍的損壞形式。齒輪工作一段時間後在牙齒的工作表面節圓處發生金屬的碎片剝落，剝落後在齒的工作表面形成小凹坑，有時小凹坑互相連結形成一條帶子。

和磨損情況不同，表面接觸疲勞即使在潤滑正常時也會發生，它主要是由於交變的接觸應力而產生的金屬表層疲勞。

齒輪的臺架試驗結果表明，齒的表面硬度和面層碳含量對接觸疲勞性能有很大影響，見表 4·5-10。

齒輪 A 由於表面貧碳和表面硬度低，所以其接觸疲勞（點狀剝落）損壞嚴重。

鋼材的純淨度對齒輪的彎曲疲勞和接觸疲勞性能也有影響，近年來，採取爐外精煉和真空除氣等先進冶煉工藝提高鋼的純淨度可以顯著地提高齒輪的壽命。一般電爐冶煉的與爐外精煉鋼滲碳後齒輪的性能對比數據見表 4·5-11。

表 4·5-10   AMS6263 鋼製造的驅動齒輪試驗結果

檢 驗 項 目	技 術 要 求	檢 驗 結 果	
		齒輪 A	齒輪 B
接觸疲勞（點狀剝落）情況	—	嚴重	輕 微
洛氏表面硬度 HR_{30-N}	77～80	70～73	77～78
心部硬度 HRC	36～44	40	40
滲碳層深（mm）	0.38～0.64	0.51～0.61	0.61～0.71
表面金相組織	—	貧碳（C 質量＜0.85%）	正常

表 4·5-11   不同冶煉方法冶煉的 20CrMnTi 鋼性能對比數據

冶煉方法	氣體含量（10^{-4}%）		夾雜物面積（%）		抗彎強度（MPa）		單齒彎曲疲勞極限（MPa）		接觸疲勞極限（MPa）	
	O_2	N_2	氧化物	氮化物	屈 服	斷 裂	次 數	%	次 數	%
一般電爐	130	112.8	0.01045	0.09950	1612	1936	$2.27×10^5$	100	$0.59×10^6$	100
爐外精煉	23	66	0.0093	0.04683	1850	2120	$4.97×10^5$	219	$1.38×10^6$	243

3. 齒輪的磨損   磨損往往是牙齒表面金屬與金屬互相接觸的結果，它與潤滑關係很大。一般的講，中等負荷的齒輪在正常的工作條件下在齒輪牙齒接觸面之間保持一定厚度的油膜而不會有金屬與金屬相互接觸的情況出現，因此除起動和停止時外不會發生磨損。但有時由於齒輪承受的負荷超過應用的潤滑油的"承載能力"而使得油膜破壞造成牙齒金屬直接接觸而發生的黏著磨損，這種磨損破壞了齒輪牙齒的外形，它屬於破壞性磨損。

有時在潤滑油中有磨料顆粒還會引起磨料磨損。磨料顆粒可能是潤滑系統中沒有完全去除的污物，如鑄造齒輪箱外殼殘留的砂子或氧化皮，油中的雜物，操作時齒輪表面或軸承上掉下來的金屬顆粒。磨料磨損比上述超載磨損更加普遍。

齒輪滲碳層的性能對其耐磨性能有較大的影響，一般認爲表面硬度高耐磨性能好，因爲在正常的工作壓力下，硬度低時受比壓應力的作用容易發生塑性變形，引起牙齒外形的變化，産生不正常的嚙合，更加速了表面的磨損。

面層的金相組織對耐磨性能也有影響，滲碳層表層有少量均勻分布的碳化物對耐磨性有利。

4. 齒輪牙齒的端部磨損   在沒有同步器的汽車變速箱中，換檔時的衝擊載荷引起的牙齒端部磨損是換檔齒輪報廢的主要原因。

互相配對的一對齒輪，如果兩個齒輪牙齒的心部硬度不同，則心部硬度低的齒輪的端部磨損嚴重。如果他們的面層碳含量不同則面層碳含量低的齒輪端部磨損情況嚴重。爲了提高齒輪的抗端部磨損能力，要求互相配對的齒輪的心部硬度、滲碳層深和面層碳含量差別不要太大。爲了從根本上解決齒輪牙齒的端部磨損，還得從産品結構上想辦法，如採用同步器的變速箱，換檔時牙齒的端部磨損壞可以消除，同時應煉製高質量的齒輪鋼。

3   滲氮鋼

3·1   滲氮鋼的一般特點

滲氮鋼多爲碳含量偏低的中碳鉻鉬鋁鋼。滲氮鋼零件一般經過調質處理、切削加工和在 500～565℃ 之間的氮化處理過程。

零件經滲氮處理後，(1)不需再進行任何熱處理即可得到非常高的表面硬度，因而耐磨性能優越，咬死和擦傷的傾向小；(2)有一定的耐熱性，在低於滲氮溫度下加熱時可以保持高的硬度，改善抗腐蝕性能；(3)可

表 4·5-12   滲氮對 Cr-Mo-Al 鋼疲勞強度及缺口敏感性的影響

疲勞性能	試樣狀態					
	光滑		半圓缺口		V形缺口	
	未滲氮	滲氮	未滲氮	滲氮	未滲氮	滲氮
疲勞強度(MPa)	308.5	617.5	171.5	597.5	164.5	549.0
相對百分數(%)	100	200	100	348.1	100	333.7

以提高鋼件的疲勞強度，改善對缺口的敏感性。滲氮對疲勞性能和缺口敏感性的影響見表 4·5-12。從表中數據看出：未滲氮時缺口使疲勞強度降低近 50%，而滲氮後，缺口使疲勞強度只降低約 10%。

3·2　常用滲氮鋼

1. 成分與性能分析　適於氣體滲氮的滲氮鋼的碳含量一般處於中碳鋼的下限。碳具有抑制氮在鋼中擴散的作用。有利於氮化物形成的元素有鉬、鉻、釩、鈦和鎢等。但是要得到滿意的滲氮層，鋼中要含 1% 左右的鋁。不含鋁時，形成的氮化層脆，很容易剝落。滲氮鋼中鋁的作用在於形成的氮化鋁非常穩定，在真空中加熱到 1100℃ 時它仍不分解，而其他元素形成的氮化物在真空中加熱到 600℃ 就開始分解。含鋁的滲氮鋼的滲氮層不易剝落是由於鋁阻礙 Fe-N 共析體的形成，而 Fe-N 共析體使滲氮層變脆。鉻增加滲氮層的韌性，提高滲氮層表層的硬度，增加

滲氮層的深度，改善心部性能。加入合金元素鉬可以進一步改善滲氮層的韌性，消除回火脆性。

鉻、鉬、鋁三種合金元素單獨的和三種合金元素共同對滲氮時氮的分布和硬度的影響見圖 4·5-14和圖 4·5-15。鉻鉬鋁滲氮鋼滲氮後表面所以會得到高的硬度是由於在滲氮時形成非常細緻的鋁和鉻的氮化物有顯著的沈澱硬化作用。

國內外應用的滲氮鋼的化學成分見表 4·5-13。

含鎳的滲氮鋼（表中的 N）用於製造心部性能要求特別高的零件。含硒（Se）的滲氮鋼（表中的 EZ）被切削性能優良。為了使滲氮零件有更好的耐磨性能，可以選用石墨滲氮鋼。該鋼碳含量和矽含量較高，通過預熱處理，即加熱到 900℃ 淬火、745℃ 回火 5h，使鋼中總碳含量的 2/3 轉變成石墨，鋼的基體組織上約有 0.8% 的石墨均勻分布。由於石墨本身的潤滑作用及石墨可以作為儲油的孔洞而保持良好的油膜，使滲氮零件具有非常優越的耐磨性。

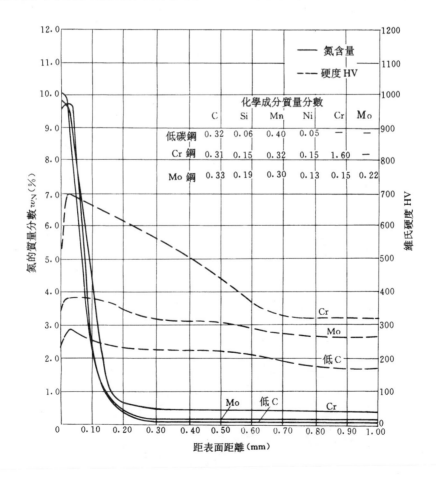

圖 4·5-14　低碳鋼、鉻鋼和鋁鋼在 500~510℃ 滲氮 90h 後氮含量和硬度分布曲線

表4·5-13　滲氮鋼的化學成分

牌　號	化學成分的質量分數（%）							備　註
	C	Mn	Si	Cr	Mo	Al	其他	
38CrMoAl	0.38~0.42	0.30~0.60	0.20~0.45	1.35~1.65	0.15~0.25	0.70~1.10	—	中國牌號
125（H）	0.20~0.30	0.40~0.70	0.20~0.40	0.9~1.4	0.15~0.25	0.85~1.20	—	（美國
135（G）	0.30~0.40	0.40~0.70	0.20~0.40	0.9~1.4	0.15~0.25	0.85~1.20	—	鋼號）
135(飛機)	0.38~0.45	0.40~0.70	0.20~0.40	1.40~1.80	0.30~0.45	0.85~1.20	—	
N	0.20~0.27	0.40~0.70	0.20~0.40	1.0~1.30	0.20~0.30	0.85~1.20	Ni 3.5	
230	0.25~0.35	0.40~0.70	0.20~0.40	—	0.60~1.00	0.85~1.20	—	
EZ	0.30~0.40	0.50~1.10	0.20~0.40	1.0~1.5	0.15~0.25	0.85~1.20	Se 0.15~0.25	
石墨鋼	1.25	0.50	1.30	0.25	0.25	1.35		

　　隨著滲氮新工藝的發展，如軟氮化、離子氮化工藝的採用，可以通過氮化處理工藝改善性能的鋼種逐漸增多，如中碳合金結構鋼、鉻鋼、鉻鉬鋼、鉻釩鋼、鎳鉻鉬鋼、鉻錳鈦鋼、鉻含量（質量分數）5%的模具鋼H11和H13，鐵素體和馬氏體系列不鏽鋼，奧氏體不鏽鋼和沈澱硬化不鏽鋼等。

　　2. 選用　在用低碳鋼滲碳不能滿足要求的情況下改用中碳鋼調質和滲氮處理的實例見表4·5-14。單階滲氮加熱溫度為495~525℃，氨分解率為15%~30%，滲氮時間決定於層深；雙階滲氮第一階段與單階滲氮相同，而第二階段把溫度提高到550~565℃，氨分解率為65%~85%。採用滲氮工藝的零件及鋼種見表4·5-15。

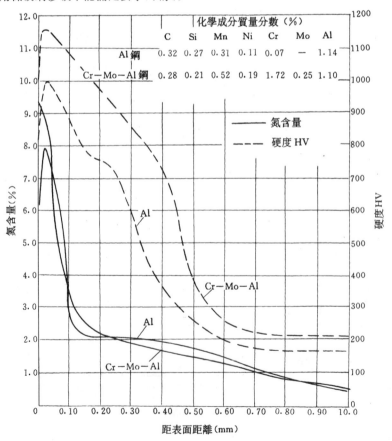

圖4·5-15　鋁鋼和鉻鉬鋁鋼在500~570℃滲氮90h後氮含量和硬度分布曲線

表 4·5-14 滲氮代替滲碳以滿足零件使用要求的實例

零件名稱	要求性能	原用材料及工藝	出現問題	解 決 方 法
齒輪	優良的耐磨性能和疲勞性能	Ni-Cr 鋼（SAE3310）滲碳到層深 0.4~0.6mm	使用壽命不能滿足要求	改用 Cr-Mo-Al 鋼代替 Ni-Cr 鋼，採用雙階滲氮處理 25 小時
高速主動齒輪	牙齒的最低硬度大於 50HRC	Ni-Cr-Mo 鋼（8620）900℃ 滲碳到 0.5mm 降溫到 843℃ 直接淬油 205℃ 回火	牙齒和孔變形廢品率高	用 Cr-Mo 鋼（4140）代替 Ni-Cr-Mo 鋼（8620），調質到 255HB，精加工後滲氮：510℃，38 小時單階滲氮廢品降至零
襯套（運送有磨損作用的鹼性材料的滾筒）	高的表面硬度抗磨料磨損性能和耐鹼性腐蝕	滲碳	由於擦傷而使用壽命短	用 Cr-Mo-Al 滲氮鋼，代替滲碳鋼，調質到 269HB 然後滲氮：510℃，38h 單階滲氮，層深 0.46mm

表 4·5-15 採用滲氮工藝的零件及鋼種

零 件 名 稱	零件尺寸（mm）及質量（kg）	鋼 號	滲氮時間（h）
單 階 滲 氮			
液壓桶	外徑 50.8、內徑 19.05、長 152.4	Cr-Mo-Al	48
氣錘的起動機構		Cr-Mo-Al	40
控制器按鈕	直徑 6.35	Cr-Mo-Al	30
齒輪	外徑 50.8、厚 6.35	Cr-Mo 鋼	24
發電機軸	外徑 25.4、長 355.6	Cr-Mo 鋼	24
速度表軸	長 381	Cr-Mo-Al 鋼	25
油泵齒輪	外徑 50.8、長 177.8	Cr-Ni-Mo 鋼	25
織機梭	152.4×25.4×25.4	Cr 不鏽鋼	8
雙 階 滲 氮			
直升飛機主傳動環形齒輪	外徑 381、內徑 350.5	Cr-Mo-Al 鋼①	525℃，9；545℃，51
飛機汽缸桶	外徑 177.8、長 304.8	Cr-Mo-Al 鋼①	525℃，6；565℃，29
曲 軸	外徑 203.2、長 330.2	Cr-Mo 鋼	65
雙螺旋齒輪	質量 50	Cr-Mo 鋼	97
模 子	質量 21	Ni-Cr-Mo 鋼	90
軸	質量 122	Ni-Cr-Mo 鋼	90
扭力齒輪	質量 63	Ni-Cr-Mo 鋼	90
水泵柱塞	質量 1.5	Cr 不鏽鋼	127

① 真空熔煉。

4 感應加熱淬火用鋼

感應加熱表面淬火與調質處理和滲碳處理相比有下列優點：(1) 表面淬硬而心部仍保持有較高的塑性和韌性，零件不容易發生脆性破壞；(2) 表面局部加熱，零件的淬火變形小，節能；(3) 加熱速度快，生產率高，可以完全消除零件表面的氧化與脫碳；(4) 在零件表層形成殘餘壓應力，提高了零件的疲勞強度；(5) 設備可以安置在機械加工的流水線上，減少了零件的往返運輸，還便於組織生產。

感應淬火用鋼一般爲中碳碳素鋼和碳含量（質量分數）在 0.40%～0.50% 範圍內的合金鋼。鋼中碳含量是影響感應加熱表面淬火後性能的最主要因素。提高碳含量可以增加零件的表面硬度與耐磨性，但卻增加淬硬層的脆性、降低心部的韌性並增加淬火裂紋傾向。有時爲了保證零件的淬火質量採用窄碳含量範圍的精選鋼，如汽車發動機凸輪軸選用碳含量（質量分數）爲 0.44%～0.49% 的 45 鋼製造。

當要求零件心部力學性能較高時，選用碳含量較低的合金鋼，淬火前必須經調質處理。

圓柱形的軸、銷類零件選用冷拉鋼製造。如原材料脫碳層過深超過磨削餘量，淬火後精磨不能把脫碳層全部磨掉，表面硬度將達不到要求。冷拉鋼的脫碳層深度應嚴格限制。

感應加熱淬火時，爲使奧氏體均勻化，常採用較高的加熱溫度。爲避免粗大淬火馬氏體。影響力學性能，宜用細晶粒鋼。

5 低淬透性鋼

對形狀複雜的零件採取感應加熱淬火的處理方式，淬硬層很難沿零件輪廓均勻分布。例如，中小模數齒輪感應加熱時整個齒基本熱透，淬火後齒的心部硬度往往超過 50HRC，心部硬度過高，當齒輪經受較大的衝擊載荷時，輪齒常常斷裂。爲得到只沿齒廓表層的均勻淬硬層，而牙齒心部仍保持一定韌性的效果，須降低鋼的淬透性。

降低中碳鋼淬透性的措施有：煉鋼時加入較多的鋁，阻止奧氏體晶粒加熱時長大；把鋼中提高淬透性的合金元素降至最低限度質量分數，如 Mn<0.2%、Si<0.2%、Ni<0.25% 和 Cr<0.15%；在鋼中加入強烈碳化物形成元素鈦，鈦的碳化物不溶於淬火加熱時形成的奧氏體中，冷卻時成爲珠光體形成核心，從而降低鋼的淬透性。此外，感應淬火鋼的碳質量分數一般爲 0.40%～0.50%，爲了提高其表面硬度和接觸疲勞強度，有時也把其碳質量分數提高至 0.60% 或者更高。典型的低淬透性鋼的成分及感應加熱淬火後的硬度測定結果見表 4·5-16、表 4·5-17。

低淬透性能鋼的淬透性不僅和鋼的化學成分和冶煉工藝有關，而且和感應加熱的溫度有關。直徑爲 12.5mm 的 45 鋼和低淬透性鋼樣品感應加熱到不同溫度淬火後的斷面硬度分布情況見圖 4·5-16。當加熱溫度在 960℃ 以下時，低淬透性鋼的心部硬度顯著低於 45 鋼，但加熱溫度在 1000℃ 以上時，低淬透性鋼的心部硬度比 45 鋼高。因加熱溫度過高,鈦的碳化物

表 4·5-16　工業生產的低淬透性鋼成分　　　　　　　（%）

冶　煉　方　法	化　學　成　分　的　質　量　分　數							
	C	Si	Mn	Cr	Ni	Ti	P	S
電爐冶煉的低淬透性鋼	0.57	0.18	0.05	0.05	0.13	0.11	0.015	0.015
	0.52	0.18	0.08	0.03	0.23	0.11	0.013	0.009
	0.75	0.22	0.08	0.03	0.08	0.15	0.008	0.008
平爐冶煉的低淬透性鋼	0.65	0.11	0.15	0.05	0.03	0.32	0.017	0.024
	0.54	0.03	0.15	0.03	0.06	0.11	0.016	0.030

表 4·5-17　感應加熱透淬火試驗結果

鋼　　種		晶粒度（級別）	ϕ12.5mm 試樣感應加熱透淬火後的硬度					
			硬度 HRC		T_1（℃）	T_2（℃）	到 45HRC 處的淬硬層深（mm）	
			表面	中心			T_1	T_2
電爐鋼	C 含量 0.57%	8	63.5	35.5	785	920	2.7	3.5
	C 含量 0.52%	7	66	33	795	900	2.7	3.2
	C 含量 0.75%	8	66	40	790	820	3.6	4.5
平爐鋼	C 含量 0.65%	6~7	65	35	795	940	2.4	3.2
	C 含量 0.54%	8	66	32	800	1000	1.9	1.9

註：表中含量皆指質量分數。T_1 指鐵素體消失溫度；T_2 指淬透性能顯著增加溫度。

溶解於奧氏體中使晶粒長大和溶解於鋼中的鈦都起到增加淬透性的作用。

低淬透性鋼齒輪感應加熱淬火後的硬度分布情況

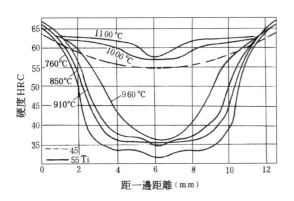

圖 4·5-16　45 鋼與低淬透性鋼（55Ti）不同溫度加熱淬火後的硬度分布

見圖 4·5-17，與 30CrMnTi 鋼性能對比數據見表4·5-18。

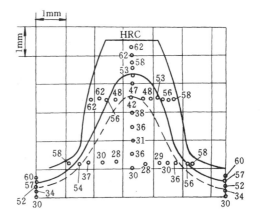

圖 4·5-17　低淬透性鋼齒輪（吉爾 164 卡車二、三速齒輪）感應加熱淬火後，牙齒的硬度分布情況

表 4·5-18　變速箱二、三速齒輪性能對比數據

試　驗　項　目	30CrMnTi 鋼	低　淬　透　性　鋼
熱處理	930℃氣體滲碳 7h，降溫直接淬火，200℃回火 90min	感應加熱到 850℃，噴水冷、150℃回火 90min
靜彎曲試驗 　牙齒斷裂數 　平均破壞載荷（kN）	25 141.3	43 184.4
衝擊試驗 　牙齒破壞時的最小功率平均值（J）	45.7	97.1
疲勞試驗 　大圓柱齒輪扭矩 14126J，轉速爲 　50r/min，破壞前經受載荷次數	116766	313750

第 6 章　調質鋼、非調質鋼和低碳馬氏體鋼[3][28]～[31]

1　概述

調質鋼、非調質鋼和低碳馬氏體鋼製成的零件都具有良好的強韌性。製造的典型零件如汽車的轉向節、前梁、半軸等。傳統的鋼種爲調質鋼，零件淬火後再高溫回火，組織爲索氏體；在含錳較高的鋼中加

入微量釩，鍛造（軋製）後控制冷卻速度，不經過調質處理也可得到需要的強韌性，故稱非調質鋼；將低碳鋼或低碳合金鋼淬火後低溫回火處理，得到低碳馬氏體組織，也具有良好的強韌性，因其含碳量低，便於冷塑性成形，適合於製作冷鐓成形的高強度螺栓。

2 調質鋼

2·1 調質鋼的一般特點

調質鋼用於製造汽車、拖拉機和機床及其他機器上要求強而韌的零件。大多數調質鋼的碳的質量分數在 0.30%～0.60% 範圍內。GB699—88、GB3077—88 和 GB5216—85 中所列的中碳鋼都可以作爲調質鋼使用。

根據零件的**斷面尺寸**及要求的屈服強度，可以選用不同級別的調質鋼，見圖 4·6-1。零件斷面尺寸越大，要求的屈服強度越高，選用的鋼材合金元素含量越高，即選用淬透性越好的鋼材。

調質鋼零件的典型生產工藝流程：

熱軋鋼材───→鍛造(平鍛、模鍛或鍛壓機鍛造)───
　├──→調質處理(241～255HB)───→切削加工───
　└──→正火處理(207～241HB)───→切削加工───
───→調質處理(341～451HB)───→個別部位磨削加工───
───→質量檢查───→裝配

圖 4·6-1 零件斷面尺寸、要求的屈服強度及選用的鋼材

2·2 常用調質鋼（表 4·6-1、表 4·6-2）

表 4·6-1 常用調質鋼的化學成分

鋼　號	化 學 成 分 的 質 量 分 數 w(%)								
	C	Si	Mn	Ni	Cr	Mo	V	B	其他
35	0.32～0.40	0.17～0.37	0.50～0.80	≤0.25	≤0.25				
40	0.37～0.45	0.17～0.37	0.50～0.80	≤0.25	≤0.25				
45	0.42～0.50	0.17～0.37	0.50～0.80	≤0.25	≤0.25				
35Mn	0.32～0.40	0.17～0.37	0.70～1.00	≤0.25	≤0.25				
40Mn	0.37～0.45	0.17～0.37	0.70～1.00	≤0.25	≤0.25				
45Mn	0.42～0.50	0.17～0.37	0.70～1.00	≤0.25	≤0.25				
35Mn2	0.32～0.39	0.17～0.37	1.40～1.80	≤0.30	≤0.30				
40Mn2	0.37～0.44	0.17～0.37	1.40～1.80	≤0.30	≤0.30				
45Mn2	0.42～0.49	0.17～0.37	1.40～1.80	≤0.30	≤0.30				
50Mn2	0.47～0.55	0.17～0.37	1.40～1.80	≤0.30	≤0.30				
35SiMn	0.32～0.40	1.10～1.40	1.10～1.40	≤0.30	≤0.30				
42SiMn	0.39～0.45	1.10～1.40	1.10～1.40	≤0.30	≤0.30				
30Mn2MoW	0.27～0.34	0.17～0.37	1.70～2.00	≤0.30	≤0.30	0.40～0.50			W: 0.60～ 1.00
37SiMn2MoV	0.33～0.39	0.60～0.90	1.60～1.90	≤0.30	≤0.30	0.40～0.50	0.05～0.12		
40B	0.37～0.44	0.17～0.37	0.60～0.90	≤0.30	≤0.30			0.0005～0.0035	

（續）

鋼　號	化　學　成　分　的　質　量　分　數　w（%）								
	C	Si	Mn	Ni	Cr	Mo	V	B	其他
45B	0.42~0.49	0.17~0.37	0.60~0.90	≤0.30	≤0.30			0.0005~0.0035	
50B	0.47~0.55	0.17~0.37	0.60~0.90	≤0.30	≤0.30			0.0005~0.0035	
40MnB	0.37~0.44	0.17~0.37	1.10~1.40	≤0.30	≤0.30			0.0005~0.0035	
45MnB	0.42~0.49	0.17~0.37	1.10~1.40	≤0.30	≤0.30			0.0005~0.0035	
40MnVB	0.37~0.44	0.17~0.37	1.10~1.40	≤0.30	≤0.30		0.05~0.10	0.0005~0.0035	
35Cr	0.32~0.39	0.17~0.37	0.50~0.80	≤0.30	0.80~1.10				
40Cr	0.37~0.44	0.17~0.37	0.50~0.80	≤0.30	0.80~1.10				
45Cr	0.42~0.49	0.17~0.37	0.50~0.80	≤0.30	0.80~1.10				
50Cr	0.47~0.54	0.17~0.37	0.50~0.80	≤0.30	0.80~1.10				
35CrMo	0.32~0.40	0.17~0.37	0.40~0.70	≤0.30	0.80~1.00	0.15~0.25			
42CrMo	0.38~0.45	0.17~0.37	0.50~0.80	≤0.30	0.90~1.20	0.15~0.25			
38CrSi	0.35~0.43	1.0~1.30	0.30~0.60		1.30~1.60				
40CrV	0.37~0.44	0.17~0.37	0.50~0.80	≤0.30	0.80~1.10		0.10~0.20		
50CrVA	0.47~0.54	0.17~0.37	0.50~0.80	≤0.30	0.80~1.10		0.10~0.20		
40CrMn	0.37~0.45	0.17~0.37	0.90~1.20	≤0.30	0.90~1.20				
30CrMnSi	0.27~0.34	0.90~1.20	0.80~1.10	≤0.30	0.80~1.10				
30CrMnSiA	0.28~0.34	0.90~1.20	0.80~1.10	≤0.30	0.80~1.10				
35CrMnSiA	0.32~0.39	1.10~1.40	0.80~1.10	≤0.30	1.10~1.40				
40CrMnMo	0.37~0.45	0.17~0.37	0.90~1.20	≤0.30	0.90~1.20	0.20~0.30			
40CrNi	0.37~0.44	0.17~0.37	0.50~0.80	1.00~1.40	0.45~0.75				
45CrNi	0.42~0.49	0.17~0.37	0.50~0.80	1.00~1.40	0.45~0.75				
50CrNi	0.47~0.54	0.17~0.37	0.50~0.80	1.00~1.40	0.45~0.75				
37CrNi3	0.37~0.41	0.17~0.37	0.30~0.60	3.00~3.50	1.20~1.60				
40CrNiMoA	0.37~0.44	0.17~0.37	0.50~0.80	1.25~1.65	0.60~0.90	0.15~0.25			
45NiCrMoVA	0.42~0.49	0.17~0.37	0.50~0.80	1.30~1.80	0.80~1.10	0.20~0.30	0.10~0.20		

註：優質鋼：w_P≤0.035，w_S≤0.035，w_{Cu}≤0.30；高級優質鋼（A）：w_P≤0.025；w_S≤0.025；w_{Cu}≤0.25；35、40、45鋼：w_{Cu}≤0.25。

表 4·6-2　常用調質鋼的力學性能

鋼　號	熱　處　理				力　學　性　能				
	淬　火		回　火		σ_b(MPa)	σ_s(MPa)	δ_5（%）	ψ（%）	A_{KU}（J）
	溫度（℃）	冷卻	溫度（℃）	冷卻	不小於				
35	850	水	600		530	315	20	45	55
40	840	水	600		570	335	19	45	47
45	840	水	600		600	355	16	40	39
35Mn	850	水	600		560	335	19	45	55
40Mn	840	水	600		590	355	17	45	47

（續）

鋼　號	熱　處　理				力　學　性　能				
	淬　火		回　火		σ_b (MPa)	σ_s (MPa)	δ_5（%）	ψ（%）	A_{KU}（J）
	溫度（℃）	冷卻	溫度（℃）	冷卻	不小於				
45Mn	840	水	600		620	375	15	40	39
35Mn2	840	水	500	水	835	685	12	45	55
40Mn2	840	水	540	水	885	735	12	45	55
45Mn2	840	油	550	水、油	885	735	10	45	47
50Mn2	820	油	550	水、油	930	785	9	40	39
35SiMn	900	水	570	水、油	885	735	15	45	47
42SiMn	880	水	590	水	885	735	15	40	47
30Mn2MoW	900	油	610	水、油	980	835	12	50	71
37SiMn2MoV	870	水、油	650	水、空	980	835	12	50	63
40B	840	水	550	水	785	635	12	45	55
45B	840	水	550	水	835	685	12	45	47
50B	840	油	600	空	785	540	10	45	39
40MnB	850	油	500	水、油	980	785	10	45	47
45MnB	840	油	500	水、油	1030	835	9	40	39
40MnVB	850	油	520	水、油	980	785	10	45	47
35Cr	860	油	500	水、油	930	735	11	45	47
40Cr	850	油	520	水、油	980	785	9	45	47
45Cr	840	油	520	水、油	1030	835	9	40	39
50Cr	830	油	520	水、油	1080	930	9	40	39
35CrMo	850	油	550	水、油	980	835	12	45	63
42CrMo	850	油	560	水、油	1080	930	12	45	63
38CrSi	900	油	600	水、油	980	835	12	50	55
40CrV	880	油	650	水、油	885	735	10	50	71
50CrVA	880	油	500	水、油	1275	1130	10	40	—
40CrMn	840	油	550	水、油	980	835	9	45	47
30CrMnSi	880	油	520	水、油	1080	885	10	45	39
30CrMnSiA	880	油	540	水、油	1080	835	10	45	39
35CrMnSiA	一次 950 二次 890	油	230	空、油	1620	1275	9	40	31
40CrMnMo	850	油	600	水、油	980	785	10	45	63
40CrNi	820	油	500	水、油	980	785	10	45	55
45CrNi	820	油	530	水、油	980	785	10	45	55
50CrNi	820	油	500	水、油	1080	835	8	40	39
37CrNi3	820	油	500	水、油	1130	980	10	50	47
40CrNiMoA	850	油	600	水、油	980	835	12	55	78
45NiCrMoVA	860	油	460	油	1470	1325	7	35	31

註：除35CrMnSiA 和45NiCrMoVA 二個鋼號加工成試樣進行熱處理外，其餘鋼號均加工成直徑爲 ϕ25mm 的毛坯進行熱處理。

2·3　調質鋼的選用

用調質鋼製造零件時，都經過鍛造、切削加工及調質熱處理。選用鋼材時要考慮鋼材在製造過程中的工藝性及零件的力學性能。

2·3·1　工藝性

1. 鍛造　與滲碳鋼大致相同。

2. 切削加工　影響鋼材可加工性的因素錯綜複雜，須作具體分析。如硬度越高刀具越易磨損，但能改善加工件的表面粗糙度。硬度過低，容易黏刀，也使可加工性惡化。鋼材顯微組織對可加工性也有很大影響，如退火的中碳鋼有粗大的鐵素體網，切削加工時，不僅黏刀，影響表面粗糙度，而且還會使切削力增加。

鋼中加入某些合金元素使硬度增加，可加工性惡化，加入的合金元素越多，可加工性越差。高合金鋼需經複雜的熱處理降低硬度後才能切削加工。

同一種鋼材，對不同的切削加工工藝(如車削、鑽削、銑削等)所反映的可加工性也不相同。因此大批流水生產的汽車、拖拉機製造廠在採用一種新鋼材代替原來應用的材料時，必須用實際零件進行生產試驗，統計刀具壽命、測量切削力和零件的表面粗糙度。只有新材料的可加工性接近或優於原用材料時才能代用，否則將會降低生產效率，增加刀具消耗或降低零件質量。

3. 熱處理　調質鋼製造的零件須經淬火及高溫回火處理。淬火時主要是控制淬火變形，防止淬裂。

鋼中碳及合金元素含量越高，淬火時越容易形成淬火裂紋。因為碳及合金元素含量越高，馬氏體形成溫度越低，自行回火作用越小，內應力就越大；碳含量越高，形成的馬氏體與奧氏體的比容差越大，馬氏體的正方度越大，點陣扭曲越甚，硬度越高，馬氏體本身越脆，越容易產生裂紋。因此，碳及合金元素含量較高的鋼材宜淬油，斷面較大和形狀不複雜時可以淬熱水或其他冷卻介質。

高溫回火時通過調整回火溫度可以得到所需要的強度。碳素鋼的抗回火性較差，得到相同的強度必須採用較低的回火溫度，合金鋼的抗回火性較好，可以採用較高的回火溫度。此外還要考慮回火脆性，斷面尺寸較小的大批量流水生產的零件，回火後一般採用水冷，回火脆性得以避免。一些大鍛件，回火後要儘量緩冷以減少內應力。在這種情況下，就要注意回火脆性對產品質量的影響。

2·3·2　零件尺寸與鋼材的淬透性

同一種鋼經相同條件熱處理，隨著零件尺寸增大，淬火後其斷面上特別是心部會出現鐵素體、珠光體或貝氏體等非馬氏體組織，使高溫回火後的各種性能降低。45Mn2 鋼經相同的熱處理後不同斷面的力學性能見表 4·6-3。

當零件尺寸和熱處理條件相同時，鋼的淬透性能越好，淬火後在斷面上特別是心部非馬氏體組織越少，調質後各種力學性能指標也較高，見表 4·6-4。

表 4·6-3　不同斷面的45Mn2 鋼的力學性能

熱　處　理	直徑（mm）	σ_b (MPa)	σ_s (MPa)	$\dfrac{\sigma_s}{\sigma_b}$	δ_5（%）	ψ（%）	a_K(J/cm²)	HB
850℃加熱淬油	12.5	1069	981	0.92	16.5	55.0	87.3	293
575℃回火水冷	25	952	785	0.83	17.6	54.5	102	277
	50	863	574	0.67	20.5	56.5	83.4	241
	100	839	559	0.67	20.0	56.0	58.9	229

註：試樣取自心部。

表 4·6-4　淬透性不同的鋼的力學性能

斷面尺寸及熱處理	鋼　　號	淬透性② (mm)	σ_b (MPa)	σ_s (MPa)	$\dfrac{\sigma_s}{\sigma_b}$	δ_5 （%）	ψ （%）	a_K ① (J/cm²)	HB
直徑 50mm	45	2.5	770	491	0.64	20.5	54.0	82.4	217
850℃加熱淬油	45Mn2	8	937	672	0.72	19.0	54.5	76.5	262
500℃回火	30CrMnSi	15	966	790	0.82	15.5	51.5	82.4	280
	40CrNiMo	大於 39	1197	1079	0.90	13.0	55.0	68.7	363

① 由於硬度值不同，所以衝擊值的規律性不明顯。

② 用 50％馬氏體的硬度值距水冷端的距離表示。

1.結構鋼淬透性能的測定方法與表示方法　測定結構鋼淬透性能最普遍的方法是末端淬火法(GB225—63)。用淬透性能曲線(也稱末端淬火曲線)表示鋼材的淬透性能,或用 J 值表示,如 $J_9 = 30 \sim 45HRC$,即距冷卻端9mm處的硬度爲30～45HRC。

因爲末端淬火試樣淬火時的冷卻條件是嚴格控制的,所以距端末不同距離處的各部位的冷卻速度的數值是一定的,靠近水冷卻端冷卻速度最大,距冷卻端越遠,冷卻速度越小,整個試樣上冷卻速度的變化範圍約爲2～230℃/s。這大致相當於直徑100mm以下各種尺寸的圓棒淬水或油或其他冷卻介質時,在不同部位的冷卻速度的變化範圍,因此可以在一個末端淬火試樣上,得到圓棒在不同冷卻條件下,距末端不同距離、不同部位和冷卻速度之間的關係見圖4·6-2。如直徑爲50mm的圓棒淬水時,它表面和心部的冷卻速度分別爲 272℃/s 和 18℃/s,這分別相當於距端末 1.5mm 和 12.5mm 處的冷卻速度。

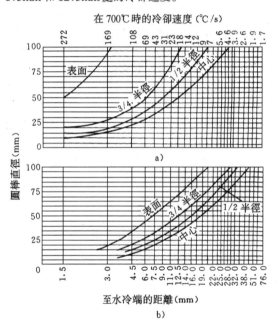

圖4·6-2　不同直徑的圓棒淬火後,從表面至中心各點與末端淬火試樣距試樣末端各距離的關係曲線

a) 棒材淬入緩動的水中　b) 棒材淬入緩動的油中

2.一般機器零件淬透深度的確定　任何一種零件整個斷面都完全淬透再高溫回火,可以得到最好的綜合力學性能,但是這意味著要使用含合金元素較多、淬透性能較好而且價格較貴的合金鋼。事實上不是所有零件都要求完全淬透,因此必須根據零件的受力情況進行具體分析來確定其淬透深度。

(1) 第一種情況是整個斷面承受均勻的拉伸應力或壓縮應力的零件(如螺栓),要求整個斷面完全淬透,幾乎爲全部馬氏體組織。一般的講,硬度在500HB以下,抗拉強度和硬度幾乎成直線關係,整個斷面完全淬透時,其屈服強度和硬度幾乎也成直線關係。但是淬火時如果沒有完全淬透(心部出現非馬氏體組織)雖然可以用降低回火溫度得到需要的硬度,但屈服強度將降低,這樣就降低了零件的質量,如汽缸蓋螺栓在裝配時將達不到規定的扭矩而發生塑性變形,使螺栓拉長。因此,製造整個斷面承受均勻分布應力的零件,鋼材的淬透性應保證零件斷面完全淬透。

(2) 第二種情況是承受彎曲和扭轉應力的零件,如汽車的轉向節(彎曲應力)和半軸(扭轉應力)。承受彎曲或扭轉載荷時,零件表面應力最大,自外向裡應力逐漸遞減,至心部趨於零。這類零件不需要很深的淬透層,一般距表面 1/4 半徑處淬火時能得到80%馬氏體已足夠。

淬硬深度適當時,淬火後零件表層還會產生殘餘壓應力,從而抵消一部分由於彎曲或扭轉載荷在表層形成的拉應力,提高了零件的疲勞性能。

(3) 第三種情況是熱處理後要求耐磨的零件。中碳鋼熱處理後表面硬度越高,耐磨性越好。對於這類零件選擇鋼材時,需注意鋼的含碳量及其淬透性,保證零件淬火後能夠獲得規定的表面硬度和足夠的淬硬深度。

3.淬透性能數據的應用　實踐中常見兩種情況:一是已知零件的硬度要求,需選用淬透性合適的鋼材;另一是已知鋼材的淬透性能曲線,需推算零件淬火後的硬度分布。舉例說明如下:

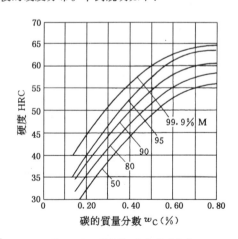

圖4·6-3　碳含量,馬氏體百分數和淬火硬度的關係

（1）汽車零件轉向節在工作時承受彎曲載荷，一般要求距表面 1/4 半徑處得到 80％馬氏體，採用碳質量分數爲 0.37％～0.45％的合金鋼，調質後的硬度要求爲 255～285HB，在毛坯狀態下調質，水淬並高溫回火後進行切削加工。

爲確保零件質量，淬透性能需保證其淬火狀態的硬度（組織）。碳質量分數爲 0.37％（按下限計）的鋼材 80％馬氏體的硬度爲 45HRC，見圖 4·6-3，即在距表面 1/4 半徑處要求淬火狀態的硬度爲 45HRC，生產中一般是測定零件的表面硬度來控制淬火質量，一般要求淬火後表面硬度爲 488HB（50HRC）以上。

知道了上述要求可以按圖 4·6-4 箭頭所示的程序選擇鋼材。

選用的鋼材如其淬透性曲線在距端末 2mm（A 點相當於零件表面）及 7.5mm（B 點相當於距零件表面 1/4 半徑處）處的硬度值，分別等於或大於 50HRC 和 45HRC 時，淬火後即可滿足要求。

經查幾種鋼的淬透性能曲線，發現 40Cr 鋼可以滿足要求。

（2）已知 40MnB 鋼的淬透性能曲線，欲知半軸淬水後的斷面硬度分布。

圖4·6-5上以箭頭的方向示出求解此例的程序。

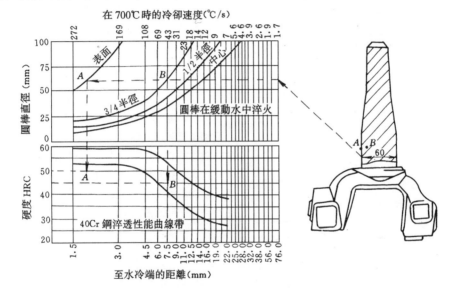

圖 4·6-4　根據零件要求的硬度選擇鋼材的方法

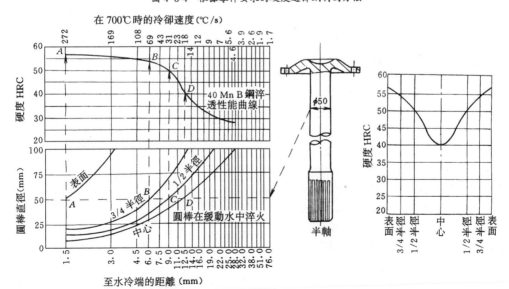

圖4·6-5　根據鋼材的淬透性能曲線推算半軸淬火後斷面硬度分布情況

在40MnB 鋼的淬透性能曲線上得出距試樣末端 A 點（相當於零件表面）、B 點（相當於距中心 3/4 半徑處）、C 點（相當於距中心 1/2 半徑處）和 D 點（相當於中心）的硬度分別為 57HRC、54HRC、51HRC 和 42HRC。根據上述硬度值要求 40MnB 鋼製成的 ϕ50mm 的半軸淬水後的硬度分布曲線。

2·3·3　力學性能

　　各種零件的工作條件和載荷情況不同，對鋼材的力學性能的要求也不同。有些零件承受靜載荷，不允許產生超過容許限度的永久變形，要求鋼材有較高的屈服強度。有些零件必須有足夠的剛度以抵抗承載時產生的彈性變形。剛度主要決定於零件的斷面形狀和材料的彈性模量。由於各種鋼材的彈性模量變化不大，因此要增加零件的剛度必須增大零件的斷面尺寸或改變零件的斷面形狀。

　　材料的疲勞強度、多次衝擊抗力、磨損抗力是決定零件使用壽命的重要指標。承受交變載荷的零件經常是疲勞損壞的，材料的疲勞性能決定著這類零件的壽命。鋼材的化學成分、金相組織、零件的尺寸及形狀（它決定零件的應力集中情況）以及殘餘內應力的分布情況對疲勞性能都有影響，特別是零件的表面情況的影響更為顯著，採用表面強化方法形成有利的殘餘壓應力可以有效地提高零件的疲勞性能。承受小能量多次衝擊的零件，要求採用較低回火溫度（強度指標較高而塑性指標較低），可以得到較高的多衝抗力。構成摩擦副的零件，磨損抗力是決定其壽命的主要因素，零件的表面情況、潤滑情況、硬度、表面金相組織以及互相摩擦的零件的性能差別等等，都影響磨損性能。

　　零件的塑性指標不能直接用於設計計算。塑性的實用意義是通過產生少量塑性變形使局部高應力重新分布，保證零件的安全使用。此外，材料的塑性保證了某些零件成形工藝（如冷衝、冷鐓和冷擠壓）的需要。材料的韌性用衝擊值表示，只有在樣品尺寸及缺口形狀相同的情況下測得的衝擊值才能互相比較。衝擊值一般也不能直接用於設計計算。往往根據經驗或實際零件的使用試驗情況對一種零件提出能滿足使用要求的衝擊值指標。衝擊試驗是一種很敏感的試驗方法，很多冶金缺陷（如白點）和熱處理缺陷（如過燒）都能從衝擊值的變化中反映出來，因此，在判定鋼材或零件質量時常常需進行衝擊試驗。

1. 合金元素對力學性能的影響　淬透性能相同

的鋼調質到相同硬度時，抗拉強度基本相同，硬度與抗拉強度大致成直線關係，見圖 4·6-6。

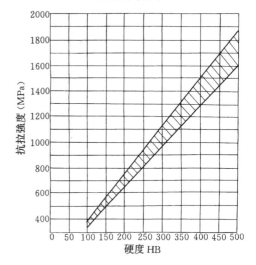

圖 4·6-6　硬度與抗拉強度的關係

　　各種成分的合金鋼調質到各種硬度值時，屈強比和抗拉強度的關係見圖 4·6-7。硬度值為 400HB（抗拉強度約為 1400MPa）時，屈強比值最高，約為 0.9，淬火狀態的組織對屈強比有很大影響。圖中左邊的虛線表示淬火時未完全得到馬氏體，右邊的虛線表示得到完全馬氏體組織。

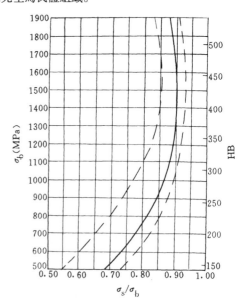

圖 4·6-7　屈強比與抗拉強度的關係

　　調整增加鋼材淬透性的合金元素的含量，可以得到相同的淬透性能，得到相同的抗拉強度和屈服強度。因此，在選擇合金元素時應優先選擇增加淬透性能作用顯著而價格較低的元素，如硼、錳、鉻等。但是合金元素不同的鋼要調質到相同的硬度所採用的回火溫度各不相同，即各種鋼的抗回火性能不同，見表4.6-5。

4.6-5。45鋼屈服強度和塑性指標較低是由於未完全淬透造成的。

表 4·6-5　五種調質鋼得到抗拉強度為1030MPa時的回火溫度及力學性能

鋼　　號	化　學　成　分　（%）					回火溫度	力　學　性　能		
	C	Mn	Cr	Ni	Mo	（℃）	σ_s（MPa）	δ（%）	ψ（%）
45	0.45	0.75				315	783	10	35
45Mn2	0.40	1.75				510	880	16	50
40CrNi	0.40	0.75	0.60	1.25		510	872	17	56
40CrMo	0.40	0.75	1.00		0.20	595	900	18	60
40CrNi2Mo	0.40	0.65	0.65	1.75	0.35	650	893	19	57

淬透性能相同的鋼調質到相同硬度時，抗拉強度和屈服強度雖基本相同，但是脆性破壞傾向差別很大，低溫衝擊試驗尤為明顯，見圖4.6-8。

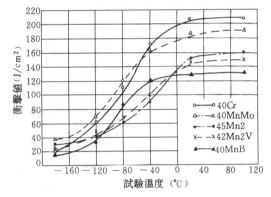

圖 4·6-8　五種鋼的低溫衝擊韌性

成分不同的鋼調質後硬度與疲勞極限的關係見圖4.6-9。硬度在35HRC以下時疲勞極限和硬度成直線關係，疲勞極限的波動範圍為130MPa。硬度超過35HRC時，疲勞極限的波動範圍變寬。如硬度為55HRC時，疲勞極限的波動範圍達380MPa。

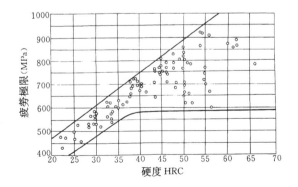

圖 4·6-9　硬度與疲勞極限的關係

2. 調質零件硬度的確定　零件的淬透情況相同

時，調質後的硬度即可反映零件的屈服強度與抗拉強度，因此零件圖紙和技術條件一般只規定硬度數值。只有很重要的零件才規定其他力學性能指標。

調質零件硬度的確定，必須考慮到製造工藝的要求和使用時的載荷條件。從製造工藝考慮，希望零件在毛坯狀態調質，而後進行切削加工和裝配。這樣零件熱處理時產生的變形和脫碳在以後的切削加工中加以消除。但是採用這種製造程序的零件，其硬度不能過高，一般不超過300HB，個別的不超過350HB，否則對切削加工不利。要求硬度更高的零件（如有的汽車半軸要求硬度為341～415HB），只能先切削加工，然後再進行調質處理，這時零件加熱時應防止脫碳和變形，有時熱處理後要增加校直工序。小批量或單件生產的零件，切削加工所允許的硬度可以適當提高。

確定調質零件硬度時還必須考慮到生產的特點，小批單件生產的產品，不同零件可以選定不同的硬度，大批量流水生產的工廠希望大部分零件的硬度範圍一致或固定在幾個硬度範圍內，這對組織熱處理生產有很大的方便。

從零件使用角度考慮，確定調質零件的硬度時要注意到零件的工作條件和零件的形狀。一般的講，硬度

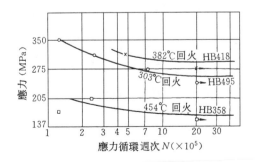

圖 4·6-10　拖拉機軸扭轉疲勞試驗結果

值高，抗拉強度、屈服強度和光滑樣品的疲勞強度都高，但是塑性指標降低，脆性破壞傾向和應力集中的敏感性增加，因此，當零件上有起應力集中作用的缺口（花鍵、槽或斷面變化大）時，爲使應力分布均勻、減少應力集中現象，這時較低的硬度反而可以獲得較高的疲勞性能。帶有花鍵的拖拉機軸的疲勞試驗結果見圖 4·6-10。當硬度爲 418HB 時，其疲勞性能比硬度值爲 358HB 和 495HB 時的疲勞性能都高。

3　非調質鋼

3·1　非調質鋼的一般特點

近年來，爲了節約能源，簡化工藝，發展了不進行調質處理而是通過鍛造時控制終鍛溫度及鍛後的冷卻速度即可獲得具有很高強韌性能的鋼材，這種鋼材稱非調質鋼，也稱微合金鍛造鋼。與傳統調質鋼的生產工藝比較，非調質鋼的生產工藝大爲簡化。

傳統調質鋼生產工藝流程

$$\boxed{熱軋鋼棒} \rightarrow \boxed{下料} \rightarrow \boxed{熱鍛} \rightarrow \boxed{淬火及回火} \rightarrow \boxed{機加工} \rightarrow \boxed{產品件}$$

非調質鋼生產工藝流程

$$\boxed{熱軋鋼棒} \rightarrow \boxed{下料} \rightarrow \boxed{熱鍛} \rightarrow \boxed{機加工} \rightarrow \boxed{產品件}$$

非調質鋼是在中碳鋼中加入微量的釩、鈮和鈦（加入量爲0.1%，主要是加釩），形成這些元素的碳化物或碳、氮化物，鋼材加熱時，這些碳化物在奥氏體中固溶，當冷卻速度適宜時，他們彌散析出，起著提高鋼材硬度和強度的沈澱硬化作用，使鋼的性能達到近似調質鋼的水平。非調質鋼零件的加熱條件要相對穩定（最好是感應加熱），加熱溫度、終鍛溫度以及鍛後冷卻速度等影響零件力學性能的參數都要加以控制。在零件形狀複雜、整個零件斷面尺寸變化較大的情況下，要控制整個零件斷面的終鍛溫度和冷卻速度均勻一致是很困難的，因此需要開發適應性更好的鋼種。

非調質鋼鍛後空冷的金相組織爲珠光體加鐵素體，這種組織的衝擊韌度比調質處理的索氏體組織的差，因此需要研究提高其衝擊韌度的方法，如細化晶粒，控制鍛造溫度等。

3·2　非調質鋼的成分與性能

通過調整碳、錳、矽和釩的含量可以得到不同強度的非調質鋼。各國應用的非調質鋼的成分與性能見表 4·6-6。

表 4·6-6　微合金非調質鋼的成分與力學性能

國　別	鋼　號	化學成分的質量分數(%)						力　學　性　能				
		C	Si	Mn	S	V	其他	σ_b (MPa)	σ_s (MPa)	δ (%)	ψ (%)	HB
德國	49MnVS3	0.44~0.50	≤0.6	0.70~1.00	0.04~0.07	0.08~0.19	—	750~900	≥450	≥8	≥20	
	44MnSiVS6	0.42~0.47	0.5~0.8	1.3~1.6	0.02~0.035	0.10~0.15	Ti 任意	950~1100	≥600	≥10	≥20	
	38MnSiVS6	0.35~0.40	0.5~0.8	1.20~1.50	0.04~0.07	0.08~0.13	Ti 任意	820~1000	≥550	≥12	≥25	
	27SiMnVS6	0.25~0.35	0.5~0.8	1.30~1.60	0.03~0.05	0.08~0.13	Ti 任意	800~950	≥500	≥14	≥30	
英國	BS970-280Mo1	0.30~0.50	0.15~0.35	0.6~1.50	0.045~0.06	0.08~0.20		780~1080	540~650	18/8	≥20	
	VANARD	0.30~0.50	0.15~0.35	1.0~1.5	≤0.10	0.05~0.20		—	—	—	—	
	VANARD850	0.36	0.17	1.25	0.04	0.09	Cr:0.10	770~930	≥540	≥18	≥20	237~277
	VANARD1000	0.43	0.35	1.25	0.06	0.09	Cr:0.15	930~1080	≥650	≥12	≥15	269~331

（續）

國　　別	鋼　　號	化學成分的質量分數(%)						力　學　性　能				
		C	Si	Mn	S	V	其他	σ_b (MPa)	σ_s (MPa)	δ (%)	ψ (%)	HB
英國	Austin Rover CMV 925	0.37～ 0.42	0.15～ 0.35	1.60～ 1.30	0.06～ 0.08	0.08～ 0.11	Mo：≤0.04 (Cr＋Cu ＋Ni)：≤0.5	850～ 1000	≥560	≥12	≥15	248～ 302
芬蘭 (OVAKO)	IVA1000	0.47	0.50	1.1	0.05	0.13	Cr：0.5	1025	750	≥10	≥20	290
瑞典 (VOLVO)	V2906	0.43～ 0.47	0.15～ 0.40	0.6～ 0.8	0.04～ 0.06	0.07～ 0.10	Cr：≤0.2	小於 90mm 750～900	≥500	≥12	—	230～ 275
								小於 50mm 800～950	≥520	≥15	—	245～ 290
日本 (三菱-NKK)	—	0.32	0.25	1.45		0.06	Ti：0.01 N：0.01～ 0.016	720～ 800	470～ 550			

3·2·1　非調質鋼的力學性能

1. 強度　這種鋼鍛成零件空冷後的金相組織爲鐵素體加珠光體，這二個組都可以強化。鐵素體的晶粒大小和固溶強化程度決定著強度的增加量，珠光體的片間距離越小強度越高。

鋼材的化學成分和熱加工工藝都通過影響上述因素而影響著鋼材的強度。碳、矽和錳含量對強度性能的影響見圖 4·6-11 和圖 4·6-12。

爲了得到釩的最大的沈澱硬化效果，加熱過程應使釩的化合物充分溶解於奧氏體中；鍛後冷卻過程應使釩的化合物以細緻的顆粒沈澱。釩、氮含量對抗拉強度的影響見圖 4·6-13。氮含量增加可以與釩形成碳、氮化物，增加沈澱硬化作用。

鍛造時的加熱溫度和鍛壓比對非調質鋼力學性能的影響見圖 4·6-14、圖 4·6-15。提高鍛造加熱溫度，屈服強度與抗拉強度都略有提高，而衝擊韌度稍有降低，這種變化沒有很大的實際意義，故宜以 1200℃ 作爲鍛造加熱溫度。鍛壓比增加，強度和韌性都提高。

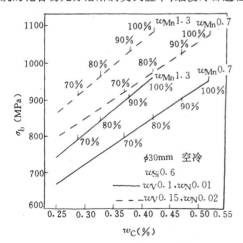

圖 4·6-11　碳、錳含量對抗拉強度的影響
（線以上的數字表示珠光體的百分數）

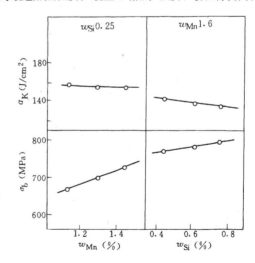

圖 4·6-12　Mn 和 Si 含量對抗拉強度
及衝擊韌度的影響
（w_C0.32%，w_V0.05%，w_T0.01%，
w 皆爲質量分數）

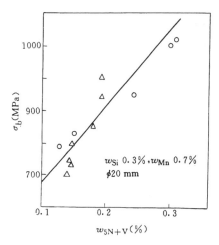

圖 4·6-13　釩和氮含量對中碳鋼抗拉強度的影響

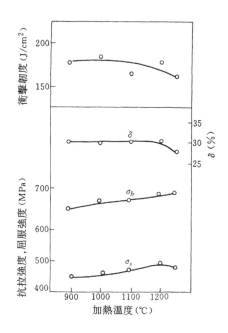

圖 4·6-14　加熱溫度對力學性能的影響
$w_C 0.31\%$；$w_{Mn} 1.37\%$

2. 衝擊韌度　非調質鋼的主要缺點是比調質鋼的衝擊韌度低，這一缺點在一定程度上妨礙它的推廣應用。影響衝擊韌度的主要因素有奧氏體晶粒大小、珠光體數量、鐵素體顆粒大小以及鋼材的硬度等，而這些因素又受鋼材化學成分及熱加工工藝的影響。

提高碳含量會增加珠光體數量和提高鋼材的硬度，引起衝擊韌度下降，所以降低鋼中碳含量可以明顯地改善其韌性。

細化奧氏體晶粒能明顯改善非調質鋼的衝擊韌度。防止鍛造加熱時奧氏體晶粒長大的行之有效的方法是在鋼中加入鈦元素，形成穩定的 TiN，富集在奧氏體晶界，防止奧氏體晶粒長大。

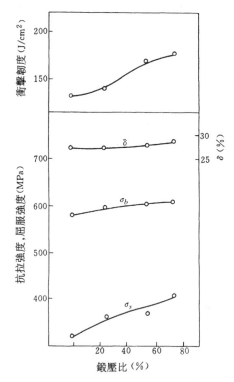

圖 4·6-15　鍛壓比對力學性能的影響
$w_C 0.31\%$；$w_{Mn} 1.37\%$

加鈦對含釩的非調質鋼的衝擊韌度的影響見圖 4·6-16。衝擊試樣取自加熱不同溫度鍛造後的軸類零件上，爲了比較，w_C 爲 0.37% 的鋼調質處理後的衝擊吸收功值也列於圖中。可以看出，鋼中加鈦後可以明顯地提高鋼材的衝擊韌度。

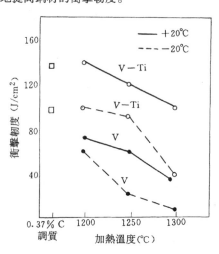

圖 4·6-16　鈦對含釩的非調質鋼衝擊韌度的影響

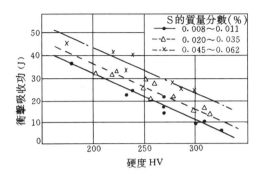

圖 4·6-17　硬度和含硫量對衝擊韌度的影響

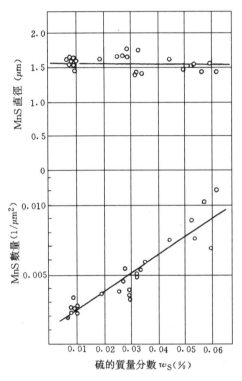

圖 4·6-18　硫含量與 MnS 顆粒數
與 MnS 顆粒直徑的關係

值得提出的是，硫含量對鋼材的鐵素體-珠光體

晶粒直徑和衝擊韌度也有顯著的影響，硫含量提高，鐵素體-珠光體晶粒細化，鋼材的衝擊韌度提高，見圖 4·6-17。

硫含量提高，增加了 MnS 的顆粒數，而 MnS 顆粒直徑不受硫含量的影響。MnS 顆粒數增加，即增加了鐵素體析出的核心，增加了析出的鐵素體的塊數，減小了塊的尺寸，細化了鐵素體-珠光體晶粒，因而提高了鋼材的衝擊韌度，見圖 4·6-18。

3·2·2　非調質鋼的加工工藝

1. 鍛造　鍛造工藝影響著非調質鋼的性能，鍛造加熱溫度過低，釩的化合物沒有充分在奧氏體中固溶，影響著以後的沈澱硬化因而影響力學性能，所以鍛造加熱溫度需要在 1000℃ 以上。鍛造加熱溫度過高，引進奧氏體晶粒長大，惡化衝擊性能，故加熱溫度一般採用 1200℃ 爲宜，而且最好採用感應加熱，溫度容易控制。鍛造後的冷卻條件特別是在 750～550℃ 溫度範圍內的冷卻速度決定著零件的性能，儘可能在該溫度範圍內按一定速度冷卻，一般採用單個零件擺放在輸送帶上空氣冷卻即可滿足要求。

2. 可加工性　非調質鋼的金相組織爲鐵素體和珠光體，它的可加工性比調質處理得到的索氏體組織的要好。對非調質鋼 35MnVS 連桿與 55 鋼連桿進行的刀具壽命的對比試驗（35MnVS 鋼鍛造後空冷，硬度值爲 213～275HB，平均值爲 248HB；55 鋼經調質處理，硬度值爲 216～243HB，平均值爲 232HB，加工時所用的機床、刀具、冷卻等均爲生產線條件），結果見表 4·6-7。從表中數據看出：錳含量低的 35MnVS（Ⅰ組）比 55 鋼的刀具耐用度平均增加 80%，而錳含量高的 35MnVS（Ⅱ組）平均高 60%。

3. 熱處理　由於非調質鋼不經淬火高溫回火處理，鍛造後空冷即可得到需要的性能，所以熱處理變形很小，基本上可以省去校直工序。

表 4·6-7　連桿可加工性對比試驗結果

加　工　內　容	刀具壽命(件/刃磨一次)			壽　命　對　比	
	35MnVS（Ⅰ）（w_{Mn}0.80%）	35MnVS（Ⅱ）（w_{Mn}1.25%）	55 鋼（Ⅲ）	$\dfrac{35MnVS（Ⅰ）}{55（Ⅲ）}$	$\dfrac{35MnVS（Ⅱ）}{55（Ⅲ）}$
鑽 ϕ27.7mm 小頭孔	125	141	75	1.66	1.88
拉 ϕ28.8 小頭孔	333	275	150	2.22	1.83
精銑蓋、座面	141	125	75	1.88	1.66
鑽、擴、鉸螺栓孔	84	52	50	1.6	1.04
大頭孔倒角	250	234	150	1.66	1.56

3·3 非調質鋼的應用

(1) 輕型卡車的前梁。用非調質鋼（SVD 鋼）和碳鋼（SAE1055）製造輕型卡車前梁並進行了全面性能對比。試驗用鋼材的成分見表 4·6-8。用 $\phi72mm$ 的軋材在 1190～1330℃ 溫度範圍內加熱到不同溫度鍛成前梁，在輸送帶上空冷到 600℃；用 SAE1055 鋼鍛成的前梁，再在 850℃ 加熱淬油，600℃ 回火。從前梁上取樣加工成標準查氏衝擊樣品，在 25℃ 和 −50℃ 進行衝擊試驗，結果見圖 4·6-19。隨著鍛造加熱溫度升高，SVD 鋼的衝擊性能降低，但是在 1300℃ 加熱時，其衝擊功仍與 SAE1055 鋼調質的相當，說明 SVD 鋼加熱到較高的鍛造溫度冷卻後仍可保持細晶粒，因而有良好的衝擊韌性。

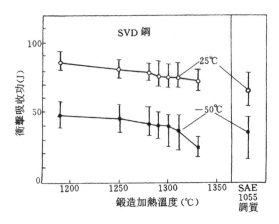

圖 4·6-19　SVD 鋼與 SAE1055 鋼（調質）
查氏衝擊試驗結果

表 4·6-8　生產前梁用鋼的化學成分

鋼　種	化 學 成 分 的 質 量 分 數（%）							
	C	Si	Mn	P	S	Cr	Al	V
SVD 鋼	0.24	0.24	1.45	0.013	0.059	0.37	0.034	0.13
SAE1055 鋼	0.55	0.18	0.76	0.019	0.019	0.14	0.021	—

在前梁不同部位經 9000 次生產條件下的取樣測定斷面硬度分布情況，試驗表明 SVD 鋼鍛造後空冷後的斷面硬度變化平穩，數值都在 40HV 範圍內，說明 SVD 鋼的尺寸效應小。

從零件上取樣進行拉伸試驗，試驗結果表明，SVD 鋼的抗拉強度與伸長率與 SAE1055 鋼調質的相當，而其屈服強度高於 SAE1055 鋼的。屈服強度的提高有利於前梁的彎曲應力。前梁的彎曲試驗同時表明，SVD 鋼比 SAE1055 鋼具有較高的承載極限。

疲勞試驗證明，無論是光滑樣品還是缺口樣品，SVD 鋼的疲勞性能都比 SAE1055 鋼的高。一般的講，硫含量提高會降低疲勞性能，因為靠近 MnS 處會產生應力集中，但是 SVD 鋼中 MnS 被鐵素體包圍，靠近 MnS 處的應力集中作用被塑性好的鐵素體所緩和，因而疲勞性能並不降低。

(2) 中型載重卡車發動機連桿。解放牌中型卡車（CA1091）的發動機連桿原用 55 鋼採用鍛造餘熱淬火，然後經 670℃ 高溫回火，處理後的硬度值為 229～

表 4·6-9　35MnVS 鋼技術條件

鋼　號	化 學 成 分 的 質 量 分 數（%）						力 學 性 能				
	C	Mn	Si	P	S	V	σ_b (MPa)	σ_s (MPa)	δ (%)	ψ (%)	a_K (J/cm²)
35MnVS	0.33～0.40	1.00～1.40	0.30～0.60	≤0.035	0.035～0.075	0.06～0.12	720～920	≥440	≥15	≥35	≥39

表 4·6-10　35MnVS 與 55 鋼連桿的力學性能

鋼　號	整體連桿拉伸斷裂時拉力（kN）	力 學 性 能				
		樣品號	σ_b(MPa)	δ(%)	ψ(%)	a_K (J/cm²)
35MnVS	213～275 平均值248	1	816	14	57.0	119
		2	944	15	56.0	114
		3	994	16	58.0	
		平均值	918	15	57.0	116.5
55 鋼	216～243 平均值232	1	771	19.5	46	92
		2	840	19.0	43.5	92
		平均值	806	19.0	45	92

269HB（下限可到 217HB）。現改用非調質鋼 35MnVS 使用情況滿意。35MnVS 鋼供應的技術條件列於表4·6-9。35MnVS 鋼下料後採用中頻感應加熱。加熱溫度爲 1150～1240℃，用 3150t 鍛壓機鍛壓成形，終鍛溫度爲 1150～1100℃，終鍛後零件單件擺放，經過 8m 長的輸送帶空氣冷卻。鍛成的連桿經噴丸處理。測定了 35MnVS 鋼鍛造後空冷的連桿硬度和 55 鋼調後的硬度，35MnVS 的硬度變化範圍爲 220～283HB，平均值爲 245HB；55 鋼的硬度範圍爲 210～270HB，平均值爲 242HB，都基本上符合要求。用 35MnVS 和 55 鋼的連桿進行了整體拉伸試驗，並從連桿上取樣加工成 4mm×15mm×120mm 和 5mm×10mm×55mm 的拉伸試樣與衝擊試樣進行樣品的性能試驗，結果見表 4·6-10。

4　低碳馬氏體鋼

4·1　低碳馬氏體鋼的一般特點

低碳馬氏體固溶的過飽和碳含量較低，其晶格扭曲較中、高碳馬氏體小，而且馬氏體開始轉變和轉變終了的溫度都較高，淬火時最先產生的馬氏體在隨後的冷卻過程中會發生自行回火，因此低碳馬氏體的力學性能不像中碳和高碳馬氏體那樣硬而脆，而是在具有高強度的同時兼有良好的塑性及韌性。其力學性能變化範圍如下：

抗拉強度（σ_b）　　　　1150～1500MPa
屈服點（σ_s）　　　　　950～1250MPa
斷後伸長率（δ）　　　$\geqslant$10%
斷面收縮率（ψ）　　　　$\geqslant$40%
衝擊韌度（a_K）　　　　　$\geqslant$6J/cm^2

上述性能指標和許多中碳合金鋼調質處理後的指標相當。因此，對於要求強韌性能的零件，根據零件的載荷特徵、加工特點和生產條件，可以選用調質鋼、非調質鋼或低碳馬氏體鋼來製造。

4·2　低碳馬氏體鋼的力學性能及其影響因素

4·2·1　低碳馬氏體鋼力學性能的特點

1. 綜合力學性能　低碳馬氏體鋼的綜合力學性能可以達到中碳合金鋼調質處理後的水平。表 4·6-11列出 20Cr 鋼淬火後不同溫度回火與中碳鋼調質處理後的性能對比數據。常規的力學性能甚至優於調質鋼。

表 4·6-11　20Cr 鋼淬火後不同溫度回火與調質鋼性能對比數據

鋼 號	熱 處 理 工 藝	力 學 性 能					
		σ_b（MPa）	σ_s（MPa）	δ_5（%）	ψ（%）	a_K（J/cm^2）	HB
20Cr	正　火	570	350	30.8	74	—	—
	880℃加熱淬 NaOH 水溶液	1580	1145	8.4	28	69	441
	100℃回火	1570	1175	8.8	32	65	433
	200℃回火	1490	1245	8.4	36	71	425
	300℃回火	1375	1245	8.2	45	57	397
	400℃回火	1215	1130	10.0	53	101	360
	500℃回火	985	960	14.7	63	186	302
	600℃回火	815	755	19.1	73	243	241
40Cr	850℃加熱淬油　500℃回火	1220	1120	13.0	54.0	77	341
	575℃回火	995	920	16.5	57.5	117	302
	650℃回火	895	780	19.5	63.5	147	255
45Mn2	850℃加熱淬油　500℃回火	1180	1110	14.5	52.5	78	321
	575℃回火	1070	980	16.5	55.0	97	293
	650℃回火	890	804	19.5	61.0	134	248
40MnB	850℃加熱淬油　500℃回火	1045	975	16.0	58.0	108	309
	575℃回火	865	775	18.5	61.0	123	260
	650℃回火	725	630	25.0	67.0	147	216

2. 脆性破壞傾向　低碳馬氏體鋼與中碳鋼調質態相比,其冷脆傾向小。圖4·6-20示出15MnVB鋼淬油和淬水後200℃回火與40Cr鋼淬火後600℃回火的低溫衝擊試驗結果。由圖可知,15MnVB鋼淬火後低溫回火的衝擊值在+20~-60℃溫度範圍內都比40Cr鋼調質的高,因此,在低溫工作條件要求強度高、韌性好的機件採用低碳馬氏體鋼是適合的。

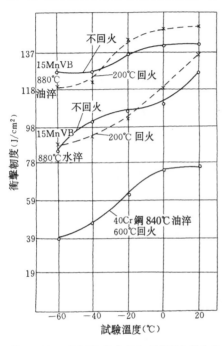

圖4·6-20　15MnVB鋼與40Cr鋼低溫衝擊曲線

3. 缺口敏感性　用低碳馬氏體鋼製造螺栓時,螺栓的螺紋相當於缺口,裝配時難免傾斜。經對40Cr鋼(調質處理到硬度30HRC、35HRC、36~40HRC三組樣品)和15MnVB鋼(淬火後200℃回火硬度36~40HRC、42HRC二組樣品)開60°的缺口試樣,進行不同偏斜度的拉伸試驗,見圖4·6-21,結果表明:40Cr鋼硬度爲36~40HRC時,缺口試樣的抗拉強度仍高於光滑試樣的,但在傾斜8°拉伸時其抗拉強度低於光滑試樣的,因此用40Cr鋼製造有缺口的零件時,硬度不宜太高。15MnVB鋼得到低碳馬氏體組織,當硬度爲36~40HRC和42HRC時,即使是缺口試樣傾斜8°進行拉伸試驗時,其強度均大於光滑樣品的強度,說明低碳馬氏體在強度高時,其缺口敏感性比40Cr鋼低。

4. 疲勞性能　經對15鋼、20Cr鋼、40Cr調質鋼進行疲勞性能對比試驗,見圖4·6-22、表4·6-12,結果表明:低碳馬氏體的疲勞抗力明顯地優於中碳合

金調質鋼,不僅光滑樣品的疲勞極限高,而且它的缺口敏感度小。

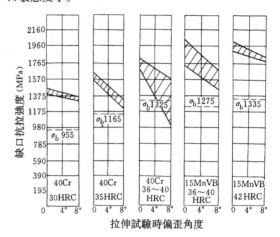

圖4·6-21　40Cr鋼與15MnVB鋼缺口試樣傾斜
不同角度拉伸試驗結果

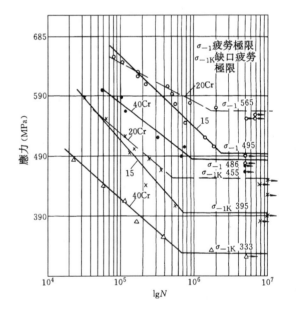

圖4·6-22　15鋼、20Cr鋼、40Cr鋼的光滑樣品
與缺口試樣的疲勞曲線

(15鋼:940℃加熱淬含質量分數10%NaOH水溶液,
200℃回火;20Cr鋼:880℃加熱淬含質量分數
10%NaOH水溶液,200℃回火;40Cr鋼:840℃
加熱淬油,600℃回火)

5. 延遲斷裂　延遲斷裂是指機械零件或金屬試樣在一定的環境中(介質、溫度、……)、在靜拉伸應力的作用下,經過一段時間後而發生的脆性斷裂現象。鋼的強度越高,對延遲斷裂越敏感,一般認爲鋼的

表 4·6-12　低碳馬氏體鋼與中碳調質鋼疲勞缺口敏感度的比較

鋼號	熱 處 理	硬 度 HRC	強度及疲勞強度（MPa）			$K_f = \dfrac{\sigma_{-1}}{\sigma_{-1n}}$	$q = \dfrac{K_f-1}{K_t-1}$
			σ_b	光滑 σ_{-1}	缺口 σ_{-1n}		
15	940℃ 淬含 10% NaOH 水溶液，200℃ 回火	36	1120	495	395	1.25	0.35
20Cr	880℃ 淬含 10% NaOH 水溶液，200℃ 回火	45	1490	565	455	1.24	0.33
40Cr	840℃ 淬油、600℃ 回火	30	960	486	333	1.46	0.64

表 4·6-13　15MnVB、20Cr 及 40Cr 鋼的延遲斷裂試驗結果

鋼號	熱處理		硬度 HRC	抗拉強度 σ_b （MPa）	腐蝕 介質	延遲斷裂強度 σ_{100} （MPa）	缺口樣品抗拉強度 σ_{bH} （MPa）	$\dfrac{\sigma_{100}}{\sigma_{bIH}}$
	淬火	回火						
15MnVB	880℃ 淬含 10% NaOH 水溶液	不回火	37~38	1175	蒸餾水	2000	2060	0.97
		200℃	37~38	1175		2000	2060	0.97
15MnVB	880℃ 淬含 10% NaOH 水溶液	不回火	37~38	1175	3% NaCl 水溶液	2000	2060	0.97
		200℃	37~38	1175		2000	2060	0.97
		400℃	35~36	1080		1650	1950	0.85
		600℃	24~25	825		1450	1650	0.88
20Cr	880℃ 淬含 10% NaOH 水溶液	不回火	42~43	1365	3% NaCl 水溶液	2000	2335	0.85
		200℃	42~43	1365		2000	2335	0.85
		400℃	34~35	1040		1745	2100	0.83
		600℃	25~26	845		1395	1715	0.83
40Cr	860℃ 淬油 熱軋態	450℃	41~42	1325	3% NaCl 水溶液	450	1940	0.23
		480℃	39~40	1245		700	1900	0.37
		500℃	36~37	1140		1395	1815	0.77
		600℃	27~28	890		1295	1520	0.85
		—	15~16	675		1000	1175	0.85

抗拉強度大於 1200MPa 時，就容易發生延遲斷裂。用 15MnVB、20Cr 和 40Cr 三種鋼的缺口試樣進行延遲斷裂試驗[9]，將試樣浸泡在充滿腐蝕介質的容器內進行靜拉伸試驗，作出 σ（應力）-t（斷裂時間）延遲斷裂曲線，以加載 100h 試樣不斷時的最大應力作爲鋼的延遲斷裂應力值，以 σ_{100} 表示；σ_{100} 數值越大，則鋼的延遲斷裂抗力越高。試驗結果見表 4·6-13。由表可知，15MnVB 鋼在蒸餾水中或 3% NaCl 水溶液介質中都有較高的延遲斷裂應力值，而 40Cr 調質後的延遲斷裂應力值都較低。硬度值同爲 37HRC 時的 15MnVB 鋼與 40Cr 鋼的延遲斷裂曲線示於圖 4·6-23。

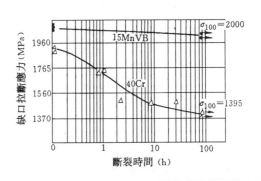

圖 4·6-23　15MnVB 鋼與 40Cr 鋼的延遲斷裂曲線

4·2·2 影響低碳馬氏體鋼力學性能的因素

1. 斷面尺寸　斷面尺寸增大，心部將淬不透，馬氏體數量降低，硬度降低。用四種鋼、直徑不同的試樣淬含質量分數 10% NaCl 水溶液後，測定其心部硬度及馬氏體含量百分數，結果見圖 4·6-24。從圖中看出：15 鋼 ϕ6mm 可以淬透，20Cr 鋼 ϕ10mm 可以淬透，ϕ25mm 心部仍可得到 70% 左右馬氏體，18CrMnTi 鋼 ϕ25mm 心部可以得到 80% 的馬氏體。

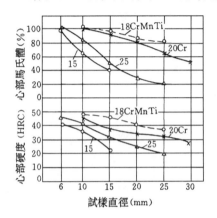

圖 4·6-24　4 種鋼加熱淬質量分數為 10% 的 NaCl 水溶液後，心部硬度、馬氏體百分數與試樣直徑的關係

2. 碳含量　碳是影響低碳馬氏體力學性能最主要的元素。低碳鋼淬火後的硬度主要取決於碳含量，隨著鋼中碳含量的增加，淬火後低碳馬氏體鋼的硬度增加，見圖 4·6-25。用碳含量不同的碳素鋼 ϕ10mm 的試樣加熱淬質量分數 10% NaCl 水溶液 200℃ 回火後的力學性能見圖 4·6-26。鋼中碳的質量分數在 0.15%～0.29% 範圍內變化時，隨著碳含量的提高抗拉強度與屈服強度提高，表明低碳馬氏體的強化主要是碳的固溶強化。低碳馬氏體的塑性與韌性則隨著鋼

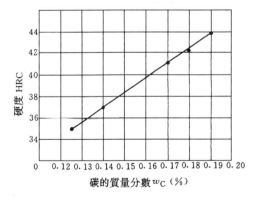

圖 4·6-25　碳含量與淬火硬度的關係

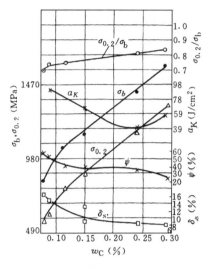

圖 4·6-26　碳含量對力學性能的影響

中碳含量的增加而不斷下降。

3. 奧氏體化溫度　20Cr 鋼 ϕ10mm 試樣加熱到不同溫度淬入含質量分數 10% NaCl 水溶液，200℃ 回火後的力學性能見圖 4·6-27。在 900℃ 以下隨著加熱溫度的升高，鋼材的強度和韌性都提高，這是由於游離鐵素體溶於奧氏體中淬火後馬氏體百分數增加而引起的。在 900℃ 以上加熱到 1000℃、1100℃ 和 1200℃ 強度和塑性及韌性指標均平緩下降。

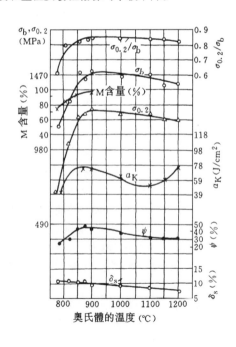

圖 4·6-27　淬火加熱溫度對 20Cr 鋼力學性能的影響

4·3　低碳馬氏體鋼的應用實例

1. 石油鑽機用的吊環、吊卡　吊環是石油鑽機提升系統的重要工具之一，主要用於鑽井過程的起、下鑽，要求安全可靠。用 35 鋼正火處理，強度低，

產品笨重，裝卸運輸時工人的勞動強度大。用低碳合金鋼淬火強化得到低碳馬氏體組織，強度大幅度提高，吊環的重量減輕很多。新、舊吊環所用的材料、性能及重量的對比數據見表 4·6-14。

低碳馬氏體鋼由於強度高，抗拉強度與屈服強度

表 4·6-14　新、舊吊環材料的力學性能及重量數據

吊環類別	30t 吊環的質量 (kg)	鋼　號	熱處理	力學性能				
				σ_b (MPa)	$\sigma_{0.2}$ (MPa)	δ (%)	ψ (%)	a_K (J/cm²)
國產新型吊環	18.6	20SiMn2MoVA	900℃淬油 250℃回火	≥1470	≥1225	≥12	≥50	≥69
		25SiMn2MoVA	250℃回火	≥1570	≥1325	≥10	≥45	≥59
原蘇式吊環	44.0	35	850℃正火	≥510	≥285	≥18	≥45	≥39

相當於 35 鋼正火態的 3 倍，因此可以減輕吊環的重量。尤其可貴的是低碳馬氏體鋼的冷脆轉化溫度低，-40℃ 時 a_K 值爲 52J/cm²，比正火態 35 鋼的室溫 a_K 值還要高。這對室外嚴寒地帶工作的吊環來說是很重要的。國產新型吊環超載試驗結果表明：採用低碳合金鋼淬火強化製造的吊環，充分發揮了材料的潛力，減輕了產品重量，保證了使用的安全可靠，見表 4·6-15。

表 4·6-15　低碳馬氏體鋼製造的輕型吊環超載試驗結果

吊環規格	單根吊環的額定工作載荷 (kN)	規定試驗載荷 (kN)	實際試驗載荷 (kN)	備　註
30t	15	22.5	151	斷裂
50t	25	37.5	178	未斷
250t	125	187.5	203.5	無變形

2. 汽車用高強度螺栓　高強度連桿螺栓、汽缸蓋螺栓、半軸螺栓等用 ML38Cr 鋼製造使用效果不滿意。

改用 ML15MnVB 低碳馬氏體鋼製造，淬火後低溫回火處理，硬度、抗拉強度和抗剪強度均有提高，工藝性良好，不易產生表面裂紋和脫碳，而且由於鋼材塑性好，易於冷鐓成形，模具壽命延長。

ML38Cr 鋼螺栓和 ML15MnVB 螺栓的性能對比示於表 4·6-16。ML15MnVB 鋼製造的連桿螺栓及缸蓋螺栓淬火低溫回火後的最大拉力和最大剪切力均大於 ML38Cr 鋼調質的螺栓。

用 ML15MnVB 和 ML38Cr 鋼的柱螺栓（M12×1.25）進行了疲勞試驗，螺栓在滾絲之後進行熱處理，試驗在 AMSELER 高頻疲勞試驗機上進行，試驗時選用螺栓的平均應力爲 392MPa，頻率爲 9000min⁻¹，試驗結果見圖 4·6-28，雖然 ML15MnVB 鋼與 ML38Cr 鋼的螺栓的硬度有區別，前者爲 42HRC，後者爲 35HRC，但是滾絲後再熱處理的二種螺栓的疲勞性能相同，即疲勞應力幅值 σ_a 均爲 39MPa。

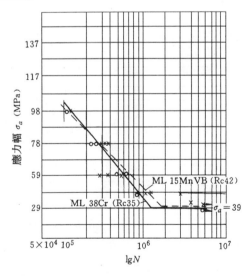

圖 4·6-28　ML15MnVB 鋼與 ML38Cr 鋼柱螺栓的疲勞曲線

製造高強度螺栓用的 ML15MnVB 鋼在技術條件上有些特殊要求，在化學成分上要縮小碳含量範圍並降低矽含量，應保證鋼材的淬透性能和冷頂鍛性能，對其脫碳層也要控制，主要技術條件見表 4·6-17。

表 4·6-16　ML38Cr 鋼和 ML15MnVB 鋼螺栓的性能對比

鋼　號	熱　處　理	連　桿　螺　栓			缸　蓋　螺　栓		
		硬　　度 HRC	最大拉力 (kN)	衝斷消耗功 (J)	硬　　度 HRC	最大拉力 (kN)	最大剪切力 (kN)
ML15MnVB	880℃ 加熱淬油 200℃ 回火	38～41	124.95 132.3 127.89 131.32	155 173 231	41～42	112.21 112.21 110.74 115.64	126.91 121.52 119.56 126.42
ML15MnVB	880℃ 加熱淬油 400℃ 回火	30～34	107.31 107.31	— —	—	— —	— —
ML38Cr	860℃ 加熱淬油 600℃ 回火	30～33	74.44 78.40	175 170 198	31	78.89 79.87 78.50	95.31 89.43 95.55

表 4·6-17　用於螺栓的 ML15MnVB 鋼主要技術條件

鋼　號	化學成分的質量分數（%）								淬透性
	C	Si	Mn	P	S	V	B	Ni、Cr、Cu	
ML15MnVB	0.12～0.18	≤0.20	1.20～1.60	≤0.035	≤0.040	0.07～0.12	≤0.004	各≤0.02	J_9≥30HRC

第7章　易切鋼及冷鐓鋼[1][3][31][32]

1　概述

易切鋼和冷鐓鋼大多用來製造標準件和緊固件，如聯接管套、螺栓、螺母、鉚釘等；上述零件多採用高效專用機床加工，因此對這二種鋼的加工工藝性有特殊的要求，如良好的可加工性和良好的冷塑性變形能力。這些鋼材在上機床時，都是採用冷拉鋼料。

近年來，易切鋼和冷鐓鋼的應用範圍日益擴大。易切鋼除了主要供製造汽車標準件的碳素易切鋼外，發展了在合金結構鋼（如調質鋼、齒輪鋼和非調質鋼）中把硫含量（質量分數）提高到 0.08%～0.12%或加鉛或加鈣的合金易切鋼，以改善其可加工性，提高生產效率。冷鐓鋼除了在多工位冷鐓機上生產標準件外，也採用冷擠壓的方法生產各類尺寸精度高的零件，如汽車的活塞銷、球頭銷、減少切削加工量，提高生產效率和材料利用率。

2　易切鋼

2·1　易切鋼的一般特點

易切鋼具有良好的可加工性的原因，是在鋼中加

入一種或幾種合金元素，利用其本身或與其他元素形成一種對切削加工有利的夾雜物的作用的緣故。目前使用最廣泛的元素是硫、磷、鉛，也使用鈣、硒、碲等。

鋼的可加工性是一種綜合性能，一般用刀具壽命、切削抗力大小、加工表面粗糙度和排屑難易程度四個獨立而又相互聯繫的因素加以衡量。要在所有切削條件下同時改善上述四項指標是困難的，有時他們是互相矛盾的。如提高零件硬度可以改善表面粗糙度，但是刀具壽命會降低。究竟以哪種要求爲主應視具體情況而定。

評定鋼材可加工性的方法很多，但都有一定的片面性。比較常用的方法如下：

（1）用 V_{60} 表示鋼材的可加工性，即刀具壽命爲 60min 的切削速度，這種方法是在試驗室測定鋼材可加工性的方法，能較全面地反映鋼材可加工性的好壞，但測定時費時費料，測定麻煩。

（2）用冷拉低碳易切鋼（Y12）作標準，即以其可加工性作爲 100%，將其他鋼與之比較。如 45 鋼（179～229HB）的可加工性爲標準鋼（Y12）的 60%。

（3）在實際生產中，普遍應用的是在相同的切削

條件下，統計每刃磨一次刀具所能加工的零件的件數作爲評定依據。

2·2　影響鋼材可加工性的因素

鋼材的可加工性除受機床狀態、刀具材料與形狀、切削液的種類以及切削參數等外部因素的影響外，和鋼材的化學成分、金相組織和力學性能等也有密切關係。

2·2·1　化學成分

1. 碳　碳決定著鋼的強度、硬度和韌性，因此決定著刀具的磨損情況、零件表面粗糙度和機床的功率消耗等。碳含量、硬度對可加工性的影響見圖 4·7-1。碳含量在 0.25% 以下時，鋼的可加工性隨著碳含量的增加而改善。碳含量過低，組織中有大量鐵素體，鋼的硬度低，切屑易黏在刀刃上形成刀瘤，加之切屑不易斷，以致可加工性下降，加工零件表面粗糙。碳含量超過 0.25% 時，組織中珠光體數量增加，硬度增加，使切削抗力增加，刀具的磨損加劇，因而也使可加工性惡化。

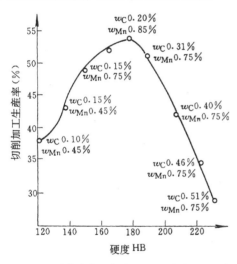

圖 4·7-1　碳含量與硬度對切削加工生產率的影響

2. 硫　硫是最常用來改善鋼的可加工性的元素。硫加入於鋼中與錳形成硫化錳（MnS），起破壞鋼的基體的連續性的作用，致使切屑捲曲半徑小，切屑短而易斷。低碳鋼和中碳鋼的可加工性通常是隨著硫含量的提高而不斷提高，硫的質量分數在 0.10% 以下時增加硫含量，可加工性明顯改善，在 0.10% 以上再增加硫含量時可加工性改善的作用逐漸減少。硫含量對可加工性的影響見圖 4·7-2。

硫有導致材料熱脆的作用，使鋼材軋製困難；硫含量高的鋼材焊接性能不好，不能用來製造需經焊接的零件。

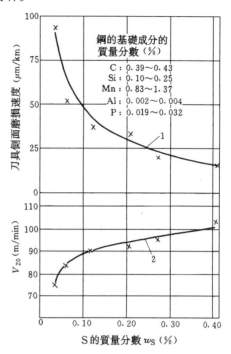

圖 4·7-2　硫含量對中碳鋼可加工性的影響
1—刀具磨損速度與硫含量的關係　2—V_{20}（刀具壽命爲 20min 的切削速度）與硫含量的關係

3. 鉛　鉛是有意加入於鋼中改善其可加工性的元素。鉛在鋼中呈細小顆粒（3μm），均勻分布，對硫含量高的鋼改善其可加工性的作用特別明顯。用 Y15 鋼（高硫易切鋼）與 SUM24L（鉛硫易切鋼）加

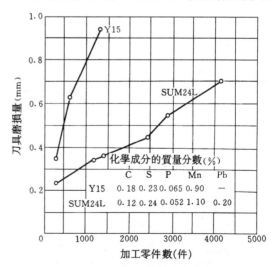

圖 4·7-3　加工汽車輪胎螺母時刀具磨損情況
（切削速度：70m/min；進刀量：0.039mm/轉；
樣板刀材料：W18Cr4V 高速鋼；切削液：硫化切削油）

工汽車輪胎螺母時刀具的磨損情況見圖4·7-3。鉛的質量分數一般爲0.10%~0.30%，過多將引起鉛的偏析，形成粗粒的鉛夾雜，降低其有利作用。

4．鈣 鈣是有意加入於鋼中改善其可加工性的又一元素，在鋼中與鈣、鋁、矽等形成低熔點複合氧化物，在刀具表面形成薄的具有潤滑作用的覆蓋物，從而減少刀具的磨損，改善鋼材在高速切削條件下的可加工性，見圖4·7-4。鈣、硫同時加入，作用更加顯著。鈣的加入量爲0.001%~0.003%，對力學性能幾乎沒有影響。

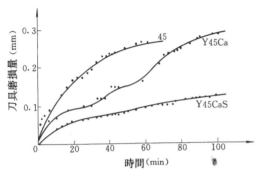

圖4·7-4 切削加工時，45鋼、Y45Ca
和Y45CaS的刀具磨損情況

5．磷 在碳素易切鋼中與硫同時加入，磷因溶於鐵素體，提高強度並降低韌性，使切屑易斷，排除

容易，有利於改進表面粗糙度。磷的質量分數通常爲0.08%~0.15%，再高則有害作用顯著。磷增加鋼的冷脆傾向，且冷拔時易斷裂。

6．氮、氧 氮提高鋼的強度和脆性，有利於形成短碎的切屑。氮含量稍高時對可加工性有利。氧在鋼中一般有害。但在低碳易切鋼中，氧促使硫化物呈紡錘形分布，降低硫化物的長、寬比值，改善切削性能。

7．矽、鋁 矽和鋁都是煉鋼時的脫氧元素。矽部分固溶於鐵素體中增加硬度，部分與氧結合形成硬度較高的夾雜物；鋁在鋼中也形成高硬度的三氧化二鋁質點，這樣，都增加了刀具的磨損，對鋼材的可加工性起不利作用。在低碳易切鋼中，鋁和矽由於脫氧作用而降低鋼中氧含量，使硫化物呈細長條狀分布，也會使可加工性惡化。

8．其他合金元素 鋼中加入合金元素都使鋼的硬度增加。各種合金元素對熱軋鋼硬度的影響和把每種合金元素折算成與碳增加相同硬度值時的換算因子見表4·7-1。

碳當量（Ec）反映鋼中碳含量與其他合金元素對鋼材硬度影響的總和。碳當量相同時對可加工性的影響相同，如30鋼與20Cr鋼的碳當量相同，他們的可加工性也幾乎相等。

表4·7-1 合金元素增加的硬度數值及其換算因子

元 素 名 稱	C	Mn	Si	Ni<1%	Ni 1~2	Ni 3~5	Cr	Mo	V	Cu
硬度增加值HB（加入0.10%時）	17.7	2.93	3.95	1.72	1.31	0.96	2.30	1.58	1.06	3.25
換算因子①	1.0	0.165	0.223	0.097	0.074	0.054	0.13	0.089	0.06	0.184

① 是指和碳增加相同硬度值的換算因子，例如Mn的換算因子爲2.93/17.7＝0.165。

2·2·2 金相組織

基體組織，夾雜物的種類、數量和形狀都對鋼材的可加工性有顯著影響；合金元素和熱處理工藝都是通過改變鋼材的金相組織而影響可加工性的。

1．基體組織 對於低碳鋼，凡是有助於提高硬度和降低塑性的組織變化都改善可加工性；對於高碳鋼，凡是有助於降低硬度的組織變化，也都改善其可加工性。因此，低碳鋼是通過正火或冷拔提高其硬度，而高碳鋼是通過球狀化退火降低其硬度來改善其可加工性的。

不同碳含量對鋼材可加工性最有利的基體組織見表4·7-2。

表4·7-2 碳含量不同的鋼材可加工性最佳的基體組織

w_C(%)	基 體 組 織
0.06~0.20	熱軋或高溫正火狀態：粗大鐵素體＋珠光體；冷拔塑性變形，鐵素體＋珠光體
0.21~0.30	正火狀態：鐵素體＋珠光體
0.31~0.40	退火狀態：鐵素體＋粗珠光體
0.41~0.60	退火狀態：粗珠光體＋粗球化組織
0.61~1.00	球狀化退火：球化組織

對於經常應用的中碳鋼正火或退火得到的珠光體和鐵素體比調質得到的索氏體的可加工性好。

2. 非金屬夾雜物 非金屬夾雜物對鋼材可加工性的影響有兩種情況。氧化矽與氧化鋁等硬度高的夾雜物加速刀具磨損,對鋼的可加工性有害;硫、鉛、鈣的夾雜物可以分割金屬基體、切屑易斷、潤滑刀具,降低刀具磨損,對可加工性有利。

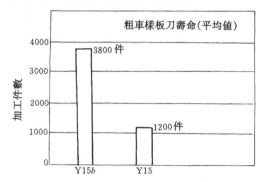

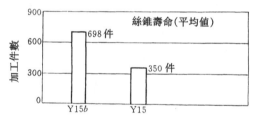

圖 4·7-5 半鎮靜鋼 Y15b 與鎮靜鋼 Y15 的硫化物形態分布情況

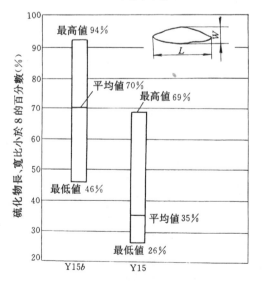

圖 4·7-6 加工輪胎螺母時,半鎮靜鋼 Y15b 與鎮靜鋼 Y15 的刀具壽命對比

用氧含量不同的 Y15 鎮靜鋼（20 爐）與 Y15b 半鎮靜鋼（11 爐）進行了 MnS 夾雜物形態對零件可加

工性影響的對比試驗,結果表明:半鎮靜鋼的氧含量高（約為 200×10^{-4} ％）,因此硫化物的長、寬比值小,即趨於仿錘形,鋼材的可加工性得到改善,而 Y15 鎮靜鋼氧含量低,夾雜物成長條狀（長、寬比值大）,鋼材的可加工性也差,見圖 4·7-5、圖 4·7-6。

粗車和攻絲時,加工半鎮靜鋼 Y15b 的樣板刀及絲錐的壽命比加工鎮靜鋼 Y15 時分別提高 3 倍和 2 倍。

2·3 易切鋼的選用

我國過去主要應用碳素易切鋼製造一些標準件。隨著汽車工業的發展,用合金易切鋼製造承受載荷大的齒輪和軸類零件日益增多。

1. 碳素易切鋼 國家標準 GB8731—88 中列入了含硫的、含鉛的和含鈣的碳素易切鋼共 9 個鋼號,見表 4·7-3。

Y12 鋼。為硫-磷複合低碳易切削鋼,是現有易切鋼中含磷量最高的一種,其可加工性較 15 鋼有明顯改善,用自動機床加工標準件時切削速度可達 60m/min。由於軋製時鋼中硫化物沿軋製方向伸長,使鋼材的力學性能有明顯的各向異性。常用來製造對力學性能要求不高的零件,如螺栓、螺帽、管接頭等等。

Y15 鋼。為硫、磷複合高硫、低矽碳素易切鋼。該鋼硫含量比 Y12 鋼高,被切削性能比 Y12 鋼好,在自動機床切削加工時,其切削速度可穩定在 60m/min,生產效率比 Y12 鋼提高,尤其是攻絲時絲錐壽命可以提高,該鋼也用來製造不重要的標準件,如螺栓、螺母、管接頭等等。

Y20 鋼。為低硫、磷複合易切削鋼,其被切削性能與 20 鋼相比可以提高 30％～40％。Y20 鋼切削加工後可以進行滲碳處理,用來製造表面要求耐磨的儀器、儀表零件。

Y40Mn 鋼。為高硫中碳易切鋼,它有較好的可加工性,以加工機床絲槓為例,粗挑扣切削速度可達 70m/min,精挑扣可達 150m/min,刀具壽命達 4h,斷屑情況良好。與 45 鋼相比可提高生產效率 30％左右,用來製造性能要求高的機床絲槓、花鍵軸等零件。

Y45Ca 鋼。這種鋼適合於高速切削加工,切削速度可達 150m/min 以上,比 45 鋼提高一倍以上。Y45Ca 鋼不僅可加工性好,而且熱處理後具有良好的力學性能。用於製造重要的零件,如機床的齒輪軸、花鍵軸等熱處理零件。

表 4·7-3　碳素易切削鋼的成分及性能（GB8731—88）

鋼號	化學成分的質量分數（%）						力學性能								
							熱軋狀態				冷拉狀態				
							σb (MPa)	δ5 (%) 不小於	ψ (%) 不小於	HB 不大於	σb (MPa) 鋼棒尺寸 (mm)			δ5 (%) 不小於	HB
	C	Si	Mn	P	S	其他					8～20	>20～30	>30		
Y12	0.08～0.16	0.15～0.35	0.70～1.00	0.08～0.15	0.10～0.20	—	390～450	22	36	170	530～755	510～735	490～685	7.0	152～217
Y12Pb	0.08～0.16	≤0.15	0.70～1.10	0.05～0.10	0.15～0.25	Pb: 0.15～0.35	390～450	22	36	170	530～755	510～735	490～685	7.0	152～217
Y15	0.10～0.18	≤0.15	0.80～1.20	0.05～0.10	0.23～0.33	—	390～540	22	36	170	530～755	510～735	490～685	7.0	152～217
Y15Pb	0.10～0.18	≤0.15	0.80～1.20	0.05～0.10	0.23～0.33	Pb: 0.15～0.35	390～540	22	36	170	530～755	510～735	490～685	7.0	152～217
Y20	0.17～0.25	0.15～0.35	0.70～1.00	≤0.06	0.08～0.15	—	450～600	20	30	175	570～785	530～745	510～705	7.0	167～217
Y30	0.27～0.35	0.15～0.35	0.70～1.00	≤0.06	0.08～0.15		510～655	15	25	187	600～825	560～765	540～735	6.0	174～233
Y35	0.32～0.40	0.15～0.35	0.70～1.00	≤0.06	0.08～0.15		510～655	14	22	187	625～845	590～785	570～765	6.0	175～229
Y40Mn	0.37～0.45	0.15～0.35	1.20～1.55	≤0.05	0.20～0.30		590～735	14	20	207	590～785① σ_s② ≥355	σ_b② ≥600	— $\delta_5$② ≥16%	17① ψ② ≥40	179～229① a_K② ≥39J
Y45Ca	0.42～0.50	0.20～0.40	0.60～0.90	≤0.04	0.04～0.08	Ca:0.002～0.006	600～745	12	26	241					

① 冷拉後高溫回火。

② 拉力試樣毛坯 φ25mm，衝擊試樣毛坯 φ15。調質處理：加熱 840±20℃，水淬，回火溫度 600℃。

2. 合金易切鋼　在合金鋼中單獨加入易切元素硫、鉛、鈣或者同時加入二種或三種可以顯著地改善基礎鋼的被切削加工性，從而大大地提高生產效率和降低生產成本，因此國外應用的很普遍。

用 20CrMo 鋼與加鉛的 20CrMo 鋼加工傳動齒輪的對比試驗表明，採用加鉛的 20CrMo 鋼在相同的加工條件下可以節省加工時間 34％，節約加工費用 31％。顯示出採用合金易切削鋼的優越性。

我國引進的汽車上很多零件是用合金易切鋼製造的，其成分見表 4·7-4。

表 4·7-4　引進車型上用的合金易切鋼

車　型	零　件	所用鋼材化學成分的質量分數(％)						
		C	Si	Mn	P	S	Cr	Al
克萊斯勒	連桿	0.37～0.45	0.2～0.4	1.35～1.65	≤0.04	0.08～0.13	—	—
奧迪	五檔齒輪	0.25～0.30	≤0.12	0.6～0.9	≤0.035	0.08～0.12	0.80～1.00	0.020～0.035
奧迪	1、2檔同步器	0.50～0.55	0.15～0.35	0.65～0.90	≤0.035	0.08～0.12	<0.20	—

鋼中加入易切元素形成的夾雜物在不同程度上損害了鋼材的力學性能和壓力加工和焊接等性能，加入量越多，影響的程度越大，其中對塑性、韌性和疲勞性能的影響更爲顯著。爲了改善硫和鉛對易切合金鋼的不利影響，國外研製出一種控制硫化物爲球狀的方法，這種鋼中硫化物呈球狀分布，它各向異性小，冷鐓性能優越，可加工性顯著優於一般的高硫鋼，其疲勞性能、接觸疲勞性能和齒輪的彎曲疲勞性能幾乎與不加硫的基礎鋼相同。

3　冷鐓鋼

3·1　冷鐓鋼的一般特點

冷鐓鋼多爲低碳、中碳碳素鋼和低合金鋼。直徑小於 18mm 的多按盤料供應。冷鐓鋼在多工位冷鐓機上高速冷鐓成形，因此要求鋼材具有良好的冷鐓性能，即要求鋼材具有冷塑性變形能力，意味著鋼材在小的外加載荷下產生大的塑性變形，要求其抗拉強度低，屈強比值低，伸長率和斷面收縮率高。

3·2　影響鋼材冷鐓性能的因素

鋼材的化學成分、金相組織和表面質量都影響鋼材的冷鐓性能。

鋼中碳含量和合金元素含量增加，其強度增加，塑性降低，冷鐓性能惡化，所以中碳鋼及合金鋼要通過球狀化退火以提高其塑性，改善冷鐓性能。

鋼中硫含量、矽含量增加也會使冷鐓性能降低，所以冷鐓鋼中儘量降低其硫、矽含量。

鋼材的金相組織通過對強度和塑性的影響而影響其冷鐓性能，珠光體中的碳化物成球狀分布時，鋼材的強度低、塑性高，有利於塑性成形，因此中碳鋼及

合金鋼在冷鐓前往往經球狀退火處理，得到球狀珠光體組織，圖 4·7-7 示出 15MnVB 鋼珠光體球化率對力學性能的影響見圖 4·7-7。

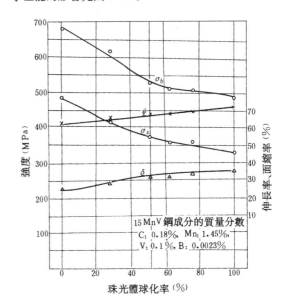

圖 4·7-7　15MnVB 鋼珠光體球化率
對力學性能的影響

鋼材的表面質量對冷鐓性能有顯著的影響。鋼材表面有裂紋或發紋時冷鐓零件就會在裂紋部位軸向開裂，如果鋼材金相組織不良，強度高而塑性不夠，冷鐓時產生的裂紋與軸線成 45°角。所以根據冷鐓零件時產生的裂紋特徵就可以判斷開裂的原因。

3·3　冷鐓鋼的選用

冷鐓鋼主要用來製造緊固件如螺栓、螺釘和螺柱，適用的鋼種在 "GB3098.1—82 緊固件機械性能、螺栓、螺釘和螺柱" 中已規定，但是沒有具體鋼號。

各生產廠可以根據 GB3098.1—82 並結合工廠的生產工藝條件確定具體的鋼號。性能低的緊固件採用低碳鋼和中碳鋼，而性能等級高的緊固件則採用低碳合金鋼淬火低溫回火（低碳馬氏體）或中碳合金鋼經調質處理，見表 4·7-5。GB6478—86 中冷鐓鋼的化學成分與力學性能見表 4·7-6。

表 4·7-5　緊固件選用的鋼材

性能等級①	材料和熱處理	化學成分的質量分數(%)				最低回火溫度 (℃)
		C		P	S	
		min	max	max	max	
3.6	低碳鋼	—	0.20	0.05	0.06	—
4.6	低碳鋼或中碳鋼	—	0.55	0.05	0.06	—
4.8						
5.6	低碳鋼或中碳鋼	—	0.55	0.05	0.06	—
5.8						
6.8						
<u>8.8</u>	低碳合金鋼（如硼或錳或鉻），淬火回火	0.15	0.35	0.04	0.05	425
8.8	中碳鋼，淬火並回火	0.25	0.55	0.04	0.05	450
<u>9.8</u>	低碳合金鋼（如硼或錳或鉻），淬火並回火	0.15	0.35	0.04	0.05	410
9.8	中碳鋼，淬火並回火	0.25	0.55	0.04	0.05	410
<u>10.9</u>	低碳鋼（如硼或錳或鉻），淬火並回火	0.15	0.35	0.04	0.05	340
10.9	中碳鋼，淬火並回火	0.25	0.55	0.04	0.05	425
	低、中碳合金鋼（如硼或錳或鉻）淬火並回火	0.20	0.55			
	合金鋼	0.20	0.55			
12.9	合金鋼	0.20	0.50	0.035	0.035	380

① 第一部分數字（"."前）表示公稱抗拉強度（σ_b）的 1/100；第二部分數字（"."後）表示公稱屈服點（σ_s）或公稱屈服強度（$\sigma_{0.2}$）與公稱抗拉強度（σ_b）比值（屈強比）的 10 倍。這兩部分數字的乘積爲公稱屈服點（σ_s）或公稱屈服強度（$\sigma_{0.2}$）的 1/10。性能等級代號下加一橫線，即 <u>8.8</u>、<u>9.8</u>、<u>10.9</u>，爲低碳馬氏體鋼製造的產品。

表 4·7-6　冷鐓鋼的化學成分與機械性能

鋼號	化學成分的質量分數①(%)				熱處理	力學性能					硬度 HB	
	C	Si	Mn	其他		σ_b	σ_s	δ_5	ψ	a_K	熱軋	退火
						(MPa)		%		J/cm²		
						不小於					不大於	
ML08	0.05~0.12	≤0.03	0.20~0.50		加熱到 Ac 以上 30~50℃ 空冷	324	196	33	60		131	
ML10	0.07~0.14					333	206	31	55		137	
ML15	0.12~0.19	≤0.07				373	226	27	55		143	
ML20	0.17~0.24					412	245	25	55		156	
ML25	0.22~0.30	≤0.20	0.30~0.60			451	275	23	50		170	
ML30	0.27~0.35					490	294	21	50		179	
ML35	0.32~0.40					530	314	20	45		187	
ML40	0.37~0.45					569	333	19	45		217	187
ML45	0.42~0.50					598	353	16	40		229	197

（續）

鋼 號	化學成分的質量分數① （%）				力 學 性 能						硬度 HB	
	C	Si	Mn	其他	熱處理	σ_b	σ_s	δ_5	ψ	a_K	熱軋	退火
						(MPa)		%		J/cm²		
						不小於					不大於	
ML25Mn	0.22~0.30	≤0.25	0.50~0.80		加熱到 Ac 以上 30~50℃ 空冷	451	275	23	50		170	
ML30Mn	0.27~0.35					490	294	21	50		179	
ML35Mn	0.32~0.40					530	314	20	45		187	
ML40Mn	0.37~0.45					569	333	19	45		217	187
ML45Mn	0.42~0.50					598	353	16	40		229	197
ML15Cr	0.12~0.18	≤0.30	0.40~0.70	Cr: 0.70~1.0	一次淬火 880℃ 二次淬火 800℃ 油冷 200℃ 回火	686	490	10	45	69		179
ML20Cr	0.17~0.24		0.50~0.80	Cr: 0.70~1.0		785	588	10	40	59		179
ML40Cr	0.37~0.44		0.50~0.80	Cr: 0.80~1.10	850℃ 淬油 520℃ 回火	981	785	9	45	59		207
ML15MnB	0.14~0.20		1.20~1.60	B: 0.0005~0.0035	880℃ 淬水 200℃ 回火	1128	932	9	45	69		
ML15MnVB	0.12~0.18		1.20~1.60	B: 0.0005~0.0035 V: 0.07~0.12	880℃ 淬油 200℃ 回火	1079	883	10	45	69	207	
ML20MnTiB	0.17~0.24		1.30~1.60	B: 0.0005~0.0035 Ti: 0.04~0.10	860℃ 淬油 200℃ 回火	1128	932	10	45	69		187
ML30CrMo	0.26~0.34		0.40~0.70	Cr: 0.80~1.10 Mo: 0.15~0.25	880℃ 淬油 540℃ 回火	932	785	12	50	78		229
ML35CrMo	0.32~0.40		0.40~0.70	Cr: 0.80~1.10 Mo: 0.15~0.25	850℃ 淬油 550℃ 回火	981	834	12	45	78		229
ML42CrMo	0.38~0.45		0.50~0.80	Cr: 0.90~1.20 Mo: 0.15~0.25	850℃ 淬油 560℃ 回火	1079	932	12	45	78		217

① S、P 的質量分數均≤0.035%。

第 8 章 冷衝壓用鋼板[30][31][33][34]

1 概述

採用衝壓工藝生產零件，便於組織流水生產，材料利用率高，能衝製形狀複雜、互換性好的零件，是在機械製造中重要的成型工藝之一。以汽車爲例，在載重車上衝壓件的用鋼量約占其鋼材總量的 50%，而在轎車上約占 70% 以上。

適於衝壓工藝的鋼板有熱、冷軋鋼板，這類鋼材的基本特徵、生產方法、特點及主要用途見表 4·8-1。

熱軋鋼板一般用於生產形狀複雜（如滾型車輪）、受力較大的結構件（如汽車車架）、保安件和托架類零件。要求鋼板既有好的衝壓性能，又有高的強度，因此多選用低合金高強度熱軋鋼板和雙相鋼板。駕駛室、車頭覆蓋件、轎車車體和電器外殼等，由於受力不大，但形狀複雜，多用冷軋深衝鋼板。冷軋鋼板還有適應特殊性能要求如高耐蝕性的電鍍鋅和熱鍍鋅鋼板，高溫抗氧化性的鍍鋁鋼板以及製造汽車油箱的鍍鉛鋼板等。

表 4·8-1　鋼板生產方法、特點和用途

生 產 方 法		主　要　特　點	用　　　途
熱軋	連續軋製（薄、厚板）	厚度在 1.2～25mm 範圍內，生產效率高，但方向性明顯，橫向性能差，加入 Ti、Zr、RE 等元素控制硫化物形態或將 w_S 降到 0.01% 以下可改善	主要用於汽車車架、保安件及托架類件、貨車廂、橋梁、鍋爐用板以及焊管坯
	往復式軋製（厚板）	最佳厚度爲 8～18mm。可生產 5～6mm，效率低。由於採用斜軋、縱軋和橫軋，鋼板縱橫向性能接近	低合金板多用於生產汽車大梁、造船及鍋爐鋼板
	疊軋（薄板）	兩張或兩張以上的板坯疊在一起熱軋，軋後分開，厚度多爲 1mm 左右。表面質量、衝壓性能較差	用於農機、農用工具，如鐵鍬等
冷軋	連續軋製（薄板）	厚度在 0.3～3mm 範圍內、是生產冷軋板的主要方法，表面質量和衝壓性能好	生產形狀複雜、表面質量高的零件，如轎車車體及電器外殼等
	單張軋製	厚度在 0.5～5mm 範圍內，生產效率低；生產不鏽冷軋鋼板	轎車消聲器外殼、不鏽鋼刀具、餐具及器皿等

2 冷衝壓用冷軋鋼板

2·1 冷軋鋼板的特點

冷軋鋼板的厚度一般在 2.5mm 以下，大量應用的是連軋鋼板，對其主要要求是衝壓性能、厚度公差和表面質量。衝壓性能保證衝成形狀複雜的零件而不開裂；厚度公差保證衝成的零件尺寸精度；表面質量保證零件的外觀。

在我國的相關標準中（GB699—88、GB13237—91 和 GB5213—85）中規定了鋼板的化學成分、力學性能，此外國內研製成功並已大量應用但尚未列入標準的含磷鋼板以及按實鋼標準生產的鋼板的化學成分及力學性能分別見表 4·8-2、表 4·8-3、表 4·8-4。

表 4·8-2　深衝沖冷軋鋼板的化學成分

鋼　號	化 學 成 分 的 質 量 分 數（%）								備　註
	C	Si	Mn	P	S	Al	Ti	Nb	
08Al	≤0.08	痕跡	≤0.40	≤0.020	≤0.030	0.02～0.07	—	—	
08F	0.05～0.11	≤0.030	0.25～0.50	≤0.035	≤0.035	—	—	—	
08	0.05～0.12	0.17～0.37	0.35～0.65	≤0.035	≤0.035	—	—	—	
10	0.07～0.14	0.17～0.37	0.35～0.65	≤0.035	≤0.035	—	—	—	
15Al	0.12～0.19	≤0.030	0.35～0.65	≤0.035	≤0.035	0.02～0.07	—	—	
20	0.17～0.24	0.17～0.37	0.35～0.65	≤0.035	≤0.035	—	—	—	
St12	≤0.10	—	—	≤0.035	≤0.035	N≤0.007	—	—	實鋼鋼號
St13	≤0.10	—	—	≤0.030	≤0.035	N≤0.007	—	—	實鋼鋼號
St14	≤0.08	—	—	≤0.020	≤0.030	N≤0.007	—	—	實鋼鋼號
St16（IF）	≤0.008	≤0.030	≤0.20	≤0.015	≤0.010	N≤0.005	≤0.050	≤0.030	實鋼鋼號
06AlP①	≤0.06	≤0.040	≤0.35	0.05～0.08	≤0.025	0.02～0.07	—	—	鞍鋼鋼號
08AlP②	≤0.08	≤0.060	≤0.70	0.06～0.12	≤0.025	0.02～0.07	—	—	鞍鋼鋼號
10AlP	≤0.14	0.20～0.40	≤1.00	0.08～0.14	≤0.025	0.02～0.07	—	—	鞍鋼鋼號
Q215-A	0.09～0.15	≤0.30	0.25～0.55	≤0.045	≤0.050	—	—	—	

（續）

鋼　號	化 學 成 分 的 質 量 分 數（%）								備　註
	C	Si	Mn	P	S	Al	Ti	Nb	
Q215-A·F	0.09～0.15	≤0.070	0.25～0.55	≤0.045	≤0.050	—	—	—	
Q235-A	0.14～0.22	≤0.30	0.30～0.65	≤0.045	≤0.050	—	—	—	
Q235-A·F	0.14～0.22	≤0.070	0.30～0.65	≤0.045	≤0.050	—	—	—	
B500Sx	≤0.10	≤0.50	≤1.50	≤0.030	≤0.020	—	—	—	

① 06AlP 與實鋼鋼號 BP340 和武鋼鋼號 WP340 同。

② 08AlP 與實鋼鋼號 BP400 和武鋼鋼號 WP390 同。

表 4·8-3　優質碳素冷軋板力學性能

鋼　號	鋼板厚度	拉　延　級　別					
		σ_b（MPa）			δ_{10}（%）		
	（mm）	Z	S 和 P		Z	S	P
08F	≤3.0	275～365	275～380		≥34	≥32	≥30
08, 08Al, 10F	≤3.0	275～390	275～410		≥32	≥30	≥28
10	≤3.0	295～410	295～430		≥30	≥29	≥28
15F	≤3.0	315～430	315～450		≥29	≥28	≥27
15, 15Al, 20F	≤3.0	335～450	335～470		≥27	≥26	≥25

表 4·8-4　深衝用冷軋鋼板的力學性能

鋼　號	拉延級別	鋼板厚度(mm)	σ_s（MPa）	σ_b（MPa）	δ_{10}（%）
08Al	ZF	全部	≤195	255～325	≥44
	HF	全部	≤205	255～335	≥42
	F	>1.2	≤215	255～345	≥39
		1.2	≤215	255～345	≥42
		<1.2	≤235	255～345	≥42

表 4·8-5　其他冷軋鋼板的力學性能

鋼　號	σ_s（MPa）	σ_b（MPa）	δ_{10}（%）	180°彎曲試驗 $B=35mm$	$\bar{r}$ 值	$\bar{n}$ 值
St12	≤280	270～410	≥28（$L_0=80mm$）	≤65HRB	—	—
St13	≤240	270～370	≥34（$L_0=80mm$）	≤55HRB	—	—
St14	≤210	270～350	≥38（$L_0=80mm$）	≤50HRB	—	—
St16（IF）	≤190	260～330	≥42（$L_0=80mm$）	$d=0$	≥1.8	≥0.23
08AlP	≥210	340～420	δ_{10}≥35	$d=0$	≥1.4	≥0.19
08AlP	≥250	380～470	δ_{10}≥32	$d=0$	≥1.2	≥0.17
10AlP	≥290	440～560	δ_{10}≥24	$d=a$	—	—
Q215-A	≥215	335～410	δ_5≥31	$B=2a$, $d=1.5a$	—	—
Q215-A·F	≥215	335～410	δ_5≥31	$B=2a$, $d=1.5a$	—	—
Q235-A	≥235	375～460	δ_5≥26	$B=2a$, $d=1.5a$	—	—
Q235-A·F	≥235	375～460	δ_5≥26	$B=2a$, $d=1.5a$	—	—
B500Sx	300～360	500～600	≥30（$L_0=80mm$）	$d=a$	σ_s/σ_b≤0.60	≥0.20

註：$\bar{r}$ 值和 $\bar{n}$ 值不作交貨條件，供選用參考。

2·2 影響冷軋鋼板衝壓性能的因素

選用深衝冷軋鋼板首先考慮衝壓性能。影響該性能的材料因素如下：

1. 鋼板的化學成分 見表 4·8-6。

冷軋深衝鋼板通常用優質低碳鋼生產，用量最多的是 08Al 冷軋鋼板，板材性能均勻，應變時效傾向小，衝壓性能好。爲了節能和安全行駛，高強度高塑性冷軋板發展迅速，並以含磷深衝高強度鋼板代替了析出強化鋼。

表 4·8-6 主要元素對衝壓性能的影響

元素名稱	對 衝 壓 性 能 的 影 響
C	提高鋼板強度，增加 Fe_3C 數量，降低塑性和衝壓性能。Fe_3C 於晶界析出時，影響尤甚。因此，含碳量一般 ≤0.20%，最好≤0.08%
Si	強化鐵素體，明顯增加屈服強度，降低塑性，含量一般≤0.03%。但雙相鋼板，多用矽來強化
Mn	錳≤0.35%時，對衝壓性能影響不大。但易形成 MnS 夾雜，影響衝壓性能。Mn 不利於冷軋板的織構，但 Mn 有抑制鋼板邊部龜裂作用
P	磷顯著增加鋼板強度，爲 Si 或 Mn 的 7～10 倍。但增加冷脆性，有偏析傾向，易形成帶狀組織。磷有改善冷軋鋼板織構作用
S	硫形成硫化物，降低衝壓性能，應儘量低
Al	鋁爲最終脫氧劑，形成 AlN，降低鋼板"應變時效"，有獲得"餅形"晶粒改善衝壓性能作用
Ti 或 Nb	鈦爲析出強化元素，改善硫化物形態，細化晶粒，並改善冷軋板織構，提高深衝性能。鈮有類似作用

註：表中所述含量均指質量分數。

2. 鋼板的金相組織

a. 鐵素體晶粒大小和形狀 衝壓性能優良鋼板的理想晶粒度爲 6 級，見表 4·8-7。晶粒粗大（>3～4 級）時，零件產生"桔皮"狀表面，甚至引起裂紋，嚴重影響零件表面質量或密封質量。晶粒過細（<8 級），鋼板強度高，塑性降低，惡化衝壓性能，加大零件回彈。當晶粒度大小不均勻時，對衝壓性能的影響尤爲顯著。

鐵素體晶粒形狀有等軸晶粒（長軸/短軸=1）和餅形晶粒（長軸/短軸≥2.0）之分；餅形晶粒在厚度方向上，其晶界數目多於等軸晶粒，鋼板厚向變形阻力大，即餅形晶粒鋼板抗變薄能力強而沿板面方向容

表 4·8-7 標準中規定的鐵素體晶粒級別

鋼板狀態	鋼 號 及 拉 延 級 別			
	ZF,HF	F	Z	S
	08Al	05F, 08F, 10F	08, 10, 15, 15F, 20, 20F	05F, 08, 08F, 10, 10F, 15, 15F, 20, 20F
冷軋	6、7、8 或餅形	6、7、8、9 或餅形	6、7、8	5、6、7、8、9
熱軋	—	—	5、6、7、8	5、6、7、8、9	5、6、7、8、9、10

註：表 4·8-2 中的其他鋼號的晶粒度級別一般爲6～9級，不均勻性爲三個相鄰級別。ZF、HF 和 F 級，其晶粒度不均勻性允許爲兩個相鄰級別；Z 級和 S 級允許爲三個相鄰級。

易變形，提高了鋼板的衝壓性能。

b. 游離碳化鐵和非金屬夾雜物 碳化鐵的硬度很高，衝壓時幾乎不產生變形，成爲鋼板變形的一種障礙，特別是在晶界析出或成鏈狀分布時，破壞了金屬基體變形的連續性，降低了鋼板的衝壓性能。在標準中，限定了碳化鐵的數量和形態級別。ZF、HF 和 F 三級鋼板的游離碳化鐵不得超過 2 級，Z、S 級和其他鋼板的游離碳化鐵不得超過 3 級。硫化物、氧化物、矽酸鹽和其他複合夾雜物的作用原理基本相似。

3. 鋼板的力學性能 常根據深衝冷軋鋼板的力學性能間接判斷鋼板衝壓的結果。

a. 強度和塑性 抗拉強度對鋼板衝壓性能有一定影響，在標準中規定了抗拉強度範圍。屈服強度是影響鋼板衝壓性能的較重要指標，屈服強度越低，變形時的起始抗力越小，衝壓性能越好。伸長率是鋼板的塑性指標，對於具有各類聯合成形工藝生產的汽車

零件更爲重要，其數值越高，衝壓性能越好。一般認爲，隨著鋼板強度的提高，伸長率和塑性降低。對於低合金高強度冷軋鋼板，其強度和塑性與鋼板的強化形式有關，見表 4·8-8。

表 4·8-8　高強度冷軋鋼板強化機制分類特徵

強化形式	組織	添加元素	抗拉強度(MPa)	r 值	屈強比	強度延性平衡
固溶強化	鐵素體 + 珠光體	Si,Mn,Cr	340～540	比 3,4 稍高	2,3 中間	一般
		P	340～470	高	低	良好
固溶強化＋析出強化		Si,Nb,Ti,V	500～800	比 3,4 稍高	高	一般
複合組織強化	鐵素體＋馬氏體	Si,Mn,Cr	400～1000	低	低	良好
組織強化	馬氏體	Si,Mn,Cr	≥1000	低	高	稍低
時效強化	全部	固溶 C,N	—	—	—	—

b. 硬度　硬度值和鋼板衝壓性能有密切關係。很多國家的冷軋鋼板標準中規定了硬度值。

c. 杯突試驗的頂壓深度　是評定冷軋鋼板（厚度≤2.0mm）質量的一個重要指標，在各國薄板的標準中都作了規定，並按該值把鋼板分成不同的衝壓級別。低碳優質深衝冷軋鋼板不同衝壓級別的頂壓深度見圖 4·8-1。

性，這種性能稱垂直各向異性。當 $r=1$ 時，鋼板寬度和厚度的流變強度相等，呈各向同性；當 $r>1$ 時，鋼板具有抵抗厚度變薄的能力，垂直方向的強度大於平面方向的強度，顯示著強的織構。因此，r 值越高，鋼板愈難變薄，從而提高了鋼板的深衝壓性能。

衝壓零件的實踐結果也證明：r 值越高，衝壓性能越好。衝壓件廢品率與 r 值的關係見圖 4·8-2。

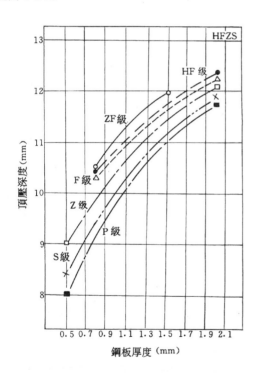

圖 4·8-1　深衝鋼板的頂壓深度

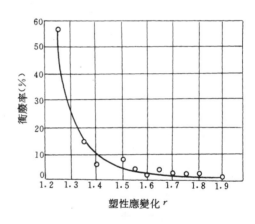

圖 4·8-2　r 值與衝壓件衝廢率的關係

4. 鋼板的表面質量　根據鋼板表面缺陷的數量和嚴重程度，鋼板表面質量可分三組。零件用途不同，裝配部位不同，選用不同組分的表面質量鋼板。如轎車的外部件，用 I 組表面鋼板；卡車外部件和其他一般外部件，用 II 組表面鋼板；對於不暴露在外的內部件，用 III 組表面鋼板。

冷軋鋼板在未成形前表面質量很好，但成形後零件的某些部位形成"水波紋"狀表面缺陷，稱滑移線，它破壞了零件的外觀，在油漆後仍然可見。對於外觀件，不允許有滑移線。鋼板進行拉伸試驗時，如應力-應變曲線上有屈服伸長，稱屈服平臺，見圖 4·8-3,衝壓時零件將出現滑移線。屈服伸長的數值越

d. 塑性應變比 r　r 值是鋼板寬度和厚度方向應變的比值。鋼板的 r 值揭示了鋼板織構的強弱，r 值越高，表徵鋼板的厚度方向比平面方向具有更大的變形抗力。鋼板的厚度和平面方向具有不同的強度和塑

大，滑移線越嚴重。實際生產中爲消除屈服伸長，將退火後的鋼板經一次輕微的冷軋，稱平整，平整壓下量一般在 0.8%～1.5%；平整後鋼板的應力-應變曲線示於圖 4·8-3。

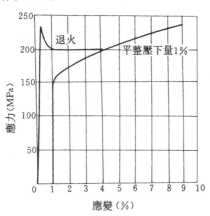

圖 4·8-3　退火和平整狀態的應力-應變曲線

有時效傾向的鋼板，平整處理後過一段時間再進行衝壓時，仍會出現滑移線。消除滑移線的最有效方法是用鋁脫氧的無時效鋼。

5. 鋼板的厚度尺寸公差　鋼板厚度超出允許公差時，也影響衝壓性能。鋼板過薄，零件表面會出現皺紋，影響外觀及密封質量。鋼板過厚，導致凹、凸模的間隙過小，阻礙正常衝壓變形，引起零件衝壓開裂，甚至損壞模具和設備。

2·3　冷軋鋼板衝壓性能的評定

鋼板衝壓性能與材料特性、變形力學及衝壓工藝諸因素有關，不可能用一兩項指標來衡量，它是多項指標綜合反映的結果。

1. 鋼板的硬化指數 n 值　應變硬化指數 n 值可作爲近似度量材料拉伸的變形能力。它描述了材料的應變硬化率，是材料拉伸的一種直接度量。已成爲評定薄板衝壓性能的重要參數之一。n 由下式定義：

$$\sigma = k\varepsilon^n$$

式中 σ 和 ε 爲真應力和真應變，k 爲強度係數。n 值的物理意義：鋼板在衝壓開始和終了的整個過程中，變形大的部位首先硬化，變形小的部位給予補充，使零件整體變形趨於均勻化，從而提高了鋼板的衝壓性能。

2. 鋼板的成形極限曲線　鋼板的成形性受到成形時發生失穩的限制。當零件的應變超過鋼板的極限應變時，出現集中失穩，零件出現開裂。在薄板成形過程中，將縮頸的開始視爲鋼板的成形極限；把不同

應變狀態下的極限值繪成曲線，即成形極限曲線，用"FLC"表示。它描述了鋼板在任一應力狀態下開始縮頸時的局部應變，也顯示著鋼板局部成形能力，見圖4·8-4。鋼板成形極限曲線可預見和分析鋼板衝壓件的成敗。

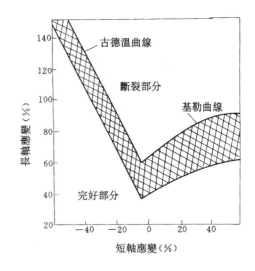

圖 4·8-4　鋼板成形極限曲線

3. 錐杯試驗的錐杯值或錐杯比　錐杯試驗又稱福井試驗，是評定鋼板脹形和深拉延聯合成形的一種試驗方法，錐杯試驗所給出的 CCV 值（錐杯值）或 λ 值（錐杯比），在反映鋼板脹形、深拉成形性的同時，據試樣口徑回復大小，亦間接評定了零件形狀的回彈程度：

$$CCV = D$$

$$\lambda = \frac{D_0 - D}{D}$$

式中　D_0——試樣毛坯尺寸 mm；
　　　D——成形後杯口平均尺寸 mm。

4. 圓頂高度試驗　極限圓頂高度值 LDH 是一組不同寬度的鋼板試樣，在大壓邊力作用下脹形，當試樣開始出現開裂時的頂高，即 LDH 值。它顯示了不同應變狀態下的頂高，比較接近實際衝壓過程。美國汽車廠正在推廣應用，以替代以前用硬度來評定鋼板的衝壓性能。

5. 冷軋鋼板的織構　冷軋鋼板的深衝性能與再結晶織構密切相關。促進鋼板深衝性能的有利織構是平行鋼板表面法向的 {111} 纖維織構。退火織構的類型與強弱是決定薄板衝壓性能優劣的重要因素。而織構類型、強弱與薄板的化學成分、軋製和熱處理工藝、顯微組織等密切相關。

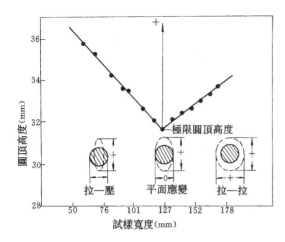

圖 4·8-5 圓頂高度曲線

a.晶粒取向與腐蝕坑 金相腐蝕坑法是測定冷軋鋼板織構的方法之一，它是通過一定的腐蝕劑，使其擇優腐蝕某一特定的晶面族，而不同晶面族可產生不同形狀的腐蝕坑，如 (111) 面的腐蝕坑爲三角形，(100) 面的腐蝕坑爲四邊形，(223) 面爲六角形等。這些不同形狀的腐蝕坑，是同一晶面族晶面指數的反映。(111) + (223) 視爲有利晶粒取向，(100) + (110) 視爲不利晶粒取向。有利取向度爲

$$\frac{(111) + (223)}{(111) + (223) + (100) + (110)} \times 100\%$$

試驗結果給出：用腐蝕坑法所測定的有利取向度與塑性應變比平均值有好的對應關係，見表 4·8-9。

表 4·8-9 有利取向度與 $\bar{r}$ 值的關係

鋼 號	08Al	08Al	08Al	08Al	SPCEN
有利取向度（%）	28	41	48	56	64
$\bar{r}$ 值	1.28	1.44	1.53	1.68	1.72

b.冷軋壓下率對織構的影響 鋼板冷軋後，由於經受70%左右冷變形，產生每 cm² 含有約 $10^{10} \sim 10^{12}$ 個位錯。當變形發生時，織構開始產生，隨變形增加織構

變得更強。r 值與 {111}/{100} 是一種線性關係。冷軋壓下率對織構和 r 值的影響見圖4·8-6。

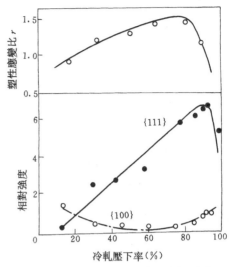

圖 4·8-6 冷軋壓下率對織構和 r 值的影響

2·4 冷軋鋼板的成形分類與選用

2·4·1 鋼板的成形分類

冷軋鋼板的成型性能，一般用強度、伸長率和頂壓值來衡量。儘管這些指標檢測簡便，但與實際衝壓性的對應關係不好。因此，有必要將衝壓件進行分類，並建立零件成型類別與薄板性能指標的對應關係。根據衝壓件外形特徵、變形大小、變形特點以及對薄板特性的不同要求，將薄板衝壓件成型分爲五類，即深拉延、脹形-深拉延、淺拉延、彎曲和翻邊。

爲尋求成形類別與薄板特性指標的對應關係，在不同成形類別中選擇有代表性零件，對薄板性能指標與零件衝壓開裂率進行了大量的試驗與統計分析，結果見表 4·8-10。這種定量關係的建立，爲薄板的生產、合理使用材料，充分發揮材料潛力提供了依據。

表 4·8-10 成形類別與性能指標的定量關係

成 形 類 別	典 型 件	主 要 指 標	重 要 指 標	有關試驗方法	綜 合 結 果
深拉延成形類	裡門板	$r_m \geqslant 1.50$	$\bar{n} \geqslant 0.23$ $\delta_{10} \geqslant 44\%$	深拉延試驗 （LDR 值）	$r_m \geqslant 1.50$ $\bar{n} \geqslant 0.23$ $\delta_{10} \geqslant 44\%$
	油底殼	$r_m \geqslant 1.50$	$\delta_{10} \geqslant 43\%$		
脹形-深拉成形類	水箱面罩	$\bar{n} \geqslant 0.23$ $r_m \geqslant 1.40$	$\delta_{10} \geqslant 40\%$	錐杯試驗 （CCV 值）	$r_m \geqslant 1.40$ $\bar{n} \geqslant 0.23$ $\delta_{10} \geqslant 43\%$
	翼子板	$\bar{n} \geqslant 0.21$ $r_m \geqslant 1.35$	$\delta_{10} \geqslant 42\%$		
	蓋-離合器	$\bar{n} \geqslant 0.22$ $r_m \geqslant 1.30$	$\delta_{10} \geqslant 43\%$		

(續)

成形類別	典型件	主要指標	重要指標	有關試驗方法	綜合結果
淺拉延成形類	外門板	無屈服伸長 $\delta_{10} \geqslant 36\%$	$\sigma_s \leqslant 250MPa$ $\bar{n} \geqslant 0.225$	錐杯試驗 (CCV 值)	無屈服伸長 $\delta_{10} \geqslant 36\%$ $\bar{n} \geqslant 0.225$
彎曲成形類	下支柱-前圍	屈服強度波動值 $\leqslant 50MPa$	$\delta_{10} \geqslant 34\%$	錐杯試驗 (CCV 值)	屈服強度波動值 $\leqslant 50MPa$ $\delta_{10} \geqslant 34\%$
	支架-內蓋板	屈服強度波動值 $\leqslant 75MPa$	$\delta_{10} \geqslant 32\%$		
翻邊成形類	消聲器前隔板	$\delta_{10} \geqslant 31\%$	$\bar{n} \geqslant 0.21$	擴孔試驗 (擴孔率 λ 值)	$\delta_{10} \geqslant 32\%$ $\bar{n} \geqslant 0.21$

2·4·2 深衝冷軋薄板的選用

深衝冷軋薄板按衝壓性能可分爲6級：最複雜 (ZF)、很複雜（HF）、複雜（F）、最深拉延（Z）、深拉延(S)和普通拉延(P)，其衝壓性能逐級降低。衝壓性能越高，價格越貴。如何選擇薄板的衝壓級別是既有技術又有經濟的複雜問題，應綜合考慮。

根據零件的變形程度，建議選擇冷軋薄板的衝壓級別見表 4·8-11。

3 冷衝壓用熱軋鋼板

3·1 冷衝壓用熱軋鋼板的特點

衝壓用熱軋鋼板的厚度一般在 3.0mm 以上，他們多被用來製造一些要求強度的零件，如汽車車架縱梁和橫梁。這種鋼板可以用往復軋機或連軋機生產，強度較高的採用低（微）合金高強度鋼。

國標 GB3275—82、GB3273—89 及實鋼標準中規定的鋼板的化學成分和力學性能數據見表 4·8-12、表 4·8-13。

表 4·8-11 零件變形程度與衝壓級別

鋼 號	零件變形程度（%）	建議選用衝壓級別
St16（IF）	$\geqslant 50$	
08Al	40~45	GB5213—85 中的 ZF 級
08Al	35~40	GB5213—85 中的 HF 級
08Al 或 06AlP	30~35	GB5213—85 中的 F 級
08Al 或 08AlP	<30	GB13237—91 中的 Z 級或 S 級

表 4·8-12 衝壓用熱軋鋼板的化學成分

鋼 號	化學成分的質量分數（%）						
	C	Si	Mn	P	S	Ti	其他元素
08Al	0.05~0.12	$\leqslant 0.03$	0.25~0.65	$\leqslant 0.035$	$\leqslant 0.035$	—	Al: 0.02~0.07
15Al	0.12~0.19	$\leqslant 0.06$	0.35~0.65	$\leqslant 0.035$	$\leqslant 0.035$	—	Al: 0.02~0.07
Q215-A	0.09~0.15	$\leqslant 0.30$	0.25~0.55	$\leqslant 0.045$	$\leqslant 0.050$	—	
Q215-A·F	0.09~0.15	$\leqslant 0.07$	0.25~0.55	$\leqslant 0.045$	$\leqslant 0.050$	—	
Q235-A	0.14~0.22	$\leqslant 0.30$	0.30~0.65	$\leqslant 0.045$	$\leqslant 0.050$	—	
Q235-A·F	0.14~0.22	$\leqslant 0.07$	0.30~0.65	$\leqslant 0.045$	$\leqslant 0.050$	—	
09MnREL	$\leqslant 0.12$	0.20~0.60	0.70~1.00	$\leqslant 0.035$	$\leqslant 0.035$	—	RE: 加 0.02~0.20
06TiL	$\leqslant 0.08$	$\leqslant 0.20$	0.20~0.50	$\leqslant 0.035$	$\leqslant 0.035$	0.07~0.20	—
08TiL	$\leqslant 0.12$	0.10~0.40	0.30~0.60	$\leqslant 0.035$	$\leqslant 0.035$	0.07~0.20	—
10TiL	$\leqslant 0.14$	0.10~0.30	0.50~0.90	$\leqslant 0.035$	$\leqslant 0.035$	0.07~0.20	—
09SiVL	0.08~0.15	0.70~1.00	0.45~0.75	$\leqslant 0.035$	$\leqslant 0.035$	—	V: 0.04~0.10

（續）

鋼 號	化 學 成 分 的 質 量 分 數（%）						
	C	Si	Mn	P	S	Ti	其 他 元 素
16MnL	0.12～0.20	0.20～0.60	1.20～1.60	≤0.035	≤0.035	—	—
16MnREL	0.12～0.20	0.20～0.60	1.20～1.60	≤0.035	≤0.035	—	RE：加 0.02～0.20
QStE340TM	≤0.12	≤0.50	≤1.30	≤0.030	≤0.025	≤0.22	Nb：≤0.09
B510L	≤0.16	≤0.50	≤1.60	≤0.035	≤0.035	—	Nb：≤0.06
SS34	—	—	—	≤0.035	≤0.035	—	—
SS41	—	—	—	≤0.035	≤0.035	—	—

表 4·8-13　衝壓用熱軋鋼板的力學性能

鋼 號	厚 度（mm）	力 學 性 能				冷 彎 試 驗		備 註
		σ_s（MPa）	σ_b（MPa）	δ_5（%）	HB	樣寬	彎曲180°	
08Al	—	—	≥325	≥33	≤108	$B=2a$	$d=0$	GB711—88
15Al	—	—	≥370	≥30	≤127	$B=2a$	$d=a$	GB711—88
Q215-A	—	≥215	335～410	≥31	—	$B=2a$	$d=1.5a$	GB700—88
Q235-A	—	≥235	375～460	≥26	—	$B=2a$	$d=1.5a$	GB700—88
09MnREL	2.5～12.0	≥245	375～470	≥32		$B=35mm$	$d=0.5a$	GB3273—89
06TiL	2.5～12.0	≥245	375～480	≥26		$B=35mm$	$d=0$	GB3273—89
08TiL	2.5～12.0	≥295	390～510	≥24		$B=35mm$	$d=0.5a$	GB3273—89
10TiL	2.5～12.0	≥355	510～630	≥22		$B=35mm$	$d=0.5a$	GB3273—89
09SiVL	5.0～7.0	≥355	510～610	≥24		$B=35mm$		GB3273—89
16MnL	2.5～7.0	≥355	510～610	≥24		$B=35mm$		GB3273—89
16MnREL	2.5～7.0	≥355	510～60	≥24		$B=35mm$		GB3273—89
QStE420TM	3.0～10.0	≥420	480～620	≥20		$B≥20mm$	$d=0.5a$	廠標
B510L	—	≥355	510～620	≥24		$B≥35mm$	$d=a$	廠協議
SS34	1.45～6.0	≥205	330～430	≥26		$B≥20mm$	$d=0.5a$	廠標
SS41	1.45～6.0	≥245	400～510	≥21		$B≥20mm$	$d=1.5a$	廠標

3·2　影響熱軋鋼板衝壓性能的因素

1. 鋼板的化學成分　影響熱軋鋼板衝壓性能最大的元素是碳。對衝壓用鋼板，一般不宜以增加碳含量來提高強度，採用合金元素固溶強化，形成以鐵素體爲主的低合金高強度熱軋鋼板系列。

影響的另一元素是硫。硫在鋼中形成硫化物夾雜，在軋製中被拉長，形成長條狀硫化物夾雜，衝壓時分割金屬基體，降低鋼板塑性。

鈦、鋯、釩、鈮和稀土等元素加入鋼中，能改變硫化物夾雜的形態和分布，提高鋼板的衝壓性能。

2. 鋼板的軋製方法　同一鋼號甚至同一爐號的鋼，由於軋製方法不同，衝壓性能有很大區別，見表4·8-14。連軋鋼板的縱向和橫向性能差別較大；衝壓零件時，當變形方向與軋製方向平行時，容易開裂。

單張往復軋製時，鋼板各方向均有變形，鋼板的縱橫向力學性能差別小，衝壓性能好。

3. 夾雜物的形態　連軋鋼板的方向性，主要是硫化錳沿軋製方向伸長呈細長條狀分布引起的。硫化錳在軋製溫度下有好的塑性，連軋時沿一個方向變形呈條狀分布。鋼板衝壓變形時，夾雜物與基體金屬交界面發生分離，在周圍逐漸形成顯微孔洞，隨變形過程不斷聚集，最後形成大的裂紋，導致材料最終破斷。夾雜物越長，與金屬基體的交界面越多，變形時分離機會越多、衝壓時零件開裂的可能性越大。

提高連軋鋼板的橫向塑性，必須改變鋼中硫化物夾雜的形態和分布。降低鋼中硫含量，減少硫化物夾雜數量，有助於改善橫向性能。在鋼中加入鈦、鋯和稀土等元素改變硫化物夾雜的形態和分布，使之成棒狀、圓球狀、點狀或不規則狀，可明顯提高其塑性，見表4·8-15。

當鋼中的稀土含量與硫含量比值接近3時，細長條硫化物夾雜可全部消失，鋼板的橫向塑性和衝壓性能明顯改善。

表4·8-14　不同軋製法的16Mn鋼板性能

軋製方法	化學成分的質量分數（%）					力　學　性　能			彎曲180°，$d=a$ 試樣寬度（mm）			衝壓結果（汽車大梁）	
	C	Si	Mn	P	S	σ_s (MPa)	σ_b (MPa)	δ_5 (%)	12	24	36	成品率（%）	返修率（%）
往復軋製	0.19	0.30	1.45	0.024	0.022	406.7	568.5	30	完好	完好	小裂	100	—
連軋	0.17	0.34	1.47	0.015	0.016	416.5	583.0	26	微裂	裂斷	裂斷	11	89

表4·8-15　加稀土和鈦鋼板性能

鋼　號	化學成分的質量分數（%）						力　學　性　能			彎曲180° $B=35$mm $d=a$	返修率（汽車大梁）（%）
	C	Si	Mn	P	S	RE或Ti	σ_s (MPa)	σ_b (MPa)	δ_5 (%)		
16MnL	0.17	0.54	1.47	0.015	0.016	—	416.5	583	26.0	裂斷	89
16MnREL	0.17	0.52	1.48	0.015	0.016	RE：0.032	387.5	539	28.0	微裂	1.7
16MnREL	0.19	0.40	1.45	0.010	0.006	RE：0.032	392	519.5	27.5	完好	9.5
13MnTiL	0.12	0.30	1.25	0.008	0.023	Ti：0.12	411.5	490	28.5	完好	14.0

3·3　評定熱軋鋼板衝壓性能的方法

選用衝壓用熱軋鋼板時，除考慮強度外，主要考慮衝壓性能。在鋼板標準中都反映了這些要求。GB3275將碳素熱軋鋼板按衝壓性能分爲深拉延（S）、普通拉延（P）和冷彎成型（W）三級。

評定鋼板衝壓性能最簡便又能較真實反映生產實際的試驗方法是冷彎試驗。它不僅用來衡量鋼板的塑性和韌性，也可檢驗鋼板表面質量。

用不同的彎心直徑（$d=0.5a$，$d=a$，$d=2a$）壓彎後，在試樣表面不得有裂紋。彎心直徑越小，鋼板衝壓性能越好。

取樣方向、試樣寬度和壓彎方法均影響冷彎試驗結果。一般規定試樣方向爲橫向。在試驗條件相同時，試樣寬度增加，冷彎合格率降低，見圖4·8-7。

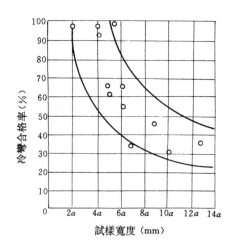

圖4·8-7　冷彎試樣寬度與冷彎合格率關係

表4·8-16　冷彎結果與汽車大梁返修率關係

不同寬度橫向冷彎試驗結果（$d=a$）					汽車大梁返修率（%）
$B=12$mm	$B=24$mm	$B=36$mm	$B=48$mm	$B=60$mm	
合格	合格	合格	合格	合格	8.8
合格	合格	合格	不合格	不合格	18.6
合格	合格	不合格	不合格	不合格	59.1
合格	不合格	不合格	不合格	不合格	83.0

註：1. B—試樣寬度（mm）；d—彎心直徑（mm）。

2. 大梁經焊補返修後可裝車。

冷彎試樣寬度一般爲30～50mm。寬度對冷彎結果的影響是由於，試樣越寬，彎曲變形處暴露鋼板缺陷和內在質量越多，處於雙向應變狀態的金屬部分越多。

冷彎試驗結果的優劣與衝壓零件時合格率有一定關係。汽車大梁衝壓時返修率見表 4·8-16。

4 冷衝壓用鍍鋅鋼板

鍍鋅鋼板多用於轎車車身件。轎車在行駛中，承受著各種不同介質的作用，在較大程度上影響著車身的壽命。鍍鋅鋼板具有優異的防腐性和好的成形性，一般的點焊性和較好的塗漆性，見表 4·8-17、表 4·8-18。Zn-Ni 合金電鍍鋅鋼板具有優良的綜合性能，熱鍍鋅鋼板的耐腐性優良，見表 4·8-19。

表 4·8-17 不同品種鍍鋅鋼板性能的優劣

品　種	耐腐性	成形性	焊接性	塗漆性
電鍍鋅鋼板	較差	優	一般	一般
Zn-Ni 合金電鍍鋅鋼板	良	良	優	良
熱鍍鋅鋼板	優	一般	較差	較差
合金化熱鍍鋅鋼板	一般	較差	良	優

表 4·8-18 電鍍鋅鋼板的品種和性能

品　種	σ_s (MPa)	σ_b (MPa)	δ (％)	鋅層厚度 (g/m²)	鋅層剝落試驗試樣寬 75～125mm，彎曲180° $d=0$	備註
SECC	≤280 —	270～410 ≥275	≥28① 36～38②	10，20，30，40，50		廠標
SECD	≤240 —	270～350 ≥275	≥34① 38～40②	10，20，30，40，50	不應有鋅層脫落，裂紋和對使用有害的表面缺陷	廠標
SECE	≤210 —	270～350 ≥275	≥38① 40～42②	10，20，30，40，50		廠標

① 拉力試樣的標距 $L_0=80$mm。
② 拉力試樣爲日本 N05 試樣，標距 $L_0=50$mm，鋼板厚度≥0.6mm。

表 4·8-19 熱鍍鋅鋼板的品種和性能

品　種	σ_s (MPa)	σ_b (MPa)	δ (％) ($L_0=80$mm)	鋅層厚度 (g/m²)	鋅層剝落試驗試樣寬 50～100mm，彎曲180° $d=0$	備　註
St02Z (JY)	— —	270～500 270～500	— —	90～275	無鋅層剝落	廠標 (GB2518—88)
St03Z	—	270～380	≥24	90～275	無鋅層剝落	廠標
St04Z (SC)	— —	270～380 270～385	≥30	90～275	無鋅層剝落	廠標 (GB2518—88)
St05Z (CS)	— —	270～380 270～385	≥30	90～275	無鋅層剝落	廠標 (GB2518—88)
St06Z	≤200	270～350	≥40	90～275	無鋅層剝落	協議
St07Z	≤180	270～350	≥43	90～275	無鋅層剝落	協議

註：SECE 電鍍鋅板和 St06Z、St07Z 熱鍍鋅板，由於衝壓性能要求高，多用超深衝薄板（IF）生產。

5 冷衝壓用超深衝冷軋薄鋼板

超深衝冷軋薄板，又稱無間隙原子鋼，簡稱 IF 鋼（Interstitial free steel），通過降低鋼中的碳、氮含量，並加入強的碳、氮化合物形成元素 Ti、Nb，再通過適當的加工工藝而製成。具有低的屈服強度、高伸長率，低屈強比、高塑性應變比（r 值）和高應變硬化指數（n 值）以及無時效性（AI＝0）等性能，具有優異的深衝性能。

目前全世界 IF 鋼產量已近 2000 萬 t。已研究出

IF 鋼的成分系列見表 4·8-20。

IF 鋼的力學性能一般爲 $\sigma_s \leqslant 150MPa$，$\sigma_b \leqslant$ 300MPa，$\delta_{10} \geqslant 50\%$，$r_m \geqslant 2.0$，$\overline{n} \geqslant 0.25$。

實鋼研製 IF 鋼的成分和性能見表 4·8-21。

表 4·8-20　IF 鋼的實際化學成分系列

鋼號或國別	化學成分的質量分數（%）								
	C	Si	Mn	P	S	Ti	Nb	B	N
美國	0.0065	0.014	0.0123	0.007	0.0074	0.029	0.0086	—	0.0013
日本	0.0040	0.020	0.017	0.017	0.0084	0.065	—	—	0.001
德國	0.0080	0.010	0.200	0.008	0.0050	0.057	—	—	0.0034
B-IF	0.0021	0.080	0.150	0.010	0.0044	0.040	—	0.002	0.0012
Cr-IF①	0.0050	0.10	0.080	0.022	0.0020	0.23	17.2Cr	1.22Mo	0.003
高強 IF	0.0032	0.57	0.270	0.071	0.0041	0.010	0.025	0.003	0.003

表 4·8-21　寶鋼 IF 鋼的實際化學成分和性能

鋼號	化學成分的質量分數（%）							σ_s (MPa)	σ_b (MPa)	δ_{10} (%)	r_m	$\overline{n}$
	C	Si	Mn	P	S	N	Ti					
St16	0.003	0.018	0.16	0.007	0.008	0.002	0.054	140	290	53	2.11	0.253

6　烘烤硬化冷軋薄鋼板

汽車等外殼件都採用冷軋鋼板。汽車在行駛中，經常承受重物或石塊的碰擊，使車體產生凹坑，要求薄板衝壓件有足夠的抗變形能力。一般認爲，屈服強度越高，抗變形能力越強，抗凹陷性好。但屈服強度高，鋼板的衝壓性能變壞。烘烤硬化，是指具有較低的屈服強度供應態鋼板經衝壓成形預變形後，再進行高溫時效處理（通常爲170℃、保溫20min），提高了鋼板的屈服強度。烘烤硬化鋼的成分與性能見表4·8-22。

一般烘烤硬化鋼的硬化特性是由於鋼中殘留的C、N元素引起的高溫應變時效，鋼中固溶的C、N越多，BH值越大。碳原子固溶在鐵素體中，經拉伸變形，增加了金屬基體的位錯密度，再進行高溫時效處理，就會使C原子擴散到位錯線周圍，限制位錯繼續運動，這時如果再變形，需要更高的應力，鋼呈現BH性。

目前，在超低碳鋼（C含量≤0.005%，N含量≤0.004%）中加入適量的Nb或Ti，使鋼中C、N原子固定成碳氮化物Ti (CN)、Nb (CN)，高溫捲取，穩定C和N，然後再高溫退火（>830℃），使碳、氮化物重新分解，然後快速冷卻，並加入適當的磷，可得到集高強度、深衝性和烘烤性於一身的超低碳高強度烘烤硬化鋼板。

表 4·8-22　烘烤硬化鋼的成分和性能

化學成分的質量分數（%）							力學性能			r_m 值	$\overline{n}$ 值	BH值① (MPa)
C	Si	Mn	P	S	Al	Nb	σ_s (MPa)	σ_b (MPa)	δ_{10} (%)			
0.015	0.02	0.10	0.06	0.014	0.031	—	204	350	40	1.72	—	54
0.010	0.09	0.16	0.08	0.006	0.06	—	226	358	39	—	—	46
0.009	0.06	0.14	0.046	0.008	0.051	—	200	344	40	—	—	40
0.005	0.02	0.18	0.07	0.006	0.04	0.03	190	360	43.5	2.30	>0.23	44

① BH值，指烘烤硬化後屈服強度增加值。

第9章 超高強度鋼[1][3][35][36]

1 概述

超高強度鋼是一種新發展的結構材料。通常認爲,抗拉強度超過 1500MPa 或屈服強度超過 1380MPa 的合金結構鋼爲超高強度鋼。其主要特點是具有很高的強度和足夠的韌度,且比強度和疲勞強度極限值高,在靜載荷和動載荷的條件下,能承受很高的工作應力,從而可減輕結構重量。雖然超高強度鋼存在缺口敏感性,但衡量超高強度鋼抵抗裂紋擴展能力的主要指標是材料的平面應變斷裂韌度,所以具有較高斷裂韌度的超高強度鋼,在複雜的環境下仍能承受高的工作應力,而不致發生低應力脆性斷裂。

超高強度鋼是在合金結構鋼的基礎上發展起來的,主要用於製造飛機起落架和主梁、固體火箭發動機殼體、高速離心機旋轉筒體和其他承受高應力的結構部件。爲了提高鋼的強韌性,除了通過合金化的途徑外,還通過改進冶煉和鍛軋工藝以及改變熱處理工藝等途徑來提高鋼的斷裂韌度。例如,AF1410 高斷裂韌度超高強度鋼,選用高純原材料,採用兩次真空冶煉工藝,使鋼中夾雜物和氣體含量明顯減少,硫的質量分數降低到 0.002% 以下,磷的質量分數降低到 0.005% 以下;並嚴格控制鍛軋工藝,晶粒度達到 10 級以上,提

高了鋼的斷裂韌度和抗應力腐蝕性能,其抗拉強度達 1620MPa 以上,斷裂韌度達 150MPa·m^{1/2} 以上。

超高強度鋼通常按化學成分和強韌化機制分爲:低合金超高強度鋼、二次硬化型超高強度鋼、馬氏體時效鋼和超高強度不鏽鋼等四類。

2 低合金超高強度鋼

低合金超高強度鋼碳的質量分數爲 0.30% ~ 0.45%,合金元素總質量分數約在 5% 左右,見表4·9-1。通過淬火和回火,或者等溫淬火處理,可獲得回火馬氏體,或下貝氏體和回火馬氏體的混合組織,以達到高強度和良好的韌性。常用的低合金超高強度鋼的化學成分見表4·9-1,其主要力學性能見表4·9-2。鋼的強度主要取決固溶於馬氏體中的碳濃度。碳含量愈高,則鋼的強度愈高。當抗拉強度在 1700~2100MPa 範圍內,鋼的碳質量分數每增加 0.01%,其抗拉強度可提高 30MPa 左右。合金元素在低合金超高強度鋼中的作用主要是提高鋼的淬透性、細化晶粒和提高回火馬氏體的穩定性。鋼中主要合金元素有鎳、鉻、鉬、釩、矽、錳等。

低合金超高強度鋼生產成本較低,用途廣泛。常用於製做飛機結構件、固體燃料火箭發動機殼體、高壓氣瓶、炮筒和高強度螺栓等。

表 4·9-1 低合金超高強度鋼的化學成分

鋼　　號	化 學 成 分 的 質 量 分 數（%）								
	C	Si	Mn	S	P	Cr	Ni	Mo	其　　他
30CrMnSiNi2A	0. 27 ~34	0. 90~ 1.20	1.00~ 1.30	≤0.030	≤0.030	0.9~ 1.2	1.4~ 1.8	—	—
32Si2Mn2MoVA	0.31~ 0.36	1.45~ 1.75	1.60~ 1.90	≤0.020	≤0.020	—	—	0.35~ 0.55	V: 0.20~0.30
28Cr3SiNiMoWVA	0. 26~ 0.31	0.90~ 1.20	0.50~ 0.80	≤0.020	≤0.020	2.80~ 3.30	0.80~ 1.20	0.30~ 0.50	W: 0.80~1.20; V: 0.10~0.20
30Cr3SiNiMoVA	0.28~ 0.34	0.90~ 1.20	0.50~ 0.80	≤0.020	≤0.020	2.80~ 3.30	0.80~ 1.20	0.60~ 0.80	V: 0.06~0.15
34Si2MnCrMoVA	0.29~ 0.36	1.40~ 1.70	0.70~ 1.00	≤0.010	≤0.013	1.00~ 1.30	0.25	0.40~ 0.55	V: 0.08~0.15
40CrNi2MoA （AISI4340）	0.38~ 0.43	0.20~ 0.35	0.60~ 0.80	≤0.025	≤0.025	0.70~ 0.90	1.65~ 2.00	0.20~ 0.30	—
45CrNiMo1VA （D6AC）	0.42~ 0.48	0.15~ 0.35	0.60~ 0.90	≤0.020	≤0.020	0.90~ 1.20	0.40~ 0.70	0.90~ 1.10	V: 0.05~0.15

（續）

鋼　　號	化 學 成 分 的 質 量 分 數（%）								
	C	Si	Mn	S	P	Cr	Ni	Mo	其　　他
40CrMnSiMoVA	0.36～ 0.42	1.20～ 1.60	0.80～ 1.20	≤0.025	≤0.025	1.20～ 1.50	—	0.45～ 0.60	V：0.07～0.12
40Si2Ni2CrMoVA (300M)	0.38～ 0.43	1.45～ 1.80	0.60～ 0.90	≤0.010	≤0.010	0.70～ 0.95	1.65～ 2.00	0.30～ 0.50	V：0.05～0.10
35Cr2Ni4MoA (35NcD16)	0.34～ 0.40	0.15～ 0.40	0.15～ 0.60	≤0.010	≤0.015	1.60～ 2.00	3.50～ 4.50	0.30～ 0.60	—

表 4·9-2　低合金超高強度鋼的力學性能

鋼　　號	熱處理工藝	σ_b (MPa)	$\sigma_{0.2}$ (MPa)	δ_5 (%)	ψ (%)	a_K (J/cm²)	K_{Ic} (MPa·m$^{1/2}$)
30CrMnSiNi2A	900℃油淬， 260℃回火	1795	1430	11.8	50.2	69	67.1
32Si2Mn2MoVA	920℃油淬， 320℃回火	1810	1550	12.0	49.3	67.7	79.4
28Cr3SiNiMoWVA	920℃油淬， 580℃回火	1500	1270	15.2	62.7	75.0	93.0
30Cr3SiNiMoVA	930℃油淬， 300℃回火	1790	1510	11.0	50.2	96.1	117
34Si2MnCrMoVA	930℃油淬， 300℃回火	1825	1530	12.0	48.5	71.6	90.5
40CrNi2MoA (AISI4340)	845℃油淬， 200℃回火	1960	1605	12.0	39.5	60	67.7
45CrNiMo1VA (D6AC)	880℃油淬， 550℃回火	1595	1470	12.6	47.4	51	99.2
40SiMnCrMoVA	920℃油淬， 260℃回火	1981	1662	10.5	42.6	65	71.2
40Si2Ni2CrMoVA (300M)	870℃油淬， 300℃回火	1925	1630	12.5	50.6	61	85.1
35Cr2Ni4MoA (35NcD16)	870℃油淬， 210℃回火	1940	1555	10.7	43.1	62	69.9

2·1　化學成分和性能特點

　　低合金超高強度鋼一般經淬火和回火處理。鋼加熱到 Ac₃ 溫度以上奧氏體化後進行油淬，形成高位錯密度的馬氏體組織，其硬度很高但很脆，因此需採用適當溫度的回火處理，以改善鋼的組織結構，獲得強度與韌性的最佳配合。當回火溫度提高到250℃～450℃時，鋼的衝擊韌度明顯下降，出現回火脆性。鋼中加入1.5%以上的矽，能夠有效地延遲回火馬氏體的分解，使回火馬氏體脆性區的溫度提高到350℃以上。矽的作用主要是阻止滲碳體的形核和長大，因

為矽不溶解於滲碳體中，只有當 ε 碳化物在回火過程中完全溶解，並且使矽擴散離去，滲碳體才能形核。矽使 ε 碳化物向滲碳體轉變變得困難，因而提高了回火馬氏體的穩定性。

2·2　強韌化工藝

　　低合金超高強度鋼採用等溫淬火處理獲得下貝氏體，或者下貝氏體和回火馬氏體的混合組織，能顯著改善鋼的韌度。幾種常用鋼等溫淬火處理後的力學性能見表 4·9-3。

　　提高鋼的純淨度是改善斷裂韌度的關鍵。爲了降

表 4·9-3　低合金超高強度鋼等溫淬火處理後的力學性能

鋼　　　種	熱處理工藝	σ_b (MPa)	$\sigma_{0.2}$ (MPa)	δ_5 (%)	ψ (%)	a_K (J/cm^2)	K_{Ic} (MPa·m$^{1/2}$)
40CrNi2MoA	850℃ 加熱，320℃ 等溫	1730	1530	13.1	55.9	69.6	73.8
30CrMnSiNi2A	900℃ 加熱，250℃ 等溫	1623	1420	13.1	48.5	87	83.5
40Si2Ni2CrMoVA	900℃ 加熱，250℃ 等溫	1745	1435	12.5	46.3	70	87.4
34Si2MnCrMoVA	930℃ 加熱，280℃ 等溫	1745	1365	11.3	50.0	77.5	98.6

低鋼中氣體和非金屬夾雜物，通常採用電弧爐或真空感應爐冶煉鑄成電極再經真空自耗重熔。40Si2Ni2CrMoVA 鋼採用真空自耗重熔冶煉工藝，使鋼中氣體含量降低約 50%，明顯改善了鋼的大截面橫向塑性和韌度，見表 4·9-4。另外鋼的縱向光滑試樣疲勞強度極限也從 580MPa 提高到 675MPa。45CrNiMo1VA 鋼分別採用四種冶煉工藝，均經過 900℃ 正火，880℃ 油淬，550℃ 回火，其抗拉強度爲

表 4·9-4　40Si2Ni2CrMoVA 鋼的橫向力學性能

冶煉工藝	σ_b (MPa)	σ_{02} (MPa)	δ_5 (%)	ψ (%)	a_{KV} (J/cm^2)
電弧爐冶煉	1970	1660	7.0	28.5	14.8
真空自耗重熔	1960	1620	11.5	45.0	24.5

註：熱處理工藝爲 870℃ 油淬，300℃ 回火。

表 4·9-5　45CrNiMo1VA 鋼的斷裂韌度

冶煉工藝	真空感應爐加真空自耗重熔	真空感應爐加電渣重熔	電弧爐加真空自耗	電弧爐加電渣重熔
斷裂韌度 (MPa·m$^{1/2}$)	104.3	104.7	86.7	84.1

1520MPa。而斷裂韌度相差很大，見表 4·9-5。

2·3　生產工藝

　　低合金超高強度鋼的熱加工性能良好，鍛造和軋製變形溫度範圍較寬。開始變形溫度爲 1100～1230℃，終止變形溫度控制在 850℃ 以上。大截面鍛件的鍛造比應大於 5。要求橫向性能的鍛件可採用鐵粗和拔長多次變形工藝。鍛軋棒材一般均採用退火或正火加高溫回火狀態供貨。熱軋和冷軋薄板應防止表面脫碳，必須在保護氣氛條件下進行高溫回火軟化熱處理。用於冷衝壓成型的鋼板應嚴格控制加熱溫度，供貨狀態鋼的顯微組織中的碳化物應完全球化，不允許有片狀珠光體存在。

3　二次硬化型超高強度鋼

　　此類鋼是通過淬火後回火、析出合金碳化物而達到彌散強化效果的超高強度鋼。主要包括 Cr-Mo-V 型中合金馬氏體熱作模具鋼、高韌性 9Ni-4Co 型和 10Ni-14Co 型高韌性超高強度鋼。主要鋼種的化學成分和力學性能見表 4·9-6、表 4·9-7。

表 4·9-6　二次硬化型超高強度鋼的化學成分

鋼　號	化　學　成　分　的　質　量　分　數（%）									
	C	Si	Mn	S	P	Cr	Ni	Mo	Co	V
4Cr5MoVSi	0.37～0.43	0.80～1.00	0.20～0.40	≤0.03	≤0.03	4.75～5.25	—	1.20～1.40	—	0.40～0.60
4Cr5MoV1Si	0.32～0.45	0.80～1.20	0.20～0.50	≤0.03	≤0.03	4.75～5.50	—	1.10～1.75	—	0.80～1.20
20Ni9Co4CrMo1V	0.16～0.23	≤0.2	0.10～0.35	≤0.01	≤0.01	0.65～0.85	8.5～9.5	0.90～1.10	4.25～5.00	0.06～0.12
30Ni9Co4CrMo1V	0.29～0.34	≤0.2	0.10～0.35	≤0.01	≤0.01	0.90～1.10	7.0～8.0	0.90～1.10	3.5～4.5	0.06～0.12
16Ni10Co14Cr2Mo1	0.13～0.17	≤0.10	≤0.10	≤0.005	≤0.008	1.80～2.20	9.50～10.50	0.90～1.10	13.5～14.5	—

表 4·9-7 二次硬化型超高強度鋼的力學性能

鋼　　號	熱　處　理　工　藝	σ_b (MPa)	$\sigma_{0.2}$ (MPa)	δ_5 (%)	ψ (%)	K_{Ic} (MPa·$m^{1/2}$)
4Cr5MoVSi	1010℃空冷，550℃回火	1960	1570	12	42	37
4Cr5MoV1Si	1010℃空冷，555℃回火	1835	1530	13	50	23
20Ni9Co4CrMo1V	850℃油淬，550℃回火	1380	1340	15	55	143
30Ni9Co4CrMo1V	840℃油淬，550℃回火	1530	1275	14	50	109
16Ni10Co14Cr2Mo	830℃空冷，－73℃冷處理，510℃回火	1635	1490	16.5	71	175

3·1　Cr-Mo-V 型中合金超高強度鋼

最早生產和使用的鋼種是 4Cr5MoVSi（H11），主要用於熱作模具。鋼的淬透性高，一般零件經 1100℃奧氏體化後，在空冷條件下即可獲得馬氏體組織；經 500℃左右回火，析出 Cr_7C_3 和 $(Mo, Cr)_2C$，發生二次硬化效應。鋼的抗拉強度可達到 1960MPa。具有較高的中溫強度，在 400～500℃範圍內使用，鋼的瞬時抗拉強度仍可保持 1300～1500MPa，屈服強度約爲 1100～1200MPa。

4Cr5MoV1Si（H13）鋼是在 H11 鋼的基礎上提高了碳和釩的含量而發展起來的。含釩量增加，使鋼中 VC 數量增多，提高了耐磨性。其他性能與 H11 鋼相似。

這類鋼主要用於熱擠壓模具和製造飛機發動機承受中溫強度的零部件、緊固件等。

由於這類鋼的主要缺點是斷裂韌度低，因此當用於製造屈服強度大於 1380MPa 的結構件時，應特別注意避免表面有尖角或小裂口存在。如電鍍時，應注意防止氫脆產生。

3·2　9Ni-4Co 型超高強度鋼

這類鋼含 w_{Ni} 9%，w_{Co} 4% 左右，並含有鉻、鉬、釩等合金元素。鋼中碳含量增加，可提高鋼的強度，但韌度降低。按照碳含量 w_C 不同，又分爲 0.20%，0.25%，0.30% 和 0.45% 四種鋼，常用的是 9Ni-4Co-20 鋼和 9Ni-4Co-30 鋼。

經 820～850℃奧氏體化後，在空冷條件下可形成低碳馬氏體組織；經 500℃左右回火產生二次硬化效應，獲得較高的強度和較高的韌性。30Ni9Co4CrMoA鋼經淬火後 550℃回火，抗拉強度爲 1520～1650MPa，斷裂韌度可達到 100MPa·$m^{1/2}$以上。

20Ni9Co4CrMoA 和 30Ni9Co4CrMoA 鋼的焊接性好，並具有良好的熱穩定性，適於在 370℃以下長期使用。

3·3　10Ni-14Co 型超高強度鋼

這類鋼的典型鋼種是 16Ni10Co14Cr2Mo1（AF1410）鋼，是在 HY180 鋼的基礎上提高碳和鈷的含量而發展起來的一種可焊接的高合金二次硬化型超高強度鋼，含 w_{Ni} 10%，w_{Co} 14%，w_{Cr} 2%，w_{Mo} 1%。加熱到 830℃奧氏體化後，在空冷條件下形成高位錯密度板條狀馬氏體。經 510℃時效析出細小彌散分布的合金碳化物 M_2C 取代 Fe_3C（滲碳體），從而獲得高強度和高韌性。抗拉強度達到 1620MPa 以上平面應變斷裂韌度可達 143MPa·$m^{1/2}$以上；而且抗應力腐蝕性能好，其應力腐蝕開裂臨界斷裂因子 K_{Iscc}值高達 84MPa·$m^{1/2}$，比一般超高強度鋼高三倍以上。常用於製造飛機重要受力構件，海軍飛機著陸鈎等。

鎳在 16Ni10Co14Cr2Mo1 鋼中的作用主要是穩定奧氏體。從奧氏體狀態冷卻直到 M_s 點溫度均不發生相變。即使厚截面零件在緩慢的冷卻速度下也只產生單相馬氏體組織，因而沒有淬透性不足的問題。鈷的作用主要是升高 M_s 點溫度和降低鉬在馬氏體中的固溶度，增強鉬的強化效應；在回火過程中能夠抑制和延緩特殊合金碳化物的析出，阻止析出相的集聚長大。鉬是主要二次硬化元素，鉬含量增加，則二次硬化峰值提高。鉻與鉬共存時，有利於提高韌性。

16Ni10Co14Cr2Mo1 鋼爲超純淨和超細晶粒度鋼。實際晶粒度大於 10 級。鋼中除硫、磷含量極低外，還要求鋼中氧和氮分別小於 w_O，0.002%（20ppm）、w_N，0.0015%（15ppm）。因此對冶煉和鍛造工藝都有特殊的要求。一般採用真空感應爐熔鑄電極再經真空自耗重熔。鋼的純度對其斷裂韌度和應力腐蝕性能具有明顯的影響，見表 4·9-8。鋼的熱加工變形性能很好，鍛造開坯溫度爲 980℃～1175℃。爲了控制晶粒度長大，最終成品鍛造溫度應不超過 980℃。

表 4·9-8　不同純度的 16Ni10Co14Cr2Mo1 鋼的力學性能

不同純度鋼	純　　度　（≤%）				σ_b (MPa)	A_{KV} (J)	K_{Ic} (MPa·m$^{1/2}$)	$K_I = 33$MPa·m$^{1/2}$ 的孕育期 (h)
	N	O	S	P				
一般純度鋼	0.0080	0.0020	0.006	0.010	1440	50	132	332
高純度鋼	0.0015	0.0010	0.001	0.003	1505	88	196	6905

鋼中加稀土元素鋼 La 將改變非金屬夾雜物的形態和分布。夾雜物類形由 CrS 改變爲 La_2O_2S，在體積分數不變的情況下，夾雜的平均尺寸增大，間距加大，使鋼的斷裂韌度提高，見表 4·9-9。

表 4·9-9　加 La 對 16Ni10Co14Cr2Mo1 鋼斷裂韌度的影響

添加量	夾雜物類型	體積分數	平均半徑 (μm)	平均間距 (μm)	K_{Ic} (MPa·m$^{1/2}$)
不加 La	CrS	0.00034	0.18	2.3	130
加 La0.008%	La_2O_2S	0.00042	0.64	7.6	197

鋼中加 La 時要特別控制添加量和掌握加入的時間。若 La 的添加量不足，發揮不了應有的效果；而加 La 過量或鋼中脫氧不充分都會增加夾雜物的數量，反而降低鋼的韌性。

在 16Ni10Co14Cr2Mo1 鋼的基礎上研製了抗拉強度爲 1900MPa 的超高強度鋼。其強韌化機制是提高碳含量，通過時效強化，其斷裂韌度可達 110MPa·m$^{1/2}$以上；另外加入微量鈦，改變夾雜物類型，形成細小的 Ti_2CS 夾雜，彌散分布，提高了鋼的斷裂韌度。

4　馬氏體時效鋼

4·1　化學成分和性能特點

馬氏體時效鋼是鐵—鎳基超低碳高合金超高強度鋼通過馬氏體相變和時效析出金屬間化合物而達到強化效果的超高強度鋼。工業上廣泛應用的鋼種爲不同強度等級的 18Ni 馬氏體時效鋼。其化學成分和力學性能見表 4·9-10、表 4·9-11。

表 4·9-10　18Ni 馬氏體時效鋼的化學成分

鋼　　種	化　學　成　分　的　質　量　分　數（%）									
	C	Si	Mn	S	P	Ni	Co	Mo	Ti	Al
18Ni（200）	≤0.03	≤0.10	≤0.20	≤0.01	≤0.01	17.5～18.5	8.0～9.0	3.0～3.5	0.15～0.25	0.05～0.15
18Ni（250）	≤0.03	≤0.10	≤0.20	≤0.01	≤0.01	17.5～18.5	8.5～9.5	4.6～5.2	0.30～0.50	0.05～0.15
18Ni（300）	≤0.03	≤0.10	≤0.10	≤0.01	≤0.01	17.5～18.5	8.0～9.0	4.6～5.2	0.55～0.80	0.05～0.15
18Ni（350）	≤0.01	≤0.10	≤0.10	≤0.005	≤0.005	17.5～18.5	12.0～13.0	4.0～4.5	1.4～1.8	0.05～0.15

18Ni 馬氏體時效鋼經 820℃ 固溶處理，然後可在很寬的溫度範圍內進行時效處理，時效過程中析出 Ni_3Mo、Ni_3Ti 等金屬間化合物，提高了鋼的強韌性。鈷在鋼中不形成化合物，不直接產生時效硬化作用。

必須有鉬存在，才能充分發揮鈷的強韌化作用。鈷可降低鉬在基體中的溶解度，增加鉬的過飽和度，在時效過程中產生細小的金屬間化合物 Ni_3Mo 和 Fe_2Mo，彌散而均勻分布在馬氏體位錯和邊界上。鈷和鉬的配合，不僅能提高鋼的強度，而且還改善鋼的韌性。另外，鈦和鋁均為強化元素，形成強化相 Ni_3Al，Ni_3Ti 等。鋼中碳、硫、磷、矽、錳等均屬有害元素。若碳含量高，當加熱到 $900\sim1100℃$ 時在奧氏體晶界形成 TiC 薄膜，使鋼變脆。

表 4·9-11　18Ni 馬氏體時效鋼的主要力學性能

鋼　　種	熱處理工藝	σ_b (MPa)	$\sigma_{0.2}$ (MPa)	δ_5 (%)	ψ (%)	K_{Ic} (MPa·m$^{1/2}$)
18Ni（200）	820℃ 固溶，480℃ 時效	1480	1430	9.0	51.0	155~200
18Ni（250）	820℃ 固溶，480℃ 時效	1785	1725	12.0	50.0	120
18Ni（300）	820℃ 固溶，480℃ 時效	2050	1970	12.0	35.0	80
18Ni（350）	820℃ 固溶，480℃ 時效	2410	2355	12.0	25.0	35~50

4·2　純潔度對韌性的影響

18Ni 馬氏體時效鋼大多採用真空冶煉工藝，可降低鋼中氣體和非金屬夾雜物含量、提高鋼的純度，有效地改善鋼的韌性。降低鋼中硫、磷含量對改善鋼的橫向塑性和韌性具有明顯的效果。不同冶煉工藝對 18Ni 馬氏體時效鋼斷裂韌度的影響見圖 4·9-1。採用真空感應爐熔鑄電極再經真空自耗重熔的雙真空冶煉工藝，可顯著提高鋼的斷裂韌度。

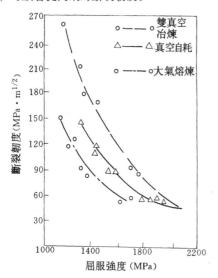

圖 4·9-1　不同冶煉工藝對 18Ni 馬氏體時效鋼斷裂韌度的影響

馬氏體時效鋼的熱加工塑性良好。鈦和鋁含量較高的鋼，凝固時易產生偏析，加工變形後易形成帶狀組織，導致鋼的各向異性加劇。減小鋼錠尺寸可減輕偏析程度，或在 $1200℃\sim1220℃$ 進行均勻退火以消除偏析。

4·3　熱處理和焊接性能

馬氏體時效鋼具有強度高、屈強比高、熱處理工藝簡單和斷裂韌度高等優點。在固溶狀態下，鋼的屈服強度約為 $800\sim900MPa$，斷後伸長率為 20% 左右，面縮率為 70%～80%，加工硬化指數為 0.02～0.03，具有良好的冷加工變形性能。適用於冷深衝零件，對冷作件可直接時效處理，進一步提高強度。

熱處理過程中零件變形小，常用於製造高精度工模具。在固溶狀態下焊接性能好；焊絲成分應大致與基體相似。採用氬氣保護焊接工藝，焊前不需要預熱，焊後通過時效處理提高焊縫接頭強度。焊接強度係數可達到 95% 以上。適用於製固體火箭發動機殼體、高壓氣瓶等。

為進一步強化 18Ni 馬氏體時效鋼，研製了屈服強度為 2800 和 3500MPa 的新鋼種，但由於塑性和韌性較低，離實際應用尚有一定距離。此外，還有 20Ni，25Ni 和節鎳馬氏體時效鋼，也由於熱處理工藝較為複雜或者韌性較低，仍尚未大量應用。

5　超高強度不鏽鋼

在不鏽鋼的基礎上發展起來的超高強度不鏽鋼，具有較高的抗拉強度和良好的耐腐蝕性能。根據鋼的組織和強化機制不同，大致可分為馬氏體沈澱硬化不鏽鋼、半奧氏體沈澱硬化不鏽鋼和馬氏體時效不鏽鋼。常用超高強度不鏽鋼的化學成分見表 4·9-12。

表 4·9-12　超高強度不鏽鋼的化學成分

鋼　　　號	化 學 成 分 的 質 量 分 數（%）								
	C	Si	Mn	S	P	Cr	Ni	Mo	其　他
馬氏體沈澱硬化不鏽鋼 17-4PH （0Cr17Ni4Cu4Nb）	≤0.07	≤1.00	≤1.00	≤0.03	≤0.035	15.5~ 17.5	3.5~ 4.5	—	Cu：3.0~5.0 Nb：0.15~0.45
半奧氏體沈澱硬化不鏽鋼 17-7PH （0Cr17Ni7Al）	≤0.09	≤1.00	≤1.00	≤0.03	≤0.035	16.0~ 18.0	6.5~ 7.5	—	Al：0.75~1.50
PH15-7Mo （0Cr15Ni7Mo2Al）	≤0.09	≤1.00	≤1.00	≤0.030	≤0.035	14.0~ 16.0	6.5~ 7.5	2.00~ 3.00	Al：0.75~1.50
馬氏體時效不鏽鋼 00Cr15Ni5Cu3Nb （PH15-5）	≤0.04	≤1.00	≤1.00	≤0.030	≤0.035	14.0~ 16.0	4.0~ 5.0	—	Cu：3.0~3.6 Nb：0.20~0.50
00Cr13Ni8Mo2Al （PH13-8Mo）	≤0.03	≤1.00	≤1.00	≤0.030	≤0.035	11.5~ 13.5	8.0~ 9.0	1.80~ 2.20	Al：1.00~1.20 N：0.005
00Cr12Ni8Cu2AlNb	≤0.03	≤0.35	≤0.35	≤0.025	≤0.025	11.5~ 12.5	7.5~ 8.5	—	Cu：1.8~2.5 Al：0.8~1.2 Nb：0.20~0.50

5·1　馬氏體沈澱硬化不鏽鋼

是最早應用的一種超高強度不鏽鋼。這類鋼除主要通過馬氏體轉變產生強化作用外，並經時效處理析出彌散強化相來進一步發揮強化作用。由於碳含量極低，其耐腐蝕性和焊接性都比一般馬氏體不鏽鋼好。熱處理工藝簡單，經固溶處理和不同溫度時

表 4·9-13　17-4PH 鋼的力學性能

熱處理工藝		σ_b (MPa)	$\sigma_{0.2}$ (MPa)	δ_5 (%)	ψ (%)	硬　度 HRC（HB）
	固溶狀態	1030	755	12	45	（363）
1040℃ 水冷	480℃ 4h 空冷	1375	1275	14	50	44
	495℃ 4h 空冷	1305	1205	14	54	42
	550℃ 4h 空冷	1165	1140	15	56	38
	580℃ 4h 空冷	1140	1030	16	58	36
	620℃ 4h 空冷	1000	865	19	60	33

效處理，鋼的抗拉強度可達到 1000～1400MPa。PH17-4（0Cr17Ni4Cu4Nb）鋼不同工藝處理後的力學性能見表 4·9-13。

馬氏體沈澱硬化不鏽鋼耐大氣腐蝕和耐酸腐蝕性能好，對氫脆不敏感。適於製造耐酸性高同時要求強度高的零部件。缺點是高溫性能差，300～400℃使用有脆性傾向。

5·2　半奧氏體沈澱硬化不鏽鋼

又稱奧氏體-馬氏體沈澱硬化不鏽鋼。合金元素總含量約 22%～25%。鋼的 M_s 點較低，在室溫下仍保持奧氏體組織，因而有良好的塑性和冷加工變形能力。經過調整處理和冷處理，或者經過冷加工變形，可轉變為馬氏體組織，獲得較高的強度和良好的耐蝕性。通常應用的鋼種有 17-7PH 和 PH15-7Mo 等。經時效處理後的力學性能見表 4·9-14。

表 4·9-14　17-7PH 和 PH15-7Mo 鋼的力學性能

熱 處 理 工 藝	17-7PH				PH15-7Mo			
	σ_b (MPa)	$\sigma_{0.2}$ (MPa)	δ_5 (%)	HRC	σ_b (MPa)	$\sigma_{0.2}$ (MPa)	δ_5 (%)	HRC
1050℃固溶處理	890	275	35	—	890	380	35	—
TH1050①	1340	1275	9	43	1440	1375	7	44
RH950②	1615	1510	6	48	1650	1545	6	48
CH900③	1820	1785	2	49	1820	1785	2	50

① TH1050—1050℃水冷或空冷，760℃ 60min 空冷，565℃ 90min 空冷；

② RH950—1050℃水冷或空冷，950℃ 10min 空冷，−73℃冷處理 8h，510℃ 30～60min 空冷。

③ CH900—1050℃水冷或空冷，進行 6%冷變形，510℃ 時效 2h 空冷。

這類鋼的最大特點是可用熱處理方法控制馬氏體相變溫度，使鋼在成型或製造零件過程中處於奧氏體狀態。然後經硬化處理轉變爲馬氏體，並進一步時效強化，提高強度。可通過熱處理工藝控制奧氏體和馬氏體數量，而獲得強度和韌性的相互配合。但這類鋼的缺點是化學成分和熱處理溫度的控制範圍很窄，熱處理工藝複雜，性能波動較大。可用於製造飛機薄壁結構及各種化工設備用管道、容器及彈簧等。

5·3　馬氏體時效不鏽鋼

是在馬氏體時效鋼的基礎上發展起來的，兼有馬氏體時效鋼和不鏽鋼的優點。這類鋼的特點是碳含量極低，熱處理工藝簡單、固溶處理後空冷即可獲得位錯密度很高的微碳板條狀馬氏體。經 480～510℃ 時效處理，可析出微細的 Fe_2Mo、Ni_3Al 等金屬間化合物，產生強烈的彌散強化效應，不僅強度高而且具有較高的斷裂韌度，是當今很有發展前景的高強度不鏽鋼。馬氏體時效不鏽鋼還可通過形變熱處理改善鋼的組織與性能。工業上使用的三種鋼的力學性能見表4·9-15。鋼的抗拉強度達到 1500～1600MPa 左右，其斷裂韌度可達 $90MPa \cdot m^{1/2}$ 以上。主要用於製造飛機高強度結構件、壓力容器、套筒和彈簧等。

表 4·9-15　幾種馬氏體時效不鏽鋼的力學性能

鋼　　　號	熱 處 理 工 藝	σ_b (MPa)	$\sigma_{0.2}$ (MPa)	δ_5 (%)	ψ (%)	A_{KU} (J)
00Cr15Ni5Cu3Nb (PH13-8Mo)	482℃ 時效	1345	1165	11	30	9.5
00Cr13Ni8Mo2Al	510℃ 時效	1550	1450	12	50	30*
00Cr12Ni8Cu2AlNb	850℃ 固溶 510℃ 時效	1650	1615	10	45	29*

6　超高強度鋼的選用

6·1　力學性能

選用超高強度鋼不能偏面追求強度指標。從斷裂力學考慮，超高強度鋼處於平面應變狀態，工程設計選用材料的強度愈高，結構件的安全可靠性並不愈大。因爲選用材料的強度過高，而韌性不足，會由於裂紋迅速擴展而發生低應力脆性斷裂。結構件發生失穩擴展所能容許的臨界裂紋尺寸 a_{cr} 與材料的 $(K_{IC}/\sigma_{0.2})^2$ 成正比。因此選用材料的強度愈高，則 a_{cr} 愈小；當結構件中的裂紋實際尺寸超過材料的容許裂紋尺寸時，在承受應力低於屈服應力情況下，就會發生失穩斷裂。例如選用抗拉強度爲 1400MPa 的 18Ni 馬

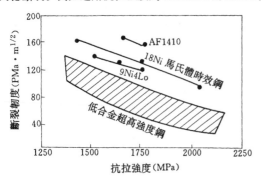

圖 4·9-2　幾種超高強度鋼的斷裂韌度比較

氏體時效鋼，其容許裂紋尺寸爲 8mm。若選用抗拉強度爲 2400MPa 18Ni 馬氏體時效鋼，其容許裂紋尺寸只有 0.2mm。在等強度下，斷裂韌度愈高，其臨界裂紋尺寸愈大。幾種超高強度鋼的斷裂韌度見圖 4·9-2。在保證使用強度的原則下，要選用高斷裂韌度的鋼種，以確保結構在使用中的安全和可靠性。

6·2　工藝性能

超高強度鋼板材通常深衝成型，要求硬化指數低，冷加工性能好。應選用最佳的退火或固溶處理工藝，改善鋼的顯微組織，使其充分軟化以提高鋼的塑性。

根據不同的鋼種選用適宜的焊接工藝。低合金超高強度鋼容易在熱影響區產生微裂紋。應注意採用焊前預熱和焊後緩冷，立即進行消除應力退火處理以改善焊縫韌性。

6·3　強化處理

超高強度鋼製作結構件經常需採用噴丸強化，以提高疲勞強度極限和延長零件使用壽命。表面噴丸強化在零件表面層形成壓應力，降低表面固有缺陷或裂紋尖端的應力場，從而減小缺陷的有害影響，提高材料的疲勞強度極限。例如 40CrNi2MoA 鋼製做飛機結構件，經表面噴丸強化，表面殘餘壓應力達到 700～800MPa，疲勞強度極限提高 40%。

帶孔零件常採用擠壓強化，可改善內孔表面的粗糙度，達到較高的尺寸精度，並提高零件的疲勞壽命。如選用 30CrMnSiNi2A 鋼製作零件，內孔經擠壓強化，其疲勞強度極限可由 315MPa 提高到 600MPa。

第 10 章　大型鍛件用鋼[19][20][37]

1　概述

大型鍛件（簡稱大鍛件）是冶金、電力、石化、礦山、交通運輸行業和原子能工業等大型設備的重要支柱。由於這類鍛件的重要性，在鍛件大型化的同時還要求不斷提高其質量和可靠性。但按一般生產方式，鋼錠越大偏析越嚴重，內部缺陷越多。大鍛件的生產從選鋼、冶煉、鍛造、熱處理、到質量控制與檢查的全過程都不同於小鍛件和軋材，掌握它們之間的異同點，有助於正確選擇大鍛件用鋼，充分發揮材料的潛力。

大鍛件在製造和服役中具有以下特點：

(1) 各類大鍛件因受力條件不同，規定要作軸向、切向或徑向的多種力學性能檢驗。對鋼的均勻性及鍛造流線有嚴格要求。

(2) 有些重要大鍛件在運行時，受截面尺寸和重量限制，嚴格限定所允許的缺陷當量。有的超聲波探傷起始靈敏度 $\leqslant \phi 1.6mm$。

(3) 鍛件截面較大，對氫脆敏感，因此製造工藝須有防止白點及氫致滯後破壞的措施。另外，對鋼純潔度要求很高，對鍛件心部的氧含量和夾雜物量亦有嚴格的規定。

(4) 要嚴格控制大鍛件的偏析程度，避免各種性能波動。驗收標準中明確規定了熔煉分析和鍛件分析的差異範圍及鍛件力學性能允許的波動值。

(5) 若干重要鍛件嚴格要求低溫韌性，製造過程常有因斷面形貌脆性轉變溫度 $FATT_{50}$ 或無塑性轉變溫度 NDT 未達標準而報廢的。

(6) 特殊使用工況下還要求耐應力腐蝕性能、抗中子輻照能力等。

2　製造工藝對大鍛件冶金質量的影響

由於對大鍛件用鋼的純潔度、均勻性、晶粒度等有嚴格的要求，因此製造工藝對其冶金質量的影響，遠比小鍛件或軋材大。這是大型鍛件用鋼中必須考慮的重要因素。

2·1　冶煉和鑄錠

大鍛件鋼錠 早期是用酸性平爐生產，氫含量和氧化物夾雜較少，矽酸鹽夾雜多呈球狀，各向異性不顯著。自從鹼性電弧爐大型化後，逐步取代酸性平爐來製造大鋼錠，充分發揮去除硫、磷的能力，但鋼中氫、氧含量較高。

近年來，應用鋼包精煉和電渣重熔方法，使鋼中的硫、磷、氫、氧及夾雜物顯著降低，質量大幅度提高。

大鋼錠凝固時間很長，偏析嚴重，見圖 4·10-1，中心部分和錠底常聚集眾多的大尺寸夾雜物，對重要鍛件的質量和合格率威脅很大。採用多爐澆注和反偏析補償技術、空心鋼錠冶煉技術、定向凝固技術，可明顯減輕偏析的程度，降低了鍛件成分和熔煉成分的差值超標。26Cr2Ni4MoV 等鋼的 300MW 轉子芯部碳成分的偏析情況，見圖 4·10-2。

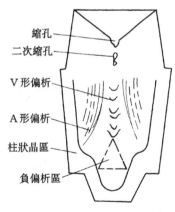

圖 4·10-1　大鋼錠偏析示意圖

大鋼錠底端常出現矽酸鹽沈積錐，鍛造時如切除量不足，該處鍛件會因氧含量和夾雜物較高，使試樣斷口呈層狀，橫向塑性與韌性降低，見表 4·10-1。圖 4·10-3 爲轉子本體與錠尾切除部分的純潔度變化情況。研究了對夾雜物沈積錐的控制技術後，其區域大爲壓縮，切尾量可由 18% 降到 10%。

表 4·10-1　發電機轉子鍛件因夾雜導致性能下降

試 樣 部 位	σ_s (MPa)	σ_b (MPa)	δ_5（%）	ψ（%）	A_K（J）
鋼錠上端切向	632　627	828　828	16.5　14.0	41.0　32.5	75　82
鋼錠下端切向	617　622	818　823	11.0　12.5	20.0　19.5	39　70

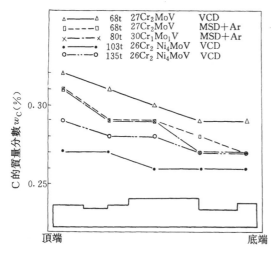

圖 4·10-2　300MW 轉子心部碳偏析

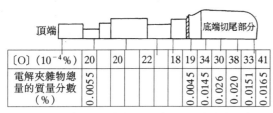

圖 4·10-3　轉子本體與錠尾切除部分的純潔度變化情況

2·2　鍛造

大鍛件的鍛造除了工件成形外，還須破碎鑄態組織，鍛透心部，密合鋼錠內部的裂紋與空隙；關鍵是正確選用足夠能力的水壓機和合理的工藝。拔長變形造成的纖維狀組織，會導致力學性能的異向性，鍛造比愈大，各向異性愈嚴重。應根據鍛件受力情況及取樣部位的要求，對鍛件主加工方向確定合適的鍛造比。

鋼錠中氫的分布，一般是心部高，愈近表面愈低；上部高，中部次之，下部最低。大鋼錠的偏析區氫含量比較集中，大鍛件雖經長時間的擴氫退火，效果仍不滿意。應用真空處理技術，不僅可以解決此問題，而且有利於提高質量和降低生產成本。一般認爲碳鋼中氫含量在 3×10^{-4}% 以上，合金鋼中在 2×10^{-4}% 以上，易形成白點，並引起氫脆。34CrMoA 電爐鋼經真空處理後的效果見表 4·10-2。

表 4·10-2　34CrMo1A 電爐鋼經真空處理的效果

處　　理	力　學　性　能					註
	σ_s. (MPa)	σ_b (MPa)	δ_5 (%)	ψ (%)	A_K (J)	
未經真空處理	470	665	22	48	71	6爐平均值
真空處理	505	695	22	58	76	5爐平均值

2·3　熱處理

大鍛件的鍛後熱處理，是爲了細化晶粒與進一步擴氫。採用爐外真空精煉技術，可取消鍛後的擴氫退火。重要鍛件都要求超聲波探傷，要求材質衰減係數小於 $0.004d_b$/mm，以保證準確地判斷缺陷當量，這同大截面鍛件的晶粒細化有密切關係。鍛後熱處理工藝採用多次奧氏體化加熱和壓低過冷溫度，其目的都是使整個截面獲得細晶粒結構。

大鍛件熱處理的冷卻過程，儘管採用強烈的冷卻方式，由於表面與心部的冷卻速度相差甚大，導致表面與心部的性能差異，同時形成一定的殘餘應力。ϕ920mm 鎳鉻鉬釩鋼坯的水冷冷卻曲線見圖 4·10-4。大鍛件心部一般以不出現鐵素體作爲淬透的標準。對低溫韌性有嚴格要求的鍛件，須充分挖掘鍛件表層與冷卻介質間的熱交換潛力，以提高試樣部位處的冷卻速度。回火後應慢速冷卻，以降低殘餘應力。還要求選用回火脆性傾向低的鋼種。600MW 核島壓力殼堆芯筒節各部位的力學性能見表 4·10-3。可以看出表面屈服強度高，向中心逐漸降低，斷面收縮率和衝擊值大致也是同樣的規律。

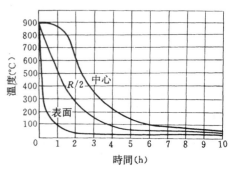

圖 4·10-4　ϕ920mm 鎳鉻鉬釩鋼坯的水冷冷卻曲線

表 4·10-3　A508-3 鋼筒節各部位性能

距 半 徑 處 部 位		0/4	1/4			2/4	3/4		4/4
		T	T	L		T	T	L	T
$\sigma_{0.2}$ (MPa)	室溫	575	495	495		490	490	490	780
	350℃	525	445	440		440	435	435	500
σ_b (MPa)	室溫	690	625	630		615	625	620	695
	350℃	675	600	610		600	600	595	680
δ_5 (%)	室溫	26	25	22		24	24	21	23
	350℃	25	22	22		24	27	25	27
ψ (%)	室溫	77	74	71		75	75	72	75
	350℃	75	75	74		75	78	75	74
A_{KV} (J)	+20℃	248	194	204		168	174	154	229
	0℃	244	197	198		154	154	148	183
	-20℃	226	122	107		99	98	86	172

註：壁厚 $T=215mm$；取向 T 爲切向，L 爲軸向。

3　一般大鍛件用鋼

一般大鍛件用鋼指沒有特殊要求的鋼類。軸類鍛件用鋼主要著眼於力學性能和淬透性。大型齒輪軸與齒輪應考慮耐磨性。經表面淬火的硬齒面容易產生疲勞點蝕和剝落，經調質處理的軟齒面易產生塑性變形，因此需選用較高強度的鋼。硬齒面齒輪需高加工精度以保證良好的嚙合，還要求較高的淬透性，增加過渡區的強度，避免殘餘應力和接觸應力相疊加，防止因疲勞裂紋擴展所引起的剝落。

一般大型鍛件用鋼的化學成分、性能、特點和用途見表 4·10-4 至表 4·10-7。

厚截面的大鍛件其取樣部位與力學性能，同軋件相比有很大區別；以 35SiMn 等鋼實際鍛件性能爲例說明，見表 4·10-8 至表 4·10-14。

表 4·10-4　一般大鍛件用鋼化學成分

鋼　　號	化 學 成 分 的 質 量 分 數（%）										
	C	Si	Mn	P	S	Cr	Ni	Mo	V	W	Cu
20	0.17~0.24	0.17~0.37	0.35~0.65	≤0.035	≤0.035	≤0.25	≤0.25	—	—	—	≤0.25
25	0.22~0.30	0.17~0.37	0.50~0.80	≤0.035	≤0.035	≤0.25	≤0.35	—	—	—	≤0.25
35	0.32~0.40	0.17~0.37	0.50~0.80	≤0.035	≤0.035	≤0.25	≤0.25	—	—	—	≤0.25
45	0.42~0.50	0.17~0.37	0.50~0.80	≤0.035	≤0.035	≤0.25	≤0.25	—	—	—	≤0.25
55	0.52~0.60	0.17~0.37	0.50~0.80	≤0.035	≤0.035	≤0.25	≤0.25	—	—	—	≤0.25
20SiMn	0.16~0.22	0.60~0.80	1.00~1.30	≤0.035	≤0.035	≤0.30	≤0.30	—	—	—	≤0.20
35SiMn	0.32~0.40	1.10~1.40	1.10~1.40	≤0.035	≤0.035	≤0.30	≤0.30				≤0.20
42SiMn	0.39~0.45	1.10~1.40	1.10~1.40	≤0.035	≤0.035	≤0.30	≤0.30				≤0.20

（續）

鋼　號	化 學 成 分 的 質 量 分 數（%）										
	C	Si	Mn	P	S	Cr	Ni	Mo	V	W	Cu
50SiMn	0.46~0.54	0.80~1.10	0.80~1.10	≤0.035	≤0.035	≤0.35	≤0.30				≤0.20
42MnMoV	0.38~0.45	0.20~0.40	1.20~1.50	≤0.035	≤0.035	≤0.35	≤0.30	0.20~0.30	0.10~0.20	—	≤0.20
37SiMn2MoV	0.33~0.39	0.60~0.90	1.60~1.90	≤0.030	≤0.035	≤0.35	≤0.25	0.40~0.50	0.05~0.12	—	≤0.20
40Cr	0.37~0.45	0.20~0.40	0.50~0.80	≤0.035	≤0.035	0.80~1.10	≤0.30	—	—	—	≤0.20
35CrMo	0.32~0.40	0.20~0.40	0.40~0.70	≤0.035	≤0.035	0.80~1.10	≤0.30	0.15~0.25	—	—	≤0.20
S42CrMo	0.38~0.45	0.15~0.40	0.50~0.80	≤0.035	≤0.035	0.90~1.20	≤0.30	0.15~0.30	—	—	≤0.20
35CrMnMo	0.32~0.40	0.20~0.40	1.10~1.40	≤0.030	≤0.030	1.10~1.40	≤0.40	0.25~0.35	—	—	≤0.20
34CrNi3Mo	0.30~0.40	0.17~0.37	0.50~0.80	≤0.035	≤0.035	0.70~1.10	2.75~3.25	0.25~0.40	—	—	≤0.20
40CrNiMo	0.37~0.44	0.17~0.37	0.50~0.80	≤0.030	≤0.030	0.60~0.90	1.25~1.75	0.15~0.25	—	—	≤0.20
18Cr2Ni4W	0.13~0.19	0.17~0.37	0.30~0.60	≤0.030	≤0.030	1.35~1.65	4.00~4.50	—	—	0.8~1.20	≤0.20

表 4·10-5　一般大型鍛件用鋼的力學性能

鋼號	熱處理類型	截面尺寸（mm）	力 學 性 能						硬 度	
			σ_b（MPa）	σ_s（$\sigma_{0.2}$）（MPa）	δ_5（%）	ψ（%）	A_K（J）		HB	表淬 HRC
							DVM	U（V）		
20	正火＋回火	>100~250	320~470	205	23	50	—	49	105~156	—
		>250~500	320~470	195	22	45		49		
25	正火＋回火	>100~250	390~520	225	19	48	—	39	120~170	—
		>250~500	390~520	215	18	40		39		
35	正火＋回火	>100~250	450~590	240	17	40	—	29	140~187	40~50
		>250~500	450~590	220	16	37		29		
	調質	>100~250	490~640	295	22	40	—	40	189~229	
		>250~500	490~640	275	21			38	163~219	

(續)

鋼號	熱處理類型	截面尺寸 (mm)	力 學 性 能						硬 度	
			σ_b (MPa)	σ_s ($\sigma_{0.2}$) (MPa)	δ_5 (%)	ψ (%)	A_K (J)		HB	表淬 HRC
							DVM	U (V)		
45	正火 + 回火	>100~250	550~690	280	13	35	—	24	170~207	40~50
		>250~500	550~690	260	12	32		24		
	調質	>100~250	590~740	345	18	35	30	31	197~286	
		>250~500	590~740	345	17	—	27	—	187~255	
55	調質	>100~250	630~780	365	17		—	—	207~302	45~55
		>250~500	630~780	335	16				197~269	
20SiMn	正火 + 回火	>400~600	470	265	15	30		39	—	—
		>600~900	450	255	14	30		39		
		>900~1200	440	245	14	30		39		
35SiMn	調質	>100~300	735	440	14	35		39	217~265	退火 HB ≤229
		>300~400	685	390	13	30	—	35	215~255	
		>400~500	635	375	11	28		31	196~255	
42SiMn	調質	>100~200	735	460	14	42		29	217~269	退火 HB ≤229
		>200~300	685	440	13	40	—	29	217~255	
		>300~500	637	370	10	40		25	195~255	
50SiMn	調質	>100~200	735	490	15	40		39	217~269	—
		>200~300	685	440	14	40	—	31	207~255	
42MnMoV	調質	>100~300	760	590	12	40		31	241~286	—
		>300~500	705	540	12	35	—	23	229~269	
		>500~800	635	490	12	35		23	217~241	
37SiMn2MoV	調質	>200~400	810	635	14	40		31	241~286	50~55
		>400~600	765	585	14	40	—	31	241~269	
		>600~800	715	539	12	35		24	229~241	
40Cr	調質	>100~300	685	490	14	45		31	241~286	45~55
		>300~500	635	440	10	35	—	23	229~269	
		>500~800	590	345	8	30		16	217~255	
35CrMo	調質	>100~300	685	490	15	45		39	207~269	40~45
		>300~500	635	440	15	35	—	31	207~269	
		>500~800	590	390	12	30		24	207~269	
S42CrMo	調質	>100~250	750~950	500	14	55	40		輪化 退火 ≤241	54~60
		>250~500	690~840	460	15		38	(3.5)		
		>500~750	590~740	390	16		38			

（續）

鋼號	熱處理類型	截面尺寸 (mm)	力 學 性 能						硬 度	
			σ_b (MPa)	σ_s ($\sigma_{0.2}$) (MPa)	δ_5 (%)	ψ (%)	A_K (J)		HB	表淬 HRC
							DVM	U (V)		
35CrMnMo	調質	100～300	835	540	12	42	—	39		—
		>300～500	785	570	12	40		31		
		>500～800	735	490	12	35		23		
34CrNi3Mo	調質	≤100	900	785	14	40	—	54	269～341	—
		>100～300	855	735	14	38		47		
		>300～500	805	685	13	35		31		
40CrNiMo	淬火 + 回火	>80～100	980	835	11	50	—	74	退火 ≥269	—
		>100～150	980	835	10	45		70		
		>150～250	980	835	9	40		66		
18Cr2Ni4W	淬火 + 回火	>80～100	1180	835	9	40	—	74	退火 ≥269	—
		>100～150	1180	835	8	35		70		
		>150～250	1180	835	7	30		66		

註：參照 JB/T6395—92、JB/T6396—92、JB/T6397—92。

表 4·10-6　一般大鍛件用鋼臨界溫度和熱加工參數

鋼 號	臨界溫度（近似值）(℃)			鍛 造 溫 度 (℃)		熱 處 理		
	Ac₁	Ac₃	Ar₁	始 鍛	終 鍛	奧氏體化溫度 (℃)	冷 卻	回火溫度 (℃)
20	735	855	680	1230～1250	730	890～910	空冷	580～650
25	735	840	680	1230～1250	730	890～910	空冷	550～650
35	724	802	680	1200～1230	750	860～880 / 840～860	空冷 / 水或油	550～650
45	724	780	680	1180～1210	800	840～860 / 800～840	空冷 / 水或油	500～630
55	724	768	680	1180～1210	800	820～840	空冷	600～650
20SiMn	732	840	—	1200～1220	800	910～930	油冷	580～600 空冷或油冷
35SiMn	735	795	—	1200～1220	800	860～880	油冷	580～600 空冷或油冷
42SiMn	765	800～820	—	1200～1220	800	850～870	油冷	580～600 空冷或油冷
50SiMn	760	785	—	1180～1200	850	820～840	油冷	580～600 空冷
42MnMoV	718	800	—	1180～1200	850	840～860	油冷	580～600 爐冷或空冷
37SiMn2MoV	729	823	—	1180～1200	850	850～870	油冷	610～660 爐冷或空冷

（續）

鋼 號	臨界溫度（近似值）（℃）			鍛 造 溫 度（℃）		熱 處 理		
	Ac_1	Ac_3	Ar_1	始 鍛	終 鍛	奧氏體化溫度（℃）	冷 卻	回火溫度（℃）
40Cr	735	780	693	1200～1220	800	840～860	油冷	540～580 油冷或空冷
35CrMo	755	800	695	1200～1220	800	860～880	油冷或水冷	580～620 爐冷或空冷
42CrMo	745	770	680	1200～1220	800	850～860	油冷	580～620 爐冷或空冷
40CrMnMo	718	776	685	1180～1200	800	850～870	油冷	560～620 爐冷或空冷
34CrNi3Mo	720	790	400	1200～1220	800	850～870	油冷	530～640
40CrNiMoA	760	800	—	1150～1200	850	840～860	油冷	500～650
18Cr2Ni4W	700	810	350	1180～1200	850	890～900	油冷	525～575

表 4·10-7　一般大型鍛件用鋼的特點和用途

鋼　號	主 要 特 點	用 途 舉 例
20SiMn	良好的電渣焊接鍛件用鋼，焊接性好	φ1000mm 水壓機主柱，水輪發電機軸及其他焊接件
37SiMn2MoV	淬透性高，有優良的綜合機械性能，強度與韌性指標較好，有較高的回火穩定性，但凝固收縮較大，易產生殘餘縮孔缺陷，煉鋼和澆注時注意鋼水過熱和低溫快注	大截面重負荷零件，如齒輪軸、連桿、接手等
40CrMnMo	淬透性高，回火脆性傾向不明顯，鍛造性能良好，塑性韌性指標較好	重負荷齒輪軸，柱塞等
34CrNi3Mo	淬透性高，有良好的綜合機械性能，回火穩定性較高，回火溫度範圍較寬，便於調整強度和韌性，冷加工工藝性能良好	適用於大截面、高強度、要求殘餘應力低的重要鍛件，如萬向接手、傳動軸、馬樁等
18Cr2Ni4W	較高的淬透性，高強度並兼有高韌性，易產生蛛網狀裂紋與石狀斷口，需嚴格控制煉鋼脫氧制度與鍛造溫度及變形工藝	用於強度要求特殊高和衝擊載荷很大，截面較小的重要鍛件。也可用作滲碳鋼用，有良好的耐磨性，如製造精密磨床的蝸輪

表 4·10-8　35SiMn 鋼鍛件性能舉例

截面尺寸（mm）	熱 處 理	取 樣 部 位	σ_b（MPa）	σ_s（MPa）	δ_5（%）	ψ（%）	A_K（J）	HB
φ300	870～880℃ 油冷 590～600℃ 回火	縱向 表面	880	560	18	48	57～48	255
		1/2R	815	495	15	36	49～56	249
		心部	780	480	19	36	59～59	238
φ540	870～890℃ 油冷 590～600℃ 回火	縱向 表面	860	530	16	33	54～45	261
		1/2R	835	510	13	28	45～51	261
		心部	830	480	11	22	43～47	252

註：鋼錠化學成分的質量分數：C 0.36%，Si 1.32%，Mn 1.02%，P 0.022%，S 0.011%。

表 4·10-9 50SiMn 鋼鍛件性能舉例

截面尺寸 (mm)	熱 處 理	取樣部位	σ_b (MPa)	σ_s (MPa)	δ_5 (%)	ψ (%)	A_K (J)	HB
$\dfrac{\phi1340}{\phi1226}\times294$①	830～850℃ 油冷 590～610℃ 回火	內環切向	980 / 981	750 / 750	18 / 18	48 / 46	49 / 40	270
$\dfrac{\phi2235}{\phi2040}\times368$②	830～850℃ 油冷 590～610℃ 回火	內環切向	825 / 820	585 / 585	20 / 20	51 / 50	40 / 45	248

註：鋼錠化學成分的質量分數：①C 0.53％，Si 1.34％，Mn 1.31％；②C 0.47％，Si 1.17％，Mn 1.15％。

表 4·10-10 42MnMoV 鋼鍛件性能舉例

截面尺寸 (mm)	熱 處 理	取樣部位	σ_b (MPa)	σ_s (MPa)	δ_5 (%)	ψ (%)	A_K (J)	HB	化學成分的質量分數（％）
$\phi200$	840℃ 油冷	表面	925	695	16	55	61～59	282	C 0.43，Si 0.28
		1/2R	910	675	16	53	61～53	285	Mn 1.43， Mo
$\phi300$	580℃ 回火	表面	920	685	15	51	44～49	285	0.25
		1/3R	905	670	16	48	47～51	285	V 0.12，P 0.011
		心部	910	685	16	48	42～47	285	S 0.021
$\phi350$	840℃ 油冷 610℃ 回火	表面	915	715	17	51	40～50	285	C 0.45，Si 0.28
		1/3R	905	710	16	50	44～46	269	Mn 1.20， Mo
		2/3R	900	700	17	49	43～45	257	0.24
									V 0.18，P 0.05
									S 0.021
$\phi240$	840℃ 油冷 610～620℃ 回火	1/3R	815～895	680～720	20.0～17	62～57	58～42	255～285	鍛件套料
$\phi310$	840℃ 油冷 610℃ 回火	1/3R	875～905	710～725	18～17	51～52	50～38	278～281	鍛件套料

表 4·10-11 37SiMn2MoV 鋼鍛件性能舉例

截面尺寸 (mm)	熱 處 理	取樣部位		σ_b (MPa)	σ_s (MPa)	δ_5 (%)	ψ (%)	A_K (J)	HB
$\phi435$	870℃ 油冷 640～650℃ 回火	縱向	表面	970	840	18	56	36～43	295
			1/3R	955	795	15	50	38～42	302
			1/2R	950	785	15	38	35～39	302
			2/3R	935	775	14	34	30～29	285
			心部	895	745	7	14	20～9	269
		切向	表面	975	825	17	56	40～40	269
			1/3R	961	810	15	45	36～34	282
			2/3R	950	805	13	29	20	288

（續）

截面尺寸 (mm)	熱　處　理	取樣部位	σ_b (MPa)	σ_s (MPa)	δ_5 (%)	ψ (%)	A_K (J)	HB
$\phi580$	860℃油冷 620℃回火	縱向 1/3R	875 880	672 682	18 16	54 52	37 36	293
$\phi725$	860℃油冷 630℃回火	縱向 1/3R	915 1035	755 873	17 15	50 44	36 25	248 285
$\phi810$	860~870℃油冷 650℃回火	縱向 1/3R	770 770	597 601	21 20	56 56	52 50	229
$\phi1270$	860℃油冷 650℃回火	縱向 1/3R	835 880	677 726	19 18	45 40	23 18	241 248

註：鋼錠化學成分（w）：C 0.36%，Mn 1.71%，Si 0.78%，Mo 0.43%，V 0.09%，S 0.012%，P 0.023%。

表 4·10-12　35CrMo 鋼鍛件性能舉例

截面尺寸（mm）	熱　處　理	σ_b (MPa)	σ_s (MPa)	δ_5 (%)	ψ (%)	A_K (J)	
$\phi200$	860℃油冷 580~600℃回火	811 772	640 605	19 17	59 61	114 127	86 124
$\phi425$	860℃油冷 570℃回火	740 740	530 530	15 15	48 54	53	58
$\phi600$	890℃油冷 610℃回火	701 726	495 530	20 22	64.0 64.0	102 94	

表 4·10-13　40CrMnMo 鋼鍛件性能舉例

截面尺寸 (mm)	熱　處　理	取樣部位	σ_b (MPa)	σ_s (MPa)	δ_5 (%)	ψ (%)	A_K (J)	化學成分的質 量分數（%）
$\phi300$	860~880℃ 油冷 590~610℃ 回火	縱向 1/3R	860 860	660 670	18 18	63 61	78 70	C 0.37, Si 0.30 Mn 1.22, Cr 1.20
		切向 1/3R	865 865	670 670	15 15	44 42	39 34	Mo 0.21, S 0.008 P 0.017
$\phi500$	860~880℃ 油冷 590~610℃ 回火	縱向 {1/3R 心部	815 830 830 835	618 613 637 642	19 20 20 19	58 60 60 60	67 83 77 71 91 78	C 0.37, Si 0.30 Mn 1.22, Cr 1.20
		切向 {1/3R 心部	815 815 830 830	610 610 615 605	17 16 16 16	38 40 44 43	34 38 35 43	Mo 0.21, S 0.008 P 0.017

（續）

截面尺寸 (mm)	熱　處　理	取樣部位	σ_b (MPa)	σ_s (MPa)	δ_5 (%)	ψ (%)	A_K (J)	化學成分的質量分數（%）
$\phi400$	850～870℃ 油冷 560～580℃ 回火	縱向 1/3R	935 940	760 760	16 15	53 52	45 40	C 0.36, Mn 1.20 Si 0.31, Cr 1.11 Mo 0.27, S 0.014 P 0.018
$\phi800$	860～870℃ 油冷 590～610℃ 回火	縱向 1/3R	795 805	550 565	17 14	47 40	31 29	C 0.36, Mn 1.33 Si 0.28, Cr 1.22 Mo 0.40, S 0.022 P 0.017

表 4·10-14　18Cr2Ni4W 鋼鍛件性能舉例

截面尺寸 (mm)	熱　處　理	取樣部位	σ_b (MPa)	σ_s (MPa)	δ_5 (%)	ψ (%)	A_K (J)	HB
$\phi90$	860℃空淬 220℃回火	心部	1330 1280	1000 980	17 16	63 60	95　98 101　104	388 393
$\phi120$	860℃空淬 220℃回火	心部	1130 1190	915 995	16.0 16	64 64	94　90 118　121	337 363
$\phi330$	調　質	縱向 1/3R	1350 1360	1150 1160	14 14	58 58	93 95	—
		切向 1/3R	1110 1140	1110 1140	12 12	41 39	66 58	—

4　船用鍛件用鋼

　　船用鍛件是指用於製造在某船級社（海事協會）入級或擬入級的鋼質海船的船舶、其他海洋結構物、機械、鍋爐、受壓容器、管系等的鍛鋼件。各船級社在其船舶入級規範和規則中均對用鋼成分、製造、檢測方法、性能提出要求。大鍛件主要用於船舶的結構件和部件，如首柱、尾柱、舵桿、舵軸、錨及其附件，軸系和一般機械結構件，多採用碳素鋼和錳鋼，船用鍛件的成分及性能⊖見表 4·10-15 至表 4·10-17。

表 4·10-15　船用鍛件用鋼的化學成分

構件連接方式	化學成分的質量分數　　（%）									用途
	C	Si	Mn	S	P	Cu	Cr	Mo	Ni	
擬焊接或作 裝配組件	≤0.23①	≤0.45	0.30/1.70②	≤0.045	≤0.045	Cu + Cr + Mo + Ni≤0.80				船舶構件和部件
不擬焊接	≤0.30	≤0.45	0.30/1.50	≤0.045	≤0.045	≤0.30	≤0.30	≤0.15	≤0.40	
不擬焊接	≤0.65	≤0.45	0.30/1.50	≤0.040	≤0.040	≤0.30	≤0.30	≤0.15	≤0.40	軸系和一般 機械結構件③

① 鍛件取樣碳的質量分數≤0.26%。

② 對不進行焊後熱處理的單件，錳含量不低於實際碳含量的三倍。

③ 對擬焊接或作裝配組件的鍛件，應用可焊性鋼，碳的質量分數不超過 0.23%，（Cu + Cr + Mo + Ni）的質量分數≤ 0.80%，當碳的質量分數超過 0.23%時應提交其焊接工藝供認可。

⊖ 以英國勞埃德船級社爲例。

表 4·10-16　船舶構件與部件力學性能

σ_s (MPa)	σ_b (MPa)	δ_5 (%)	
		縱　向	橫　向
≥215	≥430	≥24	≥18

註：當拉力試樣取自大鍛件各端時，其抗拉強度的差異不得超過 70MPa。

爲實際生產需要，鍛件製造廠參照船級社及有關材料規範制訂相應的用鋼規範，以便按不同船級社、船舶等級、進行鍛件用鋼選擇。有關化學成分、力學性能、熱加工工藝參數及生產實例見表 4·10-18 至表 4·10-21。

表 4·10-17　軸系機械用碳鋼和錳鋼鍛件驗收力學性能

σ_b (MPa) ≥	σ_s (MPa) ≥	δ_5 (%) ≥			σ_b (MPa) ≥	σ_s (MPa) ≥	δ_5 (%) ≥		
		縱　向	切　向	橫　向			縱　向	切　向	橫　向
360	180	28	23	20	600	300	18	15	13
400	200	26	22	19	640	320	17	14	12
440	220	24	21	18	680	340	16	14	12
480	240	22	19	16	720	360	15	13	11
520	260	21	18	15	760	380	14	12	10
560	280	20	17	14					

註：1. 中間值可用內插法求出。

　　2. 主推進軸系鍛件規定的最低抗拉強度應在 400～600MPa 之間。

　　3. 規定的抗拉強度超過 700MPa 時，鍛件應以淬火回火狀態交貨。

　　4. 當拉力試樣取自大鍛件各端時，σ_b＜600MPa 時，強度差異 $\Delta\sigma_b$≤70MPa；σ_b≥600MPa 時，$\Delta\sigma_b$≤100MPa。

　　5. 對要求在冰區使用的螺旋槳軸，要求其在 −10℃ 時，平均夏比 V 型缺口衝擊吸收功不得低於 20J。

表 4·10-18　船用鍛件用鋼的化學成分

鋼　　號	化　學　成　分　的　質　量　分　數（%）								
	C	Mn	Si	S<	P<	Cr≤	Ni≤	Mo≤	Cu≤
SH20①	0.16～0.23	0.55～0.90	0.17～0.37	0.035	0.035	0.25	0.25	0.05	0.25
SH25	0.22～0.32	0.65～0.95	0.17～0.37	0.035	0.035	0.25	0.25	0.15	0.25
SH35	0.32～0.40	0.65～0.95	0.17～0.37	0.035	0.035	0.25	0.25	0.15	0.25
SH40	0.37～0.45	0.60～0.90	0.17～0.37	0.035	0.035	0.25	0.25	0.15	0.25
SH45	0.42～0.50	0.65～0.95	0.17～0.37	0.035	0.035	0.25	0.25	0.15	0.25
SH40Mn	0.37～0.45	0.70～1.50	0.17～0.37	0.035	0.035	0.25	0.25	0.15	0.25
SH50Mn	0.48～0.56	0.70～1.50	0.17～0.37	0.035	0.035	0.25	0.25	0.15	0.25

註：參照滬 Q/JB3290—84。

① （Cu＋Ni＋Cr＋Mo）的質量分數≤0.80%。

表 4·10-19　船用鍛件的力學性能

鋼　　號	熱處理狀態	力學性能（最低值）									硬度 HB	冷彎 180° d＝彎心直徑 a＝試樣厚度
		σ_b (MPa)	σ_s (MPa)	δ_5 (%)			ψ (%)		A_{KV} (J)			
				縱向	切向	橫向	縱向	橫向	縱向	橫向		
SH20	正火＋大於 550℃ 回火	440	220	24	21	18	50	35	32	18	125～160	
SH25	正火＋大於 550℃ 回火	460	230	23	20	17	48	33	32	18	125～160	d＝3a
SH35	正火＋大於 550℃ 回火	480	240	22	19	16	45	30	32	18	135～175	d＝3a
SH40	正火＋大於 550℃ 回火	520	260	21	18	15	45	30	25	15	150～185	d＝3a
SH45	正火＋大於 550℃ 回火	560	280	20	17	14	40	27	25	15	160～200	d＝4a
SH40Mn	正火＋大於 550℃ 回火	580	290	19	16	13	40	27	23	14	175～215	d＝3a
SH50Mn	正火＋大於 550℃ 回火	640	320	17	14	12	40	27	18	12	185～230	d＝4a

表 4·10-20 船用鍛件用鋼臨界溫度和熱加工參數

鋼　號	臨界溫度（℃）（近似值）			鍛造溫度（℃）		熱處理溫度（℃）		
	Ac_1	Ac_3	Ar_1	始鍛	終鍛	奧氏體化溫度	冷卻	回火溫度
SH20	735	855	680	1220～1250	700	890～910	空冷	580～660
SH25	730	840	680	1220～1250	700	870～890	空冷	580～660
SH35	724	802	680	1220～1250	700	860～880	空冷	580～660
SH40	724	790	680	1220～1250	700	840～860	空冷	580～660
SH45	724	780	680	1220～1250	800	830～860	空冷	580～660
SH40Mn	724	790	680	1220～1250	800	840～860	空冷	580～660
SH50Mn	722	770	680	1220～1250	800	820～840	空冷	580～660

表 4·10-21 船用鍛件生產實例（縱向）

鋼　號	零件名稱	截面尺寸當量（mm）	熱　處　理　工　藝	σ_b（MPa）	σ_s（MPa）	δ_5（%）	ψ（%）	A_K（J）
SH20	元鋼	400	890℃正火，600℃回火	455	265	36	66	—
SH20	克令吊底座	300	890℃正火，600℃回火	490	280	32	50	—
SH25	舵桿	500	880℃正火，600℃回火	465	245	35	60	42
SH25	元鋼	400	880℃正火，600℃回火	480	290	37	69	40
SH35	中間軸	630	870℃正火，610℃回火	54	280	31	58	—
SH35	槳軸	520	870℃正火，610℃回火	590	290	30	57	—
SH40	元鋼	350	860℃正火，600℃回火	610	320	24	46	—
SH40	方鋼	500	860℃正火，600℃回火	545	265	32	59	—
SH45	槳軸	640	850℃正火，600℃回火	670	350	24	43	—
SH45	中間軸	780	850℃正火，600℃回火	615	325	23	48	—
SH40Mn	槳軸	680	850℃正火，600℃回火	590	310	23	52	—
SH50Mn	槳軸	780	830℃正火，600℃回火	655	340	26	48	25
SH50Mn	中間軸	φ680	830℃正火，600℃回火	690	350	24	45	21

5　電站鍛件用鋼

電站設備大鍛件主要有汽輪機的高中壓轉子、低壓轉子、主軸、葉輪和發電機的轉子、護環等。

汽輪發電機組在 3000r/min 高速下運行，超速試驗時可達到 3600r/min，轉子承受很大的離心力和自重產生的彎曲應力，突然短路時還會產生很大的扭轉應力和瞬時衝擊載荷。轉子中心孔壁、電機轉子嵌線槽根部和汽輪機轉子葉輪槽根部是應力集中處，承受很大的應力。為此需要在轉子兩端縱向、軸身切向、徑向和轉子中心部位進行力學性能的檢查，取樣見圖 4·10-5。大容量的轉子要求鋼的強度、塑性和韌性高，斷口形貌脆性轉變溫度低和淬透性好。

護環套在轉子軸身端部，防止導線在高速運轉時飛逸。由導線和護環本身的離心力引起很高的應力，如 600MW 發電機護環的應力水平可達到 700MPa，要求護環鋼具有更高的強度。為避免產生渦流發熱，增加電耗，護環鋼應無磁性，即磁導率小於 1.1。

葉輪要傳遞蒸汽噴射在葉片上產生的扭矩，承受葉片、葉輪本身的離心力、振動應力和內外緣溫度梯度造成的熱應力，工作溫度一般在 400℃ 以下，著重要求常溫性能。

電站鍛件必須在高速下長期安全運行，設計上安全係數小，為提高汽輪發電機組熱效率，發展了蒸汽溫度和壓力較高的超臨界機組；爲了減小機組的體積和重量，減少工作缸數量，提高機組效率，使高中壓轉子和低壓轉子一體化，這些都對電站鍛件用鋼及製造提出了更高的要求。

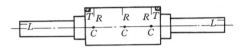

圖 4·10-5　轉子取樣示意圖

L—縱向試樣　T—切向試樣　R—徑
向試樣　C—中心孔試樣

5·1　發電機轉子用鋼

發電機轉子作爲磁場迴路的一部分，要求導磁性能良好。使導磁性能降低的元素首先是碳，依次爲鉻、鉬、錳等，唯一提高導磁性能的常用合金元素爲鎳。爲保證發電機轉子具有足夠的強度、韌度和儘可能低的脆性轉變溫度，採用真空澆注、高溫強壓鍛造和噴水激冷等工藝。發電機轉子用鋼的化學成分、力學性能和強度等級、熱加工參數、生產實例見表 4·10-22 至表 4·10-25。

表 4·10-22　發電機轉子用鋼的化學成分

鋼　　號	化 學 成 分 質 量 分 數 （%）									
	C	Mn	P	S	Si①	Ni	Cr	Mo	V	Cu
34CrMo1A	0.30~0.38	0.40~0.70	0.17~0.37	0.17~0.37	≤0.30	≤0.40	0.70~1.20	0.40~0.55	—	≤0.20
34CrNi3Mo	0.30~0.40	0.50~0.80	≤0.015	≤0.020	0.17~0.37	2.75~3.25	0.70~1.10	0.25~0.40		≤0.20
25CrNi1MoV	0.22~0.28	≤0.70	≤0.015	≤0.020	≤0.30	1.00~1.50	1.00~1.50	0.25~0.40	0.05~0.15	≤0.20
25CrNi3MoV	≤0.28	≤0.60	≤0.015	≤0.018	0.15~0.30	2.75~3.25	1.25~2.00	0.30~0.50	0.05~0.15	≤0.20
26Cr2Ni4MoV	≤0.25	≤0.35	≤0.015	≤0.018	0.15~0.35	3.25~4.00	1.50~2.00	0.20~0.50	0.05~0.13	≤0.20

註：參照 JB/T1267—93、JB/T7178—930。

① 如果採用真空碳脫氧時，w_{Si}≤0.10%。

表 4·10-23　發電機轉子的力學性能及推薦用鋼

項　　目	取樣位置	鍛 件 級 別						
		I ①	II ②	III	IV	V	VI	VII
$\sigma_{0.2}$ MPa	徑　向	≥390	≥440	≥490	≥540	≥585	590~690	660~760
	縱、切向	≥440	≥490	≥540	≥585	≥585	590~690	660~760
	中心孔縱向	—	—	≥450	≥490	≥535	540~690	610~760
σ_b （MPa）	徑　向	≥540	≥585	≥640	≥665	≥690	≥670	≥740
	縱、切向	≥585	≥640	≥690	≥715	≥735	≥670	≥740
	中心孔縱向	—	—	≥590	≥615	≥640	≥620	≥690
δ_4 （%）	徑　向	≥15	≥15	≥17	≥18	≥18	≥18	≥17
	縱、切向	≥16	≥16	≥17	≥18	18	≥18	≥17
	中心孔縱向	—	—	≥15	≥16	≥16	≥17	≥16
ψ （%）	徑　向	—	≥22	≥45	≥55	≥55	≥55	≥50
	縱、切向	≥35	≥35	≥45	≥55	≥55	≥55	≥50
	中心孔縱向	—	—	≥40	≥50	≥50	≥50	≥45
A_{KV} （J）	徑　向	—	—	≥90	≥80	≥80	≥100	≥90
	縱切向	≥50	≥60	≥90	≥80	≥80	≥100	≥90
FATT₅₀② （℃）	徑　向	—	—	≤0	≤-18	≤-18	≤-23	≤-12
	中心孔縱向	—	—	≤+5	≤0	≤0	≤-10	≤0
推薦用鋼		34CrMo1A 25CrNi1MoV		34CrNi3Mo 25CrNi1MoV		25CrNi3MoV 25Cr2Ni4MoV		

註：參照 JB/T1267—93、JB/T7178—93。

① 表中 I、II 類鍛件數據爲 σ_s、δ_5、A_{KV} 的數值。

② 採用 34CrNi3Mo 鋼製造 III 類鍛件時，不要求 FATT₅₀ 性能。

表 4·10-24 發電機轉子用鋼的臨界溫度和熱加工參數

鋼 號	臨界溫度（近似值）（℃）		鍛造溫度（℃）		熱處理溫度（℃）	
	Ac_1	Ac_3	始 鍛	終 鍛	奧氏體化	回 火
34CrMo1A	755	800	1240	850	860~880	620~660
34CrNi3Mo	720	790	1200	850	840~870	600~660
25CrNiMoV			1220	850	820~840	600~640
25CrNi3MoV	659	760	1220	850	820~840	600~640
26Cr2Ni4MoV	753	799	1220	850	820~840	600~640

表 4·10-25 發電機轉子生產實例

鋼 號	取樣部位	$\sigma_{0.2}$ (MPa)	σ_b (MPa)	δ_5 (%)	ψ (%)	A_{KV} (J)	FATT$_{50}$ (℃)
25CrNiMoV	軸端縱向	630	750	21	72	172	
		665	785	20	72	176	
	本體切向	560	690	22	66	157	
		570	685	22	67	156	
	本體徑向	550	675	22	73	168	
		550	680	20	71	134	
26Cr2Ni4MoV	軸端縱向	705	820	23	74	210	
		725	840	22	73	193	
	本體切向	735	830	22	70	162	
		730	830	22	72	178	
	本體徑向	700	820	18	73	176	< -76
		705	825	19	70	160	
	中心孔	685	825	22	72	174	
		695	820	20	69	167	-56
		695	825	21	71	171	

5·2 護環用鋼

護環鋼多採用 Mn-Cr 奧氏體鋼，即 18%Mn-5%Cr 鋼，有時加鎢、氮進一步強化。近年來，由於 18%Mn-5%Cr 鋼護環對應力腐蝕開裂敏感，發展了新鋼種 18%Mn-18%Cr，它的耐應力腐蝕性能更爲優良，所以大型護環正由 18%Mn-18%Cr 鋼取代。

提高護環鋼強度的方法是先進行固溶處理，然後進行冷變形強化；冷變形強化一般有液壓脹形和楔塊擴孔兩種方法。

目前我國常用護環鋼的化學成分、力學性能與強度等級和生產實例見表 4·10-26 至表 4·10-28。

表 4·10-26 護環用鋼的化學成分

鋼 號	化 學 成 分 的 質 量 分 數（%）							
	C	Mn	P	S	Si	Cr	W	N
50Mn18Cr4	0.40~0.60	17.00~19.00	≤0.060	≤0.025	0.30~0.80	3.50~6.00	—	—
50Mn18Cr4N	0.40~0.60	17.00~19.00	≤0.060	≤0.025	0.30~0.80	3.50~6.00	—	≥0.08
50Mn18Cr4WN	0.40~0.60	17.00~19.00	≤0.060	≤0.025	0.30~0.80	3.00~5.00	0.70~1.20	≥0.08
1Mn18Cr18N	≤0.12	17.50~20.0	≤0.050	≤0.015	≤0.80	17.50~20.00	—	≥0.45

註：參照 JB/T1268—93、JB/T7030—93。

表 4·10-27　護環用鋼的力學性能、強度等級與推薦用鋼

強度等級	σ_b (MPa)	$\sigma_{0.2}$ (MPa)	δ_4（%）	ψ（%）	A_{KV}（J）	試驗溫度（℃）	推薦用鋼
Ⅰ	895	760	25	35	—		50Mn18Cr5
Ⅱ	965	825	20	30	—	20～27	50Mn18Cr5N
Ⅲ	1035	900	20	30	—		50Mn18Cr4WN
Ⅳ	830	790～970	21	60	122	（σ_b、$\sigma_{0.2}$、	
Ⅴ	900	900～1030	19	57	102	$\sigma_{5.4}$）	
Ⅵ	970	970～1100	17	55	102	95～105	1Mn18Cr18N
Ⅶ	1030	1030～1170	15	53	102	（A_{KV}）	
Ⅷ	1070	1070～1210	15	52	102	20～27	

註：參照 JB/T1268—93、JB/T7030—93。

表 4·10-28　護環鋼的生產實例

鋼　　號	試驗溫度(℃)	取樣部位	$\sigma_{0.2}$（MPa）	σ_b（MPa）	δ_5（%）	ψ（%）	A_{KV}（J）
50Mn18Cr4N		外環	935	1145	36	50	—
			925	1150	38	50	
		內環	1120	1270	26	41	—
			1110	1260	28	41	
1Cr18Mn18N	100	上環（中環）	1010	1050	29	70	170
			1000	1040	30	72	212
		下環（中環）	1000	1040	31	72	178
			1010	1050	27	70	225

5·3　汽輪機高中壓轉子用鋼

　　汽輪機高中壓轉子在高溫下工作，應有足夠的持久和蠕變強度。蒸汽參數在 17MPa、550℃ 以下的汽輪機高、中壓轉子，使用的鋼種有 30Cr2MoV 和 30CrMo1V。這兩種鋼高溫性能好，但澆注時應控制在較高的溫度。鍛造時應注意避免產生裂紋；要求熱處理儘量得到上貝氏體組織，使鋼具有高的抗蠕變性能，因此鋼在奧氏體化後通常採用空冷、鼓風冷卻或噴霧冷卻。汽輪機轉子用鋼的化學成分、力學性能、熱加工參數和生產實例見表 4·10-29 至表 4·10-32。

表 4·10-29　高中壓轉子用鋼的化學成分

鋼　號	化 學 成 分 質 量 分 數　（%）											
	C	Mn	Si①	P	S	Cr	Ni	Mo	V	Cu	Al	Sn
28CrMoNiV	0.25～0.30	0.30～0.80	≤0.30	≤0.012	≤0.012	1.00～1.40	0.50～0.75	0.80～1.00	0.25～0.35	≤0.20	≤0.010	—
30Cr1Mo1V	0.27～0.34	0.70～1.00	0.17～0.37	≤0.012	≤0.012	1.05～1.35	≤0.50	1.00～1.30	0.21～0.29	≤0.15	≤0.010	≤0.015

註：參照 JB/T1265—93、JB/T7027—93。

① 採用真空碳脫氧時，矽的質量分數應不大於 0.10%。

表 4·10-30　高中壓轉子的力學性能

強度級別	$\sigma_{0.2}$ (MPa)		σ_b (MPa)		δ_4 (δ_5) (%)			ψ (1%)			A_{KV} (A_{KV}) (J)			FATT$_{50}$ (℃)		推薦用鋼
	L、R	C	L、R	C	L	R	C	L	R	C	L	R	C	R	C	
490	490	450	640	600	(15)	(11)	(13)	40	35	35	(50)	(45)	(40)	≤85	≤100	28CrMoNiV
590	590~690	550	720	690	15	15	15	40	40	40	8	8	7	≤116	≤121	30Cr1Mo1V

註：參照 JB／T 1265—93、JB／T 7027—93。
　　L—軸端縱向，R—本體徑向，C—中心孔縱向。

表 4·10-31　高中壓轉子鋼的臨界點和熱加工參數

鋼　　號	臨界溫度近似值（℃）		鍛造溫度（℃）		熱處理溫度（℃）	
	Ac$_1$	Ac$_3$	始　鍛	終　鍛	奧氏體化	回　火
28CrMoNiV	760	845	1180	850	940~960	680~720
30Cr1Mo1V	765	865	1270	850	970	670~690

表 4·10-32　高中壓轉子生產實例

鋼　　號	部　　位	$\sigma_{0.2}$ (MPa)	σ_b (MPa)	δ (%)	ψ (%)	A_{KV} (J)	FATT$_{50}$ (℃)
30Cr1Mo1V	軸端縱向	639	790	20	60	A_{KV} 24	
	本體徑向	640	810	20	60	10	96
		650	805	19	61	15	
	中心孔	640	790	22	59	13	101
		630	795	22	58	10	

5·4　汽輪機低壓轉子用鋼

　　汽輪機低壓轉子有焊接和整鍛兩種類型。焊接結構的轉子由數個單獨製成的輪盤和兩個軸端頭組成，要求鋼有良好的可焊性。常用鋼爲 17CrMo1V 和 25Cr2NiMoV，其化學成分、力學性能、熱加工參數及生產實例見表 4·10-33 至表 4·10-36。焊前要預熱，焊後立即高溫回火。爲防止焊接裂紋及焊接引起的脆性，要求儘量減少鋼中的雜質元素。生產時宜採用真空澆注和強烈冷卻的調質熱處理以提高衝擊韌性。近年來國內外多採用整體低壓轉子取代焊接結構轉子，以減少應力腐蝕的危害。

表 4·10-33　低壓焊接轉子用鋼的化學成分

鋼　　號	化 學 成 分 的 質 量 分 數 （%）								
	C	Si	Mn	P	S	Cr	Ni	Mo	V
17CrMo1V	0.14~0.20	0.30~0.40	0.50~0.80	≤0.030	≤0.030	0.30~0.45	≤0.30	0.70~0.90	0.30~0.40
25Cr2NiMoV	0.22~0.28	≤0.35	0.70~0.90	≤0.015	≤0.015	1.70~2.00	1.00~1.20	0.75~0.95	0.05~0.10

表 4·10-34　低壓焊接轉子鋼的力學性能

鋼　號	σ_s (MPa)	σ_b (MPa)	δ (%)	ψ (%)	A_K (J)
17CrMo1V	490	637	15	30	31
25Cr2NiMoV	539	686	15	30	39

表 4·10-35　低壓焊接轉子的臨界點和熱加工參數

鋼　　號	臨界溫度（℃）		鍛造溫度（℃）		熱處理溫度（℃）	
	Ac_1	Ac_3	始　鍛	終　鍛	奧氏體化	回　火
17CrMo1V	785～803	885～922	1200	850	950～1000	
25Cr2NiMoV	735～755	820～835	1200	850	900	620～660

表 4·10-36　低壓焊接轉子的生產實例

鋼　號	名　　稱	取樣部位	σ_s (MPa)	σ_b (MPa)	δ (%)	ψ (%)	A_K (J)	$FATT_{50}$ (℃)
25Cr2NiMoV	軸端頭	縱向	636	752	22.4	73.0	168	
		切方	662	769	20.0	61.6	157	< -10
			652	769	20.5	64.0	158	
	輪盤	切向	630	747	21.2	66.4	154	-7
			637	756	22.0	73.6	163	

整鍛低壓轉子用鋼爲 30Cr2Ni4MoV，工藝參數與發電機轉子用鋼 26Cr2Ni4MoV 相似。其化學成分、力學性能和生產實例見表 4·10-37 至表 4·10-39。

整鍛低壓轉子鍛件的截面較大，一般都在 2m 以上，鍛造較困難，爲保證中心部位的冷卻速度，熱處理噴水激冷時的噴水量需達 1500t/h 左右。

表 4·10-37　整鍛低壓轉子用鋼的化學成分

鋼　號	化 學 成 分 的 質 量 分 數（%）											
	C	Mn	Si	P	S	Cr	Ni	Mo	V	Cu	Sn	As
30Cr2Ni4MoV	≤0.35	0.20～0.40	0.17～0.37	≤0.012	≤0.012	1.50～2.00	3.25～3.75	0.30～0.60	0.07～0.15	≤0.20	≤0.015	≤0.020

註：參照 JB/T 1265—93、JB/T 7027—93。

表 4·10-38　整鍛低壓轉子用鋼的力學性能

鋼　號	取樣部位	$\sigma_{0.2}$ (MPa)	σ_b (MPa)	δ (%)	ψ (%)	A_{KV} (J)	$FATT_{50}$ (℃)	上平臺能量 (J)
30Cr2Ni4MoV	電機端縱向	760	860～970	16	45	40	—	
	本體徑向						< 13	68
	中心孔	720	830	16	45	34	< 27	54

註：參照 JB/T 1265—93、JB/T 7027—93。

表 4·10-39   整鍛低壓轉子的生產實例

鋼　　號	取樣部位	$\sigma_{0.2}$ (MPa)	σ_b (MPa)	δ (%)	ψ (%)	A_{KV} (J)	FATT$_{50}$ (℃)
30Cr2Ni4MoV	電機端縱向	795	910	21	64	161	
	本體徑向	810 800 820	910 925 920	23 22 22	71 68 69	159 161 155	＜－75
	中心孔	810 800 790	920 900 890	22 19 19	59 47 58	83 74 86	19

5·5   葉輪用鋼

葉輪用鋼的冶煉和澆注應儘可能採用真空處理，熱處理採用較強烈的冷卻方式，以提高鍛件的切向塑性和韌性。採用模鍛的方式製造葉輪有利於提高材料利用率和鍛件的力學性能。葉輪用鋼的化學成分、力學性能、熱加工參數和生產實例見表 4·10-40 至表 4·10-43。

表 4·10-40   葉輪用鋼的化學成分

鋼　號	化　學　成　分　的　質　量　分　數　（%）									
	C	Mn	Si①	S≤	P≤	Cr	Ni	Mo	V	Cu≤
34CrMo1A	0.30~0.38	0.40~0.70	0.17~0.37	0.020	0.020	0.70~1.20	≤0.40	0.40~0.55	—	0.20
35CrMoV	0.30~0.38	0.40~0.70	0.17~0.37	0.020	0.020	1.00~1.30	≤0.30	0.20~0.30	0.10~0.20	0.20
25CrNiMoV	0.22~0.28	≤0.70	0.17~0.37	0.020	0.020	1.00~1.50	1.00~1.50	0.25~0.45	0.07~0.15	0.20
34CrNi3Mo	0.30~0.40	0.50~0.80	0.17~0.37	0.020	0.020	0.70~1.10	2.75~3.25	0.25~0.40	—	0.20

註：參照 JB1266—90。

① 如果採用真空碳脫氧時，Si 的質量分數≤0.10%。

表 4·10-41   葉輪用鋼的力學性能

力學性能	鍛　件　強　度　級　別							
	440	490	540	590	640	690	730	760
$\sigma_{0.2}$ (MPa)	440	490	540	590	640	690	730	760
σ_b (MPa)	590	640	690	720	760	790~930	850~970	870~970
δ_5 (%)	18	17	16	16	15	14	13 (16)	16
ψ (%)	40	40	40	40	35	35	35 (45)	45
A_{KU} (A_{KV}) (J)	39	39	39	39	39	39	39 (41)	39 (41)
FATT$_{50}$①≤(℃)	40	40	40	40	40	20	20 (13)	13
推薦用鋼	35CrMoV	34CrMo1A，35CrMoV，25CrNiMoV			25CrNiMoV	34CrNi3Mo	34CrNi3Mo (30Cr2Ni4MoV)	30Cr2Ni4MoV

註：參照 JB/T 1266—93。

① 30Cr2Ni4MoV 鋼 FATT 爲考核值，其餘爲參考值。

表 4·10-42   葉輪用鋼的臨界點和熱加工參數

鋼　號	臨界溫度（近似值℃）		鍛造溫度（℃）		熱處理溫度（℃）	
	Ac$_1$	Ac$_3$	始　鍛	終　鍛	奧氏體化	回　火
34CrMo1A	755	800	1240	850	860~880	620~660
35CrMoV	755	855	1200	850	880~900	640~660
25CrNiMoV			1200	850	820~840	600~640
34CrNi3Mo	720	790	1200	850	840~870	550~640

表 4·10-43　葉輪的生產實例

鋼　號	取樣部位	σ_s (MPa)	σ_b (MPa)	δ (%)	ψ (%)	A_K (J)	FATT$_{50}$ (℃)
34CrNi3Mo	切向	795 800	920 930	17 20	51 56	65 76	<20

6　鍛造容器用鋼

　　大型板焊結構壓力容器用鋼參見本篇第4章。鍛造壓力容器用鋼常分爲一般容器用鋼和抗氫容器用鋼,主要用於製造壓力容器的筒體、封頭、頂蓋和法蘭等鍛件。鍛焊結構容器能較自由地選擇鋼種,不受板材或帶材供應狀況的限制。大型容器的筒體和封頭的壁厚一般都在300mm 以下,採用空心鋼錠、無冒口鋼錠或引伸變形工藝,可大量節約材料和機加工工時。

6·1　一般容器用鋼

　　一般容器用鋼在無腐蝕和非高溫條件下使用。碳鋼只用在29.4MPa,225℃以下,超過29.4MPa 須用低合金鋼,常用16Mn、20MnMo、20MnMoNb、15CrMo 等。容器壓力超過98.1MPa 的爲超高壓容器,是石油化工,人造水晶、金屬成形、地球物理和地質力學研究方面的重要設備。超高壓容器承受較高的壓力,其筒體材料一般選用高強度和超高強度鋼,如40CrNi2Mo、34CrNi3Mo、42CrNi2Mo1V、37SiMnCrMoV、00Ni18-Co8Mo5TiAl 等,常用的是 34CrNi3Mo 和 42CrNi2-Mo1V。近來也將 23Cr2Ni4MoV（相當於 ASME SA508cl5 或 SA508Mcl5a）用於超高壓容器。

　　一般容器用鋼的化學成分、力學性能、鋼的特點與用途及鍛件生產實例見表 4·10-44 至表 4·10-50。

表 4·10-44　一般容器用鋼的化學成分

鋼　號	化 學 成 分 的 質 量 分 數（%）										
	C	Si①	Mn	S	P	Cr	Ni	Mo	V	Cu	Nb
35	0.32~0.40	0.17~0.37	0.50~0.80	≤0.035	≤0.035	≤0.25	≤0.25	—	—	≤0.25	—
16Mn	0.12~0.20	0.20~0.60	1.20~1.60	≤0.035	≤0.035	≤0.30	≤0.30	—	—	≤0.25	—
20MnMo	0.17~0.23	0.17~0.37	1.10~1.40	≤0.035	≤0.035	≤0.30	≤0.30	0.20~0.35	—	≤0.25	—
20MnMoNb	0.17~0.23	0.17~0.37	1.30~1.60	≤0.035	≤0.035	≤0.30	≤0.30	0.45~0.65	—	≤0.25	0.025~0.050
15CrMo	0.12~0.18	0.10~0.60	0.30~0.80	≤0.035	≤0.035	0.80~1.25	≤0.30	0.45~0.65	—	≤0.25	—
12Cr1MoV	0.08~0.15	0.17~0.37	0.40~0.70	≤0.035	≤0.035	0.90~1.20	≤0.30	0.25~0.35	0.15~0.30	≤0.25	—
34CrNi3Mo	0.30~0.40	0.17~0.37	0.50~0.80	≤0.030	≤0.030	0.70~1.10	2.75~3.25	0.25~0.40	—	≤0.25	—
42CrNi2Mo1V	0.40~0.46	0.17~0.37	0.60~0.90	≤0.015	≤0.020	1.10~1.30	1.50~1.80	0.90~1.15	0.15~0.35	≤0.25	—

註：參照 JB4726—93。

①　對真空碳脫氧鋼,允許矽的質量分數小於或等於 0.12%。

表 4·10-45　一般容器用鋼的常溫力學性能

鋼　號	公稱厚度 (mm)	熱處理狀態	σ_s (MPa)	σ_b (MPa)	δ_5 (%)	A_{KV} (J)	HB
			≥				
35	≤100	正火	265	510～670	18	20	136～200
	>100～300	正火或正火＋回火	255	490～640	18	20	130～190
16Mn	≤300	正火，正火＋回火	275	450～600	19	34	121～178
20MnMo	≤300	淬火＋回火	370	530～700	18	41	156～208
	>300～500	淬火＋回火	355	510～680	18	41	136～201
	>500～700	淬火＋回火	340	490～660	18	34	130～196
20MnMoNb	≤300	淬火＋回火	470	620～790	16	41	185～235
	>300～500	淬火＋回火	460	610～780	16	41	180～233
15CrMo	≤300	正火＋回火	275	440～610	20	34	118～180
	>300～500	淬火＋回火	255	430～600	19	34	115～178
12Cr1MoV	≤300	正火＋回火	255	440～610	19	34	118～180
	>300～500	淬火＋回火	245	430～600	19	34	115～178
34CrNi3Mo	—	淬火＋回火	784	980	15	39①	293～331
42CrNi2Mo1V	—	淬火＋回火	1225	1274	11	39①	—

註：1. 參照 JB4726—93。

Ⅰ級鍛體進行硬度試驗，Ⅱ、Ⅲ和Ⅳ級鍛體進行拉伸和衝擊試驗。

2. 當附加保證模擬焊後熱處理試樣的力學性能時，回火溫度可另行規定。

① U型缺口試樣。

表 4·10-46　一般容器用鋼的高溫力學性能

鋼　號	公稱厚度 (mm)	在下列溫度（℃）下的屈服強度（MPa）（≥）						
		200	250	300	350	400	450	500
20MnMo	≤300	305	295	285	275	260	240	—
	>300～500	290	280	270	260	245	225	—
	>500～700	285	275	265	255	240	220	—
20MnMoNb	≤300	405	395	385	370	355	335	
	>300～500	405	395	385	370	355	335	335
15CrMo	≤300	220	210	196	186	176	167	162
	>300～500	200	190	176	167	157	152	147
35CrMo	≤300	370	360	350	335	320	295	—
	>300～500	370	360	350	335	320	295	—
12Cr1MoV	≤300	200	190	176	167	157	152	142
	>300～500	200	190	176	167	157	152	142
12Cr2Mo1	≤300	260	255	250	245	240	230	215
	>300～500	255	250	245	240	235	225	215

註：1. 參照 JB4726—94。

2. 所列鋼種的Ⅲ或Ⅳ級鍛件可附加進行高溫拉伸試驗，試驗溫度在合同中註明。

表 4·10-47　一般容器用鋼的特點與用途

鋼　號	主　要　特　點	用　途　舉　例
35	強度和硬度均較低碳鋼爲高，塑性和韌性仍較好。碳含量爲下限時，焊接性尚好。焊接時，焊前應預熱，焊後應熱處理。	此鋼的中小型鍛件用作換熱器管板，大型鍛件用作高壓設備（如氨合成塔）的頂蓋，盲板等。使用溫度範圍爲 −20～475℃
16Mn	具有良好的綜合機械性能和工藝性能，如較好的塑性、強度、低溫衝擊韌性和焊接性。是我國低合金鋼中使用較廣泛，生產量較大的鋼種之一	廣泛用於製造中低壓容器，如球形容器，二氧化碳吸收塔，小型和多層式高壓容器等。使用溫度爲 −40～475℃

（續）

鋼　號	主　要　特　點	用　途　舉　例
20MnMo	調質處理後 σ_b 可達 600MPa 以上，正火處理 σ_b 稍低，略有過熱傾向，熱處理無回火脆性，但有白點敏感性，故須注意緩冷。焊接性能良好，但需焊前預熱與焊後熱處理	廣泛用作高壓設備的封頭，頂蓋及法蘭，中壓設備的大法蘭及換熱設備的管板等。使用溫度爲 $-20\sim500℃$
20MnMoNb	調質後具有良好的綜合機械性能。焊接性能好，電渣焊時可以不預熱，手工焊和自動焊時均需預熱至200℃以上，此鋼無明顯回火脆性，但有白點敏感性，鍛後應進行緩冷	可作爲中溫壓力容器大型鍛件用鋼，已廣泛用作大型合成氨高壓設備如氨合成塔，尿素合成塔的封頭、筒體和頂蓋等。使用溫度爲 $-20℃\sim520℃$
15CrMo	是珠光體熱強鋼，在550℃以下有較高的熱強性和抗氧化性，但在更高溫度時，會發生劇烈氧化和球化，使熱強性下降。此鋼塑性與可加工性均良好，焊接性能好，但需進行焊前預熱與焊後熱處理	由於具有良好的綜合性能，使之成爲最廣泛使用的低合金熱強鋼之一，調質件已用作碳黑塔的法蘭蓋和法蘭接管等。使用溫度爲 $-40℃\sim550℃$
12Cr1MoV	熱強性和持久性較好，在低於580℃時，有良好的抗氧化性能。鋼的工藝性與焊接性良好，但需進行焊前預熱和焊後熱處理	製造高壓設備中不超過580℃的容器鍛件
34CrNi3Mo	強度高，淬透性好，調質處理後有良好的綜合機械性能。但白點敏感性大。焊接性能差	曾用於製造壓力爲 250MPa 和 800MPa 的超高壓容器，調質後切向性能達到規定的性能指標
42CrNi3Mo1V	鍛造無困難，截面尺寸和回火溫度對性能影響很大，厚度在 90mm 以下可淬透，因此，適合作組合式容器之筒體	曾用於製造壓力爲 700MPa，筒體內徑爲 330mm，壁厚小於 90mm 的超高壓容器（由三層組成）

表 4·10-48　一般容器用鋼的臨界溫度　　　（℃）

鋼　號	Ac_1	Ac_3	Ar_3	Ar_1	M_s
35	724	802	774	680	350
16Mn	755	875	803	610	410
20MnMo	730	839	729	685	—
20MnMoNb	720	870	770	650	—
15CrMo	745	845	—	—	—
12Cr1MoV	$774\sim803$	$882\sim914$	$830\sim895$	$761\sim787$	$400\sim430$
34CrNi3Mo	720	790	—	400	320

表 4·10-49　一般容器用鋼的熱加工參數

鋼　號	鍛　壓			熱　處　理		
	始鍛溫度（℃）	終鍛溫度（℃）	冷卻方式	正　火	淬　火	回　火
35	$1200\sim1250$	800	≤300mm 鍛件，鍛後空冷 >300mm 鍛件，鍛後爐冷	$860\sim880℃$ 空冷	$850\sim870℃$ 水冷	$580\sim650℃$ 空冷或水冷
16Mn	1220	800	按尺寸大小進行空冷、砂冷或爐冷	$900\sim920℃$ 空冷	$890\sim910℃$ 水冷	$640\sim650℃$ 空冷
20MnMo	$1200\sim1220$	800	≤300mm 鍛件，坑冷 >300mm 鍛件，爐冷	$900\sim920℃$ 空冷	$890\sim900℃$ 水冷	$600\sim660℃$ 空冷
20MnMoNb	$1200\sim1220$	800	≤300mm 鍛件，坑冷 >300mm 鍛件，爐冷	$890\sim950℃$ 空冷	$870\sim930℃$ 水或油冷	$600\sim650℃$ 空冷

（續）

鋼　號	鍛　壓			熱　處　理		
	始鍛溫度（℃）	終鍛溫度（℃）	冷卻方式	正　火	淬　火	回　火
15CrMo	1200	850	堆冷或爐冷	930～960℃空冷	900～930℃油冷或水淬油冷	680～730℃空冷
12Cr1MoV	1140～1180	850	爐　冷	980～1020℃空冷	960～1000℃油冷	720～760℃空冷
34CrNi3Mo	1200	800	爐　冷	860～880℃空冷	850～870℃油冷	580～620℃空冷
42CrNi2Mo1V	1200	800	爐　冷	890～910℃空冷	850～870℃油冷	600～610℃空冷

表 4·10-50　鍛件生產實例

鋼　號	鍛件名稱	鍛件尺寸（mm）	熱處理狀態	σ_b（MPa）	σ_s（MPa）	δ_5（%）	ψ（%）	A_K（J）	HB
20MnMo	筒　體	$\frac{\phi1110}{\phi880}\times1525$	890～900℃水冷 660℃回火空冷	655 655	490 500	34 34	64 62	164 157	187 187
	凸面法蘭	$\frac{\phi1855}{\phi1580}\times395$	900℃水淬 610℃回火	620 575	450 430	26 26	70 68	165 188	—
20MnMoNb	圓　筒	$\frac{\phi1100}{\phi800}\times600$	900℃，870℃二次正火 640℃回火	685	540	22	64	138	170
			900℃正火，870℃水淬 640℃回火	700	565	21	68	166	202
	圓　餅	$\phi800\times300$	900℃，870℃二次正火 640℃回火	605	440	26	68	157	159
			900℃正火，870℃水淬 640℃回火	660	545	23	68	190	183
15CrMo	法蘭蓋	$\phi805\times185$	900℃水淬油冷 680℃回火	605	445	27	71	123	179
	法蘭接管	$\frac{\phi955}{\phi410}\times820$	900℃水淬油冷 680℃回火	555	395	24	65	75	173
34CrNi3Mo	筒　體	$\phi530/\phi330$	850～860℃油淬 530℃回火	1020 1060	990 990	17 14	54 48	74 72	341
	工作油缸	$\phi980/\phi610$	860℃油淬 620℃回火	990 1005	855 875	19 18	56 58	101 102	321
42CrNi2MoV	容器外筒	$\frac{\phi600}{\phi430}\times1700$	900℃正火 860～870℃油淬 600～610℃回火	1410 1420	1390 1380	12 12	40 40	39 45	
	容器內筒	$\frac{\phi450}{\phi315}\times1200$	900℃正火 860～870℃油淬 600～610℃回火	1340 1380	1340 1350	13 13	38 38	39 41	

6·2　抗氫容器用鋼

在石化工業中,有些容器長期受到氫、硫等腐蝕性介質的作用。在低碳鋼中加入鉻、鉬、鎢、釩等碳化物形成元素,是提高鋼抗氫蝕性能的主要途徑。15CrMo(1.0Cr-0.5Mo)、12Cr1MoV、12Cr2Mo1($2\frac{1}{4}$Cr-Mo)、21Cr3MoWV、1Cr5Mo等都是抗氫容器用鋼,其中應用最廣的是12Cr2Mo1。隨著設備的大型化和高溫高壓化,抗氫蝕性能更好的12Cr3Mo1(3Cr-1Mo)也已在大型厚壁容器中得到應用。在更高溫度下使用的抗氫蝕材料可選擇21Cr3MoWV(工作溫度500℃)、1Cr5Mo(工作溫度650℃)和1Cr18Ni9Ti(工作溫度700℃)等。

加氫反應器是在高溫、高壓和臨氫條件下工作的抗氫容器,設計壓力爲14.0~21.6MPa,設計溫度爲400~455℃,氫分壓爲設計壓力的60%。加氫反應器的殼體材料一般選用12Cr2Mo1鋼。爲了用控制化學成分的方法來抑制鋼的回火脆性敏感性,要求

(1) 回火脆化係數 $J = (w_{Si} + w_{Mn})(w_P + w_{Sn}) \times 10^4$(%)$\leqslant$150%。其中元素質量分數 w 以百分數值代入計算,如鋼中磷 w_P 爲0.006%,則以0.006代入公式。

(2) Bruscato係數 $X = (10w_P + 5w_{Sb} + 4w_{Sn} + w_{As}) \times 10^{-2} \leqslant 20$ppm(即 20×10^{-4}%)。其中元素按實際質量分數代入計算,如鋼中磷的質量分數爲0.006%則以0.00006代入上式。

爲了評定鋼的回火脆化傾向,該容器鍛件還要求按國際上常用的Socal №1階梯冷卻曲線進行脆化處理,見圖4·10-6。

以步冷(階梯冷卻)前後的衝擊試樣各8組(24隻)進行對比試驗,以至不同溫度下衝擊試驗的結果繪出兩條衝擊吸收功-試驗溫度對比曲線,用衝擊吸收功爲54J時的試驗溫度進行計算,結果須符合如下要求:

圖4·10-6　Socal №1階梯冷卻曲線

$$VT_r54 + 2.5\Delta VT_r54 \leqslant 38℃$$

式中　VT_r54——步冷前衝擊吸收功54J時的試驗溫度(℃)

ΔVT_r54——步冷後衝擊吸收功54J時的試驗溫度的增量(℃)。

爲了得到良好的綜合力學性能,在制訂12Cr2Mo1鋼鍛件熱處理工藝時,應考慮回火參數 P 值

$$P = T(20 + \lg t)$$

式中　T——回火和焊後熱處理溫度(K)

t——回火和焊後熱處理時間(h)

12Cr2Mo1的 P 值以 $19.7 \times 10^3 \sim 20.8 \times 10^3$ 爲宜。12Cr2Mo1有較高的淬透性,在大水量循環冷卻條件下,300mm壁厚可以淬透,並在整個截面上得到均勻的貝氏體組織。ASME標準規定,當在 $T \times \frac{1}{4}$ 處取樣時,此鋼種鋼件允許的最大壁厚爲510mm。

抗氫容器用鋼的化學成分見表4·10-51;力學性能見表4·10-52;高溫性能見表4·10-53;鋼的特點和用途見表4·10-54;鋼的臨界點溫度見表5·10-55;鋼的熱加工參數見表4·10-56;及生產實例見表4·10-57。

表4·10-51　抗氫容器用鋼的化學成分

鋼　　號	化 學 成 分 的 質 量 分 數 (%)										
	C	Si	Mn	S	P	Cr	Ni	Mo	W	V	Cu
12Cr2Mo1	≤0.15	≤0.50	0.30~0.60	≤0.030	≤0.030	2.00~2.50	≤0.30	0.90~1.10	—	—	≤0.25
21Cr3MoWV	0.18~0.25	0.15~0.35	0.30~0.50	≤0.035	≤0.035	2.70~3.00	—	0.35~0.45	0.30~0.45	0.75~0.85	—
1Cr5Mo	≤0.15	≤0.50	≤0.60	≤0.030	≤0.030	4.00~6.00	≤0.50	0.45~0.65	—	—	≤0.25

註:參照JB 4726—93。

表4·10-52 抗氫容器用鋼的力學性能

鋼 號	公稱厚度 (mm)	熱處理狀態	回火溫度 (≥℃)	σ_b (MPa)	σ_s (MPa) ≥	δ_5 (%) ≥	A_{KV} (J) ≥	HB
12Cr2Mo1	≤300	正火+回火 淬火+回火	680	510~680	310	18	41	160~210
	>300~500		680	500~670	300	18	41	150~200
21Cr3MoWV	—	正火+回火 淬火+回火	650	≥637	441	14	63（A_{KU}） 39（A_{KU}橫向）	—
1Cr5Mo	≤300	正火+回火 淬火+回火	700	415~585	250	18	34	155~240

註：參照 JB4726—93。

表4·10-53 抗氫容器用鋼的高溫性能

鋼 號	熱處理狀態	下列溫度的屈服強度 (MPa)				下列溫度的蠕變強度（DVM試驗） (MPa)			
		300℃	350℃	400℃	450℃	400℃	450℃	500℃	550℃
12Cr2Mo1	淬火+回火	245	240	235	225	—	—	—	—
21Cr3MoWV	正火+回火 或淬火+回火	510	490	470	—	410	325	225	—
1Cr5Mo	淬火+回火	275	245	215	—	186	157	98	64
	正火+回火	235	235	215	—	186	157	98	64

表4·10-54 抗氫容器鋼的特點和用途

鋼 號	主 要 特 點	用 途 舉 例
12Cr2Mo1	低合金貝氏體熱強鋼，有較好的綜合機械性能及工藝性能，還具有較高的持久強度。由於具有優良的抗氫蝕性能，是典型的石油加氫裂化容器用鋼。以往都在正火狀態下使用，但強度低，厚度大。近年來改用調質處理，可節約鋼材60%以上。此鋼可採用各種方法焊接，但焊前需預熱至200~300℃，焊後進行650~700℃的回火處理	工作溫度在450℃以下的大型加氫裝置
21Cr3MoWV	有良好的抗氫蝕性能和較高的熱強性，焊接性能差，裂紋敏感性大，須焊前預熱至600~650℃，焊後立即裝爐高溫回火	工作溫度在520℃以下的石油蒸餾裝置
1Cr5Mo	中合金馬氏體熱強鋼，有很好的耐蝕性和熱強性，並有抗硫腐蝕能力。淬透性好，可在空氣中淬硬。焊接性能較差，須焊後緩冷並作高溫回火	工作溫度650℃以下，用作大中型容器鍛件，製造熱交換器和再熱器等

表4·10-55 12Cr2Mo1 鋼的臨界溫度 （℃）

鋼 號	Ac_1	Ac_3	Ar_3	Ar_1	M_s
12Cr2Mo1	740~750	860~865	783	650	433

表 4·10-56　抗氫容器鋼的熱加工藝參數

鋼　號	鍛　壓			熱　處　理		
	始鍛溫度（℃）	終鍛溫度（℃）	冷卻方式	正　火	淬　火	回　火
12Cr2Mo1	1150	850	坑冷或爐冷	930～960℃空冷	910～940℃水冷	650～690℃空冷
21Cr3MoWV	1150	850	坑冷或爐冷	1020～1050℃空冷	1020～1050℃油冷	650～730℃空冷
1Cr5Mo	1130～1150	850	坑冷或爐冷	900～950℃空冷	900～950℃ 油或水冷	700～760℃空冷

表 4·10-57　12Cr2Mo1 鋼鍛件生產實例

鍛件名稱	鍛件尺寸 (mm)	熱　處　理　狀　態	室　　溫				427℃	-30℃		步冷試驗計算結果
			$\sigma_{0.2}$ (MPa)	σ_b (MPa)	δ_5 (%)	ψ (%)	σ_s (MPa)	A_{KV} (J)		
								三個平均	一個最低	
筒體 A	$\dfrac{\phi 3676}{\phi 3100} \times 3570$	940℃，930℃ 二次正火 920℃水冷，640℃ 回火 690℃模擬熱處理	440 410	555 545	27 28	82 82	331 327	278 382	272 274	-81℃
筒體 B	$\dfrac{\phi 3500}{\phi 2935} \times 3400$	940～960℃空冷 720℃回火 900～920℃水冷 640～660℃回火 690℃模擬焊後熱處理	515 490	614 606	27 28	80 81	397 304	266 243	230 237	-36.5℃

註：1. 筒體 A 用電渣重熔鋼製造，主要成分的質量分數爲：C 0.15％，Cr 2.37％，Mo 1.01％，Si 0.03％，Mn 0.55％。筒體 B 用電爐鋼製造，主要成分的質量分數爲：C 0.14％，Cr 2.34％，Mo 1.05％，Si 0.07％，Mn 0.45％。

2. 取樣位置：切向，拉伸試樣取自 $T \times \frac{1}{4} T$，衝擊試樣取自 $T \times \frac{1}{2} T$，（T 爲壁厚，亦爲熱緩衝環的最小寬度）。

7　核壓力容器鍛件用鋼

　　輕水堆核電站壓力容器包括反應堆壓力容器和一迴路系統的蒸汽發生器、穩壓器。壓水反應堆壓力容器工作溫度 270～350℃，工作壓力爲 14～16MPa，容器堆芯筒節內壁承受 $1～5 \times 10^{19}$ N/cm^2（$E >$ 1MeV）的快中子劑量輻照，須經受冷卻劑的腐蝕及各種冷、熱、靜載與交變載荷。這些厚截面的重要部件，都採用專門鋼號鍛成。

　　核壓力容器鍛件用鋼要求：

　　(1) 在工作溫度下應具有足夠的強度，高的韌塑性，特別重視其韌度指標，要求有高的低溫衝擊值和儘可能低的落錘試驗溫度（NDT）；

　　(2) 在承受輻照條件下應具有良好的抗輻照脆化敏感性；

　　(3) 應具有良好的焊接性；

　　(4) 在工作溫度下應具有最大的組織穩定性；

　　(5) 應具有高的斷裂韌度和疲勞強度，低的裂紋疲勞擴展速率，良好的抗斷裂特性。

　　核壓力容器鍛件採用 Mn-Ni-Mo 系鋼，其鋼號化

學成分見表 4·10-58，力學性能標準見表 4·10-59，鋼的相變臨界溫度和熱加工參數見表 4·10-60。

　　SA508cl3 鋼的基本組織是貝氏體，調質熱處理時如冷卻速度不足會產生鐵素體，導致低溫韌性值下降。爲保證一定的強度和高的韌性，須在標準範圍內對碳元素和主要合金元素含量進行調控；爲改善材料的抗中子輻照脆性，應儘量降低 Cu（目標值 $w_{Cu} \leqslant$ 0.040％）、P（目標值 $w_P \leqslant 0.008％$）含量；爲提高焊接性能與降低堆焊層層下裂紋和再熱裂紋敏感性，應控制 Cr（目標值 $w_{Cr} \leqslant 0.20％$）、Mo（目標值 $w_{Mo} \leqslant 0.54％$）、V（目標值 $w_V \leqslant 0.01％$）含量，其總量應滿足公式 $\Delta G = w_{Cr} + 3.3 w_{Mo} + 8.1 w_V - 2 \leqslant 0$；要求鍛件實際晶粒優於五級，爲使晶粒細化，應控制 Al、N 含量，保持合適的 w_N/w_{Al} 比值（目標值 $\geqslant$ 0.5）；爲提高韌性和使材質純淨，應儘量降低 S（目標值 $w_S \leqslant 0.003％$）；爲防止氫致缺陷，要求氫含量（w_H）低於 $1.5 \times 10^{-4}％$，爲降低鋼的回火脆性，Sb、Sn、As 等有害雜質元素含量要低；爲減少鋼的次生放射性，Co 含量要儘可能低。

　　核壓力容器鍛件取樣規定很嚴格，取樣部位的冷

表 4·10-58　核壓力容器用 Mn-Ni-Mo 鋼的化學成分

鋼　號	化 學 成 分 的 質 量 分 數（%）							
	C	Mn	Si	P	S	Ni	Mo	Cr
美國 ASME SA508dl3	≤0.25	1.20~1.50	0.15~0.40	≤0.025	≤0.025	0.40~1.00	0.45~0.60	≤0.25
法國 RCC 16MND5	≤0.20	1.15~1.55	0.10~0.30	≤0.008	≤0.008	0.50~0.80	0.45~0.55	≤0.25
德國 VolTÜV 20MnMoNi55	0.17~0.23	1.20~1.50	0.15~0.30	≤0.012	≤0.008	0.50~0.80	0.40~0.55	≤0.20
中國 300MW 壓水反應堆設計規格書	0.17~0.23	1.20~1.50	0.15~0.30	≤0.012	≤0.015	0.60~0.90	0.45~0.60	≤0.25

鋼　號	化 學 成 分 的 質 量 分 數（%）							
	V	Al	Cu	Co	As	Sb	Sn	Ta	B
美國 ASME SA508dl3	≤0.05	—	≤0.10	—	—	—	—	—
法國 RCC 16MND5	≤0.01	≤0.04	≤0.08	≤0.030	—	—	—	—
德國 VolTÜV 20MnMoNi55	≤0.02	0.010~0.040	≤0.10	≤0.030	≤0.025	—	≤0.011	≤0.030	—
中國 300MW 壓水反應堆設計規格書	≤0.01	≤0.04	≤0.05	≤0.02	≤0.01	≤0.002	≤0.01		≤0.0005

表 4·10-59　力學性能（承受輻照段筒體）

室溫（切向）			350℃（切向）	A_{KV}切向（J）			A_{KV}軸向（J）			RT_{NDT}
$\sigma_{0.2}$（MPa）	σ_b（MPa）	δ_5（%）	$\sigma_{0.2}$（MPa）	-20℃	0℃	+20℃	-20℃	0℃	+20℃	
≥400	550~670	≥20	≥300	56①	80	—	40	56	—	≤0℃ 希望 ≤-12℃
—	—	—	—	40②	60	120	28	40	104	

註：參照法國 RCC-M M2111 技術要求。

① 最小平均值，後同。

② 個別最小值，後同。

表 4·10-60　SA508cl3 鋼臨界溫度和熱加工參數

鋼　號	臨界溫度（℃）				鍛造溫度（℃）		熱處理溫度（℃）		
	Ac₁	Ac₃	Ms	Mf	始鍛	終鍛	正火	淬火	回火
SA508cl3	722	837	428	253	1250	750	880~950	860~920	640~690

卻速度要扣除邊界條件的影響，使其能真正代表該鍛件的內部力學性能。美國 ASME 規範和中國壓水反應堆設計書都規定筒體試樣取自鍛件兩端的 $1/4T \times T$ 處（T 為鍛件最大截面之厚度）；上法蘭、封蘭、管板等鍛件的取樣部位規定離邊沿 40~80mm。

為保證核壓力容器安全，採用的製造工藝必須是最可靠而又先進的。首先應選用雜質元素（P、S、Cu、Co、As、Sb、Sn）含量低的廢鋼料與鐵合金，這是獲得高純潔度鋼的重要保證。鋼水經電弧爐熔煉後，還須採用鋼包精煉爐進行二次精煉，然後用真空滴流澆注法鑄成優質鋼錠。如用多爐合澆來生產大錠，可應用反偏析補償澆注技術確保大型鋼錠成分的均勻性。近年來正在開發和應用空心鋼錠製造技術和鋼錠定向凝固技術，除進一步改善筒體、管板、封頭等鍛件的質量外，同時還能縮短生產週期和降低製造成本。

核電鍛件截面厚度一般大於 220mm，必須用中心壓實技術破碎鑄態組織、閉合鋼錠疏鬆缺陷、完成主加工方向的鍛造變形，要求總鍛造比必須大於 3。

SA508cl3鋼的淬透性較差，爲保證取得高韌度指標，熱處理時必須強化鍛件的冷卻速度，儘量避免鐵素體出現。由於核壓力容器鍛件之內壁要堆焊不鏽鋼材料，焊接過程中須多次進行除應力退火。熱處理時研究了調質狀態和模擬熱處理兩種情況的性能，選擇最佳回火參數（P 值）範圍爲 $19.0 \times 10^3 \sim 19.5 \times 10^3$。

表 4·10-61 和表 4·10-62 爲二種生產方法和不同厚度截面之核壓力容器鍛件的力學性能。

表 4·10-61　核電用鍛件的力學性能

試樣狀態	取樣部位	室溫（切向）				350℃（切向）				衝擊吸收功 A_{KV} (J) 切向			衝擊吸收功 A_{KV} (J) 軸向		
		$\sigma_{0.2}$ (MPa)	σ_b (MPa)	δ_5 (%)	ψ (%)	$\sigma_{0.2}$ (MPa)	σ_b (MPa)	δ_5 (%)	ψ (%)	$-20℃$	$0℃$	$+20℃$	$-20℃$	$0℃$	$+20℃$
TTQ	0°	485	615	28	75	415	555	22	74.0	168	228	234	144	180	183
		500	615	26	74	400	570	24	75.5	174	212	232	154	174	200
	180°	505	610	27	74	405	565	26	78.0	184	210	260	145	183	236
		460	605	26	73	400	565	20	73.5	166	206	256	140	193	230
TTQ + TDS	0°	460	600	26	75	395	560	24	75.0	116	202	212	158	194	252
		460	600	28	74	395	555	22	73.0	126	180	270	74	180	216
	180°	460	605	27	74	395	555	26	75.0	188	181	270	166	202	269
		460	600	26	73	395	550	25	73.0	180	174	258	140	177	234

註：1. 化學成分的質量分數（%）：C 0.18, Mn 1.40, Si 0.17, P 0.005, S 0.003, Cr 0.14, Ni 0.79, Mo 0.51, Cu 0.04, V 0.005, Al 0.02, Co 0.008, As 0.004, Sn 0.0042, Sb 0.00065, N 0.0123, ΔG—0.136。

2. 工藝特點：$LF + MSD_{(Ar)}$，錠的質量 125t，淬火。

3. 鍛件截面厚度 225mm。

4. TTQ 代表調質狀態，TDS 代表模擬熱處理。

表 4·10-62　核電用鍛件的力學性能

試樣狀態	取樣部位	室溫（切向）				350℃（切向）				衝擊吸收功 A_{KV} (J) 切向			衝擊吸收功 A_{KV} (J) 軸向		
		$\sigma_{0.2}$ (MPa)	σ_b (MPa)	δ_5 (%)	ψ (%)	$\sigma_{0.2}$ (MPa)	σ_b (MPa)	δ_5 (%)	ψ (%)	$-20℃$	$0℃$	$+20℃$	$-20℃$	$0℃$	$+20℃$
TTQ	0°	490	625	26	73	425	595	26	77	119	94	165	136	167	165
										105	104	167	100	158	169
	180°	475	615	25	73	425	580	20	71	—	—	—	160	173	176
													143	169	178
TTQ + TDS	0°	480	620	24	74	435	600	24	74	84	128	154	76	113	159
										60	96	140	74	147	163
	180°	—	—	—	—	—	—	—	—	—	—	—	—	—	—

註：1. 化學成分的質量分數（%）：C 0.17, Mn 1.48, Si 0.14, P 0.0053, S 0.0011, Cr 0.13, Ni 0.75, Mo 0.50, Cu 0.025, Al 0.029, V 0.005。

2. 電渣重熔，錠質量 80t。

3. 鍛件截面厚度 240mm。

4. TTQ 代表調質狀態，TDS 代表模擬熱處理，TDS 爲 550℃×55h↓600℃×20h↓600℃×10h 爐冷。

8　軋輥用鋼

軋輥是軋機中的易損件，軋輥承受強大的彎曲疲勞應力、壓應力和扭轉應力，輥身表面還承受強烈的磨損，要求一定的抗衝擊性能。不同用途的軋輥還經受著某些特定的工況條件。不同類型軋輥的性能要求見表 4·10-63。

鍛鋼軋輥一般採用電爐冶煉，真空處理，鋼包精煉。經雙真空處理後鋼中氫含量可降至 1.8×10^{-4} % 以下，並提高鋼的純潔度。採用電渣重熔可進一步提高鋼的純潔度並改善夾雜物的形狀與分布。

中心直徑爲 1m 以上的支承輥和大型熱軋輥宜在

表 4·10-63　不同類型軋輥的性能要求

軋輥類型	主 要 性 能 要 求	輥身硬度	工作溫度
熱軋工作輥	抗熱疲勞裂紋性能好，抗表面粗糙性能好	HB 196~302	室溫~850℃
冷軋工作輥	高硬度，高耐磨性。抗疲勞剝落性能好	HS 90~105	室溫~180℃
支 承 輥	耐磨性好，抗接觸疲勞性能好	HS 45~75	
矯 正 輥	抗衝擊性能好，$A_K > 64$J	HS 80~100	
鋁 鑄 軋輥	熱導係數高，熱膨脹係數低，抗熱疲勞性能好	HB 300~430	室溫~680℃

8000~12000 噸水壓機上採用高溫強壓工藝，並保證鍛壓比大於 2.5~3。寬平砧高溫強壓法（WHF）是有效的鍛壓工藝。對於中小型軋輥，如工作輥，也應適當地提高鋼錠加熱溫度，常採用消除拉應力效應鍛造法（FM）。

鍛鋼軋輥的鍛坯鍛後熱處理一般是熱裝爐，加熱到臨界點以上溫度後空冷至 400℃ 左右再爐冷至 Ms 點以下，然後升至 630~660℃ 之間保溫，這種正火加回火工藝起著球化二次碳化物和擴氫作用。以後視輥徑大小限速冷至低於 150℃~250℃ 出爐空冷。

8·1　熱軋工作輥用鋼

熱軋工作輥鋼使用含 Cr、Mn、Mo、Ni 的中碳合金鋼，這些元素對性能的影響見表 4·10-64。大型熱軋輥用鋼的化學成分、臨界點及工藝參數、力學性能及生產實例見表 4·10-65 至表 4·10-68。60CrMnMo 鋼是用量最大的熱軋輥用鋼之一。該鋼淬火、不同溫度回火後的硬度變化見表 4·10-69。

表 4·10-64　合金元素對熱軋工作輥性能的影響

合金元素	耐磨性	抗裂紋形成能力	淬透性	抗衝擊性
C	劇增	稍減	增加	劇減
Cr	劇增	影響極微	劇增	稍減
Mn	略增	影響極微	劇增	稍減
Mo	劇增	影響極微	劇增	稍減
Ni	影響極微	增加	增加	增加

表 4·10-65　熱軋輥鋼的化學成分

鋼 號	化 學 成 分 的 質 量 分 數（%）								
	C	Si	Mn	P	S	Cr	Ni	Mo	Cu
60CrMo	0.55~0.65	0.17~0.30	0.50~0.80	≤0.030	≤0.030	0.50~0.80	≤0.25	0.30~0.40	≤0.025
60CrMnMo	0.55~0.65	0.25~0.40	0.70~1.00	≤0.030	≤0.030	0.80~1.20	≤0.25	0.20~0.30	≤0.025
50CrMnMo	0.45~0.55	0.20~0.60	1.30~1.70	≤0.030	≤0.030	1.40~1.80	≤0.25	0.20~0.60	≤0.025
60CrNiMo	0.55~0.65	0.20~0.40	0.60~1.00	≤0.030	≤0.030	0.70~1.00	1.50~2.00	0.10~0.30	≤0.025
50CrNiMo	0.45~0.55	0.20~0.60	0.50~0.80	≤0.030	≤0.030	1.40~1.80	1.00~1.50	0.20~0.60	≤0.025

註：參照 JB/T 3733—93、JB/T 6401—92。

表 4·10-66　常用熱軋輥鋼的臨界點及工藝參數

鋼　號	臨界點（℃）			鍛　壓			熱　處　理		
	Ac₁	Ac₃	Ar₁	始鍛溫度（℃）	終鍛溫度（℃）	鍛後冷卻	鍛後退火溫度（℃）	淬火溫度（℃）	回火溫度（℃）
60CrMo	676	805	685	1220	800	爐冷	840～860	860～870	600～660
60CrMnMo	700	805	655	1200	800	爐冷	820～840	860～870	650～680

表 4·10-67　熱軋工作輥的力學性能

鋼　號	σ_s (MPa)	σ_b (MPa)	δ_5 (%)	ψ (%)	A_K (J)	HB
60CrMo	490	785	8	33	24	217～286
60CrMnMo	490	930	9	25	20	229～302
50CrMnMo	440	785	9	25	20	229～302
60CrNiMo	490	785	8	33	24	229～302
50CrNiMo	755	755				229～302

註：參照 JB/T 6401—92。

表 4·10-68　熱軋工作輥的生產實例

鋼　號	截面尺寸 (mm)	硬　度 (HB)	σ_b (MPa)	σ_s (MPa)	δ_5 (%)	ψ (%)	A_K (J)
60CrMo	$\phi900$	261	930	525	17.0	44.0	34
60CrMnMo	$\phi520$	284	785	725	13.6	45.3	30

表 4·10-69　60CrMnMo 回火溫度與硬度的關係

回火溫度（℃）	570	650	670	690～700
硬度 HB	280～320	240～280	200～240	180～220

8·2　冷軋工作輥用鋼

冷軋工作輥主要承受接觸疲勞應力。當運轉一定時間後表層出現微觀的疲勞裂紋，再繼續使用則微裂紋擴展，當擴展到宏觀可見的程度即產生疲勞剝落。所以應在微觀裂紋未發展以前下機磨除，以保障冷軋工作輥繼續正常運轉。當發生卡鋼和折疊等軋製事故時，或磨輥不當燒傷時都會產生微裂紋。繼續使用則提前失效。

爲使冷軋工作輥保持正常的使用壽命，輥身表面硬度應爲 90～105HS。要求耐磨性好，抗疲勞剝落性能好，並正確合理的上機使用。冷軋輥採用高碳合金鋼。鉻是主要的合金元素，含量（w_{Cr}）爲 1%～3%。工作輥要求非金屬夾雜物少，對硫、磷含量和氧的含量要嚴格限制。

常用冷軋工作輥用鋼的化學成分、不同直徑的冷軋工作輥鋼的選用見表 4·10-70 和表 4·10-71。

冷軋工作輥一般均進行三次熱處理：鍛後熱處理，調質和表層硬化。

鍛後熱處理的目的是降低硬度，消除殘餘應力，以利切削加工。同時還改善組織，得到細粒狀珠光體，消除網狀二次滲碳體（或碳化物）。鍛後熱處理還具有擴氫作用。至於擴氫時間的長短視鋼錠的含氫量定，當氫含量小於 2×10^{-4}% 時可取消擴氫。

冷軋工作輥調質的目的是使輥頸和輥芯得到足夠高的強度和塑韌性相配合的綜合力學性能，以承受工作時整體高疲勞應力。調質後得到更細的粒狀珠光體，爲表層感應加熱淬火提供最佳組織。這種組織快速加熱時有利於形成均勻的奧氏體並減少組織應力，從而使淬火應力降至最低水平，減少開裂的傾向。

表層硬化處理使工作輥獲得高硬化層。一類是輥身整體快速加熱淬火法，另一類是連續感應加熱連續淬火法。

表4·10-70　常用冷軋工作輥用鋼的化學成分

鋼　號	化　學　成　分　的　質　量　分　數（%）									
	C	Si	Mn	Cr	Mo	V	S	P	Ni	Cu
9Cr	0.85~0.95	0.25~0.45	0.20~0.35	1.40~1.70			≤0.025	≤0.025	≤0.25	≤0.25
9Cr2	0.85~0.95	0.25~0.40	0.20~0.35	1.70~2.10			≤0.025	≤0.025	≤0.25	≤0.25
8CrMoV	0.75~0.85	0.20~0.40	0.20~0.40	0.80~1.10	0.55~0.70	0.06~0.12	≤0.025	≤0.025	≤0.25	≤0.25
9Cr2Mo	0.85~0.95	0.25~0.40	0.20~0.35	1.70~2.10	0.20~0.40		≤0.025	≤0.025	≤0.25	≤0.25
85Cr2MoV	0.80~0.90	0.15~0.40	0.30~0.50	1.80~2.40	0.20~0.40	0.05~0.15	≤0.025	≤0.025	≤0.25	≤0.25
9Cr3Mo	0.85~0.95	0.25~0.45	0.20~0.35	2.50~3.50	0.20~0.40		≤0.025	≤0.025	≤0.25	≤0.25

註：參照 GB/T 13314—91、JB/T 6401—92。

表4·10-71　不同直徑的冷軋輥鋼的選用

輥身直徑（mm）	推　薦　用　鋼
≤300	9Cr，9Cr2，9Cr2Mo
300~400	9Cr2，9Cr2Mo
400~600	9Cr2Mo，85Cr2MoV，9Cr3Mo
≥600	85Cr2MoV，9Cr3Mo

8·3　支承輥用鋼

　　支承輥屬於大型軋輥，常規的鋼板軋機支承輥輥

身直徑1~1.6m左右，輥身寬度1~2.5m左右，質量10~50t左右。特大型的寬厚板軋機支承輥直徑達2.4m，質量達240t。支承輥的碳含量低於冷軋工作輥，碳含量高易產生大塊的或網狀碳化物，損害鋼的塑性和韌性。支承輥輥芯輥頸要求具有良好的綜合力學性能，而輥身表層硬度也不像冷軋工作輥那樣高，一般60~75HS即可。所以支承輥鋼的含碳量可稍低。鍛造支承輥用鋼的化學成分、臨界點分別見表4·10-72和表4·10-73。

表4·10-72　支承輥用鋼的化學成分

鋼　號	化　學　成　分　的　質　量　分　數（%）									
	C	Si	Mn	Cr	Mo	V	S	P	Ni	Cu
9Cr	0.85~0.95	0.25~0.45	0.20~0.40	1.70~2.10			≤0.025	≤0.025		≤0.25
9Cr2Mo	0.85~0.95	0.25~0.45	0.20~0.35	1.70~2.10	0.20~0.40		≤0.025	≤0.025		≤0.25
9CrV	0.85~0.95	0.25~0.45	0.20~0.40	1.40~1.70		0.10~0.25	≤0.025	≤0.025		≤0.25
75CrMo	0.70~0.80	0.20~0.60	0.20~0.70	1.40~1.70	0.20~0.30		≤0.025	≤0.025		≤0.25
70Cr3Mo	0.60~0.75	0.40~0.70	0.50~0.80	2.00~3.00	0.25~0.60		≤0.025	≤0.025	≤0.60	≤0.25
50Cr3Mo	0.45~0.50	0.30~0.70	0.60~0.70	2.80~3.20	0.30~0.35		≤0.015	≤0.015	≤0.50	≤0.25
70Cr5Mo	0.60~0.70	0.50~0.60	0.60~0.70	4.50~4.80	0.40~0.50		≤0.020	≤0.020		≤0.25
50Cr3Mo1V	0.44~0.56	0.40~1.00	0.35~0.70	2.90~3.60	0.60~1.00	0.05~0.15	≤0.015	≤0.015	≤0.80	≤0.25

註：參照 JB/T 4120—93。

表4·10-73　支承輥用鋼的臨界點　（℃）

鋼　號	Ac₁	Ac_m	Ar₁	M_s
9Cr2	740	840	680	270
9Cr2Mo	755	850	—	190
9CrV	770	—	—	215
75CrMo	740	—	—	220
70Cr3Mo	785~825	—	705~665	195
50Cr3Mo1V	745~793	—	—	—

　　支承輥熱處理工藝流程有四種路線：

（1）鍛後熱處理──→調質──→表層硬化
（2）鍛後熱處理──→調質
（3）鍛後熱處理──→正火、回火──→表層硬化
（4）鍛後熱處理──→表層硬化

　　以上四種工藝路線需根據支承輥的硬度要求、熱處理工藝設備和支承輥的內部冶金質量選取最合適的一種。當輥身硬度要求高（≥55HS）可採用第一種工藝路線；當硬度要求低（<55HS）可採用第二種工藝路線；當鋼坯的冶金質量好硬度要求又高（≥55HS）可採用第三或第四種工藝路線。

8·4 其他軋輥用鋼

1. 矯正輥 矯正輥直徑一般不超過 100mm，長可達 2000mm，多採用 60CrMoV 和 9Cr2Mo 鋼調質處理，再經表面淬火。60CrMoV 鋼的化學成分，臨界點與熱加工參數，見表 4·10-74，矯正輥鍛件力學性能生產實例見表 4·10-75。

2. 鋁鑄軋輥 鋁鑄軋輥用於鋁液軋機上，其功能是使液態鋁結晶然後給予一定的壓下量。鋁鑄軋輥是一種組合輥，主要由輥套和輥芯組成，輥芯除支承輥套外還有冷卻水出入通道。一般採用 42CrMo 鋼製造輥芯。因傳導熱量，表層溫度週期性地變化，因此輥套工作條件苛刻。要求導熱性好、熱膨脹係數低，抗熱疲勞性能好。常用鋼號及力學性能見表 4·10-76。

表 4·10-74　60CrMoV 的化學成分、臨界點及熱加工工藝

元素	C	Si	Mn	P	S	Cr	Mo	V	Cu	Ni
質量分數 (%)	0.55~0.65	0.17~0.37	0.50~0.80	≤0.040	≤0.040	0.90~1.20	0.30~0.40	0.15~0.35	≤0.25	≤0.25

臨界點（近似值）				熱 加 工			熱處理（油冷）		
Ac_1	Ac_3	Ar	Ar_3	始鍛溫度（℃）	終鍛溫度（℃）	冷 卻	正 火（℃）	淬 火（℃）	回 火（℃）
765	789	688	715	1180~1200	850	坑 冷	890~910	860~880	高溫 600~680 低溫<180

表 4·10-75　矯正輥鍛件力學性能生產實例

鋼 號	直徑 (mm)	熱 處 理	σ_b (MPa)	σ_s (MPa)	δ_5 (%)	ψ (%)	A_K (J)	HB
60CrMoV	φ60 (29 輥)	860℃油淬 670℃回火	815 830	755 775	22 22	52 58	99 98	252 257
	φ75 (23 輥)	860℃油淬 650℃回火	925 925	765 770	20 20	61 62	77 78	285 285
9Cr2Mo	φ78 (23 輥)	880℃油淬 750℃回火	790 785	610 240	25 24	59 58	99 93	235 241
	φ85 (17 輥)	880℃油淬 750℃回火	800 795	620 620	24 26	58 58	73 85	235 245

表 4·10-76　常用輥套鋼的力學性能（實例）

鋼 號	溫 度（℃）	σ_b (MPa)	σ_s (MPa)	δ (%)	ψ (%)
CMYV （法國）	20	900	800	19	66
	400	800	700	17	68
	630	550	480	24	79
SPECIAL BLDC （法國）	20	1300	1200	14	42
	400	1150	950	16	56
	630	400	250	24	92
MO22 （法國）	20	1350	1150	14	60
	400	1200	1000	16	68
	630	600	450	25	92

9 大型鍛件用鋼的選用

9·1 力學性能和淬透性

根據零部件的受力情況選擇用鋼時，須把力學性能和鋼的淬透性結合起來考慮。相同鋼號的大鍛件，由於尺寸效應(亦稱質量效應)的影響，在鍛件截面的不同部位有不同的力學性能。受拉應力爲主的零件，如水壓機立柱，應選淬透性較好、使熱處理後整個截面性能較均勻的鋼種；汽輪機和發電機轉子，主要承受扭矩，內孔切向應力是表面應力的兩倍，應選用淬透性高的鋼種。受彎曲應力爲主的零件，如軋鋼機的各種軋輥，心部應力很小，可選用表面淬火用鋼，保證表層有足夠深度的硬化層。要求切向性能高的零件，要注意鋼的各向異性問題，而製造工藝與性能的各向異性有很大關係，選擇鋼種應與工藝密切配合。要求衝擊韌度高的零件，首先要防止鋼的回火脆性，應選用含適量鉬或鎢的鋼種，冶煉加工過程中應嚴格控制有害元素的量。對強度和韌度的配合，可採用不同回火工藝來調整。

大鍛件零件的工況各異，有關質量的常規檢測項目，無法體現使用性能。應針對具體工況條件建立專門的測試方法和標準來保證鍛件質量和可靠性。這些性能有耐磨性、耐蝕性、導磁性、抗氫能力、抗應力腐蝕能力、抗中子輻照能力、高溫蠕變及持久強度、低溫韌度等。

9·2 工藝性能

大鍛件用鋼應重視的工藝性能有：

鑄錠性能。包括鋼水流動性，氧化結膜傾向及凝固收縮率等。這些特性與夾雜物上浮及鍛造裂紋有密切關係。當鋼中鉻、鉬、釩等元素較多時，鋼水黏稠，易產生氧化結膜並翻皮，非金屬夾雜物上浮困難，會降低鋼的純潔度。鋼錠表面質量不好，鍛造易裂。含矽、錳元素多會增加鋼水凝固收縮體積，補縮不好容易出現殘餘收縮。

鍛造性能。指高溫塑性變形能力、加工溫度範圍大小和產生裂紋的傾向。白點敏感性高的鋼種，鋼水應真空處理或者鍛後經擴氫退火。

回火特性。回火脆性傾向小。鋼的回火溫度範圍要寬一些。鋼的成分波動對回火工藝參數影響應小。

此外，大鍛件鋼的焊接性、可加工性應好。

第 11 章 彈 簧 鋼 [38]~[43]

1 概述

彈簧鋼是專門用來製造各類彈簧或具有類似性能零件的主要材料。彈簧的工作條件較惡劣，通常是長期在週期性交變應力下經受拉、壓、扭、衝擊、疲勞、腐蝕等多種作用，因此要求彈簧鋼材的性能和質量高於一般工業用鋼，其中最主要的是要求疲勞性能和彈性減退抗力好，淬透性高，表面脫碳傾向小，非金屬夾雜物含量低；對特殊用途彈簧鋼，還要求有良好的物理和化學性能。

彈簧鋼按生產方法分類，可分爲熱軋彈簧鋼和冷拉（軋）彈簧鋼。如按彈簧成形方法分類，則可分爲熱成形彈簧用鋼材和冷成形彈簧用鋼材，這是某些機械廠常用的分類方法。

彈簧鋼材用量最大的是製造機動車彈簧。一些工業發達國家用於汽車、摩托車的彈簧約占其彈簧生產總量的 2/3 左右。近年來，由於汽車要求輕量化和提高平順性，伴隨著汽車懸掛彈簧的高應力化，鋼中非金屬夾雜物成爲彈簧失效的主要原因。以往，爲提高彈簧鋼質量，降低鋼中夾雜物含量，主要採用電弧爐加電渣重熔或真空熔煉等生產手段，但由於生產成本高而限制其推廣使用。隨著爐外精煉、真空處理和連續鑄錠等技術的迅速發展，爲大批量生產價廉的高純潔彈簧鋼創造了條件。鋼材加工新技術及在線檢測等

手段的迅速發展，也促進了高表面質量、高尺寸精度彈簧鋼材的發展。可以預見，高純彈簧鋼和表面無缺陷彈簧鋼材的應用將會越來越廣。

2 彈簧鋼的性能和質量要求

2·1 彈簧鋼的使用性能

1. 力學性能 彈簧在工作載荷作用下不允許產生塑性變形，所以要求彈簧鋼有儘可能高的彈性極限和屈強比，並有一定的衝擊韌性。鋼的化學成分、淬火狀態的金相組織、回火後的硬度都對彈性極限和屈強比有影響。矽可顯著提高彈性極限和屈強比，成爲大多數彈簧鋼中的重要合金元素。淬火組織中出現游離鐵素體，會使彈性極限和屈強比降低。目前彈簧鋼生產大都採用淬火加中溫回火，以得到回火屈氏體組織，如果沒有較高的碳含量就不能達到足夠的強度和屈強比，因此彈簧鋼一般爲中、高碳鋼。近年來，又開發了綜合力學性能優良的低碳馬氏體彈簧鋼，表明彈簧鋼也可在低溫回火的板條狀馬氏體組織下使用。

2. 疲勞性能 疲勞是彈簧最主要的破壞形式之一，所以彈簧鋼應具有優良的抗疲勞性能。提高鋼的抗拉強度，相應提高了疲勞性能。抗拉強度對疲勞性能的影響和鋼材表面狀態關係很大。表面質量良好時（如經拋光或磨削加工），疲勞極限隨抗拉強度的提高

而提高；但當表面質量情況不好時，強度超過一定值後，再提高強度，疲勞極限反而降低。表面脫碳以及各種表面缺陷都會使鋼材疲勞性能顯著降低。特別是鋼中的非金屬夾雜物，是彈簧疲勞失效的主要原因。

爲了改善彈簧鋼的疲勞性能，首先應提高鋼的冶金質量和表面質量，可採取以下措施：(1) 採用精煉技術可生產 $w_O \leqslant 0.0015\%$（15ppm）、非金屬夾雜物含量低及形態得到控制的高純潔鋼水；繼而在連鑄工序中採取防止二次氧化和電磁攪拌等技術，使夾雜物上浮和分離，進一步控制非金屬夾雜物的含量。高純潔鋼（SAE9254-V）中的非金屬夾雜物數量和尺寸，與未純潔處理鋼（SAE9254）相比，都明顯降低了，見圖4·11-1，因而其扭轉彎曲疲勞性能大幅度提高，見表4·11-1，當應力爲784MPa時，平均壽命可延長17倍。(2) 採用可控氣氛和可控壓力的加熱爐，嚴格控制加熱溫度和時間，可顯著減輕或避免表面脫碳；採用高速、無扭精軋機以及控軋、控冷技術，並在鋼材生產過程中實施在線質量檢測，可大大提高鋼材表面質量，因而也顯著提高了疲勞性能。其次，疲勞壽命的高低不完全取決於鋼材質量本身，還受載荷條件、工作環境等影響，因此應當注意合理使用。

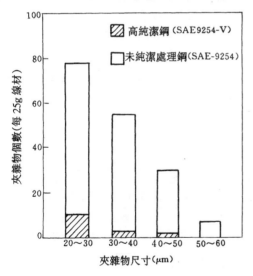

圖 4·11-1　高純潔鋼與未純潔處理鋼的非
金屬夾雜物數量和尺寸比較

3. 彈性減退抗力　彈性減退（即鬆弛）普遍存在於各種工程彈簧中，它和疲勞是彈簧最主要的兩種失效形式；隨著彈簧設計的高應力化，彈性減退失效問題已受到極大重視。彈性減退實質上是彈簧材料長期在動、靜載荷作用下，在室溫發生塑性變形和彈性

模量降低的現象，因此各種影響塑性變形抗力的因素都必然影響材料的彈減抗力。要求有良好彈減抗力的彈簧鋼，應當選擇合適的化學成分及熱加工、熱處理工藝，以獲得最佳的顯微組織、晶粒度、強度和硬度等。硬度提高，彈性減退抗力也相應提高，所以在其他性能（如塑性、韌性、加工性能）允許的條件下，應提高鋼材使用狀態的硬度，以改善彈性減退抗力。

表 4·11-1　高純潔鋼油淬火鋼絲的扭轉
彎曲疲勞試驗結果

材　　料	項目①	應力振幅（MPa）		疲勞極限（MPa）
		857.5	784.0	
高純潔鋼 SAE9254-V	$\log \overline{N}$	5.576	8.521	808.5
	$\overline{N}$	3.767×10^5	3.319×10^8	
	$\log \sigma$	0.1743	0.8301	
未純潔處理鋼 SAE 9254	$\log \overline{N}$	5.500	7.270	750.0
	$\overline{N}$	3.162×10^5	1.862×10^7	
	$\log \sigma$	0.1993	0.9017	

① $\log \overline{N}$：對數平均壽命，$\overline{N}$：平均壽命，$\log \sigma$：對數標準偏差。

提高彈性減退抗力的主要途徑有以下幾方面：(1) 固溶強化。常用合金元素中以矽的固溶強化能力最強。由圖 4·11-2可看到，隨著矽含量的增加，殘餘切應變相應降低，彈性減退抗力顯著提高。(2) 沈澱強化。鋼中加入微量的釩和鈮，形成 MC 型碳化物，可產生強烈的沈澱強化作用。(3) 細晶強化。可通過合金化或其他途徑（如快速加熱等）實現。

4. 物理和化學性能　爲適應各種工作環境，滿足

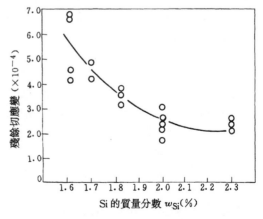

圖 4·11-2　矽含量（w_{Si}）與彈性減退抗力、殘餘切應
變的關係（設定應力 1078MPa；試驗應力 980MPa；
試驗時間 144h；試樣經噴丸處理）

特殊用途的需要，彈簧鋼應具有較好的物理、化學性能，如熱強性、抗氧化、抗低溫、耐腐蝕等。對於某些在特殊條件下使用的彈簧，其物理、化學性能的重要性甚至超過力學性能。

2·2 彈簧鋼的工藝性能

1. 淬透性　鋼材淬透性的高低決定了能夠製造彈簧的最大直徑或厚度，所以被認爲是彈簧鋼的一個重要性能。對於工作應力較高、承受交變載荷的彈簧，要求整個截面完全淬透，即心部得到幾乎完全的馬氏體組織；對於工作應力較低、只承受靜載荷的彈簧，不需要採用高淬透性的鋼種。淬透性不僅影響淬火組織，而且還影響淬火回火後的屈強比、疲勞性能和抗彈減性。若淬透性不夠時，淬火組織中將出現游離鐵素體、貝氏體等非馬氏體組織，而降低回火後的疲勞性能。

鋼材淬透性的主要影響因素是化學成分和晶粒度。碳是提高淬透性的重要元素。以固溶狀態存在的合金元素，除鈷和鋁外，都不同程度提高鋼的淬透性，易使晶粒粗化的元素也提高淬透性，其中以錳、鉬、鉻的作用顯著。微量硼可極大地提高淬透性。實際生產中由於化學成分的波動，冶煉及處理方法的差異，即使同一鋼號，其淬透性也會在一定範圍內波動而形成淬透性帶，這是衡量鋼材淬透性的重要依據。

2. 熱處理性能和加工性能　彈簧鋼的熱處理性能主要要求鋼加熱時不易發生脫碳、石墨化、組織粗大等現象；淬火時變形小；抗回火穩定性高，回火脆性小等。對加工性能的要求則因品種而異，對彈簧鋼絲要求有優良的纏繞、彎曲、扭轉等加工性能；對彈簧扁鋼、帶鋼等則要求有良好的可切削性、衝壓性能、冷彎性能等。優良的熱處理性能和工藝性能不僅可保證彈簧的精度和產品合格率，而且可提高生產率和降低成本。

2·3 彈簧鋼的質量

高的質量是彈簧鋼性能優良和穩定的可靠保證。對彈簧鋼的質量要求，主要包括對冶金質量、表面質量和尺寸精度的要求，其中突出的問題有：鋼中非金屬夾雜物、表面脫碳等。

1. 非金屬夾雜物　降低有害的非金屬夾雜物，不僅大幅度提高疲勞抗力，而且可改善斷裂韌性和抵抗疲勞裂紋擴展的能力。但以現有的生產技術水平來說，鋼中不可避免地存在氧化物和硫化物等非金屬夾雜。在彈簧的實際使用中觀察到，疲勞斷裂均在氧化物夾雜尺寸足夠大的情況下發生，而硫化物的影響不

大，所以高質量彈簧鋼應降低大型氧化物的數量。再從夾雜物的尺寸來看，彈簧鋼中存在兩類有害的非金屬夾雜物，即低倍夾雜物和顯微氧化物夾雜。低倍夾雜物是指長度 >0.5mm 的夾雜物，它是彈簧的過早疲勞斷裂源。顯微氧化物夾雜主要是 Al_2O_3 和鈣鋁酸鹽（含 CaO >20%）。這兩類有害的夾雜物，在高質量彈簧鋼中應嚴格限制。

由於爐外精煉和連鑄技術的迅速發展，爲控制鋼中非金屬夾雜物創造了有利條件。高純潔彈簧鋼不僅大幅度降低鋼中氧含量，減少非金屬夾雜物數量，而且還控制夾雜物形狀、組成及分布。另外，向鋼中添加鈣、稀土等變性劑來控制夾雜物形態，使之對疲勞壽命無害，也是提高彈簧鋼質量的一個途徑。

2. 表面脫碳　彈簧鋼材表面脫碳 0.1mm 就可使其疲勞壽命明顯降低。這主要由於鋼材淬火後，表面脫碳層出現鐵素體組織，回火達不到所要求的力學性能，在交變應力作用下產生疲勞裂紋，使彈簧過早失效。由脫碳層深度對板簧疲勞壽命的影響可知，隨著表面脫碳層深度增加，疲勞壽命也相應降低，見表 4·11-2。所以有必要限定彈簧鋼材的脫碳層深度，尤其是對含矽彈簧鋼，因爲含矽量高的鋼，表面脫碳敏感性大。GB1222—84 中對熱軋材和冷拉材的總脫碳層深度均作了明確的規定，見表 4·11-3。

表 4·11-2　脫碳層對板簧疲勞壽命的影響

脫碳層深度 (mm)	淬火回火後硬度 HRC	試驗應力 (MPa)	斷裂時的應力循環次數 ($\times 10^5$)
0.089	43~44.5	637	2.45
0.141	44~45	637	1.31
0.191	43~44	637	1.29

註：試驗用材：60Si2MnRE 鋼板彈簧。

表 4·11-3　彈簧鋼材的總脫碳層深度

鋼　　組	公稱直徑或厚度 (mm)	總脫碳層深度不大於直徑或厚度的百分數（%）		
		熱　軋　材		冷拉材
		一級	二級	
矽彈簧鋼	≤8	2.5	3.0	2.0
	>8~30	2.0	2.5	1.5
	>30	1.5	2.0	—
其他鋼	≤8	2.0	2.5	1.5
	>8	1.5	2.0	1.0

註：摘自 GB1222—84。

3. 表面缺陷　彈簧鋼材的表面基本上就是製成

彈簧的工作表面,而彈簧表面承受的應力最複雜,鋼材的各種表面缺陷(如折疊、裂紋、劃傷等)都會降低彈簧壽命,導致彈簧斷裂。因此彈簧鋼標準中規定了不允許存在的表面缺陷。高質量彈簧鋼對宏觀表面缺陷的要求十分嚴格。目前已採用鋼坯缺陷在線檢測及研磨,嚴格控制加熱爐的加熱溫度、時間及爐內氣氛,優化軋製工藝,必要時還對線材或半成品進行扒皮等措施,能夠生產出無任何表面缺陷的彈簧鋼材。但是過高地要求表面光潔也沒有必要。據觀察,疲勞裂紋很少由<2~3μm 深的表面缺陷開始,而且彈簧的失效還受到其他因素的制約。

4. 尺寸精度 彈簧鋼材的外形和尺寸精度,對彈簧的性能、使用壽命和製作過程均有很大影響。對彈簧扁鋼除精確規定寬度、厚度公差外,通常還要求扁鋼有相當的平直度,避免出現鐮刀彎,其邊部不應有波浪形或波紋。對彈簧鋼絲的直徑公差要求更嚴,鋼絲直徑的微小變化都將影響彈簧性能的均勻和穩定。例如圓截面鋼絲的彈簧強度和剛度分別與鋼絲直徑的三次方和四次方成正比關係。因此保證鋼材的尺寸精度,是提高彈簧鋼質量的重要項目之一。

3 熱軋彈簧鋼

熱軋彈簧鋼包括製造螺旋彈簧的圓鋼、方鋼,製造板簧的扁鋼。彈簧扁鋼根據截面的不同,又分為等截面扁鋼和變截面扁鋼兩類。等截面扁鋼中以平面扁鋼為最常用。變截面扁鋼的截面厚度沿長度方向而不同,即中心部分厚,逐漸向兩端減薄,在載荷作用下應力沿長度方向均勻分布,從而可提高承載能力。用這種材料製造

板簧,可以大大減少所需扁鋼數(一般為1~3片),減輕彈簧重量(可達40%以上),並改善彈簧性能。

熱軋彈簧鋼的截面尺寸一般都比較大,多經加熱成形製造較大的彈簧,然後淬火回火處理。有些情況與調質鋼相似,但其碳含量較調質鋼高,淬火後的回火溫度較通常調質處理的回火溫度要低,這樣可保證較高的屈強比,能滿足彈簧所需要的綜合力學性能。

對熱軋鋼材的表面質量(脫碳層,表面缺陷)要求較嚴,對交貨狀態的硬度也有一定要求。硬度過高,製造彈簧時下料、衝孔、捲簧都有困難。GB1222—84中規定的彈簧鋼材交貨狀態的硬度見表4·11-4。

表 4·11-4 彈簧鋼材交貨狀態的硬度

組號	鋼 號	交貨狀態	硬度 HB (不大於)
1	65,70	熱軋	285
2	85,65Mn,55Si2Mn	熱軋	302
3	60Si2Mn,60Si2MnA,50CrVA,55SiMnVB,55Si2MnB,55CrMnA,60CrMnA	熱軋	321
4	60Si2 CrA,60Si2CrVA,60CrMnBA,60CrMnMoA,30W4Cr2VA	熱軋+熱處理	321
5	所有鋼號	冷拉+熱處理	321

熱軋彈簧鋼的化學成分、熱處理制度和力學性能,主要鋼種的性能特點和用途分別見表 4·11-5 至表 4·11-7。

表 4·11-5 彈簧鋼的化學成分

| 牌 號 | 化 學 成 分 的 質 量 分 數(%) | | | | | | | 其 他 |
	C	Si	Mn	P ≤	S ≤	Cr	V	
65	0.62~0.70	0.17~0.37	0.50~0.80	0.035	0.035	≤0.25	—	—
70	0.67~0.75	0.17~0.37	0.50~0.80	0.035	0.035	≤0.25	—	—
85	0.82~0.90	0.17~0.37	0.50~0.80	0.035	0.035	≤0.25	—	—
65Mn	0.62~0.70	0.17~0.37	0.90~1.20	0.035	0.035	≤0.25	—	—
55Si2Mn	0.52~0.60	1.50~2.00	0.60~0.90	0.035	0.035	≤0.35	—	—
55Si2MnB	0.52~0.60	1.50~2.00	0.60~0.90	0.035	0.035	≤0.35	—	B:0.0005~0.004
55SiMnVB	0.52~0.60	0.70~1.00	1.00~1.30	0.035	0.035	≤0.35	0.08~0.16	B:0.0005~0.0035
60Si2Mn	0.56~0.64	1.50~2.00	0.60~0.90	0.035	0.035	≤0.35	—	—
60Si2MnA	0.56~0.64	1.60~2.00	0.60~0.90	0.030	0.030	≤0.35	—	—

（續）

牌　號	化 學 成 分 的 質 量 分 數（%）							其　他
	C	Si	Mn	P ≤	S ≤	Cr	V	
60Si2CrA	0.56~0.64	1.40~1.80	0.40~0.70	0.030	0.030	0.70~1.00	—	—
60Si2CrVA	0.56~0.64	1.40~1.80	0.40~0.70	0.030	0.030	0.90~1.20	0.10~0.20	—
55CrMnA	0.52~0.60	0.17~0.37	0.65~0.95	0.030	0.030	0.65~0.95	—	—
60CrMnA	0.56~0.64	0.17~0.37	0.70~1.00	0.030	0.030	0.70~1.00	—	—
60CrMnMoA	0.56~0.64	0.17~0.37	0.70~1.00	0.030	0.030	0.70~0.90	—	Mo:0.25~0.35
50CrVA	0.46~0.54	0.17~0.37	0.50~0.80	0.030	0.030	0.80~1.10	0.10~0.20	—
60CrMnBA	0.56~0.64	0.17~0.37	0.70~1.00	0.030	0.030	0.70~1.00	—	B:0.0005~0.004
30W4Cr2VA	0.26~0.34	0.17~0.37	≤0.40	0.030	0.030	2.00~2.50	0.50~0.80	W:4.0~4.5

註:1. 摘自 GB1222—84。

　　2. 殘餘 Cu 質量分數均≤0.25%;殘餘 Ni 質量分數:65、70、85、65Mn 鋼爲≤0.25%,其餘鋼號均≤0.35%。

表 4·11-6　熱處理制度及力學性能

牌　號	熱 處 理 制 度			力 學 性 能,不小於				
	淬火溫度（℃）	淬火劑	回火溫度（℃）	屈服點 σ_s（MPa）	抗拉強度 σ_b（MPa）	δ（%）		收縮率 ψ（%）
						δ_5	δ_{10}	
65	840	油	500	784	980		9	35
70	830	油	480	833	1029		8	30
85	820	油	480	980	1127		6	30
65Mn	830	油	540	784	980		8	30
55Si2Mn	870	油	480	1176	1274		6	30
55Si2MnB	870	油	480	1176	1274		6	30
55SiMnVB	860	油	460	1225	1372		5	30
60Si2Mn	870	油	480	1176	1274		5	25
60Si2MnA	870	油	440	1372	1568		5	20
60Si2CrA	870	油	420	1568	1764	6		20
60Si2CrVA	850	油	410	1666	1862	6		20
55CrMnA	830~860	油	460~510	1078	1225	9		20
60CrMnA	830~860	油	460~520	1078	1225	9		20
60CrMnMoA	(830~860)	(油)	(510~570)	(1078)	(1225)	(10)		(30)
50CrVA	850	油	500	1127	1274	10		40
60CrMnBA	830~860	油	460~520	1078	1225	9		20
30W4Cr2VA	1050~1100	油	600	1323	1470	7		40

註:1. 摘自 GB1222—84。

　　2. 60CrMnMoA 的熱處理制度及力學性能引自 JISG4801—1984 之 SUP13。

表 4·11-7   主要彈簧鋼的性能特點及用途

系　列	牌　號	性　能　特　點	主　要　用　途
碳素鋼	65 70 85	可得到很高強度、硬度、屈強比,但淬透性小,耐熱性不好,承受動載和疲勞載荷的能力低	應用非常廣泛,但多用於工作溫度不高的小型彈簧或不太重要的較大彈簧。如汽車、拖拉機、鐵道車輛及一般機械用的彈簧
錳鋼	65Mn	成分簡單,淬透性和綜合力學性能、脱碳等工藝性能均比碳鋼好,但對過熱比較敏感,有回火脆性,淬火易出裂紋	價格較低,用量很大。製造各種小截面扁簧、圓簧、發條等,亦可製汽門簧、彈簧環,減震器和離合器簧片、刹車簧等
矽錳鋼	55Si2Mn 60Si2Mn 60Si2MnA	矽含量(w_{Si})高(上限達 2.00%),強度高,彈性好。抗回火穩定性好。易脱碳和石墨化。淬透性不高	主要的彈簧鋼類,用途很廣。製造各種彈簧,如汽車、機車、拖拉機的板簧、螺旋彈簧,汽缸安全閥簧及一些在高應力下工作的重要彈簧,磨損嚴重的彈簧
矽錳硼鋼	55Si2MnB	因含硼,其淬透性明顯改善	輕型、中型汽車的前後懸掛彈簧、副簧
矽錳釩硼鋼	55SiMnVB	我國自行研製的鋼號,淬透性、綜合力學性能、疲勞性能均較 60Si2Mn 鋼好	主要製造中、小型汽車的板簧,使用效果好,亦可製其他中等截面尺寸的板簧、螺旋彈簧
鉻矽鋼	55CrSiA	抗彈性減退性能優良,強度高,抗回火軟化性能好	特別適宜製成高強度油淬火鋼絲,製造發動機閥門彈簧及其他重要螺旋彈簧
鉻矽鋼	60Si2CrA 60Si2CrVA	高強度彈簧鋼。淬透性高,熱處理工藝性能好。因強度高,捲製彈簧後應及時處理消除內應力	製造載荷大的重要大型彈簧。60Si2CrA可製汽輪機汽封彈簧、調節彈簧、冷凝器支承彈簧,高壓水泵碟形彈簧等。60Si2CrVA鋼還製作極重要的彈簧,如常規武器取彈鈎彈簧、破碎機彈簧
鉻錳鋼	55CrMnA 60CrMnA	突出優點是淬透性好,另外熱加工性能、綜合力學性能、抗脱碳性能亦好	大截面的各種重要彈簧,如汽車、機車的大型板簧、螺旋彈簧等
鉻錳硼鋼	60CrMnBA	淬透性比 60CrMnA 高,其他各種性能相似	尺寸更大的板簧、螺旋彈簧、扭轉彈簧等
鉻錳鉬鋼	60CrMnMoA	在現有各種彈簧鋼中淬透性最高。力學性能、抗回火穩定性等亦好	大型土木建築、重型車輛、機械等使用的超大型彈簧。鋼板厚度可達 35mm 以上,圓鋼直徑可超過 60mm
鉻釩鋼	50CrVA	少量釩提高彈性、強度、屈強比和彈減抗力,細化晶粒,減小脱碳傾向。碳含量較小,塑性、韌性較其他彈簧鋼好。淬透性高,疲勞性能也好	各種重要的螺旋彈簧,特別適宜作工作應力高、工作應力振幅高、疲勞性能要求嚴格的彈簧,如閥門彈簧、噴油嘴彈簧、氣缸脹圈、安全閥簧等
鎢鉻釩鋼	30W4Cr2VA	高強度耐熱彈簧鋼。淬透性很好。高溫抗鬆弛和熱加工性能也很好	工作溫度 500℃ 以下的耐熱彈簧,如汽輪機主蒸汽閥門彈簧、汽封彈簧片,鍋爐安全閥彈簧、400t 鍋爐碟形閥彈簧等

3·1　彈簧鋼的常用鋼種

從表 4·11-5中可以看到,按化學成分可分爲碳素彈簧鋼(非合金彈簧鋼)和合金彈簧鋼兩類。碳素彈簧鋼在國家標準中只有三個鋼號,由於成分簡單,價格便宜,應用極廣。合金彈簧鋼屬於中、高碳鋼(C 的質量分數 0.45%~0.75%),是合金鋼中合金元素含量較低的鋼類(通常質量分數<5%)。與碳素彈簧鋼相比,合金彈簧鋼的綜合力學性能好,淬透性高,能承受高應力和較高的工作溫度,適於製造截面尺寸較大、工作應力複雜以及工作溫度較高的各種重要彈簧和彈性件。合金彈簧鋼按化學成分又可分爲 Si-Mn 系、Cr-Mn 系、

Cr-Si 系,Cr-V 系等合金彈簧鋼,其中以 Si-Mn 系和 Cr-Mn 系合金彈簧鋼最常用。

1. 碳素彈簧鋼(非合金彈簧鋼)　鋼的碳的質量分數爲 0.6%～0.9%,可達到相當高的彈性極限、強度極限和屈強比。其不足之處是淬透性低,熱強性差,因此常用於截面尺寸較小、工作溫度不高(約＜120℃)、受力條件不惡劣(如只受靜載荷或動載荷不大時)、疲勞壽命要求不高的彈簧。這類鋼可以製造疊板彈簧,但大多是製成鋼絲或線材,製造各種螺旋彈簧。

2. Si-Mn 系彈簧鋼　鋼中矽的質量分數 0.7%～2.0%(大多在 1.2% 以上),錳的質量分數 1% 左右。由於矽、錳的複合作用而具有良好的彈性和強度,可用於製造承受高工作應力的重要彈簧。矽的質量分數在 1.5% 左右時,鋼的抗彈性減退(抗鬆弛)性能很好。由於近年來力求提高彈簧設計應力,實現輕量化,這類鋼格外受到重視。但 Si-Mn 系鋼不足之處是加熱時表面容易脫碳,其脫碳傾向比 Cr-V 系和 Cr-Mn 系鋼都大,見圖4·11-3,而且容易石墨化,所以熱處理時應採取必要的措施加以防止。另外,Si-Mn 系的淬透性較低,製造彈簧的截面尺寸受到一定限制,如 60Si2Mn 鋼適合製造 φ10～20mm 的鋼絲或線材,厚度 8～12mm 的鋼板,鋼材尺寸再大則效果不佳。

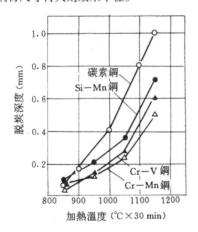

圖 4·11-3　各種彈簧鋼的脫碳傾向比較

(試驗用鋼的化學成分的質量分數%:碳素鋼—C0.80,Si2.24,Mn0.86;Si-Mn 鋼—C0.60,Si1.70,Mn0.75;Cr-Mn 鋼—C 0.60,Si 0.30,Mn 0.76,Cr 0.87;Cr-V 鋼—C 0.53,Si 0.33,Mn 0.70,Cr 0.90,V 0.13)

3. Cr-Mn 系彈簧鋼　鋼中鉻和錳含量(質量分數)均爲 0.65%～1.00%。鉻提高淬透性的作用比矽強,當鉻、矽含量均爲 1% 時,鉻的淬透性係數大約爲矽的 1.8 倍。Cr-Mn 系鋼的突出優點是綜合力學性能好,

淬透性一般高於 Si-Mn 系鋼,見圖 4·11-4。這類鋼可製造大尺寸彈簧,其組織和性能的均勻性好。其次,鉻可降低碳的擴散速度,並能在鋼的表面形成緻密的薄膜,抑制脫碳過程,所以 Cr-Mn 鋼的脫碳傾向比碳鋼和 Si-Mn 系鋼都小,見圖 4·11-4,其抗氧化、耐腐蝕性能等也比 Si-Mn 系鋼好。

但 Cr-Mn 系鋼的抗彈性減退性能不及 Si-Mn 系鋼,這是由於鉻的固溶強化作用比矽小得多。爲了改善其抗彈減性,可提高鋼中的矽含量,曾用日本 SUP9 鋼作了試驗,獲得較好的結果。

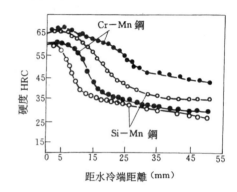

圖 4·11-4　Cr-Mn 系與 Si-Mn 系彈簧鋼的淬透性比較

(試驗用鋼的化學成分質量分數(%):Cr-Mn 鋼—C 0.55～0.65,Si 0.20～0.35,Mn 0.65～1.10,Cr 0.60～1.00;Si-Mn 鋼—C 0.55～0.65,Si 1.70～2.20,Mn 0.65～1.10)

3·2　彈簧鋼的熱處理

1. 淬火和回火　由表 4·11-6可見,彈簧鋼通常是油淬火後中溫回火,回火溫度約爲 400～550℃。經驗表明,400～450℃回火後的彈性極限最高,450～550℃回火後的疲勞性能最佳。回火組織大多爲屈氏體或屈氏體＋索氏體的混合組織,硬度約爲 40～50HRC。在上述硬度範圍內鋼的屈強比高。淬火和回火時應注意防止或減少表面氧化、脫碳、石墨化、組織粗化、回火脆性等。

2. 等溫淬火和分級淬火　彈簧鋼經等溫淬火獲得下貝氏體組織,可改善綜合力學性能和疲勞極限,並顯著降低熱應力和相變組織應力,減小熱處理變形。幾種彈簧鋼的等溫淬火工藝見表 4·11-8。

彈簧鋼經分級淬火可降低淬火應力,減小彈簧淬火變形,適用於對形狀和尺寸要求嚴格的彈簧。

3. 形變熱處理　彈簧扁鋼、鋼絲和尺寸較大的螺旋彈簧採用形變熱處理,可改善顯微組織,提高強韌性

表 4·11-8 等溫淬火處理工藝

鋼 號	加熱溫度 (℃)	等溫溫度 (℃)	等溫時間 (min)	處理後硬度 HRC
T10A	800 ± 10	260~280	10	48~52
		315~335	10	43~48
		320~360	15~20	40~48
65,65Mn	820 ± 10	260~280	15	~50
		325~350	15~20	46~48
60Si2MnA	870 ± 10	280~320	30	48~52
50CrVA	850 ± 10	300~320	30	48~52

和疲勞性能,對扁鋼效果尤其明顯。例如 60Si2Mn 扁鋼在 930℃經 18% 變形後淬火,於 650℃短時高溫回火,σ_b 2367MPa,σ_s 2234MPa,δ7.7%,ψ40%,a_K6.67J/cm^2,硬度 56HRC,疲勞壽命提高 7 倍。

4. 表面處理 滲氮處理對提高彈簧疲勞強度效果明顯。有些耐熱彈簧鋼可提高滲氮溫度,以縮短處理時間。有些彈簧採用低溫碳氮共滲(軟氮化)時可與回火結合起來進行,使彈簧的疲勞壽命和耐蝕性得到改善。

4 冷拉(軋)彈簧鋼

包括製造較小彈簧的各種冷拉(軋)彈簧鋼材,如冷拉圓鋼、方鋼、異型鋼材、鋼絲及發條、彈簧片帶鋼等。冷拉鋼材截面尺寸大多較小,冷態成形製造彈簧後有的可直接使用,有的需淬火、回火處理。

冷拉(軋)彈簧鋼的表面質量和尺寸精度等要求都比熱軋鋼材高。爲保證製成彈簧的工作性能和使用壽命,對冷拉(軋)彈簧鋼的表面和尺寸精度均有嚴格規定。

冷拉(軋)彈簧鋼材中用量最大的是各種鋼絲。所用鋼號主要是碳含量較高(質量分數 0.60% 以上)的碳素彈簧鋼,如 65、70、75、80 等,以及一些合金彈簧鋼,如 65Mn、60Si2Mn、50CrVA 等。

鋼絲的斷面大多數是圓形的,但是也有一些特殊斷面的鋼絲,如長方形、卵形的異形斷面鋼絲。使用異形斷面鋼絲可以輕減彈簧重量。此外還有沿長度方向上直徑不同的錐形鋼絲,可製造汽車、摩托車的懸掛彈簧。

4·1 冷拉彈簧鋼絲的分類

根據所用生產工藝,可將冷拉彈簧鋼絲分成三類。

1. 鉛浴等溫淬火鋼絲 坯料加熱奧氏體化後在鉛浴中等溫處理,形成細珠光體再冷拉到規定尺寸。通過調整鋼中碳含量及冷變形量控制鋼絲的力學性能。用這種鋼絲冷捲成彈簧後不再淬火回火,只經低溫回火消除內應力即可使用,多製造各種重要彈簧,包括閥門彈簧。

所用鋼號均爲碳含量較高(質量分數一般 0.60% 以上)的碳鋼,或加入少量錳的 65Mn、70Mn 等。鋼絲強度隨直徑增加而下降,按強度級別分爲不同組。

2. 油淬火鋼絲 坯料冷拔到規定尺寸後經連續加熱、油淬火和鉛浴回火,達到所需的力學性能,冷捲成彈簧後只需回火消除應力即可使用。其優點是整批材料性能均勻穩定,強度、硬度、彈性、疲勞性能好,挺直性出色,適合大批量生產各種重要彈簧,尤其是閥門彈簧。

常用鋼號有 70、65Mn 鋼,及 Cr-V(50CrVA)、Si-Mn(60Si2Mn)、Cr-Si(55CrSiA)系鋼。在相同直徑下,以 Cr-Si 鋼絲的強度最高,抗彈減性也最好。這類鋼絲的質量、性能要求很嚴,根據用途及鋼絲直徑不同,需做扭轉、彎曲、纏繞、疲勞等試驗。

3. 退火鋼絲 以冷拉態或冷拉後經退火、正火、回火等處理態交貨,故製成彈簧後需淬火回火處理,才能達到所需性能。所用鋼號皆爲合金鋼,如 60Si2Mn(A)、55CrSiA、50CrVA、60Si2CrA 等,鋼絲直徑一般較大。用這類鋼絲製成彈簧的質量、精度、性能都不如用油淬火鋼絲,生產效率也低,多用於小批量彈簧製造。

用等溫淬火鋼絲和油淬火鋼絲冷捲製成彈簧後都必低溫回火,以消除製簧的加工應力。回火溫度的選擇要適當。溫度過低內應力去除不充分,影響彈簧形狀和工作性能的穩定性;溫度過高則降低抗拉強度和彈性極限。冷拉鋼絲製簧後消除內應力的常用回火溫度和時間見表 4·11-9,其他幾種常用彈簧鋼絲的回火溫度見表 4·11-10(回火時間不超過 30min)。

表 4·11-9 冷拉鋼絲製簧後回火制度

工 作 條 件		一般工 作條件	苛刻工 作條件	工作溫 度較高
回火溫度(℃)		215~230	230~260	275~290
不同直徑 (mm)鋼絲 回火時間 (min)	<1.27	15~25	20~30	30~45
	1.28~3.05	20~25	30~40	45~60
	3.06~9.53	25~30	40~50	60~80
	>9.53	30~45	50~60	60~90

表 4·11-10 常用彈簧鋼絲去除內應力回火溫度

鋼絲種類	冷捲彈簧後去除內應力回火溫度 (℃)
油淬火鋼絲	230~290
Cr-V 彈簧鋼絲	315~370
Cr-Si 彈簧鋼絲	425~455
65Mn 鋼絲(重要用途)	340 ± 10

4·2　彈簧鋼絲的技術標準

彈簧鋼絲標準按彈簧鋼的化學成分、性能和用途分類，所以標準數目比熱軋彈簧鋼要多。目前我國彈簧鋼絲標準有12個，他們既有不同的適用範圍和技術要求，又有相互對應和互相補充的聯繫，構成一個較完整的彈簧鋼絲標準網絡，見表4·11-11、表4·11-12。

由上述兩表可以看出，冷拉碳素彈簧鋼絲標準既有一般機械彈簧用的GB4357—84，又有重要用途如閥門彈簧等的GB4358—84《琴鋼絲》；同是閥門彈簧使用的Cr-V鋼絲既有冷拉（磨光）交貨（GB5220—85），又有油淬火、回火後交貨（GB2271—84）的區別。所以應當對彈簧鋼絲的標準有個較清楚的了解，這樣會有助於正確選擇鋼絲的種類和技術要求。

表4·11-11　彈簧鋼絲標準

編　　號	名　　稱
GB4357—84	碳素彈簧鋼絲
GB4358—84	琴鋼絲
GB5218—85	矽錳彈簧鋼絲
GB5219—85	鉻釩彈簧鋼絲
GB5220—85	閥門用鉻釩彈簧鋼絲
GB5221—85	鉻矽彈簧鋼絲
GB2271—84	閥門用油淬火回火鉻釩合金彈簧鋼絲
GB4359—84	閥門用油淬火回火碳素彈簧鋼絲
GB4360—84	油淬火回火碳素彈簧鋼絲
GB4361—84	油淬火回火矽錳合金彈簧鋼絲
GB4362—84	閥門用油淬火回火鉻矽合金彈簧鋼絲
YB(T)11—83	不鏽彈簧鋼絲

表4·11-12　各彈簧鋼絲標準間的關係

鋼種和用途相同，交貨狀態不同	
冷拉鋼絲	油淬火鋼絲
GB4357—84(碳素鋼)	GB4360—84(碳素鋼)
GB4358—84(琴鋼絲)	GB4359—84(閥門用碳素鋼)
GB5220—85(Cr-V鋼)	GB2271—84(閥門用Cr-V鋼)
GB5221—85(Cr-Si鋼)	GB4362—84(閥門用Cr-Si鋼)
GB5218—85(Si-Mn鋼)	GB4361—84(Si-Mn鋼)
交貨狀態和用途相同，鋼種不同	
碳素鋼	合金鋼
GB4357—84	GB5218—85(Si-Mn鋼)
	GB5219—85(Cr-V鋼)
	GB5221—85(Cr-Si鋼)
GB4358—84(琴鋼絲)	GB5220—85(閥門用Cr-V鋼)
GB4360—84(油淬火)	GB4361—84(油淬火Si-Mn鋼)
GB4359—84(閥門用)	GB2271—84(閥門用，油淬火，Cr-V鋼)
	GB4362—84(閥門用，油淬火，Cr-Si鋼)

4·3　彈簧鋼絲的表面質量要求

彈簧鋼絲的表面質量對彈簧的工作性能和使用壽命有極大的影響。彈簧鋼絲表面質量的高低主要由脫碳層和表面缺陷（如裂紋、摺疊、斑疤、鏽痕、夾雜、分層等）決定。表面脫碳降低強度、硬度，從而使疲勞性能變壞。對汽閥彈簧來說，表面脫碳，特別是全脫碳層是其過早破壞的主要原因，所以供閥門用的油淬火—回火合金彈簧鋼絲標準中除對部分脫碳層有規定外，還特別指出表面不得有全脫碳層。另外，冷拉彈簧鋼絲的表面缺陷比熱軋彈簧鋼材少，故脫碳層的不良影響更加突出，這也是對冷拉鋼絲脫碳層加以嚴格限制的原因之一。

各種表面缺陷不僅使鋼絲的加工性能變壞，使彈簧製造的廢品率增加，而且極易造成彈簧提前或突然

表4·11-13　彈簧鋼絲表面質量要求

標　準　號	鋼　　絲	脫　碳　層	表　面　缺　陷
GB4358—84	琴鋼絲	單面總脫碳層深度不得超過鋼絲直徑的1%	表面應光滑，不得有裂紋、摺疊、結疤、拉裂、氧化鐵皮、鏽蝕等
GB4359—84	閥門用油淬火-回火碳素彈簧鋼絲	不得有全脫碳層，部分脫碳層深度≤公稱直徑的1.0%	不得有肉眼可見的裂紋、摺疊、結疤、氧化鐵皮、鏽蝕
GB4361—84	油淬火-回火矽錳合金彈簧鋼絲	總脫碳層深度≤鋼絲公稱直徑的2.0%	不得有肉眼可見的裂紋、摺疊、結疤、氧化鐵皮和鏽蝕
GB4362—84	閥門用油淬火-回火鉻矽合金彈簧鋼絲	表面不得有全脫碳層，部分脫碳層深度≤鋼絲公稱直徑的1%	不得有肉眼可見的裂紋、摺疊、結疤、氧化鐵皮、鏽蝕
GB5218—85	矽錳彈簧鋼絲	銀亮鋼絲不得有表面脫碳層。冷拉、熱處理鋼絲單面總脫碳層深度應≤2.0%d（鋼絲公稱直徑$d \leqslant 6.0mm$）、≤1.5%d（$d > 6.0mm$）	冷拉、熱處理鋼絲表面不得有肉眼可見的裂紋、摺疊、分層、拉痕、結疤和鏽蝕。銀亮鋼絲應符合YB247—64規定

(續)

標 準 號	鋼 絲	脫 碳 層	表 面 缺 陷
GB5219—85	鉻釩彈簧鋼絲	單面總脫碳層深度≤1.0%d(一組)、1.5%d(二組,d≤6.0mm)和1.5%d(d>6.0mm 時一組)和2.0%d(d>6mm 時二組)	表面應光滑,不得有肉眼可見的裂紋、摺疊、分層、拉痕、結疤、鏽蝕
GB5220—85	閥門用鉻釩彈簧鋼絲	銀亮絲表面不得有脫碳層。冷拉、退火鋼絲單面總脫碳層深度(當 d≤4.5mm 時)應≤1.0%d 和1.5%d(d>4.5mm)	冷拉、退火鋼絲不得有肉眼可見裂紋、摺疊、分層、拉痕、結疤。銀亮鋼絲應符合YB248—64 有關規定
GB5221—85	鉻矽彈簧鋼絲	單面總脫碳層深度≤2%d	不得有肉眼可見的裂紋、摺疊、分層、拉痕、結疤、鏽蝕
GB2271—84	閥門用油淬火-回火鉻釩合金彈簧鋼絲	不得有全脫碳層,部分脫碳層深度≤1%d(鋼絲公稱直徑)	不得有肉眼可見的裂紋、摺疊、結疤、氧化鐵皮、鏽蝕

破壞,甚至釀成事故,所以也必須嚴格控制。對幾種彈簧鋼絲表面質量的要求見表4·11-13。由表可以看出,銀亮鋼絲的表面質量要求最高,不允許有脫碳層出現,但成本也高,一般只有在高應力下工作,尤其是損壞後不易更換的彈簧才選用這種鋼絲。

4·4 彈簧鋼絲的性能

彈簧鋼絲的力學性能(σ_b, ψ)與其直徑有關。隨著鋼絲直徑增大,σ_b 和 ψ 下降。對鋼絲強度的另一個要求是穩定性,即強度的波動範圍要小而且穩定,例如對閥門用油淬火-回火碳素彈簧鋼絲要求其強度波動範圍不得大於 73.6MPa。

碳素彈簧鋼絲按用途分為 A、B、C 三組。A組供一般彈簧等用,B組用於低應力彈簧,C組供較高應力彈簧使用。其力學性能與鋼絲直徑的關係見表4·11-14。

表 4·11-14 碳素彈簧鋼絲的力學性能

鋼絲直徑(mm)	抗拉強度 σ_b(MPa)			扭轉次數不少於	鋼絲直徑(mm)	抗拉強度 σ_b(MPa)			扭轉次數不少於
	A 組	B 組	C 組			A 組	B 組	C 組	
0.08	2060~2450	2400~2795	2745~3185		1.20	1325~1715	1620~1960	1815~2160	
0.09	2010~2405	2355~2745	2695~3090		1.40	1325~1665	1620~1910	1765~2110	
0.10	1960~2355	2305~2695	2650~3040		1.60	1275~1620	1570~1865	1765~2110	20
0.12	1910~2305	2255~2650	2600~2990		1.80	1225~1570	1520~1815	1715~2060	
0.14	1865~2305	2205~2600	2550~2940		2.00	1175~1520	1470~1765	1715~2010	
0.16	1815~2255	2160~2550	2500~2895		2.30	1175~1470	1420~1715	1665~1960	
0.18	1815~2255	2160~2550	2450~2845		2.60	1175~1470	1420~1715	1665~1960	
0.20	1815~2255	2160~2550	2405~2795		2.90	1130~1420	1375~1665	1620~1910	15
0.23	1765~2205	2110~2500	2355~2745		3.20	1130~1420	1325~1620	1570~1865	
0.26	1715~2160	2060~2450	2305~2695		3.50	1130~1420	1325~1620	1570~1815	
0.29	1665~2110	2010~2405	2255~2650		4.00	1130~1420	1325~1620	1520~1765	
0.32	1620~2060	1960~2355	2205~2600	20	4.50	1080~1375	1325~1570	1520~1765	
0.35	1620~2060	1960~2355	2205~2600		5.00	1080~1375	1325~1570	1470~1715	10
0.40	1570~2010	1910~2305	2160~2550		5.50	1030~1325	1275~1520	1470~1715	
0.40	1470~1960	1865~2255	2110~2500		6.00	980~1275	1225~1470	1420~1665	
0.50	1470~1960	1865~2255	2110~2500		6.50	980~1225	1225~1470	1420~1620	
0.55	1470~1910	1815~2205	2060~2450		7.00	930~1175	1175~1420	1375~1570	
0.60	1470~1865	1765~2160	2010~2405		8.00	930~1175	1175~1420	1375~1570	
0.65	1470~1865	1765~2110	2010~2405		9.00	930~1175	1130~1325	1325~1520	
0.70	1420~1815	1715~2060	1960~2355		10.00	930~1175	1130~1325	1325~1520	—
0.80	1420~1815	1715~2060	1910~2305		11.00	—	1080~1275	1275~1470	
0.90	1420~1815	1715~2060	1910~2255		12.00	—	1080~1275	1275~1470	
1.00	1375~1765	1665~2010	1865~2205		13.00	—	1030~1225	1225~1420	

註:1. 摘自 GB4357—84。

2. 直徑不大於 6mm 的鋼絲,應進行扭轉試驗。

琴鋼絲是用於製造各種重要彈簧(G1 組)、高應力彈簧(G2 組)和閥門彈簧(F 組)的鉛淬火冷拉鋼絲。F 組鋼絲多選用錳含量較高的鋼號(如 65Mn),以保證良好的強度和扭轉性能的配合。總的來說琴鋼絲的強度和塑性的配合比一般碳素彈簧鋼絲好。

油淬火-回火碳素彈簧鋼絲按強度分爲 A(一般強度)、B(較高強度)兩類,適合製造普通機械彈簧。油淬火-回火處理後的力學性能見表 4·11-15。

表 4·11-15　油淬火-回火碳素彈簧鋼絲的力學性能

直　徑 (mm)	σ_b(MPa)		直　徑 (mm)	σ_b(MPa)	
	A 類	B 類		A 類	B 類
2.00	1620~1765	1715~1865	5.00	1325~1470	1420~1570
2.20	1570~1715	1665~1815	5.50	1275~1420	1375~1520
2.50			6.00		
			6.50		
3.00	1520~1665	1620~1765	7.00	1225~1375	1325~1470
3.20	1470~1620	1570~1715	8.00		
3.50			9.00		
4.00	1422~1569	1520~1667	10.00	1175~1325	1275~1420
			11.00		
4.50	1375~1520	1470~1620	12.00		

註:摘自 GB4360—84。

閥門用油淬火-回火鉻矽合金彈簧鋼絲(55CrSi)、閥門用鉻釩合金彈簧鋼絲(50CrVA)和矽錳合金彈簧鋼絲(60Si2MnA)的力學性能分別見表 4·11-16、表 4·11-17和表 4·11-18。對比各表可知,55CrSi 鋼絲的強度較高;50CrVA 鋼絲的塑性較好,適宜製造內燃機閥門彈簧及其他類似用途的彈簧;60Si2Mn 鋼絲可製造一般彈簧及汽車懸掛螺旋彈簧。這三種鋼絲與 65Mn 鋼絲是應用最多的合金彈簧鋼絲。

表 4·11-16　閥門用油淬火-回火 55CrSi 鋼絲力學性能

直　徑 (mm)	σ_b (MPa)	ψ (%)	直　徑 (mm)	σ_b (MPa)	ψ (%)
1.60	1960~2110	—	4.00	1815~1960	
1.80			4.50		
2.00	1910~2060	≥45	5.00	1765~1910	≥40
2.20			5.50		
2.50			6.00	1715~1865	
3.00			6.50		
3.20	1865~2010		7.00	1665~1815	
3.50			8.00		

註:摘自 GB4362—84。

除強度、塑性外,對彈簧鋼絲的扭轉、彎曲、纏繞等性能也有相應的規定,應達到規定的水平。

表 4·11-17　閥門用油淬火-回火鉻釩合金 彈簧鋼絲(50CrVA)的力學性能

直　徑 (mm)	σ_b (MPa)	ψ (%)	直　徑 (mm)	σ_b (MPa)	ψ (%)
1.00	1665~1865	—	4.00	1520~1665	≥40
1.20			4.50		
1.40			5.00		
1.60			5.50	1470~1620	
1.80			6.00		
2.00	1620~1765	≥45	6.50	1420~1570	
2.20			7.00		
2.50			8.00		
3.00			9.00	1375~1520	
3.20	1570~1715		10.00		
3.50					

註:摘自 GB2271—84。

表 4·11-18　油淬火-回火 60Si2MnA 鋼絲力學性能

直徑 (mm)	σ_b(MPa)			ψ(%)
	A 類	B 類	C 類	
2.00				
2.20	1570~1715	1665~1815	1765~1910	
2.50				
3.00				
3.20	1520~1665	1620~1765	1715~1865	
3.50				
4.00				≥30
4.50				
5.00	1470~1620	1570~1715	1665~1815	
5.50				
6.00				
6.50				
7.00				
7.50				
8.00	1422~1569	1520~1667	1618~1765	≥30
8.50				
9.00				
9.50				
10.50				≥30
11.00				
11.50	1373~1520	1471~1618	1569~1716	
12.00				
13.00				
14.00				

註:摘自 GB4361—84。

5　特殊用途彈簧鋼

製造有特殊性能要求的彈簧,如要求耐高溫、耐低溫、抗腐蝕、無磁性等,一般彈簧鋼已經不能勝任,必須選用特殊的彈簧材料。這類特殊彈簧材料包括某些高合金鋼和彈性合金(如鐵基合金、鎳基合金、鈷基合金、鉻基合金、銅合金等)。

高合金彈簧鋼包括不鏽鋼、耐熱鋼、合金工具鋼、高速鋼、馬氏體時效鋼等,但其中應用最多的是各種不鏽鋼。

根據使用狀態的顯微組織,不鏽彈簧鋼可分爲三類。

1. 奧氏體型鋼　主要包括 18-8 型及在此基礎上發展的一系列奧氏體不鏽鋼,典型鋼號有 0Cr18Ni9、1Cr18Ni9(Ti)、0Cr17Ni12Mo2 等。經固溶處理後冷變形強化達到一定強度。鋼的工藝性能和耐熱性能好,耐腐蝕性較強,但截面尺寸有一定限制,且強度較低,彈性後效大。一般製作尺寸較小、載荷不大、精度要求不高的彈簧及彈性件,如彈簧管、波紋管、照相機快門彈簧、鐘表發條等。

2. 馬氏體型鋼　主要有 Cr13 型及在此基礎上發展起來的以鎳、鉬、釩強化的馬氏體不鏽鋼,主要鋼號如 2Cr13、3Cr13、4Cr13、1Cr17Ni2 等,經淬火回火後得到高強度,可製尺寸較大的彈簧。在大氣、水和一些弱酸介質中有較好耐蝕性,但不宜在強腐蝕性介質中使用,且加工性能不太好。

3. 沈澱硬化型鋼　通過馬氏體相變強化和時效析出沈澱強化的綜合效果達到極高的強度。典型鋼號有 0Cr17Ni7Al、0Cr15Ni7Mo2Al 等。耐高溫和加工性能好,耐蝕性與奧氏體型鋼相近,抗回火穩定性和抗鬆弛性能較高,適於製造形狀複雜、表面要求高的耐蝕彈性件。

不鏽彈簧鋼中應用最普遍、用量最大的鋼號是 0Cr18Ni9、1Cr18Ni9、4Cr13、0Cr17Ni7Al 等幾種。其主要性能見表 4·11-19。鋼材主要是細絲和薄帶,所製彈簧和彈性件的尺寸都比較小。

隨著石油、化工、汽車、機械、特別是醫療、食品、電子等工業的發展,對不鏽彈簧鋼的需求量正在迅速增加。不鏽彈簧鋼材也日益向"輕薄短小"的方向發展,以適應小型、精密彈簧的需要。

表 4·11-19　幾種不鏽彈簧鋼的性能

類　型	鋼　號	熱 處 理 制 度	室 溫 力 學 性 能 (≥)				
			σ_b (MPa)	σ_s (MPa)	δ (%)	ψ (%)	HRC
奧氏體型	0Cr18Ni9	1080~1130℃水冷	490	196	45	60	
	1Cr18Ni9	1100~1150℃水冷	539	196	45	50	

（續）

類　型	鋼　號	熱　處　理　制　度	室　溫　力　學　性　能（≥）				
			σ_b (MPa)	σ_s (MPa)	δ（%）	ψ（%）	HRC
馬氏體型	4Cr13	1050～1100℃油淬 200～300℃回火					50
沈澱硬化型	0Cr17Ni7Al	1050℃水冷或空冷，760℃、90min 空冷，550℃、90min 空冷	1137	960	5	25	HB 363
	0Cr15Ni7Mo2Al		1205	1097	7	25	HB 375

註：摘自 GB1222—84。

由於彈簧向著小型、高精度、高可靠性和長壽命等方向發展，所以也要求不鏽彈簧鋼的強度、疲勞性能等不斷提高。另外，對不鏽彈簧鋼的無磁性、導電性、加工成形性等也有更高的要求。

6　彈簧鋼的選用

為滿足彈簧性能要求和充分發揮材料的潛力，在選用彈簧鋼時除應考慮鋼的性能和質量要求外，還應考慮以下各種因素。

6·1　彈簧的工作條件

1. 載荷特點　只受靜載荷或對疲勞壽命要求不高的彈簧，可選用碳素彈簧鋼或 65Mn 鋼。受較大動載荷、疲勞壽命要求高的重要彈簧，應選用合金彈簧鋼，經常使用的鋼號有 60Si2Mn（A）、55CrMnA、50CrVA 等。各鋼號的許用應力均有一定限度（見表4·11-20）。許用應力還與彈簧的載荷性質、工作溫度和介質等各種因素有關，必須同時考慮這些因素的影響。

2. 工作溫度和介質　每種材料的最高工作溫度都有一定限度，見表 4·11-21。應根據彈簧工作溫度參照表4·11-6選用合適的材料。但是彈簧的工作應力、疲勞壽命的要求、環境溫度特點甚至材料的狀態（如鋼絲是冷拉態還是淬火回火處理後）等許多因素都會影響材料的最高工作溫度。如 50CrVA 在工作應力較低、只受有限次數的交變載荷時最高工作溫度可達 400℃，當承受無限次交變載荷時就只能用於 200℃以下。

表 4·11-20　圓柱螺旋彈簧的許用應力

材料型式	種　類	鋼　號	許用切應力 (MPa)			許用彎曲應力 (MPa)	
			Ⅰ	Ⅱ	Ⅲ	Ⅱ	Ⅲ
冷拉鋼絲	碳素鋼	65、70 65Mn	$0.3\sigma_b$	$0.4\sigma_b$	$0.5\sigma_b$	$0.5\sigma_b$	$0.625\sigma_b$
	合金彈簧鋼	60Si2Mn 60Si2MnA 60Si2CrA	470	627	784	784	980
		60Si2CrVA	558	744	931	931	1170
		50CrVA 30W4Cr2VA	441	588	735	735	921
	不鏽鋼	1Cr18Ni9(Ti)	323	431	539	539	676
		3Cr13,4Cr13	441	588	735	735	921
		0Cr17Ni7Al 0Cr15Ni7Mo2Al	470	627	784	784	980

（續）

材料型式	種　類	鋼　號	許用切應力 （MPa）			許用彎曲應力 （MPa）	
			I	II	III	II	III
熱軋材	合金彈簧鋼	65Mn	412	549	686	686	862
		60Si2Mn 60Si2MnA	470	627	784	784	980
		60Si2CrA	529	706	882	882	1107
		60Si2CrVA	559	745	931	931	1078
		50CrVA 30W4Cr2VA	441	588	735	735	921

表 4·11-21　常用彈簧材料的工作溫度

材料種類	鋼　號	推薦硬度 HRC	推薦使用溫度 （℃）
碳素彈簧鋼	65 70		-40～120
	65Mn	45～50	-40～120
合金彈簧鋼	60Si2Mn 60Si2MnA 55Si2Mn	45～50	-40～250
	60Si2CrA	47～52	-40～300
	60Si2CrVA	45～50	-40～400
	50CrVA	45～50	-40～400
	30W4Cr2VA	43～47	-40～500
高速鋼	W18Cr4V	50～54	-40～400
不鏽鋼	1Cr18Ni9 1Cr18Ni9Ti		-250～290
	3Cr13 4Cr13	48～53	-40～400
	0Cr17Ni7Al	47～50	350
	0Cr15Ni7Mo2Al		425

一般彈簧鋼最低工作溫度都能達到 -40℃，若工作溫度更低就要選用 1Cr18Ni9(Ti) 等不鏽鋼及銅基合金等材料。

工作介質對彈簧的工作壽命有很大影響。碳素彈簧鋼及低合金彈簧鋼的耐蝕性較低，只能用於大氣中或微、弱腐蝕介質中。如果要求有較高的耐蝕性，應根據不同的腐蝕介質選用相應的不鏽鋼、耐蝕合金等材料。

6·2　鋼材的截面尺寸

鋼材的截面尺寸是選擇彈簧材料時應考慮的重要因素之一。應根據其截面尺寸選用有足夠淬透性的鋼種，才能保證整個截面上得到均勻的組織和性能。這一點對選用尺寸較大的熱軋彈簧鋼材時特別重要。

現有彈簧鋼的淬透性高低不等，已經形成較完整的淬透性系列，基本上能滿足各種需要，可以根據具體用途加以選擇。常用彈簧鋼油淬火的可淬透尺寸見表 4·11-22。

表 4·11-22　彈簧鋼油淬時可淬透的尺寸

鋼　號			近似鋼號		中心得到 50%以上馬 氏體的尺寸		中心得到 80%以上馬 氏體的尺寸	
GB	JIS	ISO	直徑	板厚	直徑	板厚
				（mm）		（mm）	
85	SUP3	2	18	11	12	8
60Si2Mn	SUP6	5	30	18	12	8
60Si2MnA	SUP7	6	40	24	20	14
55CrMnA	SUP9	8	55	33	28	18
60CrMnA	SUP9A	9	60	36	33	22
50CrVA	SUP10	13	60	36	40	27
60CrMnBA	SUP11 A	10	75	45	35	24
55CrSiA	SUP12				35	24
60CrMnMoA	SUP13	12			70	47

6·3 經濟性

爲了降低成本和最大限度地發揮材料的潛力,在選用材料時必須充分考慮經濟合理性。在能夠滿足工作條件和使用壽命要求的前提下,應儘量選擇最經濟的彈簧材料——成分最簡單、合金元素含量最少(特別是貴重合金元素)的彈簧鋼。

另外,對彈簧鋼的質量(如冶金質量、表面質量、尺寸精度等)也應有個合理、恰當的要求。因爲這些質量水平愈高,價格也愈高,而對彈簧的實際工作可能卻沒有什麼作用。

第12章 軸 承 鋼[1][3][31][44]

1 概述

軸承廣泛用於各種機械設備。軸承用鋼是用於製造各種滾動軸承套圈和滾動體的鋼類。軸承工作時,承受著各類高的交變應力,如壓應力、拉應力、剪切應力、摩擦力以及高速旋轉時的離心力等。爲此,要求軸承用鋼具有以下的基本性能:高的硬度和耐磨損性;高的接觸疲勞極限和彈性極限;良好的組織、尺寸穩定性和被切削性能;一定的韌性和防鏽能力。

滾動軸承失效的主要形式是軸承零件的接觸疲勞損傷。一般認爲,滾動接觸疲勞破壞,除受鋼的基本性能影響外,還與鋼的質量有關。鋼材均勻性和連續性的局部破壞,如非金屬夾雜物、大顆粒碳化物、氣泡、微裂紋以及其他冶金和加工缺陷的存在,都會引起應力場的局部畸變,導致局部應力增大,加速了疲勞破壞。其影響程度取決於缺陷的數量、尺寸、形狀和缺陷的彈性、導熱性以及缺陷與基體金屬的結合程度。以 GCr15 爲例,

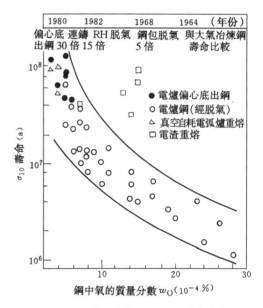

圖 4·12-2 鋼中氧含量與接觸疲勞壽命的關係

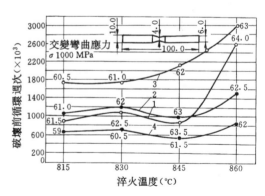

圖 4·12-3 原始組織對淬火鋼疲勞強度的影響
1—細珠光體 2—極細球化體 3—均勻球化體
4—不均勻球化體(曲線上的數字表示 HRC 硬度)

鋼的熔煉方法(一般表徵鋼的氣體、夾雜物和雜質多少)、鋼中氧含量、氧化物夾雜的數量以及退火球化組

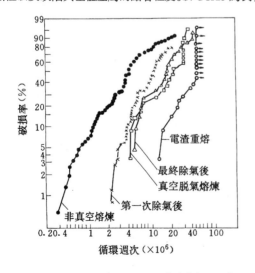

圖 4·12-1 不同熔煉方法對鋼的疲勞壽命的影響

織對接觸疲勞壽命的影響見圖 4·12-1,圖 4·12-2和圖 4·12-3。

　　爲了提高軸承鋼的冶金質量,提高材質的均勻性,減少鋼中夾雜物和氣體含量,在冶煉方法上多採用爐外精煉和電渣重熔等。在鑄錠方法上則採用下注法或連續鑄錠等工藝流程。

　　另外,碳化物不均勻性的危害性與脆性夾雜物相同。網狀碳化物降低鋼的衝擊韌性,並使退火組織不均勻,在淬火時易變形與開裂;帶狀碳化物直接影響退火組織和淬火、回火組織的均勻性,也導致接觸疲勞強度的降低。因此,爲了提高軸承的使用壽命和可靠性,在各類軸承用鋼標準中,對鋼的冶金質量,如宏觀組織、非金屬夾雜物、碳化物不均勻性以及殘餘元素的允許含量都有嚴格規定。

2　軸承鋼的分類、成分、特點和用途

　　國際標準化組織 ISO683/Part 將已納標的軸承鋼分爲四類:高碳鉻軸承鋼(也稱全淬透性軸承鋼)、滲碳軸承鋼、不鏽軸承鋼和高溫軸承鋼。除此之外,還有在特殊工況條件下使用的非標準的特種軸承材料,如防磁、防輻射、低溫、自潤滑以及特殊腐蝕介質中使用的軸承材料等。我國常用軸承鋼的類別、鋼號和化學成分見表 4·12-1,其特點和用途見表 4·12-2,國外高碳鉻軸承鋼號見表 4·12-3。

表 4·12-1　常用軸承鋼的鋼號和化學成分

鋼　號	化 學 成 分 的 質 量 分 數 （％）							
	C	Si	Mn	P ≤	S ≤	Cr	Mo	其　他
高碳鉻軸承鋼①								
GCr6	1.05~1.15	0.15~0.35	0.20~0.40	0.025	0.025	0.40~0.70	≤0.08	—
GCr9	1.00~1.10	0.15~0.35	0.25~0.45	0.025	0.025	0.90~1.20	≤0.08	—
GCr9SiMn	1.00~1.10	0.45~0.75	0.95~1.25	0.025	0.025	0.90~1.20	≤0.08	—
GCr15	0.95~1.05	0.15~0.35	0.25~0.45	0.025	0.025	1.40~1.65	≤0.08	—
GCr15SiMn	0.95~1.05	0.45~0.75	0.95~1.25	0.025	0.025	1.40~1.65	≤0.08	—
滲碳軸承鋼②								
G20CrMo	0.17~0.23	0.20~0.35	0.65~0.95	0.030	0.030	0.35~0.65	0.08~0.15	—
G20CrNiMo	0.17~0.23	0.15~0.40	0.60~0.90	0.030	0.030	0.35~0.65	0.15~0.30	Ni:0.40~0.70
G20CrNi2Mo	0.17~0.23	0.15~0.40	0.40~0.70	0.030	0.030	0.35~0.65	0.20~0.30	Ni:1.60~2.00
G20Cr2Ni4	0.17~0.23	0.15~0.40	0.30~0.60	0.030	0.030	1.25~1.75	—	Ni:3.25~3.75
G10CrNi3Mo	0.08~0.13	0.15~0.40	0.40~0.70	0.030	0.030	1.00~1.40	0.08~0.15	Ni:3.00~3.50
G20Cr2Mn2Mo	0.17~0.23	0.15~0.40	1.30~1.60	0.030	0.030	1.70~2.00	0.20~0.30	—
高溫軸承鋼③								
Cr4Mo4V	0.75~0.85	≤0.35	≤0.35	0.027	0.020	3.75~4.25	4.00~4.50	V:0.90~1.10
Cr14Mo4	0.95~1.10	≤0.80	≤0.80	0.025	0.020	13.0~16.0	3.80~4.30	V:≤0.20
不鏽軸承鋼④								
9Cr18	0.90~1.00	≤0.80	≤0.80	0.035	0.030	17.0~19.0	—	—
9Cr18Mo	0.95~1.10	≤0.80	≤0.80	0.035	0.030	16.0~18.0	0.40~0.70	—

① 摘自 YJZ—84。殘餘元素的質量分數:Ni ≤0.30％,Cu ≤0.25％,Ni＋Cu ≤0.50％。

② 摘自 GB3203—84。殘餘元素的質量分數:Cu ≤0.25％。

③ 摘自 YB688—76 和 YB1205—80。Cr4Mo4V 的殘餘元素質量分數:Ni ≤0.20％,Cu ≤0.20％;Cr14Mo4 的殘餘元素質量分數:Ni ≤0.30％,Cu ≤0.25％。

④ 摘自 GB3086—82。殘餘元素的質量分數:Ni ≤0.30％,Cu ≤0.25％。

表 4·12-2　常用軸承鋼的特點和用途

類　別	鋼　號	主　要　特　點	用　途　舉　例
高碳鉻軸承鋼	GCr6 GCr9	淬透性好,淬火後有高而均勻的硬度,耐磨性好	一般工作條件下的小尺寸的滾動體
	GCr9SiMn GCr15	組織均勻,疲勞壽命長;熱處理工藝簡便,含合金元素少,價低。GCr15SiMn 的耐磨性、淬透性和抗回火穩定性均高於 GCr15,有回火脆性;GCr15 可進行碳氮共滲,提高耐磨性、耐熱性、疲勞強度和壽命、尺寸穩定性	一般工作條件下的套圈和滾動體。如汽車、拖拉機等發動機、變速器及車輪上的軸承;機床、電機、礦山機械、電力機車、通風機械等主軸軸承,高速砂輪主軸軸承,以及微型軸承等
	GCr15SiMn		製造一般工作條件下的套圈和滾動體,如重型機床、大型機器、鐵路車輛軸箱軸承及軋鋼機上無衝擊負荷的大型和特大型軸承等
滲碳軸承鋼	20CrNiMo 20CrNi2Mo	鋼的純潔度和組織均勻性應高,滲碳淬火後,表面硬度 HRC58～62,心部 $\sigma_b \geqslant$ 100MPa,心部硬度 HRC30～45 工藝性良好	製造承受衝擊負荷的滾子軸承,用於汽車、拖拉機
	16Cr2Ni4Mo		製造承受衝擊負荷較高的滾子軸承,如發動機主軸承等
	12Cr2Ni3Mo5		製造承受衝擊負荷較高和高溫下工作滾子軸承,如發動機的高溫軸承
	20Cr2Ni4 20Cr2Mn2Mo 20CrNi3Mo		製造軋鋼機軸承和承受衝擊負荷大的特大型軸承,也用於承受衝擊負荷大、安全性高的中小型軸承
不鏽軸承鋼	9Cr18 9Cr18Mo	有優良的耐腐蝕性,高的純潔性和碳化物均勻性;也用作高溫軸承鋼在淬火冷處理和低溫回火後有高的硬度、彈性、耐磨性和高的接觸疲勞強度以及優良的耐蝕和低溫性能;退火狀態的組織爲細小碳化物均勻分布的球化組織,良好的被切削性和冷衝性能,磨削性和導熱性差	製造耐腐蝕、耐低溫、耐高溫以及微型軸承,在水蒸汽、水、海水、蒸餾水和硝酸等腐蝕介質中使用的軸承,如潛水泵部件中軸承,石油和化工機械以及鏽蝕對性能有很大影響的測量儀器的微型軸承
	1Cr18Ni9Ti		製造要求高度耐海水腐蝕或耐一部分化學藥品腐蝕的防鏽軸承,經滲氮後可以用於高溫、高速、高耐磨低負荷軸承
	0Cr17Ni7Al 0Cr17Ni4Cu4Nb		製造耐腐蝕軸承和關節軸承的外套
高溫軸承鋼	Cr4Mo4V Cr14Mo4 W9Cr4V2Mo W18Cr4V W6Mo5Cr4V2 GCrSiWV	高強度、高溫硬度、耐磨性、疲勞強度、尺寸穩定性和抗氧化性良好;爲獲得高純潔性和碳化物均勻性,碳含量質量分數一般在 0.7%左右,加入一定量的碳化物形成元素 Cr、Mo、W、V,並提高冶金質量;Cr4Mo4V 碳化物均勻性比鎢系高速鋼好	製造耐高溫軸承。如發動機和燃氣渦輪發動機等主軸軸承以及一般高溫軸承,12Cr2Ni4Mo5A 也用作結構複雜,衝擊負荷大的高溫軸承,Cr4Mo4V 廣泛用於 315℃軸承零件
其他軸承鋼	5CrMnMo 60CrMnMoNi		製造特大型軸承,用於挖掘機、礦山機械和建築機械等
	37CrA		製造螺旋滾子軸承的螺旋滾子,用於軋鋼輥道輥子的支承部分

（續）

類　別	鋼　號	主　要　特　點	用　途　舉　例
其他軸承鋼	55SiMoVA		製造石油鑽機渦輪鑽具滾動軸承以及石油、礦山牙輪鑽頭的滾動體
	65Mn		製造有切口的螺旋軸承套圈
	30CrMo 30CrNiMo 20Ni2Mo		製造關節軸承的外套,如操縱機構的軸承等
	15Mn		製造汽車萬向節軸承的外套
	08 10		製造衝擊型(940/00,694/00)滾針軸承的外套
	G52 合金 G59 合金 G60 合金	耐450℃高溫、耐蝕、高硬度、無磁性、可以冷熱塑性變形	製造高溫、無磁、強氧化性介質及高溫、高壓水等軸承

表 4·12-3　國外高碳鉻軸承鋼的化學成分

國別	鋼　號	化 學 成 分 的 質 量 分 數 （%）						
		C	Si	Mn	P≤	S≤	Cr	其　他
美國	50100	0.98～1.10	0.20～0.35	0.25～0.45	0.025	0.025	0.40～0.60	Mo:≤0.08;①
	51100	0.98～1.10	0.20～0.35	0.25～0.45	0.025	0.025	0.90～1.15	Mo:≤0.08;①
	52100	0.98～1.10	0.20～0.35	0.25～0.45	0.025	0.025	1.30～1.60	Mo:≤0.08;①
	A485 grade1	0.90～1.05	0.45～0.75	0.95～1.25	0.025	0.025	0.90～1.20	Mo:≤0.06;①
	grade2	0.85～1.00	0.50～0.80	1.40～1.70	0.025	0.025	1.40～1.80	Mo:≤0.06;①
	grade3	0.95～1.10	0.20～0.35	0.65～0.90	0.025	0.025	1.10～1.50	Mo:0.20～0.30;①
	grade4	0.95～1.10	0.20～0.35	1.05～1.35	0.025	0.025	1.10～1.50	Mo:0.45～0.60;①
日本	SUJ1	0.95～1.10	0.15～0.35	≤0.50	0.025	0.025	0.90～1.20	Mo:≤0.08;②
	SUJ2	0.95～1.10	0.15～0.35	≤0.50	0.025	0.025	1.30～1.60	Mo:≤0.08;②
	SUJ3	0.95～1.10	0.40～0.70	0.90～1.15	0.025	0.025	0.90～1.20	Mo:≤0.08;②
	SUJ4	0.95～1.10	0.15～0.35	≤0.50	0.025	0.025	1.30～1.60	Mo:0.10～0.25;②
	SUJ5	0.95～1.10	0.40～0.70	0.90～1.15	0.025	0.025	0.90～1.20	—②
西德	105Cr2	1.00～1.10	0.15～0.35	0.25～0.40	0.025	0.020	0.40～0.60	—
	105Cr4	1.00～1.10	0.15～0.35	0.25～0.40	0.025	0.020	0.90～1.15	—
	105Cr6	0.95～1.05	0.15～0.35	0.25～0.40	0.025	0.020	1.40～1.60	—
	100CrMn6	0.95～1.05	0.50～0.70	1.00～1.20	0.025	0.020	1.65～1.95	—
	100CrMo5	0.90～1.05	0.20～0.45	0.60～0.80	0.025	0.020	1.65～1.95	Mo:0.20～0.35
前蘇聯	ШХ6	1.05～1.15	0.17～0.37	0.20～0.40	0.025	0.020	0.40～0.70	—③
	ШХ9	1.00～1.10	0.17～0.37	0.20～0.40	0.025	0.020	0.90～1.20	—③
	ШХ15	0.95～1.05	0.17～0.37	0.20～0.40	0.025	0.020	1.30～1.65	—③
	ШХ15СГ	0.95～1.05	0.40～0.65	0.90～1.20	0.025	0.020	1.30～1.65	—③
英國	EN31	0.90～1.20	0.10～0.35	0.30～0.75	0.050	0.050	1.00～1.10	

（續）

國別	鋼　號	化　學　成　分　的　質　量　分　數（%）						其　　他
		C	Si	Mn	P≤	S≤	Cr	
瑞 典	SKF1	0.95~1.05	0.30~0.60	0.90~1.15	0.028	0.020	0.90~1.15	
	SKF2	0.87~0.97	0.60~0.80	1.40~1.70	—	—	1.40~1.70	
	SKF3	0.95~1.05	0.25~0.35	0.25~0.35	0.028	0.020	1.45~1.65	
	SKF9	1.05~1.15	0.25~0.35	0.25~0.35	0.028	0.020	0.40~0.90	
	SKF13	1.00~1.10	0.25~0.35	0.25~0.35	0.028	0.020	0.80~1.10	
	SKF22	0.95~1.05	0.25~0.35	0.25~0.35	0.028	0.020	1.00~1.25	
法 國	100C3	0.95~1.10	<0.40	<0.40	0.030	0.030	0.60~1.00	
	100C5	0.95~1.10	<0.40	<0.40	0.030	0.030	1.00~1.30	
	100C6	0.95~1.10	<0.40	<0.40	0.030	0.030	1.30~1.60	
意 大 利	110C2	1.05~1.15	≤0.35	0.30~0.50	0.050	0.050	0.40~0.60	
	105C4	1.00~1.10	≤0.35	0.30~0.50	0.050	0.050	0.85~1.10	
	100C6	0.95~1.10	≤0.35	0.30~0.50	0.050	0.050	1.40~1.65	
	100CM4	0.95~1.10	0.50~0.65	0.90~1.10	0.050	0.050	0.90~1.10	
印 度	103Cr1	0.95~1.10	0.15~0.30	0.25~0.45	0.025	0.025	0.90~1.20	Mo:≤0.06; V:≤0.05;④
	103Cr2	0.95~1.10	0.15~0.30	0.25~0.45	0.025	0.025	1.30~1.60	Mo:≤0.06; V:≤0.05;④
	103Cr2Mn70	0.95~1.10	0.15~0.30	0.60~0.70	0.025	0.025	1.30~1.70	Mo:≤0.06; V:≤0.05;④

① 殘餘元素 w_{Ni}≤0.25%，w_{Cu}≤0.35%。

② 殘餘元素 w_{Ni}≤0.25%，w_{Cu}≤0.25%；製鋼絲時 w_{Cu}≤0.20%。

③ 殘餘元素 w_{Ni}≤0.30%，w_{Cu}≤0.25%。

④ 殘餘元素 w_{Ni}≤0.25%，w_{Cu}≤0.25%。

3　高碳鉻軸承鋼

3·1　鋼種、特性及應用範圍

高碳鉻軸承鋼是鉻含量質量分數 0.6%～1.8%，並添加少量錳、矽、鉬的合金鋼。它具有高而均勻的硬度、較高的疲勞強度、耐磨性和良好的被切削性能，而且價格比較便宜，世界各國均廣泛採用。鋼種的應用範圍，主要取決於鋼的淬透深度。我國高碳鉻軸承鋼標準中有關五個鋼種的應用範圍見表 4·12-4。

表 4·12-4　鉻軸承鋼的應用範圍

鋼　種　鋼　號	用　　途	應用範圍（零件尺寸）（mm）					
		套　圈 有效壁厚	鋼球直徑	圓錐直徑	圓柱直徑	球面直徑	滾　針
GCr6	製造一般條件下工作 的軸承套圈和滾動體。 工作溫度不高於 180℃	—	≤13.3	≤10.3	≤9.5	≤9.2	所有尺寸
GCr9		—	>13.3~25	>10.3~19	>9.5~17	>9.2~17	所有尺寸
GCr9SiMn,GCr15		≤12	≤50	≤22	≤22	≤22	所有尺寸
GCr15SiMn	製造大型和特大型（外 徑大於 440mm 者）軸承 的套圈和滾動體	>12	>50	>22	>22	>22	所有尺寸

GCr6 和 GCr9 鋼，因其淬透性低，淬火時容易出現軟點，現在都統一採用 GCr15 鋼，所以，GCr15 鋼的用量約占軸承用鋼總量的 90% 以上。軸承製造表明，淬透性較高的 GCr15SiMn 鋼只能滿足有效壁厚≤35mm、滾動體直徑≤70mm 的軸承零件的需要。爲了適應大壁厚重載軸承的發展，已研製出了一批加鉬元素的高淬透性軸承鋼，如日本的 SUJ-4、SUJ-5；瑞典的 SKF24 ～ SKF28 和我國的高淬透性軸承鋼 GCr15SiMo 和 GCr18Mo（非標準）等。GCr15SiMo 鋼用於製造有效壁厚≤80mm 套圈和直徑≤150mm 的滾動體，可以完全達到軸承零件熱處理質量的要求。日本 SUJ2～SUJ5 鋼和 GCr15SiMo 鋼的淬透性曲線分別見圖 4·12-4 和圖 4·12-5，可供比較參考。

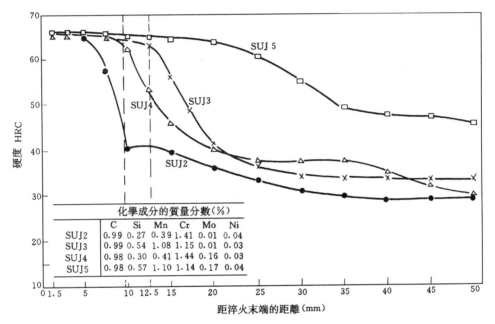

化學成分的質量分數（%）						
	C	Si	Mn	Cr	Mo	Ni
SUJ2	0.99	0.27	0.39	1.41	0.01	0.04
SUJ3	0.99	0.54	1.08	1.15	0.01	0.03
SUJ4	0.98	0.30	0.41	1.44	0.16	0.03
SUJ5	0.98	0.57	1.10	1.14	0.17	0.04

圖 4·12-4　SUJ2～SUJ5 鋼末端淬透性曲線

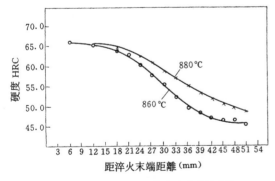

圖 4·12-5　GCr15SiMo 鋼末端淬透性曲線

3·2　熱處理

正確的熱處理制度是軸承獲得長壽命的關鍵之一。合理的退火、淬火及深冷處理制度，將使軸承零件具有顆粒細小而分布均勻的球狀滲碳體以及低的殘餘奧氏體含量、良好的基體組織、均勻的硬度及最小的滾動摩擦力。

3·2·1　球化退火

高碳鉻軸承鋼在 Ac_1 以上 30℃～40℃（即 780℃～810℃）加熱，使一部分滲碳體固溶到奧氏體中，再冷卻到 Ar_1 附近時（約 720℃）進行緩慢冷卻，使滲碳體球化。

球化退火組織中，碳化物顆粒的大小、形狀、分散度以及均勻性，主要取決於加工後的珠光體形態和球化退火時的加熱條件以及冷卻工藝。當原始組織正常，而退火溫度過高，就會出現粗片狀珠光體；若退火溫度偏低，就會出現細片或堆積的細小點狀珠光體，即硬度偏高的欠熱組織。欠熱組織可藉助再次球化退火消除。球化退火組織中滲碳體的彌散程度則取決於冷卻速度或奧氏體轉變範圍內的等溫溫度。一般認爲連續冷卻比等溫轉變好，可消除過冷奧氏體穩定性的波動對退火組織等的影響。

供切削加工的毛坯，其冷卻速度爲 10～25℃/h，退火硬度：GCr15，179～207HB；GCr15SiMo，179～217HB。高碳鉻軸承鋼常用的兩種球化退火工藝曲線見圖 4·12-6。

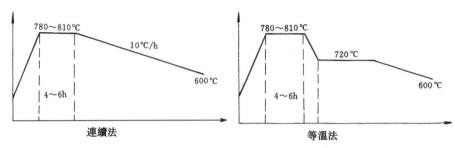

圖 4·12-6　高碳鉻軸承鋼典型球化退火工藝

高碳鉻軸承鋼的球化退火組織對軸承零件的疲勞強度、韌性和耐磨性等都有較大影響。採用退火組織中碳化物細小、均勻、完全球狀化的鋼材或毛坯，還能降低軸承零件車削加工表面的粗糙度和提高切削加工效率。球化組織和碳化物顆粒度對疲勞壽命的影響見圖4·12-3、圖4·12-7。

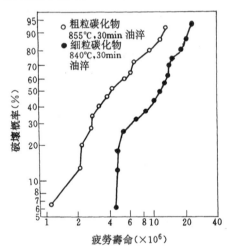

圖 4·12-7　粗粒碳化物和細粒碳化物對
鋼疲勞壽命的影響

高碳鉻軸承鋼標準 YJZ—84 規定，供冷加工用的退火鋼材，其退火組織爲 2～4 級。

3·2·2　正火處理

高碳鉻軸承鋼屬珠光體組織。熱加工後，大規格材或鍛材由於冷卻速度緩慢，形成粗片狀珠光體，沿奧氏體晶界析出網狀碳化物，導致隨後球化退火時滲碳體的不均勻球化，或出現大顆粒碳化物。爲了調整原始組織，鋼材或鍛材毛坯需在高於 A_{cm} 點以上（890～930℃）加熱保溫，然後出爐強製風冷，以消除網狀碳化物。

3·2·3　淬火、回火工藝

對軸承鋼性能要求的最終目標是疲勞壽命的持久性和穩定性。軸承零件使用狀態的組織是回火馬氏體基體中均勻分布著未溶的細小碳化物。淬、回火工藝參數的選擇對鋼的疲勞強度和軸承壽命有較大影響。淬火溫度和回火溫度對鋼的疲勞強度與軸承的壽命關係見圖 4·12-8和圖 4·12-9。對某些精密軸承零件要求具有最穩定的組織和最小的應力時，還要進行冷處理。GCr15 鋼和 GCr15SiMn 鋼常用的熱處理規範見表 4·12-5和表 4·12-6，高碳鉻軸承鋼製品硬度見表 4·12-7。

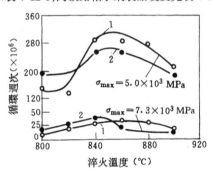

圖 4·12-8　GCr15 鋼的接觸疲勞強度與
奧氏體化溫度的關係

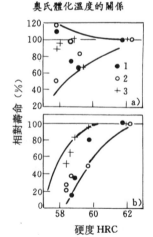

圖 4·12-9　軸承內圈的壽命與不同溫度
後的硬度關係

a) 307 球軸承　b) 2207 滾子軸承

$1—L_{10}$　$2—L_{50}$　$3—L_{eg}$

表 4·12-5　GCr15 熱處理工藝參數

工序名稱	加熱溫度 (℃)	保溫時間 (h)	冷卻方式	硬度 HRC	金相組織
去應力退火	400～670	4～8	空冷		
低溫退火	670～720	4～8	空冷		
一般退火	780～810	3～6	≤20℃/h 冷卻到 740℃ 後,再以 10℃/h 冷卻到 650℃ 出爐	170～207(HB)	球化組織
等溫退火	780～810	3～6	爐冷到 690～720℃,保溫 2～4h 後,≤20℃/h 冷卻到 650℃ 出爐	170～207(HB)	球化組織
正火	900～950,用於消除或減輕網狀碳化物 870～890,用於細化組織 880～900,用於過熱零件返修	30～50min	薄壁鍛件,散開空冷或鼓風冷較厚的套圈,噴霧冷卻,油冷,控制油中冷卻時間,工件高於 200℃ 左右出油後及時退火,淬入乳化液中冷卻,乳化液溫度 70～100℃,循環冷卻,工件冷卻到 500℃ 取出空冷		
淬火	830～860		30～80℃ 油中冷卻,等溫冷卻低於 200℃,分級淬火（120～160℃）	≥63	隱晶或細小結晶馬氏體＋剩餘碳化物＋殘餘奧氏體
冷處理①	－50～－70	1～2	空冷	≥63	隱晶或細小結晶馬氏體＋剩餘碳化物＋少量殘餘奧氏體
回火	150～180 200 250	2.5～5 3 3	空冷 空冷 空冷	61～65 ≥60 ≥58	
附加回火	120～150	3～6	空冷		

① 用於精密軸承零件。

表 4·12-6　GCr15SiMo 熱處理工藝參數

工序名稱	加熱溫度 (℃)	保溫時間 (h)	冷卻方式	硬度 HRC	金相組織
去應力退火	400～670	4～8	空冷		
低溫退火	670～700	4～8	空冷		
一般退火	780～800	3～6	≤15℃/h 冷卻到 650℃ 出爐	HB170～207	球化組織
等溫退火	780～800	3～6	爐冷到 700～720℃,保溫 2～4h,≤20℃冷卻到 650℃ 出爐		

(續)

工序名稱	加 熱 溫 度 (℃)	保溫時間 (h)	冷 卻 方 式	硬 度 HRC	金 相 組 織
正火	890～920,用於消除或減輕碳化物鋼 860～880,用於細化組織 850～880,用於退火過熱的返修	30～50min	散開空冷或鼓風冷		細珠光體片狀組織
淬火	820～845		30～80℃油中冷卻	≥62	隱晶或細小結晶馬氏體＋殘餘奧氏體＋剩餘碳化物
冷處理①	－50～－70	1～2	空　冷	≥62	
回火	150～180	3～8	空　冷	≥60	
附加回火	130～150	3～5	空　冷	≥60	

① 用於精密軸承零件。

表 4·12-7　鉻軸承鋼製品的硬度

鋼 號	零 件 名 稱	回火後的硬度　HRC(即成品的硬度)
GCr15	套圈 關節軸承套圈 滾針、滾子 有框軸的長圓柱滾子 鋼球直徑 ≤45mm 　　　　≥45mm	61～65 58～64 61～65 48～56 62～66 60～66
GCr15SiMn	套　圈 鋼　球 滾　子	60～64 60～66 61～65

4　滲碳軸承鋼

4·1　特性及應用範圍

　　滲碳軸承用鋼,實際上是選用優質或高級優質滲碳結構鋼。用這類鋼製造的軸承零件,經滲碳和最終熱處理後,表面滲碳層硬度高(≥60HRC)且耐磨,而心部具有良好的強韌性(σ_b≥1000MPa,25～40HRC)。同時,其表面處於壓應力狀態,對於提高軸承零件的疲勞強度和使用壽命頗為有利。所以,滲碳軸承鋼一般用於製造能承受衝擊載荷或振動強度大的軸承,以及因結構特殊不宜用高碳鉻軸承鋼製造的軸承,如大型軋鋼機軸承、重載車輛軸承以及火車和汽車軸承等。常用的滲碳軸承鋼的應用範圍見表 4·12-8。

表 4·12-8　常用滲碳軸承鋼的應用範圍

鋼 號	主 要 特 點	用 途	註
15Mn20		製造汽車萬向節軸承內套圈,如864704,874705 等	
G20NiCrMoA G20Ni2CrMoA	鋼的純潔度和組織均勻性高,滲碳淬火後,表面硬度 58～62HRC,心部 σ_b ≥ 1000MPa,心部 硬度 25～40HRC,工藝性能好	製造衝擊載荷較大的中小型軸承零件,如汽車輪殼軸承,鐵路軸承套圈等	相當 SAE8620 相當 SAE4320
G10CrNi3Mo G20Cr2Ni4A 20Cr2Mn2MoA		用於製造承受衝擊載荷大的特大型軸承,也用於承受衝擊載荷大安全性高的中小型軸承	相當 SEA9310

4·2　熱處理

渗碳軸承鋼製造的軸承零件,熱處理後的質量主要取決於渗碳層的碳濃度、渗碳深度、碳的濃度梯度、渗碳層的顯微組織、表面層及心部的硬度以及實際的晶粒度等。渗碳軸承鋼製造的軸承零件,其技術要求和熱處理舉例見表 4·12-9。

表 4·12-9　渗碳鋼製軸承零件的技術要求和熱處理舉例

軸承零件名稱	804705 軸 承 套 圈	776801,776901,676701 汽車方向盤軸承外套圈
技　術　要　求		
渗碳層深度(mm)	0.8~1.3	1.2~1.7
渗碳層硬度 HRC	60~64	56~60
心部硬度 HRC	≥20	28~45
渗碳層組織	細馬氏體及少量殘餘奧氏體	細馬氏體及少量殘餘奧氏體
心部組織	馬氏體及鐵素體	馬氏體及鐵素體
其他	無裂縫,變形不超過總留量的1/2	無裂縫,變形不超過總留量的1/2
選用鋼種	15Mn 或 20	20Cr2Ni4A
毛　坯　預　處　理		
正火	—	(930~960)℃×(1/2~5/6)h 空冷
正火後回火	—	630~650℃ 空冷
高溫回火	(680~710)℃×(3~4)h 空冷	(680~700)℃×(4~6)h 空冷
熱　　處　　理		
熱處理設備	180kW 井式氣體渗碳電阻爐	RJJ-35-9-T 型氣體渗碳電阻爐
渗碳及第一次淬火	加熱至 920±10℃,以 250~300 滴/min 的速度滴入煤油或苯,渗碳完了後,爐冷至870℃ 出爐,油淬 10~20min,取出空冷。渗碳加熱升溫、渗碳、擴散及爐冷至870℃,共需 18~22h,淨渗碳時間爲 7~12h	加熱至800℃開始以 60~70 滴/min 的速度滴入煤油或苯,升溫至 920~930℃後,滴入速度增加至 100~120,以後減至 60~100 出爐前 2h 再減至 60~70;渗碳終了,爐冷至 890℃ 出爐淬入 10 號或 20 號機油中,冷至 120~150℃時取出空冷
第一次淬火後回火	(150~160)℃×5h,空冷	(620~660)℃×5h,空冷
清洗	60~80℃ 熱水清洗	—
第二次淬火	—	(790±10)℃×(1/2~2/3)h,油淬
第二次淬火後回火	—	(200~220)℃×(2~3)h,空冷
附加回火	—	(130~140)℃×(2~3)h,空冷

表 4·12-10　對中小型軸承零件渗碳層深度的要求　　(mm)

套 圈壁 厚	渗碳層深　度	滾 子直 徑	渗碳層深　度	鋼 球直 徑	渗碳層深　度
6~7	1.3~1.6	7~10	1.4~1.6	<4	0.38~0.65
8~10	1.7~2.2	11~14	1.7~1.9	5~8	0.8~1.3
11~14	2.3~2.7	15~19	2.0~2.2	9~12	1.4~1.7
15~19	2.8~3.2	20~25	2.3~2.5	13~18	1.8~2.0
20~25	3.3~3.7	—	—	19~25	2.1~2.3

註:鋼球渗碳層深度是指成品而言。

關於中小型軸承零件和特大型軸承零件渗碳深度的要求見表 4·12-10 和表 4·12-11。

表 4·12-11　對特大型軸承零件渗碳層深度的要求　　(mm)

內　　外　　套		滾　　　　子	
軸承外徑	渗碳層深度	滾子直徑	渗碳層深度
≤700	≥4.2	≤50	≥3.5
>700~1000	≥4.7	50~80	≥4.0
>1000	≥5.0	>80	≥4.5

淬火、回火後，滲碳層的顯微組織應爲隱晶或細晶馬氏體及均勻分布的細粒狀碳化物。殘餘網狀碳化物按 YB9—68 標準評定，應不大於 3 級。二次淬火、回火後，表面硬度爲 60～64HRC。對於 G20Cr2Ni4 鋼和 G20Cr2Mn2Mo 鋼，心部硬度不低於 33HRC。滲碳層呈瓷狀斷口，零件心部呈纖維狀斷口。

5　特殊用途軸承鋼

5·1　不鏽軸承鋼

主要是含鉻(w_{Cr})17% 的高碳馬氏體不鏽鋼(典型鋼號有 9Cr18 或 9Cr18Mo)，以及需經過氮化處理的奧氏體不鏽鋼、沈澱硬化不鏽鋼等。不鏽軸承鋼主要用於製造在化學工業、食品工業等腐蝕環境和強氧化性氣氛中工作的軸承零件，以及要求低摩擦的計器和儀表軸承零件等。低溫下工作的軸承、無油潤滑的

醫療器械軸承用材也屬此類。常用不鏽軸承鋼的鋼號和用途見表 4·12-12。典型鋼號 9Cr18 的耐蝕性和熱處理工藝見表 4·12-13、表 4·12-14。

表 4·12-12　常用不鏽軸承鋼及其用途

鋼　號	用　途
9Cr18 9Cr18Mo	製造在海水、河水、蒸餾水、硝酸、蒸汽，以及海洋性等腐蝕介質中工作的軸承；在 −253～350℃ 下工作的軸承，以及某些微型軸承
1Cr17Ni2 1Cr18Ni9 0Cr17Ni9Cu4Nb 1Cr18Ni9Ti 0Cr17Ni7Al	製造耐腐蝕保持架、鋼球等。1Cr18Ni9 及 1Cr18Ni9Ti 還可作防磁軸承套圈及滾動體。1Cr18Ni9Ti 經滲氮處理適用於高溫、高真空、低負荷高轉速條件下工作套圈和滾動體

表 4·12-13　不鏽軸承鋼製造軸承零件的熱處理工藝

零件名稱	工　序	加熱溫度 (℃)	保溫時間 (min)	冷　卻　條　件	硬　度	附　註
9Cr18 鋼套圈和鋼球	鍛件退火	850～870	2h	以 25～100℃/h 隨爐冷卻	230～250HB	適於製造 H 級軸承的工藝
	1. 淬火 回火	850～870 1040～1060 150	預熱 透燒 180	— 油 空氣	58～61HRC 56～61HRC	— —
	2. 淬火 冰冷處理 回火	850～870 1050～1070 −70～−80 150～160	預熱 透燒 60 180	3 號錠子油 置於空氣中 空氣	58～61HRC 60～62HRC	淬火後應立即進行冷處理，停置時間不得多於 3h，以免增加殘留奧氏體穩定性。冰冷處理適於要求高度尺寸穩定的精密軸承及低溫工作軸承
	3. 淬火 高溫回火	850～870 1050～1070 530～550	預熱 透燒 120	3 號錠子油 空氣	58～61HRC ≥55HRC	適用於要求高溫抗氧化的軸承
0Cr18Ni9 車製保持架	鍛件軟化淬火	1020～1050	—	水	130～180HB	精度要求 B 級和更高的軸承。粗加工後可進行消除應力的回火：210～450℃，3～2h
1Cr18Ni9 車製保持架	鍛件淬火	1050～1100	—	水	130～180HB	
2Cr18Ni9 車製保持架	鍛件淬火	1100～1150	—	水	130～180HB	—
1Cr18Ni9Ti 車製保持架	鍛件淬火	1100～150	—	水	137～190HB	—

高碳高鉻馬氏體不鏽鋼具有高的硬度、良好的耐磨性和一定的耐腐蝕性，但是，鋼中的大塊萊氏體共晶碳化物惡化了鋼的耐腐蝕性、可加工性以及使用壽命。爲此進行 9Cr18 鋼的改型研究：一是降低碳含量，二是改進生產工藝，減輕鑄態共晶碳化物的偏析程度，採用電渣重熔、電子束重熔或等離子爐重熔等方法生產。當前較成熟的鋼號有 50Cr18Mo，見表 4·12-15。

表 4·12-14　9Cr18 鋼的耐蝕性

腐 蝕 介 質	耐腐蝕情況	腐 蝕 介 質	耐腐蝕情況
海洋性氣候	良好	醋酸（室溫下質量分數 5%～15%）	良好
海水	可以使用	硫酸（室溫下質量分數 5%～15%）	不能使用
蒸汽	最好	石油（含有機物質的原油 20～200℃）	最好
鹽酸（室溫下質量分數 5%～15%）	不能使用	鹼性溶液（質量分數 1%～20%）	最好
硝酸（室溫下質量分數 5%～15%）	良好		

表 4·12-15　50Cr18Mo 鋼化學成分 r 和性能

鋼　號	化學成分的質量分數（%）					磨損量① （µm）	硬度 HRC	一次碳化物 尺寸（µm）
	C	Mn	Cr	Mo	N			
9Cr18Mo	1.10～1.20	0.50～1.00	16.50～18.00	0.50～0.80	—	1.04	57.00	57.00
50Cr18Mo	0.45～0.55	0.50～0.90	16.50～18.00	0.55～0.80	0.20～0.40	0.58	58.00	15.00

① 磨損試驗塊、運轉 1 萬轉後，表面磨損厚度。

5·2　高溫軸承鋼

用於製造工作溫度高於 250℃ 的高溫軸承鋼。這類軸承鋼除應具有通用軸承鋼的特性外，還應具有一定的高溫硬度（≥58HRC）、尺寸穩定性、高溫耐磨性、高溫接觸疲勞強度以及抗氧化性能等。高溫軸承鋼多爲二次硬化鋼種。常用的高溫軸承鋼的應用範圍見表 4·12-16，其高溫硬度見圖 4·12-10。

表 4·12-16　常用高溫軸承鋼的應用範圍

鋼　號	應　用　範　圍
W18Cr4V	製造使用溫度不超過 480℃ 的各種軸承套圈和滾動體
W6Mo5Cr4V	製造使用溫度≤425℃ 的各種軸承套圈和滾動體
20W10Cr3V Cr14Mo4 M-315 Cr4Mo4V	製造使用溫度不超過 315℃ 的各種軸承套圈和滾動體

工作在 120～250℃ 溫度範圍內的耐熱軸承，如採用高碳鉻軸承鋼製造，由於硬度低、承載能力和疲勞壽命急劇下降，滿足不了使用要求。若選用高溫軸承鋼製造，價格高，不經濟。近年來開發出一批准高溫軸承鋼亦稱中溫軸承鋼。此類鋼種經 300℃ 回火，具有良好的中溫性能，高的熱硬度（≥58HRC）和高

溫接觸疲勞壽命。典型鋼號見表 4·12-17。尺寸穩定性和高溫接觸疲勞強度見圖 4·12-11，圖 4·12-12。

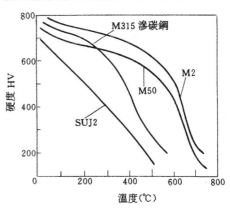

圖 4·12-10　高溫軸承鋼的高溫硬度

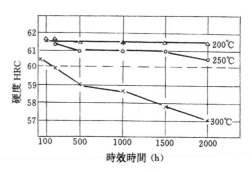

圖 4·12-11　GCrSiWV 鋼的尺寸穩定性

表 4·12-17　常用準高溫軸承鋼化學成分

鋼　號	化 學 成 分 的 質 量 分 數（%）							備　註
	C	Si	Mn	Cr	Mo	W	Al	
52CB	0.85	0.80	0.30	1.00	0.60	—	—	瑞典 SKF
MHT	1.00	0.30	0.40	1.45	—	—	1.90	美　國
ШХ15СГ	1.00			1.45	0.50	—	—	原蘇聯
GCrSiWV	1.00	0.75	0.40	1.45	—	1.30	—	中　國

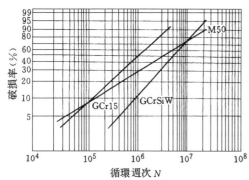

圖 4·12-12　GCrSiWV 鋼的高溫接觸疲勞強度

5·3　特殊用途軸承合金

有些軸承的工作條件極其苛刻:有的處於高溫、高
壓、特殊介質的腐蝕條件下;有的處於高溫、高真空、無
流體潤滑條件下;有的處於強輻射條件下。爲適應特殊
工況的需要,發展了一批殊種軸承材料,用量不大,種
類繁多,主要選用鎳基合金、鈷基合金、硬質合金及金
屬陶瓷。我國常用的有鎳基合金 G52、G59、G60合金,

鈷基合金 HS25或碳化鈦、氮化鈦材料等。

6　低淬透性軸承鋼

6·1　控制淬透性軸承鋼

近年來把感應加熱淬火技術與新材料結合起來,
發展了感應加熱-表面淬火新技術。該技術以限制鋼
的淬透能力爲前提。發展了規定淬透性的新型感應加
熱專用軸承鋼。經感應整體加熱噴淋水淬後,軸承零
件獲得表面 2.5～3.5mm 的硬化層達 63～67HRC 的
高硬度,芯部硬度爲 31～43HRC 的強韌性結合組織,
用於代替滲碳軸承鋼或高碳鉻軸承鋼。日本用中碳鋼
或中碳錳鋼經高頻加熱淬火代替 SUJ-2;原蘇聯用限
制淬透性軸承鋼 ШХ4РП 經中頻加熱淬火代替高碳
鉻軸承鋼 ШХ15СГ 和滲碳軸承鋼 20X2H4A,製造鐵
路客貨車軸箱軸承。由於表面淬硬層爲 9～11 級,奧
氏體細晶粒,有少量殘餘奧氏體並處於壓應力狀態,
有利於提高鋼的疲勞強度。常用鋼號和疲勞壽命比較
見表4·12-18、表 4·12-19 和圖 4·12-13、圖 4·12-14。

表 4·12-18　ШХ 4 РП 和ШХ 15 СГ 性能比較

套圈型號及材料		靜載荷下的破壞載荷（kN）		循環載荷下（200 萬次）的疲勞極限（kN）				衝擊吸收功 A_K（J）	
				壓 碎 時		擋邊斷裂時			
		斷 裂 時	壓 碎 時	無應力集中時	人爲應力集中時	未做運行試驗	運行 20 萬公里後	＋20℃時	－60℃時
3H2327 26-Л1 內　圈 （無擋邊）	ШХ4РП	1050	400	110	—	90		1010	1019
	ШХ15СГ	760	300	70	—	45	—	1107	794
3H2327 26-Л1 內圈 （帶擋邊）	ШХ4РП	—	—	170	—	170	160	1793	1499
	ШХ15СГ	—	—	70	—	50		1019	676

表 4·12-19　低淬透性軸承鋼的化學成分

鋼　號	化　學　成　分　的　質　量　分　數（%）				
	C	Si	Mn	Cr	Mo
SM53	0.50～0.56	0.15～0.35	1.35～1.65	—	—
SM60	0.57～0.60	0.15～0.35	1.35～1.65	—	—
S53C	0.54	0.20	0.70	0.18	—
SCr465	0.65	—	—	1.00	—
SCM465	0.65	—	—	1.00	0.15
ШХ4РП①	0.98～1.03	0.17～0.28	0.18～0.29	0.38～0.47	—

① 摘自原蘇聯 ТУ14.1.923—74。

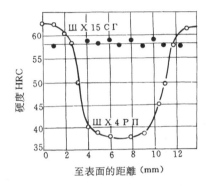

圖 4·12-13　感應淬火的 ШХ4РП 鋼及普通電阻
爐淬火的 ШХ15СГ 鋼套圈回火後的
硬度沿截面分布

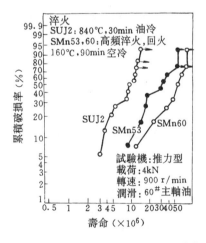

圖 4·12-14　高頻淬火中碳錳鋼的疲勞壽命

6·2　軸承用中碳合金鋼

掘進機、起重機、大型機床等重型設備上用的特大尺寸的軸承，一般轉速不高，但是承受較大的軸向、徑向載荷及彎矩等綜合作用。軸承的內外套，由於性能要求和尺寸過大不宜選擇高碳鉻軸承鋼。一般用中碳合金鋼5CrMnMo 或 SAE8660 製造，經調質、表面淬火或中頻加熱淬火處理；而滾動體則仍採用 GCr15SiMn 製造。

耐衝擊軸承除選用滲碳軸承鋼製造外，也可以用中碳合金鋼製造，如礦山用三牙輪鑽頭的滾動體；石油鑽井用渦輪鑽具上的滾動軸承大多數採用 55SiMoV、50SiMo 製造。經調制後具有高的屈強比、彈性極限、耐磨性、良好的抗疲勞等多種性能。常用的鋼號及用途見表 4·12-20，其淬火和回火工藝制度見表 4·12-21。

表 4·12-20　軸承用中碳合金鋼的常用鋼號及用途

鋼　號	用　途
37GA	適用於軸有偏斜和在衝擊載荷下工作的螺旋滾子軸承，有吸震作用，但旋轉精度不高，使用於軋鋼機運輸輥上或運輸貨車上
65Mn	用於製造有切口的螺旋滾子軸承外套、鎖圈及彈簧等
50CrNi	用於製造承受衝擊載荷軸承用滾子
50CrVA	
55SiMoVA	用於製造承受衝擊載荷的套圈和滾動體
5CrMnMo	用於製造大型礦山、掘進用特大型軸承套圈
SAE8660	

表 4·12-21　中碳合金鋼製造軸承零件的正火、退火及高溫回火工藝制度

零 件 名 稱	選用鋼種	熱　處　理	加熱溫度（℃）	保溫時間（h）	冷　卻　方　法	硬度要求 HB
螺旋滾子	37CrA	退火①	825～850	4～6	以≤60℃/h 冷速冷至 500℃ 出爐空冷	≤207
		高溫回火②	700～720	4～6	爐冷至 500℃ 出爐空冷	

（續）

零件名稱	選用鋼種	熱處理	加熱溫度 （℃）	保溫時間 （h）	冷　卻　方　法	硬度要求 HB
螺旋滾子	40Cr	正火	850～870		空冷	≤207
		退火	825～845		爐冷至600℃出爐空冷	
		高溫回火	680～700		空冷	
滾子	50CrNi	正火	840～860		空冷	≤207
		退火	820～850		爐冷至500℃出爐空冷	
		高溫回火	670～690		空冷	
鋼球	50CrVA	正火	850～880		空冷	≤255
		退火	830～850	3～5	爐冷至600℃出爐空冷	
		高溫回火	730～750	3～5	空冷	
套圈和滾動體	55SiMoV	正火	850～890		空冷	≤229
		退火	760～790	3～5	爐冷至600℃出爐空冷	
		高溫回火	720～740		爐冷	
螺旋滾子的外套、 鎖圈和墊圈	65Mn	正火	820～860		空冷	179～219
		退火	780～840	3～4	爐冷至500℃出爐空冷	
		高溫回火	680～720		空冷	

註：高溫回火的目的是消除殘餘應力和降低硬度，有時也叫做再結晶退火和低溫退火。

① 用於熱捲螺旋滾子的退火。

② 用於冷捲螺旋滾子的處理。

7　軸承鋼的選用

　　正確選用軸承鋼材是提高軸承使用壽命、材料利用率、降低成本的重要措施。選用時考慮軸承的工作條件，包括工作溫度、載荷性質、接觸介質及接觸疲勞壽命等。正確選用的主要因素有：

　　1.工作溫度和載荷性質　常溫（120℃以下）高載工況軸承採用高碳鉻軸承鋼製造；既承受高載荷，又承受強衝擊的軸承應選用滲碳軸承鋼或低淬透性軸承鋼。在120～250℃下工作的中溫軸承鋼選材有三種途徑：

　　（1）採用高碳鉻軸承鋼，經過特殊熱處理（即200℃、250℃和300℃回火）；但軸承的承載能力和使用壽命隨其回火溫度的提高而大幅度下降，見表4·12-22。

表 4·12-22　GCr15鋼回火溫度對軸承壽命的影響

回火溫度（℃）	150	200	250	300	350
壽命係數	1.00	0.90	0.50	0.30	0.20
承載能力	1.00	0.98	0.78	0.65	—

　　（2）選用中溫軸承鋼，有利於提高軸承的使用壽命和可靠性以及降低製造成本。

　　（3）也可以選用低牌號的高溫軸承鋼，如：GCr4Mo4V、Cr14Mo4 等。具體選用見表 4·12-16。

　　工作溫度＞250℃的軸承選用高溫軸承鋼。工作溫度＞540℃者應選用鈷基合金、鎳基合金硬質合金、或金屬陶瓷，如碳化鈦、氮化鈦等。

　　2.接觸介質　在腐蝕介質條件下工作的軸承，必須選用不鏽或耐蝕軸承鋼。同時承受高載荷時，可選用馬氏體不鏽鋼 9Cr18Mo 或彌散硬化不鏽鋼如0Cr17Ni7Al 以及鎳基合金 G 52、G 59、G 60 及鈷基合金等。沈澱硬化不鏽鋼及鎳基合金還適用於重水、硝酸和以硝酸爲基的強氧化性腐蝕介質中的軸承，其最高使用的溫度爲450℃。

　　3.疲勞壽命和可靠性　軸承的疲勞壽命和可靠性在一定程度上取決於鋼的冶金質量。通用軸承主要用電爐鋼或真空脫氣軸承鋼，精密軸承、長壽命軸承多選用真空脫氣或電渣重熔鋼，如鐵路軸承、儀表軸承等。發動機軸承、導航系統軸承，多用電渣重熔、真空冶煉及電子束爐重熔軸承鋼。

　　4.軸承的結構　軸承外套帶安裝擋邊、且承受較高的衝擊載荷時，採用滲碳鋼，如 G16Cr2Ni4MoA

或 12Cr2Ni3Mo5 A 等。

擺動機構或操縱機構上使用的關節軸承，承受載荷和摩擦大，轉速低，擺動角度±90℃，要求具有高的抗壓和屈服強度，耐磨，並且有優良的冷塑性變形性能。可選用 GCr15、9Cr18，也可選用合金結構鋼，

見表 4·12-23。

此外，選用滲碳鋼製造軸承時，除考慮軸承的工作條件、軸承尺寸、表面層和心部性能及材料的冶金質量等情況外，還必須考慮鋼的滲碳工藝及工藝性能。

表 4·12-23　常用的關節軸承用鋼

軸承結構	內套（或球）		外套		工作條件
	鋼號	硬度 HRC	鋼號	硬度 HRC	
一般的關節軸承	GCr15	58～64	GCr15	58～64	
	9Cr18 或 9Cr18Mo	55～62	0Cr17Ni7Al 0Cr17Ni4Cu4Nb 1Cr13	23～35	
	9Cr18Mo 或 GCr15	≥56	30CrMo 30CrNiMo	27～36	-54～120℃
帶桿端的關節軸承	GCr15	59～65	30CrMo 30CrNiMo	層硬度爲 HRC≥59，深度爲壁厚的 25%～50%，帶桿端的 σ_b>617MPa	-54～120℃ 擺動±90° 壽命 10000 次
	GCr15	60～65	30CrMo 20CrNiMo 20Ni2Mo	滲碳層硬度爲 HRC≥60，深度爲壁厚 50%，帶桿端的 σ_b>853MPa	-54～120℃ 擺動±90° 壽命 10000 次
	9Cr18Mo（9Cr18）	≥55	0Cr17Ni4Cu4Nb	39～44	-54～120℃

第 13 章　工　具　鋼 [1][50]～[53]

1　概述

工具鋼是根據製造各種刃具、模具、量具的需要而發展起來的一系列高品質鋼種。按化學成分，分爲碳素工具鋼（也稱非合金工具鋼，GB1298）、合金工具鋼（GB1299）和高速工具鋼（GB9941～9943）三大類；按用途分，又可分量具鋼、刃具鋼和模具鋼三類，但這種分類的界限並不嚴格，因爲某些工具鋼往往既可製作刀具，也可製作模具或量具。有時，突出鋼的某一特性或用途再細分成若干鋼組，如耐衝擊工具用鋼、冷作模具鋼、熱作模具鋼、無磁模具鋼、量具刃具用鋼等。

中國工具鋼鋼號的表示方法，參見本篇第 1 章。

國內研製開發的新型工具鋼合金元素較多，因此鋼號名稱很長，爲簡便起見，常採用代號表示或用俗稱，如 6Cr4W3Mo2VNb（俗稱 65Nb），7CrSiMnMoV（代號 CH），8Cr2MnWMoVS（俗稱 8Cr2S）；或用阿拉伯數字，如 W6Mo5Cr4V2 俗稱 6-5-4-2 等，這種代號或俗稱，沒有統一的原則和規範，也不能像標準鋼號表示方法那樣反映鋼的特徵。

世界各國工具鋼分類和表示方法與中國不同，外國的同類鋼種，即使化學成分相近或相同，由於冶煉、加工工藝不同，性能有很大差別，不能將外國鋼號簡單地與中國鋼號等同看待。

工具鋼的性能，主要有使用性能和工藝性能，使用性能主要指鋼的力學性能，物理、化學性能。常用的各類工具對工具鋼的使用性能要求見表 4·13-1。

工具鋼的工藝性能指鋼材製成工具過程中對各種加工工藝的適應性。根據工具製造工藝的特點，工藝性能主要有：

（1）冷熱加工成形性。如鍛造、冷衝、拉拔、擠

表 4·13-1　各類工具對工具鋼的主要使用性能要求

工具種類	主　要　性　能
切削工具	耐磨性，韌性，高速切削或熱作時，要求紅硬性
剪切工具	耐磨性、韌性，熱作時要求高溫硬度
拉拔工具	耐磨性
成形工具	耐磨性、韌性，熱作時，要求高溫硬度；特殊要求，耐蝕
模型工具	熱穩定性、韌性、耐磨性；特殊情況，要求耐蝕，無磁
軋輥	耐磨性
鑿岩錘頭類	韌性、耐磨性

壓、焊接、溫加工等；

（2）可加工性，也叫被切削加工性，包括可磨削性、研磨性等；

（3）熱處理工藝性。如淬透性、淬硬性、回火脆性、回火穩定性、過熱或氧化脫碳敏感性、變形和開裂傾向性等。

在工具的產品設計圖樣上，工具的技術要求往往只標註硬度一項，是便於質量檢測和生產管理的一種簡化辦法。不能理解爲室溫硬度值是工具的唯一性能要求，必要時，仍需檢查鋼的組織或其他性能。

2　碳素工具鋼

碳素工具鋼（非合金工具鋼）是工具鋼的基礎，碳含量（質量分數）範圍：在 0.65%～1.35% 之間。這類工具鋼大多是共析鋼或過共析鋼，淬火後可獲得高的硬度、強度和耐磨性，但韌性較低，並隨著碳含量的增高而下降。另一方面，鋼的淬透性低，須採用合適的淬火介質或淬火工藝。碳素工具鋼的抗高溫軟化能力也差，溫度超過 250℃ 時，淬火硬度明顯下降，所以宜於製造尺寸小、形狀簡單、要求不高的工模具和要求耐磨的機械零件。另外還適於製造日用刃具如菜刀、剪刀等，鋼的可磨性好，磨刃後比合金鋼有更好的鋒利性，成本也低。

碳素工具鋼一般均以退火狀態交貨。退火鋼材的硬度值、試樣淬火硬度以及其他質量要求和技術條件，在 GB1298 中都有詳細規定。

國家標準中所列的碳素工具鋼鋼號，根據硫、磷含量質量分數的不同又分爲兩類：一類爲含 $w_S \leqslant$ 0.030%、含 $w_P \leqslant 0.035\%$ 的優質碳素工具鋼，如 T7～T13 和 T8Mn，見表 4·13-2；另一類爲含 $w_S \leqslant$ 0.020%、含 $w_P \leqslant 0.030\%$ 的高級優質碳素工具鋼，

如 T7A～T13A 和 T8MnA。根據 1992 年實施的新的《鋼分類》國家標準（GB/T13304—91）中規定：碳素工具鋼 GB1298 標準中的全部鋼號均屬於“特殊質量非合金鋼”。上述的兩類碳素工具鋼應理解爲特殊質量非合金鋼大類中的不同質量層次，所以優質碳素工具鋼並不屬於新的《鋼分類》中的優質鋼，這一點應注意。

表 4·13-2　碳素工具鋼的鋼號和化學成分

鋼　號	化學成分的質量分數 w（%）				
	C	Si	Mn	P	S
				（不大於）	
T7	0.65～0.74	≤0.35	≤0.40	0.035	0.030
T8	0.75～0.84	≤0.35	≤0.40	0.035	0.030
T8Mn	0.80～0.90	≤0.35	0.40～0.60	0.035	0.030
T9	0.85～0.94	≤0.35	≤0.40	0.035	0.030
T10	0.95～1.04	≤0.35	≤0.40	0.035	0.030
T11	1.05～1.14	≤0.35	≤0.40	0.035	0.030
T12	1.15～1.24	≤0.35	≤0.40	0.035	0.030
T13	1.25～1.35	≤0.35	≤0.40	0.035	0.030

註：摘自 GB1298—88。

3　合金工具鋼

3·1　合金工具鋼的分類和特點

合金工具鋼是爲了彌補碳素工具鋼性能不足而發展起來的，除了添加各種合金元素以提高性能外，對碳含量也作了調整，並不都是高碳成分，這樣可以提高鋼的衝擊韌度，滿足不同用途的需要。合金工具鋼的合金化機理是十分複雜的，合金元素的作用不僅與元素的特性有關，還要考慮到含量的多少和多種元素配合的關係。鋼的性能、質量還受冶金因素的影響。

合金工具鋼與碳素工具鋼相比，主要是合金元素提高了鋼的淬透性、回火穩定性和強韌性。添加合金元素後，有時也會帶來不利影響，如脫碳敏感性、回火脆性等。也可能降低可加工性或磨削性。

合金工具鋼通常以用途分類，現行標準（GB1299）分成六組，即量具刃具用鋼、耐衝擊工具用鋼、冷作模具鋼、熱作模具鋼、無磁模具鋼和塑料模具鋼。列入國家標準的合金工具鋼的鋼號和化學成分見表 4·13-3。合金工具鋼通常以退火狀態交貨，無磁模具鋼 7Mn15Cr2Al3V2WMo 和塑料模具鋼 3Cr2Mo 可例外。合金工具鋼交貨狀態的硬度及試樣淬火試驗的條件和 C 標尺洛氏硬度值見表 4·13-4。

表4·13-3 合金工具鋼的鋼號和化學成分

鋼組	鋼號	化學成分（%）									
		C	Si	Mn	P	S	Cr	W	Mo	V	其他
					(不大於)						
量具刃具用鋼	9SiCr	0.85~0.95	1.20~1.30	0.30~0.60	0.030	0.030	0.95~1.25	—	—	—	—
	8MnSi	0.75~0.85	0.30~0.60	0.80~1.10	0.030	0.030	—	—	—	—	—
	Cr06	1.30~1.45	≤0.40	≤0.40	0.030	0.030	0.50~0.70	—	—	—	—
	Cr2	0.95~1.10	≤0.40	≤0.40	0.030	0.030	1.30~1.65	—	—	—	—
	9Cr2	0.80~0.95	≤0.40	≤0.40	0.030	0.030	1.30~1.70	—	—	—	—
	W	1.05~1.25	≤0.40	≤0.40	0.030	0.030	0.10~0.30	0.80~1.20	—	—	—
耐衝擊用工具鋼	4CrW2Si	0.35~0.45	0.80~1.10	≤0.40	0.030	0.030	1.00~1.30	2.00~2.50	—	—	—
	5CrW2Si	0.45~0.55	0.50~0.80	≤0.40	0.030	0.030	1.00~1.30	2.00~2.50	—	—	—
	6CrW2Si	0.55~0.65	0.50~0.80	≤0.40	0.030	0.030	1.00~1.30	2.20~2.70	—	—	—
冷作模具鋼	Cr12	2.00~2.30	≤0.40	≤0.40	0.030	0.030	11.50~13.00	—	—	—	—
	Cr12Mo1V1	1.40~1.60	≤0.60	≤0.60	0.030	0.030	11.00~13.00	—	0.70~1.20	≤1.10	Co ≤1.00
	Cr12MoV	1.45~1.70	≤0.40	≤0.40	0.030	0.030	11.00~12.50	—	0.40~0.60	0.15~0.30	—
	Cr5Mo1V	0.95~1.05	≤0.50	≤1.00	0.030	0.030	4.75~5.50	—	0.90~1.40	0.15~0.50	—
	9Mn2V	0.85~0.95	≤0.40	1.70~2.00	0.030	0.030	—	—	—	0.10~0.25	—
	CrWMn	0.90~1.05	≤0.40	0.80~1.10	0.030	0.030	0.90~1.20	1.20~1.60	—	—	—
	9CrWMn	0.85~0.95	≤0.40	0.90~1.20	0.030	0.030	0.50~0.80	0.50~0.80	—	—	—
	Cr4W2MoV	1.12~1.25	0.40~0.70	≤0.40	0.030	0.030	3.50~4.00	1.90~2.60	0.80~1.20	0.80~1.10	—
熱作模具鋼	6Cr4W3Mo2VNb	0.60~0.70	≤0.40	≤0.40	0.030	0.030	3.80~4.40	2.50~3.50	1.80~2.50	0.80~1.20	Nb 0.20~0.35

（續）

鋼組	鋼號	C	Si	Mn	P（不大於）	S（不大於）	Cr	W	Mo	V	其他
熱作模具鋼	6W6Mo5Cr4V	0.55~0.65	≤0.40	≤0.60	0.030	0.030	3.70~4.30	6.00~7.00	4.50~5.50	0.70~1.10	—
	5CrMnMo	0.50~0.60	0.25~0.60	1.20~1.60	0.030	0.030	0.60~0.90	—	0.15~0.30	—	—
	5CrNiMo	0.50~0.60	0.40	0.50~0.80	0.030	0.030	0.50~0.80	—	0.15~0.30	—	Ni 1.40~1.80
	3Cr2W8V	0.30~0.40	0.40	0.40	0.030	0.030	2.20~2.70	7.50~9.00	—	0.20~0.50	—
	5Cr4Mo3SiMnVAl	0.47~0.57	0.80~1.10	0.80~1.10	0.030	0.030	3.80~4.30	—	2.80~3.40	0.80~1.20	Al 0.30~0.7
	3Cr3Mo3W2V	0.32~0.42	0.60~0.90	0.65	0.030	0.030	2.80~3.30	1.20~1.80	2.50~3.00	0.80~1.20	—
	5Cr4W5Mo2V	0.40~0.50	0.40	0.40	0.030	0.030	3.40~4.40	4.50~5.30	1.50~2.10	0.70~1.10	—
	8Cr3	0.75~0.85	0.40	0.40	0.030	0.030	3.20~3.80	—	—	—	—
	4CrMnSiMoV	0.35~0.45	0.80~1.10	0.80~1.10	0.030	0.030	1.30~1.50	—	0.40~0.60	0.20~0.40	—
	4Cr3Mo3SiV	0.35~0.45	0.80~1.20	0.25~0.70	0.030	0.030	3.00~3.75	—	2.00~3.00	0.25~0.75	—
	4Cr5MoSiV	0.33~0.43	0.80~1.20	0.20~0.50	0.030	0.030	4.75~5.50	—	1.10~1.60	0.30~0.60	—
	4Cr5MoSiV1	0.32~0.45	0.80~1.20	0.20~0.50	0.030	0.030	4.75~5.50	—	1.10~1.75	0.80~1.20	—
	4Cr5W2VSi	0.32~0.42	0.80~1.20	0.40	0.030	0.030	4.50~5.50	1.60~2.40	—	0.60~1.00	—
無磁模具鋼	7Mn15Cr2Al3V2WMo	0.65~0.75	0.80	14.50~16.50	0.030	0.030	2.00~2.50	0.50~0.80	0.50~0.80	1.50~2.00	Al 2.30~3.30
塑料模具鋼	3Cr2Mo	0.28~0.40	0.20~0.80	0.60~1.00	0.030	0.030	1.40~2.00	—	0.30~0.55	—	—

註：摘自 GB1299—85。

表 4·13-4　合金工具鋼的交貨條件

鋼　號	交 貨 狀 態		試 樣 淬 火		
	硬 度 值 HB	壓痕直徑 (mm)	淬火溫度 (℃)	冷 卻 劑	硬 度 值 HRC≥
9SiCr	241～197	3.9～4.3	820～860	油	62
8MnSi	≤229	≥4.0	800～820	油	60
Cr06	241～187	3.9～4.4	780～810	水	64
Cr2	229～179	4.0～4.5	830～860	油	62
9Cr2	217～179	4.1～4.5	820～850	油	62
W	229～187	4.0～4.4	800～830	水	62
4CrW2Si	217～179	4.1～4.5	860～900	油	53
5CrW2Si	255～207	3.8～4.2	860～900	油	55
6CrW2Si	285～229	3.6～4.0	860～900	油	57
Cr12	269～217	3.7～4.1	950～1000	油	60
Cr12Mo1V1	≤255	≥3.8	820℃預熱，1000℃（鹽浴）或 1010℃（爐控氣氛）加熱，保溫 10～20min 空冷，200℃回火		59
Cr12MoV	255～207	3.8～4.2	950～1000	油	58
Cr5Mo1V	≤255	≥3.95	790℃預熱，940℃（鹽浴）或 950℃（爐控氣氛）加熱，保溫 5～15min 空冷，200℃回火		60
9Mn2V	≤229	≥4.0	780～810	油	62
CrWMn	255～207	3.8～4.2	800～830	油	62
9CrWMn	241～197	3.9～4.3	800～830	油	62
Cr4W2MoV	≤269	≥3.7	960～980、 1020～1040	油	60
6Cr4W3Mo2VNb	≤255	≥3.8	1100～1160	油	60
6W6Mo5Cr4V	≤269	≥3.7	1180～1200	油	60
5CrMnMo	241～197	3.9～4.3	820～850	油	
5CrNiMo	241～197	3.9～4.3	830～860	油	
3Cr2W8V	255～207	3.8～4.2	1075～1125	油	
5Cr4Mo3SiMnVAl	≤255	≥3.8	1090～1120	油	60
3Cr3Mo3W2V	≤255	≥3.8	1060～1130	油	
5Cr4W5Mo2V	≤269	≥3.7	1100～1150	油	
8Cr3	255～207	3.8～4.2	850～880	油	
4CrMnSiMoV	241～197	3.9～4.3	870～930	油	
4Cr3Mo3SiV	≤229	≥4.0	790℃預熱，1010℃（鹽浴）或 1020℃（爐控氣氛）加熱，保溫 5～15min 空冷，550℃回火		

（續）

鋼　　號	交 貨 狀 態		試 樣 淬 火		
	硬 度 值 HB	壓痕直徑 (mm)	淬火溫度 (℃)	冷 卻 劑	硬 度 值 HRC≥
4Cr5MoSiV	≤235	≥3.95	790℃預熱，1000℃（鹽浴）或 1010℃（爐控氣氛）加熱，保溫5 ～15min空冷，550℃回火		
4Cr5MoSiV1	≤235	≥3.95	790℃預熱，1000℃（鹽浴）或 1010℃（爐控氣氛）加熱，保溫5 ～15min空冷，550℃回火		
4Cr5W2VSi	≤229	≥4.0	1030～1050	油或空氣	
7Mn15Cr2Al3V2WMo	—	—	1170～1190 固溶 650～700 時效	水 空氣	45
3Cr2Mo	—	—			

註：1. 對 Cr12Mo1V1、Cr5Mo1V、4Cr3Mo3SiV、4Cr5MoSiV 和 4Cr5MoSiV1 鋼，熱處理溫度允許調整範圍：預熱溫度
　　±15℃，加熱溫度±6℃，回火溫度±6℃。

2. 保溫時間是指試樣達到加熱溫度後保持的時間。試樣在鹽浴中進行，在該溫度保持時間爲 5min，對 Cr12Mo1V1 鋼是
　10min。試樣在爐控氣氛中進行，在該溫度保持時間爲 5～15min 對 Cr12Mo1V1 鋼是 10～20min。

3. 回火溫度 200℃ 時應一次回火 2h，550℃ 時應兩次回火，每次 2h。

4. 3Cr2Mo 鋼不作熱處理，一般以預硬狀態供應。7Mn15Cr2Al3V2WMo 鋼可以熱軋狀態供應，不作交貨硬度。

3·2　常用合金工具鋼

合金工具鋼品種很多，而且是工具鋼中研究活躍、發展迅速的領域，尤其在模具鋼方面，新鋼種很多。

合金工具鋼國家標準曾作過多次修訂。對比 YB7—59、GB1299—77 和 GB1299—85 即可看出，鋼號總數略有減少，但品種變化較大。有些新鋼種，雖然尚未納入標準，但性能優良，有的在生產上經受考驗，效果良好，已爲用戶所接受，鋼廠也接受訂貨，值得推廣。如 7Cr7Mo2V2Si(代號 LD)、7CrSiMnMoV（代號 CH）、6CrNiMnSiMoV（代號 GD）、8Cr2MnWMoVS（代號 8Cr2S）等。常用合金工具鋼簡介見表 4·13-5。

表 4·13-5　常用合金工具鋼簡介

鋼　　號	主　　要　　特　　點	用　　途　　舉　　例
9SiCr	是應用廣泛的低合金工具鋼，具有較高的淬透性、淬硬性和回火穩定性，860～880℃油淬，硬度可達 62～65HRC，225～260℃回火後，硬度仍可保持 60HRC 以上，優於碳素工具鋼和鉻工具鋼，適用於分級淬火，等溫淬火，變形小。因含 Si 高，脫碳敏感性較大	常用於製造形狀複雜，切削速度不高的刀具，如板牙、梳刀、搓絲板、滾絲輪，要求耐磨、變形小的模具和零件
Cr06 Cr2 9Cr2	低合金鉻工具鋼，在碳素工具鋼基礎上添加 Cr，以提高淬透性，可油淬、變形小，這組鋼的差異在於含碳量和含 Cr 量，Cr06 含碳量最高，含 Cr 量最低，淬火後高硬度、高耐磨，刃口鋒利，但脆。Cr2 和 9Cr2 基本性能相同，9Cr2 含碳稍低，韌性較 Cr2 好	Cr06 主要用於剃須刀片、羊毛剪刀、手術刀片等。Cr2 製造量具零件（常與 GCr15 相互替代，但 Cr2 不能作軸承）。9Cr2 可作模具，軋輥等
4CrW2Si 5CrW2Si 6CrW2Si	這一組鋼是在 CrSi 鋼的基礎上，添加質量分數占 2.00%～2.50% 的 W，以細化晶粒，提高回火後的韌性。三種鋼主要差別是碳含量，碳含量高，耐磨性好，但韌性差，反之耐磨性下降而韌性較好	主要用於作耐衝擊工具，如風動工具，鏨、衝模、冷作模具等

(續)

鋼　　號	主　要　特　點	用　途　舉　例
Cr12 Co12MoV Cr12Mo1V1 Cr5Mo1V	高鉻高碳型萊氏體鋼，應用廣泛的冷作模具鋼，淬透性很好，熱處理後具有高硬度，高耐磨性。Cr12Mo1V1 還添加質量分數≤1.0%的 Co。C，Mo，V 含量不同，其性能也有所改變，以適應不同用途的需要，該類鋼有二次硬化現象，缺點是淬火溫度較高	大型複雜的冷作模具
9Mn2V	經濟型合金工具鋼，價格不高而性能優於碳素工具鋼。可油淬，硬度高，耐磨性好。由於 V 的細化晶粒作用，減少了過熱敏感性，碳化物均勻性也較 CrWMn、CrMn 鋼好。780～820℃油淬、硬度≥62HRC、變形較小	量具零件及冷作模具。亦作要求精度保持性高的耐磨零件如機床的精密絲槓，磨床主軸，樣板油泵轉子等
CrWMn 9CrWMn	用途廣泛的微變形鋼，淬透性好、變形小。淬火低溫回火後有高的硬度、耐磨性和尺寸穩定性，缺點是易形成網狀碳化物，9CrWMn 碳含量及含 W、Mn 量低，性能不及 CrWMn	用途與 9Mn2V 相似
Cr4W2MoV	新型的中合金冷作模具鋼，可替代高合金的 Cr2、Cr12MoV 型冷作模具鋼，與高碳高鉻型鋼相比，碳化物細小均勻，淬火溫度稍低。而製作的模具壽命很高	複雜、精密的冷作模具、用途與 Cr12MoV，Cr12 相似
6W6Mo5Cr4V	是低碳高速鋼型的冷作模具鋼，淬透性高，有類似高速鋼的優點，又比高速鋼韌性好。缺點是熱加工溫度範圍窄，變形抗力大。脫碳敏感性大，熱處理溫度與高速鋼相似，1180～1200℃淬火，560～580℃三次回火，低溫淬火有利於提高韌性。經氮碳共滲等進一步提高模具耐磨性	黑色金屬的冷擠壓模具和冷作模具、溫擠壓模具，熱剪切模等
6Cr4W3Mo2VNb	基體鋼類型的高韌性冷作模具鋼、具有高速鋼的高硬度、高耐磨性而無過剩碳化物，故有較高的韌性和疲勞性能，加入 Nb 細化晶粒，並提高鋼的工藝性。φ50mm 在空氣中可淬透，φ80mm 可在油中淬透	形狀複雜、衝擊載荷大，尺寸大的冷作模具如冷擠壓模，冷鐓模切邊模、衝孔凸模等
7CrSiMnMoV	非標準鋼號，屬於火焰加熱空冷淬硬型的中碳低合金冷作模具鋼，淬火溫度很寬（820～1050℃）熱處理變形小，可焊接。也適用於整體加熱淬火（820～920℃），油或空冷，200℃回火硬度 58～62HRC，化學成分的質量分數範圍：C 0.65%～0.75%，Mn 0.65%～1.05%，Si 0.85%～1.15%，Cr 0.90%～1.20%，V 0.15%～0.30%，Mo 0.20%～0.50%	用於較高負荷，要求高強韌性的衝孔凸模、大尺寸的切邊模等
8Cr2MnWMoVS	非標準鋼號，化學成分的質量分數範圍：C 0.75%～0.85%，Mn 1.30%～1.70%，Si ≤0.45%，Cr 2.30%～2.60%，W 0.70%～1.10%，Mo 0.50%～0.80%，V 0.10%～0.25%，S 0.06%～0.15%。是易切削精密模具鋼，有易切削，空冷淬硬，微變形等特點，耐磨性好，鏡面拋光性好，可研磨拋光到 $Rn0.025\mu m$，光刻浸蝕性好。模具實際使用壽命比 CrWMn、9Mn2V 模具高 2～3 倍 退火 800±10℃，4～6h，爐冷至 550℃出爐 淬火 880～920℃，空冷，63HRC	用於手表零件冷衝模，印刷線路板衝孔落料模、塑料模、膠木模、陶土模
5CrNiMo 5CrMnMo	應用廣泛的熱作模具鋼，淬透性高，截面 300mm×300mm×400mm 的鍛模塊，820℃油淬，560℃回火後，其截面各處硬度相當均勻。5CrNiMo 有良好的綜合力學性能，加熱到 500℃，性能基本不下降。5CrMnMo 是以 Mn 代 Ni，性能稍遜於 5CrNiMo，因含 Mo，回火脆性不敏感，回火後可緩冷	用於各類錘鍛模

（續）

鋼　號	主　要　特　點	用　途　舉　例
3Cr2W8V	應用廣泛的熱作模具鋼，具有良好的熱穩定性、抗氧化性、耐磨性和抗疲勞性能，但韌性和塑性較差，性能遜於新型熱作模具鋼，且含合金元素量高，不經濟	用於壓鑄模，熱擠壓模，有色金屬成形模等
4Cr3Mo3SiV 4Cr5MoSiV 4Cr5MoSiV1 4Cr5W2VSi	這是一組絡系熱作模具鋼，含 Cr 較高，再添加 1% 左右的 Mo，因而淬透性很高。可空冷淬硬，具有高的強度和韌性、良好的抗氧化性、抗疲勞性能。加入 V 強化了二次硬化現象，提高了熱穩定性，是 3Cr2W8V 的理想代用鋼	用於熱鍛模，有色金屬壓鑄模，熱擠壓模等，亦可作耐高溫的結構零件
8Cr3	以 T8 鋼爲基礎，添加 Cr 形成的經濟型低合金熱作模具鋼，有較好的淬透性，室溫及高溫強度，碳化物細小均勻，常在中硬度狀態下使用（820～850℃ 淬火，480～520℃ 回火，41～45HRC）	製造衝擊負荷不大，受熱低於 500℃ 要求耐磨的模具如彎曲模，鐓鍛模，頂鍛模，切邊模等
3Cr3Mo3W2V 5Cr4W5Mo2V	新型的熱作模具鋼，針對鉻系熱作模具鋼熱穩定性差，而鎢系鋼韌性不足而發展起來的，可替代 3Cr2W8V。在 3Cr3Mo3W2V 基礎上提高合金含量的 5Cr4W5Mo2V 性能更好	用途與 3Cr2W8V 相似，模具壽命可提高
5Cr4Mo3SiMnVAl （012Al）	是一種基體鋼類型的冷作、熱作兩用的模具鋼。作爲冷作模具鋼，它比碳素工具鋼、低合金工具鋼或 Cr12 型高鉻鋼有更高的韌性。作爲熱作模具鋼，比 3Cr2W8V 有較高的高溫強度和優良的熱疲勞性能	標準件行業的冷鐓模，軸承行業的熱擠壓模等
4CrMnSiMoV	新型低合金錘鍛模鋼，Si 和 Mn 配合可互補不足，而發揮其優點。有良好的綜合力學性能，雖然韌性不及 5CrNiMo，但由於強度高，耐熱性好，模具壽命比 5CrNiMo 高、可代替 5CrNiMo	用於各種類型的錘鍛模和壓力機鍛模
7Mn15Cr2Al3V2WMo	高錳釩系無磁鋼該鋼在各種狀態下都能保持穩定的奧氏體，具有非常低的磁導率、高的強度、硬度、耐磨性，但可加工性差	製造無磁模具、無磁軸承以及要求在強磁場中不產生磁感應的結構零件
3Cr2Mo	鏡面塑料模具鋼，有極好的傳熱性能，機械加工性能良好，可在 29.5～35HRC 硬度條件下交貨 鍛造工藝：加熱溫度 1100～1150℃，始鍛溫度 1050℃，終鍛溫度 850℃，緩冷 熱處理工藝：退火 710～740℃，淬火 840～870℃，油冷或 180～220℃ 的鹽浴，硬度 51HRC，σ_b1780MPa 根據硬度及強度需要，一般工作硬度 >40HRC，500℃ 以下回火，σ_b>1330MPa	壓縮模、注射模等，類似預硬型塑料模具鋼 P20（美）或 718（瑞典）

4　高速工具鋼

4·1　高速工具鋼的分類

　　高速工具鋼（簡稱高速鋼）主要用於製造金屬切削刀具，切削能力是其最主要的性能。下列三種性能對切削能力起最主要的作用，即

　　（1）紅硬性或高溫硬度，高溫下抗軟化的能力；

　　（2）耐磨性，與工件接觸的工作部位的抗磨損能力；

　　（3）韌性，工具的強度和塑性的綜合性能。

　　切削能力最好是通過實際生產試驗或專門的切削試驗來評定，但較複雜而費時。檢驗以上三種性能已有標準方法，可作爲對比各種高速鋼性能優劣的判據。

　　高速鋼因具有良好的使用性能和工藝性能，其用量至今仍超過其他各類刀具材料。

　　各種高速鋼的化學成分有顯著的差別。但有許多共同的冶金特點。化學成分的質量分數變化範圍：碳

0.65%~2.30%；鎢 0%~20%；鉬 0%~9.5%；釩 1.0%~6.50%；鈷 0%~12%；鉻總是 4%左右。鋼中的合金含量很高並與足夠的碳作用形成過剩的合金碳化物。淬火溫度很高，接近鋼的熔點，淬火後一般都能達到 63HRC 以上。淬透性非常好，大尺寸工具在靜止空氣中冷卻都可淬硬到接近最高硬度值。淬火後在 560℃左右回火，呈現二次硬化現象，並且有在高溫下保持高硬度的重要特性。

高速鋼按化學成分特點分鎢系高速鋼、鉬系高速鋼、鎢鉬系高速鋼三個基本類別。在此基礎上添加某種合金元素，改善性能，又派生出許多小類。如添加鈷或鋁的超硬型高速鋼；添加稀土的稀土高速鋼或者增加基本成分的含量來改變性能，如提高碳、釩含量的高碳高釩型耐磨高速鋼。

常用的高速工具鋼有如下幾類：

1. 低合金高速工具鋼　應用於切削速度低或被切削材料硬度不高的刀具。如我國代號爲 301、205 等鋼，這類鋼有的國家稱"半高速鋼"。

2. 通用型高速工具鋼　代表性鋼種有 W18Cr4V、W6Mo5Cr4V2。成分稍作調整，有含釩量較高的 W6Mo5Cr4V3；有含碳和釩較高的 CW6Mo5-Cr4V2 和 CW6Mo5Cr4V3 等。目前 W6Mo5Cr4V2 應用最廣。W18Cr4V 逐漸被淘汰。W9Mo3Cr4V 是新型的通用型高速鋼，現尚未納入國家標準，但極有發展前途。

3. 高碳高釩型高速工具鋼　通常把釩含量（w_V）超過 3%的高速鋼，統稱爲高碳高釩型高速鋼。提高釩含量對提高鋼熱處理後的硬度並不顯著，上限一般爲 66~67HRC。但對提高耐磨性和紅硬性有效果。釩的加入導致高速鋼中形成大量粗大而堅硬的 MC 型碳化物。不利於鍛造加工和磨削。因此，這類鋼工具製造廠應用不多，機器製造廠用於製作粗加工刀具，比用硬質合金製造刀具容易且成本低。

4. 超硬型高速工具鋼　按平衡碳理論提高碳含量並添加某種元素，可使高速鋼的硬度和紅硬性顯著提高，從而使刀具的切削能力大大提高，對切削難加工材料有良好的切削效果，一般可提高耐用度 1~4 倍。超硬型高速鋼有兩個系列，一類是 60 年代美國 M40 型系列的鈷高速鋼；另一類是我國代號爲 AH 型系列的鋁高速鋼。這兩類鋼都屬超硬型，其硬度可達 67~70HRC。

5. 粉末冶金高速工具鋼　和常規方法生產的高速鋼相比，粉末冶金高速鋼基本上消除了粗大共晶偏析，並可得到碳化物極爲細小、分布十分均勻的細晶組織。目前粉冶高速鋼的生產方法大致分爲兩類，一類是鋼液經高壓氮氣霧化成粉末後，經冷等靜壓、熱等靜壓、熱變形成材的方法，如瑞典的 ASEA-STORA 法；另一類是用水噴霧製粉和機械研磨製粉，粉末經熱鍛或熱擠壓成刀坯，或預成形坯再燒結成製品的方法，如 Osprey 法，CSD 法。由於粉冶高速鋼的組織均一性和高強度、高韌度，用於製造大型複雜刀具、複合材料刀具顯示出特殊優越性，在高速切削、自動機床、數控機床加工中心的應用也日顯其重要性。由於粉冶高速鋼的成分可大幅度高合金化，它在加工高硬度難切削材料（如超高強度鋼、高溫合金、鈦合金等）方面更具有獨特效果，目前國外航空工業已重視粉冶高速鋼刀具的應用。不過，粉冶高速鋼目前製造成本較高，而且其刀具製品的耐磨性與使用壽命，並不高於用常規方法生產的高速鋼刀具，因此 10 多年來，其銷量僅爲高速鋼總產量的 5%左右。

粉末冶金高速鋼的常見鋼號及其主要化學成分見表 4·13-6。表中 ASP23 和 ASP30 爲最常用鋼號；CPM ReX25 和 CPM ReX20 爲代替美國 M42 的無鈷超硬高速鋼；DEX80 和 HAP72 經熱處理後硬度均已達到 72HRC，其硬度和紅硬性已超過歷來所有高速鋼，其韌度也相當於用常規方法生產的超硬高速鋼 68HRC 時的韌度水平。

高速鋼除了在鋼種方面獲得很大發展外，還在高

表 4·13-6　粉末冶金高速鋼的鋼號及主要化學成分

鋼　號	國別	化 學 成 分 的 質 量 分 數（%）						硬 度
		C	W	Mo	Cr	V	Co	HRC
FW10Mo5Cr4V2Co12	中國	1.1~1.2	9.5~11.0	4.7~5.2	3.5~4.5	1.0~2.0	11.5~12.5	≥66
FW12Cr4V5Co5	中國	1.45~1.6	12.0~13.5	≤1.0	3.5~4.5	4.25~5.25	4.5~5.5	≥65
ASP23	瑞典	1.3	6.4	5.0	4.2	3.1	—	63~66
ASP30	瑞典	1.3	6.4	5.0	4.2	3.1	8.5	67~70
ASP60	瑞典	2.3	6.5	7.0	4.0	6.5	10.5	67~70

（續）

鋼　　　號	國別	化 學 成 分 的 質 量 分 數 （%）						硬　度
		C	W	Mo	Cr	V	Co	HRC
CPM Rex20	美國	1.3	6.25	10.5	3.75	2	—	
CPM Rex25	美國	1.8	12.5	6.5	4	5	—	
CPM Rex71	美國	1.5	10.0	5.25	3.75	1.3	12.0	
CPM Rex76	美國	1.5	10.0	5.25	3.75	3.1	9.0	70
DEX80	日本	2.1	14	6	4	6.5	12	72
FAX70	日本	2.5	10.0	3.5	4	9	10	
HAP50	日本	1.6	8.0	6.0	4	4	8	
HAP70	日本	2.2	12.0	9.0	4	5	12	72
HAP72	日本	2.0	10	7.5	4	5	9.5	70～71
KHA30	日本	1.2	6	5	4	3	8.5	

速鋼刀具的表面強化技術方面也獲得突破性的進展，主要是低溫氣相沈積氮化鈦等塗層技術的應用。這類技術又可分爲物理氣相沈積（PVD）和低溫等離子化學氣相沈積（PCVD），PCVD的工藝和設備比PVD更簡單，但目前應用上不如PVD更成熟。這兩種處理都是在低於高速鋼回火溫度下進行，所沈積的氮化鈦等硬塗層厚約2～5μm，具有高硬度（2000HV），能顯著降低其與被切削金屬的摩擦係數，從而降低刀具的切削溫度。這種塗層還具有抗氧化、抗黏結、抗磨損、抗腐蝕等性能，經塗層處理的高速鋼刀具，其切削壽命一般可提高3～10倍，被切削材料的硬度也允許由通常的200～300HB增加到400～500HB。自從80年代初開發此項新技術以來，PVD處理在高速鋼刀具上的應用已獲得很大成功。

4·2　常用高速工具鋼

在我國，高速鋼也是發展較快的材料領域之一。GB9943—88中所列的高速鋼鋼號及化學成分見表4·13-7，大部分與世界先進工業國家的標準呼應。

目前，通用高速鋼中最具典型性的鋼號

W6Mo5Cr4V2已逐步取代原來占主導地位的鋼號W18Cr4V。W6Mo5Cr4V2合金元素含量較低，碳化物細小均勻，具有性能好、價格低等優點，其強度、韌性、耐磨性優於W18Cr4V，而硬度、紅硬性、高溫硬度相當。W6Mo5Cr4V2易脫碳氧化，在熱加工或熱處理時應注意。除用於製造一般刃具、模具外，還可製作大型及熱塑成形刃具。

在高速鋼國家標準的14個鋼號中，有5個鋼號是在W6Mo5Cr4V2基礎上，稍稍改變成分而發展起來的。如添加Al或Co的W6Mo5Cr4V2Al和W6Mo5-Cr4V2Co5，稍稍提高碳含量的CW6Mo5Cr4V2（舊標準YB（T）2—80以9W6Mo5Cr4V2表示），提高V含量的W6Mo5Cr4V3，同時提高碳、釩含量的CW6Mo5Cr4V3等。按GB9943—88規定，根據用戶和生產廠雙方協議，也可供應V含量偏低（w_V 1.60%～2.20%）的W6Mo5Cr4V2。

除了現行標準中的幾個鋼號外，近年來又研製或引進了一批新的高速工具鋼，使用效果良好。這些鋼號的成分和性能見表4·13-8、表4·13-9。

表4·13-7　高速工具鋼的鋼號及主要化學成分

序號	鋼　　　　號	化 學 成 分 的 質 量 分 數 （%）							
		C	Mn	Si	Cr	V	W	Mo	Co
1	W18Cr4V	0.70～0.80	0.10～0.40	0.20～0.40	3.80～4.40	1.00～1.40	17.50～19.00	≤0.30	—
2	W18Cr4VCo5	0.70～0.80	0.10～0.40	0.20～0.40	3.75～4.50	0.80～1.20	17.50～19.00	0.40～1.00	4.25～5.75
3	W18Cr4V2Co8	0.75～0.85	0.20～0.40	0.20～0.40	3.75～5.00	1.80～2.40	17.50～19.00	0.50～1.25	7.00～9.50
4	W12Cr4V5Co5	1.50～1.60	0.15～0.40	0.15～0.40	3.75～5.00	4.50～5.25	11.75～13.00	≤1.00	4.75～5.25

（續）

序號	鋼　號	化 學 成 分 的 質 量 分 數（%）							
		C	Mn	Si	Cr	V	W	Mo	Co
5	W6Mo5Cr4V2	0.80~0.90	0.15~0.40	0.20~0.45	3.80~4.40	1.75~2.20	5.50~6.75	4.50~5.50	—
6	CW6Mo5Cr4V2	0.95~1.05	0.15~0.40	0.20~0.45	3.80~4.40	1.75~2.20	5.50~6.75	4.50~5.50	—
7	W6Mo5Cr4V3	1.00~1.10	0.15~0.40	0.20~0.45	3.75~4.50	2.25~2.75	5.00~6.75	4.75~6.50	—
8	CW6Mo5Cr4V3	1.15~1.25	0.15~0.40	0.20~0.45	3.75~4.50	2.75~3.25	5.00~6.75	4.75~6.50	—
9	W2Mo9Cr4V2	0.97~1.05	0.15~0.40	0.20~0.55	3.50~4.00	1.75~2.25	1.40~2.10	8.20~9.20	—
10	W6Mo5Cr4V2Co5	0.80~0.90	0.15~0.40	0.20~0.45	3.75~4.50	1.75~2.25	5.50~6.50	4.50~5.50	4.50~5.50
11	W7Mo4Cr4V2Co5	1.05~1.15	0.20~0.60	0.15~0.50	3.75~4.50	1.75~2.25	6.25~7.00	3.25~4.25	4.75~5.75
12	W2Mo9Cr4VCo8	1.05~1.15	0.15~0.40	0.15~0.65	3.50~4.25	0.95~1.35	1.15~1.85	9.00~10.00	7.75~8.75
13	W9Mo3Cr4V	0.77~0.87	0.20~0.40	0.20~0.40	3.80~4.40	1.30~1.70	8.50~9.50	2.70~3.30	—
14	W6Mo5Cr4V2Al	1.05~1.20	0.15~0.40	0.20~0.60	3.80~4.40	1.75~2.20	5.50~6.75	4.50~5.50	Al: 0.80~1.20

註：1. 摘自 GB9943—88。

　2. 各鋼號的 S、P 質量分數均≤0.030%，殘餘 Ni 質量分數≤0.30%，殘餘 Cu 質量分數≤0.25%。

表 4·13-8　非標準高速鋼的化學成分

鋼　號	化 學 成 分 的 質 量 分 數（%）								備　註
	C	Si	Mn	W	Mo	Cr	V	其　他	
W12Cr4V4Mo	1.20~1.40	≤0.40	≤0.40	11.50~13.00	0.90~1.20	3.80~4.40	3.80~4.40	—	EV4（德）
W2Mo9Cr4V2	0.95~1.05	≤0.55	0.15~0.40	1.40~2.10	8.20~9.20	3.50~4.00	1.75~2.25	—	M7（美）
W4Mo4Cr4V2AlN	0.95~1.05			3.80~4.40	3.80~4.40	3.80~4.40	1.82~2.20	Al0.6~0.8 N0.03~0.10	
W10Mo4G4V3Al	1.30~1.45	≤0.5	≤0.50	9.00~10.50	3.50~4.50	3.80~4.50	2.70~3.20	Al0.30~0.40	
W6Mo5Cr4V5SiNbAl	1.55~1.65	1.20~1.40	≤0.40	5.50~6.50	5.00~6.00	3.80~4.40	4.20~5.20	Al0.30~0.70 Nb0.20~0.50	
W10Mo3Cr4V3Co10	1.20~1.30	≤0.40	≤0.50	9.00~11.00	3.00~4.00	3.80~4.50	3.20~3.70	Co9.50~10.50	HSP-15（瑞典）
W14Cr4VMnRE	0.80~0.90	≤0.50	0.35~0.55	13.50~15.00	≤0.30	3.50~4.00	1.40~1.70	RE 0.07（加入量）	
W12Mo2Cr4VRE	1.00~1.10	≤0.50	≤0.40	11.00~12.50	2.00~2.50	3.80~4.40	1.50~1.90	RE（加入量） 0.05~0.15	

表 4·13-9　非標準高速鋼的性能及應用

鋼　　號	主 要 特 性	用 途 舉 例
W12Cr4V4Mo	高碳高釩型高速鋼。熱處理後具有高硬度、高紅硬性和耐磨性。切削性能顯著優於 W18Cr4V。由於釩含量高，被磨削性差。不宜製作高精度復雜刀具	製造各種簡單、粗加工刀具。可加工高強度鋼、高溫合金等難加工材料
W2Mo9Cr4V2	通用型低合金高速鋼，特點是比重輕。高溫硬度高，耐磨、韌性較高，熱處理後可磨削性優良。該鋼有氧化脫碳敏感性，熱加工時應注意	用於製造鑽頭、銑刀、刀片、成形刀具，板牙、絲錐、鋸條以及冷衝模等，切削一般硬度的材料有良好效果

（續）

鋼　　　號	主　要　特　性	用　途　舉　例
W4Mo4Cr4V2AlN	通用型高速鋼，含合金元素量較低，性能、熱處理工藝與 M2 近似。淬火溫度 1240～1250℃，回火溫度 550±10℃，工作硬度 64～66HRC	用途同 W6Mo5Cr4V2
W10Mo4Cr4V3Al	高碳含鋁超硬型高速鋼，熱處理後硬度、紅硬性、耐磨性均高，硬度可達 68HRC 以上，但磨削性較差，製造精密、複雜刀具較困難，曾列入 YB(T)2—80 標準	製造切削難加工的高溫合金、高強度鋼的刀具
W5Mo5Cr4V5SiNbAl	鎢鉬系高碳高釩型高速鋼，優點是硬度高（可達 68HRC）耐磨性好，加工難加工材料有顯著效果，使用壽命大大提高，甚至可超過 M42（W2Mo9Cr4VCo8），缺點是易於氧化脫碳，可磨性差	製造鑽頭、絞刀、銑刀、滾刀、車刀等，加工高溫合金等
W10Mo3Cr4V3Co10	高鈷超硬型高速鋼，同時含有較高的釩和碳，具有高硬度、紅硬性、耐磨性、切削性能優異，可在較高溫度下使用，是國際上公認的優秀鋼種。但韌性、可磨性差，易氧化脫碳。價格昂貴	製造各種刀具，刀頭加工高溫合金、鈦合金、鑄造合金、高強度鋼等難加工材料
W12Mo2Cr4VRE	新開發的稀土高速鋼，紅硬性（625℃）可達 63～64HRC。淬火回火後二次硬化後硬度可達 66～68.5HRC，刀具壽命比 W18Cr4V 鋼刀具提高 2～4 倍	製造車刀深孔鑽和組合銑刀等各類刀具
W14Cr4VMnRE	該鋼種是爲滿足工具行業少無切削加工新工藝的要求而發展起來的熱塑性良好的鎢系通用高速鋼，高溫硬度均與 W18Cr4V 和 W6Mo5Cr4V2 相當。紅硬性稍高而韌性較低，曾列入 YB/T2.80 標準，質量欠穩定	用於熱塑成形刀具

5　工具鋼的選用

　　工具鋼主要用於製作各種工具，也可以製作服役條件類似工具高強韌性，耐磨的各種機器零件。同樣，採用其他鋼類如結構鋼，不鏽鋼等製作工具也是較普遍的現象。此時，要注意對鋼的質量要求。例如 Cr2 的化學成分與 GCr15 基本相同，但 Cr2 不能製造軸承零件，而 GCr15 製作工具很普遍。

　　冶金工廠主要以軋材、鍛材、或各種型材的形式供應工具鋼。此外有少量的精密鑄造或粉末冶金工具鋼。模具鋼大多以各式模塊供料。採用型材製造工具，可大大提高材料利用率、勞動生產率、降低成本。工具鋼型材的技術條件已有國家標準或行業標準的，如高速鋼絲（GB3080）、工具鋼熱軋及鍛製扁鋼品種（GB911）、碳素工具鋼絲（GB5952）、高速鋼車刀條（GB4211）、……等等。

　　工具設計者在選用型材時，應準確標註其標記，不宜簡單地標註鋼號。規範的型材標記除標明鋼號外，還標明型材的規格、尺寸、表面質量以及有關的標準號。如設計者採用碳素工具鋼 T8A 的冷軋鋼帶製作刀片時，其標記應爲：鋼帶 T8A-P-Ⅱ-BQ-T-1.5×55（GB3525—83）。

　　標記中代號的意義：

　　T8A——高級優質碳素工具鋼鋼號。

　　P——鋼帶製造精度代號，P 表示普通精度級若代號爲 K，表示鋼帶寬度精度較高級；代號爲 H，表示鋼帶厚度精度較高級；代號爲 J，表示鋼帶厚度精度高級；代號爲 KH，表示鋼帶寬度和厚度的精度都是較高級的。

　　Ⅱ——羅馬數字。表示鋼帶表面質量的級別。共有兩組，Ⅱ組的要求是表面應光滑，不得有裂紋、結巴、外來夾雜物，氧化皮，分層。允許有深度或高度不大於鋼帶厚度允許偏差之半的個別微小凹面、凸塊、劃痕、麻點。表面允許呈氧化色以及不顯著的波紋和槽形。Ⅰ組的表面質量要求較高，表面不允許有氧化色及波紋、槽形。

　　BQ——表示鋼帶邊緣狀態。BQ 是不切邊的。切邊的代號爲 Q。

　　T——表示鋼帶的熱處理狀態。T 表示退火。如爲球化退火，代號爲 QT；冷硬鋼帶，代號爲 Y。

1.5 × 55——表示鋼帶的尺寸。即厚度爲 1.5mm，寬度爲 55mm。

GB3525—83——該鋼帶的國家標準號。

標記中未能表示出的有關規定，該標準中均有詳細說明，用戶可進一步查閱。

又例如碳素工具鋼鋼絲的標記：

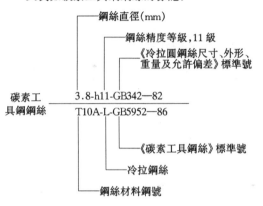

碳素工具鋼鋼絲

碳素工具鋼圓鋼絲交貨狀態分三種，其代號分別爲：冷拉（L）；磨光（Z）；熱處理（R）。形狀有盤條狀和直條。

在訂貨時，鋼絲的技術條件都應在訂貨合同中註明。

總之，採用正確、規範的標記標註，便於材料的採購、管理；也有利於生產時制訂工藝。隨著科技和標準化工作的進步和發展，標準經常在修訂或制定新的標準。因此，選材時應依據最新標準。

下面按量具及量具零件、刀具、模具及模具零件用工具鋼的選用作簡要介紹。

5·1　量具用鋼

量具是計量基準，要求精度很高，並且要有長期的精度保持性。量具及量具零件用鋼都採用淬透性好、淬硬性高、熱處理開裂傾向小的鋼種。常用量具或量具零件用鋼舉例見表 4·13-10。

表 4·13-10　常用量具零件及其用鋼

量具或量具零件	推薦用鋼	硬度 HRC	量具或量具零件	推薦用鋼	硬度 HRC
百分表測桿	9Cr18	53～57	螺紋環規	GCr15	≥58
百分表齒輪軸	2Cr13Ni2	50～55	螺紋塞規	GCr15	≥58
百分表下軸套	T12A	58～62	各種樣板	T10,Cr2	58～64(工作部位) 30～45(非工作部位)
游表卡尺尺身及尺框	T8A	59～64	直　尺	65Mn,4Cr13	≥40
	4Cr13	53～58 (非工作部位 40～48)	塞　尺	65Mn,T8	≥45
外徑千分尺 螺紋測桿	GCr15,Cr2	58～62	樣板平尺 工字形平尺	Cr2,T8A	60～64 >52
校對量柱	GCr15,Cr2	62～65	半徑樣板	65Mn,T8A	>45
微分筒體	45	170～207HB	螺紋樣板	65Mn,T8A	>45
淬火量塊	GCr15,Cr2	64～66	莫氏樣柱及樣套	GCr15,CrWMn Cr2,T12A	60～64
滲氮量塊	3Cr13,4Cr13	≥900HV			

5·2　刀具用鋼

高速工具鋼與其他刀具材料相比，在高硬度下，不僅有良好的耐磨性，紅硬性，而且有較好的韌性和加工性。因此，高速鋼目前仍然是製造金屬切削刀具的主要材料。常用切削刀具及其用鋼見表 4·13-11，日用刃具及其用鋼見表 4·13-12。

表 4·13-11　常用切削工具及其用鋼

工 具 名 稱	使 用 條 件	推 薦 用 鋼	硬度 HRC
車刀、刨刀、鏜刀	加工一般性能的鋼材和鑄鐵	W6Mo5Cr4V2 W18Cr4V W12Cr4V4Mo W9Mo3Cr4V	64～66

（續）

工　具　名　稱	使　用　條　件	推　薦　用　鋼	硬度　HRC
車刀、刨刀、鏜刀	加工各種難加工材料和合金；對加工精度要求高和粗糙度要求低的刀具	W6Mo5Cr4V2Al W2Mo9Cr4VCo8 W10Mo4V3Co10	66～69
成型車刀	高精度成形機床或數控機床用刀具，要求良好可磨性	W2Mo9Cr4VCo8 W7Mo5Cr4VAlN W6Mo5Cr4V2Al	66～69
麻花鑽頭	加工一般金屬、合金和鑄鐵	W6Mo5Cr4V2 W18Cr4V W9Mo3Cr4V	64～66
	加工各種高硬度、高強度材料和合金	W6Mo5Cr4V2 W6Mo5Cr4V2Al W2Mo9Cr4Co8	65～67
擴孔鑽	加工一般鋼材和鑄鐵、有色金屬	W6Mo5Cr4V2 W18Cr4V	64～66
	加工高硬度高強度合金等難加工材料	W6Mo5Cr4V2Al W2Mo9Cr4VCo8 W10Mo4V3Co10	66～68
錐柄中心鑽	加工各種材料	W6Mo5Cr4V2 W18Cr4V	64～65
複合中心鑽	加工各種材料	W6Mo5Cr4V2 W18Cr4V W6Mo5Cr4V2Al	64～66 65～67
鉸　刀	各種手用鉸刀	9SiCr, Cr2 W9Mo3Cr4V	63～66
	莫氏錐度鉸刀、其他錐度銷孔鉸刀	W6Mo5Cr4V2 W18Cr4V W6Mo5Cr4V2Al	63～66 66～68
	各種機用鉸刀	W6Mo5Cr4V2 W18Cr4V W6Mo5Cr4V2Al	63～66 66～68
	各種難加工材料及合金	W7Mo5Cr4VAlN	66～68
絲　錐	各種手用絲錐	T10A～T12A 9SiCr, CrWMn	59～61 $m1～3$ 60～62 $m3～8$ 61～63 ＞$m8$
	各種機用絲錐	W6Mo5Cr4V2 W18Cr4V	61～63

（續）

工 具 名 稱	使 用 條 件	推 薦 用 鋼	硬度 HRC
板　牙 （圓、方、六角、管子）	手用及機用 用於切削速度及螺紋精度要求不高的條件下	9SiCr CrWMn T10A～T12A	60～63
	用於較高切削速度及加工各種難加工材料的條件下	W6Mo5Cr4V2 W6Mo5Cr4V2Al	64～65
滾絲模及搓絲板	要求有較高強度和韌性加工鋼材	W6Mo5Cr4V2 Cr12MoV	60～64
	加工軟金屬及其他各種材料	Cr12MoV W6Mo5Cr4V2	
板牙頭及螺紋切刀頭用梳刀	用於切削速度及精度較高的條件下（梳刀螺紋經過磨削）	W6Mo5Cr4V2 W6Mo5Cr4V2Al W18Cr4V	63～66
切口銑刀，鋸刀銑刀	加工一般鋼材、鑄鐵及有色金屬	W6Mo5Cr4V2 W18Cr4V W6Mo5Cr4V2A	64～66 65～67
	加工調質鋼及難加工材料和合金	W6Mo5Cr4V2Al W7Mo5Cr4VAlN W2Mo9Cr4VCo8	66～68
各種尖齒銑刀鋸齒刀（不磨齒形）及各種鑲片刀具刀片	加工一般鋼材、鑄鐵及有色金屬	W6Mo5Cr4V2 W18Cr4V W6Mo5Cr4V2Al	63～66
	加工各種難加工材料和合金	W6Mo5Cr4V2Al W7Mo5Cr4V W2Mo9Cr4VCo8 W10Mo4V3Co10	66～69
鑲片圓鋸片	要求較高紅硬性和機械性能	W6Mo5Cr4V2 W6Mo5Cr4V2Al W2Mo9Cr4VCo8	66～69
拉　刀	加工一般鋼材、鑄鐵及有色金屬	W18Cr4V W6Mo5Cr4V2	64～66
	加工難加工材料及高生產率拉刀 　粗加工	W12Cr4V4Mo W7Mo5Cr4VAlN	65～67
	要求淬火變形極小的長拉刀	Cr12MoV Cr12Mo	62～66
梳形刨齒刀	加工各種常用材料	W6Mo5Cr4V2 W18Cr4V W6Mo5Cr4V2Al	64～66 66～68

（續）

工 具 名 稱	使 用 條 件	推 薦 用 鋼	硬度　HRC
指形銑刀	加工各種材料	W6Mo5Cr4V2 W18Cr4V W6Mo5Cr4V2Al	63～66 66～68
各種滾刀	需磨削齒形的各種滾刀	W6Mo5Cr4V2 W18Cr4V W6Mo5Cr4V2Al	64～66 66～68
剃齒刀	加工各種常用材料	W18Cr4V W6Mo5Cr4V2 W6Mo5Cr4V2Al	64～66 65～68
各種插齒刀	加工各種常用材料	W18Cr4V W6Mo5Cr4V2 W6Mo5Cr4V2Al	64～66 65～68
直齒、圓錐齒輪刨刀	加工各種常用材料	W6Mo5Cr4V2 W18Cr4V W6Mo5Cr4V	63～66 66～68
	加工高硬度、難加工鋼材和合金	W6Mo5Cr4V2Al W2Mo9Cr4VCo8	66～68
弧齒圓錐齒輪刀盤刀頭	加工各種常用材料	W6Mo5Cr4V2 W6Mo5Cr4V2Al	63～66 66～68
各種銼刀	手用及機用	T10, T10A T12, T12A	56～58
什錦銼	用於加工模具、樣板、鐘表零件及其他精密零件	T10～T12 T10A～T12A	56～58
木鋸刃用銼	用於銼修木工用鋸的銼刀	T13, T13A	56～58
朵紋刀	加工銼刀齒紋用	W6Mo5Cr4V2 W18Cr4V	61～64
機用鋸條	鋸切各種鋼材、鑄鐵、金屬合金	W6Mo5Cr4V2 W6Mo5Cr4V2Al	63～66 66～68
手用鋸條	鋸切各種鋼材、鑄鐵和非鐵金屬合金	T10, T10A T12, T12A 9SiC Cr2	60～63 62～64
木工手鋸條	縱割鋸	T8A	39～44
	橫割鋸或細木工鋸	T10A	39～44
機用帶鋸條	框鋸	9Mn2V T10A T11A	42～46
	寬細木帶鋸	9Mn2V 9SiCr T11A	39～44

（續）

工 具 名 稱	使 用 條 件	推 薦 用 鋼	硬度 HRC
圓片鋸	縱向圓鋸	9MnV	39～44
機用薄刨刀	刨削木材平面	W6Mo5Cr4V2 9SiCr CrWMn T8A	55～60
機用刨刀、膠合板刨刀	裝在機床上將圓木旋或刨切成單板用	T8A 9SiCr CrWMn Cr2	55～60
方孔鑽	鑽插各種傢具零件的長方孔	9SiCr Cr2 9Mn2V T8A T10A	55～60
鏈式打眼刀	加工各種零件的長方孔	9SiCr 9Mn2V T8A T10A	55～60
刨刀	手工用	T8A～T10A	54～60
木工鉗子	起拔釘子用	T7～T8	43～50
麻花鑽 （木工用）	加工各種木工零件孔	9SiCr T10A W6Mo5Cr4V2	55～60 58～64
沈割麻花鑽 （木工用）	加工各種傢具零件的孔	9Mn2V 9SiCr T8A T10A	55～62
各種立銑刀	銑削各種零件的腰子槽、成形槽、圓孔及燕尾榫槽	W6Mo5Cr4V2 9SiCr T10A	58～64 55～60 55～60

表 4·13-12　日用刃具及其用鋼

名　　　稱	推 薦 鋼 號	硬度要求 HRC
菜刀	65, 65, 65Mn 3Cr13, 4Cr13	54～61 50～55
民用剪	50, 55, 60, 65Mn	54～62
服裝剪	60, 65Mn, T10 4Cr13	56～62 55～60
旅行剪	45	50～58

（續）

名　　稱	推　薦　鋼　號	硬度要求 HRC
理髮剪	65，70，75，65Mn 4Cr13	58～62 55～60
理髮推剪片	T10	60～64
理髮刀	Cr06，CrWMn，10Cr4MoV 9Cr18	713～856HV 664～795HV
雙面刮臉刀片	Cr02，Cr03，Cr06 6Cr13	798～916HV 688～784HV
民用小刀	45，50，55，60 3Cr13，4Cr13	52～60 50～56
指甲剪	45，50，55，60	50～58
餐刀	2Cr13，3Cr13	≥45

註：摘自原輕工業部標準 SG251—81。

5·3　模具用鋼

　　模具是現代工業生產中廣泛應用的重要工具之一。製造模具的材料很多，用得最多的是合金工具鋼，所以我國合金工具鋼也依據用途分成冷作模具鋼、熱作模具鋼和塑料磨具鋼等。模具品種繁多，有整體的，有鑲拼的。性能要求也多種多樣。採用其他鋼種製造模具也相當普遍，並獲得良好的技術經濟效果。高速工具鋼、碳素工具鋼、軸承鋼、耐熱鋼、不鏽鋼、結構鋼、馬氏體時效鋼或低鎳時效鋼、中高碳貝氏體鋼、石墨鋼等等亦可製作各種模具。我國模具用鋼已基本形成系列，爲合理優用提供了有利條件。

5·3·1　冷作模具鋼

　　冷作模具用於在常溫下金屬或非金屬材料的衝裁、彎曲、成形、拉伸、擠壓、剪切、鐓鍛等工序。常用冷作模具有冷衝模、冷鐓模、拉伸模、彎曲模等。冷軋輥、矯正輥等也可歸入此類。大型冷軋輥、矯正輥用鋼，請參見本篇第10章大鍛件用鋼。

　　冷作模具鋼的主要性能要求是高的耐磨性，一般選用碳含量較高、硬度也較高（58～64HRC）的鋼種。這類鋼中的高碳高鉻萊氏體鋼（如 Cr12MoV，D2）是多年來廣泛應用的高合金鋼，但它的二次硬化效果較差，其硬度或韌性都不很理想。近年來，在冷擠壓、冷精衝、冷鐓等工藝中對冷作模具鋼要求更高的抗壓屈服強度和韌性，因此選用的鋼種逐漸向中碳二次硬化型發展，使其成分更接近高速鋼的淬火基體鋼或低碳高速鋼；有的已直接選用低溫淬火高速鋼，獲得較好的效果。常用冷作模具及其用鋼舉例見表 4·13-13。

表 4·13-13　常用冷作模具及其用鋼舉例

模 具 類 型	工 作 條 件	推 薦 用 鋼	硬 度 HRC	
			凸 模	凹 模
衝裁模	輕 載	T10A，9SiCr CrWMn，9Mn2V Cr12，SiMnMo	56～62	58～64
	重 載	Cr12MoV，5CrW2Si Cr12Mo1V，Cr4W2MoV 7CrSiMnMoV 6CrNiMnSiMoV	56～62	58～64

（續）

模 具 類 型	工 作 條 件	推 薦 用 鋼	硬 度 HRC	
			凸 模	凹 模
衝裁模	精　衝	Cr12, Cr12MoV W6Mo5Cr4V2 8Cr2MnWMoVS	58~62	59~63
	易斷凸模	W6Mo5Cr4V2 6W4W3Mo2VNb 6W6Mo5Cr4V 7Cr7Mo2V2Si	56~64	—
	高壽命、高精度模	Cr12Mo1V1 8Cr2MnWMoVS	58~62	60~64
彎曲模	一般模	T8A, T10A 9Mn2V, Cr12	56~62	58~62
	複雜模	CrWMn, Cr12 Cr12MoV	56~62	58~64
拉伸模	一般模	T8A, T10A, Cr12 9CrWMn, 7CrSiMnMoV	56~62	58~64
	重載，長壽命模	Cr12MoV, Cr4W2MoV W18Cr4V, Cr12Mo1V1 W6Mo5Cr4V2	56~62	58~64
成形模	一般模	T10A, 9SiCr 9Mn2V, CrWMn	56~60	58~62
	複雜模	Cr12 Cr12MoV, Cr4W2MoV 7CrSiMnMoV	56~62	58~64
	壓印模	Cr2, Cr12MoV 6Cr4W3MoVNb 6W6Mo5Cr4V	56~60	58~62
中、小型冷軋輥	≤φ300	9Cr, 9Cr2 9Cr2Mo	90~100HS	

5·3·2　熱作模具鋼

　　熱作模具有錘鍛模、壓力機鍛模、壓鑄模、熱擠壓模、熱剪切模等。熱軋輥也可歸入此類；大型熱軋輥用鋼則在本篇第 10 章大鍛件用鋼中介紹。

　　熱作模具的工作條件比冷作模具更加苛刻，受冷熱反復作用，因此對模具鋼的性能要求更高。

　　熱作模具鋼大體可爲高韌性和高耐熱性兩類。高韌性模具鋼大多用於熱鍛模；對於大型錘鍛模，可選用在 5CrNiMo 基本成分上適當增加 Cr、Ni、Mo、V 含量的鋼種。高耐熱性模具鋼可按工作溫度的不同要求來選用。對於在 550~650℃ 使用的模具，可選用在 Cr 系模具鋼基礎上適當增加 Mo、V 等二次硬化元素的鋼種，如 3Cr3Mo3W2V、5Cr4W5Mo2V 等新型模具鋼。對於 700℃ 以上使用的模具，可選用奧氏體耐熱鋼，也可選用節鎳的 CrMn 系或 CrMnNi 系奧氏體鋼添加 Mo、V 等元素的鋼種。近年來發展的高鉻（含 Cr 質量分數 8% ～13%）的 CrNiMoV 系模具鋼，可提高鋼的晶界抗氧性能，減少因晶界氧化而形成微裂紋。

熱作模具鋼大多選用合金工具鋼（見表 4·13-5），有的也選用高速工具鋼。常用熱作模具及其用鋼舉例見表 4·13-14。

表 4·13-14 常用熱作模具及其用鋼舉例

模 具 類 型	工 作 條 件		推 薦 用 鋼
錘鍛模	整體模具		5CrMnMo, 5CrNiMo, 4CrMnSiMoV, 5Cr2NiMoV
	鑲 塊		4Cr5MoSiV1, 3Cr2W8V, 3Cr3Mo3W2V, 4CrMnSiMoV
壓力機鍛模	整體模具		5CrNiMo, 5CrMnMo, 4CrMnSiMoV, 4Cr5MoSiV, 4Cr5W2SiV, 3Cr3Mo3W2V
	鑲拼模具	鑲塊	4Cr5MoSiV1, 4Cr5MoSiV, 4Cr5W2SiV, 5Cr4W2
		模體	5CrMnMo, 5CrNiMo, 4Cr2MnSiMoV
熱頂鍛模			3Cr2W8V, 5Cr4Mo2W2SiV, 4Cr5MoSiV, 5CrNiMo
高速錘鍛模			5CrNiMo, 4Cr5MoSiV1, 4Cr5MoSi
熱擠壓模	輕金屬及其合金、鋼及其合金的凹模、衝頭、管材擠壓芯棒、穿孔芯棒等		5CrNiMo, 3Cr2W8V, 3Cr3Mo3W2V, 5Cr4Mo2W2SiV, 4Cr5MoSiV, 4CrMnSiMoV, 4Cr5MoSiV1
溫熱擠壓模			W18Cr4V, W6Mo5Cr4V2, 6W6Mo5Cr4V, 6Cr4W3Mo2VNb
熱剪切模			5CrNiMo, 4CrMnSiMoV, 4Cr5MoSiV1, 6W6Mo5Cr4V, W6Mo5Cr42
中、小型熱軋工作輥			60CrMo, 50CrNiMo, 50CrMnMo, 9Cr, 70Cr3Mo, 60CrNiMo, 60CrMn

5·3·3 成形模具用鋼

成形模有塑料模、橡膠模、粉末冶金模、陶土模具、石棉製品模具等。其中以塑料模具要求較高，在機電產品零件、日常生活用品中應用日益廣泛。隨著新型高強塑料和複合增強塑料的出現，以及塑料獨特的性能和廉價，愈來愈多的零件用塑料替代金屬來製作，而塑料製品的發展又推動了塑料模具的發展和增長，對模具材料的要求也更高、更多樣化。

鋼是塑料模具的主要材料，常用塑料模具用鋼包括工具鋼、結構鋼、不鏽鋼、耐熱鋼、軸承鋼等等。各工業發達國家都有適應於各種用途的塑料模具鋼系列。我國國家標準和機械行業標準（JB/T6057—92）《塑料模具成型部分用鋼及其熱處理技術條件》推薦了普通的、常用的一部分，尚不夠齊全。爲了提高塑料製品的質量，針對某些模具的特殊工作條件，我國開發研製了一些特殊用途的塑料模具鋼。

1. 高耐磨塑料模具鋼 玻璃纖維或礦物質無機物增強的工程塑料對模具的磨損、擦傷十分嚴重。要求模具熱處理後有高的硬度和耐磨性，同時熱處理變形要小。這類鋼都是含碳量較高的合金工具鋼。如 7CrMn2WMo、7CrSiMnMoV、Cr12MoV 等。中、高碳空冷貝氏體鋼耐磨損效果也較好。此外，也有用合金滲碳鋼如 12Cr6Ni3、20Cr2Ni4 等。

2. 易切削預硬型塑料模具鋼 爲了改善預硬型塑料模具鋼的被切削加工性，國內外都開發了一些易切削預硬鋼。代表性的易切削塑料模具鋼及其化學成分見表 4·13-15。

3. 無磁性塑料模具鋼 某些添加鐵氧體的塑料製品需要在磁場內注射成形，要求模具無磁性，一般採用奧氏體鋼。但耐磨性要求較高時，宜採用已列入 GB1299 的無磁模具鋼 7Mn15Cr2Al3V2WMo，製作精密儀器中磁性材料零件的無磁模。比高錳奧氏體鋼模具壽命提高三倍左右。7Mn15Cr2Al3V2WMo 具有非常低的磁導率，較高的高溫強度和硬度，所以也可用於 700～800℃ 工作的熱作模具。採用氣體氮碳共滲熱處理，可進一步提高表面硬度，耐磨性。從而提高模具壽命。氣體氮碳共滲工藝：溫度 560～

570℃，氮化時間 4～6h，表面硬度 950～1100HV；滲氮層深度 0.03～0.04mm。該鋼可加工性差，需要進行高溫退火，改變碳化物的顆粒尺寸及分布。退火工藝：880～900℃，保溫 3～6h。固溶強化工藝：1170～1190℃，保溫 15～20min，水冷，650℃ 時效 15～20h，硬度≥45HRC。

表 4·13-15　某些易切削塑料模具鋼的化學成分

鋼　　號	化學成分的質量分數（%）							
	C	Mn	Si	Cr	Ni	Mo	V	其　　他
PMF（日）	0.52	1.00	0.25	1.05	2.00	0.30	<0.20	S：0.05～0.10
DKA—F（日）	0.38	0.80	≤0.50	5.00	—	1.10	0.60	S：0.08～0.13 Se：0.10～0.15
PFG（日）	0.38	0.65	1.00	5.25	—	1.35	1.00	S：0.10～0.15
40CrMnMoS86（德）	0.40	1.50	0.30	1.90	—	0.20	—	S：0.05～0.10
40CrMnMo7（德）	0.40	1.50	0.30	1.90	—	0.20	—	Ca：0.002
8Cr2MnWMoVS（中）	0.80	1.50	≤0.40	2.45	—	0.65	0.18	S：0.08～0.15 W：0.9
5CrNiMnMoVSCa（中）	0.55	1.00	≤0.40	1.00	1.00	0.45	0.22	S：0.06～0.15 Ca：0.002～0.008

4. 耐腐蝕塑料模具鋼　加入阻燃劑，在成形過程中有腐蝕性氣體的聚氯乙烯（PVC）或聚苯乙烯（ABS）塑料製品模具；含有鹵素族元素、福馬爾林、氨等腐蝕介質的塑料製品模具，採用 Cr13 或 Cr17 系列不鏽鋼製作，如 2Cr13、4Cr13、9Cr18、3Cr17Mo 等，提高了模具的耐蝕性。

5. 鏡面塑料模具鋼　製作表面光潔、透明度高、視覺舒適的塑料製品模具，模具鋼的研磨拋光性和光刻浸蝕性要好。爲適應拋光性要求，這類鋼都應經真空冶煉或電渣重熔等精煉處理，非金屬夾雜物、偏析、疏鬆等冶金缺陷要求很嚴。代表性的鋼號有 3Cr2Mo、3Cr2NiMnMo 以及易切削精密模具鋼

5CrNiMnMoVSCa、8Cr2MnWMoVS 等。

6. 冷擠壓成型塑料模具鋼　冷擠壓成型的製模方法具有生產效率高、模具精度高、表面光潔等優點。一些具有複雜型腔的塑料模可採用此法製造。這類鋼含碳量極低，退火後硬度很低，擠複雜型腔時硬度≤100HBS；擠淺型腔時≤160HBS。這類鋼中加入能提高淬透性而固溶強化效果又小的合金元素如鉻，矽含量低，模具冷擠壓成形後經滲碳淬硬，表面硬度 58～62HRC。一些冷擠壓成型塑料模具鋼的鋼號和化學成分見表 4·13-16。

常用塑料模具及其用鋼舉例見表 4·13-17。

表 4·13-16　冷擠壓成形塑料模具鋼的化學成分及硬度

鋼　　號	化學成分的質量分數（%）							退火後硬度
	C	Mn	Si	Cr	Ni	Mo	V	HB
P2（美）	0.07	0.30	0.30	2.00	0.5	0.2	—	113
P4（美）	0.07	0.30	0.30	5.00	—	—	—	122
8416（瑞典）	0.05	0.15	0.10	3.90	—	0.5	—	95～110
中國研製鋼種代號 LJ	≤0.08	<0.30	<0.20	3.50	0.5	0.4	0.12	87～105

表 4·13-17　常用塑料模具及其用鋼

模具類型及工作條件	推　薦　用　鋼
中、小模具精度要求不高，受力不大，生產批量小的模具	45，40Cr，T10（T10A）10，20，20Cr
受磨損較大，受較大動載荷，生產批量較大的模具	20Cr，12CrNi3，20Cr2Ni4，20CrMnTi

（續）

模具類型及工作條件	推　薦　用　鋼
大型複雜的注射成形模或擠壓成形模 生產批量大	4Cr5MoSiV, 4Cr5MoSiV1, 4Cr3Mo3SiV 等 5CrNiMnMoVSCo
熱固性成形模，要求高耐磨、高強度的模具	9Mn2V, CrWMn, GCr15, Cr12, Cr12MoV, 7CrSiMnMoV
耐腐性、高精度模具	2Cr13, 4Cr13, 9Cr18, Cr18MoV, 3Cr2Mo, Cr14Mo4V, 8Cr2MnWMoVS, 3Cr17Mo
無磁模具	7Mn15Cr2Al3V2WMo

第 14 章　不鏽鋼和耐蝕合金[1][54]～[56]

1　概述

　　機械設備及其零部件在各種腐蝕環境下造成的不同形態的腐蝕損害，是設備失效的主要原因之一。為了提高工程材料的抗腐蝕能力，開發了各種不鏽鋼和耐蝕合金。

　　不鏽鋼通常是不鏽鋼和耐酸鋼的統稱，也叫不鏽耐酸鋼，一般稱耐空氣、蒸汽和水等弱腐蝕性介質腐蝕的鋼為不鏽鋼，稱耐酸、鹼、鹽等強腐蝕性介質腐蝕的鋼為耐酸鋼。兩者在化學成分上有共同特點，都屬於鉻含量的質量分數為11%～12%以上的高合金鋼；但兩者在合金化程度上有差異，不鏽鋼並不一定耐酸，而耐酸鋼則一般均有良好的不鏽性能。本章從習慣叫法，將

不鏽耐酸鋼簡稱為不鏽鋼。不鏽鋼按使用狀態下的組織結構不同，可分為奧氏體不鏽鋼、鐵素體不鏽鋼、馬氏體不鏽鋼、雙相不鏽鋼和沈澱硬化不鏽鋼等。

　　對不鏽鋼性能的要求，最重要的是耐蝕性能，合適的力學性能，良好的冷、熱加工和焊接等工藝性能。鉻是不鏽鋼獲得耐蝕性的基本合金元素。當鋼中鉻的質量分數達到 12% 左右時，使鋼的表面生成緻密的 Cr_2O_3 保護膜，這個膜的存在對耐蝕性起決定性作用，主要表現出鋼在氧化性介質中的耐蝕性發生突變性上升；而在還原性介質中，則鉻的作用並不明顯。除了鉻外，不鏽鋼中還含有其他元素，有些是作為主要成分加入的，有的則是鋼中的殘餘元素。各種合金元素對不鏽鋼耐蝕性能的影響見表 4·14-1。

表 4·14-1　合金元素對不鏽鋼耐蝕性能的影響

耐蝕類型	C	Si	P	S	Cr	Ni	Mo	Cu	Nb	Ti	N
耐一般腐蝕	↓	↕	↓	↓	↑	↑	↑	↑			
耐晶間腐蝕	↓	↕	↓		↑	↓			↑	↑	
耐點腐蝕和縫隙腐蝕	↓		↓	↓	↑	↕	↑	↕			↑
耐應力腐蝕	↕	↑	↓	↕	↑	↕	↕	↕	↕	↕	↕

註：↑很有利；↑有利；↕有利或有害隨條件而定；↓有害；↓肯定有害。

　　為了解決一般不鏽鋼和其他金屬材料無法解決的工程腐蝕問題，開發了耐蝕合金，例如 Monel 合金（$w_{Ni}70\%$，$w_{Cu}30\%$），可算是最早的耐蝕合金。耐蝕合金通常按化學成分分為鎳基耐蝕合金、鐵-鎳基耐蝕合

金和鈦基耐蝕合金等。鎳基耐蝕合金是指以鎳為基體、能在某些介質中耐腐蝕的合金。對於 $w_{Ni}>30\%$，而且（$w_{Ni}+w_{Fe}$）$>50\%$ 的耐蝕合金，通常稱為鐵-鎳耐蝕合金。鈦基合金是指以鈦為基體的耐蝕合金，在

中性、氧化性介質中，尤其在海水中，鈦基合金的耐蝕性能顯著優於各種不鏽鋼，甚至超過鎳基耐蝕合金，是目前在上述介質中耐蝕性能最好的金屬材料。

2　不鏽鋼和耐蝕合金的化學成分和性能特點

2·1　奧氏體不鏽鋼

以鉻鎳爲主要合金元素的奧氏體不鏽鋼是應用最爲廣泛的一類不鏽鋼，約占不鏽鋼總産量的 70%。此類鋼包括 Cr18Ni8 系不鏽鋼以及在此基礎上發展起來的含鉻、鎳更高並含鉬、矽、銅等合金元素的奧氏體類不鏽鋼，其形成及發展過程見圖 4·14-1。奧氏體不鏽鋼的化學成分見表 4·14-2，其力學、物理性能以及典型應用見表 4·14-3和表 4·14-4。

奧氏體不鏽鋼通常是無磁性的；由於合金元素含量較高，其導熱性在不鏽鋼中是最差的，熱導率僅

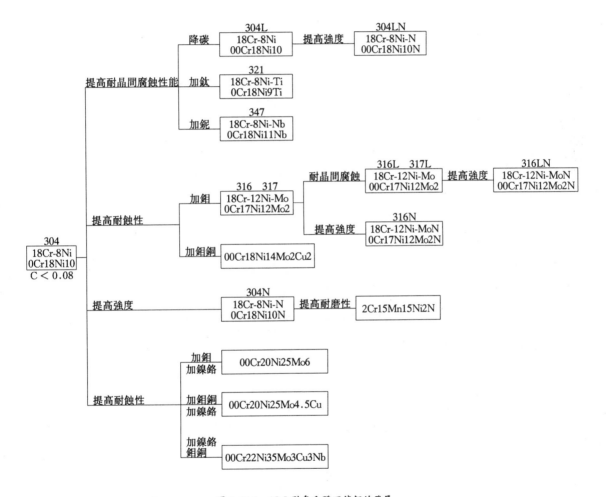

圖 4·14-1　18-8 型奧氏體不鏽鋼的發展

表 4·14-2　奧氏體不鏽鋼的化學成分

鋼　號	化 學 成 分 的 質 量 分 數 w(%)									近似鋼號 AISI
	C	Si	Mn	P	S	Cr	Ni	Mo	其　他	
1Cr17Mn6Ni5N	≤0.15	≤1.0	5.5~7.5	≤0.06	≤0.03	16~18	3.5~5.5		N：≤0.25	201
1Cr18Mn8Ni5N	≤0.15	≤1.0	7.5~10.0	≤0.06	≤0.03	17~19	4.0~6.0		N：≤0.25	202
1Cr17Ni7	≤0.15	≤1.0	≤2.0	≤0.035	≤0.03	16.0~18.0	6.0~8.0			301

（續）

鋼　　號	化 學 成 分 的 質 量 分 數 w(%)									近似鋼號 AISI
	C	Si	Mn	P	S	Cr	Ni	Mo	其　　他	
1Cr18Ni9	≤0.15	≤1.0	≤2.0	≤0.035	≤0.03	17.0~19.0	8.0~10.0			302
Y1Cr18Ni9	≤0.15	≤1.0	≤2.0	≤0.200	≥0.15	17.0~19.0	8.0~10.0			303
Y1Cr18Ni9Se	≤0.15	≤1.0	≤2.0	≤0.20	≤0.06	17.0~19.0	8.0~10.0		Se:≥0.15	303Se
0Cr18Ni9	≤0.08	≤1.0	≤2.0	≤0.035	≤0.03	18~20	8.0~10.5			304
00Cr19Ni11	≤0.03	≤1.0	≤2.0	≤0.035	≤0.03	18~20	9.0~13.0			304L
0Cr19Ni9N	≤0.08	≤1.0	≤2.0	≤0.035	≤0.03	18~20	7.0~10.5		N:0.1 ~0.25	304N
0Cr19Ni10NbN	≤0.08	≤1.0	≤2.0	≤0.035	≤0.03	18~20	7.5~10.5		Nb:≤0.15 N:0.15 ~0.30	XM21 304N2
00Cr18Ni10N	≤0.03	≤1.0	≤2.0	≤0.035	≤0.03	17.0~19.0	8.5~11.5		N:0.12 ~0.22	304LN
1Cr18Ni12	≤0.12	≤1.0	≤2.0	≤0.035	≤0.03	17.0~19.0	10.5~13.0			305
0Cr23Ni13	≤0.08	≤1.0	≤2.0	≤0.035	≤0.03	22~24	12~15			309S
0Cr25Ni20	≤0.08	≤1.0	≤2.0	≤0.035	≤0.03	24~26	19~22			310S
0Cr17Ni12Mo2	≤0.08	≤1.0	≤2.0	≤0.035	≤0.03	16~18.5	10~14	2.0~3.0		316
0Cr18Ni12Mo2Ti	≤0.08	≤1.0	≤2.0	≤0.035	≤0.03	16~19	11~14	1.8~2.5	$w_{Ti}=5\times w_C$ ~0.70%	
00Cr17Ni14Mo2	≤0.08	≤1.0	≤2.0	≤0.035	≤0.03	16~18	12.0~15.0	2.0~3.0		316L
0Cr17Ni12Mo2N	≤0.08	≤1.0	≤2.0	≤0.035	≤0.03	16~18	10.0~14.0	2.0~3.0	N:0.10 ~0.22	316N
00Cr17Ni13Mo2N	≤0.03	≤1.0	≤2.0	≤0.035	≤0.03	16~18.5	10.5~14.5	2.0~3.0	N:0.10 ~0.22	316LN
0Cr18Ni12Mo2Cu2	≤0.08	≤1.0	≤2.0	≤0.035	≤0.03	17.0~19.0	10.0~14.0	1.2~2.75	Cu:1.0 ~2.5	316J1
00Cr18Ni14Mo2Cu2	≤0.03	≤1.0	≤2.0	≤0.035	≤0.03	17.0~19.0	12.0~16.0	1.2~2.75	Cu:1.0 ~2.5	316J1L
0Cr19Ni13Mo3	≤0.08	≤1.0	≤2.0	≤0.035	≤0.03	18.0~20.0	11.0~15.0	3.0~4.0		317
00Cr19Ni13Mo3	≤0.03	≤1.0	≤2.0	≤0.035	≤0.03	18.0~20.0	11.0~15.0	3.0~4.0		317L
0Cr18Ni16Mo5	≤0.04	≤1.0	≤2.0	≤0.035	≤0.03	16.0~19.0	15.0~17.0	4.0~6.0		317J1
1Cr18Ni9Ti	≤0.12	≤1.0	≤2.0	≤0.035	≤0.03	17.0~19.0	8.0~11.0		$w_{Ti}=5\times(w_C-0.02\%)$ ~0.8%	
0Cr18Ni11Ti	≤0.08	≤1.0	≤2.0	≤0.035	≤0.03	17.0~19.0	9.0~13.0			321
0Cr18Ni11Nb	≤0.08	≤1.0	≤2.0	≤0.035	≤0.03	17.0~19.0	9.0~13.0		$w_{Nb}\geq 10\times w_C$	347
0Cr18Ni9Cu3	≤0.08	≤1.0	≤2.0	≤0.035	≤0.03	17.0~19.0	8.5~10.5			XM7
0Cr18Ni13Si4	≤0.08	3.0~5.0	≤2.0	≤0.035	≤0.03	15.0~20.0	11.5~15.0			XM15
2Cr18Ni9	0.12~0.22	≤1.0	≤2.0	≤0.035	≤0.03	17~19	8~11			
000Cr19Ni15	≤0.010	≤0.1	≤0.5	≤0.010	≤0.010	18~20.5	13~16			
000Cr25Ni20	≤0.010	≤0.1	≤0.5	≤0.010	≤0.010	24~26	19~22			
0Cr18Ni18Si2Re	≤0.08	2.0~2.5	0.6~1.0	≤0.03	≤0.03	17~19	17~19		Re:≤0.15	
00Cr14Ni14Si4	≤0.03	3.5~4.5	≤1.0	≤0.03	≤0.03	13~15	13~15			
00Cr17Ni14Si4Nb	≤0.03	3.5~4.5	≤1.0	≤0.03	≤0.03	16~18	14~16		Nb:0.4 ~0.8	

（續）

鋼　號	化 學 成 分 的 質 量 分 數 ω(%)									近似鋼
	C	Si	Mn	P	S	Cr	Ni	Mo	其　他	號 AISI
00Cr18Ni15Mo2N	≤0.025	≤0.6	1.5~2.0	≤0.03	≤0.03	17~19	13.5~16	2.2~2.8	N:≤0.20	
00Cr25Ni22Mo2N	≤0.020	≤0.4	1.5~2.0	≤0.02	≤0.015	24.5~25.5	21.5~22.5	1.9~2.3	N:0.1~0.4	
00Cr18Ni18Mo2Cu2	≤0.03	≤1.0	≤2.0	≤0.03	≤0.03	17~19	17~19	1.8~2.2	Cu:1.8~2.2	
0Cr12Ni25Mo3Cu3Si2Nb	≤0.08	1.8~2.2	≤1.0	≤0.03	≤0.03	12~14	24~27	3.0~4.0	Cu:3.0~4.0 加 Nb	
0Cr20Ni26Mo3Cu3Si2Nb	≤0.06	1.0~2.5	≤1.0	≤0.03	≤0.03	17~22	24~28	2.0~3.5	Cu:2.0~3.5	
00Cr20Ni25Mo4.5Cu	≤0.02	≤0.8	≤1.0	≤0.025	≤0.025	19~21	24~26	4.0~5.0	Cu:1.0~18	2RK65
0Cr18Ni18Mo5	≤0.03	≤1.0	≤1.0	≤0.03	≤0.03	17~19	17~20	4.5~5.5	N:≤0.15	
0Cr17Ni17Mo7Cu2	≤0.05	≤0.8	≤0.8	≤0.03	≤0.03	16.5~18.5	16~18	6.0~7.0	Cu:1.2~2.0	
2Cr15Mn15Ni2N	0.15~0.25	≤1.0	14~16	≤0.06	≤0.03	14~16	1.5~3.0		N:0.15~0.30	
0Cr17Mn13N	≤0.08	≤0.8	13~15	≤0.04	≤0.03	16.5~18.5			N:0.2~0.3	
00Cr26Ni35Mo3Cu4Ti	≤0.03	≤0.7	≤1.0	≤0.04	≤0.03	25~27	34~37	2.0~3.0	Cu:3~4 Ti:0.4~0.9	
0Cr18Ni10B	0.08	≤1.0	≤2.0	≤0.04	≤0.03	18~20	8~14		B:1.0~2.0	304＋B
00Cr20Ni25Mo6	0.01					20	25	6.0		A l-6X

表 4·14-3　奧氏體不鏽鋼的力學性能及用途

鋼　　號	$\sigma_{0.2}$ (MPa)	σ_b (MPa)	δ (%)	ψ (%)	硬 度 HRB	特 性 及 用 途 舉 例
1Cr17Mn6Ni5N	≥275	≥520	≥40	≥45	≤100	節 Ni 鋼代 1Cr17Ni7,用於鐵道車輛
1Cr18Mn8Ni5N	≥275	≥520	≥40	≥45	≤95	節 Ni 鋼代 1Cr18Ni9
1Cr17Ni7	≥206	≥520	≥40	≥60	≤90	冷加工後有高強度,用於鐵道車輛及緊固件
1Cr18Ni9	≥206	≥520	≥40	≥60	≤90	冷加工後有高強度,用於建築裝飾
Y1Cr18Ni9	≥206	≥520	≥40	≥50	≤90	改善切削性、用於自動車床及緊固件等
Y1Cr18Ni9Se	≥206	≥520	≥40	≥50	≤90	改善切削性、用於自動車床及緊固件等
0Cr19Ni9	≥206	≥520	≥40	≥60	≤90	用於食品工業、一般化工、原子能工業
00Cr19Ni11	≥177	≥481	≥40	≥60	≤90	超低碳、耐晶間腐蝕,用於焊接部件
0Cr19Ni9N	≥275	≥549	≥35	≥50	≤95	加氮提高了強度,用於高強度結構件
0Cr19Ni10NiN	≥343	≥686	≥35	≥50	≤100	加氮提高了強度,用於高強度結構件
00Cr18Ni10N	≥245	≥549	≥40	≥50	≤95	同上,耐晶間腐蝕性更好
1Cr18Ni12	≥177	≥481	≥40	≥60	≤90	加工硬化性低,用於旋壓件、冷鐓件
0Cr23Ni13	≥206	≥520	≥40	≥60	≤90	耐熱耐蝕比 0Cr19Ni9 更好
0Cr25Ni20	≥206	≥520	≥40	≥50	≤90	抗氧化性更好,常作爲耐熱鋼使用
0Cr17Ni12Mo2	≥206	≥520	≥40	≥60	≤90	耐點蝕性好,用於海水結構件
0Cr18Ni12Mo2Ti	≥210	≥539	≥40	≥55	≤90	在還原性酸中耐蝕性好,也耐晶間腐蝕
00Cr17Ni14Mo2N	≥177	≥481	≥40	≥60	≤90	超低碳,耐晶間腐蝕性更好

（續）

鋼　　號	$\sigma_{0.2}$ (MPa)	σ_b (MPa)	δ (%)	ψ (%)	硬度 HRB	特　性　及　用　途　舉　例
0Cr17Ni12Mo2N	≥275	≥549	≥35	≥50	≤95	強度高,耐蝕性好,作爲強度部件使用
00Cr17Ni13Mo2N	≥245	≥549	≥40	≥50	≤95	同上,耐晶間腐蝕性更好
0Cr18Ni12Mo2Cu2	≥206	≥520	≥40	≥60	≤90	耐硫酸性更好
00Cr18Ni14Mo2Cu2	≥177	≥481	≥40	≥60	≤90	同上,耐晶間腐蝕
0Cr19Ni13Mo3	≥206	≥520	≥40	≥60	≤90	耐點蝕性好,常用作印染設備
00Cr19Ni13Mo3	≥177	≥481	≥40	≥60	≤90	同上,超低碳型耐晶間腐蝕性更好
0Cr18Ni16Mo5	≥177	≥481	≥40	≥45	≤90	高鉬含量,耐蝕性更好,耐醋酸磷酸和漂白設備
1Cr18Ni9Ti	≥206	≥539	≥40	≥55	≤90	通用型,用作焊芯、儀表、醫療器械設備襯裡管道等
0Cr18Ni11Nb	≥206	≥520	≥40	≥50	≤90	同上,耐蝕性稍好,含鈦,拋光性不良
0Cr18Ni11Nb	≥206	≥520	≥40	≥55	≤90	含 Nb,耐晶間腐蝕
0Cr18Ni9Cu3	≥177	≥481	≥40	≥60	≤90	含 Cu,冷加工性好,用於冷鐓件
0Cr18Ni13Si4	≥206	≥520	≥40	≥60	≤95	含高 Si,耐應力腐蝕好
2Cr18Ni9	≥216	569	≥40	≥55	64.3	強度高,用於非焊接部件
000Cr19Ni15	153	470	53	75.1	70	高純度適於強氧化高溫中濃度硝酸介質中使用
000Cr25Ni20	165	478	51	78.8	—	高純度,抗非敏化晶間腐蝕
0Cr18Ni18Si2Re	280	559	52	73	80.1	耐應力腐蝕性好,適於高濃氯化物介質中使用
00Cr14Ni14Si4	248	643	60.9	74.3	88.4	高 Si,適於中低溫濃硝介質中使用
00Cr17Ni15Si4Nb	360	711	50	59	HB151	同上,用於焊接部件、發煙硝酸吸收塔
00Cr18Ni15Mo2N	342	693	45.9	74	HB156	適於尿素生產過程使用,通稱尿素級 316L
00Cr25Ni22Mo2N	347	684	43.9	74.4	HB164	適於強腐蝕性尿素生產中使用
00Cr18Ni18Mo2Cu2	284	608	46	72.5	HB160	在稀、中濃度硫酸中耐蝕性好,可作焊接結構
0Cr12Ni25Mo3Cu3Si2Nb	370	590	40	61	—	在中濃度熱硫酸中耐蝕性好
0Cr20Ni26Mo3Cu3Si2Nb	314	569	≥35	≥50	—	適於硫酸介質中使用
00Cr20Ni25Mo45Cu	299	647	43.5	65		耐點蝕、縫隙腐蝕及應力腐蝕性好,耐非氧化性酸腐蝕
00Cr18Ni18Mo5	≥275	≥490	≥30	≥50	70~80	在非氧化性酸、氨鹼、海水中有較好的耐蝕性
2Cr15Mn15Ni2N	≥294	≥637	≥39	≥45	—	節 Ni 低磁,高耐磨性,用於無線電裝置
0Cr17Mn13N	≥492	843	48	71	HB220	在硝酸工業中可取代 1Cr18Ni9Ti,節 Ni
00Cr26Ni35Mo3Cu4Ti	≥216	≥539	≥40	≥55	—	在氧化、還原或複合介質中有良好的耐蝕性

爲碳鋼的 1/3 左右；它具有單一的奧氏體組織,不能通過熱處理強化,但加工硬化作用顯著,故可通過冷變形方法提高鋼的強度,但耐蝕性相應有所下降；奧氏體不鏽鋼不僅在常溫,而且在極低溫度下（如－185℃）仍具有很高的衝擊韌性,使這類鋼在製冷工業中得到廣泛應用。這類鋼的切削性能較差,並易黏刀；含硫或硒等易切削元素的奧氏體不鏽鋼的可加工性有所改善,如 304F 和 316F 易切削不鏽鋼。奧氏體不鏽鋼的塑性優良,與其他不鏽鋼相比具有較好的可焊性。由於含有較高的鉻和鎳,鋼在氧化性、中性及弱還原性介質中均具有良好的耐蝕性。但這類不鏽鋼不適合在氯化物環境中使用,因有較高的應力腐蝕破裂敏感性和點蝕傾向。這類鋼的冷熱加工性能俱佳,容易生產板、管、絲、帶等各種鋼材。可製成形狀複雜的衝壓件。奧氏體不鏽鋼經固溶處理可獲得最佳的耐蝕性與力學性能的配合。這種處理也常用於冷加工過程中的軟化退火處理。

表 4·14-4　典型奧氏體不鏽鋼的物理性能

鋼　　　號	密　度 （kg/m³）	熱　導　率 [W/(m·d)]	膨　脹　係　數 [μm/(m·℃)]	電　阻　率 （μΩ·cm）
1Cr17Ni7	7700	14.71	18.0	72
1Cr18Ni9	8000	12.11	17.6	70
Y1Cr18Ni9	8000	12.11	17.6	72
0Cr18Ni9	8000	13.86	18.2	70
1Cr18Ni12	8000	16.27	17.6	72
0Cr25Ni20	8000	12.11	16.7	88
0Cr17Ni12Mo2	8000	13.50	17.5	73
0Cr18Ni11Ti	8000	16.10	17.5	72
0Cr18Ni11Nb	8000	14.71	18.0	72
00Cr20Ni25Mo4.5Cu	8000	14.0	15.5	85
00Cr26Ni35Mo3Cu4Ti	8000	13.0	15.8	107

　　奧氏體不鏽鋼的品種很多。以 0Cr18Ni10 爲代表的普通型奧氏體不鏽鋼用量最大，我國原以 1Cr18Ni9Ti 爲主，近幾年，正逐步被低碳或超低碳的 0Cr18Ni10 或 00Cr18Ni11 所取代。超低碳不鏽鋼不僅可避免晶間腐蝕的產生，而且在耐均勻腐蝕、點腐蝕以及應力腐蝕方面均有所提高，在塑性成形方面亦有所提高，只是強度略有降低。鉬的加入使普通型奧氏體不鏽鋼的耐蝕性，特別是在還原性介質中的耐蝕性得到顯著改善，其代表鋼種爲 00Cr17Ni12Mo2。若選用 00Cr18Ni11 還嫌耐蝕性不足時，可選用含鉬的 00Cr17Ni12Mo2。當鋼中鉻鎳含量進一步增加，並同時加入鉬、銅、矽等合金元素時，可以承受某些腐蝕性更強的介質的腐蝕作用，其代表鋼種是 00Cr22Ni35Mo-3Cu3Nb。此外，還有一些針對某些特殊條件而研製的奧氏體不鏽鋼，比如，耐濃硝酸的 C 系列鋼；高硬度、高耐磨性奧氏體不鏽鋼，原子能領域應用的含硼不鏽鋼等。

2·2　鐵素體不鏽鋼

　　在不鏽鋼中，鐵素體不鏽鋼應用的廣泛性僅次於奧氏體不鏽鋼。普通純度的鐵素體不鏽鋼由於焊後晶粒粗化而引起脆性以及耐蝕性下降等問題，其應用受到限制。近年來，由於精煉技術的進步，生產碳、氮含量極低的高純鐵素體不鏽鋼成爲可能 [$w_{(C+N)} \leqslant 150 \times 10^{-4}$％]。高純鐵素體不鏽鋼大大改善了鐵素體不鏽鋼的脆性及焊接問題，同時因其對氯化物應力腐蝕不敏感，不僅使 Cr13 和 Cr17 型鐵素體不鏽鋼獲得廣泛應用，而且還開發成功一批高鉻高鉬的高純鐵素體不鏽鋼。這類鋼一般不含鎳，鉻的質量分數在 12％～30％ 之間，通常還含有質量分數爲 1％～4％ 的鉬，他們的化學成分見表 4·14-5，力學性能和典型應用見表 4·14-6。

表 4·14-5　鐵素體不鏽鋼的化學成分

鋼　　號	化 學 成 分 的 質 量 分 數 （％）								近似鋼號
	C	Si	Mn	P	S	Cr	Mo	其　　他	AISI
0Cr13Al	≤0.08	≤1.0	≤1.0	≤0.035	≤0.030	11.5～14.5		Al 0.1～0.3	405
00Cr12	≤0.03	≤1.0	≤1.0	≤0.035	≤0.030	11.0～13.5			410L
1Cr15	≤0.12	≤1.0	≤1.0	≤0.035	≤0.030	14.0～16.0			429
1Cr17	≤0.12	≤0.75	≤1.0	≤0.035	≤0.030	16.0～18.0			430
00Cr17	≤0.03	≤0.75	≤1.0	≤0.035	≤0.030	16.0～19.0		Ti 或 Nb 0.1～1.0	430L
1Cr17Mo	≤0.12	≤1.0	≤1.0	≤0.035	≤0.030	16.0～18.0	0.75～12.5	N≤0.025	434
00Cr17Mo	≤0.025	≤1.0	≤1.0	≤0.035	≤0.030	16.0～19.0	0.75～1.25	Ti 或 Nb8；(C+N) ～0.8	434L

（續）

鋼　　號	化　學　成　分　的　質　量　分　數（%）								近似鋼號 AISI
	C	Si	Mn	P	S	Cr	Mo	其　他	
00Cr18Mo2	≤0.025	≤1.0	≤1.0	≤0.035	≤0.030	17.0~20.0	1.75~2.5	N≤0.025 Ti或Nb8;(C+N)~0.8	444
00Cr30Mo2	≤0.010	≤0.4	≤0.4	≤0.030	≤0.020	28.5~32.0	1.5~2.5	N≤0.015	447J1
00Cr27Mo	≤0.010	≤0.4	≤0.4	≤0.030	≤0.020	25.0~27.5	0.75~1.5	N≤0.015	XM27
0Cr13	≤0.08	≤0.6	≤0.8	≤0.035	≤0.03	12.0~14.0			
0Cr17Ti	≤0.08	≤0.8	≤0.8	≤0.035	≤0.03	16.0~18.0		Ti5×C~0.8	439
000Cr26Mo1	≤0.010	≤0.4	≤0.4	≤0.02	≤0.02	25.5~27.5	1.0~1.5	N≤0.01 (C+N)≤0.015	EB26-1
000Cr18Mo2Ti	≤0.010	≤0.5	≤0.5	≤0.03	≤0.02	18.0~19.0	1.5~2.5	N≤0.01;(C+N)≤0.015 Ti≥10(C+N)	
000Cr29Ni2Mo4	≤0.015	≤0.5	≤0.3	≤0.03	≤0.02	28.0~30.0	3.5~4.0	Ni2~2.5;N≤0.02 (C+N)≤0.025	AL29-4-2

表 4·14-6　鐵素體不鏽鋼的室溫力學性能及典型應用

鋼　　　號	σ_b (MPa)	$\sigma_{0.2}$ (MPa)	δ (%)	HRB	特　性　及　應　用
0Cr13Al	≥412	≥177	≥20	≤88	汽輪機材料、複合材料
00Cr12	≥363	≥196	≥22	≤88	超低碳焊接性能好，汽車排氣裝置等
1Cr15	≥451	≥206	≥22	≤88	為1Cr17改善焊接性的鋼種
1Cr17	≥451	≥206	≥22	≤88	耐蝕性良好，室內裝飾用，重油燃燒器件
00Cr17	≥363	≥177	≥22	≤88	低碳，改善加工性焊接性、溫水構件、家用器類
1Cr17Mo	≥451	≥206	≥22	≤88	切削性較好、抗鹽溶液好、汽車外裝材料
00Cr17Mo	≥412	≥245	≥20	≤96	焊接和加工性得到改善、建築裝飾、廚房用具等
00Cr18Mo2	≥412	≥245	≥20	≤96	耐蝕性好，溫水器、熱交換器、食品機械等
00Cr30Mo2	≥451	≥294	≥22	≤95	耐蝕性很好，有機酸及製鹼設備、耐點蝕及應力腐蝕
00Cr27Mo	≥412	≥245	≥22	≤90	耐蝕性很好，有機酸及製鹼設備、耐點蝕及應力腐蝕
0Cr13	≥490	≥343	≥24	≤90	良好的塑性、冷變形性、可焊性、含硫石油設備襯裡
0Cr17Ti	≥450	≥294	≥20	—	適於製造耐氧化酸的容器和管道
000Cr26Mo1	≥412	≥245	≥22	≤90	極低碳、氮含量，耐應力腐蝕，用於熱交換設備和製鹼設備
000Cr18Mo2Ti	≥450	≥250	≥25	≤96	有機酸及含Cl⁻水中有良好的耐蝕性
000Cr29Mo4Ni2	590	720	22	97	耐蝕性很好，耐點蝕，耐應力腐蝕

　　鐵素體不鏽鋼的一些特點如下：

　　(1) 由於不含貴重元素鎳，故較為經濟，適於民用設備。例如，鉻含量（w_{Cr}）13%～17%的鐵素體不鏽鋼廣泛用於廚房設備、家電產品等要求不很苛刻的地方。

　　(2) 同奧氏體不鏽鋼一樣，由於沒有相變，故不能通過熱處理強化。冷加工雖能產生強化作用，但加工硬化速度較低，強化效果不如奧氏體不鏽鋼明顯，因而切削性能和冷成形性能較好。

　　(3) 與奧氏體不鏽鋼相比，鐵素體不鏽鋼的導熱係數大，比電阻小，膨脹係數也小，且呈鐵磁性，在這些方面更接近於碳鋼。

　　(4)對氯化物應力腐蝕破裂不敏感,這也是這類鋼近些年發展較快的原因之一。此外,由於含有較高的鉻和鉬,故耐點蝕、耐縫隙腐蝕性能亦佳,可廣泛用作熱交換設備,耐海水設備等。

　　(5)當鋼中鉻的質量分數超過16%時,存在固有的加熱脆性(特別是高鉻鉬鋼):如475℃附近加熱時所出現的"475℃回火脆性";850℃附近加熱時由於σ相的析出及高溫晶粒長大造成的脆性等。此外,這類鋼具有脆性轉變特性,脆性轉變溫度與鋼中碳、氮含量,熱處理時的冷卻速度以及截面尺寸有關,碳、氮含量越低,截面尺寸越小,其轉變溫度也就越低。因此,鐵素體不鏽鋼一般不推薦用於大截面尺寸工件的製造。

　　(6)可焊接,高純級鐵素體不鏽鋼的可焊性良好,可採用奧氏體類型的焊絲或焊條進行氫弧焊或手工電弧焊,高純級材料在焊接時還必須考慮防護問題,以防焊接時碳氮等不純物的污染,防止使性能變壞。

2·3　馬氏體不鏽鋼

　　馬氏體不鏽鋼是含鉻的質量分數爲12%~18%的高碳鉻不鏽鋼,其鉻含量下限由耐蝕性的要求決定,上限由高溫奧氏體區域決定。這類鋼加熱時可形成奧氏體,冷卻時則發生馬氏體轉變,一般在油或空氣中冷卻淬火即可得到馬氏體組織。鋼中碳的質量分數一般爲0.1%~1.0%,碳含量越高,硬度和耐磨性也相應提高,耐蝕性則下降。碳的質量分數爲0.1%時,其金相組織由馬氏體和鐵素體組成;碳含量提高到$w_C=0.2\%$~0.4%時,則可得到完全的馬氏體組織;碳含量更高時,除馬氏體外,還會有碳化物出現。爲改善某些特性,可向鋼中加入鉬、鎳、釩、鈷、矽、銅等元素,從而形成一類新型的馬氏體不鏽鋼。馬氏體不鏽鋼的發展過程見圖4·14-2。他們的化學成分見表4·14-7。淬火後的馬氏體不鏽鋼應進行回火處理,低溫回火(150~370℃)可消除淬火應力;高溫回火(560~650℃)可調整綜合力學性能,同時獲得良好的不鏽耐蝕性。應避免在370~560℃範圍內進行回火,這是因爲在該範圍回火時,會出現回火脆性。工序間的軟化退火應在760℃加熱保溫後爐冷。馬氏體不鏽鋼一般不用作焊接部件,必須焊接時,則應進行焊前預熱和焊後熱處理。馬氏體不鏽鋼多用於耐蝕要求不很高,但對強度、硬度要求較高的場合,如量具、刃具、彈簧、泵、閥、軸承、葉片等。馬氏體不鏽鋼淬火回火後的力學性能及用途見表4·14-8。

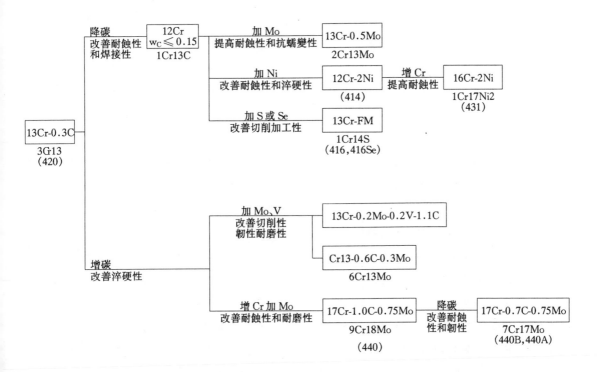

圖4·14-2　馬氏體不鏽鋼的發展概況

表 4·14-7　馬氏體不鏽鋼的化學成分

鋼　號	化 學 成 分 的 質 量 分 數（%）									近似鋼號
	C	Si	Mn	P	S	Cr	Ni	Mo	其他	AISI
1Cr12	≤0.15	≤0.50	≤1.0	≤0.035	≤0.030	11.5～13.0				403
1Cr13	≤0.15	≤1.0	≤1.0	≤0.035	≤0.030	11.5～13.0				410
1Cr13Mo	0.08～0.18	≤0.6	≤1.0	≤0.035	≤0.030	11.5～14.0		0.3～0.6		410J1
Y1Cr13	≤0.15	≤1.0	≤1.25	≤0.060	≤0.15	12.0～14.0				416
2Cr13	0.16～0.25	≤1.0	≤1.0	≤0.035	≤0.030	12.0～14.0				420　420J1
3Cr13	0.26～0.40	≤1.0	≤1.0	≤0.035	≤0.030	12.0～14.0				420J2
3Cr13Mo	0.28～0.35	≤0.8	≤1.0	≤0.035	≤0.030	12.0～14.0		0.5～1.0		
Y3Cr13	0.26～0.40	≤1.0	≤1.25	≤0.06	≤0.15	12.0～14.0				420F
1Cr17Ni2	0.11～0.17	≤0.8	≤0.8	≤0.035	≤0.030	16～18	1.5～2.5			431
7Cr17	0.65～0.75	≤1.0	≤1.0	≤0.035	≤0.030	16～18				440A
8Cr17	0.75～0.95	≤1.0	≤1.0	≤0.035	≤0.030	16～18				440B
11Cr17	0.95～1.20	≤1.0	≤1.0	≤0.035	≤0.030	16～18				440C
Y11Cr17	0.95～1.20	≤1.0	≤1.25	≤0.06	≤0.15	16～18				
9Cr18	0.90～1.0	≤0.8	≤0.7	≤0.035	≤0.030	17～19				440C
9Cr18MoV	0.85～0.95	≤0.8	≤0.8	≤0.035	≤0.030	17～19		1.0～1.3	V: 0.07～0.12	

表 4·14-8　馬氏體不鏽鋼的力學性能及用途

鋼　號	熱 處 理		$\sigma_{0.2}$ (MPa)	σ_b (MPa)	δ (%)	硬　度	用 途 舉 例
	淬火（℃）	回火（℃）					
1Cr12	950～1000 油冷	700～750 快冷	≥392	≥588	≥25	≥170HB	汽輪機葉片
1Cr13	950～1000 油冷	700～750 快冷	≥343	≥539	≥25	≥159HB	一般用作刃具類
1Cr13Mo	970～1020 油冷	650～750 快冷	≥490	≥686	≥20	≥192HB	葉片、高溫部件
Y1Cr13	950～1000 油冷	700～750 快冷	≥343	≥539	≥25	≥159HB	易切鋼自動車床用
2Cr13	920～980 油冷	600～750 快冷	≥441	≥637	≥20	≥192HB	汽輪機葉片
3Cr13	920～980 油冷	600～750 快冷	≥539	≥735	≥12	≥217HB	硬度高，用作刃具、閥門、閥座等
3Cr13Mo	1025～1075 油冷	200～300 快冷	—	—	—	≥207HB	熱油泵軸閥門、彈簧等
Y3Cr13	920～980 油冷	600～750 快冷	≥539	≥735	≥12	≥217HB	改善被切削性能
1Cr17Ni2	950～1050 油冷	275～350 空冷	—	≥1079	≥10		耐硝酸和有機酸，用於高強部件
7Cr17	1010～1070 油冷	100～180 快冷	—	—	—	≥54HRC	用於刃具、量具、軸承等
8Cr17	1010～1070 油冷	100～180 快冷	—	—		≥56HRC	刃具、閥門等
11Cr17	1010～1070 油冷	100～180 快冷	—	—		≥58HRC	最高的硬度，可用作軸承、噴嘴
Y11Cr17	1010～1070 油冷	100～180 快冷	—	—		≥58HRC	最高的硬度，可用作軸承、噴嘴
9Cr18	1000～1050 油冷	200～300 空冷	—	—		≥55HRC	刃具、刀具、軸承閥片等
9Cr18MoV	1050～1075 油冷	100～200 空冷	—	—		≥55HRC	同上，耐蝕性更好，用作手術刀具

2·4 雙相不鏽鋼

鋼的顯微組織主要由奧氏體和鐵素體兩相所組成的不鏽鋼稱爲雙相不鏽鋼，雙相中有時鐵素體多些，有時奧氏體多些。這類鋼既具有奧氏體不鏽鋼優良的韌性和焊接性能，也具有鐵素體不鏽鋼強度高、耐氯化物應力腐蝕的特性，是近十多年來發展很快的鋼種。常見雙相不鏽鋼的化學成分見表 4·14-9，其力學性能及用途見表 4·14-10。

這類鋼具有下列特點：

表 4·14-9　雙相不鏽鋼的化學成分

鋼　　號	化 學 成 分 的 質 量 分 數（%）									近似鋼號
	C	Si	Mn	P	S	Cr	Ni	Mo	其他	
00Cr18Ni5Mo3Si2	≤0.03	1.3~2.0	1.0~2.0	≤0.03	≤0.03	18~19.5	4.5~5.5	2.5~3.0	N: ≤0.1	3RE60
1Cr18Ni11Si4AlTi	0.1~0.18	3.4~4.0	≤0.8	≤0.035	≤0.03	17.5~19.5	10~12	—	Ti: 0.4~0.7 Al: 0.1~0.3	
1Cr21Ni5Ti	0.09~0.14	≤0.8	≤0.8	≤0.035	≤0.03	20~22	4.8~5.8	—	$w_{Ti}=5(w_C-0.02\%)~0.8\%$	ЭИ811
0Cr25Ni5Mo2	≤0.08	≤1.0	≤1.5	≤0.035	≤0.03	23~28	3.0~6.0	1.0~3.0	—	
00Cr22Ni5Mo3N	≤0.03	≤1.0	≤2.0	≤0.03	≤0.02	21~23	5.0~6.0	2.75~3.25	N: 0.12~0.2	SAF2205
00Cr26Ni6Ti	≤0.03	≤0.8	≤1.0	≤0.035	≤0.03	25~27	5.5~7.0		Ti: 0.2~0.4	ⅠN744
00Cr26Ni7Mo2Ti	≤0.03	0.4~0.8	≤1.5	≤0.035	≤0.03	25~27	6.5~7.5	1.5~2.5	Ti: 0.3~0.5	
00Cr25Ni6Mo3N	≤0.03	≤1.0	≤1.0	≤0.035	≤0.03	24~26	6~7	2.75~3.25	N: 0.1~0.2	DP3.329

表 4·14-10　雙相不鏽鋼的力學性能及用途

鋼　　號	$\sigma_{0.2}$ (MPa)	σ_b (MPa)	δ (%)	ψ (%)	硬度 HV	用　途　舉　例
00Cr18Ni5Mo3Si2	≥392	≥588	≥20	—	≤300	強度高，耐應力腐蝕，製作換熱器、冷凝器
1Cr18Ni11Si4AlTi	—	≥716	≥30	—	—	耐硝酸腐蝕，可作高溫濃硝酸介質中的設備和零件
1Cr21Ni5Ti	—	≥637	≥20	—	—	化工、食品工業中製造容器、火箭發動機殼體
0Cr26Ni5Mo2	≥392	≥588	≥18	—	≤292	抗氧化、高強度，製作耐海水設備
00Cr22Ni5Mo3N	≥441	≥667	≥25	—	≤305	耐應力腐蝕，製造各類換熱器
00Cr26Ni6Ti	—	662	29.5	71	—	耐應力腐蝕和腐蝕疲勞，製造緊固件等
00Cr26Ni7Mo2Ti	544	674	29.5	66.8	—	耐應力腐蝕，耐點蝕，製造換熱器和緊固件
00Cr25Ni6Mo3N	607	813	31	—	100HRB	同上，耐點蝕更好，作海水結構件

（1）較高的屈服強度（約爲奧氏體不鏽鋼的兩倍），同時具有良好的韌性；此外，冷熱加工性能也不錯，在適當溫度和變形條件下還顯示出超塑性。

（2）高的鉻和鉬含量及雙相結構特徵使這類鋼具有優良的耐應力腐蝕、晶間腐蝕、點腐蝕和縫隙腐蝕的性能。

（3）與通常的奧氏體不鏽鋼相比，導熱係數大而線膨脹係數小。

（4）可焊性好，不需焊前和焊後熱處理。

（5）鋼中鎳含量較低，價格相對便宜。

（6）含有較高的鉻和鉬量，故仍具有鐵素體不鏽鋼的各種脆性傾向，如 475℃脆性，σ 相析出脆性和高溫晶粒長大脆性等。

目前用量較大的雙相不鏽鋼以瑞典的 3RE60 爲代表，廣泛應用於石油、化工等領域內。但早期的 3RE60 鋼在焊接時易在焊接熱影響區出現單相鐵素體組織，從而喪失雙相不鏽鋼所固有的耐應力腐蝕、耐晶間腐蝕等特性。爲此，研製了加鈮、加氮的 3RE60 新鋼種。氮的加入不僅改善了焊接接頭的相平衡關係，避免熱影響區單相鐵素體的形成，同時也提高了鋼的耐點蝕和耐應力腐蝕性能，使超低碳型的雙相不鏽鋼可直接應用於焊接狀態。加氮的 3RE60 和 2205 等雙相不鏽鋼用於氯化物腐蝕環境中，製成的換熱器解決了 18-8 奧氏體不鏽鋼的氯化物應力腐蝕破裂問題。含鉻、鉬較高的雙相不鏽鋼是良好的耐海水腐蝕用材。此外，作爲酸性油氣井的結構部件或高腐蝕環境中的耐蝕材料也得到了廣泛應用。

2·5　沈澱硬化不鏽鋼

沈澱硬化不鏽鋼，是在各類不鏽鋼中單獨或複合加入硬化元素，並通過適當熱處理而獲得高強度、高韌性並具有一定耐蝕性的一類不鏽鋼，包括馬氏體沈澱硬化不鏽鋼、馬氏體時效不鏽鋼、半奧氏體沈澱硬化不鏽鋼和奧氏體沈澱硬化不鏽鋼。沈澱硬化不鏽鋼主要鋼號及其性能見表 4·14-11、表 4·14-12。

表 4·14-11　沈澱硬化不鏽鋼的化學成分

鋼　號	化 學 成 分 的 質 量 分 數（％）									相似鋼號
	C	Si	Mn	P	S	Cr	Ni	Mo	其　他	
0Cr17Ni7TiAl	0.070	—	—	—	—	16.80	6.80		Ti: 0.8 Al: 0.2	stainlessw
0Cr17Ni4Cu4Nb	≤0.07	≤1.0	≤1.0	≤0.035	≤0.030	15.5~17.5	3.0~5.0		Cu: 3.0~5.0 Nb: 0.15~0.45	17-4PH
0Cr16Ni6TiAl	0.035	—	—	—	—	15.80	7.50		Ti: 0.6, Al: 0.4	C roloy16-6PH
0Cr15Ni5Cu3	0.040	—	—	—	—	15.0	4.6		Cu: 3.30, Nb: 0.35	PH15-5
0Cr13Ni8Mo2Al	0.030	—	—	—	—	12.75	8.20	2.20	Al: 1.10, N: 0.005	PH13-8Mo
0Cr17Ni7Al	≤0.09	≤1.0	≤1.0	≤0.035	≤0.030	16.0~18.0	6.5~7.75		Al: 0.75~1.50 Cu: ≤0.50	17-7PH
0Cr15Ni7Mo3Al	≤0.09	≤1.0	≤1.0	≤0.035	≤0.030	14.0~16.0	6.5~7.5	2.0~3.0	Al: 0.75~1.5	PH15-7Mo
0Cr15Ni25MoTiAl	0.050					14.8	25.20	1.30	Ti: 2.75, Al: 0.22 V: 0.28, B: 0.004	A-286

表 4·14-12　沈澱硬化不鏽鋼的力學性能及典型應用

鋼　號	熱 處 理	$\sigma_{0.2}$（MPa）	σ_b（MPa）	δ（％）	HB	應　用
0Cr17Ni4Cu4Nb	480℃時效	≥1177	≥1314	≥10	≥375	用作 370℃ 以下要求耐磨、耐蝕、高強度的結構件。如傳動裝置、軸、齒輪、螺栓、銷子、墊圈、閥、泵零件、化工處理設備等
	550℃時效	≥1000	≥1069	≥12	≥331	
	620℃時效	≥726	≥932	≥16	≥277	
0Cr17Ni7Al	固溶	≥382	≥1030	≥20	≥229	用作彈簧、刀具、壓力容器、墊圈、計器部件等
	565℃時效	≥967	≥1138	≥5	≥363	
	510℃時效	≥1030	≥1226	≥4	≥388	
0Cr15Ni7Mo3Al	565℃時效	≥1098	≥1206	≥7	≥375	耐蝕性較好，用作高強度容器、零件、結構件，如飛機蒙皮、噴氣發動機部件導彈壓力容器等
	510℃時效	≥1206	≥1324	≥6	≥388	

1. 馬氏體沈澱硬化不鏽鋼　1000℃ 以上高溫固溶處理後空冷到室溫即可得到低碳馬氏體，同時還含有質量分數爲 10% 左右的 δ 鐵素體和少量殘餘奧氏體。通過 510～565℃ 的時效處理（保溫 30min 即可），可獲得高的強度。這類鋼易焊接，但韌性和切削性較差。

2. 馬氏體時效不鏽鋼　與前者一樣，固溶處理後爲馬氏體組織。不同的是馬氏體基體爲高位錯密度的板條狀馬氏體，不含 δ 鐵素體，只有少量的殘餘奧氏體。時效處理也較簡單，採用不同的時效溫度可得到不同的強化效果：H900，482℃ 保溫 1h 空冷；H925，496℃ 保溫 1h 空冷；H1025，552℃ 保溫 1h 空冷；H1075，592℃保溫1h空冷；H1150，621℃保溫1h空冷。由沈澱硬化處理和時效硬化處理所得的兩類馬氏體型不鏽鋼的耐蝕性，一般優於鉻系不鏽鋼；時效態與固溶態相比，在氧化性介質中耐蝕性變差，而在還原性介質中變好。

3. 半奧氏體型沈澱硬化不鏽鋼　這類鋼比馬氏體時效不鏽鋼具有更好的綜合性能。固溶處理後室溫下爲不穩定的奧氏體組織，經調整處理或進一步冰冷處理可獲得馬氏體組織。這類鋼要求有嚴格的化學成分控制和熱處理制度的控制，以獲得不同要求的綜合性能，其耐蝕性優於18Cr系或13Cr系不鏽鋼。以PH15-7Mo鋼爲例，其熱處理制度見圖4·14-3。

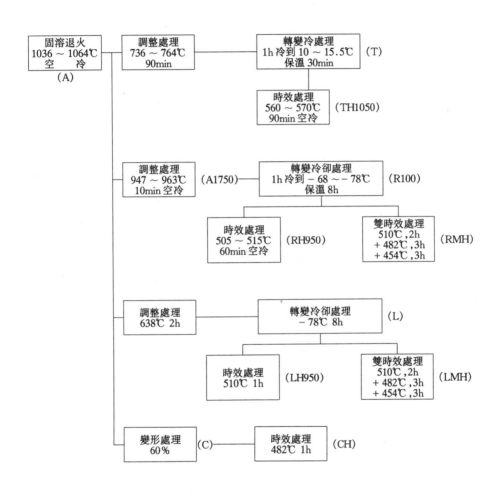

圖4·14-3　PH15-7Mo沈澱硬化不鏽鋼的熱處理制度

4. 奧氏體沈澱硬化不鏽鋼　在奧氏體基體上析出不同的沈澱硬化相，以提高強度。爲使鋼的組織不僅在淬火狀態，而且在時效狀態均爲穩定的奧氏體組織，要求鋼中鎳或錳含量高。這類鋼一般用於高溫條件下，故鉻含量也較高。這類鋼比普通奧氏體不鏽鋼難焊接，易出現熱裂傾向；耐蝕性相對優於其他幾種沈澱硬化不鏽鋼。

由於沈澱硬化不鏽鋼中存在著不同形態的析出相，其耐點蝕性能均有所降低；也由於其強度高、耐

空蝕性能優於其他類型不鏽鋼。

2·6　耐蝕合金

主要介紹鎳基耐蝕合金以及鈦合金等常見的合金。鎳基耐蝕合金主要有：Ni-Cu，Ni-Mo，Ni-Mo-Fe，Ni-Cr-Mo，Ni-Cr-Fe，Ni-Cr-Mo-W，Ni-Cr-Mo-Cu等合金系列，其化學成分見表4·14-13，其力學性能及用途見表4·14-14。

表 4·14-13　耐蝕合金的化學成分

類別	牌號	C	Si	Mn	Ni	Cr	Mo	Cu	Ti	其他	近似牌號
鎳基耐蝕合金	Ni68Cu28	≤0.16	≤0.5	≤1.25	≥63	—	—	28~34	—	Fe: 1.0~2.5	Monel 400
	Ni65Cu30Al3Ti	≤0.25	≤1.0	≤1.25	≥63	—	—	27~34	0.3~1.0	Fe: 0.5~2.5 Al: 2.0~4.0	Monel K500
	0Cr15Ni75Fe	≤0.10	≤0.5	≤1.0	餘	14~17	—	—	—	Fe: 6.0~10.0	Inconel 600
	0Cr50Ni50	≤0.10	≤0.5	≤0.3	餘	48~52	—	—	1.5	—	Inconel 671
	0Ni65Mo28Fe5V	≤0.05	≤1.0	≤1.0	餘	—	28~30	—	—	Fe: 4~6 V: ≤0.35	Hastelloy B
	00Ni70Mo28	≤0.02	≤0.10	≤1.0	餘	—	28~30	—	—	Fe: ≤2.0	Hastelloy B2
	0Cr16Ni60Mo17W4	≤0.03	≤0.7	≤1.0	餘	15~17	16~18	—	—	W: 3.0~4.5 Fe: 4~7	Hastelloy C
	00Cr15Ni60Mo17W4	≤0.02	≤0.08	≤1.0	餘	14.5~16.5	15~17	—	—	W: 3.0~4.5 Fe: 4~7	Hastelloy C276
	0Cr22Ni46Mo6Fe17	≤0.05	≤1.0	1.0~2.0	45~48	21.0~23.0	5.5~7.5	—	—	Fe: 13.5~17.0 Nb+Ta: 1.75~2.5	Hastelloy F
	0Cr20Ni40Mo3Cu2Ti	≤0.05	≤0.5	≤1.0	38~46	19.5~23.5	2.5~3.5	1.5~3.0	0.6~1.2	餘 Fe	Ni-0-Nel 825
	0Cr22Ni64Mo5Cu2	0.05	0.7	≤1.25	68	21	5.0	3.0	—	Fe: 1.0	Illium R
	00Cr16Ni75Mo2Ti	≤0.03	≤1.0	≤1.0	餘	14~17	2.0~3.0	—	—	Fe: ≤8	新一號
	0Cr30Ni70	≤0.05	≤0.5	≤1.2	餘	28~31	—	—	—	Fe: ≤1.0 Al: 0.03	6021
	00Cr18Ni60Mo17	≤0.03	≤0.7	≤1.0	餘	17~19	16~18	—	—	—	Chromet-3
鈦合金	工業純Ti	<0.10	<0.15	—	—	—	—	—	餘	—	TA2
	Ti-5Al-2.5Sn	<0.10	<0.05	—	—	—	—	—	餘	Al: 4.0~6.0 Sn: 2.0~3.0	TA7
	Ti-5Mo-5V-8Cr-3Al	<0.05	<0.15	—	—	7.5~8.5	4.7~5.7	—	餘	Al: 2.5~3.5 V: 4.7~5.7	TB2
	Ti-6Al-4V	<0.10	<0.15	—	—	—	—	—	餘	Al: 5.5~6.8 V: 3.5~4.5	TC-4

表 4·14-14　耐蝕合金的力學性能及用途

類型	牌　號	σ_b (MPa)	$\sigma_{0.2}$ (MPa)	δ (%)	其他	特　性　及　用　途　舉　例
鎳基合金	Ni68Cu28	516～620	170～345	35～60	60～80 HRB	耐蝕性、綜合性能好，廣泛用於石油化工海洋開發，製造換熱器、塔槽、泵等
	Ni65Cu30Al3Ti	1135	820	22	32HRC	可時效硬化，耐蝕性同上，主要用於泵、軸、葉輪、彈性元件
	0Cr15Ni75Fe	550～690	175～345	35～55	65～85 HRB	綜合性能良好，用於換熱設備、反應堆結構件等
	0Cr50Ni50	550	340	≥5	—	耐高溫硫、釩、鈉的腐蝕，一般鑄態用於燃油加熱器件
	0Ni65Mo28Fe5V	902	388	50	92HRB	主要用於耐鹽酸、硫酸、磷酸、甲酸的管道、容器、襯裡、泵、閥等
	00Ni70Mo28	902	407	61	94HRB	同上，主要用於有焊接要求的部件
	0Cr16Ni60Mo17W4	≥686	≥343	≥25	ψ≥45%	在氧化或還原性酸中，特別是在混酸中有很好的耐蝕性，用於各類器件
	00Cr15Ni60Mo17W4	≥686	≥343	≥25	ψ≥45%	同上，耐蝕性和耐晶間腐蝕性能進一步提高，多用於焊接部件
	0Cr20Ni40Mo3Cu2Ti	630	245	50	—	在硫酸中耐蝕性好，在處理熱硫酸、含氯化物介質中用作換熱器泵管線等
	0Cr21Ni68Mo5Cu3	776	290	45	162HB	耐硫酸和磷酸性特別好，用作泵、閥、管線、塔槽等部件
	00Cr16Ni75Mo2Ti	637～667	206	57	ψ≥50%	是 0Cr15Ni75Fe 的改進型，在高溫 HF 和≤450℃的氯氣中耐蝕性好
	0Cr30Ni70	≥569	≥245	≥45	ψ≥60%	在硝酸及硝酸加氫氟酸中有很好的耐蝕性
	00Cr18Ni60Mo17	≥736	≥294	≥25	ψ≥45%	在含 Cl$^-$ 的氧化—還原複合介質中有良好的耐蝕性
鈦合金	工業純 Ti	540	—	31	—	在中性、氧化性介質中及海水中有很高的耐蝕性，用作熱交換器閥門等
	Ti-5Al-2.5Sn	750～950	685～850	8～15	—	耐蝕性同上，可用於 500℃ 以下長期工作的部件或超低溫部件
	Ti-5Mo-5V-8Cr-3Al	—	—	—	—	用於 350℃ 以下工作的零件，如葉片、輪盤、軸類等
	Ti-6Al-4V	1080	1050	15.5	—	用於 400℃ 以下長期工作的零件，艦船耐壓殼體、容器、泵低溫部件等

1.Ni-Cu 合金　以 Ni70Cu28Fe 爲代表的 Monel 合金是迄今爲止耐氫氟酸腐蝕最好的材料之一，此外，在磷酸、硫酸、鹽酸、有機酸和鹽溶液中亦有比鎳或銅更好的耐蝕性，在鹼液中也很耐蝕，常用來製造化工設備中的管線、容器、塔槽、反應釜、泵閥及彈性部件等。

2.Ni-Mo 合金　典型牌號爲 Ni-28Mo-Fe (HastelloyB)，它解決了曾經被認爲是耐蝕金屬材料難以解決的鹽酸腐蝕問題。在常壓下，該合金可用於任意濃度、任意溫度的鹽酸介質中，在硫酸、磷酸及氫氟酸等還原性酸中亦有良好的耐蝕性。

3.Ni-Cr-Mo 合金　Ni-Cr 合金在氧化性介質中具有良好的耐蝕性，而 Ni-Mo 合金在還原性介質中具有良好的耐蝕性；Ni-Cr-Mo 三元合金不僅在氧化性介質中，而且在還原性介質中均有良好的耐蝕性，特別是在含有 F$^-$ 和 Cl$^-$ 等離子的氧化性酸、在有氧或氧化劑存在的還原性酸中以及在氧化性酸和還原性酸共存的混酸中，在濕氯和含氯氣的水溶液中，均具有其他耐蝕合金無法與之相比的獨特的耐蝕性。這類合金的典型代表爲 Hastelloy-C 合金。特別是改進了晶間腐蝕傾向的 Hastelloy C-276 合金對於各種氯化物介質、含各種氧化性鹽的硫酸、亞硫酸、磷酸、有機酸、高溫 HF 等介質均具有優異的耐均勻腐蝕和局部腐蝕性能，常用於製造和這些介質相接觸的容器、管道、閥門、儀表元件等。

4.Ni-Cr-Mo-Cu 合金　Ni-Cr-Mo 合金中加入銅，可進一步提高合金在還原性酸中的耐蝕性，特別是在硫酸和磷酸中的耐蝕性。其典型代表爲 IlliumR 合金，其鉻含量較高，所以該合金在還原性酸（鹽酸、氫氟酸除外）和氧化性與還原性的混合酸中都具有良好的耐蝕性。

5.Ti 合金　Ti 及 Ti 合金的耐蝕性在很大程度上依賴於表面氧化膜的存在，而且這層氧化膜的自愈能力非常強。因此，Ti 及 Ti 合金在很多介質中均具有很好的耐蝕性，可用於沸點以下的各種濃度的含水硝酸中，在濕氯或含氯化物溶液中，特別是在海水中，鈦是目前耐蝕性最好的材料之一，性能明顯優於目前使用的各種不鏽鋼甚至鎳基合金。在還原性酸中，如在硫酸和硝酸的混酸中、硝酸和鹽酸的混酸中，甚至在含有自由氯氣的強鹽酸中，只要溶液中加入少量氧化劑，仍然具有很好的耐蝕性。鈦合金同時具有比強度高的突出優點，因此它是製造用在宇航、化工、冶金、動力、醫學等工程中的泵、閥、管線、冷凝器、熱交換器、外科植入件等的理想材料。

3　不鏽鋼和耐蝕合金的選用

3·1　選材需考慮的因素

1.耐蝕性　耐蝕性通常採用 10 級標準，見表 4·14-15。一般情況下，在使用過程中要求保持光潔鏡面或精密尺寸的設備部件，可選 1～3 級標準；對要求密切配合，長期不漏或使用壽命長的設備可選用 2～5 級標準；對要求不高、使用期限不需很長但要維修方便的設備零件，可選用 4～7 級標準。除特殊情況外，年腐蝕率超過 1mm 者，一般不再選用。

應該指出，不鏽性或耐蝕性是相對的、有條件的，諸如介質的濃度、溫度、雜質含量、流速、壓力等因素均對不鏽鋼的耐蝕性有明顯的影響。因此，選材必須針對具體的使用條件，才能達到耐腐蝕的目的。到目前爲止，還沒有在任何腐蝕環境中均耐蝕的不鏽鋼或合金。此外，除了考慮均勻腐蝕性能外，還應特別注意局部腐蝕性能，如晶間腐蝕、點腐蝕、應力腐蝕等，因爲局部腐蝕的危害性遠遠大於均勻腐蝕。

2.力學及物理性能　通常考慮的因素有強度、塑

性、韌性、硬度、疲勞等。對於量具、刃具及耐磨部件，硬度是主要的；對處於交變載荷下的構件，疲勞則是主要的；低溫使用或承受衝擊載荷時，衝擊韌性則應首先考慮；對於熱交換設備，異種材料焊接、複合、襯裡等設備還應考慮材料的熱導率、膨脹係數等物理性能；對於電子設備則要考慮電阻率、磁導率等物理性能。

表 4·14-15　合金耐蝕性的十級標準

耐蝕性差別	腐蝕率（mm/a）	等級
Ⅰ 完全耐蝕	<0.001	1
Ⅱ 很耐蝕	0.001～0.005	2
	0.005～0.010	3
Ⅲ 耐蝕	0.01～0.05	4
	0.05～0.10	5
Ⅳ 尚耐蝕	0.1～0.5	6
	0.5～1.0	7
Ⅴ 欠耐蝕	1.0～5.0	8
	5.0～10.0	9
Ⅵ 不耐蝕	>10.0	10

應當指出，材料的力學性能一般是在無腐蝕性介質條件下取得的，在有腐蝕介質存在時，這些性能往往明顯下降，尤其是疲勞性能下降更甚。

3.加工成型及焊接性能　包括必要的塑性、韌性、切削性能、深衝性能、可焊性等。

4.價格及獲得的難易度　不鏽鋼及耐蝕合金的價格是決定它仍能否擴大生產、推廣應用的關鍵之一，用戶應加以綜合分析，決定選用哪種材料綜合成本最低，同時還要考慮所選中的不鏽鋼或耐蝕合金能否順利得到供應，以滿足工程需要。

3·2　在大氣、淡水等弱腐蝕介質中的選用

一般說來，所有不鏽鋼均可用於此介質中。用得最多的是含鉻質量分數爲 13%～18% 的馬氏體、鐵素體和奧氏體不鏽鋼。廚房用具、餐具多選用 0Cr17、1Cr13、2Cr13。3Cr13、4Cr13、6Cr13、9Cr18、9Cr18MoV 等高碳馬氏體不鏽鋼在量具、刃具、軸承、醫療器械等方面獲得廣泛應用。在建築部門，作爲裝飾材料或結構材料多選用 0Cr18Ni10、0Cr18（0Cr17）不鏽鋼，其中 0Cr18 鐵素體不鏽鋼只能作爲內部裝飾材料使用，作爲外裝飾還有生鏽的可能；此外也可採用 0Cr17Ni12Mo2（316），00Cr18Mo2（444），

表 4·14-16　建築部門使用的不鏽鋼及其主要特性

鋼　種		0Cr18Ni10 (304)	0Cr17Ni12Mo2 (316)	00Cr25Ni5Mo2 (329)	0Cr17 (430)	00Cr18Mo2 (444)
特性	組織	奧氏體	奧氏體	雙相	鐵素體	鐵素體
	耐蝕及耐候性	良　好	優於 0Cr18Ni10	非常好	只能用於內裝飾	與 0Cr17Ni12Mo 相當
	焊接性	最　好	最　好	稍　差	稍　差	稍　差
	熱膨脹	是普碳鋼 1.5 倍	同　左	介於鐵素體和奧氏體之間	和普碳鋼類似	同　左
	熱傳導	是普碳鋼的 1/3	同　左	同　上	是普碳鋼的 1/2	同　左
	加工硬化性	大	大	同　上	小	小
	衝擊及延性	很好易成型	同　左	同　上	稍　差	稍　差
	低溫性能	可用到 −200℃	同　左	同　上	−10℃ 以下不可	同　左
	方向性	無	無	同　上	有	有
	磁性	無	無	有	有	有
	用途	外裝部件	海邊附近的外裝	海邊外裝	內裝部件	太陽能熱水器儲水罐

00Cr25Ni5Mo2（329）等作爲建築裝飾材料，其特性見表 4·14-16。

在紡織機械中選用超低碳的 00Cr18Ni10 和低碳低氮的 00Cr18Mo2，不僅耐蝕性比 1Cr18Ni9Ti 好，而且抛光，可加工性能亦優；在化纖及印染設備中，在石油及化工設備中，以及凡與大氣、淡水、水蒸氣等弱介質接觸的設備中均可選用 00Cr18Ni10 或 00Cr18Mo2 等不鏽鋼。作爲熱交換設備以及塔槽、管道、容器等，只要在弱介質中嚴格控制氯離子（Cl⁻），採用 00Cr18Ni10 亦可得到滿意的結果，否則應選用 00Cr18Mo2 等高純鐵素體不鏽鋼，以避免可能出現的應力腐蝕。

3·3　在海水介質中的選用

研究表明，海水中的氧含量、氯離子濃度、流速、海水的污染情況及海洋生物等均可對材料的耐蝕性構成影響。在流動海水中各種金屬及合金的腐蝕電位見圖 4·14-4；電位越高表明在海水中的耐蝕性越好。一般情況下，30℃ 以下的海水中，可選擇 $w_{Mo}=$ 2%～3% 的 Cr-Ni 奧氏體不鏽鋼，如 0Cr18Ni12Mo2（AISI 316），0Cr18Ni14Mo3（AISI 317）等；40℃ 時這類不鏽鋼處於臨界狀態，不能使用。在低於 50℃ 的海水中，以選用高鉻或高鉻、鉬不鏽鋼爲宜，如 26Cr-1Mo，00Cr25Ni5Mo3（N），00Cr25Ni4Mo4，00Cr18Ni18Mo5,00Cr20Ni25Mo4.5Cu,00Cr20Ni25Mo6 等。在高於 60℃ 的海水中，一般不再選用鐵基不鏽鋼，而應選用高鎳並含有鉻、鉬的耐蝕合金，如

Hastelloy C 合金或選用鈦合金。

3·4　在酸、鹼、鹽等強腐蝕性介質中的選用

1. 硝酸　不鏽鋼在 HNO_3 中的耐蝕性可用等腐蝕圖來描述，見圖 4·14-5。由圖可知，適於在 HNO_3 中使用的不鏽鋼是很多的。在常壓下，質量分數≤65%，任何溫度的 HNO_3 中，18-8 型奧氏體不鏽鋼應用最爲廣泛。這類不鏽鋼中進一步降低鋼中的 C、Si、P、Ti 等雜質元素，耐 HNO_3 性能還會進一步提高，這種鋼通常稱爲硝酸級不鏽鋼。當質量分數提高到 85% 以下時，可選用鉻含量更高的 00Cr25Ni20Nb 奧氏體不鏽鋼。在濃硝酸或發煙硝酸中，一般只能選用含高矽的不鏽鋼，如牌號爲 C2、C4 的國產高矽不鏽鋼，這是由於高濃硝酸的強氧化性以及普通鉻不鏽鋼的過鈍化會使鉻不鏽鋼受到嚴重腐蝕。

2. 硫酸　不鏽鋼在 H_2SO_4 中的等腐蝕圖見圖 4·14-6。稀硫酸或中等濃度硫酸屬非氧化性酸，而熱濃硫酸屬強氧化性酸，因此，硫酸的濃度、溫度不同，可供選擇的材料亦不同。不含鉬的 18-8 奧氏體不鏽鋼僅能用於室溫下的某些濃度條件下。一般說來，在硫酸中使用的不鏽鋼應含有至少質量分數爲 2%～3% 的 Mo。例如，含 Mo 質量分數爲 2%～3% 的 316 型不鏽鋼在質量分數 5% H_2SO_4 中可用到≤50℃，w_{Mo}3%～4% 的 317 型不鏽鋼可用到≤60℃。加入銅使含鉬不鏽鋼的使用範圍進一步擴大。此外，若硫酸中含有質量分數爲（500～2000）× 10^{-4}% 的 Cu^{++} 離子，可產生極大的緩蝕作用，從而增大某些鋼種的適用範圍。當

硫酸中含有 F⁻、Cl⁻ 等活性離子時，則明顯加速不鏽鋼的腐蝕，因此選材時一定要注意硫酸的介質條件。

3.磷酸　不鏽鋼及耐蝕合金在磷酸中的等腐蝕圖見圖4·14-7。磷酸屬較弱的還原性酸。在純的磷酸中，普通的 18-8 型奧氏體不鏽鋼均適用。含鉬不鏽鋼則更好，且隨鉬含量增加，耐蝕性提高。但是，當磷酸中含有雜質時，特別是活性離子存在時，不鏽鋼的使用範圍會大大減小。例如，濕法生産工業磷酸時，不可

避免地會存在一些 F⁻、Cl⁻ 等極爲有害的雜質，他們的存在大大縮小了普通不鏽鋼的適用範圍，使一般常用的各種不鏽鋼均不能滿足使用要求。此時應選用鉻含量相當高的 Fe-Ni 基耐蝕合金，這是由於氯離子 Cl⁻ 使不含鉬的不鏽鋼産生點蝕，氟離子 F⁻ 使高矽鑄鐵加速腐蝕；充氣或含氧化劑時，鎳基合金也會加速腐蝕。

4.醋酸　不鏽鋼在醋酸中的等腐蝕圖見圖4·14-8。在醋酸條件下，鉬是非常有效的合金元素。常

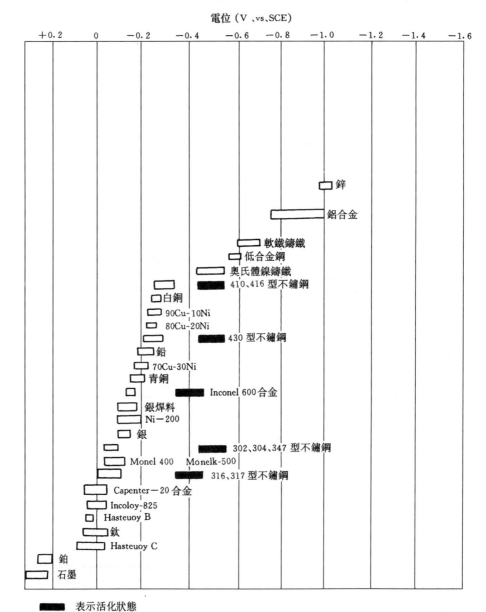

電位（V 、vs、SCE）

■ 表示活化狀態

圖 4·14-4　流動海水中各種金屬的腐蝕電位

海水條件：10～27℃，24～3.9m/s

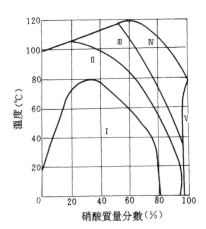

圖4·14-5 不鏽鋼和耐蝕合金在硝酸中的等腐蝕圖
（腐蝕率≤0.1mm/a）

區域Ⅰ

1Cr13, 0Cr13

1Cr17Ti, 00Cr17Ti

0Cr17Ni7Al, 1Cr18Ni9Ti

00Cr18Ni10, 0Cr18Ni9

1Cr18Mn8Ni5N, 00Cr25Ni20Nb

高矽鑄鐵　鈦合金

區域Ⅱ

0Cr17Ti, 00Cr17Ti

0Cr17Ni4Cu4Nb, 高矽鑄鐵

0Cr17Ni7Al, 1Cr18Ni9Ti

00Cr18Ni10, 0Cr18Ni9

1Cr18Mn8Ni5N, 00Cr25Ni20Nb

1Cr18Ni11Si4AlTi, 鈦合金

區域Ⅲ

1Cr18Ni9Ti, 00Cr18Ni10

0Cr18Ni9, 1Cr25Ti

1Cr18Ni11Si4AlTi, 00Cr25Ni20Nb

高矽鑄鐵　鈦合金

區域Ⅳ

1Cr18Ni11Si4AlTi（≤50℃）

00Cr25Ni20Nb（≤80％）

00Cr14Ni14Si4Ti

高矽鑄鐵　鈦合金

區域Ⅴ

1Cr18Ni11Si4AlTi（≤50℃）

00Cr14Ni14Si4Ti, 高矽鑄鐵

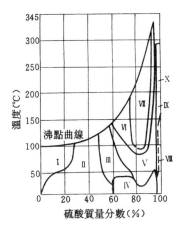

圖4·14-6 不鏽鋼和耐蝕合金在硫酸中的等腐蝕圖
（腐蝕率≤0.5mm/a）

區域Ⅰ

0Cr18Ni12Mo2Ti, 1Cr18Ni12Mo2Ti

1Cr18Ni12Mo2Ti（<40℃，無空氣）

00Cr17Ni14Mo2Ti, 00Cr17Ni14Mo2

00Cr17Ni14Mo3, 00Cr18Ni18Mo5

0Cr18Ni18Mo2Cu2Ti（<50℃）

0Cr23Ni28Mo3Cu3Ti（<80℃）

0Cr12Ni25Mo3Cu3Si2Nb（<80℃）

Hastelloy B, D, Monel

區域Ⅱ

0Cr12Ni25Mo3Cu3Si2Nb（<80℃）

00Cr20Ni25Mo4.5Cu

0Cr20Ni29Cu4Mo2（<65℃）

0Cr23Ni28Mo3Cu3Ti（<80℃）

0Cr20Ni24Mo3Si3Cu2（<80℃）

Monel（無空氣），高矽鑄鐵

Hastelloy B, D（沸點除外）

區域Ⅲ

00Cr18Ni14Mo2Cu2, 00Cr20Ni25Mo4.5Cu

0Cr12Ni25Mo3Cu3Si2Nb, 高矽鑄鐵

0Cr23Ni28Mo3Cu3Ti（<65℃）

Hastelloy B, D（沸點除外）

Monel（無空氣）

區域Ⅳ

1Cr18Ni12Mo2Ti, 00Cr17Ni14Mo2

00Cr17Ni14Mo3, 00Cr18Ni14Mo2Cu2

0Cr18Ni18Mo2Cu2, 00Cr18Ni18Mo5

00Cr20Ni25Mo4.5Cu, 0Cr12Ni25Mo3Cu3Si2Nb

高矽鑄鐵, 高鎳鑄鐵

區域Ⅴ

1Cr18Ni11Si4AlTi（<65℃）

Hastelloy B, D（沸點除外）

高矽鑄鐵

區域Ⅵ，Ⅶ　高矽鑄鐵

區域Ⅷ　碳鋼，1Cr18Ni9Ti

區域Ⅸ　1Cr18Ni9Ti

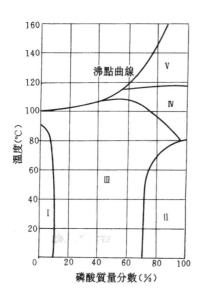

圖 4·14-7　不鏽鋼和耐蝕合金在磷酸中的等腐蝕圖
（腐蝕率≤0.1mm/a）

區域 I

1Cr13，1Cr17Ti
1Cr18Ni9Ti，00Cr18Ni10
1Cr18Ni12Mo2Ti，00Cr17Ni14Mo2
00Cr17Ni14Mo3，0Cr18Ni12Mo3
00Cr18Ni18Mo5，00Cr18Ni4Mo2Cu2
0Cr23Ni28Mo3Cu3Ti，高矽鑄鐵

區域 II

1Cr18Ni9Ti
1Cr18Ni12Mo2Ti，00Cr17Ni14Mo2
00Cr18Ni18Mo2Cu2Ti，00Cr17Ni14Mo2Cu2
00Cr17Ni14Mo3，00Cr18Ni18Mo5
0Cr23Ni28Mo3Cu3Ti
高矽鑄鐵

區域 III

1Cr13，1Cr17Ti
1Cr18Ni9Ti，1Cr18Ni12Mo2Ti
00Cr17Ni14Mo2，00Cr18Ni18Mo5
00Cr20Ni25Mo4.5Cu，00Cr18Ni14Mo3Cu2
0Cr18Ni18Mo2Cu2Ti，0Cr23Ni28Mo3Cu3Ti
高矽鑄鐵

區域 IV

0Cr18Ni12Mo2Ti，00Cr17Ni14Mo2
0Cr18Ni18Mo2Cu2Ti，00Cr17Ni14Mo2Cu2
00Cr18Ni18Mo5，00Cr20Ni25Mo4.5Cu
0Cr20Ni25Mo3Cu2，Hastelloy B
Hastelloy C

區域 V

Hastelloy B

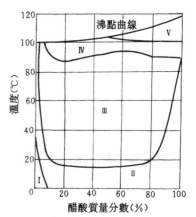

圖 4·14-8　不鏽鋼和耐蝕合金在醋酸中的等腐蝕圖
（腐蝕率≤0.1mm/a）

區域 I

碳素鋼，低合金鋼
1Cr13，1Cr17Ti
1Cr18Ni9Ti，1Cr18Ni12Mo2Ti

區域 II

1Cr17Mo2Ti，00Cr17Mo
1Cr18Ni9Ti，1Cr18Ni12Mo2Ti
00Cr18Mo2

區域 III

1Cr18Ni9Ti，1Cr18Ni12Mo2Ti
0Cr17Mn13Mo2N，00Cr18Mo2
高矽鑄鐵、鈦

區域 IV

1Cr18Ni12Mo2Ti，00Cr17Ni14Mo2
00Cr17Ni14Mo3，0Cr17Mn13Mo2N
00Cr18Ni18Mo5，0Cr20Ni25Mo4.5Cu
高矽鑄鐵、鈦

區域 V

高矽鑄鐵、鈦
Hastelloy B，C，D
Monel（<95%）

壓下，含 Mo 質量分數爲 2%～3% 的不鏽鋼，如
Cr18Mo2、00Cr18Ni12Mo2、0Cr17Ni14Mo3 等，就
具有相當好的耐蝕性。在高溫、高濃度醋酸中，應選
用 Monel、Hastelloy B、Hastelloy C 等鎳基耐蝕合金
或選用高矽鑄鐵。

　　5. 鹽酸　在所有腐蝕介質中，鹽酸中耐蝕材料的
選擇是最困難的，絕大多數金屬和合金在鹽酸中均遭

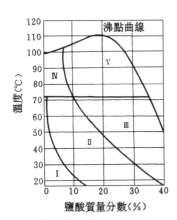

圖 4·14-9　不鏽鋼和耐蝕合金在鹽酸中的等腐蝕圖
（腐蝕率≤0.5mm/a）

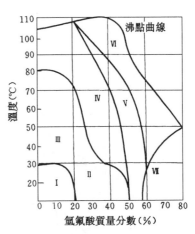

圖 4·14-10　不鏽鋼和耐蝕合金在氫氟酸中的等腐蝕圖
（腐蝕率≤0.5mm/a）

區域 I
1Cr18Ni12Mo2Ti（＜5%）
0Cr18Ni18Mo2Cu2Ti
Hastelloy B，C
含鉬高矽鑄鐵（無 $FeCl_3$）
Monel（無空氣）
鈦（質量分數＜10%，＜室溫）

區域 II
Hastelloy B
含鉬高矽鑄鐵（＜50℃，無 $FeCl_3$）
Cu86Ni9Si3（無空氣）
矽青銅（無空氣）

區域 III
銀
Hastelloy B（無氣）
含鉬高矽鑄鐵（＜50℃，無 $FeCl_3$）
矽青銅

區域 IV
銀
Hastelloy B（無氣）
含鉬高矽鑄鐵（質量分數＜1%，無 $FeCl_3$）
Monel（無空氣，質量分數0.5%）

區域 V
銀
Hastelloy B（無氣）

到嚴重腐蝕，因此，在鹽酸條件下一般不選用不鏽鋼。一些高鎳含量的不鏽鋼只能用於室溫下非常稀的鹽酸中，而 Ni-Mo 合金也只能用於有限條件下。一些不鏽鋼和耐蝕合金在鹽酸中的等腐蝕圖見圖 4·14-9。

6. 氫氟酸　該酸具有獨特的腐蝕行爲。在其他酸

區域 I
Monel（無空氣）
銅（無空氣），鎳（無空氣）
0Cr20Ni29Cu4Mo2
Hastelloy C
高鎳鑄鐵，銀

區域 II
Monel（無空氣）
銅（無空氣），鎳（無空氣）
0Cr20Ni29Cu4Mo2
銀，Hastelloy C

區域 III
Monel（無空氣）銅（無空氣），鉛（無空氣）
Hastelloy C，銀
0Cr20Ni29Cu4Mo2

區域 IV
Monel（無空氣）
Cu70Ni30（無空氣）
銅（無空氣），鉛（無空氣）
Hastelloy C，銀

區域 V
Monel（無空氣）
Hastelloy C，銀
Cu70Ni30（無空氣），鉛（無空氣）

區域 VI
Monel（無空氣）
Hastelloy C，銀

區域 VII
Monel（無空氣）
Hastelloy C，銀

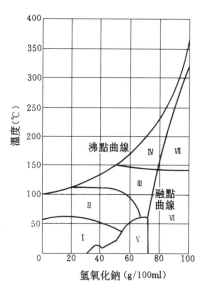

圖 4·14-11　不鏽鋼和耐蝕合金在氫氧化鈉中的等腐蝕圖
（腐蝕率≤0.1mm/a）

區域Ⅰ

碳素鋼，普通鑄鐵

高矽鑄鐵（10～30）g/100mL，高鎳鑄鐵

馬氏體不鏽鋼，鐵素體不鏽鋼

奧氏體不鏽鋼

區域Ⅱ

碳素鋼（50g/100mL，<54℃）

普通鑄鐵（<50g/100mL，<54℃；50%～70%，<沸點）

高鎳鑄鐵，馬氏體不鏽鋼

鐵素體不鏽鋼，奧氏體不鏽鋼

區域Ⅲ

普通鑄鐵（>50g/100mL）

高鎳鑄鐵

奧氏體不鏽鋼（≤100℃）

0Cr20Ni29Mo4Cu2

區域Ⅳ

普通鑄鐵（>50g/100mL），高鎳鑄鐵（<70g/100mL，<180℃）

鎳（>200℃時不含氯酸鹽）

1Cr25Mo3Ti，000Cr26Mo1，000Cr30Mo2（>80g/100mL，含氯酸鹽）

Cu70Ni30（不含氯酸鹽）

區域Ⅴ　碳素鋼，各種不鏽鋼

區域Ⅵ　碳素鋼，各種不鏽鋼

區域Ⅶ　碳素鋼，各種不鏽鋼

　　　　　高鎳鑄鐵

註：表中所列濃度係指稱取一定量固體試劑（NaOH），溶於溶劑（水）中，並以同一溶劑稀釋至100mL混勻而成，故單位為 g/mL。

中很耐蝕的高矽鑄鐵、玻璃等，在氫氟酸中則很不耐蝕；相反，在很多酸中很不耐蝕的鎂卻有相當好的耐蝕性。除了在室溫氫氟酸中可選用不鏽鋼外，其他條件下，Monel 合金（Ni-Cu 合金）是理想的耐氫氟酸腐蝕的可變形金屬材料。一些材料在氫氟酸中的等腐蝕圖見圖 4·14-10。

7. 氫氧化鈉　各類鋼在鹼溶液中均有一定的耐蝕性，一些材料在鹼中的等腐蝕圖見圖 4·14-11。應該指出，18-8 或含鉬的 18-8 奧氏體不鏽鋼在鹼溶液中具有良好的耐蝕性，並得到廣泛應用。但容易產生應力腐蝕，尤其是在中等質量分數（40%～50%）的鹼液中更為突出。此外，不同方法生產的 NaOH，由於雜質類型及含量不同，其腐蝕性也不同。例如，隔膜電解法所生產的 NaOH 中，含有一定數量的氯酸鹽，在高濃度情況下，由於氯酸鹽的存在，使耐蝕性最好的純鎳或鎳基合金的耐蝕性明顯下降。研究指出，此時選用高純度、高鉻鉬含量的鐵素體不鏽鋼可以獲得良好的效果，如 Cr26Mo1、Cr30Mo2、Cr25Mo3 等高純鐵素體不鏽鋼，在隔膜法製鹼工業設備中獲得了廣泛的應用。

8. 尿素　尿素是一種用量很大的化學肥料，在其生產過程中，主要介質有 CO_2、氨基甲酸銨、氨水、尿液、碳酸銨等，這些介質的腐蝕性並不強，普通的 18-8 型不鏽鋼即可滿足使用要求。但在高溫、高（中）壓下生成的氨基甲酸銨及氰酸銨有很強的腐蝕性。為此，尿素合成塔、汽提塔等尿素生產設備均選用含鉬的不鏽鋼製造，如 00Cr17Ni14Mo2，0Cr17Mn13Mo2N，0Cr18Mn8Ni5Mo3N 等，其中被稱為"尿素級"、經特別加工製造的 00Cr17Ni14Mo2.5（AISI316L）應用最為廣泛，效果也最好。在更為苛刻的腐蝕部位，則以選用更高一級的 00Cr25Ni22Mo2N（2RE69）更合適，例如汽提塔中的分布管就選用此合金製造。

3·5　局部腐蝕為主的環境中的選用

近年來，大量的統計數字表明，不鏽鋼的腐蝕破壞事故中，由均勻腐蝕引起者只占事故總量的 10% 左右，而由晶間腐蝕、點腐蝕、應力腐蝕、縫隙腐蝕等局部腐蝕引起的破壞則高達 90% 以上，可見局部腐蝕的嚴重性。

1. 晶間腐蝕　晶間腐蝕是由於晶界鉻的貧化造成的，為此，應儘可能降低造成晶界貧鉻的元素——碳的含量。一方面可通過精煉使碳含量降至超低碳水平（w_C≤0.02%～0.03%）；另一方面可通過加入穩定化元素鈦或鈮以實現鋼之基體中有效碳含量的降低。對於鐵素體不鏽鋼，目前的冶煉水平較難以實現不產生晶間腐蝕的超低碳水準，因此工業上多以加入穩定化元素來達到避免晶間腐蝕的目的。此外，由於雙相不鏽鋼的結構特點，一般說來對晶間腐蝕是不敏感的。有時爲了防止焊接等因素造成的相比例變化而出現的晶間腐蝕，鋼中加入穩定化元素是有效的。對於非敏化態晶間腐蝕，主要是由於矽、磷等雜質元素在晶界偏聚形成選擇性腐蝕所致。在這種情況下，一方面儘量降低這些雜質元素的含量；另一方面可採取工藝措施儘量減少雜質元素在晶界的偏聚。

2. 應力腐蝕　目前常見的應力腐蝕破裂類型是氯化物應力腐蝕，特別是水介質中的氯化物應力腐蝕；其次有鹼性應力腐蝕及連多硫酸造成的應力腐蝕。對於水介質中的氯化物應力腐蝕，可選用鐵素體不鏽鋼、雙相不鏽鋼或高鎳不鏽鋼；對於鹼性應力腐蝕，則選用某些鐵素體不鏽鋼或鎳基耐蝕合金較爲合理；對於煉油廠中連多硫酸引起的應力腐蝕，最合適的材料是含鈦的 18-8 不鏽鋼（如 1Cr18Ni9Ti），應用前應對其進行穩定化熱處理。

3. 點蝕和縫隙腐蝕　點腐蝕和縫隙腐蝕雖然腐蝕現象不同，然而兩者的擴展機制完全相同，材料的選擇原則也幾乎是一樣的，只是縫隙腐蝕更苛刻一些罷了。一般說來，鋼中鉻和鉬的含量越高，鋼的耐點蝕和耐縫隙腐蝕的能力也越好。另外，鋼中氮的存在也能顯著提高鋼的耐點蝕和耐縫隙腐蝕性能。有人用 $w_{Cr}+3.3w_{Mo}+16w_N$ 這樣一個關係式來衡量不鏽鋼的耐點蝕和耐縫隙腐蝕的能力，表明鉬的作用相當於 3.3 倍鉻的作用，而氮的作用則相當 16 倍鉻的作用。依據這一關係可大體上判斷不鏽鋼耐點蝕性能的強弱。例如，按耐點蝕性能增強的順序有：1Cr18Ni9Ti（0Cr18Ni10、00Cr18Ni10）→ 0Cr18Ni12Mo2（1Cr18Ni12Mo2Ti、00Cr17Ni14Mo2Cu2）→ 1Cr18Ni12Mo3Ti（00Cr17-Ni14Mo3）→00Cr18Ni18Mo5→00Cr20Ni25Mo4.5Cu→00Cr26Ni25Mo5N。

此外，還常依據不鏽鋼在介質中的點蝕電位來判斷材料的優劣。

4. 腐蝕疲勞　隨著材料強度的提高和耐蝕性的增加，特別是耐點蝕能力的增加，其耐腐蝕疲勞的性能亦提高。雙相結構對腐蝕疲勞有良好的作用，因此，強度高、耐點蝕性能亦優的雙相不鏽鋼常被選作耐腐蝕疲勞的鋼種。例如，尿素生產中，氨基甲酸銨泵缸體曾用含鉬的 Cr-Ni 奧氏體不鏽鋼製造，由於出現腐蝕疲勞，改用雙相不鏽鋼製造取得了滿意的結果；又如，核反應堆的緊固件，原用 4Cr14Ni14W2Mo 奧氏體不鏽鋼製造，由於腐蝕疲勞及應力腐蝕而經常發生斷裂，後改用 00Cr25Ni5Ti 和 00Cr25Ni7Mo2Ti 雙相不鏽鋼製造，則不再出現斷裂。

3·6　其他腐蝕介質中的選用

1. 耐硫化物腐蝕的材料　金屬在硫化物中，特別是在含 H_2O、CO_2、O_2的情況下會發生腐蝕，造成應力腐蝕開裂即硫化物應力腐蝕開裂。各種不鏽鋼對硫化物造成的均匀腐蝕都具有足夠的耐蝕性，然而，鋼中的鎳易與硫生成低熔點（約 780℃）化合物 NiS，它比鎳的共晶點更低（645℃），故高鎳鋼的抗硫性能較差。幾種不鏽鋼的抗硫化溫度見表 4·14-17。硫化物造成的應力腐蝕開裂具有很大的危害性。研究指出，材料的斷裂大多出現在 >22HRC 的情況下，因此，馬氏體結構，經冷變形的材料，或硬度、強度較高的材料較容易發生應力腐蝕開裂；介質濃度和壓力愈高也容易發生應力腐蝕。因此，耐硫化物應力腐蝕開裂的鋼種在熱處理和硬度方面均有所要求，見表 4·14-18。

2. 高溫高壓氣體介質中材料的選用　高溫大氣條件下，一般材料均要產生氧化，抗氧化性能的優劣決定著材料的可用性。通常，抗氧化能力主要取決於鋼中

表 4·14-17　不鏽鋼的抗硫化溫度

材　　料	Cr18Ni8	Cr13	Cr17	Cr25
在 H_2S、SO_2、SO_3 中使用最高溫度（℃）	540	540	815	925

表 4·14-18　抗硫化物應力腐蝕的材料及其熱處理要求

材　料　種　類	熱處理及硬度要求	材　料　種　類	熱處理及硬度要求
碳素鋼	<22HRC，冷作需>620℃回火	馬氏體不鏽鋼	>620℃二次回火，<22HRC
低合金鋼	<22HRC，冷作需>620℃回火	Ni-Cu-Al	時效硬化，<35HRC
中合金鋼	<22HRC，冷作需>620℃回火	Ni-Cr-Fe	退火或冷變形，<35HRC
奧氏體不鏽鋼	<22HRC	Ni-Mo 或 Ni-Mo-Cr	任何狀態下
鐵素體不鏽鋼	<22HRC		

表 4·14-19　不鏽鋼的抗氧化能力

材　料	Cr13	Cr17	Cr25	Cr18Ni8	Cr18Ni25	Cr25Ni20
最高抗氧化溫度（℃）	750～800	850～900	1050～1100	850～900	1050～1100	1050～1100

鉻、鋁、矽等元素的含量。不鏽鋼中均含有較高的鉻量，故具有良好的抗氧化性能，幾種不鏽鋼的最高抗氧化溫度見表 4·14-19。

幾種鋼材在高溫高壓氫介質中長期使用時不發生氫腐蝕的極限條件見圖 4·14-12，使用最多的材料還是 18-8 奧氏體不鏽鋼。

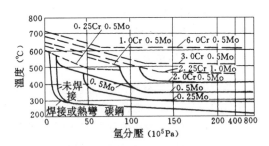

圖 4·14-12　幾種鋼的氫腐蝕曲線
……表面脫碳　——內部脫碳（氫腐蝕）

在乾燥、無水分、溫度不高的氯氣和 HCl 氣體中，一些不鏽鋼是耐蝕的，例如，在 HCl 氣體中，18-8 型奧氏體不鏽鋼可用於溫度≤150℃ 條件下；而高一級的 Cr-Ni 不鏽鋼，如 0Cr18Ni18Mo2Cu2，0Cr23Ni28-Mo3Cu3Ti 等則可用於溫度≤200℃ 條件下；溫度更高時則不再選用不鏽鋼，而選用鎳基耐蝕合金。

氟氣有很強的腐蝕性，且隨溫度升高而加劇，由於鉻的氟化物極易揮發，故不鏽鋼不能用於高溫氟氣中，不鏽鋼只能用於 <150℃ 的氟氣條件下。鎳、鋁、銅等元素的氟化物較爲穩定，因此，純鎳、高鎳合金以及 Ni-Al，Ni-Cu 等具有較好的耐氟氣腐蝕性能，Monel 合金可用於≤550℃ 的氟氣中。

在氣態 HF 中，普通 Cr-Ni 不鏽鋼可用到 300℃，溫度進一步提高，或 HF 中含有氧或氧化劑時，不鏽鋼的耐蝕性會下降，特別是含有水分時，一旦有冷凝水存在，不鏽鋼就會受到嚴重腐蝕。一般情況下，Ni-Cu 合金在 550～650℃ 的 HF 中有良好的耐蝕性，而 Ni-Cr-Mo 合金（如 Hastelloy C）則允許在≤750℃ 的 HF 氣體中使用；即使 HF 中含有氧，Ni-Cr-Mo 合金的耐蝕性也不會下降。

第 15 章　耐熱鋼和高溫合金[3][37][57][58]

1　概述

耐熱鋼和高溫合金主要用於熱工動力機械（汽輪機、燃氣輪機、鍋爐和內燃機）、化工機械、石油裂化裝置和加熱爐等高溫條件工作的零件。

高溫彈簧用鋼請參見本篇第 11 章彈簧鋼。

2　耐熱鋼和高溫合金的分類

2·1　按特性和用途分類

1. 抗氧化鋼　又稱不起皮鋼，指高溫下有較好的抗氧化性並有適當強度的鋼種，多數用來製造爐用零件和熱交換器，如燃氣輪機的燃燒室、鍋爐吊掛、加熱爐底板和輥道等。這些零件實際上是處在燃燒產物環境中工作，選材時不應只考慮抗氧化性，燃氣中的硫、鈉、釩等化合物對材料有腐蝕作用。

2. 熱強鋼　高溫下有較好的抗氧化性和耐腐蝕能力且有較高強度的鋼種統稱爲熱強鋼，汽輪機和燃氣輪機的轉子、葉片、高溫工作的汽缸、螺栓、鍋爐的過熱器、內燃機的進、排氣閥用鋼屬此類。

3. 高溫合金　廣泛用於航空、航天工業，也用於燃氣輪機，用來製造燃氣輪機的火焰筒、葉片、輪盤和緊固件等，按其特性，也可分爲抗氧化的和熱強的兩類；按其成分，有鐵基、鎳基和鈷基合金。

2·2　按組織分類

1. 鐵素體類　按合金化程度不同，又分爲：

a. 低合金珠光體鋼　合金元素的質量分數一般不超過 5%，在 500～600℃ 有良好的熱強性，工藝性好，價格便宜，應用廣泛。使用得最多的是鉻鉬鋼和鉻鉬釩鋼。

b. 馬氏體鋼　指鉻含量 w_C9%～13% 的耐熱鋼，

在 650℃ 以下有很好的抗氧化性和熱強性，這類鋼在石油裂化裝置、亞臨界和超臨界火力發電機組得很多。近幾年又研製成功一些新鋼種，通過適當降低碳含量，添加強化元素，改善高溫強度和可焊性，擴大使用範圍。例如，工作溫度在 620～650℃ 的鍋爐過熱器可選用馬氏體鋼。

c. 鐵素體鋼　含有較高的鉻，有時還含有一定量的矽和鋁，組織爲單相的鐵素體。有很好的抗氧化性和耐腐蝕性，雖然價格比奧氏體鋼便宜，但工藝性差，一般都有脆性，用得並不多，通常只製作高溫非受力部件。

2. 奧氏體類　含有較高的鎳、錳、鈷、氮奧氏體形成元素，在常溫下具有奧氏體組織（有時，組織內有少量的鐵素體）。按合金化程度不同，又可分爲

a. 奧氏體鋼　有鉻鎳鋼、鉻錳氮鋼、鉻錳鎳氮鋼等。就其熱強性，這種鋼只能用在 750℃ 以下。如用於低應力零件，工作溫度可到 1100℃ 左右。這種鋼的組織不很穩定，高溫下長期使用易析出脆性相，尤其是 σ 相。

b. 鐵基合金　合金中的鎳含量大體上與鐵相當，在 700～750℃ 有較好的強度，但組織穩定性稍差，長期使用易脆化。

c. 鎳基合金　有良好的高溫強度和組織穩定性，但價格較貴，主要用於燃氣輪機高溫零件。

d. 鈷基合金　高溫性能好，但鈷爲稀有昂貴金屬，故使用不多，多數用作鑄造合金，製造燃氣輪機高溫導向葉片等。

3　耐熱鋼和高溫合金的典型應用

儘管耐熱鋼和高溫合金都在高溫下工作，但各類產品根據他們的使用條件對鋼材和合金有不同的要求。

3·1　鍋爐用耐熱鋼管

鍋爐用鋼管是指承壓部件使用的管子。通常，碳鋼製造的稱鍋爐管，低合金鋼製造的稱合金鍋爐管，高鉻、鎳鋼製造的稱不鏽鍋爐管。按規格分，鍋爐用鋼管有小口徑鋼管與大口徑鋼管，小口徑管主要用於受熱面管系，如過熱器、再熱器、省煤器；大口徑鋼管用於集箱和各種管道。集箱和管道布置在爐外，一旦失效，會釀成重大事故，所以同一種鋼的使用溫度，大口徑鋼管比小口徑鋼管要低 20～40℃。

按鋼管的質量等級分有高壓鍋爐管（GB5310）和低中壓鍋爐管（GB3087），生產過程中，高壓鍋爐管更重視冶金質量控制、管坯處理和無損檢驗，以保證管的內在和外表質量。選用鋼管時，主要考慮以下幾點：

（1）高溫強度。持久強度是主要設計依據，按鍋爐零件強度計算標準的規定，用 10 萬 h 的持久強度求得不同溫度下鋼材的許用應力，且其值不應超過該溫度下 10 萬 h 變形 1% 的蠕變強度。如果鋼管的使用溫度不很高，鋼材沒有蠕變行爲，則以使用溫度下材料的屈服強度和抗拉強度作爲設計依據。

（2）抗腐蝕性。在使用溫度下，鋼材在空氣中的氧化腐蝕率應不大於 0.1mm/a，如果燃料中硫、釩、鈉的含量較高，還應考慮硫腐蝕和鈉釩腐蝕。

（3）組織穩定性。在運行過程中不會發生脆化、石墨化和球化，不使力學性能下降。

（4）製造工藝性。鋼材有良好的焊接性能、冷彎性能和其它加工工藝性能。

（5）經濟性。鍋爐的用鋼量很大，目前，材料的費用約占成本的 70%，根據零部件的工作條件，合理選材，充分發揮各種材料的特性和潛力，安全裕度適當，對降低鍋爐的造價是非常重要的。

（6）鋼管生產廠應有完整的質量保證體系，產品質量穩定。從市場採購的鋼材，必須有完整的質量保證資料。

國內廣泛使用的鍋爐鋼管的鋼號和化學成分見表 4·15-1，力學性能見表 4·15-2，其特點和用途見表 4·15-3。

3·2　汽輪機用耐熱鋼

汽輪機中高溫工作的零件主要有主汽閥、汽缸、轉子體、葉片和螺栓。

3·2·1　汽輪機鑄件用鋼

多數汽輪機的承壓鑄鋼件的工作溫度不超過 540℃，少數超臨界機組的再熱汽閥工作溫度可達 565℃。實際上，鍋爐的承壓閥門工作條件和技術要求與汽輪機承壓鑄件是相同的，下面介紹的選用原則和鋼種對鍋爐閥門同樣適用。

汽輪機鑄件在運行時要承受內壓、轉子重量引起的靜應力，啓動時內、外壁溫差引起的熱應力，還要保持機組有足夠的剛度，對材料提出如下要求：高的室溫力學性能、高溫持久強度和蠕變極限；良好的組織穩定性；良好的抗熱疲勞性能；一定的抗氧化性；線膨脹係數與轉子材料一致；良好的鑄造工藝性，特別是抗熱裂性能，並應有好的焊接性能。鑄件裂紋和焊補質量是電站設備的一個主要質量問題。

表4·15-1　鍋爐鋼管的鋼號和化學成分

鋼號	化學成分的質量分數 w（%）												
---	C	Si	Mn	S	P	Cr	Ni	Mo	W	V	Ti	Nb	其他②
10	0.07~0.14	0.17~0.37	0.35~0.65	≤0.035	≤0.035	≤0.15	≤0.25						
20	0.17~0.24	0.17~0.37	0.35~0.65	≤0.035	≤0.035	≤0.25	≤0.25						
20G	0.17~0.24	0.17~0.37	0.35~0.65	≤0.030	≤0.030	≤0.25	≤0.25	≤0.15		≤0.08			
20MnG	≤0.35	≥0.10	0.29~1.06	≤0.030	≤0.030	≤0.25	≤0.25	≤0.15		≤0.08			
25MnG	≤0.30	≥0.10	0.29~1.06	≤0.030	≤0.030	≤0.25	≤0.25	≤0.15		≤0.08			
20MoG	0.15~0.25	0.10~0.50	0.30~0.80	≤0.030	≤0.030	≤0.30	≤0.30	0.44~0.65					
15CrMoG	0.12~0.18	0.17~0.37	0.40~0.70	≤0.030	≤0.030	0.80~1.10	≤0.30	0.40~0.55					
12Cr1MoVG	0.08~0.15	0.17~0.37	0.40~0.70	≤0.030	≤0.030	0.90~1.20	≤0.30	0.25~0.35		0.15~0.30			
12Cr2MoG	0.08~0.15	≤0.50	0.40~0.47	≤0.030	≤0.035	2.00~2.50	≤0.30	0.90~1.20					
12Cr2MoWVTiB	0.08~0.15	0.45~0.75	0.45~0.65	≤0.035		1.60~2.10	≤0.30	0.50~0.65	0.30~0.55	0.28~0.42	0.08~0.18		B≤0.008
10Cr9Mo1VNb	0.08~0.12	0.20~0.50	0.30~0.60	≤0.010	≤0.020	8.00~9.50	≤0.40	0.85~1.05		0.18~0.25	Al: ≤0.040	0.06~0.1	N: 0.030~0.070
1Cr19Ni9	≤0.15	≤1.00	≤2.00	≤0.030	≤0.035	17.00~19.00	8.00~10.00						
1Cr19Ni11Nb (ASME SA213 TP347H)	0.04~0.10	≤1.00	≤2.00	≤0.030	≤0.030	17.00~20.00	9.00~13.00					≥8wC 1.00%①	

① w_{Nb+Ta} ≥8w_C~1.00%。

② 10、20鋼 w_{Cu}≤0.25，其餘 w_{Cu}≤0.20。

表 4·15-2　鍋爐鋼管的力學性能

鋼號	熱處理	室溫力學性能					高溫力學性能②
		σ_s (MPa)	σ_b (MPa)	δ_5 (%)	δ① (%)	α_{KV} (J/cm²)	
10	熱軋管：熱軋狀態 冷拔管：熱處理狀態	200	335~490	≥24			200℃ $\sigma_{0.2}=165$MPa；300℃ $\sigma_{0.2}=122$MPa； 350℃ $\sigma_{0.2}=111$MPa
20	熱軋管：熱軋狀態 冷拔管：熱處理狀態	厚度<15, ≥245 厚度≥15, ≥230	395~590	≥20			200℃ $\sigma_{0.2}=215$MPa；300℃ $\sigma_{0.2}=177$MPa； 350℃ $\sigma_{0.2}=157$MPa
20G	900~930℃正火 熱軋狀態（終軋溫度≥900℃）	≥245	410~550	≥24		≥35	400℃ $\sigma_{10^5}=128$MPa；450℃ $\sigma_{10^5}=74.6$MPa； 480℃ $\sigma_{10^5}=51$MPa
20MnG	熱軋管：熱軋狀態 冷拔管：900~930℃正火	≥275	≥485	≥22	≥30	≥35	430℃ $\sigma_{10^5}=110$MPa；450℃ $\sigma_{10^5}=87$MPa； 480℃ $\sigma_{10^5}=55$MPa
25MnG	熱軋管：熱軋狀態 冷拔管：900~930℃正火	≥275	≥485	≥20	≥30	≥35	430℃ $\sigma_{10^5}=120$MPa；500℃ $\sigma_{10^5}=88$MPa； 480℃ $\sigma_{10^5}=55$MPa
20MoG	910~940℃正火	≥195	≥365	≥22		≥35	480℃ $\sigma_{10^5}=145$MPa 500℃ $\sigma_{10^5}=105$MPa； 520℃ $\sigma_{10^5}=71$MPa
15CrMoG	930~960℃正火，680~720℃回火	≥235	445~640	≥21		≥35	500℃ $\sigma_{10^5}=145$MPa；550℃ $\sigma_{10^5}=61$MPa
12Cr1MoVG	980~1020℃正火，720~740℃回火 厚壁管 950℃淬火，720~740℃回火	≥255	475~640	≥21		≥35	520℃ $\sigma_{10^5}=153$MPa；560℃ $\sigma_{10^5}=98$MPa； 580℃ $\sigma_{10^5}=75$MPa
12Cr2MoG	900~960℃正火，700~750℃回火	≥280	450~600	≥20		≥35	520℃ $\sigma_{10^5}=102$MPa；560℃ $\sigma_{10^5}=64$MPa； 570℃ $\sigma_{10^5}=56$MPa
12Cr2MoWVTiB	1000~1035℃正火，760~790℃回火	≥345	540~740	≥18		≥35	580℃ $\sigma_{10^5}=118$MPa；600℃ $\sigma_{10^5}=92$MPa； 620℃ $\sigma_{10^5}=69$MPa
10Cr9Mo1VNb	1040℃以上正火，730℃以上回火	≥415	≥585	≥35			600℃ $\sigma_{10^5}=98$MPa；620℃ $\sigma_{10^5}=74$MPa； 650℃ $\sigma_{10^5}=44$MPa
1Cr19Ni9	熱軋管，1050℃固溶處理	≥205	≥515	≥35			600℃ $\sigma_{10^5}=95$MPa；620℃ $\sigma_{10^5}=81$MPa； 650℃ $\sigma_{10^5}=63$MPa
1Cr19Ni11Nb	冷撥管，1195℃固溶處理	≥205	≥515	≥35			600℃ $\sigma_{10^5}=132$MPa；620℃ $\sigma_{10^5}=110$MPa； 650℃ $\sigma_{10^5}=82$MPa

① 標距為 50mm 的全載面試樣。伸長率隨鋼管壁減薄而降低，具體數值請查閱有關標準。

② 國產鋼的高溫許用應力可查閱 GB9222，ASME 鋼種的許用應力查閱 ASME 鍋爐法規。

汽輪機鑄件用鋼的化學成分見表 4·15-4，力學性　　能見表 4·15-5，其特點和用途見表 4·15-6。

表 4·15-3　鍋爐鋼管的特點和用途

鋼　號	主　要　特　點	用　途　舉　例
10	具有極好的工藝性，但強度性能較低，經濟	≤480℃受熱面管子和≤430℃集箱，工作壓力≤5.88MPa
20	具有很好的工藝性，經濟	≤480℃受熱面管子和≤430℃集箱，工作壓力≤5.88MPa
20G	具有很好的工藝性，管坯生產和製管工藝嚴格，故可用作高壓鍋爐管	≤480℃管熱面管子，≤430℃集箱管道，壓力不限
20MnG	有良好的工藝性，強度較 20G 高，經濟	≤426℃的管道和集箱
25MnG	有良好的工藝性，強度較 20G 高，冶煉時應控制含碳量不超過 0.27%	受熱面管子，廣泛用於鍋爐水冷壁
20MoG	工藝性良好，強度與 25MnG 相當，使用溫度比碳鋼管高 30℃左右	主要用於超臨界鍋爐的水冷壁
15CrMoG	工藝性好，540℃以下有較好的強度性能	≤560℃的受熱面鋼管，≤550℃的集箱、管道
12Cr1MoVG	工藝性好，580℃以下有較好的強度	≤580℃的過熱器、再熱器，≤565℃集箱、管道
12Cr2Mo1G	有良好的綜合性能，但高溫強度和工藝性均不如 12Cr1MoVG 鋼	≤580℃的過熱器，再熱器及≤565℃集箱、管道
12Cr2MoWVTiB	600℃以下有良好的持久強度，力學性能對熱處理工藝敏感	一般用於 600℃以下的過熱器和再熱器
10Cr9Mo1VNb	650℃以下有良好的持久強度，抗氧化性好	≤650℃的過熱器和再熱器，超臨界機組主蒸汽導管
1Cr19Ni9	奧氏體鋼，有良好的高溫強度，但價格較貴，易產生晶間腐蝕	≤700℃的過熱器和再熱器
1Cr19Ni11Nb	奧氏體鋼，高溫強度優於 TP304H	≤700℃的過熱器

表 4·15-4　汽輪機鑄件用鋼的化學成分

鋼　號	化　學　成　分　的　質　量　分　數　（%）											
	C	Si	Mn	S	P	Cr	Ni	Mo	V	Cu	Al	Ti
ZG20CrMo	0.15~0.25	0.20~0.60	0.50~0.80	≤0.030	≤0.030	0.50~0.80	≤0.30	0.40~0.60	—	≤0.30	≤0.025	—
ZG15Cr1Mo	≤0.20	≤0.60	0.50~0.80	≤0.025	≤0.030	1.00~1.50	≤0.50	0.45~0.65	≤0.03	≤0.25	≤0.025	≤0.035
ZG15Cr2Mo1	≤0.18	≤0.60	0.40~0.70	≤0.030	≤0.030	2.00~2.75	≤0.30	0.90~1.20	—	≤0.30	≤0.025	—
ZG20CrMoV	0.18~0.25	0.20~0.60	0.40~0.70	≤0.030	≤0.030	0.90~1.20	≤0.30	0.50~0.70	0.20~0.30	≤0.30	≤0.025	—
ZG15Cr1Mo1V	0.12~0.20	0.20~0.60	0.40~0.70	≤0.030	≤0.030	1.20~1.70	≤0.30	0.90~1.20	0.25~0.40	≤0.30	≤0.025	—

表 4·15-5　汽輪機鑄件用鋼的力學性能

鋼　　　號	熱　處　理	室　溫　力　學　性　能					高溫力學性能
		σ_s (MPa)	σ_b (MPa)	δ_5 (%)	ψ (%)	a_{KV} (J/cm²)	
ZG20CrMo	890～910℃正火 640～660℃回火	≥245	≥460	≥18	≥30	≥24	450℃ $\sigma_{0.2}=189MPa$ 500℃ $\sigma_{0.2}=170MPa$ 510℃ $\sigma_{10^5}=146MPa$
ZG15Cr1Mo	930～980℃正火 665～720℃回火	≥275	≥490	≥20 (δ_4≥22)	≥35		500℃ $\sigma_{0.2}=200MPa$ 480℃ $\sigma_{10^5}=169MPa$ 540℃ $\sigma_{10^5}=70MPa$
ZG15Cr2Mo1	930～980℃正火 665～720℃回火	≥275	485～660	≥18 (δ_4≥22)	≥35		530℃ $\sigma_{10^5}=91MPa$ 540℃ $\sigma_{10^5}=81MPa$ 550℃ $\sigma_{10^5}=72MPa$
ZG20CrMoV	940～950℃正火 920℃正火 690～710℃回火	≥315	≥490	≥15	≥30	≥24	500℃ $\sigma_{10^5}=179MPa$ 520℃ $\sigma_{10^5}=143MPa$ 540℃ $\sigma_{10^5}=109MPa$
ZG15Cr1Mo1V	1050℃正火 990℃正火 720℃回火	≥345	≥490	≥15	≥30	≥24	540℃ $\sigma_{10^5}=132MPa$ 560℃ $\sigma_{10^5}=105MPa$

表 4·15-6　汽輪機鑄件用鋼的特點和用途

鋼　　　號	主　　要　　特　　點	用　　途　　舉　　例
ZG20CrMo	合金元素含量不高，冶煉和鑄造工藝性均較好，熱處理後力學性能穩定，焊補前應預熱至 250～300℃	熱強性不高，宜作 520℃ 以下的汽輪機、燃氣輪機鑄件，如主汽閥、汽缸、隔板和鍋爐閥體等
ZG15Cr1Mo	強度較 ZG20CrMo 好，冶煉和鑄造工藝性仍較好，焊前預熱到 150℃ 以上	在 540℃ 以下機組的鑄件，如汽輪機內、外缸、蒸汽室、主汽閥閥體
ZG15Cr2Mo1	有較好的高溫強度，冶煉和鑄造工藝性較鉻鉬釩鋼好，焊前應預熱至 250℃	在 565℃ 以下機組的鑄件，如主汽閥閥體、汽缸、噴嘴室等
ZG20CrMoV	有較好的高溫強度，但鑄造工藝性較差，容易產生裂紋，焊前應預熱至 300～350℃	在 540℃ 以下的汽輪機汽缸、鍋爐閥體等
ZG15Cr1Mo1V	有良好的高溫強度，但鑄造工藝性差，容易產生裂紋，焊前應預熱至 300～400℃	在 570℃ 以下的汽缸、噴嘴室和鍋爐閥體等

3·2·2　汽輪機葉片用鋼

　　汽輪機葉片的工作溫度一般不超過540℃，第一級的導向葉片工作溫度稍高，但應力不高，動葉片受到高速汽流的脈衝並由自重造成的離心力而承受比較複雜的拉應力、彎曲應力和振動應力，高參數機組的葉片還要考慮汽流中可能帶來的固體微粒沖蝕，因此，要求動葉片的材料有高的持久強度、高的疲勞強度、耐沖蝕性能，葉片失效的主要形式是疲勞斷裂，所以對材料的發紋有嚴格的要求。當然，材料還應有良好的塑性、韌性和加工工藝性能，長期使用以後不會脆化。

　　高溫段汽輪機葉片用鋼的化學成分見表 4·15-7，力學性能見表 4·15-8，其特點和用途見表 4·15-9。

表 4·15-7　汽輪機葉片用鋼的化學成分

鋼　號	化 學 成 分 的 質 量 分 數 （%）										
	C	Si	Mn	P	S	Cr	Ni	Mo	V	W	Cu
1Cr13	0.10~ 0.15	≤1.00	≤1.00	≤0.030	≤0.030	11.50~ 13.00	≤0.60				≤0.30
1Cr12Mo （AISI403）	0.10~ 0.15	≤0.50	0.30~ 0.60	≤0.030	≤0.030	11.50~ 13.00	0.30~ 0.60	0.30~ 0.60			≤0.30
1Cr11MoV	0.11~ 0.18	≤0.50	≤0.60	≤0.030	≤0.030	10.00~ 11.50	≤0.60	0.50~ 0.70	0.25~ 0.40		≤0.30
1Cr12W1MoV	0.12~ 0.18	0.50~ 0.90		≤0.030	≤0.030	11.00~ 13.00	0.40~ 0.80	0.50~ 0.70	0.15~ 0.30	0.7~ 1.10	≤0.30
2Cr12NiMo1W1V	0.20~ 0.25	≤0.50	0.50~ 1.00	≤0.030	≤0.030	11.00~ 12.50	0.50~ 1.00	0.90~ 1.25	0.20~ 0.30	0.90~ 1.25	≤0.30

表 4·15-8　汽輪機葉片用鋼的力學性能

鋼　號	熱 處 理	室 溫 力 學 性 能					高 溫 力 學 性 能
		σ_s (MPa)	σ_b (MPa)	δ_5 (%)	ψ (%)	a_K (J/cm²)	
1Cr13	950~1000℃ 油冷 700~750℃ 空冷	≥440	≥615	≥20	≥60	≥88	400℃，$\sigma_{0.2}=344$MPa 430℃，$\sigma_{10^5}=280$MPa 450℃，$\sigma_{10^5}=235$MPa 370℃，$\sigma_{-1}=373$MPa（試驗環境：蒸汽）
1Cr12Mo （AISI403）	950~1000℃ 油冷 650~710℃ 空冷	≥550	≥685	≥18	≥60	≥78	400℃，$\sigma_{0.2}=429$MPa 430℃，$\sigma_{10^5}=313$MPa 450℃，$\sigma_{10^5}=264$MPa 20℃，$\sigma_{-1}=382$MPa
1Cr11MoV	1000~1050℃ 油冷 700~750℃ 空冷	≥490	≥685	≥16	≥55	≥59	400℃，$\sigma_{0.2}=385$MPa，450℃，$\sigma_{0.2}=365$MPa 500℃，$\sigma_{10^5}=242$MPa，550℃，$\sigma_{10^5}=149$MPa 500℃，$\sigma_{1.10^{-5}}=207$MPa，520℃，$\sigma_{1.10^{-5}}=160$MPa
1Cr12W1MoV	1000~1050℃ 油冷 680~740℃ 空冷	≥590	≥735	≥15	≥45	≥59	500℃，$\sigma_{0.2}=351$MPa，550℃，$\sigma_{0.2}=302$MPa 540℃，$\sigma_{10^5}=191$MPa，560℃，$\sigma_{10^5}=152$MPa 580℃，$\sigma_{-1}=294$MPa
2Cr12NiMo1W1V	1020~1060℃ 油冷 660~720℃ 空冷	≥760	≥930	≥12	≥32	—	500℃，$\sigma_{0.2}=508$MPa，550℃，$\sigma_{0.2}=450$MPa 510℃，$\sigma_{10^5}=279$MPa，550℃，$\sigma_{10^5}=195$MPa 510℃，$\sigma_{1.10^{-5}}=223$MPa，550℃，$\sigma_{1.10^{-5}}=99$MPa

表 4·15-9　汽輪機葉片用鋼的特點和用途

鋼　號	主　要　特　點	用　途　舉　例
1Cr13	馬氏體類不鏽鋼，碳含量不能過低，否則組織中會產生比較多的鐵素體，影響強度性能，450℃左右有較好的熱強性和抗氧化性，並有較好的耐腐蝕性和減振性	汽輪機中溫段葉片及耐腐蝕零件

（續）

鋼　　號	主　要　特　點	用　途　舉　例
1Cr12Mo （AISI403）	成分與 1Cr13 相近，但強度比 1Cr13 高，鋼中應加入少量的鉬，否則達不到美國 403 鋼的指標	汽輪機的動、靜葉片、噴嘴塊、密封環等
1Cr11MoV	馬氏體熱強鋼，具有較好的熱強性、組織穩定性、減振性和良好的加工性能	540℃ 以下的汽輪機葉片，燃氣輪機葉片和增壓器葉片
1Cr12W1MoV	馬氏體熱強鋼，具有較高的持久強度和長期塑性，工藝性尚好	580℃ 以下的汽輪機葉片、圍帶、燃氣輪機葉片
2Cr12NiMo1W1V	馬氏體鋼，組織中鐵素體含量不超過 5%，具有良好的持久強度，抗鬆弛性和疲勞強度	540℃ 以下的動葉片、噴嘴、閥桿和螺栓等零件

3·2·3　汽輪機緊固件用鋼

汽輪機緊固件在高溫下承受較大的拉伸應力，係在鬆弛條件下工作，對材料的要求是：有良好的高溫抗鬆弛性能、持久塑性和組織穩定性；高的室溫和高溫屈服強度；缺口敏感性小；線膨脹係數和被連接材料接近。

汽輪機緊固件主要使用低合金鋼，480℃ 以下可用鉻鉬鋼；540℃ 以下用鉻鉬釩鋼。這兩類鋼在調質狀態下短時力學性能較好，在正火和回火狀態下抗鬆弛性較好。540℃ 以上可考慮用含質量分數 12% 鉻型馬氏體鋼，有較好的抗鬆弛性和持久塑性。有些部位的緊固件由於結構上的需要，要求有高的抗鬆弛性，可採用鎳基合金，如 GH4145。

常用的汽輪機緊固件材料的化學成分見表 4·15-10，力學性能見表 4·15-11，材料的特性和用途見表 4·15-12。

表 4·15-10　汽輪機緊固件用鋼的化學成分

鋼　　號	化　學　成　分　的　質　量　分　數（%）										
	C	Si	Mn	P	S	Cr	Ni	Mo	V	Ti	其他
35CrMo	0.32~ 0.40	0.17~ 0.37	0.40~ 0.70	≤0.035	≤0.035	0.80~ 1.10	≤0.30	0.15~ 0.25			Cu：≤0.30
25Cr2MoV	0.22~ 0.29	0.17~ 0.37	0.40~ 0.70	≤0.035	≤0.035	1.50~ 1.80	≤0.30	0.25~ 0.35	0.15~ 0.30		Cu：≤0.30
25Cr2Mo1V	0.22~ 0.29	0.17~ 0.37	0.50~ 0.80	≤0.035	≤0.035	2.10~ 2.50	≤0.30	0.90~ 1.10	0.30~ 0.50		Cu：≤0.30
20Cr1Mo1VNbTiB	0.17~ 0.23	0.40~ 0.60	0.40~ 0.65	≤0.030	≤0.030	0.90~ 1.30	≤0.30	0.75~ 1.00	0.50~ 0.70	0.05~ 0.14	B：0.005 Nb：0.11~0.25
20Cr1Mo1VTiB	0.17~ 0.23	0.40~ 0.60	0.40~ 0.65	≤0.030	≤0.030	0.90~ 1.30	≤0.30	0.75~ 1.00	0.45~ 0.65	0.06~ 0.28	B：0.005
2Cr12NiMo1W1V	0.20~ 0.25	≤0.50	0.50~ 1.00	≤0.030	≤0.030	11.0~ 12.5	0.50~ 1.00	0.90~ 1.25	0.90~ 1.25		Cu：≤0.30 W：0.90~1.25

表 4·15-11　汽輪機緊固件用鋼的力學性能

鋼　　號	熱　處　理	室溫力學性能（≥）					高　溫　力　學　性　能
		σ_s （MPa）	σ_b （MPa）	δ_5 （%）	ψ （%）	a_K （J/cm²）	
35CrMo	1.850~880℃ 油冷 540~620℃ 空冷 2.850~890℃ 空冷 600~700℃ 回火	490 588 686	686 765 835	15 14 12	45 40 40	59 59 59	880℃ 正火，650℃ 回火 450℃ 時，$\sigma_0 = 245$MPa，$\sigma_{10000} = 80.4$MPa 1000℃ 正火，650℃ 回火 450℃ 時，$\sigma_0 = 245$MPa，$\sigma_{10000} = 103$MPa

（續）

鋼　號	熱　處　理	室溫力學性能（≥）					高溫力學性能
		σ_s (MPa)	σ_b (MPa)	δ_5 (%)	ψ (%)	a_K (J/cm²)	
25Cr2MoV	950～1000℃正火 620～680℃回火	590 635 685 735	685 735 785 834	16 16 15 15	50 50 50 50	59 59 59 59	500℃ $\sigma_0 = 245MPa$，$\sigma_{10000} = 127MPa$ $\sigma_0 = 343MPa$，$\sigma_{10000} = 186MPa$
25Cr2Mo1V	1030～1050℃正火 660～700℃回火	735	835	15	50	59	525℃ $\sigma_0 = 245MPa$，$\sigma_{10000} = 90MPa$ 550℃ $\sigma_0 = 245MPa$，$\sigma_{10000} = 42MPa$
20Cr1Mo1VNbTiB	1030～1050℃ 油或水淬 700～740℃回火	685	≤950	12	45	395 (A_{KV})	525℃ $\sigma_0 = 294MPa$，$\sigma_{10000} = 184MPa$ $\sigma_0 = 343MPa$，$\sigma_{10000} = 216MPa$
20Cr1Mo1VTiB	1030～1050℃油冷 700～720℃回火	690	785	14	50	395 (A_{KV})	525℃ $\sigma_0 = 294MPa$，$\sigma_{10000} = 167～185MPa$ 550℃ $\sigma_0 = 294MPa$，$\sigma_{10000} = 129～155MPa$
2Cr12NiMo1W1V	1038℃油冷 650℃回火	760	930	12	32	—	538℃ $\sigma_0 = 310MPa$，$\sigma_{10000} = 84MPa$

表 4·15-12　汽輪機緊固件用鋼的特點和用途

鋼　號	主　要　特　點	用　途　舉　例
35CrMo	工藝性能好，組織較穩定，但淬透性較差，零件的尺寸和強度均受限制	450℃汽缸螺栓，510℃以下螺母，此鋼亦可製造主軸和葉輪鍛件
25Cr2MoV	綜合機械性能較好，熱強性較高，有較好的抗鬆弛性，對回火溫度較敏感，可氮化	510℃以下的緊固件，也作滲氮零件，如螺桿、齒輪
25Cr2Mo1V	有較高的鬆弛穩定性，工藝性能亦較好，但有缺口敏感性，長期運行有脆化傾向	540℃以下的緊固件及閥桿
20Cr1Mo1VNbTiB	具有良好的綜合性能，抗鬆弛性和熱強性均優於25Cr2Mo1V 鋼，持久塑性好，有很好的氮化性能，熱加工過程中應很好地控制溫度規範，否則易造成粗晶	570℃以下的螺栓與閥桿
20Cr1Mo1VTiB	有良好的綜合性能，抗鬆弛穩定性和熱強性均優於25Cr2Mo1V 鋼，持久塑性好，缺口敏感性小	570℃以下的螺栓
2Cr12NiMo1W1V	具有很好的綜合性能，工藝性能好，具有良好的抗鬆弛性能和熱強性，持久塑性好，缺口敏感性小	540℃以下的螺栓和閥桿

3·3　燃氣輪機用耐熱鋼和高溫合金

　　燃氣輪機的高溫零件多在 600℃ 以上紅熱狀態下工作，主要使用鐵基、鎳基和鈷基高溫合金，這些合金有優異的高溫強度、抗氧化和抗腐蝕性，並有良好的抗輻照性能和低溫性能。燃氣輪機的發展與高溫合金是密不可分的。

3·3·1　高壓透平工作葉片

　　葉片是燃氣輪機的關鍵零件，在高溫高壓燃氣流的作用下承受著氣動力、高速氣流脈衝所造成的拉應力、彎曲應力和振動力的作用，同時還受到各種疲勞應

表 4·15-13　渦輪葉片用高溫合金的化學成分

序號	牌號	化學成分(%)													
		C	Cr	Ni	Co	W	Mo	Al	Ti	Fe	Nb	V	B	Zr	其他
1	GH2130	≤0.08	12.0~16.0	35.0~40.0	—	5.0~6.5	—	1.4~2.2	2.4~3.2	餘	—	—	≤0.02	—	Ce ≤0.02
2	GH2302	≤0.06	12.0~15.0	38.0~41.0	—	3.5~4.5	1.5~2.5	1.8~2.3	2.3~3.0	餘	—	—	≤0.01	≤0.05	Ce ≤0.02
3	GH4033	≤0.06	19.0~22.0	餘	—	—	—	0.55~0.95	2.2~2.7	≤1.0	—	—	≤0.01	—	Ce ≤0.01
4	GH4037	≤0.10	13.0~16.0	餘	—	5.0~7.0	2.0~4.0	1.7~2.3	1.8~2.3	≤0.5	—	0.1~0.5	≤0.02	—	Ce ≤0.02
5	GH143	0.12~0.17	14.0~15.1	餘	18.0~22.0	—	4.5~6.0	4.5~5.5	0.75~1.75	≤1.0	—	—	≤0.03	—	—
6	GH4049	≤0.07	9.5~11.0	餘	14.0~16.0	5.0~6.0	4.5~5.5	3.7~4.4	1.4~1.9	≤1.5	—	0.2~0.5	0.015~0.025	—	Ce 0.02
7	GH118	≤0.20	14.0~16.0	餘	13.5~15.5	—	3.0~5.0	4.5~5.5	3.5~4.5	≤1.0	—	—	0.01~0.025	≤0.15	—
8	GH146	≤0.15	13.0~20.0	餘	13.0~20.0	—	3.5~5.0	2.5~3.25	2.5~3.25	≤4.0	—	—	≤0.01	—	—
9	K438	0.1~0.2	15.7~16.3	餘	8.0~9.0	2.4~2.8	1.5~2.0	3.2~3.7	3.0~3.5	—	0.6~1.1	—	0.005~0.015	—	Ta 1.5~2.0
10	M252	0.15	19.0	餘	10.0	12.5	5.2	5.0	2.0	—	1.0	—	0.015	0.05	—
11	Udimet700	≤0.15	15.0	餘	18.5	—	5.2	4.3	3.5	—	—	—	0.03	—	—
12	Rene77	≤0.15	15.0	餘	18.5	—	5.2	4.25	3.5	≤1.0	—	—	≤0.05	0.05	—
13	ЭИ220	≤0.08	9.0~12.0	餘	14.0~16.0	5.00~7.0	5.0~8.0	3.9~4.8	2.2~2.9	≤3.0	—	0.2~0.8	≤0.02	—	—

表 4·15-14　渦輪葉片用高溫合金的力學性能

序號	牌號	熱處理	溫度 (℃)	高溫短時力學性能 σ_b (MPa)	σ_0.2 (MPa)	δ (%)	ψ (%)	A_KU (J)	持久強度 溫度 (℃)	應力 (MPa)	時間 (h)	備　註
1	GH2130	1180℃, 1.5h空冷 +1050℃, 4h空冷 +800℃, 16h空冷	20	1195~1234	725~784	17.0~20	19.0~21.5	41~45				性能與 ЭИ617 相近 (原蘇聯)
			700	921~960	764~842	12.0~17.0	12~21	36~44	700	470	234~414	
			800	715~764	588~627	8.0~14.0	12~17	36~47	800	245	186~356	
2	GH2302	1180℃, 2h空冷 +1050℃, 4h空冷 +800℃, 16h空冷	20	1200~1220	730~769	18~22.8	20.8~22.6	33~42	700	313	11292	性能與 ЭИ617 相近 (原蘇聯)
			700	980~1058	774~787	21~24	30.4~32.8	41~48	700	470	>845	
			800	725~764	612	18~20	26~30	34~41	800	245	491	
3	GH4033	1080℃, 8h空冷 +700℃, 16h空冷	20	1029~1136	646~715	22~33	20~29	36~65				相當於 ЭИ437Б (原蘇聯)
			700	803~862	568~627	18~25	20~29	50~90	700	431	75~120	
			750	666~754	499~578	13~25	20~25	68~94	750	313	194~208	
4	GH4037	1180℃, 2h空冷 +1050℃, 4h空冷 +800℃, 16h空冷	20	891~1097		10~16	11~15	26~29	800	117	>5079	相當於 ЭИ617 (原蘇聯)
			800	744~813		12~20	9~27	23~39	800	245	130~299	
			850	588~686		18~20	23~32	35~58	850	196	59~151	
5	GH143	1150℃, 4h空冷 +1065℃, 16h空冷 +700℃, 16h空冷	20	1274~1303	862~931	19~21	21~22	23~24				相當於 Nimonic108 (英)
			800	862~882	686~735	13~24	16~25	29~33	800	215	5041~5627	
			900	568~617	421~431	20~26	23~27	34~35	900	107	>1000	
6	GH4049	1200℃, 2h空冷 +1050℃, 4h空冷 +850℃, 8h空冷	20	1058~1205		8~13	8~16	9				相當於 ЭИ929 (蘇)
			900	646~735		16~30	22~36		900	117	1128~1382	
			900						900	215	165~250	
7	GH118	1190℃, 1.5h空冷 +1100℃, 6h空冷	20	1293~1313	872~901	27~29	23~30	63~67				相當於 Nimonic118 (英)
			900	637~656	450~539	13~20	21~28	32~34	900	245	140~160	
			950	529~539	323~343	12~15	25~28	29~31	950	168	90~130	

（續）

序號	牌號	熱處理	高溫短時力學性能						持久強度			備註
			溫度(℃)	σ_b (MPa)	$\sigma_{0.2}$ (MPa)	δ (%)	ψ (%)	A_{KU} (J)	溫度(℃)	應力 (MPa)	時間 (h)	
8	GH146	1080℃，5h空冷 +840℃，24h空冷 +760℃，16h空冷	20	1264~1274	891~911	12.4~14.8	14.1~15.0	14				相當於 U500 (美)
			700	1058~1078	823~833	27.2~27.6	29~29.3		700	392	10513	
			760	931~980	793~803	28.8~34.0	35.7~38.8	28	760	441	203~246	
			820	735~754	695~705	33.6~38.0	40.9~51.3	29	820	303	155~201	
9	K438	1120℃，2h空冷 +850℃，24h空冷	20	999~1058	852~901	5.6~10.0	6.6~10.2	30~43				相當於 IN738 (美)
			800	999~1068	833~872	6.0~14.4	11.4~18.2	18~49	800	205	50000	
			850	882~989	705~862	7.6~15.2	12.8~25.4	35~50	850	142	50000	
			900	784~882	558~617	9.2~13.6	9.0~20.5	43~61	900	78	50000	
10	M252	(1050℃~1165℃)，4h空冷 + (745℃~775℃)，16h空冷	20	1239	821	16						美國
			760	943	716	10			760	261	1000	
			870	509	482	18			870	93	1000	
11	U700	1170℃，4h空冷 +1080℃，4h空冷 +845℃，24h空冷 +760℃，16h空冷	21	1405	964	17						美國
			760	1032	827	20			815	295	1000	
			871	682	634	27			871	196	1000	
12	Rene77	1170℃，4h空冷 +1080℃，4h空冷 +845℃，24h空冷 +760℃，16h空冷	21	1019	791	7						美國
			760	936	686				870	205	1000	
			871	588	519				982	58	1000	
13	ЭИ220	1220℃，4h空冷 +1050℃，4h空冷 +950℃，2h空冷	20	999~1038	715~744							原蘇聯
			900	666~705	382~421				900	166	1000	
			950	509~578	313~333				950	196	100	

力作用。隨著燃氣輪機的發展，對零部件的壽命、抗氧化和抗腐蝕性也提出更高的要求，如固定式燃氣輪機要求機組的壽命達到 5000～100000h，運輸燃機為 5000～40000h，燃機所用的燃料多為低質油，艦船用燃機又在海洋氣氛中工作，所以工作葉片的耐腐蝕性要好。對燃機的工作葉片有如下要求：足夠的高溫持久強度和蠕變強度，高溫屈服強度，且缺口敏感性小；良好的高溫疲勞強度；抗氧化和抗燃氣腐蝕性能好；組織穩定性良好；有良好的工藝性能。

工作葉片可選用變形合金，也有用鐵基和鎳基鑄造合金。典型葉片材料化學成分見表 4·15-13，其力學性能見表 4·15-14，特點和用途見表 4·15-15。

表 4·15-15　渦輪葉片用高溫合金的特點和用途

序號	牌號	特　點	用　途
1	GH2130	鐵基變形合金，時效強化。合金強度相當於 GH37 鎳基合金，在 800℃ 以下長期使用性能和組織穩定	用於工作溫度 700～800℃ 的增壓器渦輪、燃氣渦輪葉片
2	GH2302	鐵基變形合金，時效強化。相當於 GH37 合金，工藝性能較好，在 700℃ 長期使用組織和性能穩定。可表面滲鋁，提高抗氧化性	用於 700～750℃ 的固定燃機葉片，750～850℃ 航空燃機葉片
3	GH4033	鎳基變形合金。在 750℃ 以下使用具有滿意的熱強性和塑性。易進行熱、冷加工	可做 750℃ 以下工作的渦輪葉片和 700℃ 以下工作的渦輪盤材料
4	GH4037	鎳基變形合金。在 850℃ 以下使用有較高的強度和塑性，組織穩定。有缺口敏感性。冷、熱加工性尚好	800～850℃ 工作的航空燃機葉片，750℃ 以下工作的燃氣輪機葉片、導向葉片
5	GH143	鎳基變形合金。在 900℃ 以下強度高、塑性好、組織穩定。冷、熱加工性、電解加工性較好	900℃ 以下的渦輪工作葉片和空心葉片
6	GH4049	鎳基變形合金。合金化複雜，在 950℃ 以下熱強性高。熱加工性較差	900℃ 左右的渦輪葉片及其他受力較大的高溫部件
7	GH118	鎳基變形合金。成分複雜、難變形。強度高，密度較小，疲勞性能好	950℃ 以下的渦輪葉片
8	GH146	鎳基變形合金。可變形、鑄造兩用。使用溫度不超過 870℃，性能水平相當於 U_{500}，有較好的抗氧化、抗腐蝕能力	870℃ 以下的較短時工作葉片和 700～750℃ 長時工作及導向葉片
9	K438	鎳基鑄造合金。含 Ta、Nb 等元素，具有高抗氧化和抗腐蝕性能。熱強性高、組織穩定	850℃ 以下工作的長壽命燃機工作葉片和導向葉片
10	M252	鎳基變形合金。熱強性能高，疲勞性能好。易於加工。使用溫度可達 870℃	運輸和地面燃氣輪機工作葉片、高溫螺栓。航空燃機輪盤和葉片
11	U700	鎳基合金，可變形、鑄造兩用。變形較困難。高溫下，不但強度高，抗氧化、抗腐蝕和疲勞性能也好	850℃ 燃機工作葉片和導向葉片
12	Rene77	鎳基合金，可變形、鑄造兩用。是在 U_{700} 合金和 Astroloy 合金基礎上改進的，組織穩定性比前者更好	長壽命燃機的工作葉片和導向葉片
13	ЭИ220	鎳基變形合金，熱變形困難，熱強性能高，能在 950℃ 下工作	900～950℃ 燃氣輪機工作葉片

3·3·2　導向葉片

導向葉片在運行過程中要承受很大的熱衝擊，熱疲勞是導向葉片失效的主要原因。另外，它還承受氣流中固體顆粒的沖蝕，燃氣腐蝕作用。承受的機械載荷不高，但溫度要比工作葉片高 50～100℃，常見的失效形式有扭曲、過燒、裂紋、浸蝕等。通常選用鎳基和鈷基合金。對材料的要求是：較好的綜合力學性能和高溫強度；良好的抗冷熱疲勞性能，熱導率大，線脹係數小；良好的抗氧化和抗腐蝕性；工藝性能良好。

常用的導向葉片材料成分見表 4·15-16，力學性能見表 4·15-17，特點和用途見表 4·15-18。

表 4·15-16　導向葉片用高溫合金的化學成分

序號	牌號	化學成分的質量分數 (%)													
		C	Cr	Ni	Co	W	Mo	Al	Ti	Fe	Nb	V	B	Zr	其他
1	K32	≤0.1	12.0~16.0	38.0~42.0	—	3.5~4.5	1.5~2.5	1.8~2.3	2.3~2.8	餘	—	—	≤0.015	≤0.05	Ce ≤0.02
2	K13	≤0.1	14.0~16.0	34.0~38.0	—	4.0~7.0	—	1.5~2.0	3.0~4.0	餘	—	—	0.05~0.10	—	—
3	K3	0.11~0.18	10.0~12.0	餘	4.5~6.0	4.8~5.5	3.8~4.5	5.3~5.9	2.3~2.9	≤2.0	—	—	0.01~0.03	0.1	Ce 0.01~0.03
4	K20	0.10~0.16	2.5~3.5	餘	9.5~11.0	13.6~14.8	1.6~3.0	5.3~5.8	1.1~1.5	—	—	—	0.02	0.1	—
5	K44	0.2~0.3	28.5~30.5	9.5~11.5	餘	7.0~7.5	—	—	—	≤2.0	—	—	0.005~0.015	—	Mn ≤1.0
6	713C	0.08~0.20	12.0~14.0	餘	—	—	3.8~5.2	5.5~6.5	0.5~1.0	≤2.5	1.8~2.8	—	0.005~0.015	0.05~0.15	—
7	Rene80	0.17	14.0	餘	9.5	4.0	4.0	3.0	5.0	—	—	—	0.015	0.03	—
8	X-40	0.5	25.0	10.0	餘	7.5	—	—	—	1.5	—	—	—	—	Mn 0.5
9	ЖC-3	0.11~0.16	14.0~18.0	餘	—	4.5~6.5	3.0~4.5	1.6~2.2	1.6~2.3	≤8.0	—	≤0.3	至 0.02	—	Mn 0.5
10	ЖC-6K	0.13~0.20	9.5~12.0	餘	4.0~5.0	4.5~5.5	3.5~4.8	5.0~6.0	2.5~3.2	≤2.0	—	—	0.02	—	Ce 0.015

表 4·15-17　導向葉片用高溫合金的力學性能

序號	牌號	熱處理	高溫短時力學性能						持久強度			備註
			溫度(℃)	σ_b(MPa)	$\sigma_{0.2}$(MPa)	δ(%)	ψ(%)	A_{KV}(J)	溫度(℃)	應力(MPa)	時間(h)	
1	K232	1100℃，5h空冷 +800℃，16h空冷	20	872~882	690~695	6.5~9.0	11.5~12.0	14	700	372	7579	
			700	819~847	686~690	5.5~10.0	12.5~15.0	14	800	215	869	
			800	646~651	617	7.5~11.0	15~19	20				
2	K213	1100℃，4h空冷	20	921	744	4.0	4.8	31	700	431	1000	
			700	754	646	11.6	22.9	15	800	235	1000	
			800	637		5.8	9.7	18				
3	K403	1210℃，4h空冷	20	891~911		6.2	13.0		900	313	100	相當於 ЖС-6К (原蘇聯)
			900	823~842		4.0	5.5	10	1000	147	100	
			1000	539		2.8	2.8					
4	K20	鑄態	20	1048~1068		8.0	8.2~10	13~17	900	382	79~103	性能與 IN591 相近
			900	852~872		3.0~4.0	6~7	15~29	1050	147	79~101	
			1050	470~519		1~2	0.8~1.2	7~8				
5	K44	1150℃，4h空冷 +930℃，10h空冷	20	793	568	9.0	15.7	32	815	98	>8000	相當於 FSX-414 (美)
			815	490	196	21.3	22.0	62	900	49	8221	
			900	352	225	30.7	40.5	68				
6	713C	1175℃，2h空冷 +930℃，16h空冷	20	847	736	8			815	302	1000	美國
			760	936	744	6			982	89	1000	
			871	723	495	14						
7	Rene80	1220℃，2h空冷 +1095℃，4h空冷 +1050℃，4h (20分鐘冷至650℃) +845℃，16h氫冷或空冷	20	1026	854	5.2			870	245	1000	美國
			760	989	716	9.5			982	102	1000	
			870	702	530	12.0						
8	X-40	鑄態	20	882	882	2			815	156	1000	美國
			870	333	245	14	18		870	127	1000	
9	ЖС-3	1150℃，7h空冷	20	735	558	8.5	14.0	11~19	800	274	200	原蘇聯
			800	548	490	3.0	17.0	11~19	900	98	100	
			900	392	303	4.0	7.0					
10	ЖС-6К	(1210℃~1220℃) 4h空冷	20	882~980	813~833	1.5	6.5	7~23	800	333	2000	原蘇聯
			800	882~921	813~833	1	5		1000	49	2000	
			1000	490~558	294~313	4.5	6.5					

表 4·15-18　導向葉片用高溫合金的特點和用途

序號	牌號	特 點	用 途
1	K232	鐵基鑄造合金。在 GH302 基礎上發展的。鑄造性能較好。綜合性能較好	750℃ 以下燃氣輪機導向葉片及增壓器渦輪
2	K213	鐵基鑄造合金。合金鑄造性能好，在 750℃ 以下具有良好的綜合性能和組織穩定性	750℃ 以下使用的增壓器渦輪和燃機導向葉片
3	K403	鎳基鑄造合金。具有較高的熱強性，組織穩定，鑄造性能好	900～1000℃ 的渦輪導向葉片和 800℃ 以下的工作葉片
4	K20	鎳基鑄造合金。合金化複雜，但鑄造性能仍好。熱強性高，抗氧化、抗腐蝕性能好，最高使用溫度可達 1050℃	900～1050℃ 工作的渦輪葉片和導向葉片
5	K44	鈷基鑄造合金。具有良好的抗氧化和抗腐蝕性能。工藝性和焊接性好。長期工作組織穩定，不析出 TCP 相	900℃ 以下長期工作的燃氣輪機導向葉片
6	713C	鎳基鑄造合金。密度較小，高溫下抗氧化能力良好。有較高的持久強度和疲勞強度。是美國使用較廣的合金之一	航空燃機的工作葉片、導向葉片和其他高溫部件
7	Rene80	鎳基鑄造合金。在 1040℃ 以下具有高的熱強性和熱穩定性。綜合性能優於 IN-100、U$_{700}$、Rene77。是有使用前途的合金	長壽命燃機的導向葉片和工作葉片
8	X-40	鈷基鑄造合金。鉻含量高（w_{Cr}25%），具有良好的抗氧化、抗腐蝕性能，組織穩定。鑄造性能好	長壽命燃機的導向葉片
9	ЖC-3	鎳基鑄造合金。在 900℃ 以下工作強度較高。鑄造性能好	燃氣渦輪導向葉片
10	ЖC-6K	鎳基鑄造合金。在 900～1000℃ 下工作，熱強性高，組織穩定，並有較好的鑄造性能	900～1000℃ 的燃氣渦輪導向葉片和 800℃ 下的工作葉片

3·3·3　燃燒室

燃燒室也是靜止部件，承受機械載荷不大，經常受到反覆加熱和冷卻作用，有較大的熱應力，此外，還受到燃氣的氧化及腐蝕作用等。多數選用固溶強化合金，極少用沈澱強化合金，對材料的要求是：足夠的高溫強度；好的抗氧化和抗燃氣腐蝕性、組織穩定性；良好的抗冷熱疲勞性、熱導率高、線膨脹係數小；成形性好，並有良好的焊接性。

常用的燃燒室材料成分見表 4·15-19，力學性能見表 4·15-20，特點和用途見表 4·15-21。

3·3·4　渦輪盤

渦輪盤是燃氣輪機最重要零件之一，如在運行中破壞，會造成重大事故。轉子中，輪盤的重量最大，受熱不均勻，受力複雜、特別在榫齒部位，要受葉片離心力造成很大的拉應力、振動力作用、還有溫度不均勻造成的溫度應力、材料質量不均勻造成的附加應力、線脹係數不匹配的熱應力集中以及彎曲應力和各種疲勞應力等等。在設計時須精確計算應力分布，並選用合適的材料。對渦輪盤材料的要求是：從室溫到使用溫度均應有較高的屈服強度和塑性；較高的熱強性、疲勞強度和良好的斷裂韌性；缺口敏感性小，徑向和切向性能差異小；良好的抗氧化性、抗燃氣腐蝕性和組織穩定性；良好的工藝性能。

常用的渦輪盤材料成分見表 4·15-22，力學性能見表 4·15-23，特點和用途見表 4·15-24。

表4·15-19　燃燒室用高溫合金的化學成分

化學成分的質量分數（%）

序號	牌號	C	Cr	Ni	Co	W	Mo	Al	Ti	Fe	Nb	V	B	Zr	其他
1	GH1140	0.06~0.12	20.0~23.0	35.0~40.0	—	1.4~1.8	2.0~2.5	0.2~0.5	0.70~1.05	餘	—	—	—	—	
2	GH1131	≤0.10	19.0~22.0	25.0~30.0	—	4.8~6.0	2.8~3.5	—	—	餘	0.7~1.3	—	0.005	—	N 0.15~0.30
3	GH3030	≤0.12	19.0~22.0	餘	—	—	—	≤0.15	0.15~0.35	≤1.0	—	—	—	—	
4	GH333	≤0.08	24~27	44~47	2.5~4.0	2.5~4.0	2.5~4.0	≤0.2	≤0.2	餘	≤0.2	—	≤0.006	—	
5	GH3128	≤0.05	19~22	餘	—	7.5~9.0	7.5~9.0	0.4~0.8	0.4~0.8	≤1.0	—	—	0.005	0.04	Ce 0.05
6	Inconel718	0.04	18.6	餘	—	—	3.1	0.4	0.9	18.5	5.0	—	0.005	—	
7	HastelloyX	0.05~0.15	20.5~23.0	餘	0.50~2.50	0.20~1.0	8.0~10.0	—	—	17.0~20.0	—	—	—	—	
8	ЭИ602	≤0.08	19.0~22.0	餘	—	—	1.8~2.3	0.35~0.75	0.35~0.75	≤3.0	0.9~1.3	—	—	—	
9	ЭИ868	≤0.10	23.5~26.5	餘	—	13.0~16.0	—	≤0.5	0.3~0.7	≤4.0	—	—	—	—	

表 4·15-20　燃燒室用高溫合金的力學性能

序號	牌號	熱處理制度	高溫短時力學性能				持久強度			備註
			溫度(℃)	σ_b(MPa)	$\sigma_{0.2}$(MPa)	δ(%)	溫度(℃)	應力(MPa)	時間(h)	
1	GH1140	1080℃，10min空冷	20	646~676	254	44~48				性能與ЭИ602相近（原蘇聯）
			800	245~274	147~196	46~79	800	40	1000	
2	GH1131	1130~1170℃，空冷	20	784~882		34~35				相當於ЭИ126（原蘇聯）
			800	372~392		48~51	800	107	435~588	
			900	235		66~67	900	50	293~300	
3	GH3030	980~1020℃，空冷	20	705~793		40~41				相當於ЭИ435（原蘇聯）
			800	205~225		70~72	800	44	57~79	
4	GH333	1170~1200℃，快速空冷	20	764	336	53.2				相當於RA333（美）
			900	215	151	78	900	39	640	
5	GH3128	1200℃，空冷	20	784~882	362	50~60				
			900	225~254	166	63~97	900	38	1037~1099	
			950	176~215		74~97	950	21	1309~1815	
6	Inconel718	1060℃，1h空冷+760℃，10h 以55℃/h爐冷至650+650℃，8h空冷	20	1276	1056	22				
			649	1034	869	15				
7	HastelloyX	1160~1190℃快空冷	20	784	358	43	870	49	1000	美國
			870	254	179	50	982	15	1000	
8	ЭИ602	1050~1080℃空冷	20	813~842	392					原蘇聯
			800	284	147		800	58	200	
			900	166~176		20~25	900	21	200	
9	ЭИ868	1140±20℃，5min空冷	20	735~882	294~343					原蘇聯
			900	205~245	98~137	50~60	900	39	300	
			1000	127~156	58~68	50~62				

表 4·15-21 燃燒室用高溫合金的特點和用途

序號	牌號	特　　點	用　　途
1	GH1140	鐵基板材合金,固溶強化,工藝性能好,在850℃以下具有良好的綜合性能。可作爲 GH30 和 GH39 合金的代替品	850℃以下使用的燃氣輪機燃燒室和加力燃燒室
2	GH1131	鐵基板材合金,固溶強化。合金含鎳($w_{Ni}28\%$),在高溫合金中是最低者之一。在900℃下長期使用有良好的綜合性能,工藝性能好	900℃及以下工作的燃機燃燒室和其他高溫部件
3	GH3030	鎳基板材合金,固溶強化。抗氧化性能好,工藝性能和焊接性能良好,組織穩定	800℃以下的燃燒室和加力燃燒室
4	GH333	鎳基板材合金,固溶強化。在900℃以下具有高的熱強性、抗氧化性、抗腐蝕性、並易於成型和焊接	900℃以下工作的長壽命燃機的燃燒室和其他高溫部件
5	GH3128	鎳基板材合金,固溶強化。抗氧化性能好,焊接性能好,組織穩定。使用溫度可達950℃	950℃以下長期工作的燃燒室和其他高溫部件
6	Inconel718	鎳基變形合金,產品除板材外,還有鍛材、棒材、帶材、絲材等。在－253～700℃均能做高性能要求的結構件。具有良好的抗冷脆、抗氧化、抗腐蝕、抗輻照能力,是美國應用最廣的合金之一	用於製造燃機的各種高溫部件、超低溫(－253℃)下的結構件、反應堆中的各種抗輻照部件
7	HastelloyX	鎳基板材合金,固溶強化。鐵含量較高($w_{Fe}17.0\%～20.0\%$)成本較低。合金抗氧化、抗腐蝕能力較高,易加工成型。鑄造性能好	900℃及以下工作的燃燒室、葉片、噴嘴、爐用零件等
8	ЭИ602	鎳基板材合金,固溶強化。在使用溫度下具有足夠的強度,良好的抗氧化性和冷熱疲勞性能	900℃以下工作的燃燒室和其他高溫部件
9	ЭИ868	鎳基板材合金,固溶強化。合金化程度高,使用溫度高。具有良好的工藝性能和焊接性能	950～1100℃工作的燃燒室、加力燃燒室、隔熱屏和管子等

表 4·15-22 渦輪盤用高溫合金的化學成分

序號	牌號	化 學 成 分 的 質 量 分 數 (%)												
		C	Cr	Ni	Co	W	Mo	Al	Ti	Fe	Nb	V	B	Zr	其他
1	GH2132	≤0.08	13.5～16.0	24.0～27.0	—	—	1.0～1.5	≤0.4	1.75～2.3	餘	—	0.1～0.5	0.001～0.01	—	Mn 1.0～2.0
2	GH901	0.02～0.06	11.0～14.0	40～50	≤1.0	—	5.0～6.5	≤0.3	2.8～3.1	餘	—		0.01～0.02	—	
3	GH4133A	≤0.07	19～22	餘	—	—	0.7～1.2	2.5～3.0		≤1.5	1.15～1.65	—	≤0.01	—	
4	V57	≤0.8	13.0～16.0	25.5～28.5	—	—	1.0～1.5	0.1～0.35	2.7～3.2	餘	—	≤0.5	0.005～0.025	—	
5	Waspalloy	0.08	19.5	餘	13.5	—	4.3	1.3	3.0		—		0.006	0.06	
6	ЭИ787	≤0.08	14～16	33～37	—	2.8～3.5	—	0.7～1.4	2.4～3.2	餘	—		≤0.02	—	
7	ЭИ698	≤0.08	13～16	餘	—	—	2.8～3.2	1.3～1.7	2.35～2.75	≤2.0	1.8～2.2	—	≤0.005	—	Ce ≤0.005

表 4·15-23　渦輪盤用高溫合金的力學性能

序號	牌號	熱處理制度	高溫短時力學性能						持久強度			備註
			溫度(℃)	σ_b(MPa)	$\sigma_{0.2}$(MPa)	δ(%)	ψ(%)	A_{KU}(J)	溫度(℃)	應力(MPa)	時間(h)	
1	GH2132	980~1000℃ 1~2h油或 水冷+700~720℃ 12~16h空冷	20	1029~1038	735~764	25~27	43~47.5	72				相當於 A286 (美)
			650	793~803	676~705	20.5~23.0	33.0~34.0	62	650	392	>1000	
2	GH901	1090℃ 2~3h 水或空冷 +775℃, 4h空冷 +705~720℃ 24h空冷	20	1225~1283	882~940	16.6~24	18~31.5	31~53				相當於 In901 (美)
			650	980~1029	823~852	14~18	20~29	58~74	650	548	418~489	
3	GH4133A	1080℃, 8h空冷 +750℃, 16h空冷	20	1156~1225	764~862	17~26	20~30	39~62				
			700	931~999	656~744	17~25	23~30		700	411	254~307	
4	V57	982~1038℃ 2~4h油冷 +810~829℃ 2~6h空冷 +732℃, 16h空冷	20	1184	820	24						美國
			649	888	743	22			704	198	1000	
			732	654	613	23			732	275	100	
5	Waspalloy	1080℃, 4h空冷 +843℃, 24h空冷 +760℃, 16h空冷	20	1240	757	23.0	21.0					美國
			732	862	682	21.0	28.3		760	275~289	1000	
6	ЭИ787	1150~1180℃ (4~8)空冷 +1050℃, 4h空冷 +750~840℃ 16~25h空冷	20	1038~1215	588~784	11~22	15~29					原蘇聯
			700	725~901	666~774	6~15	10~23		700	352~392	100	
7	ЭИ698	1120℃, 8h空冷 +1000℃, 4h空冷 +775℃, 16h空冷	20	1127~1225	735~833	25~30	25~30					原蘇聯
			750	823~882	617~637	21~25	25~30		750	323	1000	
			800	686	588	16	25~30		800	313	100	

表 4·15-24　渦輪盤用高溫合金的特點和用途

序號	牌號	特　　號	用　　途
1	GH2132	鐵基合金。以 650℃ 以下具有良好的綜合性能和易於掌握的工藝性能	650℃ 以下的渦輪盤，也可用於鑄造零件
2	GH901	鐵基合金。在 650～700℃ 使用，熱強性高，組織穩定。冷熱加工性能較好	650℃ 左右的渦輪盤、壓氣機盤和拉緊螺栓等
3	GH4133A	鎳基合金。在 GH33 基礎上發展的合金，強度和疲勞性能優於 GH33 合金。熱加工性能好	700～750℃ 的渦輪盤和葉片材料
4	V57	鐵基合金。700℃ 以下使用，綜合性能良好，組織穩定，線脹係數小，易焊接	650～700℃ 的渦輪盤和其他高溫部件
5	Waspalloy	鎳基合金。在 760～870℃ 使用強度較高，具有良好的抗氧化、抗腐蝕性能。焊接性能較差	用於製造渦輪盤和渦輪葉片，亦可做鑄件
6	ЭИ787	鐵基合金。在 750℃ 以下有較高強度水平。容易進行熱加工和切削加工	750℃ 下工作的渦輪盤，500～800℃ 的工作葉片
7	ЭИ698	鎳基合金。在 ЭИ437Б 基礎上發展而來。在 550～800℃ 具有較高的熱強性和塑性	750～800℃ 的渦輪盤和其他高溫部件

3·4　氣閥用鋼

內燃機的進氣閥工作溫度不高，一般低於 300℃，而排氣閥的工作溫度高得多，低的有 500℃ 左右，高的可達 750℃ 甚至更高，並受到燃氣中硫化物、氧化釩和氧化鉛的腐蝕。汽車發動機的排氣閥長約 10cm，大功率柴油機的排氣閥長可達 2m，工作時受到交變載荷，氣閥用鋼須具備下列性能：良好的高溫強度、疲勞極限、衝擊韌性、耐磨性和一定的硬度；能抗燃氣腐蝕，如硫化物腐蝕、鈉釩腐蝕和氧化鉛腐蝕；良好的工藝性能。

工作溫度低的排氣閥採用馬氏體鋼製造，高溫排氣閥用奧氏體鋼製造，在閥盤的錐面還可堆焊斯太利合金來提高抗腐蝕和耐磨性能，使氣閥能承受 850℃ 高溫燃氣的沖刷。

常用氣閥鋼的化學成分、力學性能、特點和用途分別見表 4·15-25、表 4·15-26 和表 4·15-27。

表 4·15-25　氣閥用鋼的化學成分

鋼　號	化學成分的質量分數（%）											
	C	Si	Mn	P	S	Cr	Ni	Mo	V	W	N	B
4Cr9Si2	0.35～0.50	2.00～3.00	≤0.70	≤0.035	≤0.030	8.00～10.00	≤0.60					
4Cr10Si2Mo	0.35～0.45	1.90～2.60	≤0.70	≤0.035	≤0.030	9.00～10.50	≤0.60	0.70～0.90				
8Cr20Si2Ni	0.75～0.85	1.75～2.25	0.20～0.60	≤0.030	≤0.030	19.00～20.50	1.15～1.65					
5Cr21Mn9Ni4N（21-4N）	0.48～0.58	≤0.35	8.00～10.00	≤0.040	≤0.030	20.00～22.00	3.25～4.50				0.35～0.50	
2Cr21Ni12N 21-12N	0.15～0.25	≤1.00	1.00～1.60	≤0.030	≤0.030	20.50～22.50	10.00～12.50				0.15～0.30	
23-8N	0.28～0.38	0.50～1.00	1.50～3.50	≤0.050	≤0.030	22.00～24.00	7.00～9.00	≤0.5		≤0.5	0.25～0.35	
3Cr20Ni11Mo2PB	0.25～0.35	≤1.00	≤1.20	0.18～0.25	≤0.030	19.00～21.00	10.00～12.00				1.8～2.50	0.001～0.010

表 4·15-26　氣閥用鋼的力學性能

鋼　號	熱　處　理	室溫力學性能（不小於）						高溫力學性能 （MPa）
		σ_b (MPa)	$\sigma_{0.2}$ (MPa)	δ_5 (%)	ψ (%)	a_K (J/cm²)	HB	
4Cr9Si2	1020～1040℃ 油冷 700～780℃ 油冷	885	590	19	50			
4Cr10Si2Mo	1010～1040℃ 油冷 720～760℃ 空冷	885	690	10	35			500℃：$\sigma_{10^5}=156$，$\sigma_{1/10^5}=127$ 550℃：$\sigma_{10^5}=88$，$\sigma_{1/10^5}=39$
8Cr20Si2Ni	1030～1080℃ 油冷 700～800℃ 快冷	885	690	10	15	10	262	
5Cr21Mn9Ni4N (21-4N)	1100～1200℃ 快冷 730～780℃ 空冷	885	560	8			302	800℃：$\sigma_{10^3}=49$
2Cr21Ni12N 21-12N	1177℃ 水冷	820	430	26	20			
23-8N	1150～1170℃ 水冷 800～830℃ 空冷	850	550	20	30			
30Cr20Ni11Mo2PB	1120～1150℃ 快冷 730～760℃ 空冷	885	490	20	25		269	

表 4·15-27　氣閥用鋼的特點和用途

鋼　號	主　要　特　點	用　途　舉　例
4Cr9Si2	馬氏體鋼，800℃ 以下有較好的抗氧化性，650℃以下有較高的熱強性和抗燃氣腐蝕性、焊接性能差，焊前應高溫預熱，焊後應熱處理，如碳、鉻含量處於下限，鍛造性能尚好，有回火脆性	650℃ 左右的汽車發動機和柴油機進排氣閥
4Cr10Si2Mo	馬氏體鋼，750℃ 以下有較好的抗氧化性，由於含鉬，熱強性較 4Cr9Si2 鋼好，可在 650℃ 左右長期使用，變形性能和焊接性能不好，被切削性差，退火處理可以改善	650℃ 左右中高負荷汽車發動機和柴油機進、排氣閥
8Cr20Si2Ni	馬氏體鋼，由於鉻含量高，具有較好的抗氧化性和抗燃氣腐蝕性能，力學性能與 4Cr10Si2Mo 相當	650℃ 中、高負荷柴油機的進排氣閥
5Cr21Mn9Ni4N	奧氏體型熱強鋼，有良好的抗氧化性和抗燃氣腐蝕性，高溫力學性能較好	750℃ 左右的汽車發動機、柴油機的排氣閥門
2Cr21Ni12N 21-12N 23-8N	奧氏體型熱強鋼，有良好的抗氧化性、抗燃氣腐蝕性和綜合的力學性能，高溫性能好	750℃ 左右的汽車發動機和柴油機排氣閥門，由於鋼中含鎳高，國內使用得不多，現用於引進機組
3Cr20Ni11Mo2PB	奧氏體型熱強鋼，由於加入了強化元素，高溫力學性能很好	750℃ 汽油發動機排氣閥

3·5　爐用耐熱鋼

爐用耐熱鋼有鍛軋和鑄造兩類，根據零件的結構、製造條件來選擇。除了氧化和腐蝕以外，熱疲勞往往是這類零件失效的主要原因。選材時主要考慮：

（1）工作溫度。包括最高工作溫度，溫度變動範圍和變化速率，零件的溫度梯度，在設計時應儘可能避免零件各部位之間相互拘束。

（2）載荷。有無熱應力、衝擊載荷和應力集中。

（3）工作介質。是氧化氣氛還是還原性氣氛，有無硫和其他元素化合物的腐蝕作用，在滲碳氣氛中工作的零件應考慮抗滲碳性。

爐用耐熱鋼有以下幾類：高鉻鐵素體鋼，這類鋼晶粒易長大，且無法用熱處理方法消除，易脆化，過去曾有用 Cr25Ti 製造鍋爐吹灰器等零件；用 Cr21Ti 製造燃氣輪機燃燒室；ZG5Cr25Ni2 鋼製造 800℃ 工作的爐底板，ZG3Cr25Si3Ni 鋼製造 1000℃ 工作的加熱爐支持爪，現這類鋼已極少用；馬氏體鋼，鉻含量（w_{Cr}）在 5%～10%，在 600～700℃ 有較好的抗氧化和耐腐蝕性；鉻錳奧氏體鋼，950℃ 以下有較好抗氧化性，且有較好的高溫強度，工藝性能不如鉻鎳奧氏體鋼；低鎳奧氏體鋼，用得較多的有 ZG4Cr22Ni4N 和 ZG3Cr24Ni7N，經濟，但易析出脆性的 σ 相；高鉻鎳奧氏體鋼，性能較好，但貴。以前曾用過鐵錳鋁鋼，因工藝性不好，現已不用。

常用的爐用耐熱鋼的化學成分見表 4·15-28，力學性能見表 4·15-29，特點和用途見表 4·15-30。

表 4·15-28　爐用耐熱鋼的化學成分

鋼　　號	化 學 成 分 的 質 量 分 數 w（%）									
	C	Si	Mn	P	S	Cr	Ni	Mo	Ti	N
1Cr5Mo	≤0.15	≤0.50	≤0.60	≤0.035	≤0.030	4.00～6.00	≤0.60	0.45～0.60		
ZG2Cr5Mo	0.15～0.25	≤0.50	≤0.60	≤0.040	≤0.040	4.00～6.00		0.50～0.65		
1Cr6Si2Mo	≤0.15	1.50～2.00	≤0.70	≤0.035	≤0.030	5.00～6.50	≤0.60	0.45～0.60		
ZG1Cr6Si2Mo	≤0.15	1.50～2.00	≤0.70	≤0.035	≤0.030	5.00～6.50		0.45～0.60		
4Cr9Si2	0.35～0.50	2.00～3.00	≤0.70	≤0.035	≤0.030	8.00～10.00	≤0.60			
ZG4Cr9Si2	0.35～0.50	2.00～3.00	≤0.70	≤0.035	≤0.030	8.00～10.00	≤0.60			
3Cr18Mn12Si2N	0.22～0.30	1.40～2.20	10.50～12.50	≤0.060	≤0.030	17.00～19.00				0.22～0.30
ZG3Cr18Mn12Si2N	0.26～0.36	1.60～2.40	11.0～13.0	≤0.060	≤0.030	17.0～20.0				0.22～0.32
2Cr20Mn9Ni2Si2N	0.17～0.26	1.80～2.70	8.50～11.00	≤0.060	≤0.030	18.00～21.00	2.00～3.00			0.20～0.30
ZG2Cr20Mn9Ni2Si2N	0.17～0.26	1.80～2.70	8.50～11.00	≤0.060	≤0.030	19.00～21.00	2.00～3.00			0.20～0.30
ZG4Cr22Ni4N	0.35～0.45	1.20～2.00	≤1.00	≤0.035	≤0.030	21.00～24.00	3.50～5.00			0.23～0.30
ZG3Cr24Ni7N	0.27～0.37	1.30～2.00	≤1.00	≤0.035	≤0.030	23.00～26.00	7.00～8.70			0.20～0.30
1Cr18Ni9Ti	≤0.12	≤1.00	≤2.00	≤0.035	≤0.030	17.00～19.00	8.00～11.00		$w_{Ti}=5(w_C$ $-0.02)$ ～0.80%	
1Cr20Ni14Si2	≤0.20	1.50～2.50	≤1.50	≤0.035	≤0.030	19.00～22.00	12.00～15.00			
1Cr25Ni20Si2	≤0.20	1.50～2.50	≤1.50	≤0.035	≤0.030	24.00～27.00	18.00～21.00			

（續）

鋼　　號	化 學 成 分 的 質 量 分 數 w（%）									
	C	Si	Mn	P	S	Cr	Ni	Mo	Ti	N
ZG1Cr25Ni20Si2	≤0.20	1.50~2.50	≤1.50	≤0.035	≤0.030	24.00~27.00	18.00~21.00			
ZG4Cr25Ni20Si2	0.35~0.45	0.5~2.00	≤1.50	≤0.040	≤0.040	23.00~27.00	19.00~22.00			
3Cr18Ni25Si2	0.30~0.40	1.50~2.50	≤1.50	≤0.035	≤0.030	17.00~20.00	23.00~26.00			
ZG3Cr18Ni25Si2	0.30~0.40	1.50~2.50	≤1.50	≤0.035	≤0.030	17.00~20.00	23.00~26.00			

表 4·15-29　爐用耐熱鋼的力學性能

鋼　　號	熱　處　理	室溫力學性能,不小於					高 溫 力 學 性 能
		σ_s (MPa)	σ_b (MPa)	δ_5 (%)	ψ (%)	a_K (J/cm²)	
1Cr5Mo	900~950℃油冷 600~700℃空冷	≥392	≥588	≥18			550℃：$\sigma_{10}^5=85$MPa 　　　$\sigma_{1.10^{-5}}=44$MPa 600℃：$\sigma_{10}^5=50$MPa 　　　$\sigma_{1.10^{-5}}=21$MPa
ZG2Cr5Mo	900~1000℃正火 550~750℃回火	≥392	≥588	≥18	≥32	39	
1Cr6Si2Mo	熱　軋	≥294	≥539	≥30	≥60		600℃：$\sigma_{10}^5=35$MPa 　　　$\sigma_{1.10^{-5}}=17$MPa 650℃：$\sigma_{10}^5=19$MPa 　　　$\sigma_{1.10^{-5}}=10$MPa
ZG1Cr6Si2Mo	940~960℃正火 650~800℃回火	≥392	≥549	≥20	≥50		
4Cr9Si2	1020~1040℃油冷 700~780℃油冷	≥588	≥882	≥19	≥50		550℃：$\sigma_{1.10^{-5}}=49$MPa 600℃：$\sigma_{1.10^{-5}}=19$MPa
ZG4Cr9Si2	1000℃淬火或正火 680~700℃回火	≥549	≥686				
3Cr18Mn12Si2N	1100~1150℃ 油冷、水冷或空冷	≥392	≥686	≥35	≥45		耐 1000℃高溫,長期使用不宜超過 950℃ 1000℃：500h抗氧化增重試驗,平均增重 0.78g/(m²·h)
ZG3Cr18Mn12Si2N	1100~1150℃ 油冷、水冷或空冷	≥392	≥686	≥35	≥45		900℃：$\sigma_{10}^4=16$MPa
ZCr20Mn9Ni2Si2N	1100~1150℃ 油冷、水冷或空冷	≥392	≥637	≥35	≥45		耐 1000℃高溫 1000℃,400~500h 之間平均氧化增重 0.5g/(m²·h)
ZG2Cr20Mn9Ni2Si2N	1100~1150℃ 油冷、水冷或空冷	≥392	≥637	≥35	≥45		900℃：$\sigma_{10}^4=10$MPa

（續）

鋼　　號	熱　處　理	室溫力學性能,不小於					高溫力學性能
		σ_s (MPa)	σ_b (MPa)	δ_5 (%)	ψ (%)	a_K (J/cm²)	
ZG4Cr22Ni4N	1100～1150℃ 油冷或水冷						900℃ : σ_{10}^4 = 7.8～11.7MPa 抗氧化增重 < 0.15g/ (m²·h) 1000℃ : 抗氧化增重 < 0.25g/ (m²·h)
ZG3Cr24Ni7N	1100～1150℃ 油冷或水冷						900℃ : σ_{10}^4 = 27.4MPa 1000℃ : 抗氧化增重 < 0.25g/ (m²·h)
1Cr18Ni9Ti	1000～1100℃ 水冷	196	539	40	55		650℃ : σ_{10}^5 = 45～73.5MPa 600℃ : $\sigma_{1\times10^5}$ = 73.5～78.4MPa
1Cr20Ni4Si2	1100～1150℃ 水冷	294	588	35	50		900℃ : 抗氧化失重 0.23g/ (m²·h) 1000℃ : 抗氧化失重 0.46g/ (m²·h)
1Cr25Ni20Si2	1100～1150℃ 水冷	294	588	35	50		900℃ : 抗氧化增重 0.15g/ (m²·h) 1100℃ : 抗氧化增重 0.38～ 0.56g/(m²·h)
ZG1Cr25Ni20Si2	1150℃淬火	245	490	25	28		
ZG4Cr25Ni20Si2	1150℃淬火	245	431	10			900℃ : σ_{10}^5 = 13.5MPa 1000℃ : σ_{10}^5 = 5.5MPa 1100℃ : σ_{10}^5 = 2.7MPa
3Cr18Ni25Si2	1100～1150℃ 水冷	343	637	25	40		900℃ : 抗氧化增重 < 0.1g/ (m²·h) 1000℃ : 抗氧化增重 < 0.2g/ (m²·h) 1100℃ : 抗氧化增重 < 0.65g/ (m²·h)
ZG3Cr18Ni25Si2	1150℃淬火	294	549	20	25		900℃ : σ_{10}^5 = 16.3MPa 1000℃ : σ_{10}^5 = 6.1MPa 1100℃ : σ_{10}^5 = 1.3MPa

表 4·15-30　爐用耐熱鋼的特點和用途

鋼　　號	主　要　特　點	用　途　舉　例
1Cr5Mo	600℃以下有一定強度,650℃以下有較好的抗氧化性和石油裂化過程中的腐蝕	鍋爐管夾、燃氣輪機襯套、石油裂解管、高壓加氫設備零件、緊固件等
ZG2Cr5Mo	650℃以下有較好的抗氧化性,鑄造時流動性較差,焊接性能亦較差	石油化工設備中耐熱腐蝕的零件

（續）

鋼　號	主　要　特　點	用　途　舉　例
1Cr6Si2Mo	抗氧化和耐腐蝕性較 1Cr5Mo 好,在含硫的氧化氣氛和熱石油介質中有較好的耐蝕性	用途與 1Cr5Mo 相似,最高使用溫度可達 750℃,長期使用最好不超過 650℃
ZG1Cr6Si2Mo	性能與 1Cr6Si2Mo 相似,鑄造性能與 ZG2Cr-5Mo 相似,可焊性差	600～650℃ 工作的鑄造零件
4Cr9Si2	抗氧化性較 1Cr6Si2Mo 好,在 650℃ 以下有較好的強度焊接性能差	用於 700℃ 以下耐熱零件,750℃ 以下低應力零件
ZG4Cr9Si2	性能同 4Cr9Si2 鋼,鑄造流動性尚好,有裂紋敏感性,焊接性能差,900～950℃ 軟化退火後被切削性較好	700℃ 以下工作的鑄件
3Cr18Mn12Si2N	節鎳奧氏體鋼,按其抗氧化性可用於 900℃ 左右的耐熱零件,其加工性能不如鉻鎳奧氏體鋼,目前使用不多	鍋爐吊架及其他爐用零件
ZG3Cr18Mn12Si2N	性能同 3Cr18Mn12Si2N,由於這類鋼有較好的抗硫腐蝕和抗滲碳性,鑄件應用甚廣	加熱爐輸送帶、退火爐料盤、爐底板、滲碳爐罐等,長期可在 900～950℃ 使用,短期可在 1000℃ 使用
2Cr20Mn9Ni2Si2N	性能與 3Cr18Mn12Si2N 相似,由於含鉻高、碳低,且含少量的鎳,使用溫度可稍高,工藝性能亦較 3Cr18Mn12Si2N 稍好	鍋爐吊架及爐用零件,長期可用於 950℃ 左右,短期用於 1000～1050℃
ZG2Cr20Mn9Ni2Si2N	性能與 ZG3Cr18Mn12Si2N 相似,使用溫度可稍高	加熱爐輸送帶、退火爐料盤、爐底板、滲碳爐罐等,長期可用於 950～1000℃,短期用於 1000～1050℃
ZG4Cr22Ni4N	有較高的抗氧化性和高溫強度、鑄態組織爲奧氏體、少量鐵素、體碳化物和 σ 相,有時效脆性,壁厚增加時,室溫塑性顯著降低	1000℃ 以下使用,常用作矽鋼片退火爐內罩、滲碳爐罐、退火爐底板、加熱爐底輥、爐爪、合成氨設備支承板及爐管等
ZG3Cr24Ni7N	性能與 ZG4Cr22Ni4N 相似,抗氧化性更好	用途與 ZG4Cr22Ni4N 相似,使用溫度可到 1050℃
1Cr18Ni9Ti	18-8 型不鏽鋼,也可用作耐熱鋼,有良好的加工性能和焊接性能	850℃ 以下的加熱爐管、燃燒室筒體、退火爐內罩、航空發動機排氣系統噴管及集合器等
1Cr20Ni14Si2	奧氏體鋼,有較高的高溫強度和抗氧化性,但對含硫氣氛較敏感,在 600～800℃ 長期使用有析出 σ 相的脆化傾向,一般經固溶處理	鍋爐吊架管夾、熱裂解管、爐內支架、傳送帶,通常在 1000℃ 以下使用,最高可用到 1050℃
1Cr25Ni20Si2	奧氏體鋼,有良好的抗氧化性、加工性能和焊接性能,由於含鎳高,組織較穩定,一般經固溶處理	高溫爐管,加熱爐輥筒、燃燒室構件,最高可用到 1200℃
ZG1Cr25Ni20Si2	有良好的抗氧化性和一定的高溫強度,仍有析出 σ 相傾向,不宜在 600～900℃ 長期使用,工藝性好,可在固溶或鑄態使用	1200℃ 以下的爐用零件、加熱爐爐底輥、轉化爐管應用廣泛
ZG4Cr25Ni20Si2	與 ZG1Cr25Ni20Si2 相似,但高溫性能更好	同 ZG1Cr25Ni20Si2 鋼
3Cr18Ni25Si2	奧氏體鋼,有較好的高溫強度和抗氧化性,對含硫氣氛較敏感,一般經固溶處理	1100℃ 以下使用的各種熱處理爐內構件
ZG3Cr18Ni25Si2	有較好的高溫強度和抗氧化性,工藝性能好,在固溶或鑄態使用	1100℃ 以下的耐熱鑄件

第 16 章　耐　磨　鋼 [59]～[65]

1　概述

磨損是材料及機械零件的主要失效原因之一,而且是個十分複雜的過程,其影響因素很多。不同的工況,磨損的機制也不同。一般可分爲:磨料磨損、黏著磨損、接觸疲勞磨損、沖蝕磨損、腐蝕磨損和微動磨損等。其中磨料磨損的現象最普遍,在零件因磨損而失效的事例中約占 50%,黏著磨損約占 15%,腐蝕磨損約占 8% 左右。特別在農業機械、礦山機械、工程機械中零件因磨料磨損而失效的比例更大;腐蝕磨損也較突出。當然,某種材料的磨損失效或某個零件的磨損過程,不一定是一種磨損機制在起作用,而往往是幾種磨損機制綜合作用的結果。

用於製造耐磨零件的金屬耐磨材料包括鋼、複合鋼材和鑄鐵等。這些材料各有特點,也各有一定的應用範圍。如高錳鋼是歷史悠久的耐磨材料,在惡劣工況條件下,不容易產生塑性失穩,而具有相當好的耐磨性;但它只有在衝擊載荷及單位壓力較大的磨料磨損條件下,產生加工硬化效應,才顯示出較其他材料具有更優良的耐磨性。對於衝擊載荷不太大的易磨損零部件,目前較廣泛選用成本較低的非合金鋼(碳素鋼)或中高碳合金鋼,並採取一定的工藝措施以提高其耐磨性。選用表面硬化鋼或複合鋼材製作的零部件,在耐磨、耐衝擊等性能方面都具有明顯的優點,可提高使用壽命,但成本較高。耐磨鑄鐵的耐磨性好,成本低,包括冷硬鑄鐵、白口鑄鐵和中錳球墨鑄鐵,一般適於不同工況條件下使用的耐磨零件。

耐磨鋼目前尚沒有系統的技術標準,但製造耐磨零件所選用的鋼類及鋼種較廣,一部分結構鋼、工具鋼及合金鑄鋼均常用於製造各種耐磨零件。近年來還發展了一些耐磨專用鋼,以便於根據工作條件、磨損類型以及材料破壞機理的不同,來合理選用鋼種。

2　鋼的耐磨性及其主要影響因素

鋼的耐磨性是指在一定工作條件下抵抗磨損的能力。衡量鋼的耐磨性高低,通常用相對耐磨係數 ε 表示,即標準(或參考)試樣的絕對磨損量(重量或體積磨損量)與被測定材料試樣的絕對磨損量之比。在不同磨料磨損的情況下,還可區分爲硬磨料磨損或軟磨料磨損時的相對耐磨性。在沖蝕磨損中,一般用沖蝕磨損率表示,即被測定材料試樣的沖蝕磨損量(重量或體積磨損量)與造成該磨損量所用的磨料量之比。它必須在穩態磨損過程中測定,否則其測定值將有較大的差別。由於鋼的相對耐磨性和沖蝕磨損率都是在一定試驗條件下的相對指標,如果試驗條件不同,則所得到的值是不可比較的。

影響鋼耐磨性的因素主要是磨損工況(外部條件)和摩擦副材質(內部因素)。對於一定的磨損工況,影響鋼耐磨性的內在因素主要是化學成分、組織、性能等。對於不同磨損類型,各因素所起的作用是不同的。就磨損失效量最大的磨料磨損來說,其內在因素影響規律如下:

1. 鋼的化學成分和組織　不同基體組織的耐磨性的影響按鐵素體、珠光體、馬氏體、貝氏體順序遞增。在硬度相當的情況下,片狀珠光體耐磨性比球狀珠光體約高 10%,珠光體片越細則耐磨性越好。經淬火回火後的亞共析鋼,隨碳含量的增大,鋼的耐磨性提高。碳含量不同的鋼經熱處理得到相同硬度時,其抗磨料磨損的能力隨碳含量的增加而提高。硬度相同時,貝氏體的耐磨性比回火馬氏體好,馬氏體與奧氏體的混

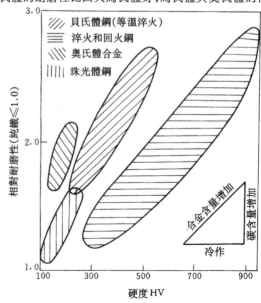

圖 4·16-1　鋼鐵材料的基體組織與耐磨性的關係

合組織比單純的馬氏體組織更耐磨。鋼鐵材料基體組織和耐磨性的一般關係見圖 4·16-1。

Cr、Mo、W、V、Ti 等元素在適當的條件下形成特殊碳化物能大大提高鋼的耐磨性,在一般情況下其作用程度按順序遞增。碳化物彌散分布抗磨性好。在硬度相當情況下,碳化物量越多則相對耐磨性越好。一般來說晶粒細化總伴隨著耐磨性的改善。奧氏體高錳鋼在高應力衝擊磨損條件下有優良的耐磨性。在較硬磨料或在較高接觸載荷下,組織中一定量的殘餘奧氏體有利於改善耐磨性,過量則有害;在較軟磨料或低接觸載荷下,殘餘奧氏體將加劇磨損。

2. 鋼的力學性能　不同成分的鋼經熱處理達到相近硬度時其耐磨性是不同的。不同碳含量的碳鋼,在低溫回火馬氏體狀態下耐磨性隨硬度增加而明顯提高。在一定硬度範圍內相對耐磨係數隨硬度增加而提高,但有時硬度過高耐磨性反而下降,見圖 4·16-2。強度變化對耐磨性影響和硬度對其影響有相似的趨向。

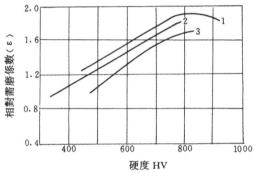

圖 4·16-2　不同鋼材淬火回火後相對
耐磨係數和硬度關係
1—T10　2—65Mn　3—65

3. 鋼的表層缺陷　材料表層夾雜、疏鬆、空洞、微裂紋、鍛造夾層等缺陷將使磨損加劇。材料表面結構缺陷,如過大的截面變化、過小的圓角半徑、表面加工質量以及各種熱加工缺陷如網狀帶狀組織、脫碳、氧化等均對耐磨性不利。

3　高錳鋼

3·1　高錳鋼的化學成分和鑄造性能

高錳鋼的化學成分特點是高碳、高錳、成分變化範圍較大;基體是奧氏體。高錳鋼的碳含量要根據具體情況來選擇。提高鋼中的碳含量可提高耐磨性,但韌性有所下降,鑄件裂紋敏感性增大。一般情況下,厚壁且結構複雜的零件,其碳含量應低些;砂型鑄造時冷卻速度慢,碳含量低些好;在接觸應力低、磨料較軟的工況下工作的鑄件,其碳含量應高些。錳含量的選擇主要取決於碳含量及鑄件的使用條件。通常 w_{Mn}/w_C 比值應不小於 9。含鉻的高錳鋼,屈服強度和耐磨性稍有提高,但延性有所降低;鉬的加入使延性稍有改善,高溫強度高。

GB5680—85 中四種高錳鋼的化學成分和力學性能見表 4·16-1。部分國外標準的高錳鋼鋼號及化學成分見表 4·16-2。

高錳鋼易產生粗大的柱狀晶。其一次結晶組織的特徵和鋼的耐磨性、強韌性有密切的關係。一般情況下,鑄態組織越細小、緻密,鋼的耐磨性和力學性能越好。高錳鋼凝固收縮率約 6.5%,縮孔傾向大,生產中應注意鑄件的補縮問題。評價高錳鋼冶金質量指標之一是夾雜物的數量、類型及分布,冶煉時要保證獲得鋼水脫氧良好。

高錳鋼的熱裂、冷裂及變形傾向較碳素鋼大,由於裂紋所造成的廢品占廢品總量的 70%。在高錳鋼鑄造工藝上應注意:

(1) 控制化學成分。當 $w_C > 1.3\%$,$w_{Si} > 0.8\%$,$w_P > 0.05\%$ 時,鑄件易產生開裂。

(2) 儘可能"低溫快澆"。一般澆注溫度為 1390～1450℃。澆注溫度高於 1500℃時,易產生裂紋。

表 4·16-1　我國高錳鋼的化學成分及力學性能

| 鋼　號 | 化學成分的質量分數(%) | | | | | 力學性能[1] | | | | 適用範圍 |
	C	Mn	Si	S	P	σ_b (MPa)	δ_5 (%)	A_K (J)	HB	
ZGMn13-1	1.10～1.50		0.30～1.00		≤0.090	≥637	≥20	—		低衝擊件
ZGMn13-2	1.00～1.40	11.00～14.00		≤0.050	≤0.090	≥686	≥20	≥147	≤229	普通件
ZGMn13-3	0.90～1.30		0.30～0.80		≤0.080	≥686	≥25			複雜件
ZGMn13-4	0.90～1.20				≤0.080	≥735	≥35			高衝擊件

[1]　1060～1100℃水韌處理後試樣的力學性能。

表 4·16-2　部分國外標準高錳鋼的化學成分

標　準	鋼　號	化學成分質量分數(%)					其　他
		C	Mn	Si	S	P	
日本 JIS　G5131—1991	SCMnH1	0.9~1.3	11~4	—	≤0.05	≤0.10	
	SCMnH2	0.9~1.2	11~14	≤0.8	≤0.04	≤0.07	
	SCMnH3	0.9~1.2	11~14	0.3~0.8	≤0.035	≤0.05	
	SCMnH11	0.9~1.3	11~14	≤0.8	≤0.04	≤0.07	Cr:1.5~2.5
	SCMnH21	1.0~1.35	11~14	≤0.8	≤0.04	≤0.07	Cr:2.0~3.0 Cr:0.4~0.7
美國 ANSI/ASTM A128—78a	Ab	1.05~1.35	≥11.0	≤1.0	—	≤0.07	
	B-1	0.9~1.05	11.5~14.0	≤1.0	—	≤0.07	
	B-2	1.05~1.2	11.5~14.0	≤1.0	—	≤0.07	
	B-3	1.12~1.28	11.5~14.0	≤1.0	—	≤0.07	
	B-4	1.2~1.35	11.5~14.0	≤1.0	—	≤0.07	
	C	1.05~1.35	11.5~14.0	≤1.0	—	≤0.07	Cr:1.5~2.5
	D	0.7~1.3	11.5~14.0	≤1.0	—	≤0.07	Ni:3.0~4.0
	E₁	0.7~1.3	11.5~14.0	≤1.0	—	≤0.07	Mo:0.9~1.20
	E₂	1.05~1.45	11.5~14.0	≤1.0	—	≤0.07	Mo:1.8~2.10
	F	1.05~1.35	6.0~8.0	≤1.0	—	≤0.07	Mo:0.9~1.20
前蘇聯 ГОСТ　977—88	110Г13Л	0.9~1.5	11.5~15.0	0.3~1.0	≤0.05	≤0.12	Cr:≤1.0 Ni:≤1.0
	110Г13Х2БРЛ	0.9~1.5	11.5~14.5	0.3~1.0	≤0.05	≤0.12	Cr:1.0~2.0 Ni:≤0.5 Nb:0.08~0.12 B:0.001~0.006
	110Г13ФТЛ	0.9~1.3	11.5~14.5	0.4~0.9	≤0.05	≤0.12	V:0.10~0.30 Ti:0.01~0.05
	130Г14ХМФАЛ	1.2~1.4	12.5~15.0	≤0.6	≤0.05	≤0.07	Cr:1.0~1.5 Ni:≤1.0 V:0.08~0.12 N:0.025~0.05
羅馬尼亞 STAS　3718	T100MoMn130	0.7~1.3	11.5~14.0	≤1.0	≤0.05	≤0.07	Mo:0.9~1.2
	T100NiMn130	0.7~1.3	11.5~14.0	≤1.0	≤0.05	≤0.07	Ni:3.0~4.0
	T105Mn120	0.9~1.2	11.5~13.5	≤1.0	≤0.05	≤0.11	Ni:≤0.8
	T120CrMn130	1.05~1.35	11.5~14.0	≤1.0	≤0.05	≤0.07	Cr:1.5~2.5
	T130Mn135	1.25~1.40	12.5~14.5	≤1.0	≤0.05	≤0.11	Ni:≤0.8
波蘭 PN　83160	L120G13	1.0~1.4	12.0~14.0	0.3~1.0	≤0.03	≤0.10	Cr:≤1.0 Ni:≤1.0
	L120G13H	1.0~1.4	12.0~14.0	0.3~1.0	≤0.03	≤0.10	Cr:0.6~1.3 Ni:≤0.5
	L120G13T	1.0~1.4	12.0~14.0	0.3~1.0	≤0.03	≤0.10	Cr:≤1.0 Ni:≤1.0 Ti:0.1~0.3

(3) 鑄件的形狀、壁厚設計應力求均衡。對厚薄變化較大的部位應儘量使其均勻冷卻。

高錳鋼鑄件可加工性差,所以鑄件上的孔、槽一般均宜直接鑄出。

3·2 高錳鋼的熱處理和焊接性能

高錳鋼鑄態組織一般爲奧氏體、珠光體、碳化物和馬氏體複合組織,力學性能差,耐磨性低,不宜直接使用。因此需進行水韌處理。水韌處理時應注意以下幾點:

(1) 水韌處理加熱溫度應在 A_{cm} 線以上,一般爲 $1050 \sim 1100℃$。

(2) 高錳鋼導熱性很差,僅爲碳素鋼的 $1/4 \sim 1/5$,鑄件尺寸一般又較大,所以應緩慢加熱。

(3) 鑄件出爐至入水時間應儘量縮短,以免碳化物析出;冷速要快;水冷前水溫不宜超過 $30℃$,水冷後水溫應小於 $60℃$。

(4) 水韌處理後不宜再進行 $250 \sim 350℃$ 的回火處理,以免衝擊韌度下降,也不宜在 $250 \sim 350℃$ 以上溫度環境中使用。

高錳鋼的焊接性差,易產生裂紋。生產中應儘可能避免在鑄件工作面上焊補。非工作面也應少焊爲佳。鑄件缺陷(如氣孔、夾渣、小裂紋等)的修補,磨損件表面的修復,以及耐磨表面的堆焊均應採用電弧焊。

3·3 高錳鋼的耐磨性

高錳鋼鑄件在受到衝擊載荷和壓應力時,金屬表面發生塑性變形,迅速產生加工硬化並誘發產生馬氏體及 ε 相,從而形成硬而耐磨的表面層,而心部仍是奧氏體組織。表面層硬度由原來的 200HB 左右提高到 500HB 以上,硬化層深度可達到 $10 \sim 20mm$,甚至更多。已磨壞的破碎機齒板產生加工硬化的情況見圖 4·16-3。在表面逐漸被磨掉的同時,在衝擊載荷的作用下硬化層不斷地向內發展。在低衝擊載荷和低應力磨損情況下,由於不能在表面產生足夠的加工硬化,這時高錳鋼的耐磨性往往不一定比相當硬度的其他鋼種好。奧氏體高錳鋼是非磁性的,也可用於既要求耐磨又抗磁化的零件,如吸料器的電磁鐵罩。

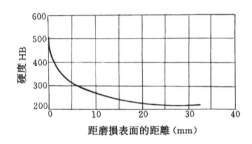

圖 4·16-3 已磨壞的破碎機齒板的硬度分布

爲適應不同工況的要求,調整基本成分和加入其他合金元素,以提高鋼的耐磨性,發展了一些改進型高錳鋼。國內外一部分改進型高錳鋼的化學成分和用途見表 4·16-3。

表 4·16-3 改進型高錳鋼的化學成分和用途

國別	鋼 種		化學成分的質量分數(%)						用途舉例
			C	Si	Mn	Mo	Cr	其 他	
中國	Mn6Mo		1.2~1.4	0.4~0.7	5.5~7.0	0.8~1.2 (小截面件) 1.5 (大截面件)			適用於衝擊不很大的粉煤設備和工程機械的耐磨件
美國	Climax 6Mn-1Mo	Grade A	1.05~1.35	0.40~0.70	5.75~6.75	0.90~1.20	殘餘		
		Grade B	0.80~1.00	0.40~0.70	6.00~7.00	0.90~1.20	殘餘		
中國	55Cr5Mn9		0.54		8.86		4.94		破碎機的軋臼壁、破碎壁,電鏟鏟齒
	60Cr5Mn11		0.58		11.0		4.7		
	Mn9Cr2								
	45Mn17Al3		0.34~0.42	0.27~0.57	17.2~18.0			Al:2.97~3.20 Ti:0.078~0.098	承受高應力衝擊的工件,如落錘及其底座
	75Mn13		0.7~0.8	≤0.5	12.5~14.5			Ti:≤0.1	鑄態下使用。大型挖掘機鏟斗、複雜結構的格子板、襯板等

4 低合金耐磨鋼

低合金耐磨鋼具有良好的耐磨性和韌性的綜合性能。常用的合金元素爲 Cr、Mo、Si、Mn 等。常用低合金耐磨鋼的化學成分見表 4·16-4,其特性及用途見表 4·16-5。國外一些農機具、礦山機械、工程機械用低合金耐磨鋼的化學成分及用途見表 4·16-6、表4·16-7。

表 4·16-4 低合金耐磨鋼的化學成分

鋼　　號	標　準　號	化學成分的質量分數(%)						其　　他
		C	Si	Mn	Cr	P	S	
40Mn2	GB3077—88	0.37~0.44	0.17~0.37	1.40~1.80	—	≤0.035	≤0.035	
45Mn2	GB3077—88	0.42~0.49	0.17~0.37	1.40~1.80	—	≤0.035	≤0.035	
50Mn2	GB3077—88	0.47~0.55	0.17~0.37	1.40~1.80	—	≤0.035	≤0.035	
35SiMn	GB3077—88	0.32~0.40	1.10~1.40	1.10~1.40	—	≤0.035	≤0.035	
42SiMn	GB3077—88	0.39~0.45	1.10~1.40	1.10~1.40	—	≤0.035	≤0.035	
50SiMn	Q/ZB61—73	0.46~0.54	0.80~1.10	0.80~1.10	—	≤0.035	≤0.035	
40SiMn2	GB3085—82	0.37~0.44	0.60~1.00	1.40~1.80	—	≤0.040	≤0.040	
55SiMnRE		0.50~0.60	0.80~1.10	0.90~1.25	—	≤0.045	≤0.045	RE(加入量) 0.1~0.15
65SiMnRE	GB1465—78	0.62~0.70	0.90~1.20	0.90~1.20	—	≤0.040	≤0.040	RE(加入量) ≤0.20
41Mn2SiRE		0.37~0.44	0.60~1.0	1.40~1.80	—	≤0.040	≤0.040	RE(加入量) 0.15
Cr03		1.20~1.30	≤0.35	0.20~0.40	0.25~0.40	≤0.030	≤0.030	
Cr06	GB1299—85	1.30~1.45	≤0.40	≤0.40	0.50~0.70	≤0.030	≤0.030	
20Cr5Cu		0.16~0.24	0.17~0.37	0.7~0.9	4.5~5.5	≤0.035	≤0.03	Cu:0.37~0.52
31Si2CrMoB		0.27~0.35	1.50~1.90	0.30~0.70	0.50~0.80	≤0.035	≤0.035	Mo:0.05~0.20 B:0.0005~0.005
36CuPCr		0.31~0.42	0.50~0.80	0.60~1.00	0.80~1.20	0.02~0.06	≤0.040	Cu:0.10~0.30
55PV		0.50~0.60	0.30~0.60	0.45~0.75	—	0.02~0.06	≤0.040	V:0.05~0.13

表 4·16-5 低合金耐磨鋼的特性與用途

鋼　　號	主　要　特　性	熱　處　理	用　途　舉　例
65Mn	較高的強度、硬度,耐磨性較好,淬透性較 65 鋼高	淬火、回火	廣泛用於農業機械中的耐磨零件。如犁鏵、耙片、鋤草機刀、飼料粉碎機刀片、旋耕刀、鏈節等
40Mn2 45Mn2 50Mn2	具有較好的綜合機械性能,淬透性較高,有過熱傾向及回火脆性	淬火、回火	主要製造軸類、齒輪零件、拖拉機、推土機的支重輪、導向輪,鑽探機械的岩心管、鑽接頭等
42SiMn 50SiMn	具有良好的綜合機械性能,淬透性較高,耐磨性較好,有回火脆性及過熱傾向	淬火、回火	製造截面較大的齒輪、軸。工程機械、拖拉機的驅動輪、導向輪、支重輪等耐磨零件,礦山機械中的齒輪
55SiMnRE 65SiMnRE	有較高的強度、耐磨性,抗氧化脫碳性良好,淬透性較高,回火穩定性良好	淬火、回火	犁鏵

（續）

鋼　號	主　要　特　性	熱處理	用　途　舉　例
20CrMo	淬透性較高,有較高的強度,無回火脆性,焊接性較好,可切削性、冷變形性良好	滲碳	泥漿泵活塞桿,要求耐磨性高的滾子、推土機銷套等
40SiMn2	淬透性較高,耐磨性好,較高的綜合機械性能,有回火脆性	調質	拖拉機、推土機履帶板
41Mn2SiRE	耐磨性良好,韌性較高,熱處理工藝性良好	淬火、回火	製造大型履帶式拖拉機履帶板
31Si2CrMoB	推土機刀刃用鋼,有很好的強韌性,使用壽命較長	淬火、回火	推土機刀刃
25Cr5Cu	有良好的耐磨耐蝕性,薄板:軋後退火;中板:軋後熱處理		製造水輪機葉片,大型泥漿泵、水泥攪拌機等易損件
36CuPCr 55PV	具有良好的耐磨耐蝕性,使用壽命比碳鋼輕軌約提高 0.5 倍		用於煤礦井下、冶金礦山和森林開發的運輸鐵道線路的輕軌

表 4·16-6 國外一些農機具耐磨鋼的化學成分及用途

國別和標準	鋼　號	化學成分的質量分數(%)						用　途
		C	Mn	Si	P	S	其他	
美國 AISI	1070	0.65~0.75	0.60~0.90	0.2~0.35	<0.04	<0.05		犁鏵、鬆土鏟、耙片
	1080	0.75~0.88	0.60~0.90	0.2~0.35	<0.04	<0.05		犁鏵、收割機刀片等
	1090	0.85~0.98	0.60~0.90	0.2~0.35	<0.04	<0.05		稻草、谷物收割工具
	1095	0.90~1.05	0.30~0.50	0.2~0.35	<0.04	<0.05		收割刀片、犁鏵等
	Cr-Mo	0.55~0.65	—	—	—	—	Cr:1.15~1.45 Mo:0.25~0.4 Ni(≤0.3)	收割刀片、犁鏵、鋤齒
	Cr-Mo-Ni	0.55~0.65	—	—	—	—	Cr:0.4~0.6 Mo:0.15~0.25 Ni:0.4~0.7	收割刀片、犁鏵、鋤齒
英國 BS970—I	060A78	0.75~0.82	0.50~0.70	0.10~0.40	<0.05	<0.05		耕作農具、收割刀片
	250A53	0.50~0.57	0.70~1.00	1.70~2.10	<0.05	<0.05		耕作農具
	060A96	0.93~1.00	0.50~0.70	0.10~0.35	<0.05	<0.05		剪羊毛機刀片
日本 JIS G4401 JIS G4801	SK4	0.90~1.00	≤0.5	≤0.35	≤0.03	≤0.03		切草機刀片
	SK5	0.80~0.90	≤0.5	≤0.35	≤0.03	≤0.03		切割刀片、犁鏵
	SUP6	0.55~0.65	0.70~1.00	1.50~1.80	≤0.035	≤0.035		旋耕機刀片
德國 DIN	C90W3	0.90	0.4~0.6	0.15~0.45	<0.035	<0.035		割草機刀片
	C75W3	0.72~0.82	0.60~0.80	0.15~0.40	≤0.035	≤0.035		割草機刀片
	C60W3	0.60	0.60~0.80	0.15~0.45	<0.035	<0.035		犁鏵
法國 NFA35—552	45S7	0.42~0.50	0.50~0.80	1.6~2.0	≤0.035	≤0.035		耙片、鋤齒
羅馬尼亞 STAS 880	OLC55	0.52~0.60	0.50~0.80	0.17~0.37	≤0.04	<0.04	Cr:≤0.30 Ni:≤0.30 Cu:≤0.30	犁鏵
波蘭 PN 94501	40GS	0.34~0.43	0.7~1.0	0.75~1.0	<0.045	<0.050		犁鏵

表 4·16-7 國外一些礦山機械、工程機械用耐磨鋼的化學成分及用途

國別	材料名稱或牌號	化學成分的質量分數(%)						用途舉例
		C	Cr	Mo	Si	Mn	其他	
美國	NI-HARD TYPe3	1.0~1.6	1.4~1.6		0.4~0.7	0.4~0.7	Ni 4.0~4.75	顎式破碎機牙板,研磨滾球,泥漿泵等
	USS AR 360	0.26~0.33	0.40~0.65	0.08~0.15		1.15~1.50	B:≥0.0005	採礦和裝卸設備部件,農業機械如溜槽、漏斗、鏟斗、篩石板等耐磨件
	300M	0.29	0.70	0.40	1.60	0.80	Ni:1.80 V:0.1	挖掘機機斗、電鏟斗齒、履帶牽引裝置,潛孔鑽孔衝擊器部件
	4330M	0.30	0.90	0.40	0.50	0.80	Ni:1.90	
	4340+1.5Si+1.5Al	0.38~0.43	0.70~0.90	0.20~0.30	1.5	0.60~0.80	Ni:1.65~2.0 Al:1.5	製造高衝擊負荷的結構件,高衝擊負荷下的耐磨件
	621合金	1.10~1.25	1.5~2.0	1.0~1.20	0.40~0.70	5.25~6.50		球磨機耐磨件
日本	中碳鉻鉬釩鋼	0.33	11.2	0.5		0.7	V:0.3	高速破碎機齒板,岩石掘進機刀片
捷克	Abrazit鋼	0.2	1.0			1.5	V:≤0.15 RE痕量	採煤和碎石場料斗,耕作機械刀刃
美國	中碳低合金鋼	0.38~0.45	0.5~1.50	0.1~0.5	0.3~1.0	0.5~1.0		礦石、水泥磨機的磨球、磨棒
	低碳鉻鉬矽錳鋼	0.25~0.35	0.5~2.0	0.2~0.5	0.5~1.5	0.6~1.5		刮板,挖掘機斗齒、斗齒裝配頭
	中碳鉻鉬矽錳鋼	0.40~0.45	1.35~1.60	0.50~0.60	0.90~1.20	1.40~1.60		製造不同截面的棒磨機和高衝擊球磨機的襯板
		0.40~0.45	0.65~0.90	0.50~0.65	0.90~1.20	1.40~1.60	Ni:1.5	
		0.50~0.60	0.65~0.90	0.50~0.60	0.90~1.20	1.40~1.70		
	高碳鉻鉬矽錳鋼	0.70~1.20	1.3~7.0	0.4~1.20	0.40~0.90	0.30~1.0	Ni:≈1.5	大、中型球磨機襯板、筒襯
	中碳二次硬化鋼	0.40	2.0	2.0			V:0.25	岩石掘進機刀片,高速破碎機齒板,餵煤器,揚料板
		0.40	2.0	2.0			V:0.25 Ni:3.0	
	鉻鎳鉬矽錳鋼	0.40~0.45	1.35~1.60	0.50~0.65	0.90~1.20	1.40~1.60	Ni:1.4~1.6	採煤和礦物處理設備的耐磨件

5 石墨鋼

石墨鋼是一種高碳鑄鋼。兼有鑄鋼、鑄鐵的綜合性能。其顯微組織是由鋼的基體、二次滲碳體和點狀石墨所組成。游離的石墨含量以0.2%~0.4%為宜。石墨鋼的特點是耐磨性好,缺口敏感性低,熱處理變形小,尺寸穩定以及易於切削加工。

石墨鋼的化學成分可根據不同用途在一定範圍內變化。主要用於要求表面質量嚴格的拉伸、彎曲、整形衝模,小型熱軋輥、球磨機的襯板、磨球等。在低應力磨粒磨損條件下,它的耐磨性比一般高錳鋼好,且成本低。國內外常用石墨鋼的化學成分見表4·16-8。

表 4·16-8　常用石墨鋼化學成分

標　準	牌　號	化　學　成　分　的　質　量　分　數　（%）						
		C	Mn	Si	Mo	Ni	P	S
美國 AISI	06	1.35～1.55	0.30～1.00	0.80～1.20	0.20～0.30	—	—	—
	A10	1.35	1.00	1.25	1.50	1.80	—	—
法國 NF	140SMD4	1.40	1.00	1.00	0.30	—	≤0.030	≤0.030
日本 JP-150	YGS1	1.35～1.50	0.50～1.00	0.80～1.30	0.20～0.40	—	≤0.025	≤0.020
	YGS2	1.35～1.50	1.50～2.00	0.80～1.30	0.20～0.40	—	≤0.025	≤0.020
英國 UK-032	MIC.8	1.43	0.30～1.00	1.03	0.25	—		
中國	SiMnMo	1.40～1.50	1.00～1.30	0.9～1.20	0.30～0.50	—	≤0.03	≤0.03

6　耐磨鋼的選用

各種耐磨零件由於服役條件不同,磨損形式及機制不同,所選用的材料以及爲提高耐磨性所採用的工藝也會不同。

1.球磨機磨球材料　用於水泥生產的磨球,用於水泥生產的,所磨水泥磨料較硬,應選擇耐磨性高的材料,如高鉻鑄鐵;而磨煤球磨機用磨球,煤相對較軟,採用低合金鋼淬火,如 45Mn2 或貝氏體鋼球可滿足要求。不同型號磨機的磨球選材也不同,大型水泥磨機的磨球受衝擊嚴重,應選用耐磨性較高韌性良好的材料。如直徑 5m 以上的大磨機國外用 GCr15 或中碳鉻鉬低合金鋼球,也可用韌性較好的低碳高鉻鑄鐵球;而在小磨機中工作的磨球則以選用高鉻鑄鐵球爲宜。大尺寸磨球需選用淬透性高的鋼種以保證斷面上高而均匀的硬度。一種類型的耐磨材料有時僅適用於某種工況條件。

2.農機具耐磨零件材料　農業機械中旋耕刀、耙片等零件在作業時與土壤中的砂石、樹根等相碰撞,要求心部或承力層有較好的強韌性而刃口或表面有高的耐磨性,所以一般選用 65Mn 鋼。也常採用複合鋼材、多層軋材以及表面處理工藝。各類作物的收割刀片以接觸疲勞磨損和磨料磨損爲主,要求刃口硬度高、耐磨、鋒利,同時又要有一定韌性,常選用 $w_C0.6\%$～1.2% 的高碳鋼製造。也可選用低碳鋼經化學熱處理後使用。正確選擇熱處理工藝是充分發掘材料潛力的重要環節。典型耐磨零件用鋼及熱處理見表 4·16-9。引進的工程機械耐磨件用鋼及熱處理見表 4·16-10。

3.材料表面強化處理　是提高耐磨性的重要措施之一。除了常用的化學熱處理(滲碳、滲硼等)和表面淬火方法外,還有表面冶金強化(表面熔化、表面合金化、表面塗層)、氣相反應沈積、離子注入等方法都能提高零件表面的耐磨性和疲勞強度等性能。耐磨堆焊是以提高耐磨性爲主要目的的堆焊工藝。耐磨堆焊材料也就成爲一類重要的金屬耐磨材料。常用的耐磨堆焊材料有鐵基合金、鈷基合金、鎳基合金等。耐磨堆焊材料的範圍是很廣泛的。應該在耐磨性、對環境的適應能力和可焊性等幾方面綜合考慮正確選用堆焊材料。

表 4·16-9　典型耐磨鋼零件用鋼及熱處理

零件名稱	選用鋼號	熱處理技術要求	推薦的熱處理
犁　鏵	65Mn	52～60HRC 淬火區:20～25mm	820±10℃淬水,280±10℃回火
	65SiMnRE	52～60HRC 淬火區:20～25mm	820±10℃水淬油冷,240±10℃回火
	65Mn 65SiMnRE	50～60HRC	等溫淬火:850±10℃加熱 硝鹽溫度:180～200℃
犁　壁	65Mn	55～60HRC	等溫淬火:850±10℃加熱,硝鹽溫度:180～200℃,180±10℃回火

（續）

零件名稱		選用鋼號	熱處理技術要求	推薦的熱處理
犁　壁		三層複合鋼板 (GB1252—89)	外層:≥60HRC	820±10℃模壓噴水淬火,190±10℃回火
推土機 鏟運機鏟刀		65Mn	刃部熱處理區:45～60HRC	820±10℃淬火,200～320℃回火
		55SiMnRE	≥50HRC	800±10℃淬火,200～250℃回火
履帶板		40SiMn2	39～47HRC	890±10℃淬水,400～450℃回火
		ZGMn13	155～230HB	1050±10℃淬水
鋤 鏟	機動中耕機	65Mn	400～500HB 淬火區:20～30mm	820±10℃淬油,330±10℃回火
	林業鋤草機	65Mn	46～52HRC	820±10℃淬油,310±10℃回火
耙 片	旱田耙	65SiMnRE	45～50HRC	等溫淬火:820±10℃加熱,硝鹽溫度:270～300℃,200±10℃回火
	水田耙	65Mn	38～44HRC	800～830℃淬油,450～500℃回火、水冷
旋耕機刀片		65Mn	刀身:50～57HRC 刀柄:40～47HRC	等溫淬火:820±10℃加熱,硝鹽溫度:270～280℃,刀柄部分鹽爐440±10℃快速回火
切草機刀片		T7、T8	刃部:50～60HRC	770±10℃淬水,250～320℃回火
錘式粉碎機錘片		65Mn	50～55HRC	820±10℃淬油,310±10℃回火
甘蔗粉碎機切片		65Mn	60～62HRC	820±10℃淬油,160±10℃回火
稻麥收割機 光滑刃動刀片		T9	50～60HRC 非淬火區:≤35HRC	880～920℃高頻加熱等溫淬火,硝鹽溫度:250～270℃
稻麥收割機 光滑刃定刀片		65Mn	48～56HRC	900～950℃高頻加熱等溫淬火,硝鹽溫度:260～280℃,200～220℃回火
剪羊毛機刀片		T12	上刀片:63～67HRC 下刀片:63～65HRC	等溫淬火:850±10℃加熱,硝鹽溫度:140～170℃,-110℃深冷處理,170±10℃回火,下刀片不深冷處理
		Cr04	上刀片:63～67HRC 下刀片:63～65HRC	上刀片:等溫淬火:850±10℃加熱,硝鹽溫度:160～170℃,-100℃深冷處理,160～170℃回火 下刀片:等溫淬火:810±10℃加熱,硝鹽溫度:160～170℃,160～170℃回火
聯合收割機鏈輪		35Mn2	40～47HRC	850±10℃高頻加熱淬火,360±10℃回火、水冷
旋耕機齒輪		40Cr	40～45HRC	850±10℃淬火,380±10℃回火
鑿岩機	活塞	V	表面硬度:60～64HRC 心部硬度:38～42HRC	720～730℃預熱,805℃淬鹽水,220℃回火

（續）

零件名稱		選用鋼號	熱處理技術要求	推薦的熱處理
鑿岩機	閥	20Cr	表面硬度:55~60HRC 滲碳硬化層深:0.4~0.7mm	920~940℃滲碳,冷至860℃左右淬油,230~250℃回火
	棘輪	20CrMo	表面硬度:58~62HRC 滲碳硬化層深:1.0~1.4mm	920~940℃滲碳,840~860℃淬油,200~220℃回火
鑽探機械鑽具		40Cr	表面硬度:≥50HRC 有效硬化層深:鑽桿 0.8~1.2mm;岩心管 0.6~1.5mm,鑲接頭 2.0~2.5mm	調質後高頻加熱淬火
風扇磨煤機護勾、護甲		ZG50Mn2	220~240HB	880℃正火
泥漿泵缸套		20CrMo	表面硬度:≥60HRC 滲碳硬化層深:1.5~5mm	920~940℃固體滲碳,780~800℃淬火,160~180℃回火
泥漿泵活塞桿		70V	表面硬度:≥58HRC 淬硬層深:1.5~4mm	850~880℃中頻加熱淬火,160~180℃回火

表 4·16-10　部分國外工程機械耐磨件用鋼及熱處理

機件	零件名稱	鋼種	主要化學成分的質量分數(%)	熱處理	硬度
日本推土機裝載機行走機構	履帶板	SMn433H 型	C:0.33,Mn:1.30	噴水淬火、回火	筋部 40~49HRC 板體 32~40HRC
		SiCrMoB 型	C:0.30,Si:1.75,Cr:0.6,Mo:0.15		
			C:0.34,Mn:1.40,Cr:0.35	局部淬火,其餘正火	淬火部分 45HRC 正火部分 18HRC
	鏈軌節	SMn443H 鍛件	C:0.43,Mn:1.55	水淬回火 軌面感應淬火	軌面 55HRC 基體 321HB
		SCM435H 鍛件	C:0.36,Cr:1.0,Mo:0.25	油淬回火 軌面感應淬火	
		SiCrMo 鍛件	C:0.33~0.43, Si:0.3~0.85, Mn:0.65~0.85, Mo:0.15~0.35, Cr:0.9~1.2	水淬回火 軌面感應淬火	
	銷套	SCM415H 鋼管	C:0.15,Cr:1.0,Mo:0.25	滲碳淬火、回火	表面 61HRC 心部 38HRC
		Mn-B 鋼管	C:0.17,Mn:1.05,B:0.0015		
	驅動輪	SMn433H 鍛件	C:0.33,Mn:1.30	噴水淬火 回火	表面 50HRC
		SiMn 鋼鑄件	C:0.44,Si:0.5,Mn:1.1		
		Mn-B 鍛件	C:0.37,Mn:1.1,B:0.0017		
		SiCrMo 鑄件	C:0.43~0.47,Cr:0.9~1.2,Si:0.3~0.85,Mn:0.6~0.85,Mo0.15~0.35		
日本推土機裝載機工作裝置	側刀片	MnMo 鑄鋼	C:0.31,Mn:1.4,Mo:0.25	噴水淬火、回火	表面 45~52HRC
		SiCrMoB 鍛件	C:0.30,Si:1.75,Cr:0.6,Mo:0.15		
		Mn-B 鑄鋼	C:0.35,Mn:1.1,B:0.0017		

（續）

機件	零件名稱	鋼　種	主要化學成分的質量分數(%)	熱　處　理	硬　　度
日本推土機裝載機工作裝置	側刀片	高Si鑄鋼	C:0.44,Si:2.2,Cr:1.0	油淬、回火	54HRC
	主刀片	SMn433H軋材	C:0.33,Mn:1.3	水淬、回火	表面48HRC
		Mn-B鋼軋材	C:0.35,Mn:1.1	噴淬、回火	
	鬆土器齒	CrMnMo鑄鋼	C:0.30,Mn:1.45,Cr:0.45,Mo:0.5	噴水淬火回火	表面48HRC
		SiCrMoB鍛件	C:0.30,Si:1.75,Cr:0.6,Mo:0.15		
		NiCrMoB鍛件	C:0.26,Ni:0.5,Cr:0.45,Mo:0.17		
		SNCM439	C:0.39,Ni:1.8,Cr:0.8,Mo:0.22	油淬、回火	
	斗齒	低錳鑄鋼	C:0.33,Mn:1.5	噴水淬火、回火	表面47~52HRC
		MnCrMo鑄鋼	C:0.30,Mn:1.45,Cr:0.45,Mo:0.5	水淬回火、火焰淬火	
美國挖掘機斗齒	斗齒尖、座	CS合金	C:0.2~0.28,Mn:0.65~0.7,Cr:1.43~1.54,Mo:0.5,Ni:0.15~0.35	淬火、回火	36~44HRC
	斗齒銷	AISI8640	C:0.41,Mn:0.84,Cr:0.53,Mo:0.25,Ni:0.51	淬火、回火	40HRC
	斗前壁上屑	SD3526	C:0.30,Mn:1.08,Cr:0.81,Mo:0.45,Ni:0.57~0.9,Ti:0.02	淬火、回火	29~36HRC
日本挖掘機斗齒	斗齒斗刃	高Si鑄鋼	C:0.28~0.36,Mn:1.0~1.5,Si:1.9~2.4,Cr:0.4~1.0,Mo:0.1~0.3,V:0.03~0.15	油淬	50HRC
			C:0.3~0.38,Mn:0.8~1.5,Si:1.7~2.2,Cr:1.0~1.5,Mo:0.3~0.5,V:0.04~0.3	油淬	
			C:0.31~0.45,Mn:0.6~1.2,Si:0.5~1.2,Cr:1.0~2.0,Mo:<1.0,B:<0.01	900℃緩冷到600℃後空冷	320~420HB
德國挖掘機斗齒	斗齒	GS30CrMoV64	C:0.27~0.34,Mn:0.5~0.8,Cr:1.4~1.7,Mo:0.45~0.55		325HB
		GS42CrMo4	C:0.38~0.45,Mn:0.5~0.8,Cr:0.8~1.2,Mo:0.2~0.3		370HB
		GS50CrMo4	C:0.46~0.54,Mn:0.5~0.8,Cr:0.9~1.2,Mo:0.15~0.25		570HBW
		Halsider	C:0.25~0.28,Mn:0.75~0.9,Cr:0.4~0.6,Mo:0.2~0.3,Ni:0.5~0.7,V:0.4~0.6		
		Cen Maren	C:0.35,Mn:1.6,Cr:1.0,Mo:0.6,Ni:1.0		
		GS30Mn5	C:0.27~0.34,Mn:1.2~1.5		280HB
		VCM	C:0.25~0.3,Mn:0.7~0.9,Si:1.3~1.8,Cr:1.9,Mo:0.4~0.6,Al:0.03		

參 考 文 獻

[1] 冶金部鋼鐵研究總院編 . 合金鋼手冊　上冊 . 北京：冶金工業出版社,1984

[2] ASM International Handbook Committee. Metals Handbook 10th Edition Vol1 Properties and Selection: Iron, Steels and High-Performance Alloys, Materials Park(USA)：ASM Press, 1990

[3] 中國大百科全書編輯委員會編 . 中國大百科全書　礦冶捲 · 北京 · 上海：中國大百科全書出版社,1984

[4] 佩爾克等著 · 氧氣頂吹轉爐煉鋼 . 邵象華等譯校　北京：冶金工業出版社,1982

[5] 蔡開科主編 . 連續鑄鋼 . 北京：科學出版社,1991

[6] 盧盛意編 . 鋼的質量 . 北京：冶金工業出版社,1990

[7] 林慧國,周人俊編 . 世界鋼號手冊(二版) . 北京：機械工業出版社,1985

[8] Grossmann M A. Hardenability Calculated from Chemical Composition. Trans. AIME, 1942,150, 227~255

[9] Boyd L C, Field J. Calculation of Standard End-Quench Hardenability Curve from Chemical Composition and Grain Size. AISI Contribution to the Metallurgy of Steel, 1945, No. 12

[10] Sponzilli J T,Keith C J, Walter G H. Calculating Hardenability Curves from Chemical Composition. Metal Progress, Sept 1975,108,86~87

[11] Breen D H, Walter G H. Computer-Based System Selects Optimum Cost Steels. Metal Progress, Dec. 1972,102,42

[12] Breen D H, Walter G H, Keith C J. Computer-Based System Selects Optimum Cost Steels-Ⅱ, Metal Progress, Feb. 1973,103,76

[13] Breen D H, Walter G H, Keith C J. Computer-Based System Selects Optimum Cost Steels-Ⅲ. Metal Progress, April 1973, 103, 105

[14] Breen D H, Walter G H, Sponzilli J T. Computer-Based System Selects Optimum Cost Steels-Ⅳ. Metal Progress, June 1973, 103, 83

[15] Breen D H, Walter G H, Sponzilli J T. Comput-er-Based System Selects Optimum Cost Steels-Ⅴ. Metal Progress, Nov 1973,104,43

[16] Just E. New Formulas for Calculating Hardenability Curves. Metal Progress, Nov 1969,96,87

[17] 餘柏海 . 計算淬透性及機械性能的非線性方程 . 鋼鐵,第20卷第3期,1985

[18] 冶金部合金鋼鋼種手冊編寫組編 . 合金鋼鋼種手冊 . 北京：冶金工業出版社,1983

[19] 張康達,洪起超編 . 壓力容器手冊(上) . 北京：勞動人事出版社,1987

[20] 章燕謀編 . 鍋爐與壓力容器用鋼 . 西安：西安交通大學出版社,1984

[21] Ohno T, Fujita M, Nishida K, Ikeda T, Nakasato F. Mo-Saving Case Hardening Steel. SAE Technical Paper Series 820124

[22] Мороз Л С, Щуракоb С С. Проблем Прочность Цементированной Сталь 1947

[23] Geoffrey Parrish. The Inflaence of Micro-structure on the Properties of Case-Carburized Components. ASM 1980

[24] Johnson Robert J. Charles H. Shelton Progress Report on Nickel Carburized Steel. Matel Progress Dec. 1973

[25] Samuel L Case, Kent R. Van Horn：Aluminum in Iron and Steel. John Wiley & Sons Inc New York, Chapman & Hall Ltd London 1953

[26] Щеиеляковский К З. Конструкционные Стали Пониженной Прокаливаемости. Ми ТОМ, 1960,No12

[27] Щеиеляковский К З. Исследование Деталей из Стали С Поверхностной Прокаливаемость Подвергнутых Поверхостной Закалки. Автомобильная Промышленность 1962(2)

[28] Korchyncky M, Paules J R. Microalloyed Forging Steels-A State of the Art Review. SAE Paper 890801

[29] Hirotada Osuzu and Tetsuo Shirage（NKK）, Keishiro Tsujimura（NKK）, Hiroshiro kido（NKK）, Yukiyasu Shiroi and Yoichi Taniguchi(Mitsubishi MotorsCo.)：Application of Microalloyed Steels to Achieve High Teughness in Hot Forged Components without Furthur Heat Treatments. SAE Paper 860131

[30] Ichie Nomura, Yuichi Kawase and Yoshihiro Wakikado (Aichi Steel Works Ltd.) Chikatoshi Maeda, Shigeru Yasuda and Hideo Ishikawa (Toyota Motor Corporation)：High Toughness Microalloyed Steels for Vital Automotive Part.

[31] 日本鐵鋼協會編. 鐵鋼便覽(第三版)Ⅲ-1卷,壓延技術鋼板,Ⅲ-2卷,條鋼、鋼管、壓延設備,Ⅳ卷,鐵鋼材料、試驗、分析. 東京：丸善株式會社. 昭和56年9月

[32] 冶金部合金鋼鋼種手冊編寫組. 合金鋼鋼種手冊(第二冊)北京：冶金工業出版社,1983

[33] 王孝培主編. 衝壓手冊(第二版). 北京：機械工業出版社,1990

[34] 阿部邦雄ほか著. 薄板のプレス加工. 東京：實教出版株式會社,1977

[35] Garrison W M. The Journal of Minerals, Metals and Material Society 1990(5)：11

[36] Micnael B. Bever. Encyclopedia of Material Science and Engineering, NewYork 1988

[37] 大型鍛件生產編寫組. 大型鍛件生產. 北京：機械工業出版社,1987

[38] 吉川文岳、栗木衛、小曾根敏夫. 熱處理.1981 V.21 No.5.235

[39] JISG 4801—1977ば權鋼鋼材解説.1977

[40] 高橋淳,佐藤俊明,堺羲宏,綾田倫彦. 電気製鋼,1980,51(3)：143

[41] 鈴木三千彦,脇門惠詳.[日]特殊鋼.1989.38(7)：12

[42] Рахштадт А Г. Пружинние Стали и Сплавы, Издательство ”Металлургия”, Москва. 1972. 102

[43] 陳復民,李國俊,蘇德達. 彈性合金. 上海：上海科學技術出版社.1986

[44] 萬長森. 滾動軸承的分析方法. 北京：機械工業出版社,1987

[45] 呂富陽等. 軸承鋼的疲勞壽命與夾雜物評定. 北京：冶金工業出版社,1988

[46] 褚翰林、胡乃榮等. 特殊鋼,1992,13(5)：32~36

[47] Тебеников В Т. Сталь. 1986(6)：77~79

[48] Boving H J. Lubrication Engineering. 1983, 39(4)

[49] Шелеляковский К В. Ми ТОМ,1974 (1)：17~21

[50] 羅伯茨,卡里著. 工具鋼. 徐進,姜先畲譯,北京：冶金工業出版社,1987

[51] 朱沅浦,火樹鵬主編. 熱處理手冊(二版). 第二卷. 北京：機械工業出版社,1991

[52] 姜祖虔,陳再枝等編著. 模具鋼. 北京：冶金工業出版社,1988

[53] 郭耕三編著. 高速鋼及其熱處理. 北京：機械工業出版社,1985

[54] 王正樵,吳幼林等編著. 不鏽鋼. 北京：化學工業出版,1991

[55] 陸世英,康喜范編著. 鎳基和鐵基耐蝕合金. 北京：化學工業出版社,1989

[56] 岡毅民主編. 中國不鏽鋼手冊. 北京：冶金工業出版社,1992

[57] Wahl M J, et al. Handbook of Superalloys. Columbus Ohio：Battelle Press, 1979

[58] Lanskaya K L. Heat－Resistent and Refractory Steels, Israel：Freund Pub,1979

[59] 陳希傑編著. 高錳鋼. 北京：機械工業出版社,1989

[60] 材料耐磨抗蝕及其表面技術概論編委會. 材料耐磨抗蝕及其表面技術概論. 北京：機械工業出版社,1986

[61] 高彩橋編著. 金屬的摩擦磨損與熱處理. 北京：機械工業出版社,1988

[62] 何德芳等編. 失效分析與故障預防. 北京：冶金工業出版社,1990

[63] 機電部上海材料研究所主編. 工程材料. 北京：機械工業出版社,1987

[64] 邵荷生、張清編著. 金屬的磨料磨損與耐磨材料. 北京：機械工業出版社,1988

[65] 張清主編. 金屬的磨損與金屬耐磨材料手冊. 北京：冶金工業出版社,1991

索引 A 英漢對照

1. 本索引採用英漢對照方式，按英語字母表順序排列。
2. 非英語字母開頭的索引詞依次排在本索引最後部分，其順序為數字、希臘字母。
3. 主索引項頂格排，二級詞前空兩格。複合索引詞，以主詞為主，其限定詞用逗號分開，列在主詞之後。
4. 本索引涵括機械工程手冊 1~5 冊的索引。

A

B

C

D

E

F

I

J

K

L

M

O

P

Q

R

S

T

U

V

W

X

Y

Z

其 他

索引 B 臺灣──大陸名詞對照

本索引採用筆劃順序排列

十 一 畫

十 二 畫

一版有關的編寫人員

第 11 篇　材料學基礎

主　　編　林棟樑　胡賡祥　錢苗根
編 寫 人　俞少羅　周善佑　張壽柏　徐佐仁　高　明　孫壁煤

第 12 篇　鋼

主　　編　孫珍寶　林慧國　俞鐵珊　姚貴升　張漢泉
編 寫 人　嵇　鈴　東　濤　喻肇坤　薛侃時　秦曉鍾　肖有毅　瞿家驊　顧德驥　王東升
　　　　　火樹鵬　譚善錕　傅代直　陳敏熊　楊世俊　王中玉　王　珏　孫　琪　陳強業
　　　　　吳恩華　李志芳　吳　劍　邢柏如　黃嘉琥　任良璽　陳孝方　蔣夢龍　江祖康
　　　　　王鄷候

第 13 篇　鑄鐵

主　　編　劉蔭棻　王維仁
編 寫 人　劉友鵬　何德坪　孫國雄　葉任遠

第 14 篇　非鐵金屬

主　　編　田榮璋
編 寫 人　印協世

第 15 篇　粉末冶金

主　　編　李　策　王振常　倪明一
編 寫 人　陳士信　陳大爵　陳美大　施禮章　馬華農　戴行儀　龐世侗　張齊勛

第 16 篇　非金屬材料

主　　編　袁裕生
編 寫 人　顧里之　趙光賢　李明智　陳爾春　胡　榮　陳嘉寶　湯宜莊　張福康　符錫仁
　　　　　郭景坤　陳綺桃　張子正　邵規賢　楊貴桐　程如光　李雲鵬　魏運鐸　程榮奎
　　　　　瞿家驊　鄭禮貞　薛德裕　曹新芳　劉群綱　徐子清　劉炳基　應建霞　洪星壁
　　　　　何秉樫　張仰祖　金越華　詹英榮　姚仲民　俞仲茜　周祝林

第 17 篇　金屬材料的物理試驗與應用

主　　編　桂立豐
編 寫 人　陶正耀　吳乃灼　凌樹森　陳祝年　李　晉　劉長春　冉啟方　謝中應　余　文
　　　　　汪培基　趙　堅　丁樹琛　陳永琪　吳連生　關學銘　曲　哲　陳德和　舒文芬
　　　　　毛照樵

第 20 篇　金屬材料強度

主　　編　周惠久　凌樹森

編 寫 人　孫訓方　顧海澄　鄧增傑　朱維斗　王海清　顏祥智　李訓教　朱景鵬　江先美
　　　　　戎忠良　朱森弟　張洛輝　金達曾　杜百平　何家雯

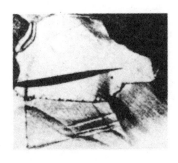

圖 2·5-10　鋅在變形時產生的孿晶組織　×500

圖 2·5-11　α 黃銅冷變形後退火時形成的
退火孿晶　×500

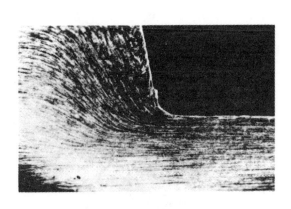

圖 2·5-12　冷變形形成的纖維組織　×500

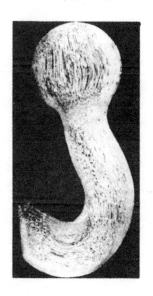

圖 2·5-21　鍛鋼件宏觀分析顯示的流線

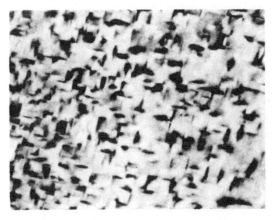

圖 2·7-4　連續脫溶的組織形貌　×120000
Al-Cu（w_{Cu}4%）鋁基合金中 θ'' 相的透射電子顯微像

圖 2·7-7　鋼中珠光體組織　×500

圖 2‧7-9　亞共析鑄鋼中的魏氏組織　×500

圖 2‧7-11　低碳鋼的條狀馬氏體組織　×500

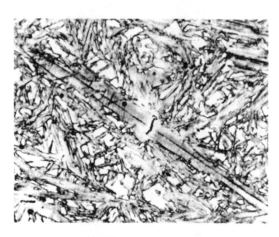

圖 2‧7-12　高碳鋼的片狀馬氏體組織　×500

圖 2‧7-16　上貝氏體組織　×500

圖 2‧7-17　下貝氏體組織　×500

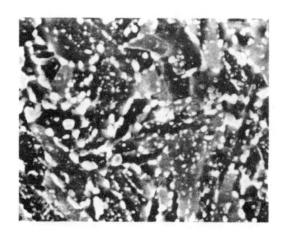

圖 2‧7-18　高溫回火後的馬氏體恢復組織　×3000

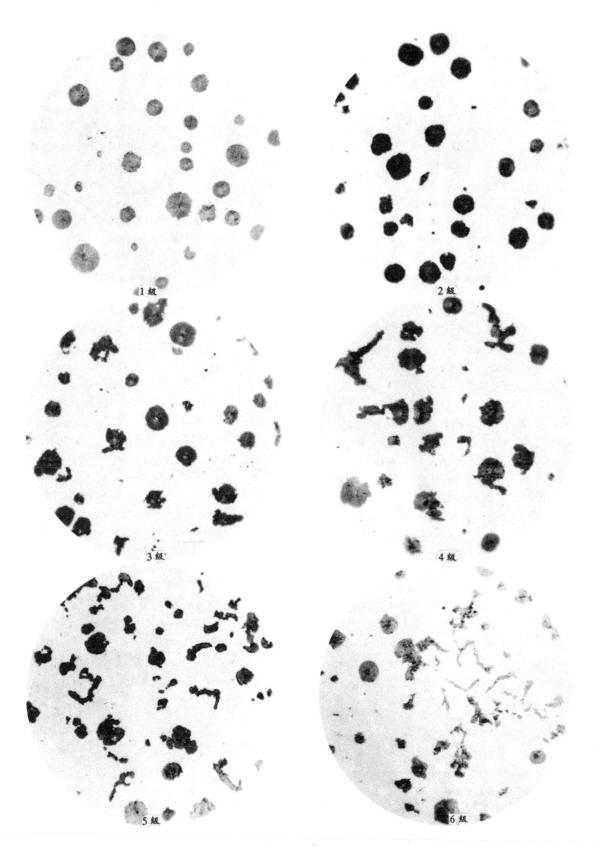

1級　　　　2級　　　　3級　　　　4級　　　　5級　　　　6級

圖 5‧3-1　球化分級圖　×100

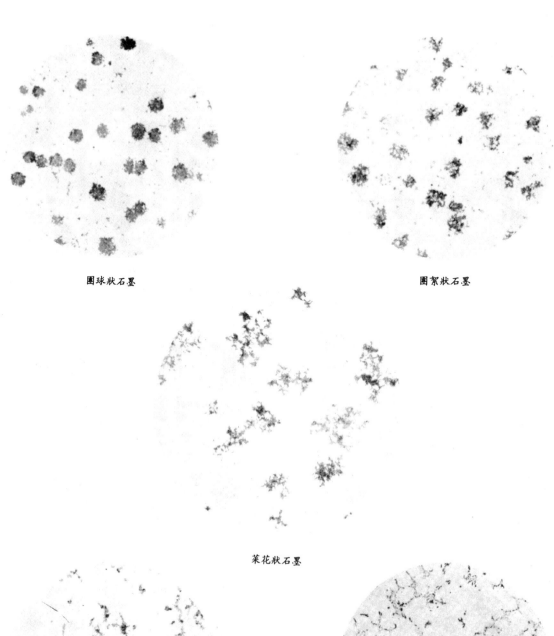

團球狀石墨

團絮狀石墨

茉花狀石墨

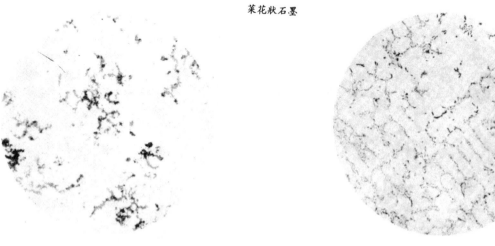

聚蟲狀石墨

枝晶狀石墨

圖 5·5-2　黑心可鍛鑄鐵中的石墨形狀　×100

圖 7·2-2　常見粉末顆粒形狀

a) 球形　b) 液滴狀　c) 針狀　d) 樹枝狀　e) 不規則形　f) 海綿狀　g) 盤狀　h) 多角狀　i) 鱗片狀

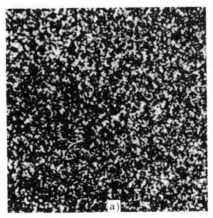
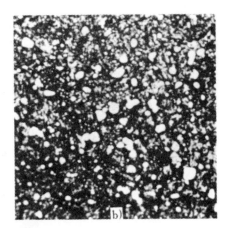
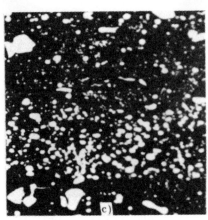

圖 7·7-1　粉末高速鋼和鑄鍛高速鋼的金相組織　×500

a) 熱等靜壓　b) 冷壓燒結　c) 鑄鍛高速鋼

圖 12·3-1　一般疏鬆

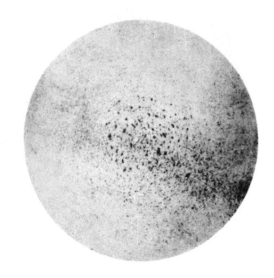

圖 12·3-2　中心疏鬆

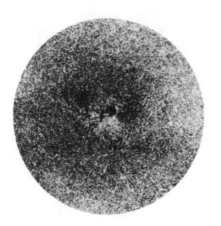

圖 12·3-3　縮孔殘餘

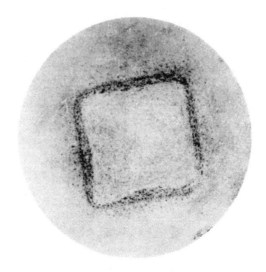

圖 12·3-4　方型偏析

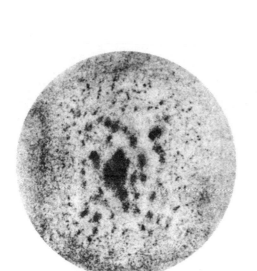

圖 12·3-5　一般點狀偏析

圖 12·3-6　邊緣點狀偏析

圖 12·3-7　翻皮

圖 12·3-8　白點

圖 12·3-9　非金屬夾雜物

圖 12·3-10　珠光體　×500

圖 12·3-11　上貝氏體　×500

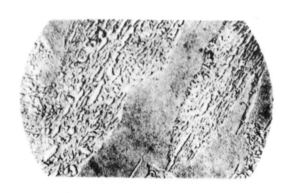

圖 12·3-12　65Mn 鋼上貝氏體透射電鏡下的組織　×6000

圖 12·3-13　下貝氏體　×500

圖 12·3-14　下貝氏體透射電鏡下的組織　×6000

圖 12·3-15　無碳貝氏體　×500

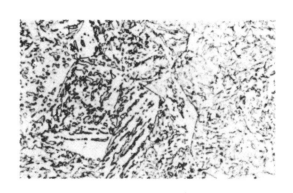

圖 12·3-16　粒狀貝氏體　×500

圖 12·3-17　低碳馬氏體　×500

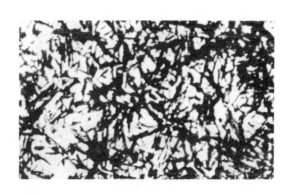

圖 12·3-18　回火馬氏體　×500

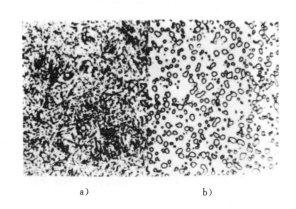

a)　　　　　　　　b)

圖 12·3-19　索氏體　球化組織

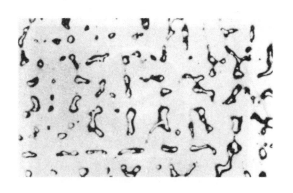

圖 12·3-20　鑄態鐵基高溫合金　×100

圖 12·3-21　鐵鋁錳耐熱鋼　×100

圖 12·3-22　鉻錳氮耐熱鋼　×500

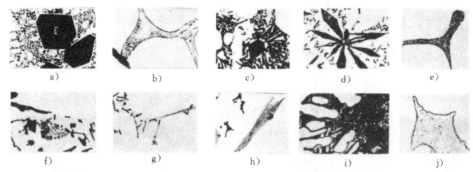

a)　　　b)　　　c)　　　d)　　　e)

f)　　　g)　　　h)　　　i)　　　j)

圖 12·3-23　鋁合金中的一些常見相

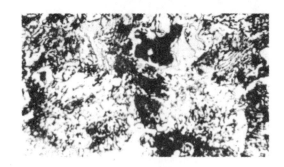

圖 12·3-24　鐵基粉末冶金材料　×500

圖 12·3-25　滲硼層　×300

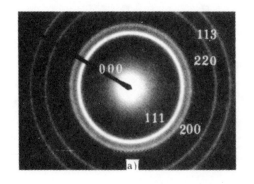

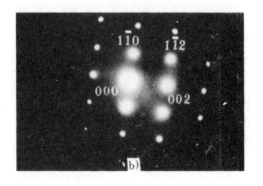

圖 12·4-35　典型的電子衍射花樣

a) 金蒸發膜（多晶）　b) 鋼中 α-Fe 相區（單晶）

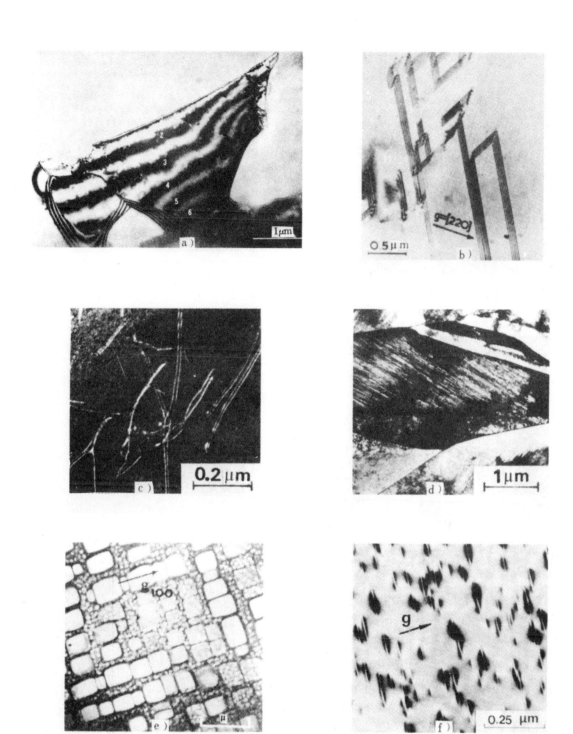

圖 12·4-38　典型的衍襯圖像襯度特徵

a) 厚度條紋和傾斜晶界條紋　b) 堆垛層錯　c) 位錯

d) 孿晶馬氏體　e) 鎳基合金中的 γ′ 粒子　f) 第二相

粒子的基體應變場襯度 (Bell W. L. Thomsg. Phys.

Stat, Sol 1965 (12)：843)

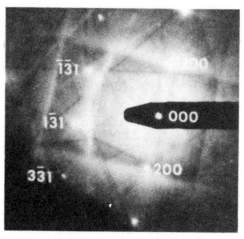

圖 12·4-36 菊池衍射花樣

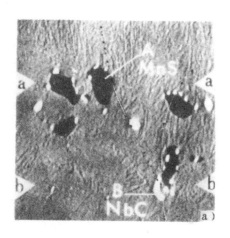

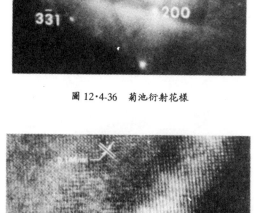

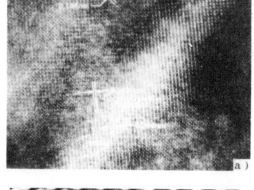

圖 12·4-39 高分辨電子顯微圖像

a) 金單晶薄膜的點陣像　b) PbBaSr Cu₃Oₓ 超導體

的結構像（Joev News 1991, 29E (2)：32）

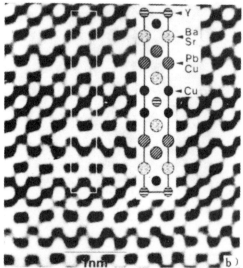

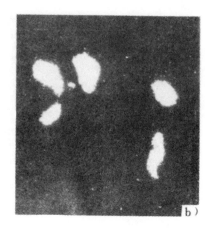

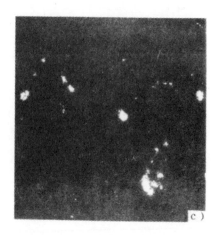

圖 12·4-43 耐熱鋼中的非金屬夾雜物

a) 背散射電子像　b) MnKₐ 特徵 X 射線掃描像

c) NbKₐ 特徵 X 射線掃描像（Jeol News V(5, No.

3, P.13)

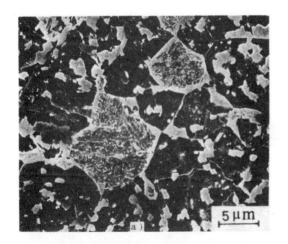

圖 12·12-4　結晶狀斷口　×1

圖 12·12-5　瓷狀斷口

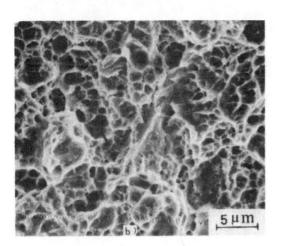

圖 12·4-42　二次電子像應用舉例

a) 粒狀貝氏體組織　b) 韌窩特徵斷口形貌

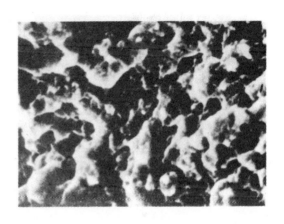

圖 12·12-6　瓷狀斷口微觀形貌（SEM·×2000）

圖 12·12-2　纖維斷口　×1

圖 12·12-7　萘狀斷口

圖 12·12-8　茶狀斷口微觀形貌（SEM　×2000）

圖 12·12-9　橫列結晶斷口

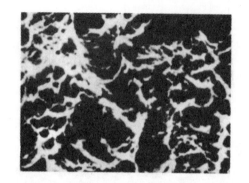

圖 12·12-10　橫列結晶斷口微觀形貌（SEM　×2000）

圖 12·12-11　貝殼狀斷口

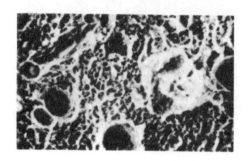

圖 12·12-12　貝殼狀斷口的微觀形貌（SEM　×1000）

圖 12·12-13　偏析線斷口

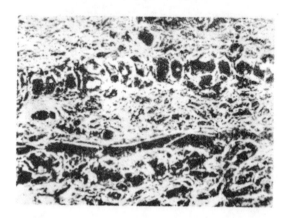

圖 12·12-14　偏析線斷口微觀形貌（SEM　×1000）

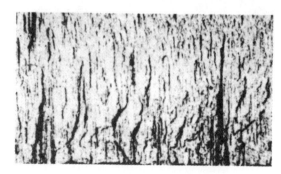

圖 12·12-15　非金屬夾雜斷口

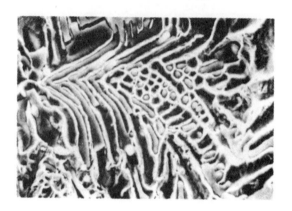

圖 12·12-16　ZG20Mn15 鑄鋼斷口微觀形貌（SEM　×640）

圖 12·12-17　臺狀斷口

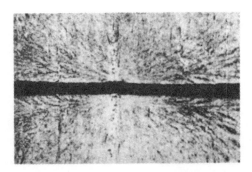

圖 12·12-21　亮線斷口

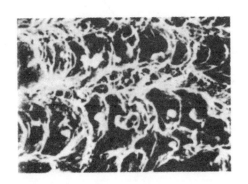

圖 12·12-18　臺狀斷口微觀形貌（SEM　×1000）

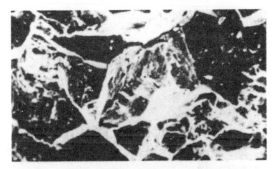

圖 12·12-22　亮線斷口微觀形貌（SEM　×1000）

圖 12·12-19　木紋狀斷口

圖 12·12-23　石狀斷口

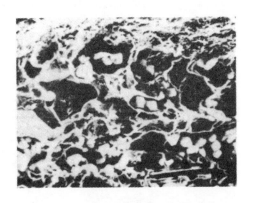

圖 12·12-20　木紋狀斷口微觀形貌（SEM　×1000）

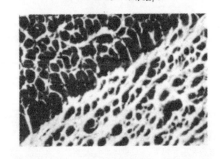

圖 12·12-24　石狀斷口微觀形貌（SEM　×2000）

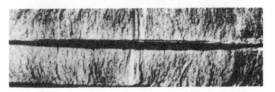

圖 12·12-25　分層斷口

圖 12·12-26　內裂斷口

圖 12·12-27　氣泡

圖 12·12-28　黑脆斷口

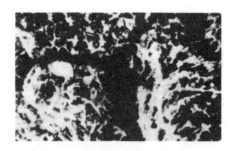

圖 12·12-29　黑脆斷口微觀形貌（SEM　×700）

圖 12·12-30　縮孔殘餘

圖 12·12-31　河流花樣（SEM　×500）

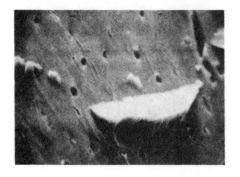

圖 12·12-32　舌狀花樣（SEM　×500）

圖 12·12-33　魚骨狀花樣（SEM　×2000）

圖 12·12-34　準解理斷口微觀形態
（SEM　×2000）

圖 12·12-35　40MnMoNb鋼氫脆斷口微觀形態
（SEM　×2000）

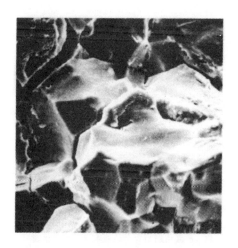

圖 12·12-36　40Cr鋼回火脆性斷口微觀形態
（SEM　×1000）

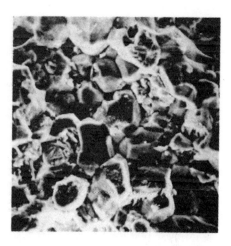

圖 12·12-37　30CrMnSiA鋼鎘脆斷口微觀形態
（SEM　×1000）

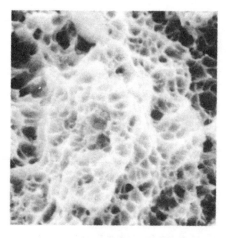

圖 12·12-38　材料塑性斷裂時形成的韌窩斷口
（SEM　×5000）

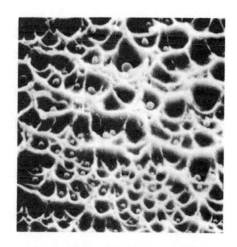

圖 12·12-39　中碳CrNiMo鋼過熱斷口的微觀形態
（SEM　×5000）

圖 12·12-40 疲勞斷口的微觀形態——疲勞輝紋
（TEM，×4500）

圖 12·12-41 高溫合金持久試樣斷口形態
（SEM ×100）

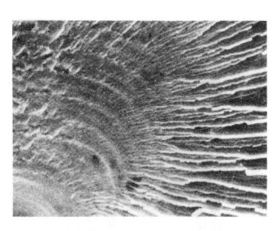

圖 12·12-42 PVC 材料在 −170℃ 下斷裂的斷口上的
河流花樣（SEM ×300）

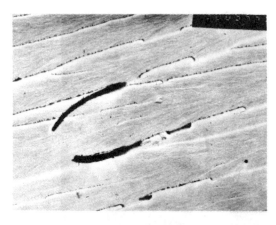

圖 12·12-43 酚醛樹脂斷口上的羽毛狀及碎塊樹脂
（TEM，×3000）

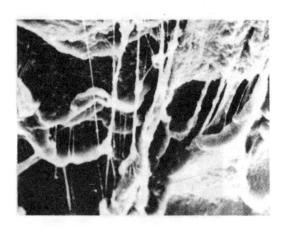

圖 12·12-44 聚丙烯韌性斷口微觀形態（SEM ×500）

圖 12·12-45 尼龍撕裂斷口微觀形態（SEM ×300）

圖 12·12-47 尼龍 66 韌性疲勞斷口（SEM ×500）

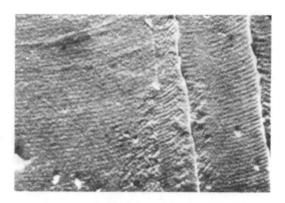

圖 12·12-49 苯乙烯，丙烯腈共聚物脆性疲勞斷口
（SEM ×1000）

圖 12·12-55 沿纖維束方向斷裂（SEM ×150）

圖 12·12-56 二次裂紋於界面及樹脂基本處形成
（SEM ×600）

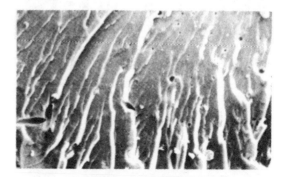

圖 12·12-57 複合材料斷口上的河流花樣
（SEM ×300）

圖 12·12-58 纖維束斷裂（SEM ×380）

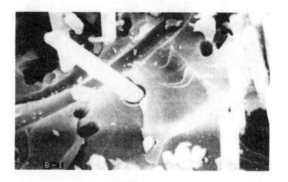

圖 12·12-59 纖維從基體中拔出（SEM ×600）

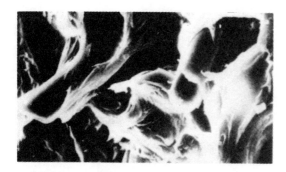

圖 12·12-60　韌性斷口形貌　（SEM　×600）

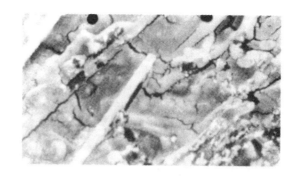

圖 12·12-61　界面和基上大量的二次微裂紋
（SEM　×360）

圖 12·12-62　界面脫黏及裂紋切斷纖維（SEM　×240）

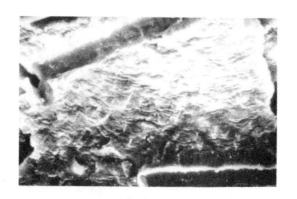

圖 12·12-63　複合材料韌性疲勞斷口微觀形貌
（SEM　×500）

圖 12·12-64　Al_2O_3＋TiC陶瓷衝擊斷口微觀形貌
（TEM　×1000）

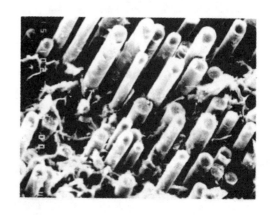

圖 12·12-65　碳纖維-碳複合材料斷口形貌
（SEM　×600）

彩照 12·3-1　鈷基合金粉末噴焊層熱染金相組織　×500

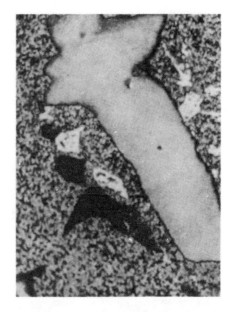

彩照 12·3-2　高溫鎳基合金熱染後金相組織
×800

彩照 12·3-3　鈷基合金粉末噴焊層恒電位侵蝕　×500

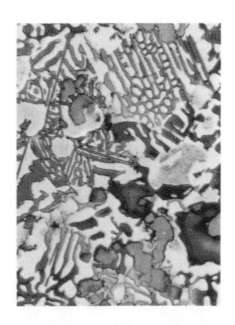

彩照 12·3-4　鈷基合金粉末噴焊層干涉膜顯示
×500

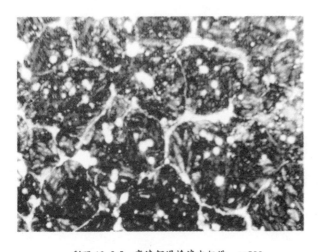

彩照 12·3-5　高速鋼過燒淬火組織　×800

彩照 12·3-6　45碳鋼，珠光體及鐵素體　×600

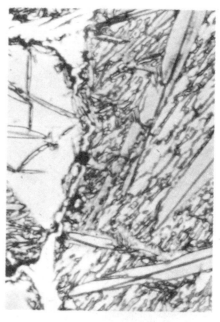

彩照 12·3-7　球墨鑄鐵金相組織　×300

彩照 12·3-8　高碳鎳鉻鋼的金相組織　×400

彩照 12·3-9　18Cr2Ni4A鋼滲碳後的金相組織
×600

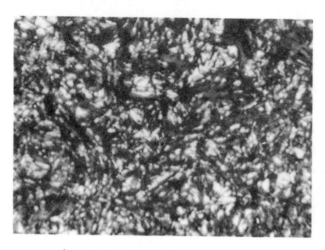

彩照 12·3-10　碳鋼淬火後的金相組織　×800

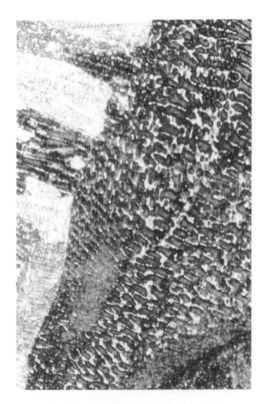

彩照 12·3-11　00Cr17Ni14Mo2 與 1Cr18Ni9Ti 對
焊金相組織　×300

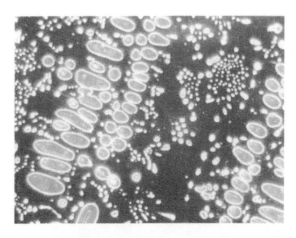

彩照 12·3-12　銅，具有氧化銅夾雜，未侵蝕，暗場　×800

彩照 12·3-13　侵蝕後的黃銅在偏光照明下顯示
不同晶粒取向　×300

彩照 12·3-14　高碳鎳鉻鋼經染色後在偏光下的
金相組織　×300

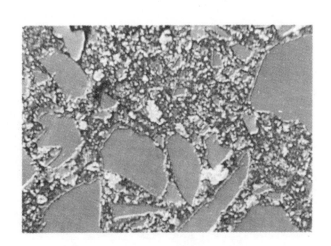

彩照 12·3-15　SiC 干涉襯度　×300

彩照 12·3-16 Cu-Zn-Al 形狀記憶合金金相組織 ×300

彩照 12·3-17 低合金鋼裂紋周圍應變區組織形貌
×300

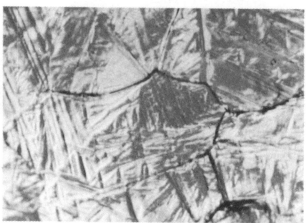

彩照 12·3-18 低碳鋼高溫金相組織 DIC×300

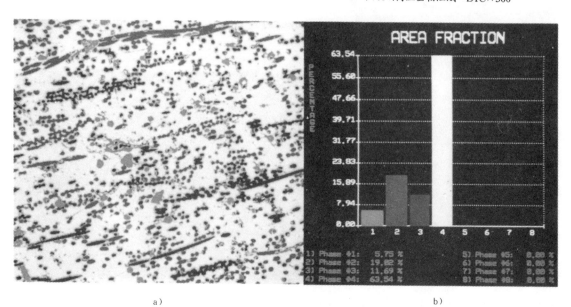

a) b)

彩照 12·3-19 圖像分析應用實例，玻璃/碳纖維混
雜增強樹脂基複合材料

國家圖書館出版品預行編目資料

鋼材料／機械工程手冊，電機工程手冊
編輯委員會作.--初版.--臺北市：五南，
2001〔民90〕
面；　公分--(工程材料叢書)
參考書目：面
ISBN　978-957-11-2664-7（精裝）
1.鋼　　2.金屬材料
440.363　　　　　　　　90019276

5A28 機械工程手冊2

鋼材料

編　　　者－機械工程手冊／電機工程手冊編輯委員會

發 行 人－楊榮川

總 編 輯－龐君豪

主　　編－穆文娟

出 版 者－五南圖書出版股份有限公司

地　　　址：106台北市大安區和平東路二段339號4樓

電　　　話：(02)2705-5066　傳　　真：(02)2706-6100

網　　　址：http://www.wunan.com.tw

電子郵件：wunan@wunan.com.tw

劃撥帳號：01068953

戶　　　名：五南圖書出版股份有限公司

台中市駐區辦公室/台中市中區中山路6號

電　　　話：(04)2223-0891　傳　　真：(04)2223-3549

高雄市駐區辦公室/高雄市新興區中山一路290號

電　　　話：(07)2358-702　傳　　真：(07)2350-236

法律顧問　元貞聯合法律事務所　張澤平律師

出版日期　2002年1月初版一刷
　　　　　2009年4月初版二刷

定　　價　新臺幣570元